21世纪高等学校规划教材 | 电子信息

现代交换原理与技术

雒明世 编著

清华大学出版社
北 京

内容简介

本书较全面地介绍了目前在通信网中应用的各类交换技术的基本概念和工作原理。全书共10章，主要内容包括交换的基本概念和一些主要交换方式、交换机理论基础、交换单元与交换网络、电路交换接口电路与存储程序控制、电话通信网与信令系统、分组交换技术、移动交换原理、ATM交换技术、IP交换技术和下一代交换技术。本书各章后有综合性的习题，以促进学生对知识的融会贯通。另外附录部分提供了SP30CN PM交换机上机实验项目，可以使学生得到较全面的程控交换设备实践项目的训练。

本书选材合理，内容翔实，层次清楚，编写方法新颖，可作为高等院校通信工程专业或其他相关专业的教材或参考书，也可作为通信技术人员的培训教材和参考书。

图书在版编目(CIP)数据

现代交换原理与技术/雒明世编著. --北京：清华大学出版社，2016(2024.7重印)
21世纪高等学校规划教材·电子信息
ISBN 978-7-302-42764-3

Ⅰ.①现… Ⅱ.①雒… Ⅲ.①通信交换－高等学校－教材 Ⅳ.①TN91

中国版本图书馆CIP数据核字(2016)第025577号

责任编辑：郑寅堃 薛 阳
封面设计：傅瑞学
责任校对：焦丽丽
责任印制：宋 林

出版发行：清华大学出版社
网　　址：https://www.tup.com.cn，https://www.wqxuetang.com
地　　址：北京清华大学学研大厦A座　　**邮　　编**：100084
社 总 机：010-83470000　　**邮　　购**：010-62786544
投稿与读者服务：010-62776969，c-service@tup.tsinghua.edu.cn
质量反馈：010-62772015，zhiliang@tup.tsinghua.edu.cn
课件下载：https://www.tup.com.cn，010-83470236
印 装 者：三河市人民印务有限公司
经　　销：全国新华书店
开　　本：185mm×260mm　　**印　　张**：24.5　　**字　　数**：589千字
版　　次：2016年6月第1版　　**印　　次**：2024年7月第11次印刷
印　　数：5601～6100
定　　价：65.00元

产品编号：064375-02

出版说明

随着我国改革开放的进一步深化，高等教育也得到了快速发展，各地高校紧密结合地方经济建设发展需要，科学运用市场调节机制，加大了使用信息科学等现代科学技术提升、改造传统学科专业的投入力度，通过教育改革合理调整和配置了教育资源，优化了传统学科专业，积极为地方经济建设输送人才，为我国经济社会的快速、健康和可持续发展以及高等教育自身的改革发展做出了巨大贡献。但是，高等教育质量还需要进一步提高以适应经济社会发展的需要，不少高校的专业设置和结构不尽合理，教师队伍整体素质亟待提高，人才培养模式、教学内容和方法需要进一步转变，学生的实践能力和创新精神亟待加强。

教育部一直十分重视高等教育质量工作。2007 年 1 月，教育部下发了《关于实施高等学校本科教学质量与教学改革工程的意见》，计划实施"高等学校本科教学质量与教学改革工程"（简称"质量工程"），通过专业结构调整、课程教材建设、实践教学改革、教学团队建设等多项内容，进一步深化高等学校教学改革，提高人才培养的能力和水平，更好地满足经济社会发展对高素质人才的需要。在贯彻和落实教育部"质量工程"的过程中，各地高校发挥师资力量强、办学经验丰富、教学资源充裕等优势，对其特色专业及特色课程（群）加以规划、整理和总结，更新教学内容、改革课程体系，建设了一大批内容新、体系新、方法新、手段新的特色课程。在此基础上，经教育部相关教学指导委员会专家的指导和建议，清华大学出版社在多个领域精选各高校的特色课程，分别规划出版系列教材，以配合"质量工程"的实施，满足各高校教学质量和教学改革的需要。

为了深入贯彻落实教育部《关于加强高等学校本科教学工作，提高教学质量的若干意见》精神，紧密配合教育部已经启动的"高等学校教学质量与教学改革工程精品课程建设工作"，在有关专家、教授的倡议和有关部门的大力支持下，我们组织并成立了"清华大学出版社教材编审委员会"（以下简称"编委会"），旨在配合教育部制定精品课程教材的出版规划，讨论并实施精品课程教材的编写与出版工作。"编委会"成员皆来自全国各类高等学校教学与科研第一线的骨干教师，其中许多教师为各校相关院、系主管教学的院长或系主任。

按照教育部的要求，"编委会"一致认为，精品课程的建设工作从开始就要坚持高标准、严要求，处于一个比较高的起点上。精品课程教材应该能够反映各高校教学改革与课程建设的需要，要有特色风格、有创新性（新体系、新内容、新手段、新思路，教材的内容体系有较高的科学创新、技术创新和理念创新的含量）、先进性（对原有的学科体系有实质性的改革和发展，顺应并符合 21 世纪教学发展的规律，代表并引领课程发展的趋势和方向）、示范性（教材所体现的课程体系具有较广泛的辐射性和示范性）和一定的前瞻性。教材由个人申报或各校推荐（通过所在高校的"编委会"成员推荐），经"编委会"认真评审，最后由清华大学出版社审定出版。

目前，针对计算机类和电子信息类相关专业成立了两个“编委会”，即“清华大学出版社计算机教材编审委员会”和“清华大学出版社电子信息教材编审委员会”。推出的特色精品教材包括：

(1) 21世纪高等学校规划教材·计算机应用——高等学校各类专业，特别是非计算机专业的计算机应用类教材。

(2) 21世纪高等学校规划教材·计算机科学与技术——高等学校计算机相关专业的教材。

(3) 21世纪高等学校规划教材·电子信息——高等学校电子信息相关专业的教材。

(4) 21世纪高等学校规划教材·软件工程——高等学校软件工程相关专业的教材。

(5) 21世纪高等学校规划教材·信息管理与信息系统。

(6) 21世纪高等学校规划教材·财经管理与应用。

(7) 21世纪高等学校规划教材·电子商务。

(8) 21世纪高等学校规划教材·物联网。

清华大学出版社经过三十多年的努力，在教材尤其是计算机和电子信息类专业教材出版方面树立了权威品牌，为我国的高等教育事业做出了重要贡献。清华版教材形成了技术准确、内容严谨的独特风格，这种风格将延续并反映在特色精品教材的建设中。

清华大学出版社教材编审委员会
联系人：魏江江
E-mail：weijj@tup.tsinghua.edu.cn

前言

随着通信网现代化进程的加快，新技术、新设备和新的标准不断涌现，而交换设备是通信网的重要组成部分，交换技术是通信网的核心技术，它将随着应用和技术的进步不断发展。因此，交换原理与技术对通信专业就显得尤为重要，它是通信工程专业的骨干课程，是掌握通信系统的重要基础。

根据教育部高等学校电子信息科学与工程类专业教学指导委员会颁布的《通信工程本科指导性专业规范》中课程体系和培养目标的要求，遵循“宽口径、厚基础、强能力、求创新”的教育理念，强调拓宽专业口径，为培养既具有扎实的数学理论基础，又熟练掌握通信技术理论知识的综合型人才，按照西安石油大学通信工程专业教学计划修订的需要编写了本书。

全书共10章：第1章为绪论，主要介绍交换的基本概念，从交换技术的发展和历史背景中分析交换技术的根本作用以及交换技术在通信系统中的地位，从技术角度讲述目前一些主要的交换方式；第2章介绍概率论、随机过程及排队论方面的相关知识，主要是为了加强交换理论基础和提高同学们的研究设计能力；第3章专门讨论了各种交换单元、交换网络的组织结构和工作原理；第4章介绍电路交换系统的基本功能、接口电路和存储程序控制原理；第5章介绍电话通信网的问题，讨论了程控交换的信令系统；第6章主要介绍分组交换的基本原理和帧中继技术；第7章讨论移动通信系统中的交换原理与技术；第8章主要介绍ATM交换原理与技术；第9章介绍路由器及IP交换技术；第10章介绍软交换技术和光交换技术的有关知识和发展状况。附录介绍SP30CN PM交换机上机实验项目，主要是为了提高学生综合运用所学知识独立分析和解决问题的能力。

本书编写力求反映应用型本科的要求和理工类专业的教学特点，内容力求由浅入深、循序渐进、通俗易懂，基本概念和基本原理准确清晰，现代交换技术说明简明扼要，注重理论与实际应用的有机结合。本书特别注意以形象直观的形式来配合文字表述、重点突出，以帮助读者掌握现代交换原理与技术的主要内容。

本书作为教材，建议授课学时为56～64。本书各章节的内容相对独立，但又有联系，授课教师可针对不同基础及需求的学生，选择适当的内容安排教学。

本书在编写过程中参考了参考文献中所列的相关书籍和资料，在此向这些书籍和资料的编写者表示衷心的感谢。本书的编写得到了西安石油大学通信工程系老师和同学的帮助与支持，本书的编写和出版也得到了清华大学出版社的大力支持，在此一并表示由衷的感谢。

由于编者水平有限，加上时间仓促，书中难免有缺陷和不足之处，敬请读者批评指正。

编　者

2015年11月

目录

第1章　绪论 …… 1

1.1　交换的基本概念 …… 1

1.1.1　为什么需要交换 …… 1

1.1.2　交换的基本功能和要求 …… 2

1.1.3　交换的作用和地位 …… 3

1.2　交换的发展 …… 4

1.2.1　人工交换阶段 …… 4

1.2.2　机电式自动交换阶段 …… 6

1.2.3　电子式自动交换阶段 …… 8

1.3　交换方式 …… 9

1.3.1　电路交换方式 …… 9

1.3.2　报文交换方式 …… 10

1.3.3　分组交换方式 …… 11

1.4　ATM宽带交换和MPLS技术 …… 13

1.4.1　ATM交换技术 …… 13

1.4.2　MPLS技术 …… 15

1.5　光交换技术 …… 16

1.6　软交换技术 …… 17

习题1 …… 19

第2章　交换理论基础 …… 20

2.1　概率论与随机过程 …… 20

2.1.1　概率论基础 …… 20

2.1.2　随机过程及应用 …… 26

2.2　通信业务量 …… 30

2.2.1　话务量的概念 …… 31

2.2.2　数据业务量 …… 33

2.2.3　交换系统的服务质量和话务负荷能力 …… 33

2.3　明显损失制电路交换系统的基本理论 …… 34

2.3.1　呼损指标的分配 …… 34

2.3.2　关于利用度的概念 …… 35

2.3.3　服务设备占用概率分布 …… 36

2.3.4 呼损率与设备利用率 …… 39
2.4 等待制交换系统的基本理论 …… 42
2.4.1 等待制电路交换 …… 42
2.4.2 等待制分组交换 …… 44
习题 2 …… 45

第 3 章 交换单元与交换网络 …… 47

3.1 引言 …… 47
3.1.1 语音数字化 …… 47
3.1.2 时分复用 PCM 的形成 …… 48
3.2 交换单元模型及其数学描述 …… 50
3.2.1 交换单元模型 …… 50
3.2.2 交换单元的数学描述 …… 52
3.3 基本交换单元 …… 54
3.3.1 开关阵列 …… 54
3.3.2 空间交换单元 …… 57
3.3.3 时间交换单元 …… 60
3.3.4 时间交换单元的扩展 …… 65
3.4 多级交换网络 …… 65
3.4.1 多级交换网络的概念 …… 65
3.4.2 TST 网络 …… 67
3.4.3 CLOS 网络 …… 69
3.4.4 BANYAN 网络 …… 71
习题 3 …… 79

第 4 章 电路交换接口电路与存储程序控制 …… 81

4.1 电路交换技术的分类与特点 …… 81
4.1.1 电路交换技术的分类 …… 81
4.1.2 电路交换技术的特点 …… 82
4.2 电路交换系统的基本功能 …… 83
4.2.1 电路交换呼叫接续过程 …… 83
4.2.2 电路交换的基本功能 …… 84
4.2.3 控制系统的结构 …… 86
4.3 电路交换系统的接口电路 …… 88
4.3.1 模拟用户接口电路 …… 89
4.3.2 数字用户线接口电路 …… 92
4.3.3 模拟中继接口电路 …… 93
4.3.4 数字中继接口电路 …… 93
4.3.5 数字多频信号的发送和接收 …… 97

4.4 存储程序控制 …… 99
4.4.1 呼叫处理过程 …… 99
4.4.2 呼叫处理软件 …… 102
4.4.3 程控交换的软件系统 …… 111
习题4 …… 125

第5章 电话通信网与信令系统 …… 127

5.1 通信网的概述 …… 127
5.1.1 通信网的概念 …… 127
5.1.2 通信网的构成要素 …… 128
5.1.3 通信网的分类 …… 129
5.1.4 电话通信网 …… 130
5.2 本地电话网 …… 130
5.2.1 本地电话网概述 …… 130
5.2.2 本地网的汇接方式 …… 131
5.2.3 本地网的网络结构 …… 132
5.3 长途电话网 …… 134
5.3.1 国内长话网 …… 134
5.3.2 国际长话网 …… 136
5.3.3 国际电话国内网的构成 …… 137
5.4 路由及路由选择 …… 137
5.5 电话网编号计划 …… 139
5.5.1 编号的基本原则 …… 140
5.5.2 电话网编号国家规定 …… 140
5.5.3 电话号码的组成 …… 142
5.5.4 国际长途电话编号方案 …… 143
5.6 信令系统概述 …… 144
5.6.1 终端信令与局间信令 …… 144
5.6.2 随路信令与共路信令 …… 146
5.7 No.1(R2)信令 …… 147
5.7.1 线路信令 …… 148
5.7.2 局间记发器信令 …… 148
5.7.3 No.1信令过程 …… 150
5.8 No.7信令 …… 150
5.8.1 No.7信令系统结构 …… 151
5.8.2 消息格式和编码 …… 151
5.8.3 消息传递部分 …… 152
5.8.4 电话用户部分 …… 152
5.8.5 数字用户部分 …… 156

5.8.6 ISDN用户部分 …… 156
5.8.7 信令传递过程 …… 158
5.9 No.7信令网 …… 159
5.9.1 No.7信令网概念 …… 159
5.9.2 No.7信令系统的工作方式 …… 159
5.9.3 信令网的组成和分类 …… 160
5.9.4 我国信令网的结构和网络组织 …… 161
5.9.5 信令网的信令点编码 …… 162
5.9.6 信令路由的分类 …… 163
习题5 …… 165
第6章 分组交换技术 …… 166
6.1 概述 …… 166
6.1.1 分组交换的产生背景 …… 166
6.1.2 分组交换的概念 …… 167
6.1.3 分组交换的优缺点 …… 167
6.1.4 分组交换面临的问题 …… 168
6.2 分组交换原理 …… 169
6.2.1 统计时分复用 …… 169
6.2.2 逻辑信道 …… 170
6.2.3 虚电路和数据报 …… 170
6.3 X.25协议 …… 173
6.3.1 分层结构 …… 173
6.3.2 物理层 …… 173
6.3.3 数据链路层 …… 174
6.3.4 分组层 …… 176
6.4 分组交换机 …… 179
6.4.1 分组交换机在分组网中的作用 …… 179
6.4.2 分组交换机的功能结构 …… 180
6.4.3 分组交换机的指标体系 …… 182
6.5 帧中继技术 …… 182
6.5.1 帧中继的基本原理及技术特点 …… 183
6.5.2 帧中继交换机 …… 189
习题6 …… 191
第7章 移动交换原理 …… 192
7.1 移动通信系统概述 …… 192
7.1.1 移动通信 …… 192
7.1.2 PLMN结构 …… 192

7.1.3 波道指配和信道划分 …… 195
7.1.4 编号计划 …… 196
7.1.5 GSM 系统的业务功能 …… 197
7.1.6 语音编码 …… 197
7.2 移动交换基本技术 …… 198
7.2.1 移动呼叫一般过程 …… 198
7.2.2 网络安全技术 …… 200
7.2.3 漫游 …… 202
7.2.4 切换 …… 204
7.2.5 短消息业务处理 …… 206
7.3 移动交换接口信令 …… 207
7.3.1 无线接口信令 …… 207
7.3.2 A-bis 接口信令 …… 211
7.3.3 A 接口信令 …… 212
7.3.4 网络接口信令 …… 214
7.3.5 移动交换信令示例 …… 215
7.4 移动交换系统 …… 216
7.4.1 移动交换机的结构和特点 …… 216
7.4.2 移动呼叫处理 …… 220
习题 7 …… 221

第 8 章 ATM 交换技术 …… 223

8.1 引言 …… 223
8.2 异步转移模式基础 …… 224
8.2.1 ATM 传送模式 …… 224
8.2.2 ATM 信元结构 …… 226
8.2.3 ATM 分层参考模型 …… 228
8.2.4 ATM 信元传送处理原则 …… 232
8.2.5 基于 ATM 交换的 B-ISDN 拓扑结构 …… 235
8.3 ATM 交换的基本原理 …… 236
8.4 ATM 交换机的模块结构 …… 237
8.5 基本排队机制 …… 238
8.6 共享存储器交换结构 …… 239
8.6.1 ATM 交换结构 …… 239
8.6.2 共享存储器交换结构 …… 241
8.7 ATM 交换的呼叫和连接控制 …… 242
8.7.1 ATM 请求式连接 …… 242
8.7.2 关于 ATM 寻址 …… 244
8.7.3 地址登记 …… 245

8.7.4 连接控制消息 …… 245
8.7.5 连接建立和清除 …… 247
习题 8 …… 248

第 9 章 IP 交换技术 …… 249

9.1 TCP/IP 基本原理 …… 249
9.1.1 TCP/IP 的网络体系结构 …… 249
9.1.2 IP 协议 …… 250
9.1.3 地址解析协议 …… 252
9.1.4 互联网控制报文协议 …… 253
9.1.5 TCP 协议 …… 255
9.1.6 用户数据报协议 …… 256
9.1.7 IP 的未来 …… 257
9.2 路由器工作原理 …… 257
9.2.1 路由器的报文转发原理 …… 258
9.2.2 路由选择表的生成和维护 …… 260
9.3 IP 交换技术 …… 261
9.3.1 IP 交换机的构成及工作原理 …… 261
9.3.2 IP 交换中所使用的协议 …… 264
9.4 标记交换技术 …… 268
9.4.1 标记交换的工作原理 …… 268
9.4.2 标记交换的性能 …… 272
9.5 多协议标签交换技术 …… 273
9.5.1 几个基本概念 …… 273
9.5.2 MPLS 工作原理 …… 274
9.5.3 MPLS 技术的特点 …… 276
9.5.4 MPLS 技术的应用 …… 276
9.5.5 MPLS 技术存在的问题 …… 278
习题 9 …… 279

第 10 章 下一代交换技术 …… 280

10.1 软交换技术 …… 280
10.1.1 软交换的基本要素 …… 280
10.1.2 软交换的功能 …… 281
10.1.3 软交换的参考模型 …… 282
10.1.4 软交换网关 …… 283
10.1.5 软交换协议 …… 291
10.1.6 基于软交换的 NGN 组网及发展 …… 295
10.2 光交换概述 …… 300

10.2.1 光交换器件 …… 301
10.2.2 光交换网络 …… 306
10.2.3 光交换系统 …… 311
10.2.4 光交换技术的发展与应用 …… 315
习题10 …… 318

附录A SP30CN PM交换机上机实验项目 …… 320

附A.1 框号设置 …… 320
附A.1.1 实验目的 …… 320
附A.1.2 实验项目 …… 320
附A.1.3 基本原理 …… 320
附A.1.4 实验步骤 …… 322
附A.1.5 实验报告内容 …… 322
附A.2 硬件电路板加载 …… 323
附A.2.1 实验目的 …… 323
附A.2.2 实验项目 …… 323
附A.2.3 基本原理 …… 323
附A.2.4 实验步骤 …… 327
附A.2.5 实验报告内容 …… 331
附A.3 用户数据设置 …… 332
附A.3.1 实验目的 …… 332
附A.3.2 实验项目 …… 332
附A.3.3 基本原理 …… 332
附A.3.4 实验步骤 …… 332
附A.3.5 实验报告内容 …… 335
附A.4 电话接续测试 …… 335
附A.4.1 实验目的 …… 335
附A.4.2 实验项目 …… 335
附A.4.3 基本原理 …… 335
附A.4.4 实验步骤 …… 342
附A.4.5 实验报告内容 …… 342
附A.5 话机闭锁业务 …… 342
附A.5.1 实验目的 …… 342
附A.5.2 实验项目 …… 342
附A.5.3 基本原理 …… 342
附A.5.4 实验步骤 …… 342
附A.5.5 实验报告内容 …… 343
附A.6 免打扰业务 …… 343
附A.6.1 实验目的 …… 343

附 A.6.2 实验项目 …… 343
附 A.6.3 基本原理 …… 343
附 A.6.4 实验步骤 …… 343
附 A.6.5 实验报告内容 …… 344
附 A.7 遇忙转移业务 …… 344
附 A.7.1 实验目的 …… 344
附 A.7.2 实验项目 …… 344
附 A.7.3 基本原理 …… 344
附 A.7.4 实验步骤 …… 344
附 A.7.5 实验报告内容 …… 345
附 A.8 缺席用户服务业务 …… 345
附 A.8.1 实验目的 …… 345
附 A.8.2 实验项目 …… 345
附 A.8.3 基本原理 …… 345
附 A.8.4 实验步骤 …… 345
附 A.8.5 实验报告内容 …… 346
附 A.9 主叫线识别提供 …… 346
附 A.9.1 实验目的 …… 346
附 A.9.2 实验项目 …… 346
附 A.9.3 基本原理 …… 346
附 A.9.4 实验步骤 …… 347
附 A.9.5 实验报告内容 …… 347
附 A.10 黑白名单业务 …… 347
附 A.10.1 实验目的 …… 347
附 A.10.2 实验项目 …… 347
附 A.10.3 基本原理 …… 347
附 A.10.4 实验步骤 …… 348
附 A.10.5 实验报告内容 …… 348
附 A.11 无条件转移业务 …… 348
附 A.11.1 实验目的 …… 348
附 A.11.2 实验项目 …… 348
附 A.11.3 基本原理 …… 348
附 A.11.4 实验步骤 …… 348
附 A.11.5 实验报告内容 …… 349
附 A.12 多重限拨业务 …… 349
附 A.12.1 实验目的 …… 349
附 A.12.2 实验项目 …… 349
附 A.12.3 基本原理 …… 349
附 A.12.4 实验步骤 …… 349

附 A.12.5 实验报告内容 …… 350
附 A.13 CENTREX 群 …… 350
附 A.13.1 实验目的 …… 350
附 A.13.2 实验项目 …… 350
附 A.13.3 基本原理 …… 350
附 A.13.4 实验步骤 …… 351
附 A.13.5 实验报告内容 …… 353
附 A.14 No.7 信令 …… 353
附 A.14.1 实验目的 …… 353
附 A.14.2 实验项目 …… 354
附 A.14.3 基本原理 …… 354
附 A.14.4 实验步骤 …… 355
附 A.14.5 实验报告内容 …… 356
附 A.15 局向—路由—中继数据 …… 356
附 A.15.1 实验目的 …… 356
附 A.15.2 实验项目 …… 357
附 A.15.3 基本原理 …… 357
附 A.15.4 实验步骤 …… 358
附 A.15.5 实验报告内容 …… 359
附 A.16 计费部分 …… 359
附 A.16.1 实验目的 …… 359
附 A.16.2 实验项目 …… 360
附 A.16.3 基本原理 …… 360
附 A.16.4 实验步骤 …… 361
附 A.16.5 实验报告内容 …… 362
附 A.17 区域电话 …… 362
附 A.17.1 实验目的 …… 362
附 A.17.2 实验项目 …… 362
附 A.17.3 基本原理 …… 362
附 A.17.4 实验步骤 …… 363
附 A.17.5 实验报告内容 …… 364
附 A.18 SP30CN PM 交换机相关说明 …… 365
附 A.18.1 SP30CN PM 系统技术指标及要求 …… 365
附 A.18.2 SP30CN PM 系统性能描述 …… 367
附 A.18.3 SP30CN PM 系统基本业务和功能 …… 367
参考文献 …… 371

第1章 绪论

本章主要讲解交换技术的基本概念。首先介绍在通信网络中为什么需要交换机，然后从交换技术的发展和历史背景说明交换技术的根本作用以及交换技术在通信系统中的地位，最后从技术角度讲述目前的一些主要交换方式。

1.1 交换的基本概念

1.1.1 为什么需要交换

众所周知，人们说话的声音可以在空气中传播，它主要靠声波来传播，但它传播的距离很有限。从古代的烽火台、驿站快马传递等通信手段，到近代利用电信号发明的电报，人们可以进行一些远距离的通信，但这些通信手段有不少先天缺陷，受多种因素的限制，难以得到进一步发展。真正面向大众且能实时交互的通信是从电话机的发明开始的。1876年，贝尔利用电磁感应原理发明了电话，把声音信号转换成电信号，利用金属导线作为媒介，才真正实现了远距离的实时通话，其工作原理如图1.1所示。

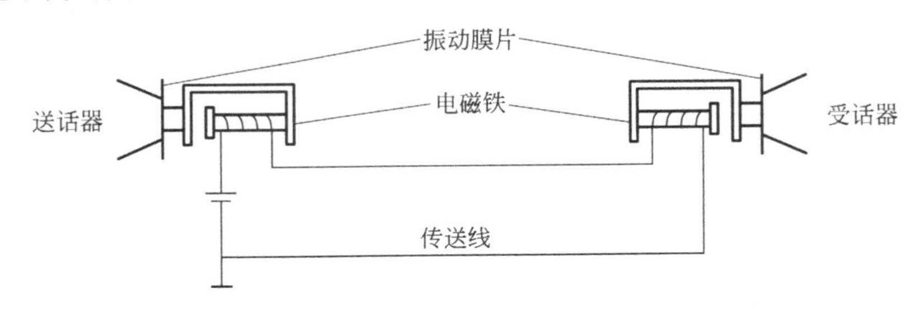

图1.1 贝尔的第一部话机原理示意图

参考图1.1，是否会联想起中学做过的电磁感应实验呢？该话机的结构非常简单，其工作原理是：在一个电磁铁上装上振动膜片，说话时声波引起振动膜片的振动，从而使铁芯与衔铁之间的磁通产生变化，在线圈中产生相应变化的感应电流（完成声/电的转换），这个变化的电流流过另一只电磁铁的线圈，使得电磁铁底部的振动膜片按照电流的变化规律产生振动（完成电/声的转换），膜片振动产生声音送到人耳。

在该装置中，语音信号是以电的形式在线路上传送的，称连接两个话机的这一对线为一条线路。这种概念至今仍然在使用，现在的一对用户线、一对中继线仍然称为一条线路。

因此可以给电话下一个定义，电话是用电信号来传送人类语言信息的一种通信方式，这种通信方式称为电话通信。

这种两个话机直连的方式只能实现固定的两个人之间的通话，远远不能满足人们的通信要求，人们需要的是任意两个人之间都能进行通信，那应该如何实现呢？假如有5个人，每人都有一部电话机，这5部电话机应该如何连接起来才能实现他们之间任意通话呢？最自然的想法是将5部电话机两两相连，即可实现任意两个人之间的通话，如图1.2所示。

从图1.2中可以看出，5部电话之间要实现两两之间任意互通，就需要任意两两电话之间都有连线，即连接5部电话需要$C_5^2=10$条线路，那么N部电话则需要$C_N^2=N(N-1)/2$条线路，若有10000部电话，则需要$C_{10000}^2\approx 5\times 10^7$条线路。我国有4亿个电话用户，按照这种方法计算，将得到一个庞大的数字。由此可知，这种方法存在以下几个问题。

(1) 随着用户数的增加，用户线路条数急剧增大，呈指数增长，不满足经济性要求，也难以施工。

(2) 在实际连接中，每个话机不可能同时都与其他话机相连，否则打电话就成广播了。那么每次通话前，被叫用户如何知道哪个用户需要与他通话，从而将对应的线路连通？

(3) 每新增加一个电话机，都需要与前面的所有电话进行连线。这不仅麻烦，更重要的是会产生难以承担的巨额费用。如我国已有4亿固定用户，若新增加一部话机，则需要与前面所有4亿用户进行协商和连线，这完全是无法实现的事情。

因此这种连线方法没有任何实用价值。那么怎样才能解决这些问题呢？

解决的办法是采用中央交换的方法，在用户分布区域中心安装一套公共设备，称为交换机，其连接方式如图1.3所示。

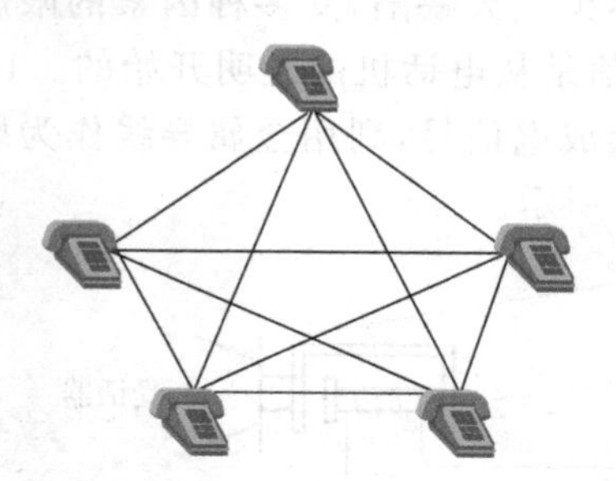

图1.2 用户间互连

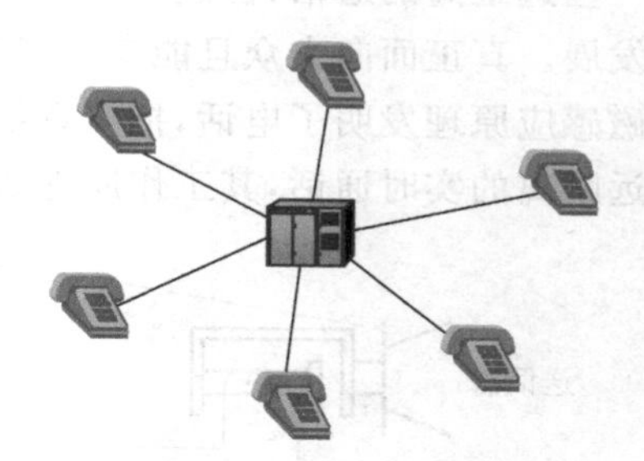

图1.3 用户间通过交换机连接

在这种连接方式中，每个话机只与交换机连接，这种线路称为用户线。这样，线路数从原来的$N(N-1)/2$变成N，新增用户也只需增加他所属的那一条用户线路即可。各个话机通过中心交换机实现相互连接，当任意两个用户要通话时，由交换机利用其内部的公用线路将他们连通，通话完毕后将公用线路拆除(也称为释放链路)，把该公用线路再提供给其他用户通话使用。

这就是交换机产生的关键原因，通过以上的分析也可以得出交换的一些基本思想。

1.1.2 交换的基本功能和要求

根据前面的分析，结合生活中一个完整的打电话接续过程，可以得出交换机必须具备的功能有以下几点。

(1) 交换机能及时发现用户的呼叫请求，并向用户发出拨号音，以指示用户可以进行下一步操作——拨被叫电话号码。

(2) 交换机能及时正确理解主叫用户呼叫的目的地，即接收该用户发来的被叫电话号码。

(3) 交换机能根据接收到的被叫电话号码进行分析，判别出被叫用户的位置，然后进行路由选择。

(4) 交换机能判别被叫用户当前的忙闲状态。若被叫用户忙，能向主叫用户发送忙音提示；若被叫用户空闲，交换机应能向主叫用户发送回铃音，作为状态指示，同时能发送信号通知被叫用户有电话呼入，即振铃指示。

(5) 交换机能及时检测被叫摘机应答信号，并选择一条内部的公用链路建立主叫用户和被叫用户之间的连接，使双方进入通话状态。

(6) 通话过程中，交换机能随时监控通话状态，及时发现用户的挂机信号，并拆除这对连接通路，释放刚才选用的内部公用链路，供其他用户选用。

从总体上看，交换机完成的通话接续还应该满足以下两个基本要求。

(1) 能完成任意两个用户之间的通话接续，即具有任意性。

(2) 在同一时间内，能使若干对用户同时通话且互不干扰。

1.1.3 交换的作用和地位

前面提到通过交换机可以将很多用户集中连接在一起，通过它来完成任意用户之间的连接。但是一个交换机能连接的用户数和覆盖的范围是有限的，因此需要用多个交换机来覆盖更大的范围，如图 1.4 所示。这样就存在两种传输线，一种是电话机与交换机之间的连线，称为用户线；另一种是交换机与交换机之间的连线，称为中继线。用户线是属于每个用户私有的，采用独占的方式；中继线是大家共享的，属于公共资源，因此希望它的利用率高，能为更多的通话服务。二者的传输方式不同，这将在后续的章节中讲解。

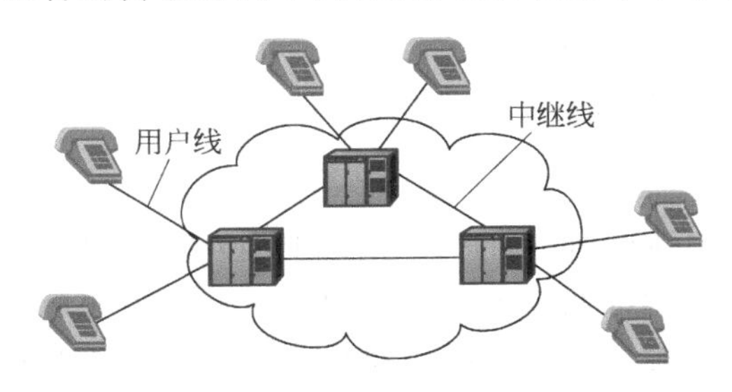

图 1.4 交换机之间的连接

交换机与交换机的连接方式有网形网、环形网、星形网和树状网，以及用这些基本网络形式构成的复合网。

通过交换机相互进行连接和扩展，最终形成一个完整的覆盖全球的通信网。整个通信网主要由三大部分组成，即用户终端设备、传输设备和交换设备，如图 1.5 所示。

用户终端设备是与用户打交道的设备，是人们利用通信网络的基本入口，主要完成信号的发送和接收以及信号交换、匹配等功能。

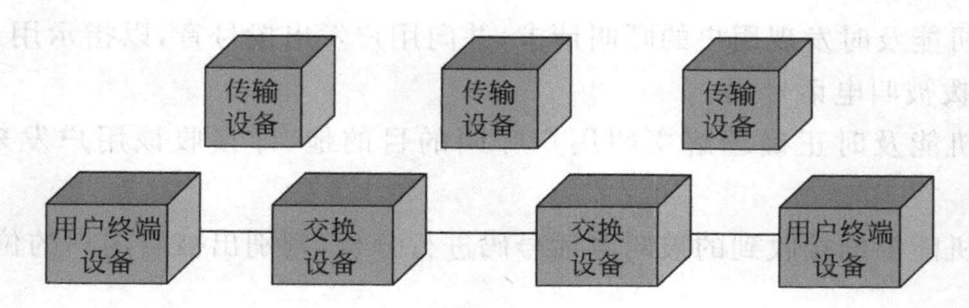

图 1.5 通信网的三大组成部分

传输设备是用来将用户终端设备和交换设备以及多个交换设备相互连接在一起的传输媒介，主要完成信号的远距离传输以及信号转换、匹配等功能。

交换设备是完成前面所讲述的连接功能的设备，主要完成信号的交换以及节点链路的汇集、转接、分配等功能。

从网络图论的角度来看，交换设备是点，传输设备是边，点是网络的核心，所以交换设备是通信网的核心，其基本作用就是为网络中的任意用户之间构建通话连接，类似于交通网中的枢纽站和立交桥，起着关键的作用。

1.2 交换的发展

从 1876 年贝尔发明电话和 1878 年发明第一台交换机开始，电话交换已经从电路交换方式发展到了分组交换和包交换阶段，但整个交换是从电路交换方式发展起来的。其中，电路交换方式的整个发展又经历了三个阶段：人工交换阶段、机电式自动交换阶段和电子式自动交换阶段。下面分别介绍这三个阶段的主要特点，并从这三个交换阶段的发展过程中体会交换的本质思想和实现原理。特别是人工交换阶段，虽然它很原始，功能很简单，但它却能最直观地反映出交换的本质思想。通过对人工交换的学习，既可以理解交换的原理，也可以了解交换的起源。

1.2.1 人工交换阶段

1878 年在美国新港市出现了世界上第一台人工交换机，它是磁石式人工交换机，其结构如图 1.6 所示，每个用户话机通过用户线连接到交换机的用户塞孔上，每个塞孔对应一个用户号牌，用来指示该用户的呼叫情况。当用户通过话机发来呼叫信号时，用户号牌掉下来，提示话务员有用户请求呼叫。交换机的操作平台上有若干公用的线路，在这里称为绳路，绳路两端各有一个塞子，一端称为应答塞子，另一端称为呼叫塞子。将绳路两端插入两个用户塞孔，就可为这两个用户之间构建一条连接通路。同时，每条绳路对应一个应答、振铃键，通过该键的转换，可以将话务员的话机和手摇发电机连接到对应的绳路，用于话务员与用户之间的交流和向用户发送振铃音。

下面以 1 号用户呼叫 3 号用户为例，说明人工交换机的工作原理和过程。

(1) 1 号用户为主叫，他通过话机上的手摇发电机送出呼叫信号，使交换机上 1 号用户塞孔上对应的用户号牌掉下来。

(2) 话务员看到该呼叫信号后，选择一条空闲的绳路，将其应答塞子插入主叫 1 号的用户塞孔，并扳动应答键，用话机应答主叫，询问1号用户所需的被叫号码(这里假设为3号用户)。

(3) 话务员将刚才所选绳路的另一端(呼叫塞子)插入3号用户塞孔，扳动振铃键，用手摇发电机向3号用户发送呼叫信号。

(4) 3号用户接收到呼叫信号(振铃音)，摘机应答，1号用户和3号用户通过话务员选择并连接的绳路即可进行通话。

(5) 话务员间断地监听用户之间的通话是否还在进行，若通话已经结束，则及时拆下绳路，将该绳路复原，再次用于其他用户之间的连接。

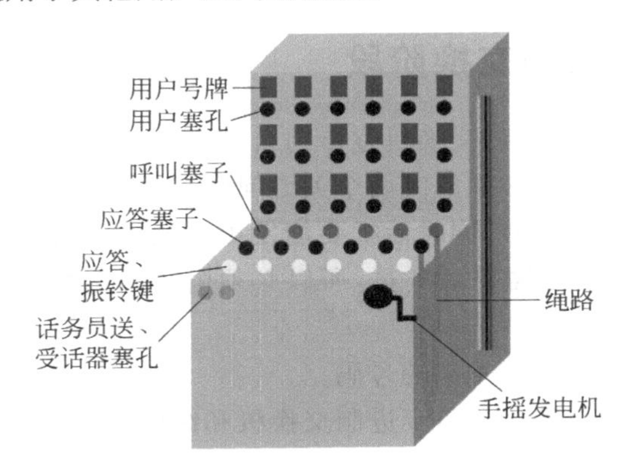

图1.6 人工交换机

分析上述人工交换机的接续过程，可以归纳出它具有如下的基本功能：

(1) 检测主叫用户的呼叫请求；

(2) 建立电话交换机到主叫用户的临时通路，通过此通路获得被叫用户信息；

(3) 通过振铃呼叫被叫用户；

(4) 为主、被叫用户建立通话通路；

(5) 检测通话结束，释放通路。

在人工交换系统中，话务员的工作内容可以归纳为如下三点：

(1) 进行主叫检测后，判断该主叫是否有呼出权限；

(2) 向被叫振铃前，判断该被叫是否正与其他用户通话；

(3) 建立通路前，判断是否存在空闲的绳路等。

接入磁石交换机的用户话机自带一个手摇发电机，用于发出呼叫请求。同时，用户自备一个直流电池，因为电话线上没有直流信号，语音信号的能源取自用户的自备电池。

后来将磁石交换机改进成了共电式交换机，取消了磁石交换系统中的自备电池和手摇发电机，由交换机统一馈送铃流和直流电，称这种由交换机统一供电的方式为中央馈电，这个术语一直沿用至今。

共电交换机连接的话机为共电式电话机，用户利用摘机或挂机所产生的直流信号来表示呼叫或通话完毕。这里所说的直流馈电情况是：当用户话机处于挂机状态时，共电交换机向用户馈送的馈电由于没有形成直流回路，也就没有产生电流；当用户话机摘机后，相对于交换机而言，等于接入了一路负载，从而引起了馈电回路电流的变化，只要交换机采集到电流的变化，就知道用户话机处于何种状态。所以，在共电交换系统中，直流馈电的作用有两个：一是检测用户摘机状态，向话务员发出呼叫信号；二是为用户通话提供所需的工作能源。现代的交换系统中仍然是采用这种方式。

在人工交换系统内，无论是磁石式或是共电式，其核心的工作还是由人工完成的。它所具备的优点是设备简单，安装方便，成本低廉。缺点是容量小，需要占用大量的人力；话务员工作繁重，接线速度慢，易出错，劳动效率低。

虽然人工交换机的接续过程很简单，但它直观地反映了交换机的整个思想，后来发展的交换机仅是在具体实现和性能上进行了改进，其交换的原理和思想还是未变。一些术语和用户线上的接口标准，如馈电、摘/挂机、振铃、主/被叫等，一直都还在电话系统中使用。

1.2.2 机电式自动交换阶段

为了克服人工交换机的缺点，交换机逐步向自动交换方向发展。从前面人工交换的过程分析可知，要实现自动交换，必须解决两个关键问题。

一是要为每个用户话机编号，同时话机要能发出号码。因为人工交换机靠话务员来询问被叫的号码，而自动交换不需要话务员，所以必须由主叫话机向交换机发出它能识别的号码。

二是交换机如何识别电话机发来的号码。

机电式自动交换机的典型代表是步进制交换机和纵横制交换机。

1. 步进制交换机

第一部自动电话交换机出现在1892年，发明人是美国人史端乔(Almon Brown Strowger)。他原是一个殡仪馆老板，每当有死者的家属向话务员(人工台交换)说明要接通一家殡仪馆时，那个话务员总是把电话接到另一家殡仪馆，他因此失掉了很多生意。史端乔很气愤，为此，他发誓要发明一种不用人转接的自动交换机，并于1892年11月3日取得了成功，他发明的步进制自动电话交换机正式投入使用，又称为史端乔交换机。

1892年，人们对电信号的控制还处于简单的交流和直流方式，远远达不到现在数字时代的水平，因此，表示号码的最直接方式就和古人通过在绳子上打结计数的思想一样，在一条光滑的绳子上打一个结就表示1，打两个结就表示2。对电信号也一样，在平直的直流电平波形上断开一次即可表示1，断开两次即可表示2。这就是当时用来表达号码的脉冲串方式。因此，话机上增加了一个称为拨号盘的部件，用户通过拨号盘控制电话机直流馈电环路的通断而产生断续的脉冲电信号来表示号码，即号码1、2、3、4、5、6、7、8、9、0分别用1～10个等宽的断续脉冲来表示，用这个方法就解决了前面所述的关键点之一。1896年美国人爱立克森发明了旋转式电话拨号盘。

能解决关键问题之二的交换机，主要采用一种称为选择器的部件来实现接收号码的功能，选择器由电磁控制的机械触点组成，它的动作可以由拨号盘产生的拨号脉冲直接控制，接收电话机发来的断续脉冲，并根据脉冲个数进行相应步长的运动，从而将主被叫用户接通，其结构示意图如图1.7所示。

步进制交换机主要由预选器、选组器和终接器组成。每一个用户配一个预选器，它是一种旋转形的选择器；选组器和终接器公用，它是一种先上升后旋转的选择器。

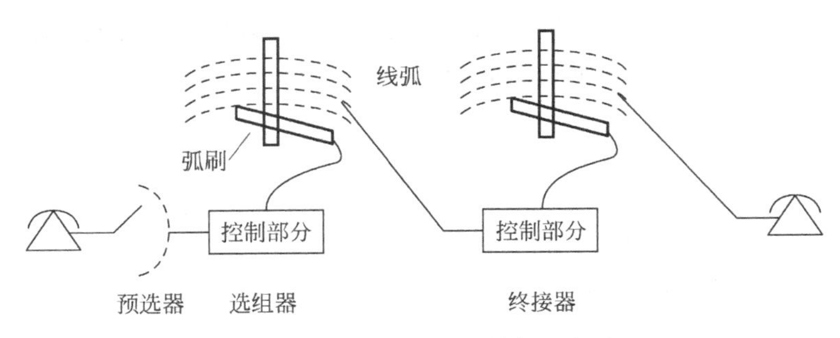

图 1.7 步进制交换机结构示意图

下面以用户拨打 236 这个号码为例来简单了解步进制交换机的接续过程。

(1) 主叫摘机,与主叫用户相连的预选器随即自动旋转,在它所连接的选组器中寻找一个空闲的选组器,找到空闲的机键时,即停止旋转,并占用这一选组器,由选组器向用户送拨号音,通知用户可以拨号。

(2) 主叫用户听到拨号音,首先拨被叫用户的第一位号码"2",送出两个脉冲,选组器的弧刷即上升到第二层,同时停送拨号音,然后在第二层上自动旋转寻找空闲出线,找到后停止旋转,占用第二号组的终接器。

(3) 主叫用户拨第二位号码"3"时,终接器的弧刷随之上升到第三层;拨第三位号码"6"时,终接器的弧刷再在第三层旋转 6 步,接到被叫用户 236 的电话机上,由终接器向被叫用户振铃,同时向主叫用户送回铃音,表示已经接通被叫用户。

(4) 被叫用户听到铃声后摘机应答,终接器停止振铃,把供电桥路接通到被叫用户,双方即可通话。

(5) 通话结束双方挂机后,各级电路均自动复位。

步进制交换机中的选择器主要由继电器和接线器构成,这也是它被称为机电式自动交换的原因。同一时期也出现了基本原理相同但基本部件有些差异的其他类型。步进制交换机的主要特点是由用户拨号脉冲直接控制接线器的动作,脉冲的发送、接收和选线同时进行,其选择器既是控制部分同时又作为话路链路,因此称这种控制方式为直接控制方式。

2. 纵横制交换机

由于步进制交换机存在机械动作幅度大、噪声大、维护工作量大,接线速度慢、故障率高、杂音大和控制电路利用率低等缺点,因此后来人们又研究出了纵横制自动交换机。

1926 年,第一台纵横制自动交换机在瑞典开通。它将话路部分与控制部分分开,这同人工交换机一样,不同的是控制部分的人变成了机电设备,如图 1.8 所示。

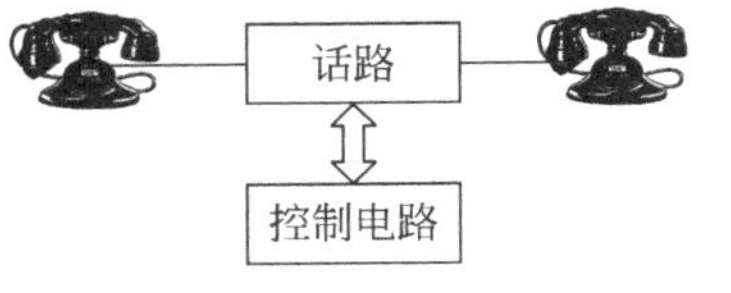

图 1.8 纵横制交换机的组成

话路部分由用户电路、交换网络(纵横接线器)、出/入中继和绳路组成。控制部分由标志器和记发器组成,如图 1.9 所示。

纵横制交换机话路部分的核心组成部分是由纵横式接线器组成的交换网络,它通过纵棒与横棒的结合来构成接续链路,比步进制中的选择器行进的物理距离短很多,因而噪声小,故障率低。它的特点是采用间接控制方式,话路设备和控制设备分立。话路设备只负责接通话路,在通话的整个过程中一直被占用,数量较多,以满足用户可能出现的最大通话数量;控制设备公用,数量较少,因而有很高的利用率。

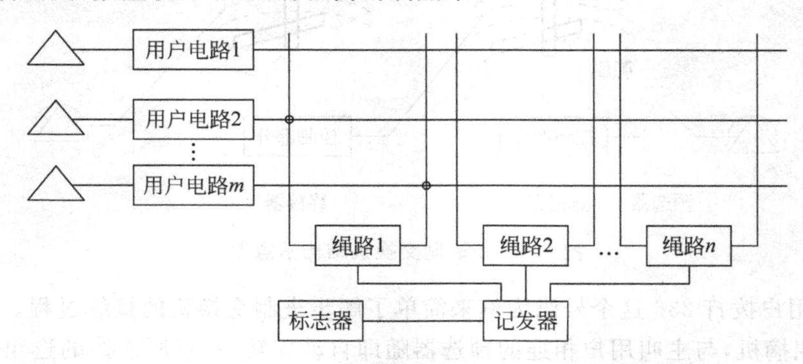

图 1.9 纵横制交换机结构示意图

1.2.3 电子式自动交换阶段

纵横制交换机中最复杂的就是控制部分,它是一种逻辑布线控制方式,由事先设计并连接好的线路来控制,一旦做好后就难以修改,很不灵活。后来,随着计算机技术的发展,使用计算机即可进行交换控制。20 世纪 60 年代中期,美国 AT&T 公司开通了世界上第一部存储程序控制的空分制电话交换系统,即 No. 1ESS 电子交换机。与纵横制交换机相比,它的交换部分变化不大,但其控制部分则使用了计算机。

随着数字技术和光纤技术的发展,在电话中继线路上,信息的传送逐渐由模拟向数字方式过渡,这导致交换机中直接进行交换动作的部件也发生了革命性的变化。1970 年,世界上第一台时分电子交换机在法国投入运营。在这部交换机中,不仅控制部分使用了计算机,交换部分也使用了数字的电子器件和新的交换结构。模拟的语音信号经过模/数转换,变为数字信号送入交换部分,并采用时分复用的方式来利用公用链路。自此,交换技术进入了电子化、数字化和计算机化的新时代。

电子式自动交换机的典型代表是时分数字程控交换机,其话路部分是时分的,交换的信号是脉冲编码调制(PCM)数字信号,控制部分采用计算机,通过计算机中的专用程序来控制交换,因此称为数字程控交换机。它是计算机技术与 PCM 技术发展相结合的产物。数字程控交换机的组成示意图如图 1.10 所示。

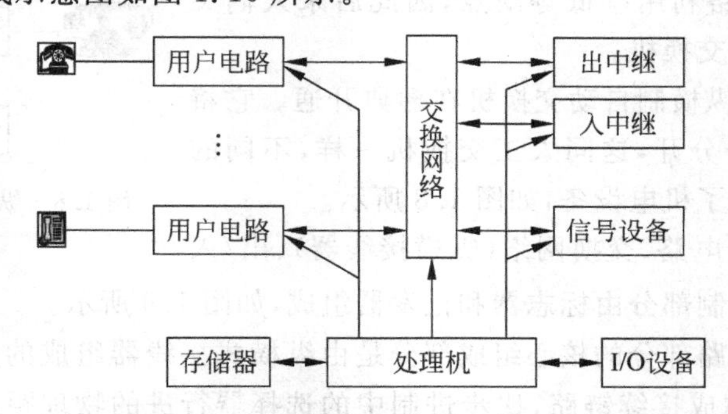

图 1.10 数字程控交换机的组成示意图

数字程控交换机同纵横制交换机一样，话路部分和控制部分是分开的，话路系统由交换网络、用户电路和中继电路组成；控制部分由处理机、存储器和I/O接口设备组成。数字程控交换机的特点是将程控、时分、数字技术融合在一起，由于程控优于布控，时分优于空分，数字优于模拟，所以数字程控交换机相对于其他制式交换机有以下优点：

(1) 体积小，耗电少；

(2) 通话质量高；

(3) 便于保密；

(4) 能提供多种新业务；

(5) 维护管理方便，性能可靠；

(6) 灵活性大，适应性强；

(7) 便于采用公共信道信令方式。

从整个电路交换的发展过程来看，控制部分从最早的人工控制到电子式自动阶段的计算机控制，话路部分从人工交换阶段的物理导线作为内部链路，一条线路传一路电话，到电子式自动阶段的电子元件作为内部链路，以及采用时分方式，使得一条线路可以传输多路电话，交换技术的发展和变化的内容很多，但所有的这些变化都只是具体实现技术的变化，其交换的本质和作用未变。

1.3 交换方式

虽然具体的交换技术种类很多，但从交换的思想和根本方式来看，交换方式可分为三大类：电路交换方式、报文交换方式和分组交换方式。前面所讲的所有交换技术都属于电路交换方式，下面分别讲解这三种方式的特点和区别。

1.3.1 电路交换方式

电路交换是针对最早的语音通信来设计的，语音通信的特点是差错率要求不高，但实时性要求很高。差错率要求不高，可以从日常的语言交流中有所感觉，对同一个词，不同的人说，声音都不一样，但人们都可以听懂，即人对语音的误差有一定的容错能力。另外，语言的交流必须具有很好的实时性，否则，说一句话需要很长时间才传到对方，交流就会很困难。

针对语音通信的这个基本要求，电路交换采用面向连接且独占电路的方式来满足实时性的要求。电路交换的基本过程包括电路建立阶段、通话阶段和电路释放阶段三个过程。电路建立阶段是根据用户所拨的被叫号码，由交换机负责连接一条电路，在通话阶段该电路由该用户独占，即使他们不讲话，不传输信息，该电路也不能分配给其他用户使用，其示意图如图1.11所示。

归纳起来，电路交换主要有如下优点。

(1) 信息的传输时延小，对一次接续而言，传输时延固定不变。

(2) 信息以数字信号形式在数据通路中“透明”传输，交换机对用户的数据信息不存储、不分析、不处理，交换机在处理方面的开销比较小，对用户的数据信息不需要附加用于控制的额外信息，也不进行差错控制处理，信息的传输效率比较高。

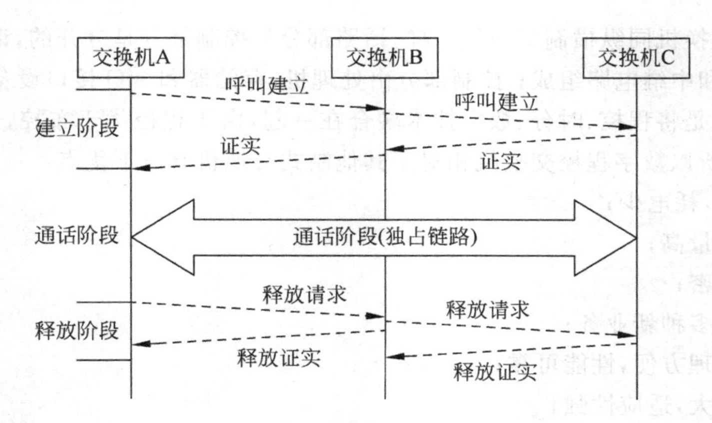

图 1.11 电路交换过程示意图

(3) 信息的编码方法和信息格式由通信双方协调,不受网络的限制。

(4) 用基于呼叫损失制的方法来处理业务流量,业务过负荷时呼损率增加,但不影响已建立的呼叫。

同时,电路交换存在的主要缺点有以下几点。

(1) 电路的接续时间较长。当传输较短信息时,通信通道建立的时间可能大于通信时间,网络利用率低。仅当呼叫建立与释放时间相对于通信的持续时间很小时才呈现出高效率。

(2) 在整个通话期间,即使没有通话信息,电路资源也被通信双方独占,电路利用率低。

(3) 通信双方在信息传输、编码格式、同步方式、通信协议等方面要完全兼容,这就限制了各种不同速率、不同代码格式、不同通信协议的用户终端直接互通。

(4) 物理连接的任何部分发生故障都会引起通信中断。

(5) 存在呼损,即可能出现由于交换网络负载过重而呼叫不通的情况。

综上所述,电路交换是一种固定的资源分配方式,在建立电路连接后,即使无信息传送也占有电路,电路利用率低;每次传输信息前需要预先建立连接,有一定的连接建立时延,通路建立后可实时传送信息,传输时延一般可以忽略不计。

1.3.2 报文交换方式

为了克服电路交换中各种不同类型和特性的用户终端之间不能互通,通信电路利用率低以及存在呼损等方面的缺点,出现了报文交换的思想,它的基本原理是“存储—转发”,不需要提供通信双方的物理连接,而是将所接收的报文暂时存储再寻机发送。即如果用户 A 要向用户 B 发送信息,用户 A 不需要先连通与用户 B 之间的电路,而只需与交换机接通,由交换机暂时把用户 A 要发送的报文接收和存储起来。报文中除了有用户要传送的信息以外,还有目的地址和源地址,交换机根据报文中提供的用户 B 的地址来选择输出路由,并将报文送到输出队列上排队,等到该输出线空闲时才将该报文送到下一个交换机,最后送到终点用户 B,其过程如图 1.12 所示。

在报文交换中信息的格式以报文为基本单位。一份报文包括三部分:报头或标题(由发信站地址、终点收信站地址及其他辅助信息组成)、正文(传输用户信息)和报尾(报文的结

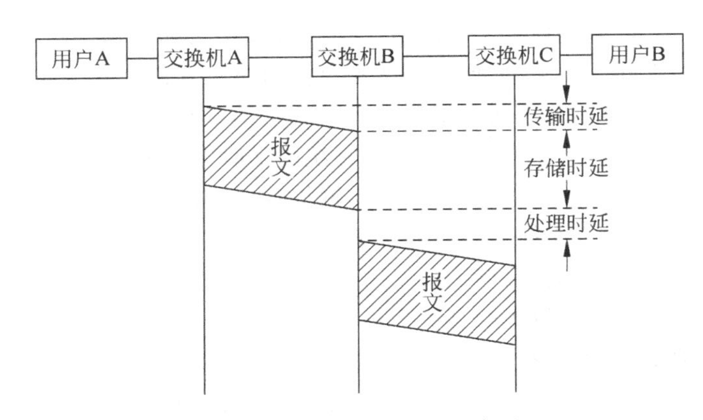

图 1.12 报文交换过程示意图

束标志)。

公用电信网的电报自动交换是报文交换的典型应用,20 世纪 80 年代,电报因其有快捷、安全等特性而深受欢迎。进入 20 世纪 90 年代,电话、手机、电子邮件、网络等新的通信工具迅速崛起,电报逐渐退出历史舞台,但其交换思想仍具有一定的生命力。

报文交换的基本特征是交换机要对用户的信息进行存储和处理,其主要优点如下。

(1) 报文以存储转发方式通过交换机,输入输出电路的速率、码型格式等可以不同,很容易实现各种不同类型终端之间的相互通信。

(2) 在报文交换的过程中没有电路接续过程,来自不同用户的报文可以在一条线路上以报文为单位进行多路复用,线路可以最高传输能力工作,极大地提高了线路的利用率。

(3) 用户不需要通知对方就可发送报文,无呼损,并可以节省通信终端操作人员的时间。如果需要,同一报文可以由交换机转发到许多不同的收信地点,即可以发送多目的地址的报文,类似于计算机通信中的多播机制。

报文交换的主要缺点如下。

(1) 信息通过交换机时产生的时延大,而且时延不固定,变化也大,不利于实时通信。

(2) 交换机要有能力存储用户发送的报文,其中有的报文可能很长,这就要求交换机具有高速处理能力和足够大的存储容量。

1.3.3 分组交换方式

随着计算机的发展,对数据通信的需求越来越大。由于数据与语音的传输要求不同,因此采用前面的电路和报文交换方式都不能很好地满足数据通信的要求。为了理解不能满足要求的具体原因,这里先来分析一下语音和数据对通信要求的区别。

语音通信的特点是差错率要求不高,一般为 10^{-6},但实时性要求很高,达到毫秒级。数据通信刚好相反,它对实时性要求不强,可以在分钟甚至小时级,但对差错率要求极高,一般要求误码率达到 10^{-9},同时还要进行差错控制,保证数据完全正确。对实时性的要求可以从发送一封电子邮件中有所体会,发送一封电子邮件有几分钟的延迟时间,人们都可以接受,甚至认为是很快的了。在网页类的交互数据中,还是需要一些实时性更高的数据通信的。对差错率的要求可以从下载一个数据包中得到直观的感受,从网上下载一个 ZIP 文件,若错了一个关键的位，则整个包都无法解包使用。这就是数据通信与语音通信完全相反的两个要求，针对这种不同的要求，如何改进或提出新的交换方式来适应数据通信的要求呢？

前面介绍的电路交换不利于实现不同类型的数据终端设备之间的相互通信，而报文交换信息传输时延又太长，不满足许多数据通信系统的实时性要求(注意：这里数据通信的实时要求是指利用计算机通信的用户可以交互传输信息，相对于语音时延要求，数据实时传输时延要求要宽松得多)，分组交换方式较好地解决了这些矛盾。

分组交换采用报文交换的“存储—转发”方式，但不像报文交换那样以报文为单位进行交换，而是把报文裁成许多比较短的且被规格化了的“分组”进行交换和传输。由于分组长度较短，具有统一的格式，便于在交换机中存储和处理，因此“分组”进入交换机后只在主存储器中停留很短的时间，进行排队处理，一旦确定了新的路由，就很快输出到下一个交换机或用户终端，“分组”穿过交换机或网络的时间很短(“分组”穿过一个交换机的时间为毫秒级)，能满足绝大多数数据通信用户对信息传输的实时性要求。

采用“存储—转发”方式的分组交换与报文交换的不同在于：分组交换将用户要传送的信息分割为若干个分组，每个分组中有一个分组头，含有可供选路的信息和其他控制信息。分组交换节点对所收到的各个分组分别处理，按其中的选路信息选择去向，以发送到能到达目的地的下一个交换节点。分组交换的分组传输过程和时延如图 1.13 所示。比较图 1.12 与图 1.13 可知，分组交换的时延小于报文交换的时延。这是因为分组交换是分成多个分组来独立传送的，收到一个分组即可以发送，从而显著减少了存储的时间。其实，这种思想与 CPU 中的流水线机制类似。

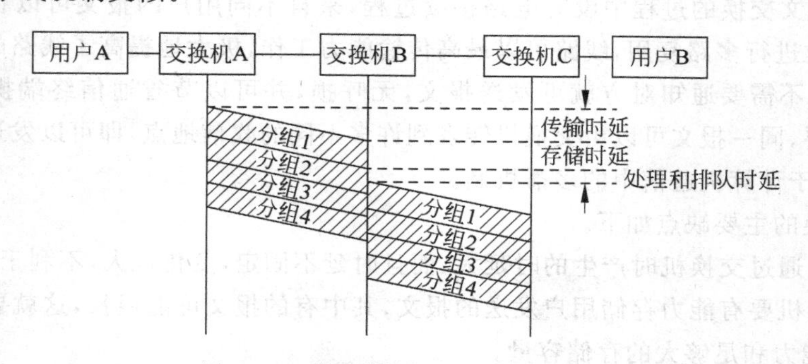

图 1.13 分组传输过程和时延示意图

但是，正是由于分组分成多个，所以开销也增加了。为此，分组长度的确定是一个重要的问题。分组长度缩短会进一步减少时延，但会增加开销；分组长度加大则减少开销，但增加了时延，这二者是一对矛盾，理论上找不到二者兼顾的最佳点，因此，在实际应用中通常根据具体的应用要求兼顾到时延与开销两方面来选择分组长度。

相对于电路交换的固定资源分配方式，分组交换属于动态资源分配方式，它对链路的使用是采用统计复用的方式，不是独占的方式，因此其链路利用率高。同时，它采用差错控制等措施，使其可靠性高，但传输时延大。当然这满足了前面提出的针对数据通信的要求。

另外，需要说明的是，分组交换是一种大类交换方式，后来发展起来的 ATM、IP 和 MPLS 等其他交换技术，从根本的交换思想和方式上而言都属于分组交换这个大类，只是具体的技术细节有所区别。

1.4 ATM宽带交换和MPLS技术

1.4.1 ATM交换技术

电路交换技术是针对电话业务的通信特点发展起来的。其基本特点是：在一个呼叫建立期间，交换设备为该呼叫建立一个连接，并在该呼叫占用期间自始至终保持该已建立的连接，用户通信期间交换机基本上不对通信内容进行监测和处理，使得控制结构简单。由于它是以300～3400Hz语音交换为基础的，因此，即使在数字式电路交换技术中，其最基本的操作也是针对一个独立的64kb/s的信息信道进行的，仅提供固定比特率、固定时延、无纠错的信息传输。一般来说，电路交换方式不能提供灵活的接入速率，虽然实际应用中也将30/32路的一个基群或者120/128路的二次群进行整群交换，但其具体交换操作还是针对单个的64kb/s的信道进行的。电路交换模式的最大特点是信息传递实时响应性很强，但也由于用户独占性而大大降低了设备资源的利用效率，在用户业务速率较低的情况下更是如此；另一方面，若信息速率高于信道速率将会引起实现上的困难。所以电路交换模式不适合于比特速率变化范围很大的数据通信业务。

分组交换技术是针对数据通信和计算机通信的特点发展起来的。分组交换技术的基本特点是：首先把用户数据文件划分成定长或不定长的数据段，在这些数据段的头尾附加上标志和控制字符构成一个分组，然后以"存储—转发"方式在分组交换网中进行传送。在分组通信网络中，信息的传递都是以分组为单位进行传输、复接和交换的。

在分组交换方式中普遍采用统计复用方法。也就是说，在传输通道上某个用户的数据分组在时间上不占用固定的复用位置，而是按照先来先服务的模式进行复用传送的。分组交换方式通常把多个低速的数据信号复接成一个高速数据信号，然后在通信网络上进行传送。这样，多个低速数据信号复接之后的速率往往有时要大于传输通道的传输容量，因此所传信息分组必须进行存储和排队转发。

另一方面，分组交换普遍采用逐段转发、出错重发的控制措施，以保证分组数据传送的可靠性。所谓逐段转发、出错重发是指数据分组经过各段线路并抵达每个转送节点时都须对数据分组进行检错，并在发现错误后要求对方重新发送。逐段转发、出错重发控制措施保证了数据的正确传输，但同时也导致传送数据产生附加的随机时延。

从上面的讨论可以看到，电路交换和分组交换技术各有优点和缺陷。电路交换适合实时业务但是无法适配各种不同速率的业务，而且网络资源利用率低；分组交换可以适配各种不同速率业务，具有较高的复用效率，但是却无法很好地支持实时业务。

随着通信技术和通信业务需求的发展，迫使电信网络必须向宽带综合业务数字网（B-ISDN）方向发展。这要求通信网络和交换设备既要容纳非实时的数据业务，又要容纳实时性的电话和电视信号业务，还要满足突发性强、瞬时业务量大的要求，提高通信效率和经济性。在这样的通信业务条件下，传统的电路交换和分组交换都不能够胜任。电路交换的主要缺点是信道带宽（速率）分配缺乏灵活性以及在处理突发业务情况下效率低。而分组交换则由于处理操作带来的时延而不适宜于实时通信。因此，在研究新的传送模式时需要找出两全的办法，使其既能使网络资源得到充分利用，又能使各种通信业务获得高质量的传送水平。这种新的传送模式就是后来出现的“异步转移模式”(ATM)。

ATM是在光纤大容量传输媒体的环境中分组交换技术的新发展。在大量使用光缆之前,数字通信网中的中继线路是最紧张也是质量最差的资源,提高线路利用率和减少误码是着重考虑的事情。分组传送模式有效地提高了信道利用率,并保证了传输质量。但是这在相当大的程度上是依赖增加节点的处理负担换来的。例如,逐段反馈重发机制的信道利用率要明显高于端到端反馈重发机制,但节点的处理负担加重了。光缆的大量使用不仅大大增加了通信能力,而且也提高了传输质量。这使得人们逐渐倾向于宁可牺牲部分线路利用率来减少节点的处理负担。显然,使用端到端反馈重发机制,可以取消所有的中间环节上的与反馈重发机制有关的处理部件,从而大大简化了设备,并且减轻了处理机的负担。

与此同时,人类对于通信带宽的需求日益增加。特别是传送图像信息和海量数据,已经使人们对于数据通信的速率要求由过去的几千比特/秒增加到几兆比特/秒。这样,节点的处理能力成了数据通信网中的“瓶颈”。ATM对于节点处理能力的要求远低于分组传送方式,更能适应现代的这种环境。

ATM技术是融合了电路传送模式与分组传送模式优点而演进发展起来的技术,ATM方式具有四项基本特点。

(1) 采用固定长度的ATM信元异步转移复用方式。在传统的电路交换中,采用同步转移模式(STM)将来自各种信道上的数据组成125μs的帧格式,每路信号占用固定比特位组,在时间上相当于固定的时隙,任何信道都通过位置进行标识。在ATM中采用53字节固定长度的分组,称为信元。在ATM网络中信息的传送是以信元方式进行统计复用的,在时间上没有固定的复用位置。由于是按需分配带宽,所以取消了STM方式中帧的概念。与传统分组交换技术不同的是,ATM采用固定长度分组,不是变长分组,使得分组定位和识别处理变得非常容易。

(2) ATM采用面向连接并预约传输资源的方式工作。电路交换技术是通过预约传输资源来保证实时信息的传输,同时端到端的连接使得信息传输时,在任意的交换节点都不必做复杂的路由选择(这项工作在呼叫建立时已经完成)。分组交换模式中仿照电路交换模式提出了虚电路工作模式,目的是为了减少分组数据传送过程中交换机为每个分组进行路由选择的开销,同时可以保证数据分组按照原始顺序进行正确传输。传统分组交换取消了资源预定策略,虽然提高了网络的传输效率,但是却有可能使网络接收的业务流量超过其负荷能力,造成所有信息都无法快速传送到目的地。

ATM方式中,采用了分组交换中的虚电路形式,同时在呼叫建立过程中向网络提出传输所希望使用的资源,网络根据当前的状态决定是否接受这个呼叫。其中资源的约定并不像电路交换那样给出确定的电路或PCM时隙,只是用来表示该呼叫未来通信过程中可能使用的通信速率。采用预约资源的方式,保证了网络上的信息可以在一定允许的差错率下传输。另外,考虑到业务具有波动的特点和交换中同时存在的连接数量,根据概率论中的大数定理,网络预分配的通信资源肯定小于信源传输时的峰值速率。可以说,ATM方式既兼顾了网络运营效率,又能够满足接入网络的连接进行快速数据传送的需要。

(3) 在ATM网络内部取消差错控制和流量控制,而将这些工作推到网络的边缘设备上进行。

传统的分组交换协议是设计运行在误码率很高的模拟通信线路环境下,所以需要执行逐段链路的差错控制。同时，由于没有预约资源机制，任何一段链路上的数据量都有可能超过其传输能力，所以有必要执行逐段链路的流量控制。而 ATM 协议是运行在误码率很低的光纤传输网上，同时预约资源机制可以保证网络中的传输负载小于网络的传输能力，所以 ATM 取消了终端设备和边缘节点之间、网络内部各节点之间传输链路上的差错控制和流量控制过程。

通信中的传输差错是不可避免的，ATM 网络将差错处理推给边缘终端设备处理。在 ATM 网络中，如果 ATM 信元在传输过程中受到损坏，会导致信元的传送目的地址发生错误，网络将不对其进行纠错处理，只是简单地将受到损坏的信元丢弃，形成信元的丢失。至于由于这些错误而导致的信息丢失问题，则由终端设备的高层通过端到端的重发控制来解决。

(4) ATM 信元头部功能降低。由于 ATM 信元长度较短，为了提高信息传送效率，并且考虑光传输网络引起的出错概率较低，所以信元头部变得非常简单，只包含虚电路标识和头部校验序列。虚电路标识在呼叫建立阶段由网络分配产生，用来标识信元通过网络传送时的路径，并且可用来区分不同终端的信息统计复用在同一条物理链路上时所占用的不同虚电路。

如果信元头部出现错误必然会导致信元误投，从而浪费网络的计算和传输资源，所以必须尽早发现信元头部错误。信元头部包含的校验序列就是为这一目的设置的，该序列只对信元头部进行纠错和检错，以防止或降低误选路由的可能性。

另外，在传统分组交换中用作信息差错控制、分组流量控制以及其他功能的比特都被取消，在信元分组的头部只设置有限几个用于维护的额外开销比特。

综上所述，ATM 方式充分地综合了电路交换和分组交换的优点，它既有电路交换“处理简单”的特点，支持实时业务、数据透明传输(网络不对数据作负责处理)并采用端到端的通信协议，同时也具有分组交换方式中支持可变比特率业务的特点，并且对传输链路进行统计复用，资源利用率高。由于 ATM 的这些特点，使得该项交换技术在宽带综合业务数字网(B-ISDN)中获得了广泛应用。ATM 和电路交换、分组交换的关系如图 1.14 所示。

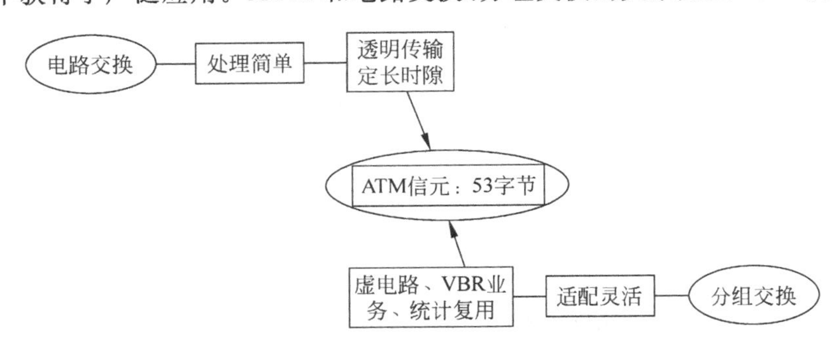

图 1.14 ATM 和电路交换、分组交换的关系

1.4.2 MPLS 技术

Internet 的基本思想是通过 TCP/IP 协议对所有互联的异构通信子网进行高度抽象，将通信问题从网络互联的细节中解放出来，使底层网络向用户和应用程序透明，从而建立一

个统一的、协同的、提供通用服务的网络。

传统的 Internet 主要是基于共享介质类型的物理网络(如以太网)通过路由器互连而成,它适于低速数据通信。在共享介质型网络结构下,用户在使用网络通信时必须竞争网络资源,当用户数增加时,每个用户实际获得的链路传送能力将大幅度下降,不能保证用户的通信服务质量(Quality of Service,QoS)要求。同时,随着多媒体通信的发展,不仅要求高速的数据通信,也要求能传送话音、图像等时间敏感业务,还要求网络能够保证通信的服务质量,例如带宽、延迟和分组丢失率等。

另外,由于在 Internet 上用户数的增加和对带宽要求较高的万维网(WWW)应用的普及以及视频等宽带多媒体业务的应用,导致了 Internet 网上信息流量的爆炸性增长。在这种情形下,由多层路由器构成的传统 Internet 网络吞吐能力正趋向饱和,当网络扩充到一定限度后,其经济性和效率将随规模的进一步增大而下降。为建立更大规模的网络,众多研究人员通过积极探索和实践,认为通过在路由器网络中引入 ATM 交换结构是一种比较好的解决方案,从而产生了多协议标签交换(Multi-Protocol Label Switching,MPLS)技术。

MPLS 技术是将第二层交换(ATM)和第三层路由(Route)结合起来的一种集成的数据传输技术,可适用于任何网络层协议,目前主要用于传输 IP 业务。同时,多协议也表明 MPLS 技术的应用并不局限于某一特定的链路层介质,网络层的数据包可以基于多种物理媒介进行传送,如 ATM、帧中继、租赁专线/PPP 等。

MPLS 有如下特点。

(1) MPLS 技术采用标签分配协议仅在相邻的对等体之间进行通信,每台标签交换路由器(LSR)均可根据网络层的拓扑建立相应的标签交换路径(LSP)。MPLS 简化了 ATM 与 IP 的集成技术,推动了它们的统一,降低了投资成本,有效解决了重叠模型中逻辑链路扩展问题。

(2) MPLS 利用短小且长度固定(4 字节)的标签,采用精确匹配的寻径方式取代传统路由器的最长匹配寻径方式,因此通过升级现有网络设备,容易实现高速互联网。

(3) MPLS 可用于多种链路层技术,最大限度地兼顾原有技术,保护了现有投资和网络资源,促进了网络互联互通和网络的融合统一。

(4) MPLS 在网络边缘节点之间构建端到端的服务,通过在边缘节点实施特定规范,使其具备基于 QoS 的选路功能,而网络内部节点主要用于保证数据的有效传输。这有利于在一个大的网络中维护 IP 协议的可扩展性。

1.5 光交换技术

随着密集波分复用(DWDM)技术的成熟,通信网络的容量越来越大。传输系统容量的增长带来的是对交换系统的压力和动力。现在商用化的单波长光纤传输系统容量为 10Gb/s、40Gb/s 的系统也开始在市场上出现,如果采用 DWDM 技术,则一根光纤的传输容量应至少可以达到 200×10Gb/s 的水平。利用电子器件实现 ATM 交换或者 MPLS 交换,由于电子转移速度的限制使得这样的交换技术面临着信息瓶颈问题。为了解决电子瓶颈问题,降低交换成本,研究人员开始在交换系统中引入光子技术,实现全光交换。

光交换技术是指不经过任何光/电转换,直接在光域将输入的光信号交换到不同的输出端。光交换技术具有以下特点：

(1) 提高节点吞吐量，光交换不受监测器、调制器等光电器件响应速度的限制，可以大幅提高交换单元的吞吐量；

(2) 降低交换成本，光信号在通过交换单元时，不需要经过光/电/光转换，可以省掉昂贵的光电接口器件；

(3) 透明性，光交换对比特率、信号调制方式和通信协议透明，具有良好的升级能力。

总之，相对于电交换来说，光交换具有明显的优势，吞吐量潜力极大，特别是可以大大节省成本。随着业务需求的不断增长，未来的通信网络将由单纯的电子交换技术逐步演变成电子交换与光交换技术并存，随着光交换技术的不断发展和完善，该技术将会成为通信网络极大信息量吞吐方案的主导交换技术。

当前在光交换技术研究领域，着重于光突发交换(Optical Burst Switching，OBS)技术的研究和试验。OBS 交换技术，是把同一波长上的承载容量在时间轴上做进一步细分，分成更多的光波长突发时段，并且以光突发时段为单位进行承载和交换多个不同用户的业务信息。这种光交换模式，类似于电子交换中电路交换和 ATM 交换模型。

OBS 交换技术的基本思想是将交换节点分成两种不同的功能类型：边缘汇聚组装节点和核心节点。在边缘节点，首先将接入的 IP 数据分组按照目的地址和业务类型分别汇聚组装成较大长度的突发数据包(Burst Data Packet，BDP)，同时根据目的地址、业务流量等信息产生一个为传送该突发数据包到目的地而建立光突发通路的控制分组(Burst Control Packet，BCP)，BDP 和 BCP 采用不同的通路进行传送，提前发送控制分组，沿指向目的地路径请求中间节点为随后传送的突发数据包预留相关资源和建立光通路，数据信息在已建立的光路上从源节点流向目的节点。核心节点根据 BCP 的路由信息，对到达的数据突发包进行光域交换和传送。

在 OBS 交换技术中，BCP 和 BDP 的传输都不需要光同步，控制结构较为简单，对信息传送完全透明，实现成本相对较低，是一种极具发展前景的光交换技术。然而，目前全光交换技术还处于研究发展阶段，无论是使用的光器件还是控制技术，都还存在着许多理论问题和技术问题有待解决。

1.6 软交换技术

近年来，以 Internet 为代表的新技术革命正在深刻地改变着传统的电信观念和体系架构，并且随着信息社会的到来，人们的日常生活、学习工作已经离不开网络，这导致了人类社会对网络业务的需求急剧增长，并且对网络也提出了更高的要求，不仅要提供话音、数据、视频业务，同时也要支持实时多媒体流的传送，并且要求网络具有更高的安全性、可靠性和高性能。无论是网络运营商、业务提供商还是网络用户，都要求网络能够在现有的高度异构的通信基础设施上提供开放、稳定、高性能、可重用、可灵活客户化编程的服务，而原有的相对封闭和专有的网络服务平台和业务环境已无法适应新的要求。下一代网络应是一个能够适应底层通信基础设施多样性，并能提供一个统一开放的、可伸缩的、安全稳定和高性能的融合服务平台，能够支持快速灵活地开发、集成、定制和部署新的网络业务。

随着技术条件的成熟，网络的融合正成为电信发展的大趋势。下一代网络(Next

Generation Network,NGN)应有能力支持新型业务的创建,这些新型的业务覆盖着传统的语音、数据和多媒体业务。例如,因特网呼叫等待、IP虚拟专用网(IPVPN)、电子商务、个人信息管理器、移动业务和视频会议等。从总体趋势上看,下一代网络的核心层功能结构将趋向扁平化的两层结构,即业务层上具有统一的IP通信协议,传送层上具有巨大的传输容量。核心网的发展趋势将更加倾向于传送层和业务层相互独立发展,并分别优化;而在网络边缘则倾向于多业务、多体系的融合,允许多协议业务接入。

下一代网络是集话音、数据、视频和多媒体业务于一体的全新网络,软交换(Software Switching,SS)是NGN的核心技术。下一代网络应具有以下特点。

(1) 采用开放式体系架构和标准接口。

(2) 呼叫控制与媒体层和业务层分离。

(3) 具有高速物理层、高速链路层和高速网络层。

(4) 网络层采用统一的IP协议实现业务融合。

(5) 链路层采用分组化节点,以分组传送和交换为基础。

(6) 传送层实现光域互联,可提供巨大的网络带宽和廉价的网络成本,具有可持续发展的网络结构,可透明支持任何业务和信号。

(7) 接入层采用多元化的宽带无缝接入技术,融合固定与移动业务。

软交换技术是一个体系结构,不是一个单独的设备,是一系列分布于IP网络之上的设备的总称。软交换位于NGN网络的中央,负责呼叫控制、承载控制、地址翻译、路由、网关控制和计费数据收集等功能,是下一代网络的控制中心。基于软交换技术的下一代网络的基本架构如图1.15所示。

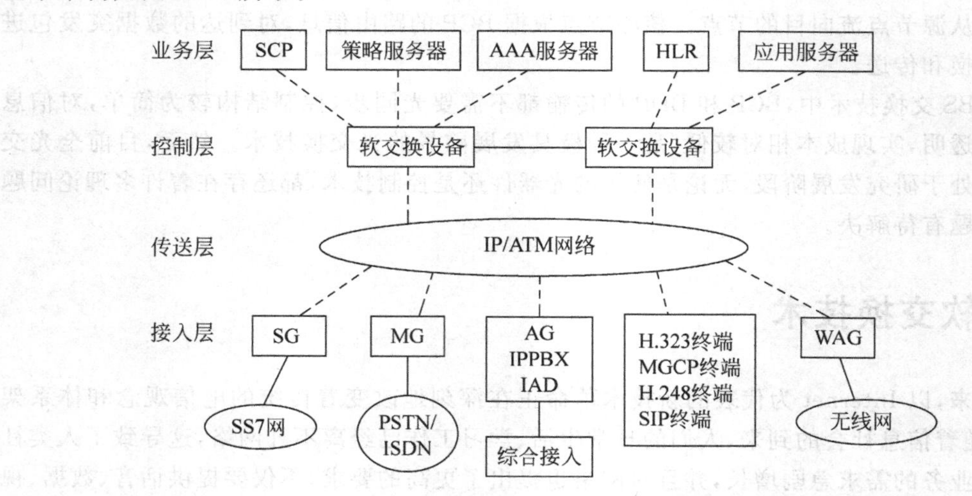

图1.15 软交换网络的体系结构示意图

从功能上看,下一代网络的功能组织结构从上往下分别是网络业务层、控制层、传送层和边缘接入层。

(1) 网络业务层,由应用服务器、HLR数据库、策略服务器、业务控制点(SCP)认证、授权和记账(AAA)服务器组成,提供业务支撑环境,存放并执行业务逻辑和业务数据,向用户提供各种增值业务,通过应用编程接口为用户提供新业务创建平台。

(2) 控制层，主要由软交换机设备构成，完成各种呼叫流程的控制，并负责相应业务处理信息的传送。

(3) 传送层，是基于 IP 协议或 ATM 技术的分组化的光传送网，为业务媒体流和控制信息流提供统一的、保证 QoS 的高速分组传送平台。

(4) 边缘接入层，主要向用户提供各种接入手段，实现媒体格式的转换。主要设备包括信令网关(SG)、中继媒体网关(TG)、接入媒体网关(AG)、综合接入网关(IAD)和各类用户终端。

信令网关，实现软交换设备与 No. 7 信令网的互通，负责信令消息在传输层的转换功能。

媒体网关(MG)，实现信息的不同媒体表达格式的转换功能。中继媒体网关相当于 C4 以上交换局的作用，完成中继线路传送媒体格式的转换和互通操作。接入媒体网关相当于 C5 端局，负责模拟用户接入、ISDN 用户接入、V5 接入的媒体转换功能。

综合接入设备，靠近用户侧的终端接入设备，主要完成终端用户的语音、数据、图像等业务的综合接入。

软交换技术是下一代网络的核心技术，将在电信网的演进中发挥重要作用。

习题 1

1.1 为什么说交换设备是通信网的重要组成部分？

1.2 交换的核心功能有哪些？

1.3 交换性能的差别对业务会造成什么影响？

1.4 简述交换技术的发展过程。

1.5 分组交换与电路交换在交换思想上有什么本质的区别？二者有哪些缺点，有哪些可以改进的方法？

1.6 如何理解 ATM 交换方式综合了电路交换和分组交换的优点？

1.7 简述为什么要发展 MPLS 交换技术。

1.8 光交换技术的特点是什么？

1.9 简述基于软交换技术的下一代网络的分层体系结构和主要功能。

1.10 通过第 1 章的学习，你对交换技术未来的发展有哪些新的观点和认识？

交换理论基础

通信网络与交换机是典型的服务系统。它们利用所拥有的资源(信道带宽资源、计算资源、存储资源等)或设备为用户提供服务,并满足特定的服务质量要求。因为用户的服务需求是随机发生的,每次服务占用资源的时间也是随机的,所以这是一种随机服务系统。了解其交换原理就是要研究这种随机服务系统的性能。一般来说,系统的性能决定于系统的负载强度和服务能力(包括服务设备的数量及其服务速率)。具体来说,人们所关心的是交换系统的服务质量,也就是服务系统对用户需求的满足程度。我们要分析交换系统的服务质量与负载强度、服务能力之间的定量关系。得到这一关系后,就可以根据一定的 QoS 要求和负载强度来合理地确定系统的服务能力。为了解决这一问题,就需要借助于概率论及随机过程的理论。

对于电路交换系统而言,它们的服务对象是用户的呼叫。根据其交换机制,在电路连接建立以后交换时延可以忽略不计。但呼叫到达时刻和持续时间的随机性会导致交换服务设备忙闲状态的不确定性,当服务设备处于全忙状态时,新到达的呼叫就不能得到服务。所以其主要的 QoS 指标是呼叫的损失率(简称呼损率)。对于分组交换系统而言,它们的服务对象是分组,其交换机制是存储转发。所以分组交换系统的主要 QoS 指标是分组的转发时延和丢失率。

本章根据交换系统性能分析的需要,首先回顾与交换理论相关的概率论与随机过程的基本知识,介绍若干重要的概率分布,着重讨论生灭过程及其在交换系统分析中的应用。然后给出业务量强度的定义与性质;分析电路交换和分组交换系统的服务质量与输入的业务量强度、系统的服务能力之间的关系。

2.1 概率论与随机过程

概率论与随机过程是研究随机现象的基本数学工具。在自然界和人类社会存在着大量的随机现象。气象的变化、地震的发生、股市价格的波动、交通流量的起伏、微粒的布朗运动以及电话呼叫的发生等都是随机现象。它们的共同特性是对于未来的不确定性。对于随机现象,最基本的研究方法是通过大量的试验观察和统计来探求其内在的规律性。这种规律性称为统计规律性或统计特性。

2.1.1 概率论基础

随机现象的每一次试验观察,实际上是一次抽样。每次的观察结果,称为样本点或基本事件。所有可能的观察结果,即样本点的全体,称为样本空间或基本事件集,记为 E。该集合可能包含有限个元素,也可能包含无限可列个或无限不可列个元素,分别表示为:

$$E = \{e_1, e_2, \cdots, e_n\};\quad E = \{e_1, e_2, \cdots\};\quad E = \{(x,y) \mid a < x < y < b\}$$

定义 2.1 如果对于每一个样本点 $e \in E$ 有一个实数与它对应,那么就得到一个定义在样本空间 E 上的实单值函数 $X(e)$,称 $X(e)$ 为随机变量,简记为 X。

从随机变量的定义可以看到,随机变量是一个函数,关于样本点的函数,而不是通常意义的变量。这一点非常重要,必须记住。

对于随机变量,人们关心的是它的所有可能的取值及相应的概率分布。在本书中一般以大写字母 $X,Y,\cdots$ 表示随机变量,而以相应的小写字母 $x,y,\cdots$ 表示它们的取值。根据取值的不同情形,随机变量分为离散型随机变量和连续型随机变量。对于任何随机变量都可以用分布函数来刻画其概率分布。

定义 2.2 设 X 是一个随机变量,x 是任意实数,由公式

$$F(x) = P(X \leqslant x) \tag{2.1}$$

规定的函数,称为随机变量 X 的分布函数。

显然下列等式成立:

$$F(-\infty) = 0,\quad F(+\infty) = 1 \tag{2.2}$$

对于任意实数 $x_1, x_2(x_1 < x_2)$,有 $F(x_1) \leqslant F(x_2)$,且

$$P(x_1 < X \leqslant x_2) = P(X \leqslant x_2) - P(X \leqslant x_1) = F(x_2) - F(x_1) \tag{2.3}$$

因此,若已知 X 的分布函数就能知道 X 的取值处于任意区间(x_1, x_2)的概率。从这个意义上说,分布函数完整地描述了随机变量的统计规律性。

对于离散型随机变量,采用下面定义的概率函数来描述其概率分布。

定义 2.3 设 $x_k(k=0,1,2,\cdots)$为离散型随机变量 X 的任一取值。称 X 取值 x_k 的概率为离散型随机变量 X 的概率函数,记作

$$P(X = x_k) = p_k \tag{2.4}$$

显然,当 k 能取有限个(n 个)值时,必定有

$$\sum_{k=0}^{n} p_k = 1 \tag{2.5}$$

而当 k 有无穷可列个值时,一定有

$$\sum_{k=0}^{\infty} p_k = 1 \tag{2.6}$$

对于连续型随机变量,采用下面定义的概率密度函数描述其概率分布。

定义 2.4 设 $F(x)$为随机变量 X 的分布函数。如果有一个非负函数 $f(x)$存在,使得对于任意实数 x,关系式

$$F(x) = \int_{-\infty}^{x} f(u)\mathrm{d}u \tag{2.7}$$

成立,那么称随机变量 X 为连续型随机变量;称函数 $f(x)$为随机变量 X 的概率密度函数,简称概率密度。

如果已知随机变量 X 的概率密度函数 $f(x)$,那么式(2.3)可以写成

$$P(x_1 < X \leqslant x_2) = F(x_2) - F(x_1) = \int_{x_1}^{x_2} f(x)\mathrm{d}x \tag{2.8}$$

从前面可以看到，分布函数能够完整地描述随机变量的统计特性。但在实际问题中，分布函数不易求得。另一方面，在某些情况下，人们并不一定需要求出随机变量的分布函数，而只需知道随机变量的某些数字特征。随机变量最重要的一类数字特征称为“矩”。

设 X 是一个随机变量，下面来考虑 X 的单值函数 $g(X)$。

定义 2.5 设 X 是一个离散型随机变量，其概率分布律为

$$P(X=x_k)=p_k \quad (k=0,1,2,\cdots)$$

如果不等式

$$\sum_k p_k \left| g(x_k) \right| < \infty$$

成立，那么称级数

$$\sum_k p_k g(x_k) \tag{2.9}$$

为随机变量 $g(x)$ 的数学期望，记作 $E[g(X)]$。

定义 2.6 设 X 是一个连续型随机变量，其概率密度函数为 $f(x)$。如果不等式

$$\int_{-\infty}^{+\infty} \left| g(x) \right| f(x)\mathrm{d}x < \infty$$

成立，那么称积分

$$\int_{-\infty}^{+\infty} g(x)f(x)\mathrm{d}x \tag{2.10}$$

为随机变量 $g(x)$ 的数学期望，记作 $E[g(X)]$。

若 $g(X)=X$，则称式(2.9)和式(2.10)定义的数值为随机变量 X 的数学期望。它表示随机变量概率分布的中心。

若 $g(X)=X^n$，则称式(2.9)和式(2.10)定义的数值为随机变量 X 的矩，记作 $m_n=E(X^n)$，这里 n 称为矩 m_n 的阶。最常用的是一阶矩和二阶矩。一阶矩 m_1 即是随机变量的数学期望(又称为平均值)；二阶矩 m_2 又称为均方值。对于离散型随机变量和连续型随机变量分别有

$$m_n=E(X^n)=\sum_k x_k^n p_k \tag{2.11}$$

$$m_n=E(X^n)=\int_{-\infty}^{+\infty} x^n f(x)\mathrm{d}x \tag{2.12}$$

另一个常用的数字特征是方差，它度量随机变量在其数学期望左右的分散程度。

定义 2.7 设 X 是一个随机变量，若 $E\{[X-E(X)]^n\}$ 存在，则称

$$\mu_n=E\{[X-E(X)]^n\} \tag{2.13}$$

为随机变量 X 的中心矩。

这里，二阶中心矩 $\mu_2=E\{[X-E(X)]^2\}$ 称为方差，记作 $D(X)$ 或 $\mathrm{Var}(X)$ 或 σ^2。即

$$D(X)=\sigma^2=E\{[X-E(X)]^2\}=E(X^2)-[E(X)]^2=m_2-m_1^2 \tag{2.14}$$

方差的正平方根 σ 称为标准差。

下面介绍几个与交换理论相关的常用的概率分布，它们是 0-1 分布、二项分布、泊松分布和指数分布。

1. 0-1分布

定义2.8　设随机变量 X 只可能取0和1这两个值，相应的概率分布分别是

$$P(X=1)=p,\quad P(X=0)=1-p\quad (0<p<1) \tag{2.15}$$

则称 X 服从0-1分布。

0-1分布是最简单的一种概率分布，它在随机现象的描述中有广泛用途。例如，随机试验的成功或失败、电话呼叫的发生或不发生、服务设备的占用(忙)或不占用(闲)、信息比特传输的错误或正确、设备故障的有或无等都可以用这种分布来描述。

0-1分布只有一个参数 p，不难求得，其数学期望 $E(X)=p$，方差 $D(X)=p(1-p)$。

2. 二项分布

在贝努里(Bernoulli)试验概型中，人们获得一个服从二项分布的随机变量。

把一个随机试验重复地进行 n 次，如果试验的结果互不影响，则称这样的试验为 n 重独立试验。如果在 n 重独立试验中，每次试验只有两个可能的结果：事件A发生或事件 $\overline{A}$(A的对立事件)发生，则称这样的试验为 n 重贝努里试验，相应的数学模型叫贝努里试验概型。在贝努里概型中，我们关心的是 n 次试验中事件A正好发生 k 次的概率。

在 n 次试验中，事件A可能出现 $0,1,2,\cdots,n$ 次。可以证明，n 次独立重复试验中事件A正好发生 k 次的概率为

$$P_n(k)=C_n^k p^k q^{n-k}\quad k=0,1,2,\cdots,n$$

式中，$q=1-p$，$C_n^k=n!/[k!\,(n-k)!]$。

如果指定数1代表事件A出现，数0代表事件 $\overline{A}$ 出现，以 $X=k$ 表示在 n 次试验中事件A恰好出现 k 次的事件，那么就得到一个随机变量 X，其可能取值为 $k=0,1,\cdots,n$。

定义2.9　设随机变量 X 可能的取值为 $k=0,1,2,\cdots,n$，其概率函数为

$$P(X=k)=P_n(k)=C_n^k p^k q^{n-k}\quad k=0,1,2,\cdots,n \tag{2.16}$$

这里 $q=1-p$，则称 X 服从参数为 (n,p) 的二项分布，记为：$X\sim B(n,p)$。这种类型的分布之所以称为二项(Binomial)分布，是因为概率计算式(2.16)的右边恰好是牛顿二项式 $(q+px)^n$ 的展开式中 x^k 项的系数。不难求得，服从二项分布的随机变量的数学期望 $E(X)=np$，方差 $D(X)=np(1-p)$。

交换系统中的各种服务设备，如各级交换单元的输入输出链路、交换机的中继线、交换控制处理器等，其占用情况往往可以用二项分布来分析。

【例2.1】　设某交换机中有5个服务器，每个服务器的占用是完全独立的，每个服务器被占用的概率为0.4。要求计算5个服务器有 k 个被占用的概率。

解：首先分析服务器的占用问题能否归结为贝努里试验概型。可以把检验一个服务器的忙闲状态看成一次试验，在一次试验中，服务器或忙(事件A发生)或闲(事件 $\overline{A}$ 发生)，检验5个服务器就是5次试验，且这些试验是独立的。因此，服务器的占用情况满足用贝努里试验概型的假设条件，相应的占用概率可以用二项分布计算。

根据题意，已知：$n=5,k=0,1,2,3,4,5,p=0.4,q=0.6$。利用式(2.16)计算结果如下：$P_5(0)=C_5^0p^0q^5=0.0778$，$P_5(1)=C_5^1p^1q^4=0.2592$，$P_5(2)=C_5^2p^2q^3=0.3456$，$P_5(3)=C_5^3p^3q^2=0.2304$，$P_5(4)=C_5^4p^4q^1=0.0768$，$P_5(5)=C_5^5p^5q^0=0.0102$。于是得到随机变量

X 的如下分布：

$$\begin{bmatrix} k & 0 & 1 & 2 & 3 & 4 & 5 \\ P(X=k) & 0.0778 & 0.2592 & 0.3456 & 0.2304 & 0.0768 & 0.0102 \end{bmatrix}$$

其中 $P(X=n=5)$ 表示 5 个服务器全部被占用的概率，即全忙概率。

3. 泊松分布

泊松(Poisson)分布可以由二项分布的概率函数取极限得到。下面分别给出泊松定理及泊松分布的定义。

定理 2.1 设随机变量 $X_n(n=1,2,\cdots)$ 服从二项分布，即

$$P(X_n=k)=C_n^k p^k(1-p)^{n-k} \quad k=0,1,2,\cdots,n$$

又设 $np=\lambda>0$ 是常数，对于 $n=1,2,\cdots$ 均成立，则对任一个非负整数 k 有

$$\lim_{n\to\infty} C_n^k p^k(1-p)^{n-k}=\frac{\lambda^k e^{-\lambda}}{k!} \tag{2.17}$$

上述定理称为泊松定理，定理中的极限值满足

$$\sum_{k=0}^{\infty}\frac{\lambda^k e^{-\lambda}}{k!}=e^{-\lambda}\sum_{k=0}^{\infty}\frac{\lambda^k}{k!}=e^{-\lambda}e^{\lambda}=1$$

定义 2.10 设随机变量 X 可能的取值为 $k=0,1,2,\cdots$，其概率函数为

$$P(X=k)=\frac{\lambda^k e^{-\lambda}}{k!} \quad k=0,1,2,\cdots \tag{2.18}$$

其中 $\lambda>0$ 为常数，则称 X 服从参数为 λ 的泊松分布，记为 $X\sim P(\lambda)$。

泊松分布只有一个参数 λ，其数学期望 $E(X)=\lambda$，方差 $D(X)=\sigma^2=\lambda$。

由泊松定理知，当 n 很大而 p 很小且 $np=\lambda>0$ 是常数时，二项分布 $B(n,p)$ 的概率函数近似等于泊松分布 $P(\lambda)$ 的概率函数，即有

$$C_n^k p^k q^{n-k}\approx\frac{\lambda^k e^{-\lambda}}{k!}$$

在实际问题中，有许多随机变量服从泊松分布。例如，一段时间内电话局收到的呼叫次数，某路口通过的车辆数等，都可用泊松分布来描述。作为例子，考虑在[0,t]时间段内到达的呼叫次数 N 这一随机变量，它服从如式(2.19)所示的泊松分布。

$$P(N=k)=\frac{(\lambda t)^k}{k!}e^{-\lambda t} \quad k=0,1,2,\cdots \tag{2.19}$$

这里，数学期望 $E(N)=\lambda t$ 是[0,t]时间内到达的平均呼叫次数，而 λ 就是单位时间内到达的平均呼叫数，称为到达率或呼叫强度。

【例 2.2】 某电话局的统计资料表明，该局平均每分钟到达 12 个呼叫。试按泊松分布计算，在一分钟内到达 k 个呼叫的概率($k=0,1,2,\cdots$)。

解：根据题意有 $\lambda t=12$，由式(2.19)可得，一分钟内到达 k 个呼叫的概率为

$$P(N=k)=\frac{12^k}{k!}e^{-12} \quad (k=0,1,2,\cdots)$$

上式的计算结果如图 2.1 所示。泊松分布由参数 λ 决定，其曲线是非对称的，随着 λ 增大，非对称性越来越不明显，但概率峰值下降。

4. 指数分布

指数分布是一种连续型随机变量的概率分布。

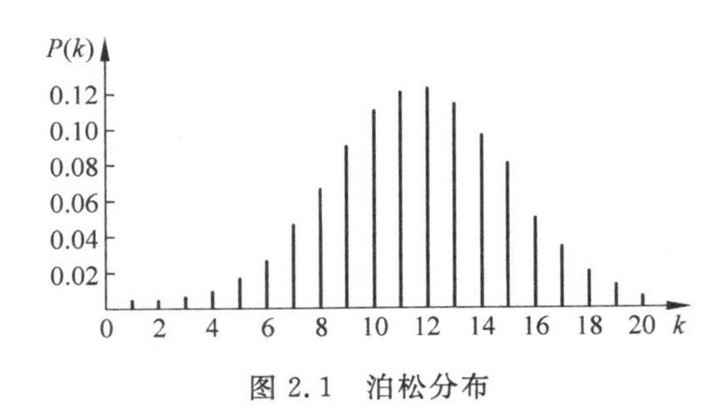

图 2.1 泊松分布

定义 2.11 设随机变量 X 的概率密度函数为

$$f(x)=\begin{cases}0 & x\leqslant 0\\ \lambda e^{-\lambda x} & x>0\end{cases} \tag{2.20}$$

则称随机变量 X 服从参数为 λ 的指数分布，记为 $X\sim e(\lambda)$，其中 $\lambda>0$ 为常数。

由此很容易求得指数分布的分布函数为

$$F(x)=\begin{cases}0 & x\leqslant 0\\ 1-e^{-\lambda x}, & x>0\end{cases} \tag{2.21}$$

在交换理论中，有两种很重要的随机变量服从指数分布，这就是两个相邻呼叫的间隔时间和电话呼叫的占用时长。前面已经指出，在时间 t 内发生的呼叫数服从泊松分布，其概率函数如式(2.19)所示。由该式容易得到在时间 t 内没有发生呼叫的概率为

$$P(N=0)=\frac{(\lambda t)^0}{0!}e^{-\lambda t}=e^{-\lambda t}$$

在时间 t 内没有发生呼叫，也就是相邻呼叫的间隔时间大于 t，如果相邻呼叫的间隔时间用随机变量 X 表示，则对于任意 $t>0$，X 的分布函数为

$$F(t)=P(X\leqslant t)=1-P(X>t)=1-P(N=0)=1-e^{-\lambda t}$$

显然，当 $t\leqslant 0$ 时，$F(t)=P(X\leqslant t)=0$，从而

$$F(t)=\begin{cases}0 & t\leqslant 0\\ 1-e^{-\lambda t} & t>0\end{cases} \tag{2.22}$$

比较式(2.22)和式(2.21)，可以得出一个重要结论：在呼叫次数服从泊松分布的情况下，两个相邻呼叫的间隔时间服从指数分布。参数 λ 为单位时间内平均发生的呼叫数，又称为呼叫强度。知道了呼叫强度 λ，就可以掌握呼叫间隔时间的概率分布。

关于电话呼叫的占用时长，大量统计资料表明其近似服从指数分布，令 S 表示呼叫的平均通话时长，令 μ 表示单位时间内结束通话的平均呼叫数(又称 μ 为呼叫结束强度)，则 $\mu=1/S$。描述通话时长的概率密度函数和分布函数为

$$f(t)=\begin{cases}0 & t\leqslant 0\\ \mu e^{-\mu t} & t>0\end{cases} \quad 或 \quad f(t)=\begin{cases}0 & t\leqslant 0\\ \dfrac{1}{S}e^{-t/S} & t>0\end{cases}$$

$$F(t)=\begin{cases}0 & t\leqslant 0\\ 1-e^{-\mu t} & t>0\end{cases} \quad 或 \quad F(t)=\begin{cases}0 & t\leqslant 0\\ 1-e^{-t/S} & t>0\end{cases}$$

【例 2.3】 设呼叫的平均通话时长为 3 分钟，(1)试计算通话时长大于 3 分钟的概率；

(2)如果呼叫已经通话 3 分钟，试计算在此条件下呼叫继续通话大于 3 分钟的概率。

解：

(1) 已知 $S=3$ 分钟，用随机变量 X 表示通话时长，令 A 表示事件"$X>3$"，则 $P(\mathrm{A})$为通话时长大于 3 分钟的概率。

$$P(\mathrm{A}) = P(X > 3) = 1 - P(X \leqslant 3) = 1 - F(3) = \mathrm{e}^{-3/3} = 1/\mathrm{e}$$

(2) 令 B 表示事件"$X>6$"。由题意知

$$P(\mathrm{B}/\mathrm{A}) = \frac{P(\mathrm{AB})}{P(\mathrm{A})} = \frac{P(\mathrm{B})}{P(\mathrm{A})} = \frac{\mathrm{e}^{-6/3}}{\mathrm{e}^{-3/3}} = \frac{1}{\mathrm{e}}$$

该例题的计算结果揭示了指数分布的一个特性，也就是在通话时长服从指数分布的条件下，呼叫还将继续通话多长时间，与它已经通话多长时间无关。人们把这个特性称为指数分布的"无记忆性"。

2.1.2 随机过程及应用

许多随机现象都是随时间变化的。在随机试验中可能出现的观察结果不是一个点，而是一个时间的函数。于是样本空间成为时间函数的集合，即$E=\{x_1(t),x_2(t),\cdots\}$，其中$x_i(t),i=1,2,\cdots$称为样本函数。例如，在交换系统这种典型的随机服务系统中，用户要求通信的业务量和服务设备的状态都是随时变化的。研究这样的随机现象，用前面所述的随机变量是不够的，必须引入一个依赖于时间参变量 t 的随机变量。

定义 2.12 称依赖于时间参变量 t 的随机变量集合$\{X(t)\}$为随机过程，其中 t 属于一个固定的实数集 T，记为$\{X(t),t\in T\}$，简写为 $X(t)$，参变量 t 一般代表时间。

随机过程在某一固定时刻的取值 $X(t)\big|_{t=t_1}=X(t_1)$是一个随机变量。$X(t)$的取值又称为过程的状态。根据状态与时间取离散值或连续值，随机过程可分为 4 类，它们是：

(1) 状态离散、时间离散的随机过程；

(2) 状态离散、时间连续的随机过程；

(3) 状态连续、时间离散的随机过程；

(4) 状态连续、时间连续的随机过程。

在这 4 类随机过程中，与交换理论有密切联系的主要是状态离散的马尔可夫过程，包括泊松过程和生灭过程等。

根据定义 2.12，为了描述随机过程的统计特性，自然要知道 $X(t)$对于每个 $t\in T$ 的分布函数或概率函数。对于状态离散的随机过程，就要用如下的 n 维概率分布簇来描述。

$$P_n\{X(t_1) = x_1, X(t_2) = x_2, \cdots, X(t_n) = x_n\} \quad n = 1,2,\cdots$$

n 越大，描述就越完全。下面给出状态离散的马尔可夫过程的定义。

定义 2.13 设$\{X(t),t\in T\}$，是一个状态离散的随机过程。如果对于任意的一组参变量 $t_m\in T(m=0,1,\cdots,n)$，其中 $t_0<t_1<\cdots<t_n$，以及任何整数 i,j，等式

$$\begin{aligned} &P\{X(t_n) = j/X(t_0) = i_0, \cdots, X(t_{n-2}) = i_{n-2}, X(t_{n-1}) = i\} \\ &= P\{X(t_0) = j/X(t_{n-1}) = i\} \end{aligned} \tag{2.23}$$

成立，则称$\{X(t),t\in T\}$为一个马尔可夫过程。这里的条件概率称为(状态)转移概率。

如果把 t_{n-1}时刻指定为"现在"，t_n 时刻就是"将来"。马尔可夫过程的定义告诉我们，系统在将来的状态只决定于现在的状态，而与过去无关，这就是所谓的马尔可夫过程的"无后

效性”。马尔可夫过程又分为齐次马尔可夫过程和非齐次马尔可夫过程。

定义 2.14 设$\{X(t),t\in T\}$为一个马尔可夫过程，如果对于任何$t_1\in T,t_2\in T(t_1<t_2)$，转移概率$P\{X(t_2)=j/X(t_1)=i\}$只与差值$t_2-t_1$有关，那么称$\{X(t),t\in T\}$是一个齐次马尔可夫过程。

1. 泊松过程

在2.1.1节中，曾经讨论过随机变量的泊松(Poisson)分布，它可以由二项分布的概率函数取极限得到。这里，从随机过程的角度，以电话呼叫流为例对这种随机现象做进一步的研究，同时给出电话呼叫流服从泊松分布的条件，求得一定时间内所发生的呼叫数的概率分布。

设$X(t)$为在区间[0,1]内观察到的呼叫次数，这里$0\leqslant t<\infty$。于是我们有一个随机过程$\{X(t),0\leqslant t<\infty\}$，其中每个$X(t)$都只能取非负整数值$i=0,1,2,\cdots$。又对于任何$t_1$和$t_2(t_1<t_2)$，增量$X(t_2)-X(t_1)$能取值$0,1,2,\cdots$。

首先根据呼叫的发生时间顺序，把每一个呼叫用小圆点表示在时间轴上，如图2.2所示。假设呼叫流满足下列三个条件。

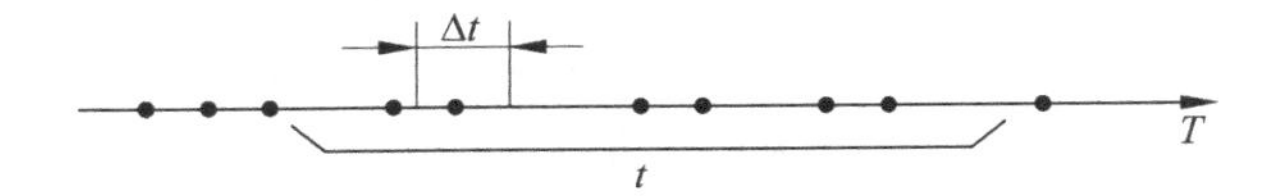

图2.2 呼叫发生时间示意图

(1) 呼叫流具有平稳性：平稳性是指呼叫以相同的平均密度在时间轴上分布。用λ来表示此密度，则λ为单位时间内发生的平均呼叫数，也称为“呼叫强度”。在时间轴上任取一长度为t的区间，落入该区间任意指定数量呼叫的概率，只与该区间的长度有关，而与该区间在时间轴上的位置无关，将这个区间划分为n个相等的小区间，每个小区间的长度设为$\Delta t=t/n$，则在Δt内平均发生$\lambda\Delta t$个呼叫。

(2) 呼叫流具有普遍性：普遍性是指在同一瞬间，不可能发生两个或两个以上呼叫。在一个长度为Δt的小间隔内发生一次呼叫的概率为$\lambda\Delta t+O(\Delta t)$。当$\Delta t$充分小时，在$\Delta t$内最多只能发生一个呼叫，其概率近似等于$\lambda\Delta t=\lambda t/n$，在$\Delta t$内不发生呼叫的概率近似等于$1-\lambda\Delta t=1-\lambda t/n$。

(3) 呼叫流具有独立增量性：独立增量性是指在互不相交的各时间区间内呼叫的发生过程是彼此独立的。

我们把满足以上三个条件的呼叫流称为泊松呼叫流。电话呼叫流就是一种典型的泊松呼叫流。

下面来计算在时间长度为t的区间内发生k个呼叫的概率$P(k)$。根据以上对三个条件的讨论，可以知道，在每个充分小的区间Δt内，只存在两种可能的结果，或发生一个呼叫，或不发生呼叫，且各小区间内发生的事件是相互独立的。因此，观察n个小区间里共发生了多少个呼叫，可看成是n重贝努里试验的结果。在t时间内发生k个呼叫，也就是n次试验中，有k次发生了呼叫，有$n-k$次没有发生呼叫，由贝努里试验概型，在n次试验中正好有k个呼叫发生的概率为

$$P\{X(t)=k\}=P_n(k,t)=C_n^k\left(\frac{\lambda t}{n}\right)^k\left(1-\frac{\lambda t}{n}\right)^{n-k} \tag{2.24}$$

当 n 趋于无穷大($n\to\infty$)时,式(2.24)的概率 $P_n(k)$ 就趋于概率 $P(k)$,即

$$P(k,t)=\lim_{n\to\infty}P_n(k,t)=\lim_{n\to\infty}C_n^k\left(\frac{\lambda t}{n}\right)^k\left(1-\frac{\lambda t}{n}\right)^{n-k} \tag{2.25}$$

经过计算,式(2.25)的极限值为

$$P(k,t)=\frac{(\lambda t)^k}{k!}\mathrm{e}^{-\lambda t}\quad k=0,1,2,\cdots \tag{2.26}$$

可以看出,式(2.26)就是泊松分布,λt 为 t 时间内的平均呼叫数。读者可以自行验证,泊松过程(Poisson Process)是一种马尔可夫过程,而且是一种齐次马尔可夫过程。

2. 生灭过程

现在考虑电话交换系统内呼叫数随时间的变化。该交换系统的输入是电话呼叫流(泊松流),各个电话呼叫不断地随机到达,经过一段随机的服务时间完成服务后离开系统。因此系统中逗留的呼叫数是一个典型的随机过程,记为 $X(t)$,它表示时刻 t 系统内逗留的呼叫数。显然,$X(t)$只能取非负整数,$X(t)=k$ 表示系统处于状态 k。现在来研究这一随机过程的统计特性。为了更具普遍性,引入如下的生灭过程(Birth-Death Process)定义。

定义 2.15 设 $X(t)$是一个齐次马尔可夫过程,若在任意时刻 t 有 $X(t)=i,i=0,1,2,\cdots$,而在时间$(t,t+\Delta t)$内,系统状态的转移概率满足

$$P\{X(t+\Delta t)=j/X(t)=i\}=p_{ij}=\begin{cases}\lambda_i\Delta t+O(\Delta t), & j=i+1\\ \mu_i\Delta t+O(\Delta t), & j=i-1\\ 1-(\lambda_i+\mu_i)\Delta t+O(\Delta t), & j=i\\ O(\Delta t), & |j-i|\geqslant 2\end{cases} \tag{2.27}$$

且 $\lambda_i>0(i\geqslant 0)$,$\mu_i>0(i>0)$,$\mu_0=0$,则称 $X(t)$为生灭过程或增消过程。

在 $\Delta t\to 0$ 的情况下,$O(\Delta t)$可以忽略,系统状态的转移只有以下三种可能。

(1) 在时刻 t 系统处于状态 k,在时间 Δt 内,系统由状态 k 变化到状态 $k+1$("增加"一个呼叫),其转移概率为 $p_{k,k+1}=\lambda_k\Delta t$,其中 λ_k 为系统处于状态 k 时的呼叫发生强度,即单位时间内发生的平均呼叫数。

(2) 在时刻 t 系统处于状态 k,在时间 Δt 内,系统由状态 k 变化到状态 $k-1$("消失"一个呼叫),其转移概率为 $p_{k,k-1}=\mu_k\Delta t$,其中 μ_k 为系统处于状态 k 时的呼叫结束强度,即单位时间内结束的平均呼叫数。

(3) 在时刻 t 系统处于状态 k,在 Δt 时间内,既没有呼叫发生,也没有呼叫离去,系统仍处于状态 k,其转移概率为 $p_{k,k}=1-\lambda_k\Delta t-\mu_k\Delta t$。

其他情况,包括在 Δt 时间内增减两个或两个以上呼叫或者同时增加一个与减小一个呼叫的转移概率都是 $O(\Delta t)$,因此可以忽略。由此得到生灭过程的状态转移关系,如图 2.3 所示。图中示出所有可能出现的状态及状态之间的转移概率。

现在来求系统的状态概率,即 $X(t)=k$ $(k=0,1,2,\cdots)$的概率,记为 $P_k(t)$。

假设系统在 $t+\Delta t$ 时刻处于状态 k,它必然是由时刻 t 的三种可能状态之一转移而来,下面就三个事件分别讨论。

(1) 在时刻 t 系统处于状态 $k+1$,其概率可表示为 $P_{k+1}(t)$,经过 Δt 时间,系统状态由 $k+1$ 转移到 k,也就是有一个呼叫离开了系统,根据概率乘法定理可以求出发生上述事件的

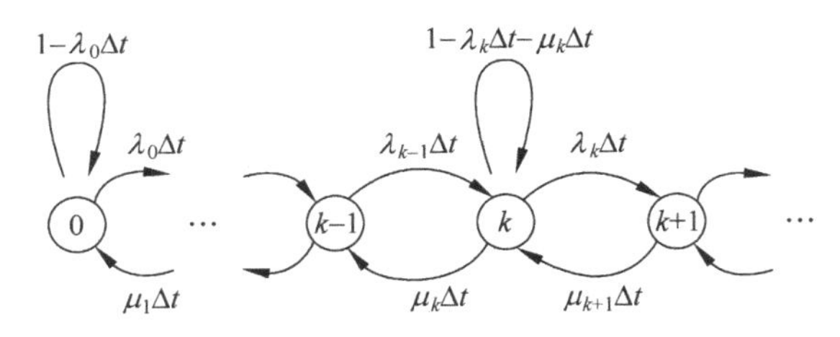

图 2.3 生灭过程状态转移图

概率为

$$P_{k+1}(t)\times[\mu_{k+1}\Delta t+O(\Delta t)] \tag{2.28}$$

(2) 在时刻 t 系统处于状态 $k-1$,其概率可表示为 $P_{k-1}(t)$,经过 Δt 时间,系统状态由 $k-1$ 转移到 k,也就是发生了一个新的呼叫,根据概率乘法定理可以求出发生上述事件的概率为

$$P_{k-1}(t)\times[\lambda_{k-1}\Delta t+O(\Delta t)] \tag{2.29}$$

(3) 在时刻 t 系统处于状态 k,其概率可表示为 $P_k(t)$,经过 Δt 时间,系统内既没有发生新的呼叫,也没有呼叫结束离去,也就是系统内没有发生状态变化,根据概率乘法定理可以求出发生上述事件的概率为

$$P_k(t)\times[(1-\lambda_k\Delta t-\mu_k\Delta t)+O(\Delta t)] \tag{2.30}$$

上述三个事件为互不相容事件,任一事件的发生都会导致系统在 $t+\Delta t$ 时刻处于状态 k,应用概率加法定理,可以得到描述系统状态概率变化的方程组如下

$$\begin{cases}P_0(t+\Delta t)=P_0(t)\cdot(1-\lambda_0\Delta t)+P_1(t)\cdot\mu_1\Delta t+O(\Delta t)\\ P_k(t+\Delta t)=P_{k+1}(t)\cdot\mu_{k+1}\Delta t+P_{k-1}(t)\cdot\lambda_{k-1}\Delta t\\ \qquad\qquad +P_k(t)\cdot(1-\lambda_k\Delta t-\mu_k\Delta t)+O(\Delta t)\quad k\geqslant 1\end{cases} \tag{2.31}$$

对方程组(2.31)进行移项整理,两端同除以 Δt,并取 $\Delta t\to 0$ 时的极限,可以得到

$$\begin{cases}\lim\limits_{\Delta t\to 0}\dfrac{P_0(t+\Delta t)-P_0(t)}{\Delta t}=\dfrac{\mathrm{d}}{\mathrm{d}t}P_0(t)=P_1(t)\cdot\mu_1-P_0(t)\cdot\lambda_0\\ \lim\limits_{\Delta t\to 0}\dfrac{P_k(t+\Delta t)-P_k(t)}{\Delta t}=\dfrac{\mathrm{d}}{\mathrm{d}t}P_k(t)=P_{k+1}(t)\cdot\mu_{k+1}+P_{k-1}(t)\cdot\lambda_{k-1}\\ \qquad\qquad -P_k(t)\cdot(\lambda_k+\mu_k)\quad k\geqslant 1\end{cases} \tag{2.32}$$

这是一个微分方程组。直接求解方程组(2.32)是很困难的,下面给出系统的"统计平衡"概念,然后求解统计平衡条件下的系统状态概率。

一个随机过程,在满足一定的条件下,不管系统的初始状态如何,在经历一段时间以后,系统将进入统计平衡状态。在这种状态下 $P_k(t)$不再随时间变化。用数学语言表示,就是当 $t\to\infty$时,概率 $P_k(t)$趋向于一个不再依赖于时间参数 t 的稳定值 P_k。

如果系统进入统计平衡状态,那么必有

$$P_k(t)\to P_k,\quad P_{k-1}(t)\to P_{k-1},\quad P_{k+1}(t)\to P_{k+1},\quad \frac{\mathrm{d}}{\mathrm{d}t}P_k(t)\to 0$$

于是把微分方程组(2.32)变为下面的差分方程组

$$\begin{cases}\lambda_0P_0-\mu_1P_1=0\\ \lambda_{k-1}P_{k-1}+\mu_{k+1}P_{k+1}-(\lambda_k+\mu_k)P_k=0\quad k\geqslant 1\end{cases} \tag{2.33}$$

现在的任务就变为计算系统处于统计平衡状态下的概率 $P_k(k=0,1,2,\cdots)$。

由差分方程组(2.33)，通过递推不难得到

$$P_1=\frac{\lambda_0}{\mu_1}P_0,\quad P_2=\frac{\lambda_1}{\mu_2}P_1=\frac{\lambda_0\lambda_1}{\mu_1\mu_2}P_0,\cdots,P_k=\frac{\lambda_0\lambda_1\cdots\lambda_{k-1}}{\mu_1\mu_2\cdots\mu_{k-1}}P_0$$

因所有可能状态的概率之和必定为1，即 $P_0+P_1+P_2+\cdots+P_k+\cdots=1$，所以有

$$P_0=\left[1+\frac{\lambda_0}{\mu_1}+\frac{\lambda_0\lambda_1}{\mu_1\mu_2}+\cdots+\frac{\lambda_0\lambda_1\cdots\lambda_{k-1}}{\mu_1\mu_2\cdots\mu_k}+\cdots\right]^{-1} \tag{2.34}$$

这样，得到生灭过程在统计平衡条件下，系统处于状态 k 的概率 P_k 的一般解为

$$P_k=\frac{\lambda_0\lambda_1\cdots\lambda_{k-1}}{\mu_1\mu_2\cdots\mu_k}P_0\quad k=1,2,\cdots \tag{2.35}$$

式中，P_0 由式(2.34)给出。

由式(2.35)与式(2.34)可见，生灭过程在统计平衡条件下的状态概率分布完全取决于参数 $\lambda_k(k\geqslant 0)$ 和 $\mu_k(k\geqslant 1)$，这些参数称为状态的转移率。需要强调指出，一般生灭过程的转移率是与状态有关的。

3. 生灭过程应用举例

【例 2.4】 在甲地和乙地之间有一条通信线路。呼叫的发生强度为每分钟 0.3 个呼叫，呼叫的结束强度为每分钟 1/3 个呼叫。呼叫遇线路忙时不等待，而是立即消失。求此系统在统计平衡状态下的占用概率分布。

解：根据题意，所研究系统只有两个状态。可以用"0"状态表示线路空闲，"1"状态表示线路忙，系统内不可能有一个以上的呼叫。已知 $\lambda_0=\lambda=0.3$，$\mu_1=\mu=1/3$，由状态概率一般解得

$$P_0=\left[1+\frac{\lambda_0}{\mu_1}\right]^{-1}=0.5263$$

$$P_1=\frac{\lambda_0}{\mu_1}P_0=0.4737$$

【例 2.5】 设有无穷多条线路可以利用，每个呼叫的结束强度为 μ，呼叫的发生强度为常数 $\lambda_k=\lambda\ (k=0,1,2,\cdots)$，求此系统在统计平衡状态下的占用概率分布 P_k。

解：假设每个呼叫的占用是相互独立的，在系统内有 k 个呼叫的条件下，呼叫的结束强度为 $k\mu$，所以 $\lambda_k=\lambda\ (k\geqslant 0)$，$\mu_k=k\mu\ (k>0)$，由式(2.34)与式(2.35)得

$$P_0=\left[1+\frac{\lambda}{\mu}+\left(\frac{\lambda}{\mu}\right)^2\times\frac{1}{2!}+\left(\frac{\lambda}{\mu}\right)^3\times\frac{1}{3!}+\cdots+\left(\frac{\lambda}{\mu}\right)^k\times\frac{1}{k!}+\cdots\right]^{-1}=e^{-\lambda/\mu}$$

$$P_k=\frac{\lambda_0\lambda_1\cdots\lambda_{k-1}}{\mu_1\mu_2\cdots\mu_k}P_0=\frac{(\lambda/\mu)^k}{k!}e^{-\lambda/\mu}\quad k=0,1,2,\cdots$$

即线路的占用概率分布 P_k 服从泊松分布。

2.2 通信业务量

交换系统是一个随机服务系统，它利用拥有的服务设备或资源为用户提供服务，而服务必须满足特定的数量和质量要求。通信业务量就是度量交换系统在一定时间内提供的服务

数量的指标,因此,这是学习交换理论首先必须掌握的一个重要概念,也是交换理论研究的对象之一。业务量又称为业务负载。在一个交换系统中,把请求服务的用户称为业务源(负载源),而把为业务源提供服务的设备(如接续网络中的内部链路、中继线、信令处理器等)称为服务器。一个系统应配备的服务器容量与业务源对服务数量和服务质量的需求有关。人们关心的是服务质量、业务量和服务设备利用率这三者之间的关系。

电话通信的业务源简称话源;电话通信的业务量通常称为话务量。本节将首先介绍话务量的定义和性质,然后推广到数据通信。

2.2.1　话务量的概念

首先来分析决定话务量大小的因素。既然话务量反映的是话源在电话通信使用上的数量需求,那么,话务量的大小,首先与所考察的时间有关,显然考察时间越长,这段时间里发生的呼叫就越多,因而话务量就越大。其次,影响话务量大小的是呼叫强度,也就是单位时间里发生的平均呼叫数,呼叫强度越大,话务量就越大。再者,每个呼叫占用设备的时长也是影响话务量大小的一个因素。在相同的考察时间和呼叫强度情况下,每个呼叫的占用时间越长,话务量就越大。

如果用 Y 表示话务量,用 T 表示计算话务量的时间范围,用 λ 表示呼叫强度,用 S 表示呼叫的平均占用时长,则话务量可表示为

$$Y = T\lambda S = CS \quad (C = T\lambda) \tag{2.36}$$

影响话务量的第一因素是时间,话务量计算中的各个参数都与时间有关,C 为时间 T 内的平均呼叫数。Y 的单位取决于 S 的单位,当 S 用不同的时间单位时,对于同一话务量,其数值是不同的。如果 S 以小时为时间单位,则话务量 Y 的单位叫做"小时呼",常用符号 TC 表示。如果 S 以分钟为时间单位,则话务量 Y 的单位叫做"分钟呼"。也有用"百秒"作时间单位的,这时话务量 Y 的单位叫做"百秒呼",常用符号 CCS 表示。

对于大量随机发生的呼叫,有些呼叫可能遇到电话局忙,没有空闲的服务设备供他们使用。对于这类呼叫,不同的交换系统有不同的处理方法。一种系统是让遇忙呼叫等待,一旦有了空闲的服务设备,呼叫就继续进行下去,这样的系统称为待接制系统或等待制系统。另一种系统,它不让呼叫等待。它对不能立刻得到服务的呼叫的处理方法,是给用户送"忙音"。用户听到忙音后,必须放弃这次呼叫,然后再重新呼叫。这种系统叫做明显损失制系统。

对于等待制系统来说,如果等待时间不限,那么流入系统的话务量都能被处理,只是有一些呼叫要等待一段时间才能得到接续。对于明显损失制系统来说,流入系统的话务量有一部分被处理了,另外一部分则被"损失"掉了。人们把流入系统的话务量叫做流入话务量或流入负载;完成了接续的那部分话务量叫做完成话务量或完成负载;流入话务量与完成话务量之差,就是损失话务量或损失负载。显然,在等待制系统中,如果等待时间不限,则流入话务量等于完成话务量。因为在这种情况下没有损失掉的话务量,只有被延迟处理的话务量。

把单位时间的话务量称为话务量强度或负载强度,习惯上常把"强度"两个字省略。这样,当人们谈及的话务量都是指话务量强度。当所谈及的话务量不是单位时间内的话务量时,应特别指明计算时间,如 T 小时的话务量等。

下面说明话务量的特性,一般地说,电话局的话务量强度经常处于变化之中。话务量强度的这种变化称为话务量的波动性,它是多方面因素影响的综合结果。用概率论的语言说,

话务量的波动是一个随机过程。经过对话务量波动的长期观察和研究，发现话务量的波动存在着周期性。具有重要意义的是一昼夜内各小时的波动情况，为了在一天中的任何时候都能给用户提供一定的服务质量，电话局服务设备数量的计算应根据一天中出现的最大话务量强度进行。人们把一天中出现最大平均话务量强度的60分钟的连续时间区间称为最繁忙小时，简称“忙时”。

根据上述关于话务量的概念和特性，下面给出话务量强度的定义和性质，它不但能用来计算话务量强度，而且能帮助我们进一步理解话务量强度的含义。

定义 2.16 流入话务量强度等于在一次呼叫的平均占用时长内业务源发生的平均呼叫数。

令 A 表示流入话务量强度，λ 表示单位时间内发生的平均呼叫数，S 表示呼叫的平均占用时长，则根据定义流入话务量的强度为

$$A = \lambda S \tag{2.37}$$

当 λ 和 S 使用相同的时间单位时，流入话务量强度 A 无量纲。为了纪念话务理论的创始人，丹麦数学家 A. K. Erlang，将话务量强度的单位定名为“爱尔兰”，并用“e”或“E”表示。

设交换系统中有 N 条输入线，每条输入线接一个负载源，m 个服务器被所有呼叫共用，它们服务速度相同，各自独立地工作，且负载均衡分担(参看图 2.5)。一条输入线的话务量强度用 a 表示，则流入的总话务量强度 $A = Na$。流入话务量强度有如下重要性质。

性质 1 A 或 a 分别为 N 条输入线或单条输入线在呼叫平均占用时长内流入的呼叫数。

性质 2 a 是单条输入线被占用的概率(占用时间百分数)。

这是因为 $a=\lambda_1 S=S/\lambda_1^{-1}$，而 S 是呼叫平均占用时长，λ_1 是单位时间内流入一条线的呼叫数，λ_1^{-1} 是平均呼叫间隔时间，平均呼叫占用时长与平均呼叫间隔之比就是占用时间百分数。

性质 3 A 是 N 条输入线中同时被占用的平均数。

这是因为 N 条输入线中有任意 k 条被占用的概率服从二项分布，即

$$P(X = k) = C_N^k a^k (1-a)^{N-k}$$

而数学期望

$$E(X) = Na = A$$

定义 2.17 服务设备的完成话务量强度等于这组设备在一次呼叫的平均占用时长内完成服务的平均呼叫数。

令 A_c 表示 m 个服务器的完成话务量强度，则有

$$A_c = \lambda_c S \tag{2.38}$$

式中，λ_c 为单位时间内完成服务的呼叫数。完成话务量强度的单位也用“爱尔兰”。设单个服务器的完成话务量强度用 a_c 表示，则 m 个服务器完成的总话务量强度 $A_c = ma_c$。完成话务量强度也有如下重要性质。

性质 1 A_c 或 a_c 分别为 m 个服务器或单个服务器在呼叫平均占用时长内完成服务的平均呼叫数。

性质 2 a_c 是单个服务器的占用概率，即利用率。

性质 3 A_c 是 m 个服务器中同时被占用的平均数。

从式(2.37)与式(2.38)的比较中可以看出，完成话务量强度 A_c 与流入话务量强度 A 有

着完全相同的形式和量纲，其差别在于λ和λ_c，一个是单位时间内发生的平均呼叫数，一个是单位时间内完成服务的平均呼叫数。在发生的全部呼叫中，有一小部分会因为没有找到空闲的服务设备而被损失掉，所以，在明显损失制系统中，λ与λ_c之差，正是损失掉的那部分呼叫。如果一个系统的损失非常小，则$\lambda_c \approx \lambda$，在这种情况下，完成话务量强度近似等于流入话务量强度，在工程计算中可以不加区分，笼统地使用"话务量"这个概念。

【例 2.6】 假设在具有 100 条线的中继线群上，平均每小时发生 2100 次占用，平均占用时长为 1/30 小时。求这群中继线上的完成话务量强度；并根据完成话务量强度的性质说明其意义。

解：根据题意

$$\lambda_c = 2100 \text{ 呼叫 / 小时} \qquad S = 1/30 \text{ 小时 / 呼叫}$$

按照完成话务量强度的定义有

$$A_c = \lambda_c S = 2100 \times 1/30 = 70\text{E}$$

根据完成话务量强度性质 1，70E 可理解为在平均占用时长 1/30 小时内，平均有 70 次占用发生；根据性质 2，单条中继线的占用概率(利用率)为 0.7；根据性质 3，70E 意味着在 100 条中继线中，同时处于工作状态的平均有 70 条，空闲着的平均有 30 条。

2.2.2 数据业务量

数据通信如果采用电路交换方式，那么每次通信"会话"可以看成一次呼叫，2.2.1 节所述的话务量的概念完全适用，只需将"话务量"改为"业务量"即可。

数据通信如果采用分组交换方式，交换系统采用等待制服务，分组丢失率可以忽略，那么流入和流出的业务量强度将相等，业务量强度仍可以用式(2.37)定义，这里改写为

$$\rho = \lambda S = \lambda / \mu \tag{2.37a}$$

式中，ρ代表业务量强度；λ为数据分组的到达(速)率，即单位时间内到达的平均分组数；$S=1/\mu$是分组的平均服务时间，μ称为服务(速)率。

业务量强度也具有话务量强度的那些性质，其中最重要的是业务量强度等于服务设备被占用的概率，即处于"忙"状态的概率。通过以后的学习就会知道，分组交换系统的服务质量与业务量强度有着非常密切的关系。

2.2.3 交换系统的服务质量和话务负荷能力

1. 服务质量

服务质量是用来说明交换系统给服务对象(呼叫或数据分组)提供服务的可能性或者服务对象发生等待的可能性及相应的等待时间等的指标体系。

出于经济上的考虑，实际的交换系统都是有损失的系统。在有损失的系统中，又分为明显损失制系统和等待时间有限的等待制系统。

为了定量地说明明显损失交换系统的服务质量，一般常用下列指标：按呼叫计算的呼损率B，按时间计算的呼损率E和按负载计算的呼损率H。

在时间(t_1,t_2)内损失的呼叫数$C_L(t_1,t_2)$与在同一时间内发生的呼叫次数$C(t_1,t_2)$的比，称为(t_1,t_2)时间内按呼叫计算的呼损，即

$$B=\frac{C_L(t_1,t_2)}{C(t_1,t_2)} \tag{2.39}$$

在时间(t_1,t_2)内损失的话务量$Y_L(t_1,t_2)$与在同一时间内流入话务量$Y(t_1,t_2)$的比，称为(t_1,t_2)时间内按负载计算的呼损，即

$$H=\frac{Y_L(t_1,t_2)}{Y(t_1,t_2)} \tag{2.40}$$

在时间(t_1,t_2)内所有服务设备全部阻塞的时间$T_B(t_1,t_2)$与所考察的时间段(t_1,t_2)长度之比，称为按时间计算的呼损，即所有服务器全忙的概率

$$E=\frac{T_B(t_1,t_2)}{t_2-t_1}=P_m \tag{2.41}$$

按以上定义所计算的呼损指标取值在0～1之间，而且它们的数值很接近。所以统一用呼损概率P代表B、H、E。系统所能达到的呼损概率常称为服务等级，简记为GoS(Grade of Service)，服务等级取决于系统的话务量和服务器数量。

为了定量地说明等待制系统的服务质量或服务等级，常采用以下指标：呼叫发生等待的概率、呼叫等待时间大于任意给定值t的概率、平均等待时间等。这里对等待制系统暂不做进一步讨论。

2. 交换系统的话务负荷能力

所谓交换系统的话务负荷能力，指的是在给定服务质量指标的条件下，系统所能承担的话务量强度。话务负荷能力实质上代表了交换系统的效率。影响系统话务负荷能力的因素很多，如呼损率指标、服务设备容量、系统结构、服务方式以及呼叫流的性质等。在一定的服务质量指标条件下，交换系统的话务负荷能力，常用完成话务量强度A_c与服务设备容量m的比来表示，即

$$\eta=A_c/m \tag{2.42}$$

η是每个服务器承担的平均话务量强度。如例2.6中，100条线的中继线群承担70E的话务量，那么每条中继线平均承担0.7E。根据完成话务量强度的性质2，在一小时里，每条线平均有0.7小时工作，0.3小时不工作，这个数字表示了中继线的利用率，也就是中继线的效率。当然η也表示服务设备被占用的概率或被占用的时间比例。

2.3 明显损失制电路交换系统的基本理论

研究交换系统的服务质量与业务量强度、服务设备容量之间的内在联系和规律，是交换理论最基本的任务。本节仅限于讨论明显损失制系统的占用状态的概率分布及呼损率。

2.3.1 呼损指标的分配

呼损率是电路交换系统服务质量的重要指标，这个指标关系到用户对交换系统所提供服务的满意程度，也涉及运营商投资的大小和经济效益。呼损标准由有关行政主管部门制定。

从经济性和技术的合理性角度，我们来分析呼损的分配问题。一般情况下，一个端到端

的接续路由要经过若干个选择级，在每个选择级上都有呼损。图 2.4 所示是一个由 n 个选择级构成的接续路由，设第 k 选择级的呼损概率为 P_k。首先来分析一个接续路由的总呼损概率 P_B和各选择级的呼损概率之间的关系。要准确地计算 P_B是一件很复杂的事情，因为各选择级的占用存在着一定的依赖关系。如果假设各选择级的工作是完全独立的，则呼损 P_B可表示为

$$P_B = 1-(1-P_1)(1-P_2)\cdots(1-P_n) = 1-\prod_{k=1}^{n}(1-P_k) \tag{2.43}$$

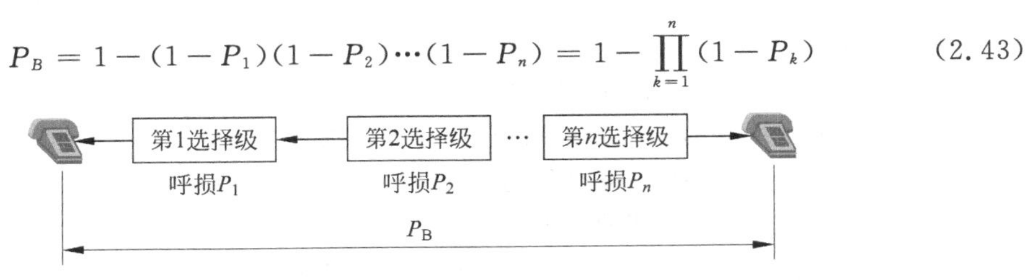

图 2.4 n 个选择级构成的接续路由

在实际的交换系统中，呼损率 P_k一般都很小，大约在百分之零点几，把式(2.43)展开，忽略所有 P_k的乘积项，就可以得出

$$P_B \approx P_1 + P_2 + \cdots + P_k + \cdots + P_n \tag{2.44}$$

这样，总呼损率 P_B可近似看作各选择级呼损率之和，下面的问题就是怎样把总呼损分配到各选择级上去。最简单的方法，就是将总呼损平均分配给各选择级。但是，这样的分配方法不是最合理的。因为，这样的做法没有考虑不同选择级的费用不同，也没有考虑各选择级在接续中的作用和影响不同。比较合理的分配方法，应该允许设备费用高的选择级有较大的呼损，这样可以减少其设备数量，提高设备的利用率。对在接续中影响面大的选择级，分配的呼损一定要小，以保证服务质量。

2.3.2 关于利用度的概念

电路交换系统是一种典型的设备共享系统，所谓服务设备泛指各种在电路接续过程中，为用户提供服务的共享资源。在分析讨论中，服务设备具体是哪种并不重要。用户是产生话务量的源泉，称为负载源(或话源)，负载源的真正含义要广泛得多，一般来说，凡是向本级设备送入话务量的前级设备，都是本级的负载源。图 2.5 给出 N 个负载源共享 m 个服务器的模型。

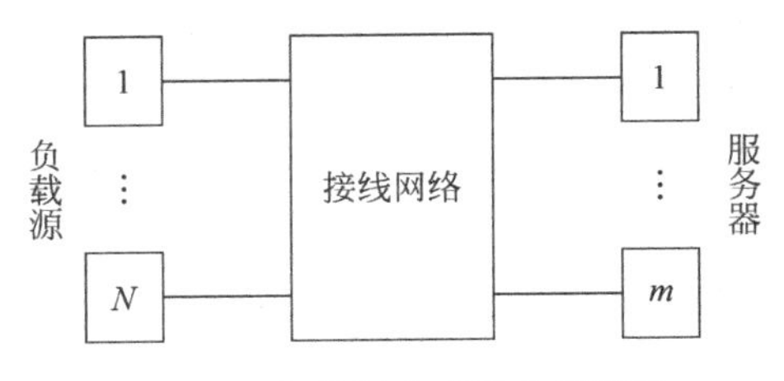

图 2.5 负载源共享服务器模型

如果接线网络能够把任何空闲的入线连接到任何空闲的出线，就称为“全利用度”接线网络，这种情况下，每一个负载源能够使用所有服务器中的任何一个。当然也有“部分利用度”接线网络，其中任一负载源只能使用所有服务设备中的一部分设备。把负载源能够使用

的服务器数称为“利用度”。显然，全利用度情况下的利用度等于服务器的数量。下面仅讨论全利用度情况下呼损的计算问题。

2.3.3 服务设备占用概率分布

呼损是明显损失制随机服务系统的基本服务质量指标，描述这种系统最简单而又最有效的随机过程模型，就是生灭过程。下面首先利用生灭过程理论研究服务设备的占用概率分布，进而求得呼损率及设备的利用率。

假设有一全利用度的随机服务系统，服务设备数量为 m，它为 N 个负载源服务，系统按明显损失制方式工作，也就是 m 个服务设备全忙时，再发生呼叫，则这个呼叫将立即损失，不留在系统中等待。还假设所研究的系统满足生灭过程条件（呼叫的到达和离去都是泊松过程），且满足统计平衡条件。因此，当系统处于统计平衡状态时，可由生灭过程状态概率的一般解求得服务设备的占用概率分布。显然，所研究的系统具有有限个状态，在统计平衡条件下，系统处于状态 $k(k=0,1,\cdots,m)$ 的概率为

$$P_k=\frac{\lambda_0\lambda_1\cdots\lambda_{k-1}}{\mu_1\mu_2\cdots\mu_k}P_0\quad k=1,2\cdots,m \tag{2.45}$$

$$P_0=\left[1+\frac{\lambda_0}{\mu_1}+\frac{\lambda_0\lambda_1}{\mu_1\mu_2}+\cdots+\frac{\lambda_0\lambda_1\cdots\lambda_{m-1}}{\mu_1\mu_2\cdots\mu_m}\right]^{-1} \tag{2.45a}$$

式中 λ_k 和 μ_k 分别是系统处于状态 k 时的呼叫发生强度和呼叫结束强度。这样，想求得占用概率分布，必须首先确定 λ_k 和 μ_k，λ_k 常采用以下两种计算方法。第一种计算方法假设呼叫强度 λ_k 与空闲的负载源数成正比，因为呼叫总是由空闲着的负载源发起的，所以这种假设是自然、合理的。如果在任意时刻系统处于状态 k，即 N 个负载源中有 k 个处于忙状态，$(N-k)$ 个处于空闲状态，则呼叫强度 λ_k 可以表示为 $\lambda_k=(N-k)\cdot\alpha$，$\alpha$ 为一个空闲负载源的呼叫强度。第二种方法假设不管空闲着的负载源有多少，呼叫强度 λ_k 始终是一个与系统状态无关的常数，即 $\lambda_k=\lambda$。实际计算中，究竟采用哪一种方法计算 λ_k，取决于负载源数目 N 的大小。当负载源数很大（在理论上 $N\to\infty$）时，其中处于忙状态的负载源数在全部负载源数中只占一个很小的比例，呼叫强度基本上取决于总负载源数，这时就可以近似地认为呼叫强度 λ_k 是一个常数，即可以采用第二种方法计算 λ_k。如果负载源数 N 不是很大，即不能忽略忙负载源数的影响时，就要用第一种方法计算 λ_k。

再来讨论呼叫结束强度 μ_k。我们知道，呼叫的占用时长近似服从指数分布，如果呼叫的平均占用时长为 S，则在非常小的时间区间 Δt 内呼叫结束占用的概率为 $1-\mathrm{e}^{-\Delta t/S}$，并且它与该呼叫已经占用了多少时间无关。由于 Δt 很小，呼叫结束占用的概率可以近似地表示为 $\Delta t/S+O(\Delta t)$，因此，在有一个呼叫占用的情况下，呼叫结束强度 $\mu_1=1/S=\mu$。当系统中有 k 个呼叫占用时，由于每个呼叫是独立的，并都以强度 $\mu=1/S$ 结束自己的占用，则状态 k 下的呼叫结束强度应为 $\mu_k=k\mu=k/S$。

根据负载源数 N 的大小及其与服务设备数量 m 的关系，下面分四种不同的情况来研究服务设备的占用概率分布。

1. 二项分布

研究负载源数 N 不大于服务设备数量 m（即 $N\leqslant m$）的情况。根据前面对 λ_k 和 μ_k 计算

方法的讨论，令

$$\lambda_k = (N-k)\alpha,\quad \mu_k = k/S,\quad k=0,1,2,\cdots,N$$

式中 S 为呼叫的平均占用时长，α 为一个空闲负载源的平均呼叫强度。由式(2.45)和式(2.45a)，得 k 个呼叫占用的概率分布为

$$P_k = \frac{\lambda_0\lambda_1\cdots\lambda_{k-1}}{\mu_1\mu_2\cdots\mu_k}P_0 = \frac{N\alpha\cdot(N-1)\alpha\cdot(N-2)\alpha\cdots(N-k+1)\alpha}{(1/S)\cdot(2/S)\cdot(3/S)\cdots(k/S)}P_0$$

$$= \frac{N(N-1)(N-2)\cdots(N-k+1)}{k!}(\alpha\cdot S)^k P_0 = C_N^k\beta^k P_0\quad k=1,2,\cdots,N$$

其中 $\beta=\alpha S$，根据话务量强度的定义，β 是一个空闲负载源的流入话务量强度。

$$P_0 = \left[1+\frac{\lambda_0}{\mu_1}+\frac{\lambda_0\lambda_1}{\mu_1\mu_2}+\cdots+\frac{\lambda_0\lambda_1\cdots\lambda_{N-1}}{\mu_1\mu_2\cdots\mu_N}\right]^{-1}$$

$$= \left[1+\frac{N\alpha}{1/S}+\frac{N\alpha\cdot(N-1)\alpha}{(1/S)\cdot(2/S)}+\cdots+\frac{N\alpha\cdot(N-1)\alpha\cdots\alpha}{(1/S)\cdot(2/S)\cdots(N/S)}\right]^{-1}$$

$$= \left[1+N\beta+\frac{N(N-1)\beta^2}{2!}+\cdots+\frac{N(N-1)(N-2)\cdots1}{N!}\beta^N\right]^{-1}$$

$$= (C_N^0\beta^0+C_N^1\beta^1+C_2^0\beta^2+\cdots+C_N^N\beta^N)^{-1} = \frac{1}{(1+\beta)^N}$$

所以 m 个服务设备有 k 个占用的概率为

$$P_k = C_N^k\beta^k\frac{1}{(1+\beta)^N} = C_N^k\beta^k\left(\frac{\beta}{1+\beta}\right)^k\left(1-\frac{\beta}{1+\beta}\right)^{N-k}\quad k=0,1,2,\cdots,N \tag{2.46}$$

令

$$\alpha = \frac{\beta}{1+\beta} \tag{2.47}$$

最后得

$$P_k = C_N^k\alpha^k(1-\alpha)^{N-k}\quad k=0,1,2,\cdots,N \tag{2.48}$$

式(2.48)的占用概率分布显然是二项分布。式中 α 表示的是一个负载源处于忙状态的概率。根据话务量强度的性质，α 就是每个负载源的话务量强度。式(2.47)给出了在 $N\leqslant m$ 的条件下，一个负载源的话务量强度与一个空闲负载源的话务量强度之间的关系。已知 α 或 β，就可求得服务设备的占用概率分布。

2. 恩格塞特分布

研究负载源数 N 大于服务设备数量 m $(N>m)$的情况。根据 λ_k 和 μ_k 的计算方法，令

$$\lambda_k = (N-k)\alpha,\quad \mu_k = k/S\quad k=0,1,2,\cdots,m$$

代入式(2.45)和式(2.45a)，得 k 个呼叫占用的概率分布为

$$P_k = C_N^k\beta^k P_0\quad k=1,2,\cdots,m\quad P_0 = \left[\sum_{i=0}^{m}C_N^i\beta^i\right]^{-1}$$

式中 α 为一个空闲负载源的呼叫强度，$\beta=\alpha S$ 是一个空闲负载源的话务量强度。所以 m 个设备中有 k 个占用的概率分布为

$$P_k = \frac{C_N^k\beta^k}{\sum\limits_{i=0}^{m}C_N^i\beta^i}\quad k=0,1,2,\cdots,m \tag{2.49}$$

式(2.49)所描述的概率分布称为恩格塞特分布。

在实际的工程计算中，一般不使用β,而是用流入话务量强度A或负载源的话务量强度α。由于$A=N\alpha$,若呼损率为B,则服务设备的完成话务量强度$A_c=A(1-B)$。根据完成话务量强度的定义，A_c等于平均有多少个服务设备被同时占用。因此，$N-A_c$是平均空闲负载源数。于是每个空闲负载源的话务量强度β可表示为

$$\beta=\frac{A}{N-A_c}=\frac{A}{N-A(1-B)} \quad 或 \quad \beta=\frac{\alpha}{1-\alpha(1-B)}$$

恩格塞特分布式(2.49)可表示为

$$P_k=\frac{C_N^k\left(\frac{A}{N-A(1-B)}\right)^k}{\sum_{i=0}^{m}C_N^i\left(\frac{A}{N-A(1-B)}\right)^i} \quad 或 \quad P_k=\frac{C_N^k\left(\frac{\alpha}{1-\alpha(1-B)}\right)^k}{\sum_{i=0}^{m}C_N^i\left(\frac{\alpha}{1-\alpha(1-B)}\right)^i},\quad k=0,1,2,\cdots,m$$

3. 爱尔兰分布

研究负载源数为无穷大，服务设备数量有限($N\to\infty$,m有限或$N>>m$)的情况。由于$N\to\infty$或$N>>m$,可认为呼叫强度λ_k不再与系统的状态有关，而是一个常数。令

$$\lambda_k=\lambda,\quad \mu_k=k/S,\quad k=0,1,2,\cdots,m$$

代入式(2.45)和式(2.45a),得占用概率分布为

$$P_k=\frac{(\lambda S)^k}{k!}P_0\quad k=0,1,2,\cdots,m\quad P_0=\left[1+\lambda S+\frac{(\lambda S)^2}{2!}+\cdots+\frac{(\lambda S)^m}{m!}\right]^{-1}$$

根据流入话务量强度的定义，λS就是系统的流入话务量强度。令$A=\lambda S$,则m个服务设备中有k个被占用的概率为

$$P_k=\frac{A^k/k!}{\sum_{i=0}^{m}A^i/i!}\quad k=0,1,2,\cdots,m \tag{2.50}$$

式(2.50)所示的概率分布称为爱尔兰分布。由爱尔兰分布可以得到递推式$P_k=P_{k-1}(A/k)$。由此可见，在$k<A$的区域内，$P_k>P_{k-1}$；在$k>A$区域内，$P_k<P_{k-1}$。当$k=A$(如果A是整数)或$k=[A]$(如果A不是整数)时，P_k值达到最大。

4. 泊松分布

研究负载源数和服务设备数量都非常大($N\to\infty$,$m\to\infty$)的情况。根据λ_k和μ_k的计算方法，令

$$\lambda_k=\lambda,\quad \mu_k=k/S,\quad k=0,1,2,\cdots$$

代入式(2.45)和式(2.45a),得占用概率分布为

$$P_k=\frac{(\lambda S)^k}{k!}P_0\quad k=0,1,2,\cdots\quad P_0=\left[1+\frac{\lambda S}{1!}+\frac{(\lambda S)^2}{2!}+\cdots\right]^{-1}=e^{-\lambda S}$$

这里$A=\lambda S$为系统的流入话务量强度，于是有

$$P_k=\frac{A^k}{k!}e^{-A}\quad k=0,1,2,\cdots \tag{2.51}$$

式(2.51)所示的概率分布显然是泊松分布。

以上我们分析了服务设备的四种占用概率分布，每一种分布都有相应的前提条件，选择

使用某一种分布时，必须注意分析负载源数量与服务设备数量之间的关系以及呼叫发生强度和呼叫结束强度的计算方法。

2.3.4　呼损率与设备利用率

明显损失系统的服务质量是用呼损表示的，前面定义了三种不同的呼损，其中应用最广的是按时间计算的呼损 E 和按呼叫计算的呼损 B。呼损的计算离不开服务设备的占用概率分布，只有正确地选择占用概率分布，才能得到准确的计算结果。

在占用概率服从二项分布的情况下，由于 $N \leqslant m$，故按呼叫计算的呼损 $B=0$；对于 $N < m$，按时间计算的呼损 $E=0$；对于 $N = m$，就会出现全部服务设备占满的情况，出现这种状态的概率就是呼损 E，所以有

$$E = P_m = \alpha^m = \alpha^N \quad (N = m)$$

式中 α 是每个服务设备的话务量强度。

在占用概率服从泊松分布的情况下，由于 $N=\infty, m=\infty$，所以 $B = E = 0$。

在实际的交换系统中，总是许多用户共用少量的服务设备（$N>m$ 或 $N>>m$），相应的占用概率分布是恩格塞特分布和爱尔兰分布，下面分别讨论这两种情况下的呼损率及服务设备利用率。

1. 爱尔兰呼损公式

占用概率服从爱尔兰分布的情况下，按时间计算的呼损率 E 为

$$E = P_m = \frac{A^m/m!}{\sum_{i=0}^{m} A^i/i!} \tag{2.52}$$

式中，A 是系统的流入话务量强度；m 为服务设备数量。式(2.52)是著名的爱尔兰呼损公式，常用符号 $E_m(A)$ 表示。

占用概率服从爱尔兰分布的情况下，按呼叫计算的呼损率 B 为

$$B = \frac{C_L}{C} = \frac{P_m \cdot \lambda_m}{\sum_{k=0}^{m} P_k \cdot \lambda_k} = \frac{P_m\lambda}{\sum_{k=0}^{m} P_k \cdot \lambda} = P_m = \frac{A^m/m!}{\sum_{i=0}^{m} A^i/i!} \tag{2.53}$$

式中 C_L 和 C 分别代表单位时间内损失的平均呼叫数和总平均呼叫数。式(2.53)表明，按呼叫计算的呼损 B 等于按时间计算的呼损 E，因而没必要区分它们，通常就简单地称它们为呼损，并用 P_B 表示。即

$$P_B = E = B = E_m(A) = \frac{A^m/m!}{\sum_{i=0}^{m} A^i/i!} \tag{2.54}$$

由爱尔兰呼损公式得到的流入话务量强度 A，呼损 E 和服务设备数量 m 之间的关系曲线如图 2.6 所示。可以看出，当 m 一定时，话务量 A 越大，呼损 E 就越大。当呼损 E 一定时，话务量 A 越大，需要的服务设备数量 m 就越大。并且，当 m 大到一定程度时，A 与 m 明显呈线性关系，即 A/m 接近于一个常数。

直接按爱尔兰呼损公式(2.54)计算比较烦琐，在工程上常用查表或近似计算公式获得呼损。把爱尔兰呼损公式计算值列成表，已知 E, m, A 三个量中的任意两个，通过查表，就

可以得到爱尔兰呼损公式给出的第三个量的数值。表 2.1 给出了 E 从 0.001 到 0.2，服务设备数量 m 从 1 到 300 时，系统所能承担的话务量值。当话务量值的范围为 $5E \leqslant A \leqslant 50E$ 时，利用近似计算公式(2.55)和式(2.56)得到的服务器数量 m 十分接近精确值。

$$m = 5.5 + 1.17A \qquad E = 0.01 \tag{2.55}$$

$$m = 7.8 + 1.28A \qquad E = 0.001 \tag{2.56}$$

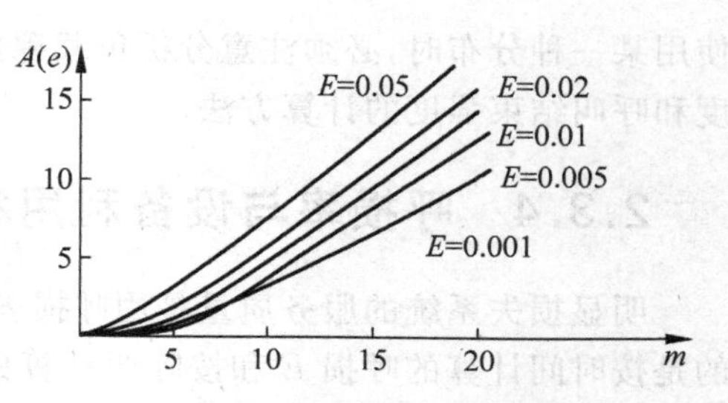

图 2.6 爱尔兰呼损公式曲线

表 2.1 爱尔兰呼损简表 $A(e)$

m \ E	0.001	0.002	0.005	0.01	0.02	0.03	0.05	0.07	0.1	0.2
1	0.001	0.002	0.005	0.01	0.02	0.031	0.053	0.075	0.111	0.2
2	0.048	0.065	0.105	0.153	0.223	0.282	0.381	0.47	0.595	1
3	0.194	0.249	0.349	0.455	0.602	0.751	0.899	1.057	1.271	1.903
4	0.439	0.535	0.701	0.869	1.092	1.259	1.525	1.748	2.045	2.945
5	0.762	0.9	1.132	1.361	1.657	1.875	2.218	2.504	2.681	4.01
6	1.146	1.325	1.622	1.909	2.278	2.543	2.96	3.305	3.758	5.109
7	1.579	1.798	2.157	2.501	2.935	3.25	3.738	4.139	4.668	6.23
8	2.051	2.311	2.73	3.128	3.627	3.987	4.543	4.999	5.597	7.369
9	2.557	2.855	3.333	3.783	4.345	4.748	5.37	5.879	6.546	8.522
10	3.092	3.427	3.961	4.461	5.084	5.529	6.216	6.776	7.511	9.635
11	3.651	4.022	4.61	5.16	5.842	6.328	7.076	7.687	8.487	10.857
13	4.831	5.27	5.964	6.607	7.402	7.967	8.835	9.543	10.47	—
15	6.077	6.582	7.376	8.108	9.01	9.65	10.633	11.434	12.484	—
17	7.378	7.946	8.834	9.652	10.656	11.368	12.461	13.353	14.522	—
19	8.724	9.351	10.331	11.23	12.333	13.115	14.315	15.294	16.579	—
20	9.411	10.068	11.092	12.031	13.182	13.997	15.249	16.271	17.613	—
21	10.108	10.793	11.86	12.838	14.036	14.884	16.189	17.253	18.651	—
24	12.243	13.011	14.204	15.295	16.631	17.577	19.031	20.219	21.784	—
27	14.439	15.285	16.598	17.797	19.265	20.305	21.904	23.213	24.939	—
30	16.684	17.606	19.034	20.337	21.932	23.062	24.802	26.228	28.113	—
35	20.517	21.559	23.169	24.638	26.435	27.711	29.677	30.293	33.434	—
40	24.444	25.599	27.382	29.007	30.997	32.412	34.596	36.396	38.787	—
45	28.447	29.708	31.658	33.432	35.607	37.155	39.55	41.529	44.165	—
50	32.512	33.876	35.982	37.901	40.255	41.933	44.533	46.687	49.562	—
60	40.79	42. 35	44.76	46.95	49.64	51.57	54.57	57.06	—	—
70	49.24	50.98	53.66	56.11	59.13	61.29	64.67	67.49	—	—
80	57.81	59.72	62.67	65.36	68.69	71.08	74.82	77.96	—	—
90	66.48	68.56	71.76	74.68	78.31	80.91	85.01	88.46	—	—
100	75.24	77.47	80.91	84.06	87.97	90.79	95.24	98.99	—	—
130	101.91	104.57	108.68	112.47	117.19	120.62	126.07	—	—	—
160	129.01	132.07	136.86	141.17	146.64	150.64	157.05	—	—	—
190	156.43	159.84	156.15	170.07	176.26	180.81	188.13	—	—	—
200	165.62	169.15	174.64	179.74	186.16	190.89	198.51	—	—	—
250	211.92	216	222.36	228.3	235.83	241.41	—	—	—	—
300	258.65	263.63	270.41	277.12	285.71	292.12	—	—	—	—

2. 恩格塞特呼损公式

对于服从恩格塞特分布的全利用度系统，按时间计算的呼损率 E 为

$$E = P_m = \frac{C_N^m \beta^m}{\sum_{i=0}^{m} C_N^i \beta^i} \quad \beta = \frac{A}{N - A_c} = \frac{A}{N - A(1 - B)} \tag{2.57}$$

式中，N 为负载源数；m 为服务设备数量；A 为流入话务量强度；A_c为完成话务量强度。

根据数学期望公式，在单位时间内发生的总呼叫数的数学期望为

$$C = \sum_{k=0}^{m} P_k \cdot (N - k)\alpha$$

式中，P_k是按恩格塞特分布计算的有 k 个服务设备被占用的概率；α 是一个空闲话源的呼叫强度。单位时间内损失的呼叫数的数学期望 C_L 为

$$C_L = P_m \cdot (N - m)\alpha$$

因此，按呼叫计算的呼损率为

$$B = C_L / C = \frac{P_m \cdot (N - m)\alpha}{\sum_{k=0}^{m} P_k \cdot (N - k)\alpha} \tag{2.58}$$

经化简后得

$$B = \frac{C_{N-1}^m \beta^m}{\sum_{k=0}^{m} C_{N-1}^k \beta^k} \quad \beta = \frac{A}{N - A_c} = \frac{A}{N - A(1 - B)} \tag{2.59}$$

在恩格塞特分布条件下，无论是按时间计算的呼损还是按呼叫计算的呼损，呼损公式的右侧仍含有呼损 B，这使得呼损的计算更加复杂，一般也有计算好的表格，通过查表可以方便地得出呼损值。实际应用中如果呼损很小时，可以用 A 代替 A_c，从而使计算得到简化。随着话源数 N 的增大，恩格塞特分布趋向于爱尔兰分布。通常在 N 大于 100 时，可以用爱尔兰分布代替恩格塞特分布进行计算。

3. 服务设备利用率

每个服务设备所承担的平均完成话务量强度表明服务设备的利用率，即

$$\eta = \frac{A_c}{m} = \frac{A(1 - B)}{m} \tag{2.60}$$

以爱尔兰分布为例，来研究服务设备数量 m、话务量强度 A、呼损率 B 与服务设备利用率 η 之间的关系。当呼损一定时，可以得出 η 与 m 的关系曲线，如图 2.7 所示，η 与 A 的关系曲线如图 2.8 所示。应当注意，还有一个量没有在图中给出，但它要受爱尔兰呼损公式的约束。

从图 2.7 的曲线可以看出，在服务设备数量一定的条件下，呼损越大，服务设备利用率越高；从图 2.8 的曲线可以看出，在流入话务量强度一定的条件下，呼损越大，服务设备的利用率也越高。呼损大意味着服务质量低，因此，用提高呼损率来降低服务质量的办法，可以提高设备的利用率。但交换系统的设计必须兼顾服务质量与经济效益两个方面。

从图 2.7 和图 2.8 的曲线还可以看出，在呼损一定的情况下，服务设备数量越多，或者

流入话务量强度越大，服务设备的利用率就越高。因此，在交换系统的设计中，要尽可能组成大线群，以提高设备的利用率。但是，对于一定的呼损值，当设备数量或流入话务量强度大到一定程度后，利用率趋向于"饱和"。高利用率的系统也有不利的一面，即当系统发生过负荷现象时，呼损的增长幅度非常大，会造成交换系统服务质量的严重下降。

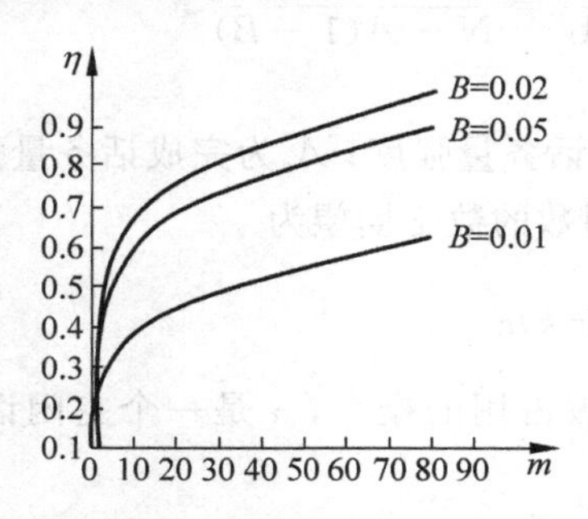

图 2.7 设备数量与利用率关系曲线

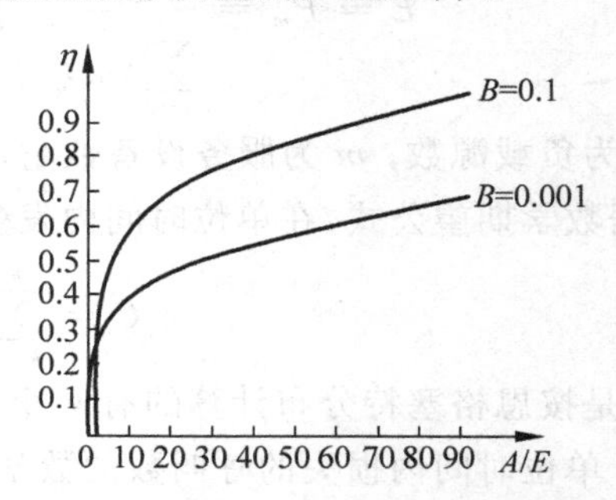

图 2.8 话务量强度与利用率关系曲线

2.4 等待制交换系统的基本理论

前面讲到电路交换有两种服务制式：明显损失制和等待制。对于电路交换，接续网络一般采用明显损失制，而信令处理一般采用等待制。至于分组交换一般都采用等待制。因此，本节的内容将适合于采用等待制服务方式的电路交换和分组交换系统，所不同的是电路交换系统的服务对象是用户的呼叫，而分组交换系统的服务对象是数据分组。

2.4.1 等待制电路交换

假设呼叫流是泊松流，呼叫强度为λ；每个呼叫的服务时间服从指数分布，平均服务时间$S=1/\mu$；服务器的数目为m，各个服务器的服务能力相同；在服务设备全忙的条件下，到达的呼叫将排队等待，等待队列的长度无限；排队服务规则为先来先服务。定义系统的状态为系统内逗留的呼叫数。现在让我们来求系统状态的概率分布及呼叫的等待时间分布。

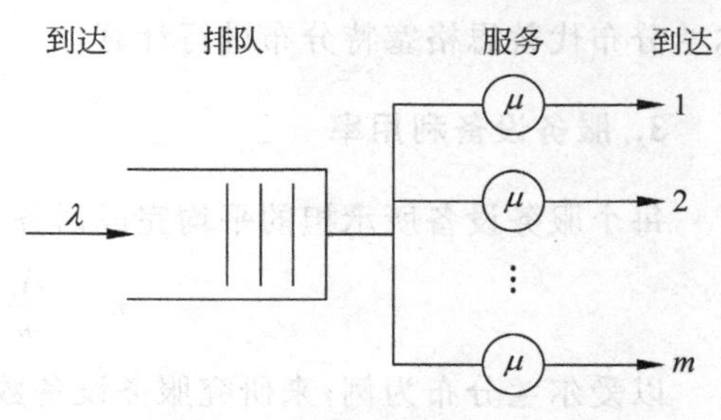

图 2.9 $M/M/m$ 排队模型

在这些假设条件下，系统可用如图 2.9 所示的$M/M/m$排队模型来描述。系统状态随时间的变化可视为生灭过程，其状态转移关系如图 2.10 所示。

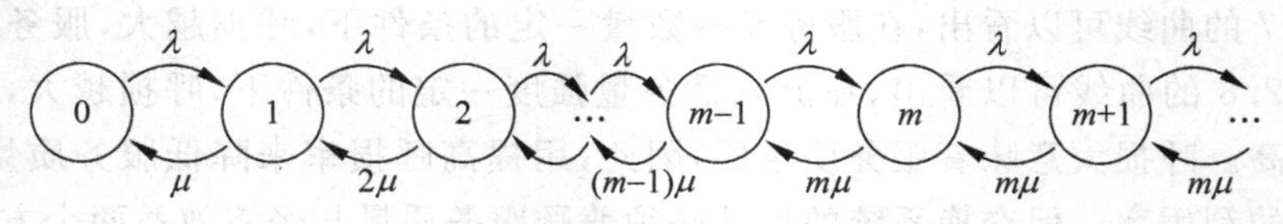

图 2.10 等待制交换系统的状态转移图

该生灭过程的参数确定如下：

$$\lambda_k = \lambda \quad k = 0,1,2,\cdots$$

$$\mu_k = \begin{cases} k\mu & k = 0,1,2,\cdots,m \\ m\mu & k = m,m+1,\cdots \end{cases}$$

将这些参数代入式(2.35)，可得到系统的统计平衡状态的概率分布为

$$\begin{cases} P_k = \dfrac{A^k}{k!}P_0 & k = 0,1,2,\cdots,m \\ P_k = \dfrac{A^m}{m!}\left(\dfrac{A}{m}\right)^{k-m}P_0 & k = m,m+1,\cdots \end{cases} \tag{2.61}$$

式中 $A = \lambda S = \lambda/\mu$ 是流入业务量强度。

式(2.61)成立的条件是 $A < m$ 或 $\lambda < m\mu$。由概率归一化条件 $\sum\limits_k P_k = 1$ 可得

$$\begin{aligned} P_0 &= \left[\sum_{k=0}^{m}\frac{A^k}{k!} + \frac{A^m}{m!}\sum_{k=m+1}^{\infty}\left(\frac{A}{m}\right)^{k-m}\right]^{-1} \\ &= \left[\sum_{k=0}\frac{A^k}{k!} + \frac{A^m}{m!}\left(\frac{A}{m-A}\right)\right]^{-1} = \left[\sum_{k=0}^{m-1}\frac{A^k}{k!} + \frac{A^m}{m!}\left(\frac{m}{m-A}\right)\right]^{-1} \end{aligned} \tag{2.62}$$

还可得如下递推公式

$$\begin{cases} P_k = P_{k-1}(A/k) & k = 0,1,2,\cdots,m \\ P_{k+1} = P_k(A/m) & k = m,m+1,\cdots \end{cases} \tag{2.63}$$

如果用爱尔兰分布公式(2.50)和爱尔兰呼损公式(2.54)的符号

$$E_{k,m}(A) = P_k = \frac{A^k/k!}{\sum\limits_{i=0}^{m}A^i/i!} \quad E_m(A) = \frac{A^m/m!}{\sum\limits_{i=0}^{m}A^i/i!} \tag{2.64}$$

则有系统状态概率分布

$$\begin{cases} P_k = \dfrac{A^k/k!}{\sum\limits_{k=0}^{m}\dfrac{A^k}{k!} + \dfrac{A^m}{m!}\left(\dfrac{A}{m-A}\right)} = \dfrac{E_{k,m}(A)}{1 + \left(\dfrac{A}{m-A}\right)E_m(A)} & k = 0,1,2,\cdots,m \\ P_k = \dfrac{\dfrac{A^m}{m!}\left(\dfrac{A}{m}\right)^{k-m}}{\sum\limits_{k=0}^{m}\dfrac{A^k}{k!} + \dfrac{A^m}{m!}\left(\dfrac{A}{m-A}\right)} = \dfrac{\left(\dfrac{A}{m}\right)^{k-m}E_m(A)}{1 + \left(\dfrac{A}{m-A}\right)E_m(A)} & k = m,m+1,\cdots \end{cases} \tag{2.65}$$

还可以得到呼叫发生等待的概率

$$P(k \geqslant m) = \sum_{k=m}^{\infty}P_k = \frac{A^m}{m!}\left(\frac{m}{m-A}\right)P_0 = \frac{E_m(A)}{1 - \dfrac{A}{m}[1 - E_m(A)]} = D_m(A) \tag{2.66}$$

对于不允许等待的交换系统，“呼叫发生等待”近似等效于“呼损”，故式(2.66)称为第二爱尔兰公式(爱尔兰 C 公式)。而式(2.54)称为第一爱尔兰公式(爱尔兰 B 公式)。

此外，可以证明，呼叫等待时间 W 大于 t 的概率为

$$P(W > t) = P(W > 0)\cdot \mathrm{e}^{-\mu(m-A)t} = D_m(A)\cdot \mathrm{e}^{-(m-A)t/S} \tag{2.67}$$

如果允许的等待时间为 T，则等待制电路交换系统的呼损率为

$$E = P(W > T) = D_m(A)\cdot \mathrm{e}^{-(m-A)T/S} \tag{2.68}$$

【例 2.7】 设电话呼叫平均占用时长 $S=3$ 分钟，允许的等待时间 $T=3$ 秒钟，流入话务量强度 $A=70\text{E}$，服务设备中继线的数目(每条中继线的容量为一个话路)为 90，试求呼损率 E。

解：由表 2.1 可知，$E_m(A)=E_{90}(70)\approx 0.005$，代入式(2.66)得 $D_m(A)=D_{90}(70)\approx 0.022$，再代入式(2.68)即得 $E=0.022\text{e}^{-1/3}=0.0158$。

【例 2.8】 某电路交换系统使用两个信令处理器协同工作。设每次呼叫所需的平均信令处理时间为 10ms，呼叫强度为每秒 100 次，允许等待时间为 100ms，试求呼损率 E。

解：根据题意，已知 $\lambda=100/\text{s}$，$S=0.01\text{s}$，$m=2$，$T=0.1\text{s}$，流入业务量强度 $A=\lambda S=1$，又查表 2.1 可得 $E_m(A)=0.2$，通过式(2.66)得 $D_m(A)=1/3$。把以上数据代入式(2.68)，即得 $E=(1/3)\text{e}^{-10}\approx 1.5\times 10^{-5}$。

这两个例子说明，接续网络采用有限时间的等待制是没有多大意义的，而在信令处理系统中采用有限时间的等待制可以大大减小呼损率。

2.4.2 等待制分组交换

分组交换系统的服务对象是分组。因此 2.4.1 节的各个公式同样适用于分组交换，只要明确参数 λ 是分组的到达率，μ 是每个服务器对分组的服务率，$1/\mu$ 是每个服务器对分组的平均服务时间即可。为了便于分析分组交换系统的性能，将式中的符号作如下变动。令

$$\rho=\lambda/(m\mu)=A/m \tag{2.69}$$

这里 ρ 是系统的业务量强度。为了满足统计平衡条件，必须使 $\rho<1$。

将 $A=m\rho$ 代入式(2.61)可得

$$\begin{cases} P_k=\dfrac{(m\rho)^k}{k!}P_0 & k=0,1,2,\cdots,m \\ P_k=\dfrac{\rho^k m^m}{m!}P_0 & k=m,m+1,\cdots \end{cases} \tag{2.70}$$

这里

$$P_0=\left[\sum_{k=0}^{m-1}\frac{(m\rho)^k}{k!}+\sum_{k=m}^{\infty}\frac{1}{m^{k-m}}\frac{(m\rho)^k}{m!}\right]^{-1}=\left[\sum_{k=0}^{m-1}\frac{(m\rho)^k}{k!}+\frac{(m\rho)^m}{m!}\left(\frac{1}{1-\rho}\right)\right]^{-1} \tag{2.71}$$

系统内排队等待的分组数 Q 的数学期望(平均排队队长)为

$$E(Q)=\sum_{k=m}^{\infty}(k-m)P_k=\frac{\rho}{1-\rho}P(k\geqslant m)=\frac{\rho}{(1-\rho)^2}\frac{(m\rho)^m}{m!}P_0 \tag{2.72}$$

现在考虑服务器数目 $m=1$ 的情况。在这种情况下，描述系统特性的排队模型变成 $M/M/1$。将 $m=1$ 代入式(2.61)，便得到系统的状态概率

$$P_k=\rho^k P_0 \quad k=1,2,\cdots \tag{2.73}$$

式中 $\rho=\lambda/\mu$ 是系统的业务量强度。另外，由式(2.71)可得 $P_0=1-\rho$，因此有

$$P_k=\rho^k(1-\rho) \quad k=1,2,\cdots \tag{2.74}$$

必须强调指出，这里所谓的系统状态，指的是系统内逗留的分组数 X，包括排队等待的和正在接受服务的那些分组。因此，系统内逗留的平均分组数(又称为平均系统队长)为

$$\overline{N}=E(X)=\sum_{k=0}^{\infty}kP_k=(1-\rho)\sum_{k=0}^{\infty}k\rho^k=\frac{\rho}{1-\rho} \quad \rho<1 \tag{2.75}$$

应用 Little 公式，可得到分组在系统内逗留的平均时间(又称为平均系统时延)为

$$T = \frac{\overline{N}}{\lambda} = \frac{1}{\mu(1-\rho)} \quad \rho < 1 \tag{2.76}$$

利用式(2.72),还可以求得平均排队队长和平均排队等待时间

$$\bar{Q} = E(Q) = \sum_{k=1}^{\infty}(k-1)P_k = \frac{\rho^2}{1-\rho} \quad \rho < 1 \tag{2.77}$$

$$W = \frac{\bar{Q}}{\lambda} = \frac{\rho}{\mu(1-\rho)} \quad \rho < 1 \tag{2.78}$$

比较式(2.75)与式(2.77),可以看出

$$\overline{N} = \bar{Q} + \rho \tag{2.79}$$

【例 2.9】 设在分组交换设备的每一输出端口都有一个缓冲器,分组到达缓冲器的平均速率是10^5 分组/秒,分组的平均长度是 1000 比特,缓冲器输出链路的传输速率是 150Mb/s,试求该输出端口内逗留的平均分组数。

解: 根据题意,$\lambda=100$k 分组/秒,$\mu=150$k 分组/秒,可算得流入业务量强度 $\rho=\lambda/\mu=2/3$。将此值代入公式(2.75)便得到该输出端口内逗留的平均分组数 $\overline{N}=\frac{\rho}{1-\rho}=2$。

图 2.11 所示为系统内逗留的平均分组数 $\overline{N}$ 与 ρ 的一般关系。由图可见,当 ρ 接近于 1 时,$\overline{N}$ 将趋向于无限大。为了使分组排队时延处于合理范围,一般要控制流入业务量强度,使 ρ 小于 0.8。

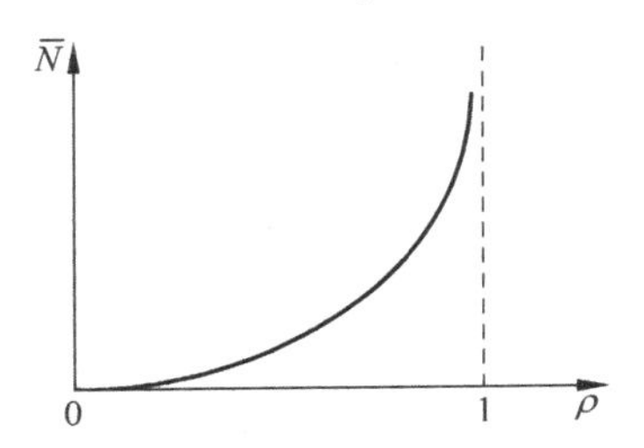

图 2.11 $M/M/1$ 排队系统 $\overline{N}\sim\rho$

从式(2.76)和式(2.78)中可以看出,在业务量强度 ρ 一定的条件下,平均系统时延和平均排队等待时间均与服务速率 μ 成反比。对于分组交换系统来说,如果端口输出速率从 2Mb/s 提高到 2Gb/s,那么交换时延将减小 3 个数量级。也就是说,交换时延将由原来的毫秒量级变为微秒量级。所以,高速分组交换的交换时延一般远小于路径传播时延,除非网络发生了拥塞。

下面讨论等待时间受限的 $M/M/1$ 系统,即 $M/M/1/K$ 排队系统。对于分组交换来说,相当于研究缓冲器容量有限的情况。这种情况的系统状态概率为

$$P_k = \rho^k P_0 \quad k = 1,2,\cdots,K \tag{2.80}$$

根据概率归一化条件 $\sum_{k=0}^{K} P_k = 1$ 可得 $P_0=\frac{1-\rho}{1-\rho^{K+1}}$,最后得到

$$P_k = \frac{1-\rho}{1-\rho^{K+1}}\rho^k \quad k = 0,1,2,\cdots,K \tag{2.81}$$

在缓冲器容量有限的情况下,分组交换时延有确定的上界值,但会引起分组的丢失。分组丢失概率等于

$$P_K = \frac{1-\rho}{1-\rho^{K+1}}\rho^K \tag{2.82}$$

习题 2

2.1 试求泊松分布的均值和方差。

2.2 假设通话时长服从指数分布,通话时长大于 3 分钟的概率为 0.3,试求平均通话

时长为几分钟。

2.3　假设通话时长服从指数分布，平均通话时长为3分钟。求通话时长大于3分钟的概率是多少。若呼叫已经通话2分钟，试求呼叫还要继续通话不少于3分钟的概率。

2.4　某电话局的呼叫发生强度为每分钟1个呼叫，如果交换机出现30秒钟故障，求在故障时间内一个呼叫也没有发生的概率是多少。

2.5　甲地和乙地间有两条通信线路，呼叫的发生强度为每分钟0.3个呼叫，呼叫结束强度为每分钟1/3个呼叫，呼叫遇线路忙时不等待。求系统的占用概率分布。

2.6　设呼叫发生强度为每分钟60个呼叫，平均占用时长为2分钟。计算流入话务量强度和3小时的话务量。

2.7　在50条线组成的中继线群上，平均每小时发生1200次占用，平均占用时长为1/30小时。求该线群上的完成话务量强度和每条中继线的利用率。

2.8　对于明显损失制系统，定义的服务质量指标有哪些？

2.9　有一组服务设备，平均每小时占用300次，每次平均占用1/30小时，试求：这组设备的完成话务量强度；平均占用时长内发生的平均占用次数；一小时内各服务设备占用时间的总和；同时占用的平均服务设备数。

2.10　分别给出贝努里分布、恩格塞特分布、爱尔兰分布和泊松分布的假设条件及占用概率分布计算公式。

2.11　有一服务设备数为10的系统，要求呼损为1%，若每个话源的话务量为0.1E，试计算该系统能容纳的话源数。

2.12　假定A系统的流入话务量强度为12E，B系统的流入话务量强度为38E，若要求呼损指标为1%，试计算和比较两个系统服务设备的利用率。

2.13　有一中继线群，其容量为13条线，流入这个线群的话务量为6E，由于某种原因，有两条线不能投入使用，试计算对服务质量的影响。

2.14　要提高服务设备的利用率有哪些途径和方法？各会带来什么样的负面影响？

2.15　试根据生灭过程理论推导$M/M/1$排队系统在满足统计平衡条件下的状态概率分布，并讨论业务量强度$\rho \geqslant 1$时系统的工作情况。

2.16　假定在分组交换设备的某一输出端口设有一个数据缓冲器，分组到达该缓冲器的平均速率是10^6分组/秒，分组长度服从指数分布，分组平均长度是2000b，缓冲器输出链路的传输速率是2.5Gb/s，试计算：

(1) 缓冲器容量无限情况下的平均交换时延；

(2) 缓冲器容量$K=50$个分组时的最大交换时延、平均交换时延及分组丢失率。

第3章 交换单元与交换网络

交换机的核心是交换网络，交换网络的核心部件是基本交换单元。本章主要讲解构成交换网络的基本交换单元，在了解基本交换单元的基础上，学习如何通过基本交换单元构成大的交换网络。学习本章内容可以了解常用的交换网络及其构建方法。

3.1 引言

交换网络的结构与它要处理的具体信号形式有关，经过一百多年的发展，通信系统已经基本走完数字化的过程。在目前的通信系统中，处理的信号形式大都是数字信号，因此，首先简要介绍语音数字化及时分复用 PCM 的形成。

3.1.1 语音数字化

实现语音信号的数字化可以采用 PCM、ADPCM、ΔM 等编码调制方式，在交换机中为了使交换和传输综合，通常采用 PCM 方式。PCM 信号的实现过程如图 3.1 所示。

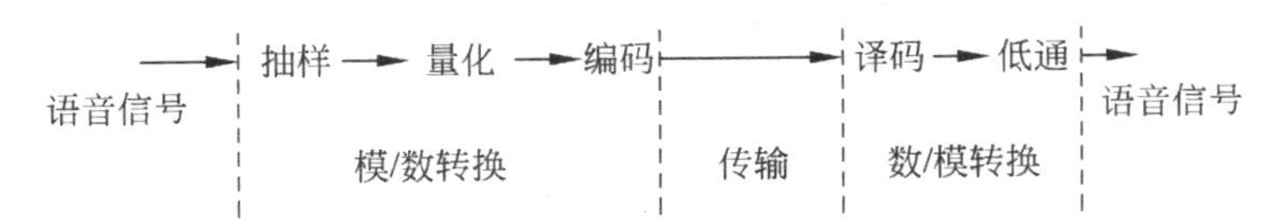

图 3.1 语音数字化过程

抽样：根据奈奎斯特抽样定理，要使模拟信号经抽样后不失真其抽样频率必须满足：

$$f_s \geqslant 2B_w$$

B_w为输入信号带宽，语音信号的能量主要集中在 300～3400Hz 频率范围内。所以抽样频率至少为 6800Hz，国际标准确定为 $f_s=8000\text{Hz}$，即每秒抽样 8000 次，或者说每隔 125μs 抽取一次。抽样后形成的信号称为脉幅调制信号（Pulse Amplitude Modulation，PAM）。该 PAM 信号完全代表了原模拟信号。

量化：量化是对 PAM 信号的幅度进行分级，它将 PAM 信号的每个抽样依其幅度编码成一个 8 位二进数的码字。量化误差引起量化失真，是数字通信的主要噪声来源。

编码：编码规则有 A 律和 μ 律两种，前者在欧洲和中国等地得到普遍采用，后者主要在北美和日本流行。编码后形成的信号称为 PCM 基带信号。

显然，它的速率应为

$$8 \times 8000 = 64\text{kb/s}$$

译码：译码是编码的反过程，也就是D/A变换。它把数字化的语音信号还原成量化信号。

滤波：将译码所得的量化信号再送入一个低通滤波器，滤除高频成分，使其变成平滑的模拟电信号。

3.1.2 时分复用PCM的形成

多路复用简单地讲就是用一条线路传输多路通信。复用技术有两种，从频率的角度出发有多路频分复用，以前常叫频分多路复用，利用载波通信设备可在一对同轴电缆上传送几千路电话。从时间的角度讲有多路时分复用，它通过让各路电话占用不同的时间来实现多路通信。

图3.2给出了TDM PCM的形成过程。首先是对语音信号抽样，形成PAM信号；然后进行编码，形成基带的PCM信号。为了最大限度地利用信道，降低传输成本，常在传输前对基带PCM信号进行多路调制，形成如图3.2(d)所示的时分复用(Time Devision Multiplexing，TDM)PCM信号。比较图3.2(b)～图3.2(d)可以看出，在每125μs内，PAM信道需传送一个脉冲，基带PCM传送8b，而TDM PCM则必须传输$N\times 8$b。换而言之，TDM PCM必须在每$125/N$ μs内传送8b。因此，TDM PCM信号的码元(或位)速率为

$$N \times 64\text{kb/s}$$

每个8b抽样所占据的时间称为一个时隙(Time Slot，TS)，N个时隙构成了一个帧。因此，一路基带PCM在TDM PCM中每帧周期地占有一个时隙。通常所说的32路PCM系统就是指一个取样周期内具有32个时间间隔，这32个时间间隔叫32个时隙，可以传送32路信息。

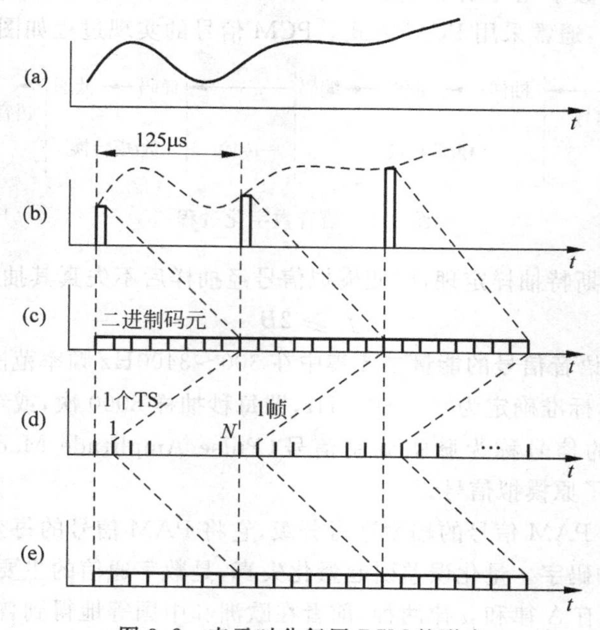

图3.2 表示时分复用PCM的形成

(a) 模拟语音信号；(b) 抽样后形成的PAM信号；(c) 编码后形成的基带PCM信号；
(d) 与其他基带PCM信号多路调制后形成的TDM PCM信号；(e) 由第1路模拟语音信号形成的基带信号

实用中的PCM有两种体制，一种是由贝尔(BELL)公司提出，在北美和日本普遍采用的24路PCM($N=24$)；另一种是欧洲邮电管理协会(Conference of European Postal and Telecommunication Administrations，CEPT)制定的，在欧洲和中国等世界其他地区采用的32路PCM($N=32$)。这两种体制均已被CCITT采纳为正式标准，它们并无本质上的差别，且易于转换。

图3.3的时分复用信号称为PCM的一次群信号。从图中可以看出，一次群信号的每一帧有32个时隙，因而其位速率为

$$32 \times 64\text{kb/s} = 2048\text{kb/s} = 2.048\text{Mb/s}$$

32个时隙依次编号为0～31，0时隙用于传输系统的同步信息，第16时隙用于传输信令，其余时隙用于传输话路。因此，一次群PCM也称为32/30路PCM。

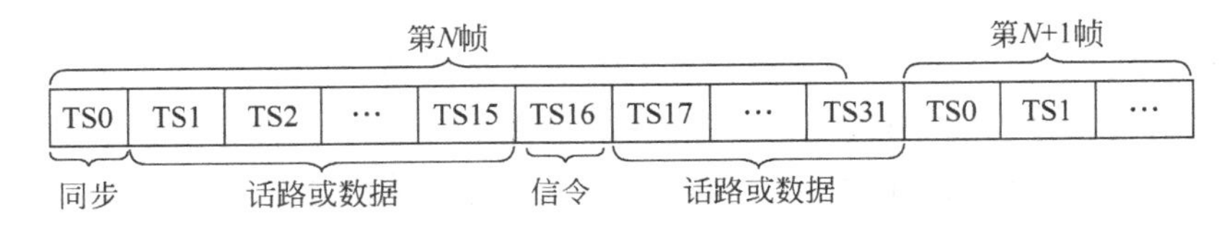

图3.3　32/30路PCM系统时隙分配

对一次群进一步调制，可以依次得到二次群、三次群和四次群。相应地，基带PCM信号有时也称为零次群。图3.4给出了各次群的输入路数及相应的传输速率。

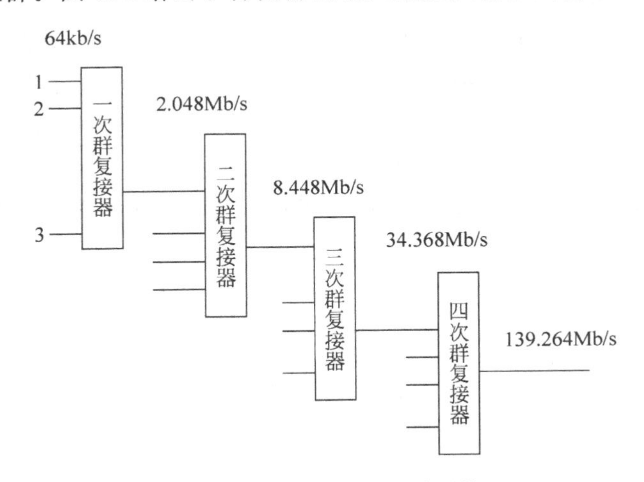

图3.4　PCM高次群复接系统

数字交换器的接续常以一次群信号为单位。如果交换机接收到的是其他群次的信号，则必须通过接口电路将它们多路复接(或分接)成一次群，然后进行交换。为便于记忆，下面列出了32/30路PCM信号中一些常用的时间和速率关系。

码元速率	2.048Mb/s	码元宽度	0.488μs
时隙速率	256kb/s	时隙宽度	3.9μs
帧速率	8kb/s	帧周期	125μs

PCM30/32路一次群设备大多用在市内电话的局间中继线和短距离区间线路上，它除了传输30路数字电话之外，还可传输数据、电报、传真和经过频带压缩的可视电话。高次群

用来传输宽带信号,如可视电话、高速数据和图像信号等。

3.2 交换单元模型及其数学描述

3.2.1 交换单元模型

1. 交换单元的基本概念

交换单元是构成交换网络最基本的部件,用若干个交换单元按照一定的拓扑结构和控制方式就可以构成交换网络。因此,交换单元的功能是交换的基本功能,即在任意的入线和出线之间建立连接,或者说将入线上的信息分发到出线上去。

不管交换单元内部结构如何,总可以把它看成一个黑箱,对外的特性只有一组入线和一组出线,入线为信息输入端,出线为信息输出端,如图 3.5 所示。这样可以暂时不考虑各种具体交换单元的个性,而从普遍意义上讨论交换单元的基本概念和数学模型。

图 3.5 中的交换单元具有 M 条入线和 N 条出线,这是一个 $M\times N$ 的交换单元。其中入线可用 $0\sim M-1$ 编号来表示,出线可用 $0\sim N-1$ 的编号来表示。若入线数与出线数相等且均为 N,则为 $N\times N$ 的对称交换单元。交换单元通常还具有完成控制功能的控制端和描述内部状态的状态端。

当有信号到达交换单元的某条入线需进行交换时,交换单元可根据外部送入的命令或根据信号所携带的出线地址在交换单元内部建立通道,将该入线与相应的出线连接起来,入线上的输入信号沿内部通道在出线上输出,如图 3.6 所示。在信息交换完毕时,还需将已建的通道拆除。由此可知,交换单元的基本功能通过交换单元连接入线和出线的“内部通道”完成。这样的“内部通道”通常被称为“连接”,建立内部通道就是建立连接,拆除内部通道就是拆除连接。

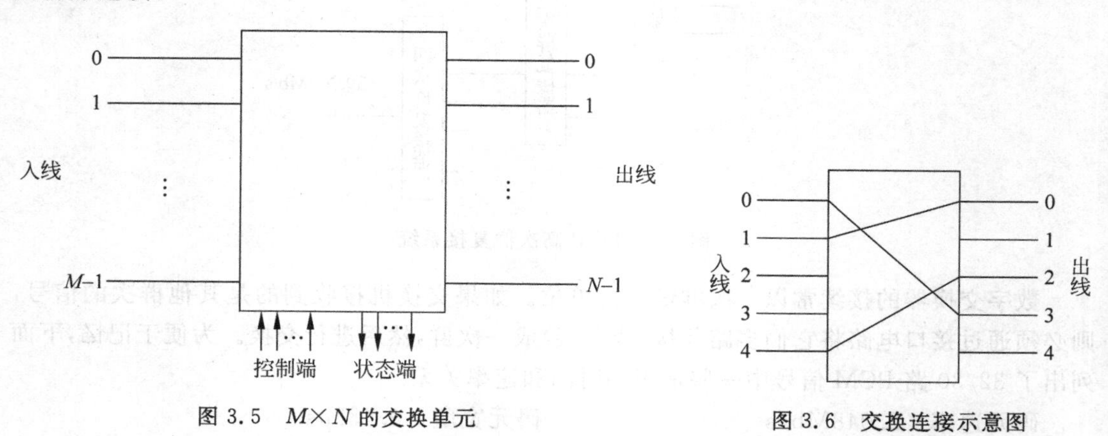

图 3.5 $M\times N$ 的交换单元

图 3.6 交换连接示意图

2. 交换单元的方向性

交换单元按信息流向可以分为有向交换单元和无向交换单元。

“有向”是指信息经交换单元的流动是从入端到出端,具有唯一确定的方向,如图 3.7(a)

所示。

在 $M\times N$ 的交换单元中，若入端和出端是双向的，即入端可以输入输出，出端也可以输入输出，任一入端可以和任一出端相连，但入端组和出端组内部不能相连，则称该 $M\times N$ 交换单元为 $M\times N$ 无向交换单元，如图 3.7(b)所示。这里"无向"相对于"有向"而言，是指在信息端上，信息既可输入，也可输出，但仍用入端和出端来区别这两组信息端，不过入端和出端的选择是任意的，按习惯而定。

在 $M\times N$ 的无向交换单元中，若 $M=N$，把相同编号的入端和出端合并，则可得到一个新的交换单元。它有 N 个信息端，可以任意来连接，如图 3.7(c)所示，称其为 N 无向交换单元。

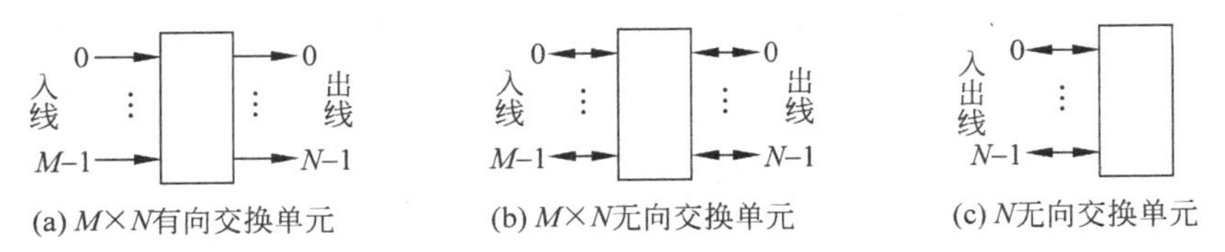

图 3.7　有向交换单元与无向交换单元

这几种交换单元又常统称为 $M\times N$ 交换单元。

3. 集中式交换单元与扩展式交换单元

交换单元按使用需要的不同可分为集中式和扩展式，如图 3.8 所示。

(1) 集中式：入线数大于出线数($M>N$)，又称集中器，如图 3.8(a)所示。

(2) 扩展式：入线数小于出线数($M<N$)，又称扩展器，如图 3.8(b)所示。

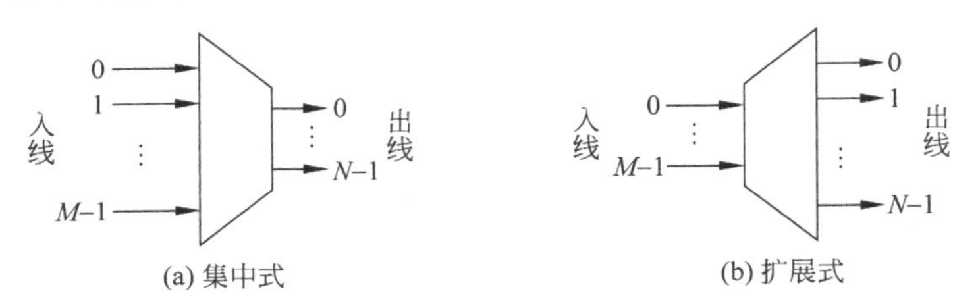

图 3.8　集中式交换单元与扩展式交换单元

集中器和扩展器一般用于用户模块，完成大量用户线数与少量交换链路线数之间的连接，起话务集中和扩展的作用。

4. 交换单元的性能指标

从外部描述一个交换单元的性能指标，主要考虑它的容量、接口、功能和质量四个方面。

(1) 容量。考察一个交换单元的容量，最基本的是交换单元的入线和出线的数目，称为交换单元的大小；其次是交换单元每个入端上可以送入的信息量，如模拟信号的带宽、数字信号的速率等。二者的综合是交换单元所有入端可以同时送入的总信息量，称为交换单元的容量。

(2) 接口。如同需要规定线路上传送信号的标准一样，交换单元也需要规定自己的信号接口标准。例如，不同交换单元可以进行交换的信号形式是不同的，有的交换单元只能交换模拟信号,有的只用于交换数字信号,有的则是模数兼容的。再如,有的交换单元是有向的,有的交换单元是无向的,这在前面已有叙述。

(3) 功能。交换单元的基本功能是在入端和出端之间建立连接并传送信息,但不同的交换单元有不同的功能。有些交换单元的任何一个入端可以和任何一个出端建立连接,有的一个入端只能和一些出端之间建立连接,有的具有同发功能或广播功能,有的具有小存储功能等。

(4) 质量。质量包含以下两个方面。

① 完成交换功能的情况:完成交换动作的速度以及是否在任何情况下都能完成指定的连接。

② 信号经过交换单元的损伤:信号经过交换单元的时延和其他损伤,如信噪比的降低等。

3.2.2 交换单元的数学描述

既然已将交换单元的基本功能具体表述为建立连接和拆除连接,则说明连接是交换单元的基本特性,它反映交换单元入线到出线的连接能力。对连接特性进行有效而正确地描述就可以反映交换单元的特性。那么,如何描述交换单元的连接特性呢?下面分别从连接集合和连接函数出发来讨论。

首先可以把一个交换单元的一组入线和一组出线各看成一个集合,称为入线集合和出线集合,并记为:

(1) 入线集合 $I=\{0,1,2,\cdots,M-1\}$;

(2) 出线集合 $O=\{0,1,2,\cdots,N-1\}$。

定义:若 $i\in I$,即 i 是 I 的一个元;$O\in O_j$,$O_j\subseteq O$,即 O_j 是 O 的一个子集,O 是 O_j 的一个元,则集合 $C=\{i,O_j\}$ 为一个连接。

其中,i 为连接的起点,$O\in O_j$ 为连接的终点。即交换单元的一个连接就是入线集合 I 中的一个元 i 与出线集合 O 中的一个子集 O_j 组成的集合。

若 $O\in O_j$,O_j 中只含有一个元,则称该连接为点到点连接。

若 $O\in O_j$,O_j 中含有多个元,则称该连接为点到多点连接。

若一个交换单元可以提供点到多点连接,但 $O_j\neq O$,则称其具有同发功能,即从交换单元的一条入线输入的信息可以交换到多条出线上输出;若此时 $O_j=O$,则称该交换单元具有广播功能,即从交换单元的一条入线输入的信息可以在全部出线上输出。例如,普通的电话通信只需要点到点连接,而像电视会议、有线电视等则需要同发和广播功能。

对于一个具有一组入线和一组出线的交换单元,可以同时有多个上述定义的连接,这就构成了交换单元的连接集合 $C=\{C_0,C_1,C_2,\cdots\}$。其中,起点集为 $I_c=\{i;\ i\in C_i,C_i\subset C\}$,终点集为 $O_c=\{O;\ O\in O_j,O_j\subset C_i,C_i\subset C\}$。

特别值得注意的是,这里所说的连接和连接集合应该对应于某一时刻。对于一个正在工作的交换单元,它在某一时刻处于某种连接集合 C,在不同时刻,它的连接应该可变,连接集合也可变。若连接和连接集合固定不变,则意味着交换单元的入线和出线总是处在固定连接中,那么能够连接任意入线和出线的交换功能也就无从谈起了。当然,这种改变需要通过某种控制方式才可进行。一个交换单元可能提供的连接集合的数目越多,它的连接能力就越强。

在某一时刻，一个交换单元正处于连接集合 C，若一条入线 $i\in I_c$，则称该入线 i 处于占用状态，否则处于空闲状态；同理，若一条出线 $O\in O_c$，则称该出线 O 处于占用状态，否则处于空闲状态。

有时，从应用的角度看，一个交换单元连接集合中的一部分连接是相同的。如果要求交换单元的某条入线任选一条出线输出，并不在乎是哪条出线，则包含该入线和其他任意出线的连接都可以看作是等效的。

下面来讨论用连接函数描述交换单元的连接特性。

每一个交换单元都可用一组连接函数来表示，一个连接函数对应一种连接。连接函数表示相互连接的入线编号和出线编号之间的一一对应关系，即存在连接函数 f，在它的作用下，入线 x 与出线 $f(x)$ 相连接，其中 $0\leqslant x\leqslant M-1$，$0\leqslant f(x)\leqslant N-1$。连接函数实际上也反映了由入线编号构成的数组和由出线编号构成的数组之间对应的置换关系或排列关系。所以，连接函数也被称为置换函数或排列函数。另外，从集合角度来讲，一个连接函数反映了入线集合和出线集合的一种映射关系。

常见的连接函数的表示形式有下列三种。

(1) 函数表示形式。用 x 表示入线编号变量，用 $f(x)$ 表示连接函数。通常，x 用若干位二进制数形式来表示，写成 $x_{n-1}x_{n-2}\cdots x_1x_0$（如 $x=6$ 时，可以表示为 $x_2x_1x_0=110$），连接函数表示为 $f(x_{n-1}x_{n-2}\cdots x_1x_0)$。例如，均匀洗牌函数表示为

$$\sigma(x_{n-1}x_{n-2}\cdots x_1x_0)=x_{n-2}\cdots x_1x_0x_{n-1}$$

式中，等号左端括号内是入线编号变量的二进制数表达式，等号右端是该函数的具体表达式。如 $N=8$ 时，有表达式 $\sigma(x_2x_1x_0)=x_1x_0x_2$，则有 $\sigma(000)=000$，$\sigma(001)=010$，…，$\sigma(111)=111$，即入线 0 与出线 0 相连接，入线 1 与出线 2 相连接，入线 2 与出线 4 相连接等。

函数形式的连接函数在进行信息交换时十分方便运算。

(2) 排列表示形式。排列表示形式也称输入输出对应表示形式。因为交换单元的连接实际上是各入线与各出线编号之间的一种对应关系，所以可以将这种对应关系一一罗列出来，表示为

$$\begin{pmatrix} i_0,i_1,\cdots,i_{n-1} \\ o_0,o_1,\cdots,o_{n-1} \end{pmatrix}$$

其中，i_i 为入线编号，o_i 为出线编号，$n\leqslant N$。

应注意，上述表示形式并不一定要求第一行按大小自左至右排成自然的顺序。

若 $i_0,i_1,\cdots,i_{n-1}$ 与 $o_0,o_1,\cdots,o_{n-1}$ 均无重复元素，则该连接必为点到点连接；若 $i_0,i_1,\cdots,i_{n-1}$ 有重复元素，$o_0,o_1,\cdots,o_{n-1}$ 无重复元素，则该连接必为一点到多点连接；若 $i_0,i_1,\cdots,i_{n-1}$ 无重复元素，$o_0,o_1,\cdots,o_{n-1}$ 有重复元素，则意味着有多条入线同时接到同一条出线上，造成出线冲突，这在交换中是应避免的情况。

在点到点连接的情况下，上面的表示形式可改写为

$$\begin{pmatrix} 0,1,\cdots,N-1 \\ o_0,o_1,\cdots,o_{n-1} \end{pmatrix}$$

这时，入线编号按自然数顺序排列，表示入线 0 连接到出线 o_0，入线 1 连接到出线 o_1，…，

入线 $N-1$ 连接到出线 o_{n-1}。若存在空闲出线，则 $o_0, o_1, \cdots, o_{n-1}$ 存在空元素，可用空格或符号 ϕ 表示。

例如，$N=8$ 的均匀洗牌函数可表示为

$$\begin{pmatrix} 0,1,2,3,4,5,6,7 \\ 0,2,4,6,1,3,5,7 \end{pmatrix}$$

这种将入线编号顺序排列，再对应列出出线编号的表示形式，称为出线排列形式。同理也可用入线排列形式表示为

$$\begin{pmatrix} i_0, i_1, \cdots, i_{n-1} \\ 0,1,\cdots,N-1 \end{pmatrix}$$

这表示入线 i_0 连接到出线 0，入线 i_1 连接到出线 1，…，入线 i_{n-1} 连接到出线 $N-1$。

出线排列和入线排列可进一步简化为

$$o_0, o_1, \cdots, o_{n-1} \text{ 和 } i_0, i_1, \cdots, i_{n-1}$$

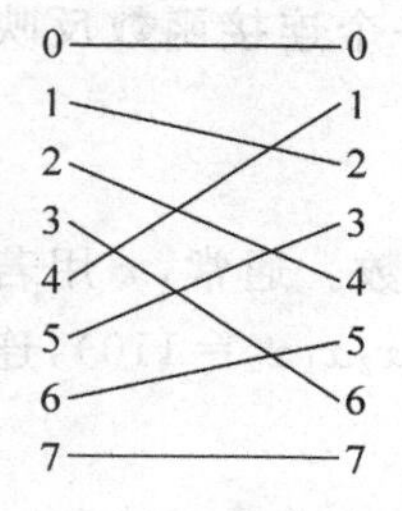

图 3.9 $N=8$ 的均匀洗牌连接

根据排列表示形式可以推出，对于一个 $N\times N$ 交换单元，假设没有空闲的入线和出线，N 条入线和 N 条出线任意进行点到点连接，则该交换单元的一个连接集合就是 N 个自然数的 1 种排列，它所能提供的连接集合的个数就应该是 N 个自然数的全排列，即为 $N!$。因此，一个 $N\times N$ 交换单元最多可有 $N!$ 个点到点连接的连接集合。

(3) 图形表示形式。以十进制数表示的入线编号与出线编号均按顺序排列，左边为入线编号，右边为出线编号，再用直线连接相应的入线与出线，即为连接函数的图形表示形式。例如，前面所述 $N=8$ 的均匀洗牌连接就可表示为图 3.9 所示的形式。

3.3 基本交换单元

在讨论了交换单元的模型及其数学描述后，再来分析交换单元的内部。首先想到的问题是，交换单元内部如何实现，有哪些实现方式，交换单元又是如何具体实现交换的基本功能的，如何将任意的入线与任意的出线连接起来。

这里讨论几种重要而典型的交换单元，即不带存储功能的开关阵列、总线，带存储功能的存储型交换单元等。

3.3.1 开关阵列

1. 基本原理

在交换单元内部，要建立任意入线和任意出线之间的连接，最简单直接的办法就是使用开关。在每条入线和每条出线之间都接上一个开关，所有的开关就构成了交换单元内部的开关阵列。开关阵列是最基本、最直截了当、最早使用的交换单元。

若交换单元的每条入线能够与每条出线相连接，则被称为全连接交换单元；若交换单元的每条入线只能够与部分出线相连接，则被称为部分连接交换单元或非全连接交换单元。本节讨论的均为全连接交换单元，之后不再说明。

若交换单元是由空间上分离的多个小的交换部件或开关部件按一定的规律连接构成的，则称为空分交换单元。开关阵列是一种空分交换单元。

开关阵列中的开关通常有两种状态：接通或断开。当开关接通时，该开关对应的入线和出线就被连接起来；当开关断开时，入线和出线就不被连接。

开关阵列在拓扑结构上可排成方形或矩形二维阵列，它们分别被称为 $N\times N$ 方形开关阵列和 $M\times N$ 矩形开关阵列。图 3.10 表示了用 $M\times N$ 有向矩形开关阵列(图 3.10(b))实现的 $M\times N$ 有向交换单元(图 3.10(a))及 $M\times N$ 无向矩形开关阵列(图 3.10(c))。其中，连接线代表入线和出线，交叉点代表开关，共有 $M\times N$ 个开关，位于第 i 行第 j 列的开关记为 K_{ij}。

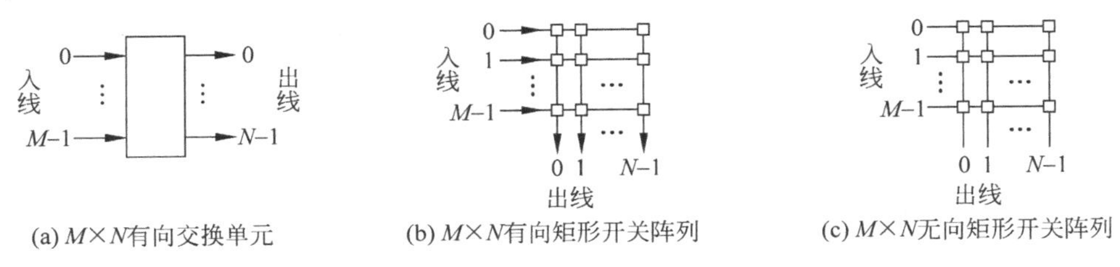

(a) $M\times N$有向交换单元　(b) $M\times N$有向矩形开关阵列　(c) $M\times N$无向矩形开关阵列

图 3.10　交换单元的开关阵列

2. 特性

开关阵列的主要特性如下。

(1) 因为每条入线和每条出线的组合都对应着一个单独的开关，所以在任何时刻，任何入线都可连至任何出线。由于从任何给定的入线到出线的通道上只存在一个开关，所以开关控制简单，且具有均匀的单位延迟时间。

(2) 一个交叉点代表一个开关，因此通常用交叉点数目表示开关数目。对于指定入线和出线数的交换单元，由于开关数反映了实现的复杂度和成本的高低，所以应尽量减少交叉点数目。如何减少交叉点数目是交换领域的重要研究课题。开关阵列的交叉点数取决于交换单元的入线和出线数，是两者的乘积，当入线和出线数增加时，交叉点数目会迅速增加，因此开关阵列适合于构成较小的交换单元。

(3) 当某条入线与其连接的所有出线间的一行开关部分或全部处于接通状态时，开关阵列很容易地就实现了同发功能和广播功能。若某条出线对应的一列开关部分或全部接通，则若干条入线同时接至一条出线，很容易产生出线冲突。前者是可以利用的优点，后者是应该避免出现的情况。所以，一列开关只能有一个处于接通状态。

(4) 由于开关是开关阵列中的唯一部件，所以交换单元的性能依赖于所使用的开关。如果开关可以双向传送信息，则可构成无向交换单元；如果开关只能单向传送信息，则可构成有向交换单元。如果开关用于传送数字信息，则交换单元也用于交换数字信息；如果开关用于传送模拟信息，则交换单元也用于交换模拟信息。光开关还可构成光交换单元。

3. 开关阵列的控制端和状态端

对于开关阵列的控制端和状态端，最简单的情况是每个开关都有一个控制端和状态端，分别用于控制和表示开关的通断状态。此时一个 $M\times N$ 的交换单元共有 $M\times N$ 个控制端和$M\times N$个状态端，它们均为二值电平。

$M\times N$个控制信号可以排成一个方阵，称为控制方阵。位于第i行第j列的元素C_{ij}的值为1或0，分别用于控制第i个入端和第j个出端之间接通或断开。同理，状态端也可同样排成一个方阵。

$M\times N$个二值控制信号共有2^{MN}种不同的组合，每种组合都是一种可能送入交换单元控制信号的取值，但并非2^{MN}个控制信号的取值都是允许的，如在不允许同发和广播时，控制方阵中同一行的元素中只能有一个为1，因此控制信号的组合数往往远小于2^{MN}。

4. 实际开关阵列举例

(1) 继电器。继电器常用于构成小型交换单元，利用继电器的吸合与断开来控制交叉点。其交换单元应该可以双向传送信息，并且可以传送模拟信号和数字信号。

继电器构成交换单元的缺点是：

① 继电器的动作会对其他部件产生干扰和噪声；

② 继电器的动作较慢，一般为毫秒数量级；

③ 继电器的体积较大，一般为厘米数量级。

(2) 模拟电子开关。模拟电子开关利用半导体材料制成，可取代继电器构成小型交换单元。例如，Motorola公司生产的MC142100和MC145100，都是4×4的电子开关阵列。

与继电器相比，其构成的交换单元有以下重要特点：

① 体积小，如构成8×8交换单元的全部开关及其连线可以集成在一个芯片上；

② 开关动作比继电器快得多，同时产生的干扰和噪声极小；

③ 信号在半导体材料中传送，只能单方向传送，并且衰减和时延较大。

(3) 数字电子开关。它可以简单地用逻辑门构成，用于数字信号的交换，其开关动作极快并且没有信号损失。

(4) 2×2交叉连接单元。2×2交叉连接单元有两个入端和两个出端，处于平行连接或交叉连接两个状态。交叉连接状态对应于断开状态，平行连接状态对应于接通状态。用它构成的交换单元如图3.11所示。

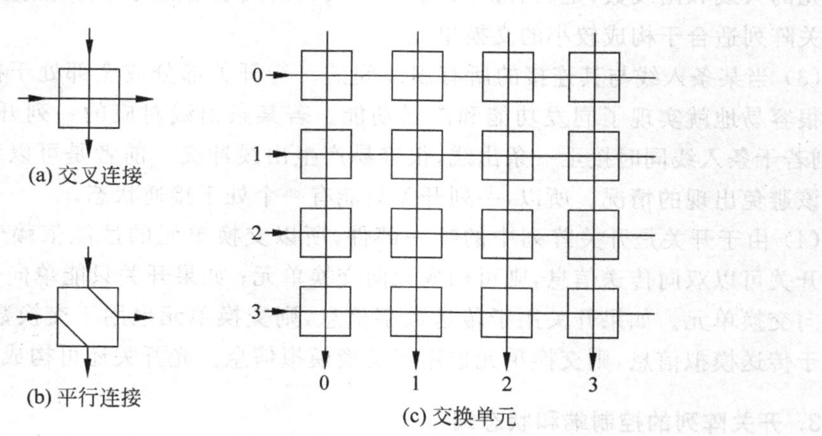

图3.11 用2×2交叉连接单元构成的交换单元

(5) 多路选择器。最早的步进制电话交换机使用的基本交换部件就是一种多路选择器。

参考图 3.12 可知，$M\times N$ 开关阵列的物理实现并不一定要求一个交叉点使用一个开关，也可使用多路选择器。将一行或一列出线连接在一起的开关等效为一个 M 条入线和 1 条出线(即 M 中选一)的多路选择器，也可将一行或一列入线连接在一起的开关等效为一个 1 条入线和 N 条出线(即 N 中选一)的多路选择器，如图 3.12 所示。区别仅在于：对于一行或一列连接在一起的开关，可以实现一点到多点的连接；对于多路选择器，一般只允许点到点连接。

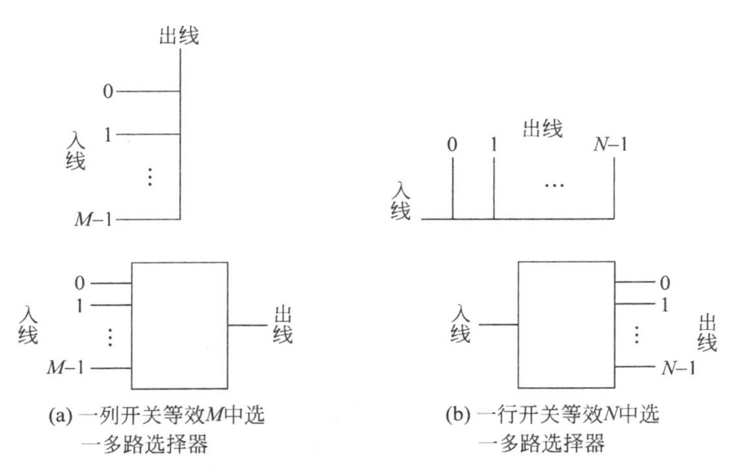

图 3.12　开关阵列与多路选择器的等效图

图 3.13(a)所示为用 N 个 M 中选一的多路选择器构成的 $M\times N$ 的交换单元，图 3.13(b)为用 M 个 N 中选一的多路选择器构成的 $M\times N$ 的交换单元。

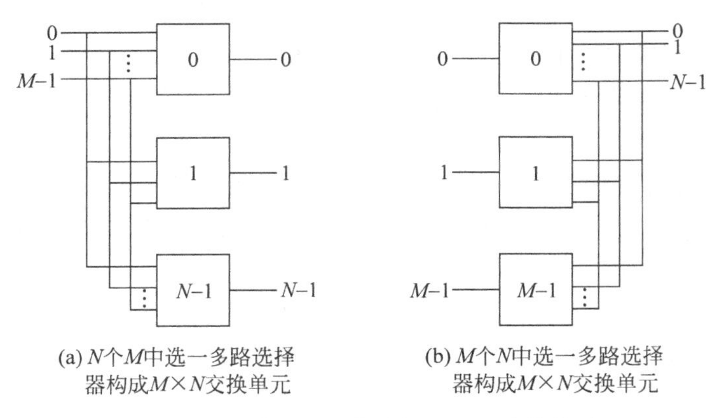

图 3.13　多路选择器构成的 $M\times N$ 交换单元

3.3.2　空间交换单元

空间接线器用来完成同步时分复用信号的不同复用线之间的交换功能，而不改变其时隙位置，简称 S 接线器。

1. 结构

空间接线器由电子交叉矩阵和控制存储器(CM)构成,图 3.14 表示了两种控制方式的空间接线器。

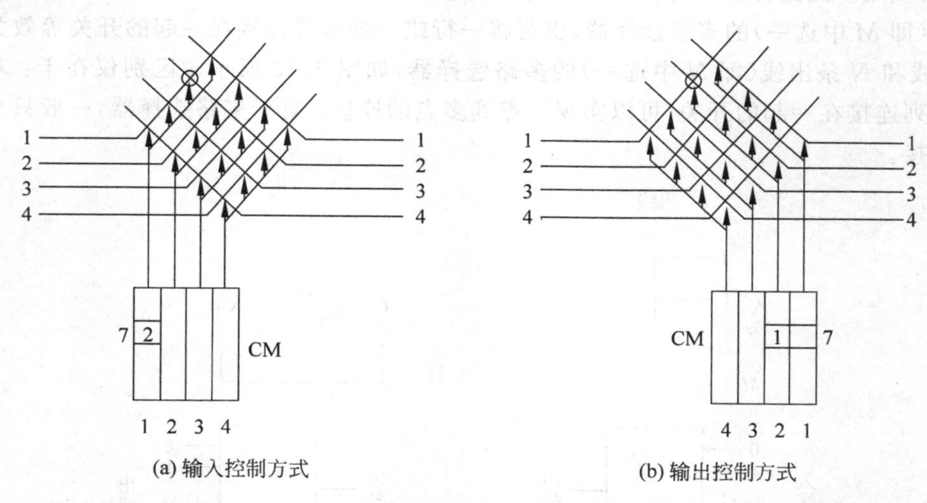

(a) 输入控制方式　(b) 输出控制方式

图 3.14　两种控制方式的空间接线器

从结构上看,它包括一个 4×4 的电子交叉矩阵和对应的控制存储器。4×4 的交叉矩阵有 4 条输入复用线和 4 条输出复用线,每条复用线上传送由若干个时隙组成的同步时分复用信号,任一条输入复用线可以选通任一条输出复用线。

这里说成复用线,而不是一套 32 路的 PCM 系统,是因为实际上还要将各个 PCM 系统进一步复用,使一条复用线上具有更多的时隙,信号以更高的码率进入电子交叉矩阵,从而提高其效能。因为每条复用线上具有若干个时隙,也即每条复用线上传送了若干个用户的信息,所以,输入复用线与输出复用线应在某一个指定时隙接通。例如,第 1 条输入复用线的第 1 个时隙可以选通第 2 条输出复用线的第 1 个时隙,它的第 2 个时隙可能选通第 3 条输出复用线的第 2 个时隙,它的第 3 个时隙可能选通第 1 条输出复用线的第 3 个时隙,等等。所以说,空间接线器不进行时隙交换,而仅仅实现同一时隙的空间交换。当然,对应于一定出入线的各个交叉点是按复用时隙而高速工作的,在这个意义上,空间接线器是以时分方式工作的。

各个交叉点在哪些时隙应闭合,在哪些时隙应断开,这决定于处理机通过控制存储器所完成的选择功能。如图 3.14(a)所示,对应于每条入线有一个控制存储器(CM),用于控制该入线上每个时隙接通哪一条出线。控制存储器的地址对应时隙号,其内容为该时隙所应接通的出线编号,所以其容量等于每一条复用线上的时隙数,每个存储单元的字长,即比特数则决定于出线地址编号的二进制码位数。例如,若交叉矩阵是 32×32,每条复用线有 512 个时隙,则应有 32 个控制存储器,每个存储器有 512 个存储单元,每个单元的字长为 5b,可选择 32 条出线。

图 3.14(b)与图 3.14(a)基本相同,不同的是每个控制存储器对应一条出线,用于控制该出线在每个时隙接通哪一条入线。所以,控制存储器的地址仍对应时隙号,其内容为该时

隙所应接通的入线编号，字长为入线地址编号的二进制码位数。

电子交叉矩阵在不同时隙闭合和断开，要求其开关速度极快，所以它不是普通的开关，通常，它是用电子选择器组成的。电子选择器也是一种多路选择器，只不过，其控制信号来源于控制存储器。

图 3.14(b)中的 4×4 电子交叉矩阵的构成可以表示为如图 3.15 所示的形式。与图 3.13 比较，可以发现这是用多路选择器作开关的。

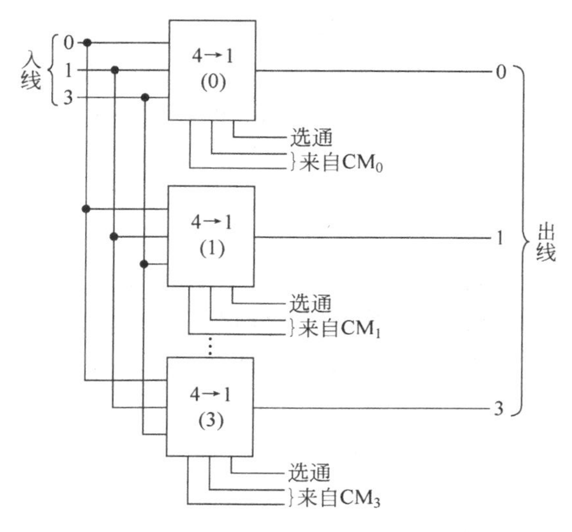

图 3.15 4×4 电子交叉矩阵的构成

由图 3.15 可知，4×4 电子交叉矩阵可以采用 4 片 4 选 1 的选择芯片，各负责一条输出复用线。每片的 4 条输入复用线按输入线号复接起来，形成 4 条输入复用线。4 个控制存储器对应 4 条出线，每个控制存储器内存储 2 位入线地址，并输出至相应选择器作为控制信号。选择器的选通端决定选择器是否工作，这可以避免选择器将控制存储器无输出误认为输出 0，而将此时的入线与出线 0 接通。

2. 工作原理

参考图 3.14，空间接线器有两种工作方式，是按照控制存储器配置的不同而划分的。

(1) 按输入线配置的称为输入控制方式，如图 3.14(a)所示。

(2) 按输出线配置的称为输出控制方式，如图 3.14(b)所示。

在图 3.14(a)中，第 1 个存储器的第 7 单元由处理机控制写入了 2。第 7 单元对应于第 7 个时隙，当每帧的第 7 个时隙到达时，读出第 7 单元中的 2，表示在第 7 个时隙应将第 1 条入线与第 2 条出线接通，也就是第 1 条入线与第 2 条出线的交叉点在第 7 时隙中应该接通。

在图 3.14(b)中，如果仍然要使第 1 输入线与第 2 输出线在第 7 时隙接通，应由处理机在第 2 个控制存储器的第 7 单元写入输入线号码 1，然后，在第 7 个时隙到达时，读出第 7 单元中的 1，控制第 2 条出线与第 1 条入线的交叉点在第 7 时隙接通。

在同步时分复用信号的每一帧期间，所有控制存储器的各单元的内容依次读出，控制矩阵中各个交叉点的通断。

输出控制方式有一个优点：某一输入线上的某一个时隙的内容可以同时在几条输出线

上输出，即具有同步和广播功能。例如，在4个控制存储器的第 K 个单元中都写入了输入线号码 i，使得输入线 i 的第 K 个时隙中的内容同时在输出线1～4上输出。而在输入控制方式时，若在多个控制存储器的相同单元中写入相同的内容，只会造成重接或出线冲突，这对于正常的通话是不允许的。

3.3.3 时间交换单元

前面的S接线器只能完成不同总线上相同时隙之间的交换，不能满足任意时隙之间的交换要求。时分复用交换单元通常指适用于对各种时分复用信号进行交换的交换单元，本节讨论两种典型的用于时分复用信号的交换单元，即共享存储器型交换单元和总线型交换单元。

1. 共享存储器型交换单元

(1) 一般结构。共享存储器型交换单元的一般结构如图3.16所示。作为核心部件的存储器被划分成 N 个区域，N 路输入数字信号分别送入存储器的 N 个不同区域，再分别送出。存储器的写入和读出采用不同的控制，以完成交换。

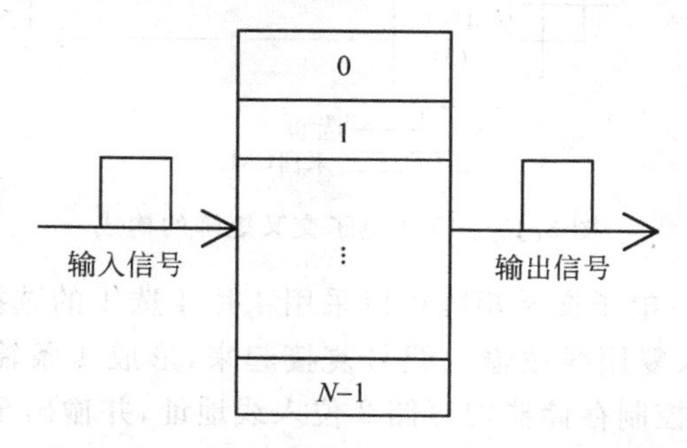

图3.16 共享存储器型交换单元的一般结构

(2) 工作方式。共享存储器型交换单元的工作方式有两种。

① 入线缓冲。若存储器中的 N 个区域是和各路输入信号顺序对应的，即第1路输入信号送到第1个存储区域(编号为0)，第2路输入信号送到第2个存储区域(编号为1)，等等，则称交换单元是入线缓冲的。

② 出线缓冲。若存储器中的 N 个区域是和各路输出信号一一对应的，即第1个存储区域(编号为0)的数据作为第1路输出信号，第2个存储区域(编号为1)的数据作为第2路输出信号，等等，则称交换单元是出线缓冲的。

共享存储器型交换单元对同步时分复用信号和统计时分复用信号都可进行交换，但其具体实现方式有所不同。下面作为实例详细介绍广泛用于同步时分复用信号交换的时间接线器。

2. 时间接线器

对同步时分复用信号来说，用户信息固定在某个时隙里传送，一个时隙就对应一条话路。因此，对用户信息的交换就是对时隙里内容的交换，即时隙交换。同步时分复用信号交换实现的关键是时隙交换。时间接线器用来完成在一条复用线上时隙交换的基本功能，可简称为 T 接线器。

(1) 结构。时间接线器采用缓冲存储器暂存话音的数字信息,并用控制读出或控制写入的方法来实现时隙交换,因此,时间接线器主要由话音存储器(SM)和控制存储器(CM)构成,如图 3.17 所示。其中,话音存储器和控制存储器都采用随机存取存储器(RAM)构成。

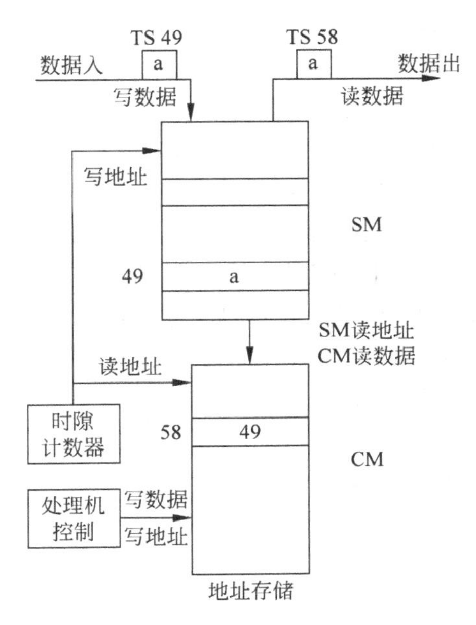

图 3.17 时间接线器

话音存储器用来暂存数字编码的话音信息。每个话路时隙有 8 位编码,故话音存储器的每个单元应至少具有 8b。话音存储器的容量,也就是所含的单元数应等于输入复用线上的时隙数,假定输入复用线上有 512 个时隙,则话音存储器要有 512 个单元。

控制存储器的容量通常等于话音存储器的容量,每个单元所存储的内容是由处理机控制写入的。在图 3.17 中,控制存储器的输出控制话音存储器的读出地址。如果要将话音存储器输入 TS49 的内容 a 在 TS58 中输出,可在控制存储器的第 58 单元中写入 49。

现在来观察时隙交换的过程。各个输入时隙的信息在时钟控制下,依次写入话音存储器的各个单元,时隙 1 的内容写入第 1 个存储单元,时隙 2 的内容写入第 2 个存储单元,以此类推。控制存储器在时钟控制下依次读出各单元内容,当读至第 58 单元时(对应于话音存储器输出 TS58),其内容 49 用于控制话音存储器在输出 TS58 读出第 49 单元的内容,从而完成了所需的时隙交换。

输入时隙选定一个输出时隙后,由处理机控制写入控制存储器的内容在整个通话期间是保持不变的。于是,每一帧都重复以上的读写过程,输入 TS49 的话音信息,在每一帧中都在 TS58 中输出,直到通话终止。

显然,控制存储器每单元的比特数决定于话音存储器的单元数,也就是决定于复用线上的时隙数。

应该注意到,每个输入时隙都对应着话音存储器的一个存储单元,这意味着由空间位置的划分实现了时隙交换。从这个意义上说,时间接线器带有空分的性质,是按空分方式工作的。

(2) 工作原理。就控制存储器对话音存储器的控制而言,可有两种控制方式:

① 顺序写入,控制输出,简称"输出控制";

② 控制写入,顺序输出,简称"输入控制"。

图 3.18(a)所示为输出控制方式,即话音存储器的写入是由时钟脉冲控制按顺序进行的,而其读出要受控制存储器的控制,由控制存储器提供读出地址。控制存储器则只有一种工作方式,它所提供的读出地址是由处理机控制写入,按顺序读出的。例如,当有时隙内容 a 需要从时隙 i 交换到时隙 j 时,在话音存储器的第 i 个单元顺序写入内容 a,由处理机在控制存储器的第 j 个单元写入地址 i 作为话音存储器的输出地址。当第 j 个时隙到达时,从控制存储器中取出输出地址 i,从话音存储器第 i 个单元中取出内容 a 输出,完成交换。

图 3.18(b)所示为输入控制方式,即话音存储器是控制写入,顺序读出的,其工作原理与输出控制方式相似,不同之处是控制存储器用于控制话音存储器的写入。当第 i 个输入时隙到达时,由于控制存储器第 i 个单元写入的内容是 j,作为话音存储器的写入地址,就使得第 i 个输入时隙中的话音信息写入话音存储器的第 j 个单元。当第 j 个时隙到达时,话音存储器按顺序读出内容 a,完成交换。

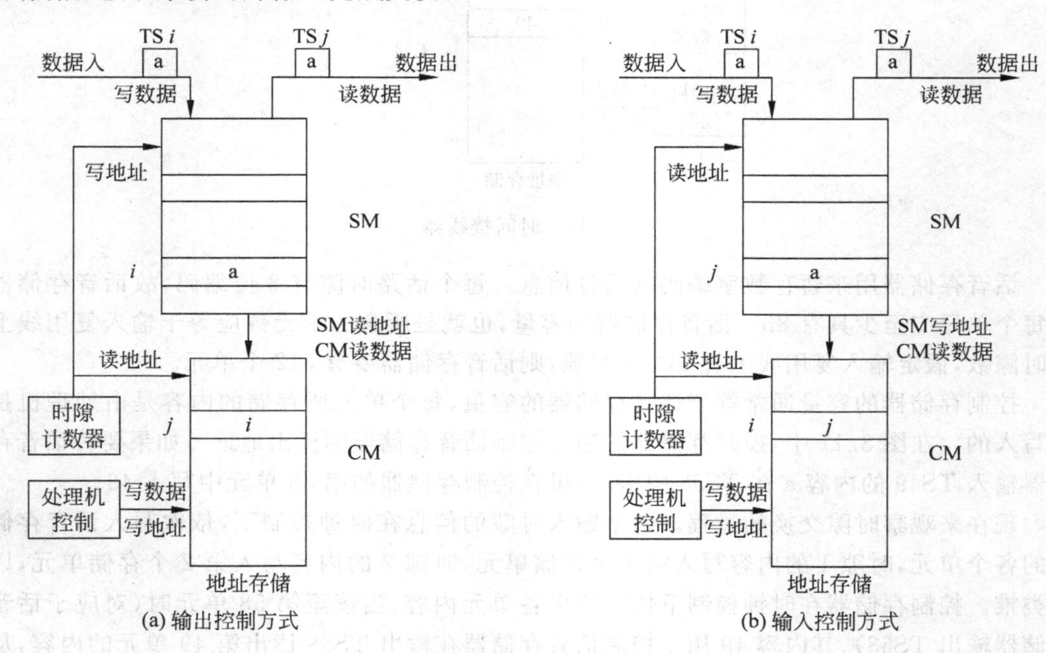

图 3.18 时间接线器工作方式

实际上,在一个时钟脉冲周期内,由 RAM 构成的话音存储器和控制存储器都要完成写入和读出两个动作,这是由 RAM 本身提供的读、写控制线控制,在时钟脉冲的正、负半周分别完成的。

(3) 容量和时延。时间接线器的容量等于语音存储器的容量及控制存储器的容量,也即等于输入复用线上的时隙数,一个输入 N 路复用信号的时间接线器就相当于一个 $N\times N$ 交换单元。因此,增加 N 就可以增加交换单元的容量。当然,在输入复用信号帧长确定时,N 越大,存储器读、写数据的速度就要越快,所以 N 的增加是有限制的。

若单路信号的速率为 v，采用的存储器为双向数据总线，数据总线的宽度(即每次存取数据的位数)为 B 位，需要时间为 t，则有下述关系式成立

$$2Nv = B/t$$

由上式可知，增加时间接线器容量的方法包括以下三种：

① 使用快速的存储器，这相当于减少上式中的 t；

② 增加存储器数据总线的宽度，即增加上式中的 B；

③ 使用单向数据总线的存储器(如双口 RAM)，这相当于去掉上式中的因子 2。

因为时间接线器进行的是时隙交换，所以每个时隙的信号都会在存储器中产生大小不等的时延。同步时分复用信号经过一个时间接线器的时延包括以下两点。

① 信号进行串并变换时的时延。这项时延与存储器的数据总线宽度成正比。因此，在通过增加存储器数据总线的宽度来增加时间接线器容量的同时，也增加了信号经过时间接线器的时延。

② 在存储器中的时延。因为时隙互换的关系，每个时隙的信号在经过存储器后都会有大小不等的时延。时延最小的情况发生在 1 个时隙的信号在写入存储器后立即被读出时，时延最大的情况发生在 1 个时隙的信号在写入存储器后要等待一帧后才可读出时。应注意，实际交换中各时隙中的单路信号经历的时延各不相同。

3. 总线型交换单元

(1) 一般结构。“总线”是一个最早用在计算机领域中的名词，它指的是把计算机中的各个部件连接在一起的一种技术设备。在最简单也最一般的情况下，它就是一组连线，但与一般连线不同的是，总线是把多于两个的器件连接在一起。“总”字在这里有“汇总”或“集中”的意思。例如，在普通的计算机中，在中央处理器从存储器中读数、中央处理器向存储器写数、中央处理器向外设写数或读数等时，各个部件之间的数据传输都通过总线进行。总线相当于一个数据的集散地，也就是说，送数据、取数据都通过总线来进行。因此，易知总线也完全可以用于电信交换。

计算机局域网就使用了总线来完成电信交换的功能。计算机都通过一根同轴电缆连接在一起。各个计算机向这个总线发送数据，也从这个总线上接收数据，如图 3.19 所示。

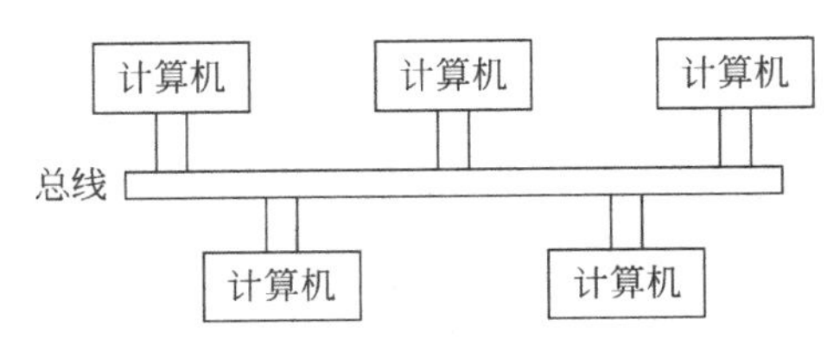

图 3.19　计算机局域网总线结构

在电信交换中使用的总线型交换单元的一般结构如图 3.20 所示。它包括入线控制部件、出线控制部件和总线三部分。交换单元的每条入线都经过各自的入线控制部件与总线相连，每条出线也经过各自的出线控制部件与总线相连。总线按时隙轮流分配给各个入线控制部件和出线控制部件使用，分配到的入线控制部件将输入信号送到总线上，通过总线将该信号送到出线控制部件。

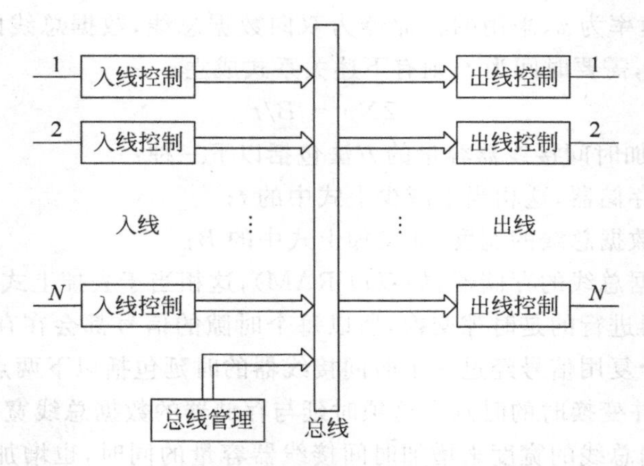

图 3.20 总线型交换单元的一般结构

(2) 各部件功能如下所述。

① 入线控制部件的功能是接收入线信号,进行相应的格式变换后,将其放在缓冲存储器中,并在分配给该部件的时隙上把收到的信号送到总线上。因为输入信号是连续的比特流,而总线上接收和发送的信号则是突发的,所以设一个入线控制部件每隔时间 τ 获得一个时隙,输入信号的速率为 V(b/s),则缓冲存储器的容量至少应是 $V\tau$ 位。

② 出线控制部件的功能是检测总线上的信号,并把属于自己的信号读入一个缓冲存储器中,进行格式变换,然后由出线送出,形成出线信号。同理,设一个出线控制部件在每个时间段 τ 内获得的信号量是一个常数,而出线的数字信号的速率为 V(b/s),则缓冲存储器容量至少应是 $V\tau$ 位。

③ 总线一般包括多条数据线和控制线。数据线用于在入线控制部件和出线控制部件之间传送信号,控制线用于控制各入线控制部件获得时隙和发送信号,以及出线控制部件读取属于自己的信号。其中数据线的多少对于交换单元的容量有决定性的意义,因此把总线包括的数据线数量称为总线的宽度。

④ 总线时隙分配要按一定的规则进行。最简单也最常用的规则是不管各入线控制部件是否有信号,都按顺序把时隙分给各入线。比较复杂但效率较高的规则是只在入线有信号时才分配时隙给它。

由上述的功能描述可知,总线上的信号是一个同步时分多路复用信号,并且所有输入信号将被复合成为一个信号。若有 N 条入线,每条入线的信号速率是 V(b/s),则总线上的信号速率就是 NV(b/s)。因此,在总线型交换单元中,总线是信息的集散地。若入线较多且输入信号的速率较高,则总线上的信息速率会变得非常高。所以,总线型交换单元的入线数和信号速率受总线能够传送的信号速率及入线、出线控制电路的工作速率的限制。

设总线上的一个时隙长度不超过 T,且在一个时隙中只能传送 B 位,则有:

$$kNV = B/T$$

式中,k 为时隙分配规则因子。若采用简单的固定分配时隙的规则,则 $k=1$;若采用按需分配的规则,则 $k<1$。$1/k$ 反映了总线的利用程度。因此,可以通过增加 B、减少 T 或减少 k 来增加交换单元的容量。最直接的增加 B 的方法是增加总线的宽度。总线中数据线的数目增加,在一个操作中可以送到总线上的信号量就会增加。但是,与此同时,信号经过交换

单元的时延会增加，输入部件中存储器的容量要加大，与总线的接口电路要增加，从而使设备的复杂度增加。减少 T 的直接方法是使用快速器件，但存储器的存取速度是有限的。若总线在一个时隙中的操作分几个步骤完成，则对几个步骤采用并行处理也可能减少 T。

总线型交换单元可适用于三种时分复用信号，但具体的实现方式有所不同。目前，在我国电话网中广泛使用的 S1240 数字程控交换机，就采用了总线型交换单元——数字交换单元(Digital Switch Element，DSE)，它是一种对同步时分复用信号进行交换的总线型交换单元。

3.3.4　时间交换单元的扩展

如前所述，增加时间接线器的容量受到芯片读/写速度的限制，那么有什么方法可进一步增加交换单元的容量呢？同前面的开关阵列思想一样，将一个时间接线器看成一个开关点，将多个时间接线器组成一个阵列，从而可以构成一个更大的交换单元，如图 3.21 所示。

图 3.21 由 9 个时间接线器扩展成一个 3 倍容量的交换单元，但这种方式的缺点是需要的时间接线器数量随扩展倍数 N 按 N^2 增长，因此它只适合于扩展倍数小的情况，扩展倍数大时需要采用其他方式来构成大的交换网络，如采用多级连接的方式。下面将介绍多级交换网络的构成。

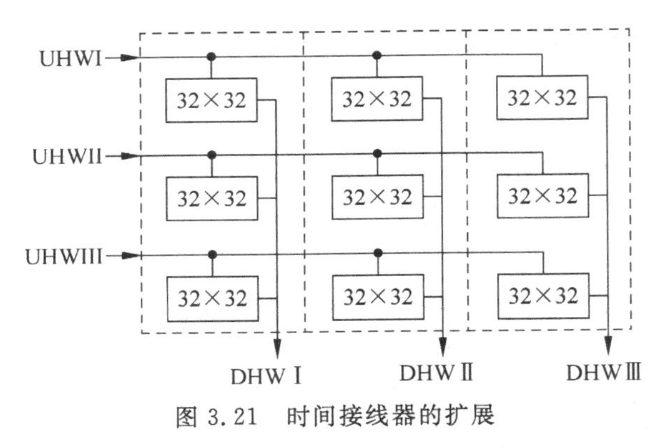

图 3.21　时间接线器的扩展

3.4　多级交换网络

3.4.1　多级交换网络的概念

1. 多级交换网络的定义

将交换单元按一定的拓扑结构连接起来就可形成单级交换网络或多级交换网络。单级交换网络是由一个交换单元或若干个位于同一级的交换单元构成，如图 3.22 所示。需交换的信号在单级交换网络中一次通过，即一次入线到出线的连接只经过一个交换单元。例如，前面时间接线器的扩展就属于单级交换网络。

另外，从图 3.22(b)可知，在这种单级交换网络中，属于不同交换单元的入线与出线之间无法建立连接，这不能算真正的交换网络。因此，一般所说的单级交换网络如图 3.22(a)

所示。

多级交换网络是由若干个交换单元按照一定的拓扑结构和控制方式构成的网络。多级交换网络有三大基本要素：交换单元、交换单元之间连接的拓扑方式和控制方式，如图 3.23 所示。

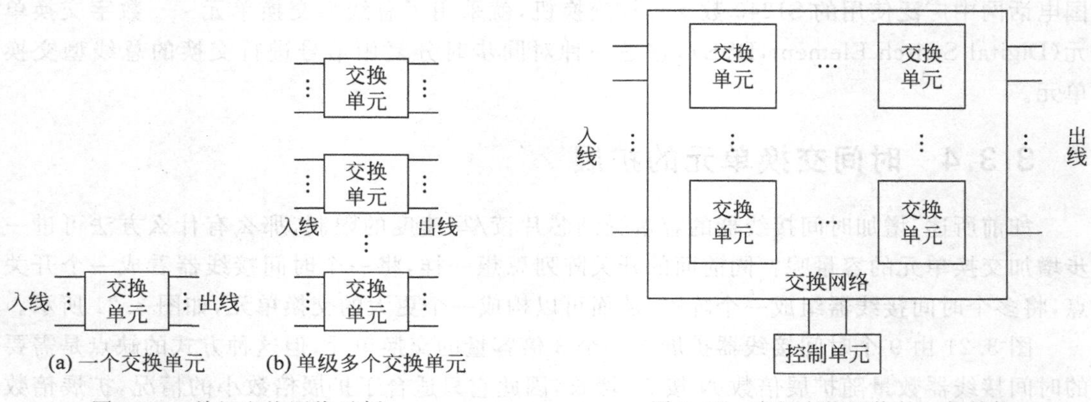

图 3.22　单级交换网络示例　　　　图 3.23　多级交换网络的一般结构

多级交换网络由多级交换单元构成。如果一个交换网络中的交换单元可以分为 K 级，按顺序命名为第 1,2,…,K 级，并且满足以下条件，则称这样的交换网络为多级交换网络，或 K 级交换网络：

(1) 所有的入线都只与第 1 级交换单元连接；

(2) 所有的第 1 级交换单元都只与入线和第 2 级交换单元连接；

(3) 所有的第 2 级交换单元都只与第 1 级交换单元和第 3 级交换单元连接；

(4) 以次类推，所有的第 K 级交换单元都只与第 $K-1$ 级交换单元和出线连接。

多级交换网络的拓扑结构可以用三个参量来说明，这三个参量是：每个交换单元的容量，交换单元的级数和交换单元间的连接通路(链路)。在 3.2 节的学习中已知，一个交换单元入线与出线的关系可以用连接函数来表示，在多级交换网络中不同级交换单元间的拓扑连接也可以用连接函数来表示，这也被称为拓扑描述规则。因此，从数学的观点来看，多级交换网络由一组连接函数所组成，包括各级交换单元本身的连接函数和各级之间链路的连接函数，以此实现交换网络的入线与出线之间的某种映射关系。

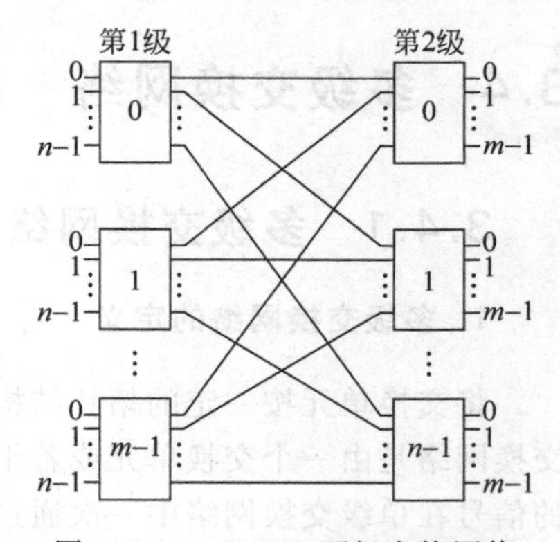

图 3.24　$nm\times nm$ 两级交换网络

2. 内部阻塞

(1) 内部阻塞的基本概念。多级交换网络会出现内部阻塞问题。如图 3.24 所示，在一个 $nm\times nm$ 的两级交换网络中，它的第 1 级是由 m 个 $n\times n$ 的交换单元构成的，第 2 级是由 n 个 $m\times m$ 的交换单元构成的，第 1 级同一交换单元不同编号的出线分别接到第 2 级不同交换单元相同编号的入线上。交换网络的 nm 条入线中的任何一条均可与 nm 条出线中的任一条接通，因而它相当于一个 $nm\times nm$ 的单级交换网络。

与单级交换网络相比，两级交换网络有两个重要的特点。首先，两级交换网络每一对出线、入线的连接需要通过2个交换单元和1条级间链路来实现，增加了控制交换单元和搜寻空闲链路的难度。其次，在单级交换网络中，只要有一对出线、入线空闲，两者即可接通。但在两级交换网络中，由于第1级的每一个交换单元与第2级的每一个交换单元之间仅存在一条链路，因此在任何时刻一对交换器之间只能有1对出线、入线接通。例如，当第1级0号交换单元的0号入线与第2级1号交换单元的$m-1$号出线接通时，第1级0号交换单元的任何其他入线都无法再与第2级1号交换单元的其余出线接通。

这种出线、入线空闲，因交换网络级间链路被占用而无法接通的现象称为多级交换网络的内部阻塞。若用计算机的术语，阻塞也可称为冲突，即不同入线上的信号试图同时占用同一条链路。

单级交换网络不存在内部阻塞，而且它的控制比多级交换网络简单，时延短(因为时延与级数成正比)。那么，为什么实际使用的大多是多级交换网络呢？一般而言，交换网络中交叉点越多，成本越高，建立连接的路径也越多，阻塞的机会也越少，连接能力也就越强。交换网络拓扑设计的总目标就是在满足一定连接能力的要求下，尽量最小化交叉点数。容量相同的多级交换网络与单级交换网络比较，交叉点数会大大减少。例如，图3.24中的$nm\times nm$两级交换网络共有交叉点$n\times n\times m+m\times m\times n$个，而$nm\times nm$单级交换网络的交叉点数目为$nm\times nm$个。现设$n=m=8$，则一个$64\times64$的单级交换网络，交叉点数目为$64\times64=4096$个；而若是两级交换网络，有交叉点$8\times8\times8+8\times8\times8=1024$个。而且，交叉点数目会随着入线、出线数的增加而迅速增加。

(2) 无阻塞交换网络。研究无阻塞交换网络的目的是尽量减少，以至于最后消除多级交换网络的内部阻塞。下面给出三种无阻塞交换网络的概念。

① 严格无阻塞网络。不管网络处于何种状态，任何时刻都可以在交换网络中建立一个连接，只要这个连接的起点、终点是空闲的，而不会影响网络中已建立起来的连接。

② 可重排无阻塞网络。不管网络处于何种状态，任何时刻都可以在一个交换网络中直接或对已有的连接重选路由来建立一个连接，只要这个连接的起点和终点是空闲的。

③ 广义无阻塞网络。指一个给定的网络存在着固有的阻塞的可能，但有可能存在着一种精巧的选路方法，使得所有的阻塞均可避免，而不必重新安排网络中已建立起来的连接。

因为目前真正实用的广义无阻塞网络非常少见，所以本书只讨论严格无阻塞网络和可重排无阻塞网络。

3.4.2 TST网络

1. 网络结构

TST(时分-空分-时分)网络是在电路交换系统中经常使用的一种典型的交换网络，由共享存储器型交换单元的T接线器和开关结构的S接线器连接而成，如图3.25所示。

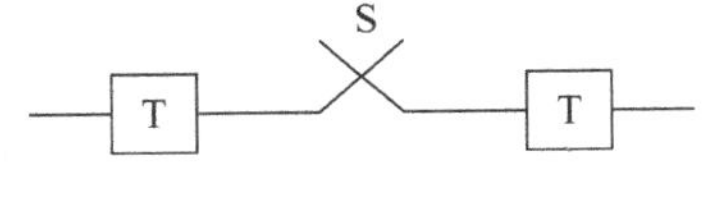

图3.25 TST网络

TST是三级交换网络，两侧为T接线器，中间一级为S接线器，S级接线器的出、入线数决定于两侧T接线器的数量。设每侧有32个T接线器，T接线器的容量为512，则网络结构如图3.26所示。输入侧话音存储器用

$SMA_0 \sim SMA_{31}$表示，控制存储器用$CMA_0 \sim CMA_{31}$表示；输出话音存储器用$SMB_0 \sim SMB_{31}$表示，控制存储器用$CMB_0 \sim CMB_{31}$表示。

S接线器为32×32矩阵，对应连接到两侧的T接线器，并采用输出控制方式，控制存储器有32个，用$CMC_0 \sim CMC_{31}$表示。输入侧接线器采用顺序写入，控制读出方式，输出侧T接线器则采用控制写入，顺序读出方式。

2. 工作原理

下面以实现第0个T接线器的时隙2与第31个接线器的输出时隙511的交换为例来说明TST网络的工作原理，如图3.26所示。

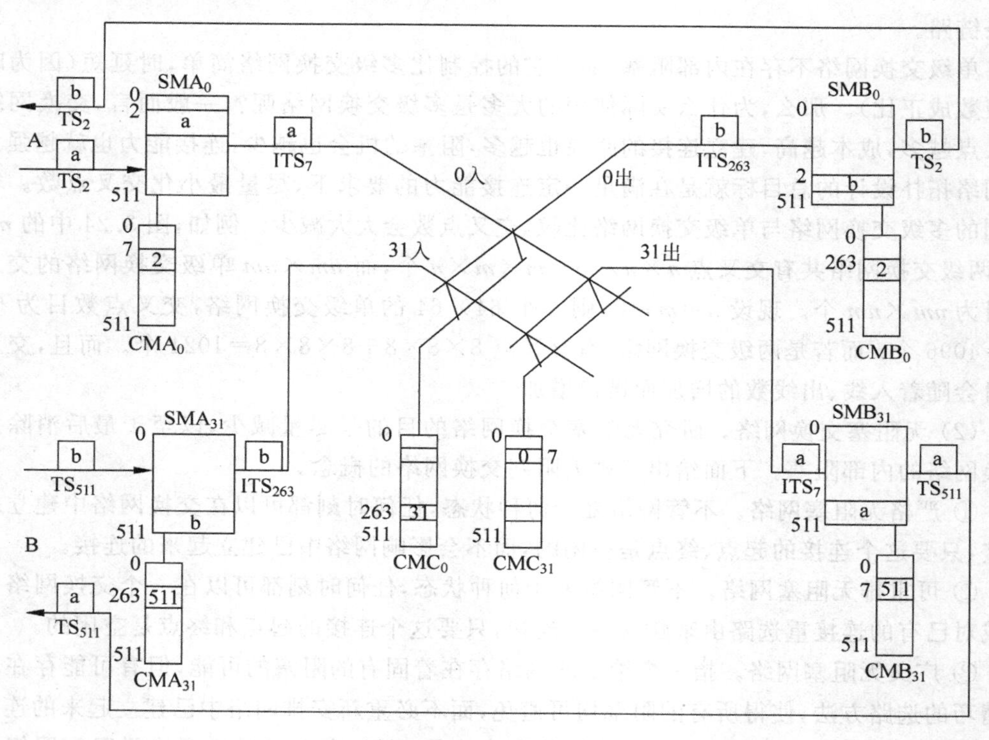

图 3.26 TST交换网络

(1) 通路建立。首先，交换机要选择一个内部时隙做交换用，假设选为时隙7。接着，交换机在CMA_0的单元7中写入2，在CMB_{31}的单元7中写入511，在CMC_{31}的单元7中写入0，这些单元7均对应于时隙7，即内部时隙。

于是，在接线器0的时隙2输入的用户信息，在CMC_0的控制下于时隙7读出。在S接线器中，由于在CMC_{31}的单元7写入0，所以在内部时隙7所对应时刻，第32条(编号31)输出线与第1条(编号0)输入线的交叉点接通，于是用户信息就通过S级，并在CMB_{31}的控制下，写入SMB_{31}的单元511。当输出时隙511到达时，存入的用户信息就被读出，送到第32个(编号31)T接线器的输出线，完成了交换连接。

(2) 双向通路的建立。通常用户信息要双向传输，而TST网络为单向交换网络，这意味着对于每一次交换连接，在TST网络中应建立来去两条通路。

结合图 3.26 来看，称 T 接线器 0 的输入时隙 2 为 A 方，T 接线器 31 的输出时隙 511 为 B 方，则除了建立 A 到 B 的通路外，还应建立 B 到 A 的通路，以便将 SMA_{31} 中输入时隙 511 中的内容传送到 SMB_0 的输出时隙 2 中去。为此，必须再选用一个内部时隙，使 S 级的入线 31 与出线 0 在该时隙接通。

为便于选择和简化控制，可使两个方向的内部时隙具有一定的对应关系，通常可相差半帧。设一个方向选用时隙 7，当一条复用线上的内部时隙数为 512(帧长为 512)时，另一方向选用第 7+512/2=263 时隙。在计算时，应以 512 为模。这种相差半帧的方法可称为反相法。此外，也可以采用奇、偶时隙的方法，当一个方向选用偶数时隙 $2P$($P=0,1,2,\cdots$)时，另一个方向总是选用奇数时隙 $2P+1$。

对照图 3.26，如果采用反相法，为建立 B 到 A 的通路，应在以下控制存储器中写入适当内容。

CMA_{31}：单元 263 中写入 511。

CMC_0：单元 263 中写入 31。

CMB_0：单元 263 中写入 2。

3.4.3 CLOS 网络

1. CLOS 网络的基本概念

为了降低多级交换网络的成本，长期以来人们一直在寻求一种交叉点数随入线、出线数增长较慢的交换网络，其基本思想都是采用多个较小规模的交换单元按照某种接线方式连接起来形成多级交换网络。CLOS 首次构造了一类如图 3.27 所示的 $N\times N$ 的无阻塞交换网络。它采用足够多的级数，对于较大的 N，能够设计出一种无阻塞网络，其交叉点数增长的速度小于 $N^{1+\varepsilon}$($0<\varepsilon<1$)。也就是说，使用 CLOS 网络，既可以减少交叉点数，又可以做到无阻塞。

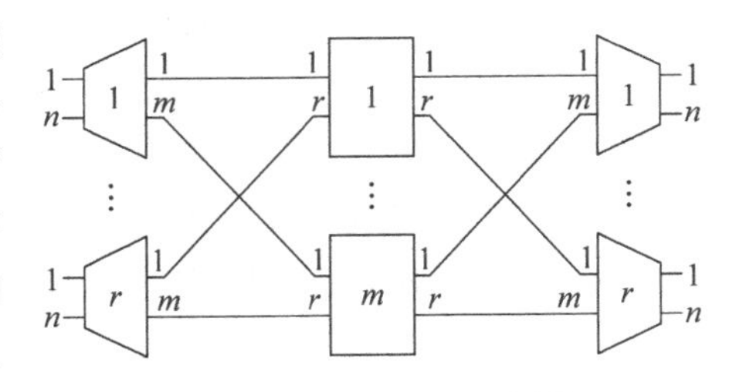

图 3.27　三级 CLOS 网络

由图 3.27 可知 CLOS 网络的结构：两边各有 r 个对称的 $n\times m$ 矩形交换单元和 $m\times n$ 矩形交换单元，中间是 m 个 $r\times r$ 的方形交换单元。每一个交换单元都与下一级的各个交换单元有连接且仅有一条连接，因此，任意一条入线与出线之间均存在一条通过中间级交换单元的路径。m、n、r 是整数，决定交换单元的容量，称为网络参数，并记为 $C(m,n,r)$。

2. 三级 CLOS 网络无阻塞条件

(1) CLOS 网络的严格无阻塞条件。一个 CLOS 网络严格无阻塞的条件是当且仅当 $m\geqslant 2n-1$。

参见图 3.27 可知，在最不利的情况下，中间级会有$(n-1)\times 2$ 个交换单元被占用，因此，中间级至少要有$(n-1)\times 2+1=2n-1$ 个交换单元，即 $m\geqslant 2n-1$ 时，可确保无阻塞，所以，对于 $C(m,n,r)$CLOS 网络，如果 $m\geqslant 2n-1$，则此网络严格无阻塞。

(2) CLOS 网络的可重排无阻塞条件。对于三级 CLOS 网络 $C(m,n,r)$，可重排无阻塞

的充分必要条件是 $m \geqslant n$。

图 3.28 表示了一个 $m=n=r$ 的三级可重排无阻塞 CLOS 网络。

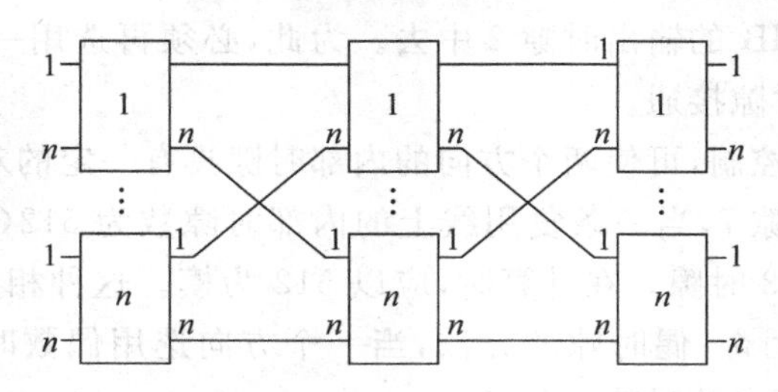

图 3.28 三级可重排无阻塞 CLOS 网络

严格无阻塞网络的概念比较好理解，而可重排无阻塞网络就有些抽象。为了便于理解，下面用一个简化的例子来说明可重排无阻塞网络的基本原理。

假设有一个 4×4 的三级可重排无阻塞 CLOS 网络，如图 3.29 所示。其中，$m=n=r=2$，显然，它不满足严格无阻塞的条件。仅考虑点到点连接，则这种交换在数学上等效于对 4 个数的排列置换。但是，这种网络并不能实现入线和出线之间所有可能的置换。例如，参照图 3.29，欲作如下的交换，其连接函数的排列表示为：

$$\begin{pmatrix} 1 & 2 & 3 & 4 \\ 4 & 2 & 1 & 3 \end{pmatrix}$$

如图 3.29(a)所示，1→4 的连接已经过路径 C1，3→1 的连接已经过路径 C2，那么 2→2 和 4→3 的连接就无法建立，即发生了阻塞。但可重新调整已有 1→4 和 3→1 的连接以建立 2→2 和 4→3 的连接。为此，如图 3.29(b)所示，不改变原来的 1→4 的路径 C1，而将 3→1 的路径改为 CC2，那么 2→2 和 4→3 的连接就可以建立(如图 3.29(b)中虚线所示)。这样总共改变了原有连接 1 次。可见，对于如图 3.29 所示的 $m=n=r=2$ 的三级 CLOS 网络，改变原有连接 1 次，就可以实现所指定的无阻塞连接，但需要有一套重新安排路径的算法。

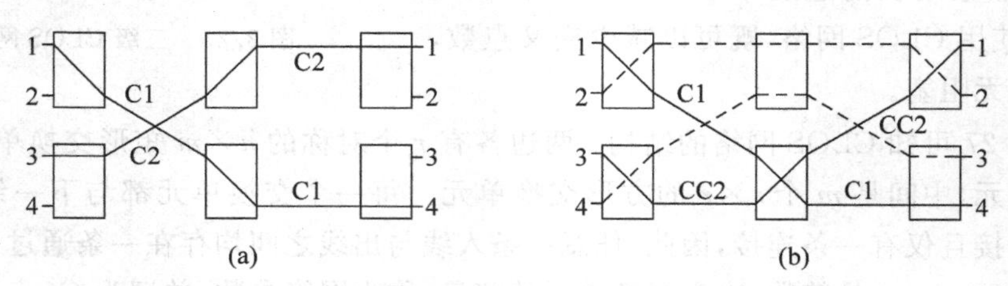

图 3.29 $m=n=r=2$ 三级可重排 CLOS 网络

3. 非对称 CLOS 网络

若 CLOS 网络的入线数为 M，出线数为 N，$M \neq N$，则称其为非对称 CLOS 网络。三级非对称 CLOS 网络记为 $V(m, n_1, r_1, n_2, r_2)$，它表示第 1 级有 r_1 个输入交换单元，其中每个单元都具有 n_1 条入线和 m 条出线，且 $M=r_1 n_1$；第 3 级有 r_2 个输出交换单元，其中每个单元都具有 n_2 条出线和 m 条入线，且 $N=r_2 n_2$；中间级有 m 个 $r_1 \times r_2$ 的交换单元。如果 $n_1=n_2$，$r_1=r_2$，该网络就简化成图 3.27 所示的对称三级 CLOS 网络 $C(m,n,r)$。

对于 $V(m,n_1,r_1,n_2,r_2)$ 三级非对称 CLOS 网络，严格无阻塞的条件是 $m \geqslant n_1 + n_2 - 1$，此网络实现可重排无阻塞的条件是 $m \geqslant \max(n_1,n_2)$。

3.4.4 BANYAN 网络

常常把最小的交换单元，即 2×2 的交换单元称为交叉连接单元，如图 3.11 所示，这里将它改画为图 3.30 所示的形式。它有 2 条入线和 2 条出线，可以处于平行连接或交叉连接两个状态，分别完成不同编号的入线和出线之间的连接，达到 2 条入线中的任意入线和 2 条出线中的任意出线可进行交换的目的。

图 3.30　2×2 交换单元

以 2×2 的交换单元为基础构件构成的多级互连网络得到了高度重视，BANYAN 就是由若干个 2×2 的交换单元组成的多级交换网络。它最早用于并行计算机领域，与电话交换毫不相干，但后来在 ATM 交换机中得到广泛应用。它适用于统计复用信号的交换，即根据信号中携带的出线地址信息在交换网络中建立通道，是进行信元交换的有效方法之一。

1. BANYAN 网络的递归构造

将 4 个 2×2 的交换单元连接起来可以得到一个 4×4 的二级网络，如图 3.31 所示。

值得注意的是，这种交换网络有一个特点，就是它的每一条入线到每一条出线都有一条路径，并且只有一条路径。例如，在图 3.31 中用虚线画出了由入线 0 到出线 0 和由入线 3 到出线 1 的路径。

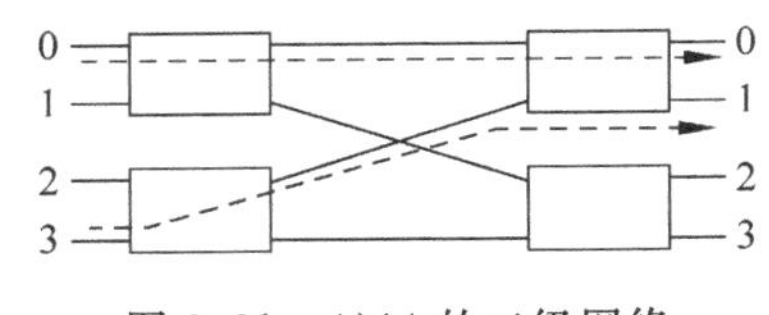

图 3.31　4×4 的二级网络

同样，如果使用 12 个 2×2 的交换单元就可以构成一个 8×8 的三级交换网络，其第 1 级和第 2 级之间的连接为子洗牌连接，第 2 级和第 3 级之间的连接为均匀洗牌连接，如图 3.32 所示，它同样具备上述特点。

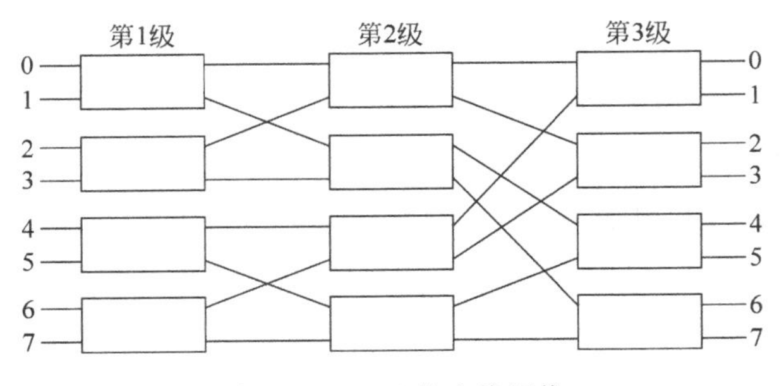

图 3.32　8×8 的交换网络

观察图 3.32，可以把前面的 8 个 2×2 的交换单元看成两个 4×4 的二级交换网络，后面再加上一级 4 个 2×2 的交换单元以构成 8×8 的三级交换网络。

这种将多个 2×2 的交换单元分成若干级，并按照一定的级间连接方式构成的多级交换网络就称为 BANYAN 网络。

用 2×2 的交换单元构成 BANYAN 网络的具体形式可以有多种，图 3.33 中的 4 种交换网络均为 8×8 的 BANYAN 网络。

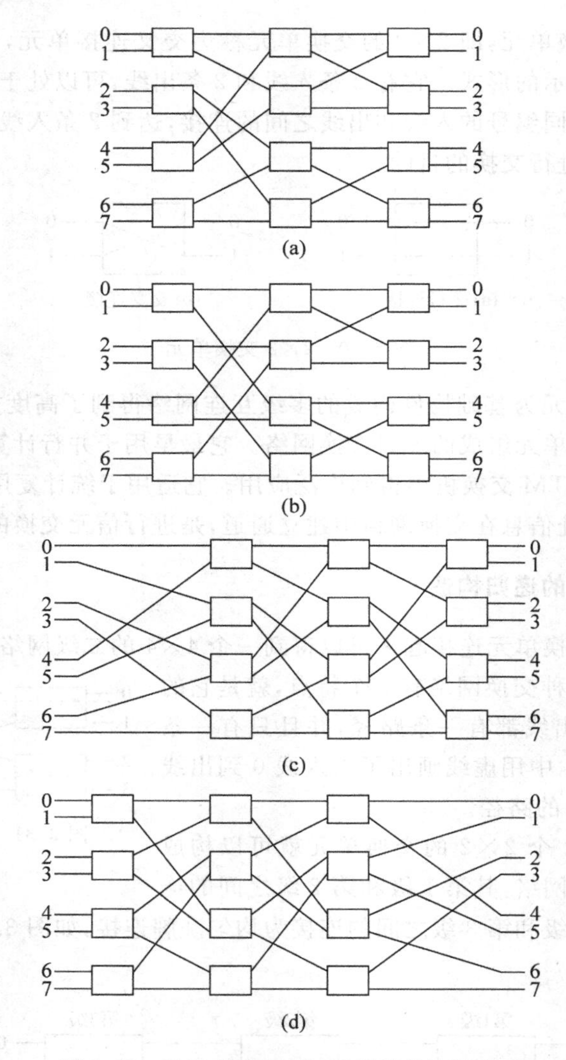

图 3.33 8×8 的 BANYAN 网络的连接形式

参照前面讲述的 4×4 的 BANYAN 网络和 8×8 的 BANYAN 网络的实例，发现 BANYAN 网络的结构很有规则，利用递归的方法，可以用较小的 BANYAN 网络构成较大的 BANYAN 网络，其构成方法如下所述。

假设已有 $N\times N$ 的 BANYAN 网络，要构成 $2N\times 2N$ 的 BANYAN 网络，则可使用 2 组 $N\times N$，再加上 1 组 N 个 2×2 的交换单元构成。第一组 $N\times N$ 的 N 条出线分别与 N 个 2×2 的某一入线相连，第二组 $N\times N$ 的 N 条出线分别与 N 个 2×2 的另一入线相连。例如，用 8×8 的 BANYAN 网络构成 16×16 的 BANYAN 网络时，可用 2 组 8×8 的 BANYAN 网络，加上 8 个2×2 的交换单元构成，共需要 32 个 2×2 的交换单元。

对于 $N \times N$ 的 BANYAN 网络，其级数约为 $M=\log_2 N$，每一级需要 $N/2$ 个 2×2 的交换单元，共需要 $(N/2)\log_2 N$ 个 2×2 的交换单元。

2. 工作原理和性质

BANYAN 网络非常有规则的构造方法使其具有许多重要的性质：唯一路径性质、自选路由性质、编号数字置换性质和内部阻塞性质。下面分别进行讨论。

(1) 唯一路径。在图 3.31 的 4×4 的 BANYAN 网络中，已知它的每条入线与每条出线之间都有一条路径并且只有这一条路径。这就是 BANYAN 网络的唯一路径特点。对于这一点，可以用类似于数学归纳法的办法来给予证明。

首先，4×4 的 BANYAN 网络只有唯一路径。假设它对 $N\times N$ 的 BANYAN 网络也成立。那么，对于 $2N\times2N$ 的 BANYAN 网络来说，因为 $2N\times2N$ 的 BANYAN 网络用前述的方法来构成，显然从 $N\times N$ 的 BANYAN 网络到最后一级 2×2 的交换单元中共有 $2N$ 条路径，并且要到其中某一条出线必须经过其中唯一的一条路径。可见这样构成的 $2N\times2N$ 的 BANYAN 网络，仍然是在每条入线和每条出线间都存在一条路径并且只有唯一的一条路径。这就证明了上述特点对任何 N 都成立。

(2) 自选路由。由 BANYAN 网络的构成方法可知，一个 BANYAN 网络的入线和出线数相等，并且若假设其为 N，则必有 $N=2^M$，M 为级数。再设 N 条入线和 N 条出线分别按顺序编号为十进制数 0,1,2,…,$N-1$，则必定可用 M 位二进制数字来区别 N 条入线和 N 条出线。

由 BANYAN 网络的唯一路径特点可知，从 BANYAN 网络的任意一条入线到全部 N 条出线共有 N 个连接，这 N 个连接可以用出线的 N 个不同的编号表示，即其中的每一条连接都可以用 M 位二进制数字表示。

一个 $N\times N$ 的 BANYAN 网络共有 M 级，每一级有 $N/2$ 个 2×2 的交换单元。如果把每个交换单元的两条入线和两条出线都依照图 3.34 的上下位置分别编号为 0 和 1。考虑一个由入线 i 到出线 j 的连接，那么这个连接由 M 个属于不同级的交换单元顺序连接组成。从第 1 级开始按顺序排列该连接经过的各个交换单元的出线编号(0 或 1)，则恰好组成一个 M 位二进制数字。这 M 位二进制数字正是出线 j 的编号。换一个角度说，BANYAN 网络的每一级正好对应 M 位二进制数字中的一位。从任意一条入线开始，逐个读出各级交换单元相应出线的数字 0 或 1，那么这些数字组合起来就是出线的号码。可以说明，这个数字 N 种不同的取值正好表示了从同一条入线出发的 N 个不同的连接或路径。图 3.34 是一个 8×8 的 BANYAN 网络，标出了全部 8 条通往出线 3 上的路径，每条路径上三个交换单元的出线号码分别是 0、1、1，组合起来的二进制数字 011 正是 BANYAN 网络的出线号码 3。

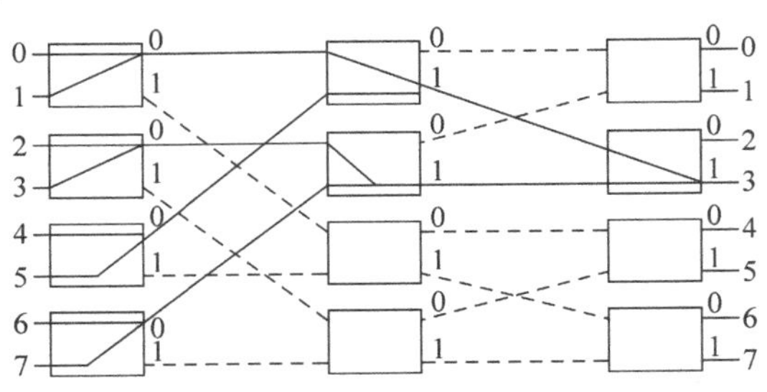

图 3.34　自选路由示例

显然，如果把出线的编号（或称为地址）以二进制数字的形式送到交换网络，那么每一级上的 2×2 的交换单元就只需根据这个地址中的某一位就可以判别应将其送往哪一条出线上。例如，第 1 级上的 2×2 的交换单元只读地址的第 1 位，第 2 级上的 2×2 的交换单元中只读地址的第 2 位……当所有地址都被读完，这个信元就已经被送到相应的出线上了。显然，如果能够利用这一点，则交换网络的控制部分就可以变得十分简单，这显然也是一个很大的优点。这就是自选路由，即给定出线地址，不用外加控制命令，就可选择到出线。对于统计复用信号，每个信元均携带有控制信息，包括路由信息，即出线地址，使用 BANYAN 网络可以很方便地进行交换。

(3) 编号数字置换。像任何交换单元及交换网络一样，BANYAN 网络的入线和出线可以都编上号码，并用一组数字的排列或置换来表示它的一种连接方式。例如，对于 4×4 的 BANYAN 网络，给定连接函数的排列表示为

$$\begin{pmatrix} 0 & 1 & 2 & 3 \\ 3 & 0 & 2 & 1 \end{pmatrix}$$

这表示，4 条入线和 4 条出线分别编号为 0、1、2、3，入线 0 连接到出线 3，入线 1 连接到出线 0，入线 2 连接到出线 2，入线 3 连接到出线 1，如图 3.35 所示。

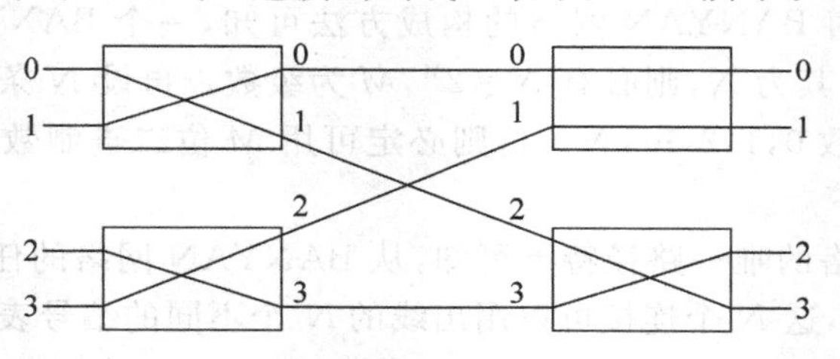

图 3.35 编号数字置换示例

虽然任何一个交换单元及交换网络都可以用置换来表示其连接方式，但对于 BANYAN 网络而言，使用置换有特别的意义。这是因为，BANYAN 网络每级由 2×2 的交换单元组成，每一个 2×2 的交换单元都完成两个数字的一次置换，每一级都完成 N 个数字的一次置换。换句话说，在 BANYAN 网络中，表示整个交换网络连接方式的置换由各级及级间逐次置换构成。例如，图 3.35 中连接方式的实现是以下各级及级间置换的叠加。

第 1 级交换单元完成的连接置换为

$$\begin{pmatrix} 0 & 1 & 2 & 3 \\ 1 & 0 & 3 & 2 \end{pmatrix}$$

第 1 级交换单元和第 2 级交换单元之间完成的连接置换为

$$\begin{pmatrix} 0 & 1 & 2 & 3 \\ 0 & 2 & 1 & 3 \end{pmatrix}$$

第 2 级交换单元完成的连接置换为

$$\begin{pmatrix} 0 & 1 & 2 & 3 \\ 0 & 1 & 3 & 2 \end{pmatrix}$$

总结上述 3 个特点，下面以 8×8 的 BANYAN 网络为例，简要说明信号通过 BANYAN 网络交换时的工作过程，如图 3.36 所示。

当 010，0111011（其中 010 为路由标记，表示出线编号；0111011 为需交换的信号）进入

交换网络的入线 4 时，第 1 级交换单元根据接收的第 1 位决定比特流的出线，然后将第 1 位丢弃，重复上述操作直至到达相应出线。在第 1 级中比特流输出到 0 线，第 2 级中比特流输出到 1 线，第 3 级输出到 0 线，正好到达指定出线且路由标记已丢弃，仅剩用户信号流。

显然，BANYAN 网络具有简单、模块化、可扩展性好及信元交换时延小等优点，但它也存在着明显的问题，即内部阻塞。下面讨论 BANYAN 网络的内部阻塞问题。

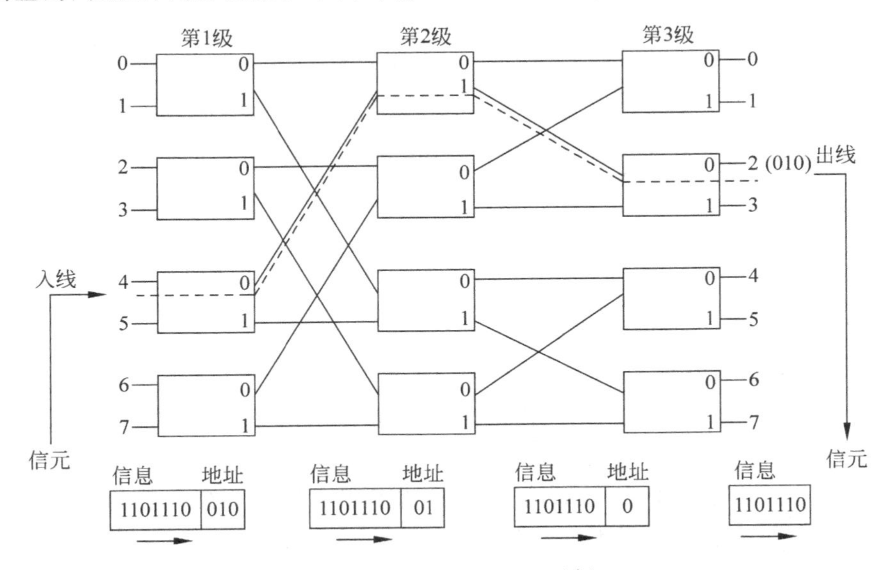

图 3.36　网络工作原理示例

(4) BANYAN 网络的内部阻塞。BANYAN 网络不是 CLOS 网络，它不符合 CLOS 网络的无阻塞条件，因此对 BANYAN 网络的内部阻塞问题要重新进行讨论。

当 BANYAN 网络中某一个 2×2 的交换单元的两条入线同时要向同一条出线发送信元时，就会发生阻塞。根据发生阻塞的 2×2 的交换单元在交换网络中的位置，内部阻塞会出现下面两种情况。

① 发生阻塞的 2×2 的交换单元在交换网络的最后一级，即交换网络的两条入线或多条入线试图同时占用同一条出线，这称为出线阻塞。例如在图 3.34 中，入线 0～7 都要同时接到出线 3。由于出线阻塞不是由于交换网络本身的缺陷造成的，采用输入或输出缓冲排队方法可以很好地解决，所以内部阻塞通常不包括出线阻塞。

② 发生阻塞的 2×2 的交换单元在交换网络的各级(除最后一级之外)，例如在图 3.37 中，假设有 8×8 的 BANYAN 网络，在入线 0、1、4、6 上同时接收到信元，其路由标记分别为 3、7、2、4，即此时需要建立以下连接。

连接 1：0→3；

连接 2：1→7；

连接 3：4→2；

连接 4：6→4。

当连接 1 和连接 3 同时到达第 2 级交换单元时，必然会同时选择该交换单元中的出线 1，于是发生内部阻塞(如图 3.37 中箭头所示)。如果不采取适当措施，就会造成信元丢失，

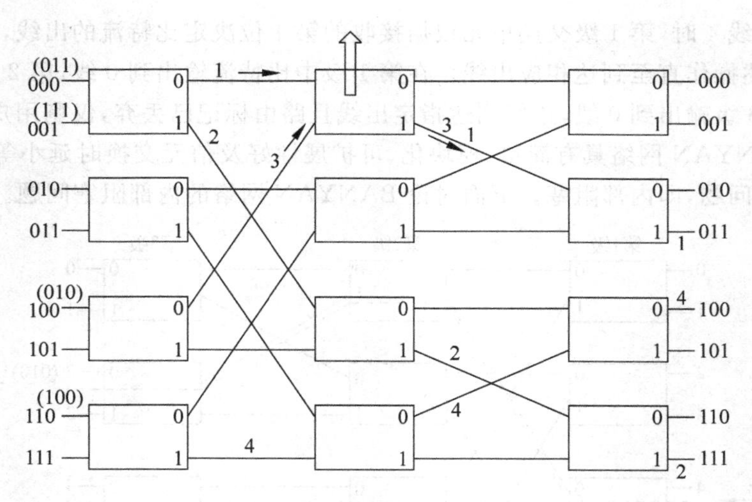

图 3.37 内部阻塞示例

使入线 4 的信息未送到出线 2。

应该注意的是,BANYAN 网络的内部阻塞发生在 2×2 的交换单元内部,而不是级与级之间的链路上。

BANYAN 网络不仅有内部阻塞,而且这种内部阻塞随着阵列级数的增加而增加。当级数太多时,内部阻塞就会变得不可容忍。因为交换网络大了,级数就会增加,所以,由于内部阻塞,BANYAN 网络不可能设计得很大。

内部阻塞是 BANYAN 网络必须解决的一个问题,可考虑如下解决办法。

① 内部阻塞是在 2×2 的交换单元的两条入线要向同一个出线上发送信元时产生的,在最坏的情况下,这个概率是 1/2。但是,如果入线上并不总有信号,这个概率就会下降。因此,可以通过适当限制入线上的信息量或加大缓冲存储器来减少内部阻塞。

② 可以通过增加多级交换网络的多余级数来消除内部阻塞。例如,把 8×8 的 BANYAN 网络的级数由 3 增加到 5,内部阻塞就可以消除。事实上,有人已经证明,要完全消除 $N\times N$ 的 BANYAN 网络(其级数为 $M=\log_2 N$)的内部阻塞,级数至少需要 $2\log_2 N-1$ 级。

③ 可以增加 BANYAN 网络的平面数,构成多通道交换网络。

④ 使用排序 BANYAN 网络,这是解决 BANYAN 网络内部阻塞问题的一个重要方法。排序 BANYAN 网络的内容将在下面进行详细讨论。

3. 排序 BANYAN 网络

经过研究发现,只要 BANYAN 网络同时输入的全部数据块(信元)的出线地址(路由标记)单调排列(即单调递增或单调递减),则内部阻塞不存在。因此,为了满足 BANYAN 网络无阻塞条件,解决 BANYAN 网络的内部阻塞,可在 BANYAN 网络前加入排序网络,构成排序 BANYAN 网络。

(1) 排序网络。一个 N 输入的排序网络也称为 N 排序器,是一种满足下述条件的具有 N 个输出的开关阵列,即给定输入:

$$I=\{i_0,i_1,\cdots,i_{n-1}\}$$

对于输入 I 的任意组合,所形成的输出为

$$O=\{o_0,o_1,\cdots,o_{N-1}\},\quad 且\quad o_0\leqslant o_1\leqslant\cdots\leqslant o_{N-1}$$

可见,O 是 I 的一种置换,即排序网络是将输入端原先无序的数按照大小关系整理成有序的序列输出。

前面所讲的交换网络实际上是将入线地址按照目的地址的要求映射到所希望的出线上。所以,从置换的角度来讲,排序和交换两者在功能上极为相似。后面将会看到,这种功能上的相似性也导致了两者在拓扑结构上的相似性。

一种常用的构成排序网络的开关是由 BATCHER 首先定义的 2 排序器,即 2×2 比较器,也称为 BATCHER 比较器。由它构成的排序网络称为 BATCHER 排序网络。BATCHER 比较器如图 3.38 所示,它实际上是一个两入线/两出线的比较交换单元,将入线上的两个数字进行比较后,高地址信元送到高端(H),低地址信元送到低端(L),当仅有一个信元时,将它送到低端。

排序和交换的不同之处在于,排序网络可对进入该网络的数据(而不是地址)进行排序,以达到将原来任意顺序的数据整理成一个完全有序序列的目的。交换对地址进行映射,以便将任一入线连接到任一出线。

求解排序问题常常用到的是软件排序算法,如气泡排序、快速排序、堆排序、桶排序、基排序和归并排序等。求解排序问题的另一种方法是使用网络的办法,即采用图 3.38 所示的比较器来构成一种能自动排列无序数的排序网络,故也称为比较器网络。显然排序网络是直接执行排序算法的硬件实现方法。

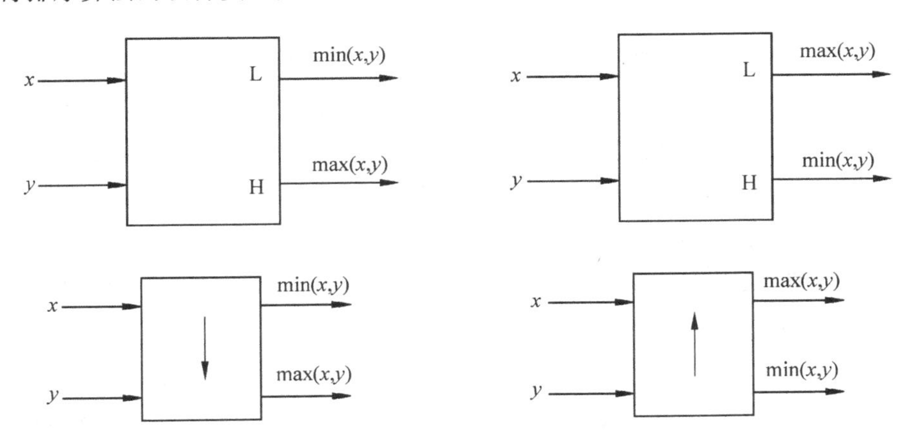

图 3.38 BATCHER 比较器及其两种表示方法

(2) BATCHER-BANYAN 网络。BATCHER-BANYAN 网络(简称 B-B 网)由 BATCHER 排序网和 BANYAN 网络组成。它用独具匠心的拓扑结构成功地避免了 BANYAN 网络的内部阻塞,这是目前 ATM 交换机使用较多的一种网络。

一个 BATCHER-BANYAN 网络的例子如图 3.39 所示,BATCHER 排序网络和 BANYAN 网络之间采用洗牌连接,共同构成 8×8 的交换网络。

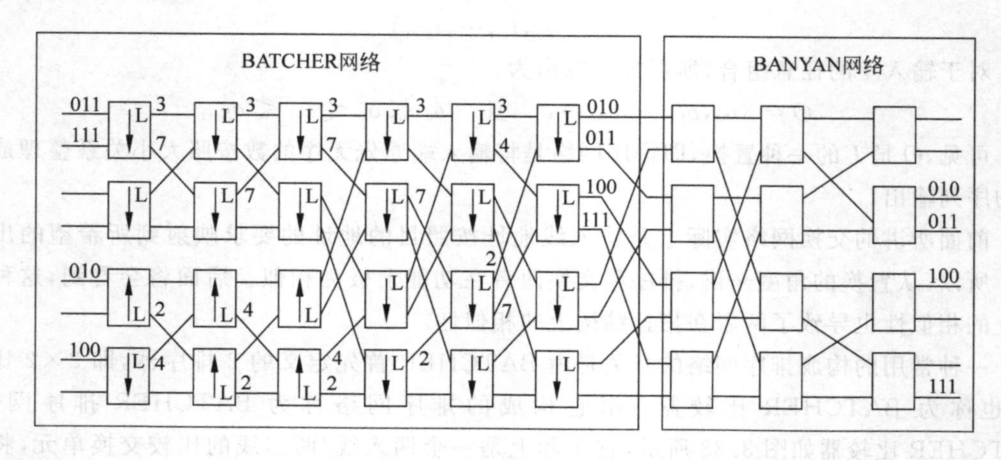

图 3.39 BATCHER-BANYAN 网络

假设入线 0、1、4、6 上同时接收到信元，其路由标记分别为 3、7、2、4，即此时需要在交换网络中建立以下 4 条连接。

连接 1：0→3。

连接 2：1→7。

连接 3：4→2。

连接 4：6→4。

若不使用排序网络，而直接使用 8×8 BANYAN 网络，则如图 3.37 所示，发生内部阻塞，造成信元丢失，连接 3 未成功。

现在，BANYAN 网络前加上 BATCHER 排序网，将交换网络的出线地址，即路由标记 3、7、2、4 首先送入排序网络进行排序。注意，经过排序网络的数据就是交换网络的出线地址，而不是入线编号。这样，排序网络将路由数据按顺序排列在 BATCHER 排序网络的出线上，图 3.39 中的路由标记 3、7、2、4 经 BATCHER 网排序后，2(010)出现在第 0 条出线上，出线 1、2、3 上分别是 3(011)、4(100)、7(111)。BATCHER 排序网络的出线再按顺序进入 BANYAN 网络，从而满足 BANYAN 网络无阻塞条件，消除了网络的内部阻塞。图 3.39 的 4 个输入信元均成功送到出线上。

排序 BANYAN 网络成功地消除了内部阻塞，但应注意它不能消除出线阻塞。为了消除出线阻塞，除了可以采用输入或输出缓冲排队方法外，在排序 BANYAN 网络中，还可以在排序网和 BANYAN 网络之间加一个阀门，即反馈线。当出现路由标记相同的信元时，选择级别高的放行，另一个送到排序网的输入端重新排队，并且提高这个信元的优先级，如图 3.40 所示。

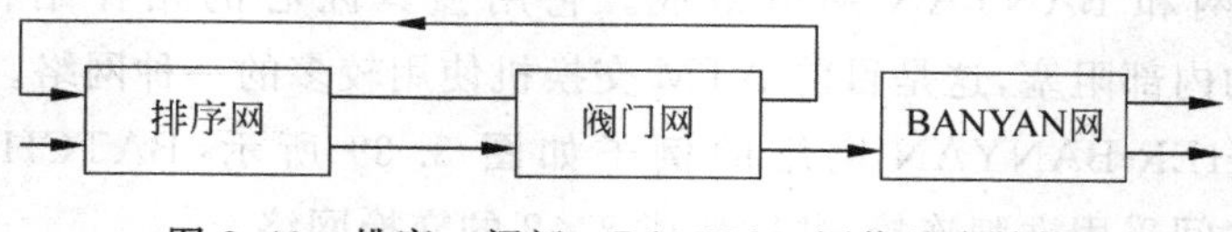

图 3.40 排序—阀门—BANYAN 网络基本结构

习题 3

3.1 在 PCM 的时分复用中，随着复用路数的增加，每帧包含的子支路数增加，那么每帧的时间长度是否会随之增加？为什么？

3.2 利用单向交换网络能否实现用户的双向通信？

3.3 T 接线器和 S 接线器的主要区别是什么？

3.4 为什么说 TST 网络是有阻塞的交换网络？

3.5 试比较 CLOS 网络的内部阻塞与 BANYAN 网络的内部阻塞有何不同。

3.6 能否举出一个可重排的 CLOS 网络例子？

3.7 如图 3.41 所示，有一空间接线器有 8 条入线和 8 条出线，编号为 0～7，每条出、入线上有 1024 个时隙，现在要求在时隙 10 接通 A 点，时隙 20 接通 B 点，试就输入控制和输出控制两种情况，在控制存储器的问号处填上相应的数字。

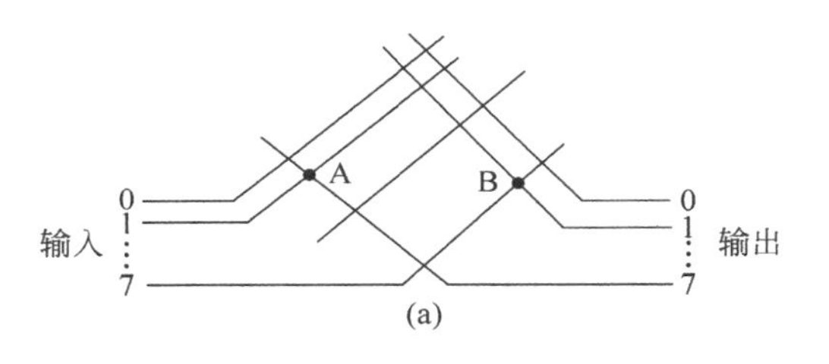

(a)

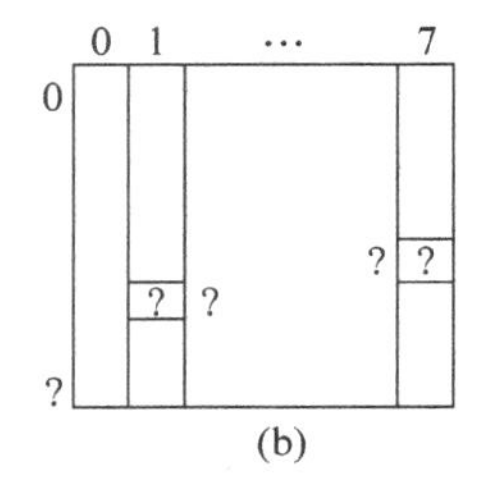

(b)

图 3.41 习题 3.7 图

3.8 有一时间接线器，如图 3.42 所示，设话音存储器有 512 个单元，现要进行时隙交换 $TS_{10} \rightarrow TS_{28}$，试在问号处填入适当的数字(分输入控制和输出控制两种情况)。

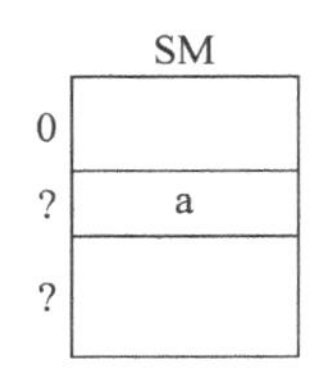

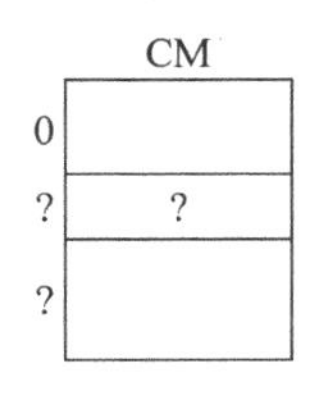

图 3.42 习题 3.8 图

3.9 某 TST 型交换网络如图 3.43 所示，有 32 条输入输出线(HW)，每条线的复用度为 512。已知用户 A 占 HW_0 的 TS_2，话音信息为 a，用户 B 占 HW_{31} 的 TS_{511}，话音信息为 b。现要进行 HW_0 TS_2 与 HW_{31} TS_{511} 的双向交换，已知 A→B 方向占用了内部时隙 7。设输入侧 T 接线器采用输入控制方式，输出侧 T 接线器采用输出控制方式，S 接线器采用输出控制方式，B→A 方向的内部时隙按反相法确定。在上述控制方式的情况下，相应存储器中哪一个单元应填入什么数？(即填写下图中“?”处内容。)

3.10 构造 128×128 的三级严格无阻塞 CLOS 网络。要求：入口级选择具有 16 条入线的交换单元，出口级选择具有 16 条出线的交换单元。画出该网络最经济的连接示意图，要求标出各级交换单元的个数以及入出线条数。

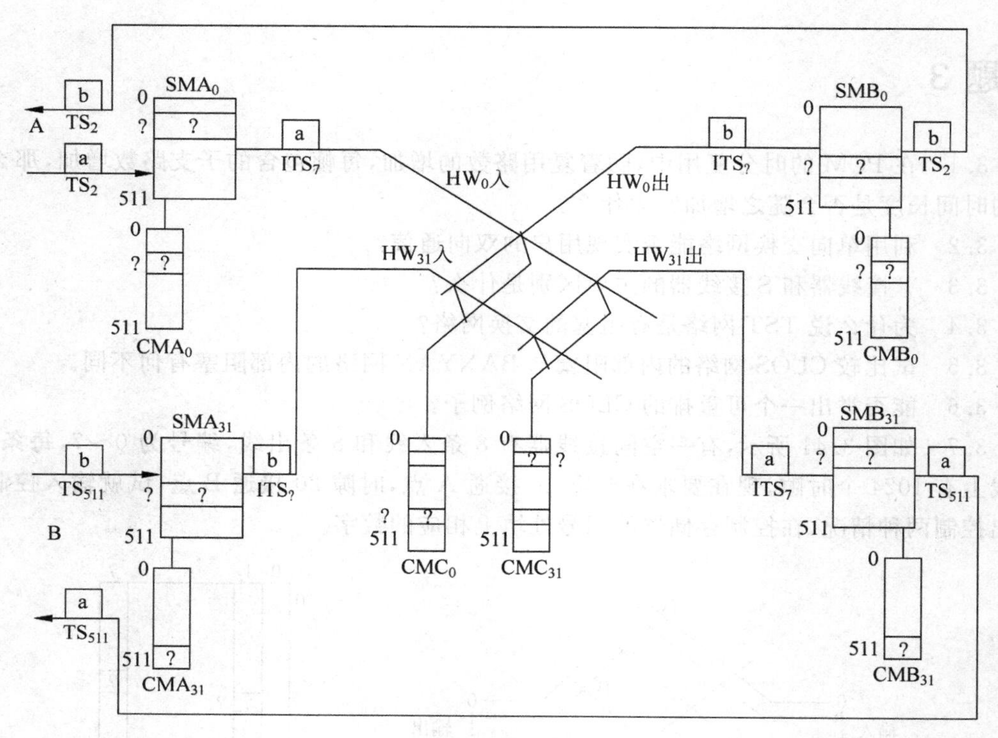

图 3.43 习题 3.9 图

3.11 构造一个 8×8 的三级 BANYAN 网络，第 1 级和第 2 级之间为蝶式连接，第 2 级和第 3 级之间为子蝶式连接。画图并标出信元从输入链路的 7 号端口到输出链路 2 号端口的路径。

电路交换接口电路与存储程序控制

电路交换模式，是指交换设备只为通信双方的信息传送建立电路级的透明通路连接，不对用户信息进行任何检测、识别或处理，参照 OSI 协议它只相当于物理层通路的连接。在这种模式下，通信用户首先须通过呼叫信令通知本地交换机为其建立与其他用户的通信连接。交换设备负责接收和处理用户的呼叫信令，并按照呼叫信令所指示的通信目的地址检测相关设备资源的状态，为要建立的通路连接分配资源，通知通信网中的其他设备协调建立源—目的地用户之间的双向通信电路。当源—目的用户成功获得通信电路接续后，无论通信双方是否有信息要经过通信网络进行传送，直到通信双方终止该通信连接之前，他们都将始终独占所分配的同一条电路的全部资源。当通信结束时，可由任何一方申请释放该通信电路，交换机负责复原本次通信所占用的全部资源，以供其他用户使用。

现代通信系统发展的基点是传输方式的数字化和控制方式的计算机化。程控电话交换机中采用的存储程序控制(Stored Program Control，SPC)方式是通信网络计算机化的集中表现。采用 SPC 的最大优点是系统可只通过变动或增加软件，就能达到改变交换系统的组态和功能的目的，从而大大提高了系统硬件结构的模块化或标准化的水平，十分便于系统的升级和更新。与传统的控制方式相比，SPC 不仅大大增加了呼叫处理的能力，增添了许多方便用户的业务，而且显著地提高了网络运行、管理和维护(Operation Administration and Maintenance，OAM)的自动化程度，因而大大提高了系统的灵活性、可操作性和可靠性，提高了网络持续运行的能力。

本章首先介绍电路交换系统的基本功能和电路交换系统的接口电路等；然后讨论 SPC 作为计算机实时控制系统的一种具体应用所面临的特殊问题，以及常用的解决方法或技术。

4.1 电路交换技术的分类与特点

4.1.1 电路交换技术的分类

近百年来由于技术的不断发展，交换系统的设计有很大的进展，由人工交换台发展到自动交换设备；由机电制交换设备发展到电子制。在控制方式上由直接控制向间接控制发展，同时，交换系统在向用户提供新业务、减少设备的费用和体积方面有了很大的进展，特别是近几十年来由于数字技术的发展，给交换技术和传输技术的统一提供了条件。

自第一台电路交换机诞生到现在，实现电路交换的技术有许多种，从交换机的控制方式、交换通路中的信息表示形式和交换机构的组织形式等不同的角度可以对电路交换机进行分类。

1. 模拟交换机和数字交换机

送入到电路交换机的信号可以是模拟信号，也可以是编码后的数字信号。按照在交换机内部交换机构中信息传送的信号形式，可以将电路交换机分为模拟交换机和数字交换机。模拟交换机是对模拟信号进行交换的交换设备，通过电话机发出的话音信号就是模拟信号，交换机通过直接的连线和触点建立模拟信号传送通路。模拟交换机包括人工交换台、步进制交换机、纵横制交换机和脉幅调制(PAM)交换机等。

2. 空分交换机和时分交换机

电路交换机的交换机构可以用空分电路阵列组成，也可以用共享存储器或共享总线的时分交换单元组成。按照交换机构的接续方式，可以将电路交换机分为空分交换机和时分交换机。空分交换机，是指交换机构的信号通路连接媒质在时域和频域完全被通信双方占用，相当于独立的直连线连接方式。时分交换机，是指交换机构的信号通路连接媒质在时域上被多个通信进行分享，每个通信只在某一瞬间占用该连接媒质。

3. 人工控制、布线逻辑控制和存储程序控制交换机

电路交换机的接续电路连接控制可以是人工控制、逻辑电路控制，也可以用存储在电子计算机中的程序进行控制。人工控制方式通过接线员监视呼叫请求和线路状态，接线员直接控制接续操作。布线逻辑控制交换机，是通过逻辑电路对呼叫的目的号码进行译码，选择适当的输出线路，并利用电流驱动相关接线器动作来完成电路的接续操作。存储程序控制交换机是由存储在交换机的控制计算机中按照电路接续要求和动作过程编制的控制程序进行控制和管理整个交换机工作的模式，简称程控交换机。程控交换机包括程控数字交换机和程控模拟交换机，其区别在于其交换机构，前者采用数字信号交换模式，后者为模拟信号。

4.1.2 电路交换技术的特点

电路交换机，无论其是上述哪一种类型，都有如下的共同特点。

(1) 电路交换是面向连接的交换技术。用户在通信前，首先要通过呼叫请求信号告诉交换机为其建立一条到达被叫用户的物理连接。如果呼叫数超过交换机的连接能力，交换机向用户送忙音，拒绝接受呼叫请求。从另一个角度看，交换机的功能就是在入口侧根据内部资源情况，决定接受或放弃新到达的呼叫，并保证已处在通信中的每一个呼叫其通信的完整性。利用呼叫处理完成交换机构入端口到出端口之间内部通道的预占，使用局间信令完成中继线上带宽资源的预占，当源—目的端之间通路资源满足时便建立接续，否则拒绝连接。由于呼叫建立阶段已获得了全部的通信资源，通信阶段无须缓存和差错控制等消息处理机制，因此可将其看作是面向物理层连接的交换技术。

(2) 电路交换采用静态复用、预分配带宽并独占通信资源的方式。交换机根据用户的呼叫请求，为用户分配固定位置、恒定带宽的电路。当话路接通后，即使无信息传送，也需要占用通信电路，因此电路利用率低，尤其是对突发业务来说。

(3) 电路交换是一种实时交换，适用于对实时性要求高的通信业务。在电路交换网络中，通信者独占已建立的通信电路资源，任何时候都可响应通信消息的传送，交换机不对通信消息进行任何加工处理，不会引入额外的传送延迟。

4.2　电路交换系统的基本功能

4.2.1　电路交换呼叫接续过程

两个用户终端间的每一次成功的通信都包括以下三个阶段。

1. 呼叫建立

用户摘机表示向交换机发出通信请求信令，交换机向用户送拨号音，用户拨号告知所需被叫号码，如果被叫用户与主叫用户不属于同一台交换机则还应由主叫方交换机通过中继线向被叫方交换机或中转汇接机发电话号码信号，测试被叫忙闲。如被叫空闲，向被叫振铃，向主叫送回铃音，各交换机在相应的主、被叫用户线之间建立(接续)起一条贯通的通信链路。

2. 消息传输

主、被叫终端之间通过用户线及交换机内部建立起的链路和中继线进行通信。

3. 话路释放

任何一方挂机表示向本地交换机发出终止通信的信令，使链路涉及的各交换机释放其内部链路和占有的中继线，供其他呼叫使用。

当然，如果因网络中无空闲路由或被叫方占线而造成呼叫失败时，将不存在后两个阶段。在不同的阶段，用户线或中继线中所传输信号的性质是不同的，在呼叫建立和释放阶段，用户线和中继线中所传输的信号称为信令，而在消息传输阶段的信号称为消息。图4.1表示交换过程的三个阶段及相应的信令交互关系。

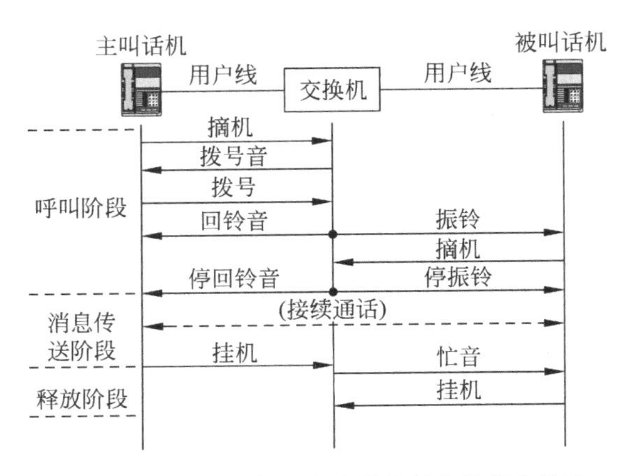

图4.1　交换过程的三个阶段及相应的信令关系

4.2.2 电路交换的基本功能

对应于上述的呼叫接续三个阶段，可以概括出对交换系统在呼叫处理方面的5项基本要求：

(1) 能随时发现呼叫的到来；

(2) 能接收并保存主叫发送的被叫号码；

(3) 能检测被叫的忙闲以及是否存在空闲通路；

(4) 能向空闲的被叫用户振铃，并在被叫应答时与主叫建立通话电路；

(5) 能随时发现任何一方用户的挂机。

从交换系统的功能结构来分析，交换系统的基本功能应包含连接、信令、终端接口和控制功能，如图4.2所示。

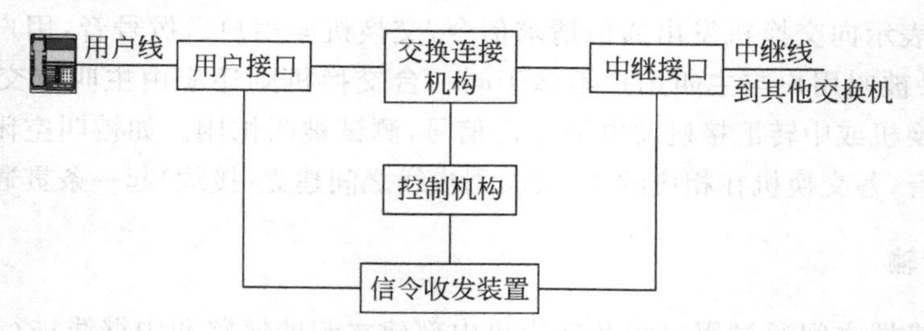

图4.2 电路交换系统的基本功能模块结构及相互关系

1. 连接功能

对于电路交换而言，呼叫处理的目的是在需要通话的用户间建立一条通路，这就是连接功能。连接功能由交换机中的交换网络实现。交换网络可在处理机的控制下，建立任意两个终端之间的连接。有关交换网络的类型和工作原理在第3章中已经详细介绍。下面介绍数字交换系统的交换过程，如图4.3所示。

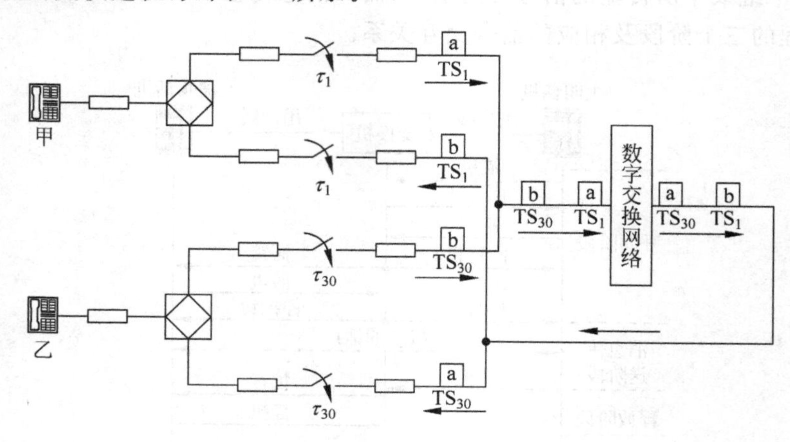

图4.3 时隙交换概念

数字交换系统应采用数字交换网络，直接对数字化的话音信号进行交换。交换是在各时隙间进行的。在数字交换机中，每个用户都占用一个固定的时隙，用户的话音信息就装载在各个时隙之中。例如,有甲、乙两个用户,甲用户的发话音信息 a 或收话音信息都是固定使用时隙 TS_1,而乙用户的发话音信息 b 或收话音信息都是固定使用时隙 TS_{30}。

如果这两个用户要相互通话,则甲用户的话音信息 a 要在 TS_1 时隙中送至数字交换网络,而在 TS_{30} 时隙中将其取出送至乙用户。乙用户的话音信息 b 也必须在 TS_{30} 时隙中送至数字交换网络,而在 TS_1 时隙中,从数字交换网络中取出送至甲用户,这就是时隙交换,即完成了两个用户间的连接功能。数字交换网络的详细工作原理可参阅第 3 章 3.4 节。

顺便指出,交换网络除了提供通话用户间的连接通路外,还应提供必要的传送信令的通路,例如,音频信号发送、控制接续的信令接收等。

2. 信令功能

在呼叫建立的过程中,离不开各种信令的传送和监视,可以简单概括如下。

状态监视:用户呼叫和应答状态监视。

号码接收:包括 DP 和 DTMF 信号。

通知提示:通知音包括拨号音、忙音、回铃音等,振铃信号提示被叫有来话到达。

用户终端和本地交换机之间的信令称为终端信令或用户—网络信令,交换机之间通过中继线传递的信令称为局间信令,详细内容见第 5 章。

3. 终端接口功能

用户线和中继线均通过终端接口接至交换网,终端接口是交换设备与外界连接的部分,又称为接口设备或接口电路。终端接口功能与外界连接的设备密切相关,因而,终端接口的种类也很多,主要划分为中继侧接口和用户侧接口两大类。关于它们的功能将在 4.3 节介绍。终端接口还有一个主要功能就是与信令的配合,因此,终端接口与信令也有密切的关系。

4. 控制功能

连接功能和信令功能都是按接收控制功能的指令而工作的。人工交换机由话务员控制,程控交换机由处理机控制。实际上,自动交换机有两种控制方式:布控与程控。布控是布线控制的简称,控制设备由完成预定功能的数字逻辑电路组成,也就是由硬件控制。程控是存储程序控制的简称,用计算机作为控制设备,也就是由软件控制。程控交换具有很多优越性,灵活性大,适应性强,能提供很多新服务功能,易于实现维护自动化,因此发展很快。

控制功能可分为低层控制和高层控制。低层控制主要是指对连接功能和信令功能的控制。连接功能和信令功能都是由一些硬设备实现的。因此低层控制实际上是指与硬设备直接相关的控制功能,概括起来有两种:扫描与驱动。扫描用来发现外部事件的发生或信令的到来。驱动用来控制通路的连接,信令的发送或终端接口的状态变化。高层控制则是指与硬设备隔离的高一层呼叫控制,如对所接收的号码进行数字分析,在交换网络中选择一条空闲的通路等。

程控交换的控制系统如同一般的计算系统,包括中央处理器(CPU)、存储器和输入输出(I/O)接口三部分,但它接口的种类和数量大于一般计算机系统。图 4.4 给出了一个典型的程控交换机控制系统的电路结构框图。

有关存储程序控制的内容在 4.4 节中讨论。下面对程控交换机控制系统的结构做简单

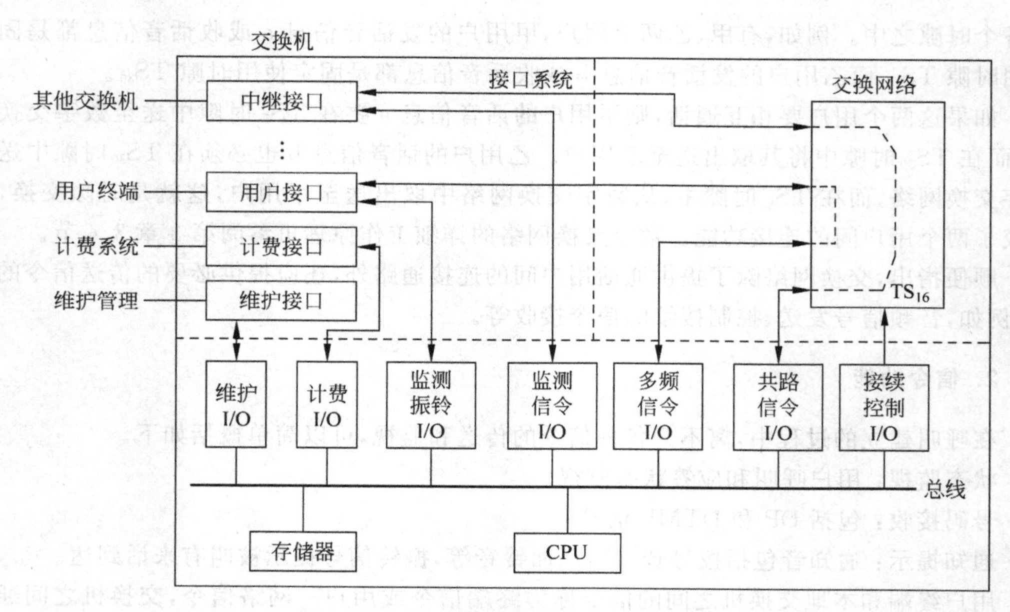

图 4.4 程控交换机控制系统的电路结构

介绍。

4.2.3 控制系统的结构

现代的程控交换机的控制系统日趋复杂,但归结起来可以分为两种基本的配置方式:集中控制和分散控制。这里讨论的控制方式是控制系统中处理机的配置方式。

1. 集中控制方式

早期的空分程控交换机都采用这种控制方式,其框图如图 4.5 所示。

这种控制方式的交换机只配备一对处理机(称中央处理机),交换机的全部控制工作都由中央处理机来承担。

集中控制的主要优点是处理机能掌握整个系统的状态,可以到达所有资源,功能的改变一般都在软件上进行,比较方便。但是,这种集中控制的最大缺点是软件包要包括各种不同特性的功能,规模庞大,不便于管理,而且易于受到破坏。

早期的程控交换机通常采用双机集中控制方式,称为双机系统。双机集中控制又可分话务分担和主备用方式。

(1) 负荷分担:负荷分担方式的基本结构如图 4.6 所示。

图 4.5 集中控制方式

图 4.6 负荷分担方式

负荷分担也叫话务分担，两台处理机独立进行工作，在正常情况下各承担一半话务负荷。当一机产生故障，可由另一机承担全部负荷。为了能接替故障处理机的工作，必须互相了解呼叫处理的情况，故双机应具有互通信息的链路。为避免双机同抢资源，必须有互斥措施。

负荷分担的主要优点如下。

① 过负荷能力强。由于每机都能单独处理整个交换系统的正常话务负荷，故在双机负荷分担时，可具有较高的过负荷能力，能适应较大的话务波动。

② 可以防止软件差错引起的系统阻断。由于程控交换软件系统的复杂性，不可能没有残留差错。这种程序差错往往要在特定的动态环境中才显示出来。由于双机独立工作，故程序差错在双机上同时出现的概率很小，加强了软件故障的防护性。

③ 在扩充新设备、调试新程序时，可使一机承担全部话务，另一机进行脱机测试，从而提供了有力的测试工具。

负荷分担方式由于双机独立工作，在程序设计中要避免双机同抢资源，双机互通信息也较频繁，这都使得软件比较复杂，而且对于处理机硬件故障则不如微同步方式（即同步双工方式）那样较易发现。

（2）主备用方式：主备用方式如图 4.7 所示，一台处理机联机运行，另一台处理机与话路设备完全分离而作为备用。当主用机发生故障时，进行主备用转换。

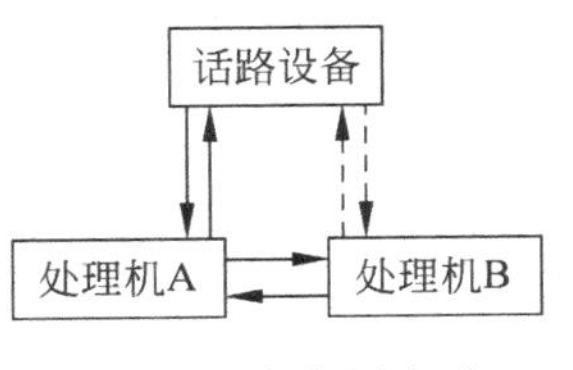

图 4.7 主备用方式

主备用有冷备用与热备用两种方式。冷备用时，备用机中没有呼叫数据的保存，在接替时要根据原主用机来更新存储器内容，或者进行数据初始化。热备用时，当主用机/备用机互换时，呼叫处理的暂存数据基本不丢失，原来处于通话或振铃状态的用户不中断。

2. 分散控制方式

所谓分散控制，就是在系统的给定状态下，每台处理机只能达到一部分资源和只能执行一部分功能。

（1）单级多机系统：图 4.8 为单级多机系统示意图，各台处理机并行工作，每一台处理机有专用的存储器，也可设置公用存储器，为各处理机共用，作为机间通信之用。

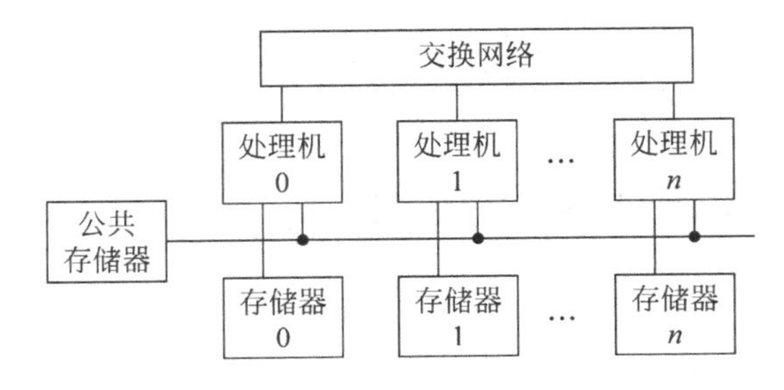

图 4.8 单级多机系统

多机之间的工作划分有容量分担与功能分担两种方式。

① 容量分担：每台处理机只承担一部分容量的呼叫处理任务，例如，800 门的用户交换机中，每台处理机控制 200 门。容量分担实际上也相当于负担分担，但面向固定的一群

用户。

容量分担的优点是处理机数量可随着容量的增加而逐步增加，缺点是每台处理机要具有所有的功能。

② 功能分担：每台处理机只承担一部分功能，只要装入一部分程序，分工明确，缺点是容量较小时，也必须配置全部处理机。

在大型程控交换机中，通常将容量分担与功能分担结合使用。还应注意的是，不论是容量分担还是功能分担，为了安全可靠，每台处理机一般均有其备用机，按主备用方式工作，也可采用 $N+1$ 备用方式(即 N 个处理机有 1 个备用)。对于控制很小容量的处理机，也可以不设备用机。

(2) 多级处理机系统：图 4.9 表示三级多机系统的示意图。

在交换处理中，有一些工作执行频繁而处理简单，如用户扫描等。另一些工作处理较复杂但执行次数要少一些，如数字接收与数字分析，至于故障诊断等维护测试则执行次数更少而处理很复杂。所以说，处理复杂性与执行次数成反比。

多级系统可以很好地适应以上特点。用预处理机执行频繁而简单的功能，可以减少中央处理机的负荷；用中央处理机执行分析处理等较复杂的功能，也就是与硬件无直接关系的较高层的呼叫处理功能；用维护管理处理机专门执行维护管理的各种功能。这样，就形成了三级系统。

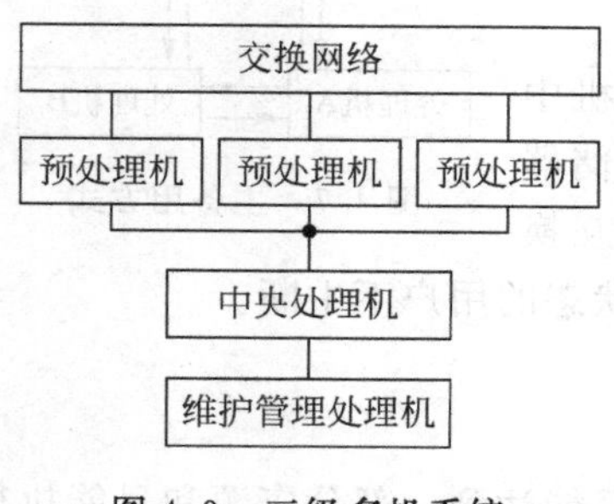

图 4.9 三级多机系统

在图 4.9 所示的三级系统中，实际上也是功能分担与容量分担的结合，三级之间体现了功能有分担，而在预处理机这一级采用容量分担，即每个预处理机控制一定容量的用户线或中继线。中央处理机也可以采用容量分担，而维护管理处理机一般只用一对。

预处理机又称为外围处理机或区域处理机，通常采用微机。中央处理机和维护管理处理机可采用小型机或功能强的高速微机。

(3) 分布式控制：随着微处理机的迅速发展，分散控制程度提高，而采用全微机的分布式控制方式，可更好地适应硬件和软件的模块化，它比较灵活，适合未来的发展，出故障时影响小。

在分布式控制中，每个用户模块或中继模块基本上可以独立自主地进行呼叫处理。S1240 数字程控交换机采用的是典型分布式控制方式。

4.3 电路交换系统的接口电路

接口是交换机中唯一与外界发生物理连接的部分。为了保证交换机内部信号的传递与处理的一致性，任何外界系统原则上都必须通过接口与交换机内部发生关系。交换机接口的设计不仅与它所直接连接的传输系统有关，还与传输系统另一端所连接的通信设备的特性有关。为了统一接口类型与标准，ITU-T 对交换系统应具备的接口种类提出了建议，规定了中继侧接口、用户侧接口、操作管理和维护接口的电气特性和应用范围，如图 4.10 所示。

中继侧接口即连接至其他交换机的接口，Q.511 规定了连接到其他交换机的接口有三种。接口 A 和接口 B 都是数字接口，前者通过 PCM 一次群线路连接至其他交换机，而后者则通过 PCM 二次群线路连接至其他交换机，它们的电气特性及帧结构分别在 G.703、G.704 和 G.705 中规定；接口 C 是模拟中继接口，有二线和四线之分，其电气特性分别在 Q.552 和 Q.553 中规定。

用户侧接口有二线模拟接口 Z 和数字接口 V 两种。

操作、管理和维护(OAM)接口用于传递和操作与维护有关的信息。交换机至 OAM 设备的消息主要包括交换机系统状态、系统资源占用情况、计费数据、测量结果报告及告警信息等，在维护管理中 Q3(图 4.10 中未标出)是通过数据通信网(DCN)将交换机连接到电信管理网(TMN)操作系统的接口。

下面仅对用户侧和中继侧接口电路进行分析。

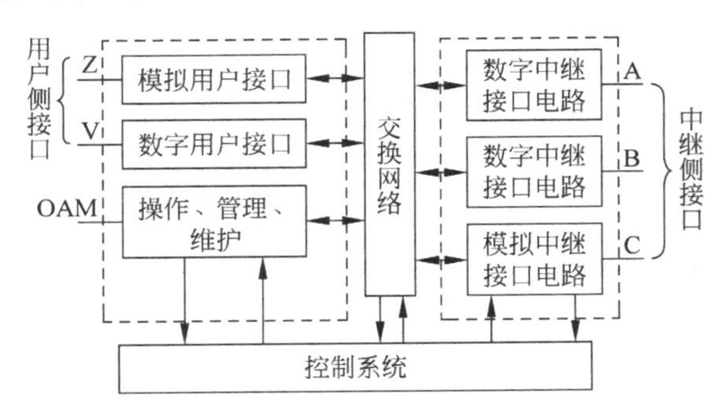

图 4.10　程控交换系统接口类型的示意图

4.3.1　模拟用户接口电路

模拟用户接口是程控交换设备连接模拟话机的接口电路，也常称为用户电路(LC)。

在程控数字交换系统中，由于交换网络的数字化和集成化，直流和电压较高的交流信号都不能通过，许多功能都由用户电路来实现，所以对电路性能的要求大为增加。而在市话交换机中，用户电路的成本约占交换机的 60%，因此各国都很重视用户电路的设计和高度集成化，这对于整机的成本降低和体积减小，都有着很大的影响。

程控数字交换机中的用户电路功能可归纳为 BORSCHT 7 项功能，随着 VLSI 技术的发展和制造成本的下降，目前已出现了许多用户专用集成电路。BORSCHT 功能仅需使用用户线接口电路(SLIC)和编解码电路(CODEC)两片专用集成电路及少量的外围辅助电路便可实现。SLIC 是用户线接口电路的缩写，它一般完成 BORSHT 功能，C 功能则需由独立的 CODEC 提供。为了便于理解这 7 项功能，下面将分别说明。

(1) 馈电 B(Battery Feeding)：所有连在交换机上的电话分机用户，都由交换机向其馈电。数字交换机的馈电电压一般为－48V，在通话时的馈电电流在 20～50mA。

馈电方式有电压馈电和电流馈电两种。

电压馈电一般要使用电感线圈，如图 4.11 所示。为减少话音的传输衰耗，要求电感线圈有较大的感抗，但感抗过大又会增大线圈的体积及直流衰耗，因此，电感线圈的感抗一般取 600mH 左右。此外，为减小 a、b 线对地不平衡所产生的串话，两个馈电线圈的感抗要尽可能一致。

电流馈电方式如图 4.12 所示。这种馈电方式通过由电子元器件组成的恒流源向用户恒流馈电。它可以不使用电感线圈，减小了用户电路体积，易于集成化，且传输性能受线路距离的影响小。

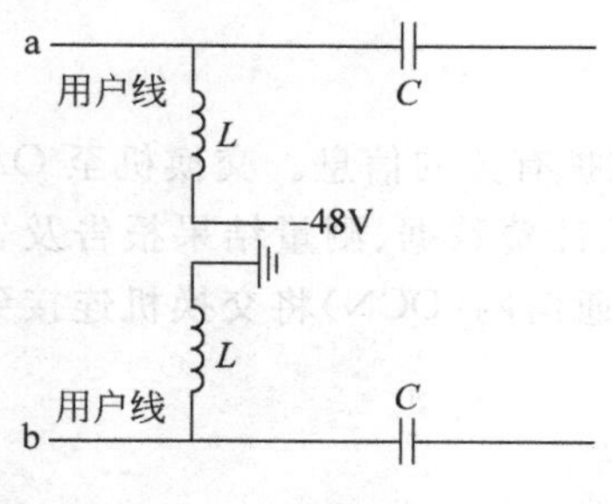

图 4.11 电压馈电方式

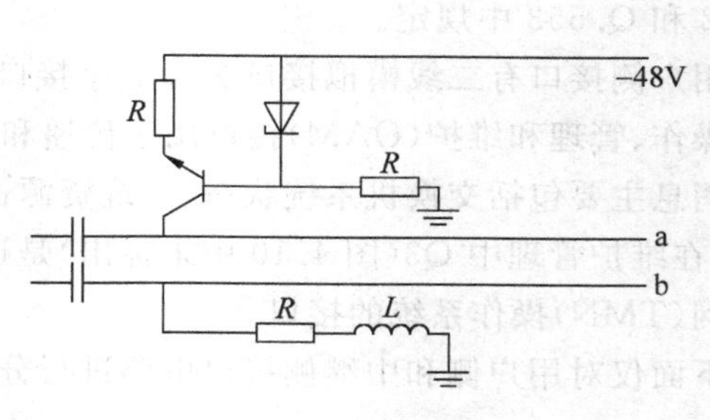

图 4.12 电流馈电方式

(2) 过压保护 O(Over Voltage Protection)：这是二次过压保护，因为在配线架上的气体放电管(保安器)在雷击时已短路接地，但其残余的端电压仍在 100V 以上，这对交换机仍有很大威胁，故采取二次过压保护措施。在用户电路中的过压保护装置多采用二极管桥式钳位电路，如图 4.13 所示。通过二极管的导通，使 A 点、B 点电位被钳制在 -48V 或地电位。

在 a、b 线上的热敏电阻 R 也起限流作用，其电阻值随着电流的增大而增大。

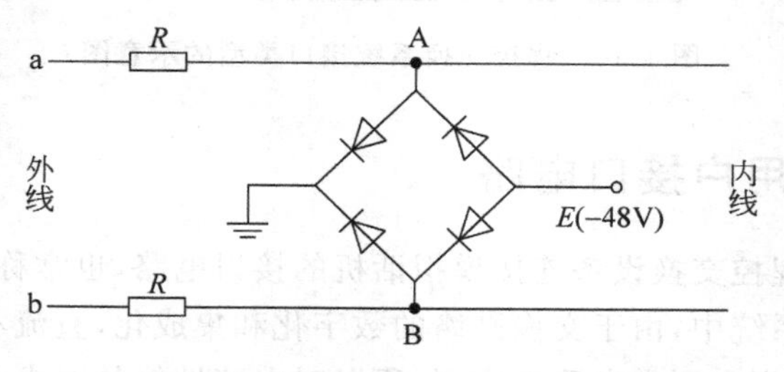

图 4.13 过压保护电路

(3) 振铃 R(Ringing)：振铃电压较高，国内规定为 90±15V。因此，一些程控交换机多采用振铃继电器控制铃流接点，如图 4.14 所示。

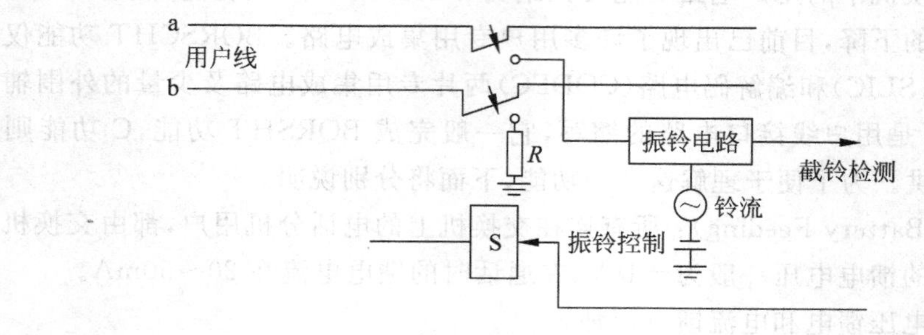

图 4.14 振铃控制

振铃是由用户处理机的软件控制，当需要向用户振铃时，就发出控制信号，使继电器 S 动作，控制接点闭合，振铃电路发出铃流送至用户。当用户摘机时，摘机信号可由环路监视电路检测或由振铃回路监视电路检测，立即切断铃流回路，停止振铃。有些交换机已将这部分功能由高压电子器件实现，取消了振铃继电器。

(4) 监视 S(Supervision)：监视功能主要是监视用户线回路的通/断状态。这一功能一般都通过馈电线路中的测试电阻来实现，如图 4.15 所示。通过对用户线回路的通/断状态的检测可以确定下列各种用户状态：

① 用户话机摘挂机状态；

② 号盘话机发出的拨号脉冲；

③ 对用户话终挂机的监视；

④ 投币话机的输入信号。

(5) 编译码和滤波器 C(CODEC&Filters)：用户电路实际上是模拟电路和数字电路间的接口。所以，模拟信号变为数字信号是由编码器来完成的，而接收来的数字信号要变成模拟信号，则是由译码器来完成的。它们合称为 CODEC，其电路框图如图 4.16 所示。

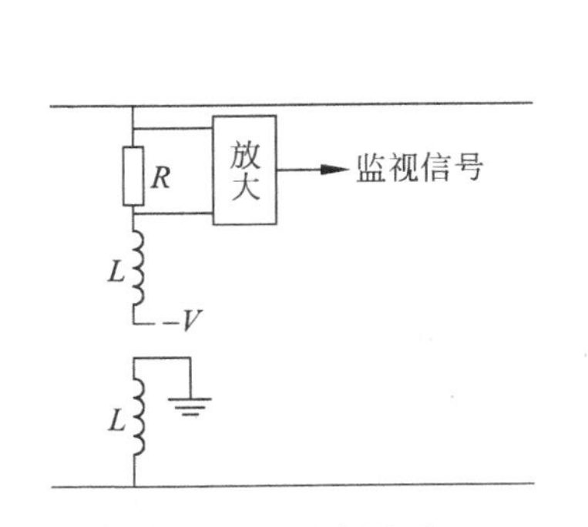

图 4.15 监视电路

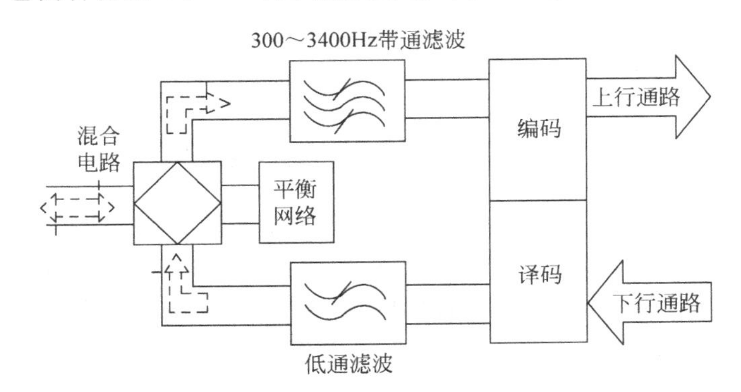

图 4.16 混合电路和编译码器

目前编译码器都采用单路编译码器，即对每个用户单独进行编译码，然后合并成 PCM 的数字流。现在已采用集成电路来实现。

(6) 混合电路 H(Hybrid Circuit)：用户话机送出的信号是模拟信号，采用二线进行双向传输。而 PCM 数字信号，在去话方向上要进行编码，在来话方向上又要进行译码，这样就不能采用二线双向传输，必须采用四线制的单向传输，所以要采用混合电路来进行二/四线转换。混合电路都采用集成电路，图 4.16 示出了混合电路与编译码器的连接情况。

(7) 测试 T(Test)：测试功能主要用来将各继电器的接点或电子开关闭合，使用户线与测试设备接通，并与交换机分开，以便对用户线进行测试。

这 7 项功能归纳起来就是 BORSCHT 功能。在 F-150 交换机中，用户电路如图 4.17 所示。

模拟用户接口，为了能够连接用户交换机和公用电话亭以及向被叫显示主叫号码，除实现上述 7 种基本功能外，还要设置换极功能和主叫号码传送功能。换极功能是通过继电器将用户环路 a、b 线上的馈电极性进行倒换来实现，其作用是当被叫用户摘机后通过换极信号来通知主叫设备开始计费或其他管理操作。主叫号码传送功能，是在向被叫振铃间歇期间利用 FSK 调制技术将主叫号码传送给被叫话机，以供显示谁在呼叫。

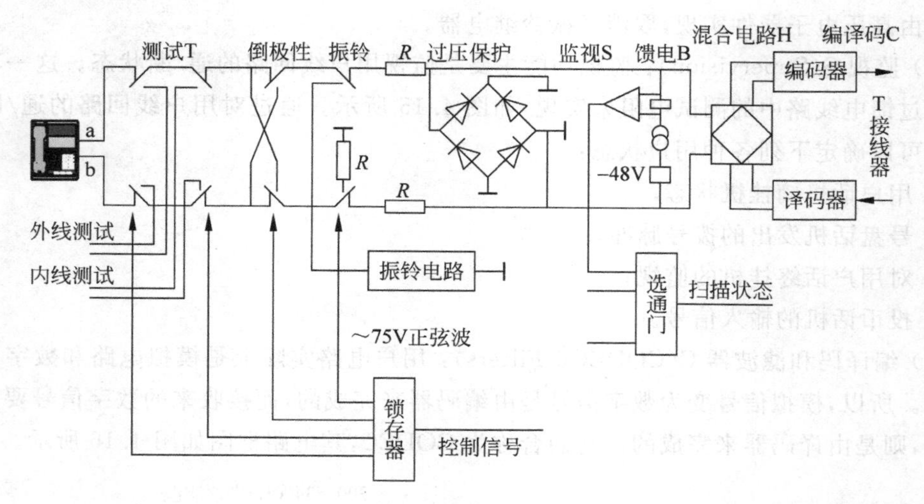

图 4.17 用户电路功能框图

4.3.2 数字用户线接口电路

数字用户线接口是数字程控交换系统和数字用户终端设备之间的接口电路。

所谓数字用户终端设备，即能直接在传输线路上发送和接收数字信号的终端用户设备，例如，数字话机、数字传真机、数字图像设备和个人计算机等。这些数字用户终端设备，通过用户线路接到交换机的数字用户线接口，就可实现用户的数字连接。为此开发了本地交换机用户侧的数字接口，它们称为“V”接口。1988 年 ITU-T 建议 Q. 512 中已规定 4 种数字接口 V1～V4，其中，V1 为综合业务数字网(ISDN)，并以基本速率(2B+D)接入数字用户接口，B 为 64kb/s，D 为 16kb/s，在建议 G. 960 和 G. 961 中规定了这种接口的有关特性。接口 V2、V3 和 V4 的传输要求实质上是相同的，均符合建议 G. 703、G. 704 和 G. 705 的有关规定，它们之间的区别主要在复用方式和信令要求方面。V2 主要用于通过一次群或二次群数字段去连接远端或本端的数字网络设备，该网络设备可以支持任何模拟、数字或 ISDN 用户接入的组合。V3 接口主要用于通过一般的数字用户段，以 30B+D 或者 23B+D(其中 D 为 64kb/s)的信道分配方式去连接数字用户设备，例如，PABX。V4 接口用于连接一个数字接入链路，该链路包括一个可支持几个基本速率接入的静态复用器，实质上是 ISDN 基本接入的复用。

随着电信业务的不断发展，原来已定义的 4 种接口的应用受到一定的限制，希望有一个标准化的 V 接口能同时支持多种类型的用户接入，为此 ITU-T 提出了 V5 接口建议。V5 接口是交换机与接入网络(AN)之间的数字接口。这里的接入网络是指交换机到用户之间的网络设备。因此 V5 接口能支持各种不同的接入类型。目前我国生产的大容量的程控数字交换机都配有 V5 接口设备。

数字用户终端与交换机数字用户线之间传输数字信号的线路，一般称为数字用户环路(DSL)，采用二线传输方式。为了能在二线的数字环路，即普通电话线路上，可靠地传送数字信息，必须解决诸如码型选择、回波抵消、扰码与去扰码等技术问题。这些问题，均包含在综合业务数字网技术之中，是 ISDN 技术的一部分。需要了解这部分内容的读者可参考

ISDN 有关内容及 V5 接口的建议(G.964、G.965),在此不做介绍。

4.3.3 模拟中继接口电路

模拟中继接口又称 C 接口,用于连接模拟中继线,可用于长途交换和市内交换中继线的连接。

数字交换机中,模拟中继器和模拟用户电路的功能有许多相同的地方,因为它们都是和模拟线路连接。模拟中继接口电路要完成的功能是 OSCHT,如图 4.18 所示。

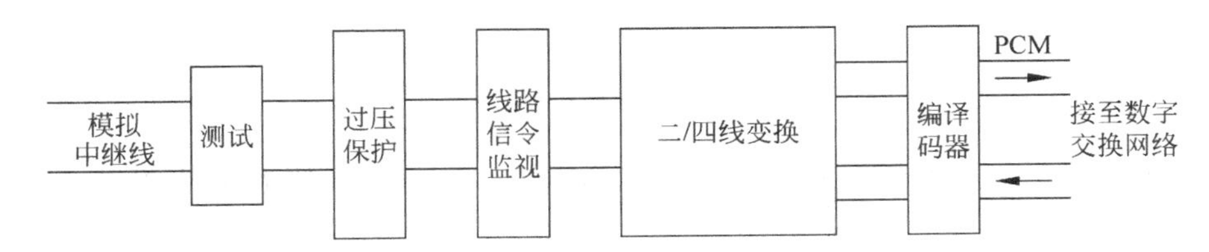

图 4.18 模拟中继接口方框图

从图 4.18 可看出,模拟中继接口电路比用户电路少了振铃控制,对用户状态的监视变为对线路信令的监视。模拟中继接口要接收线路信令和记发器信令,按照测检结果,以提供扫描信号输出。通过驱动也可使中继电路发出所需的信号。

模拟中继接口中的混合功能是完成双向平衡的二线和单向不平衡的四线之间的转换。也就是二/四线转换。为了防止干扰,在混合电路中还提供了平衡网络。

此外,还有对语音信号电平的调节功能,在发送和接收两个支路中都有独立调节的增益电路。而滤波和编译码是将模拟的语音信号转换成 PCM 数字码。编码若按 A 律压扩,则用 2048kHz 和 8kHz 取样。

模拟中继线有两种:一种是传送音频信号的实线中继线,和用户线一样,在中继接口中可直接进行数字编码;另一种是按频分复用(FDM)的模拟载波中继线,这种接口通常要先恢复话音信号,然后再进行数字编码。

目前使用较多的是 FDM-TDM 直接变换方法,即由频分复用模拟的高频信号直接转换为时分复用的 PCM 数字脉码。这种方法是利用数字信号处理的基本理论,通过快速傅里叶变换来实现的,采用这种方法可以做到 60 路 FDM 的超群信号经变换后能在两个 PCM30/32 路系统中传输,实现了话路数相等的变换。

4.3.4 数字中继接口电路

1. 概述

数字中继(DT)接口又称为 A 接口或 B 接口,是数字中继线与交换机之间的接口。它常用于长途、市内交换机,用户小交换机和其他数字传输系统。它的出入端都是数字信号,因此无模/数和数/模转换问题。但中继线连接交换机时有复用度、码型变换、帧码定位、时钟恢复等同步问题,还有局间信令提取和插入等配合的问题。所以数字中继接口概括来说是解决信号传输、同步和信令配合三方面的连接问题。目前,大多数中继线接口所连接的码率为 2048kb/s,这里要介绍的是 A 接口数字中继接口电路,如图 4.19 所示。

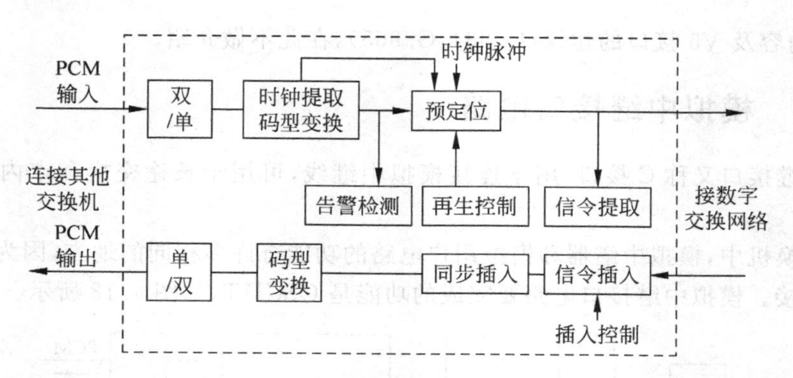

图 4.19 数字中继接口框图

从图中可看出，它分成两个方向：从 PCM 输入至交换机侧和从交换机侧至 PCM 输出。

输入方向首先是双/单变换，然后是码型变换，时钟提取，帧、复帧同步，定位和信令提取。

输出方向是信令插入，连零抑制，帧、复帧同步插入，码型变换，最后单/双变换输出。此外，数字中继接口还要能适应下面三种同步方式的通信网。

(1) 准同步方式：各交换机采用稳定性很高的时钟，它们互相独立，但其相互间偏差很小，所以又称异步方式。

(2) 主从同步方式：在这种方式的电信网中有一个中心局，备有稳定性很高的主时钟，它向其他各局发出时钟信息，其他各局采用这个主时钟来进行同步，因而各机比特率相同，相位可有一些差异。

(3) 互同步方式：这种网络没有主时钟，各交换局都有自己的时钟，但它们相互连接、相互影响，最后被调节到同一频率(平均值)上。

数字中继接口还要能适应不同的信令方式，如随路信令和共路信令。

2. 数字中继接口的功能

前已述及，数字中继接口主要是三方面的功能：信号传输、同步和信令转换。下面分别做进一步说明。

(1) 码型变换：根据再生中继传输的特点，PCM 传输线上传输的数字码采用高密度双极性 HDB3 码或双极性 AMI 码。为了适应终端电路的特点，在终端通常采用二进制码型和单极性满占空(即不归零)的 NRZ 码。这种码型变换是两个方向都要进行的，输入为双变单，而输出为单变双，如图 4.20 所示。输入 PCM 双极性码(如 HDB3)先通过运放比较器变换为单极性码；输出分为正极 PCM(PPCM)码和负极性 PCM(NPCM)，再经 HDB3/NRZ 变换，还原为单极性码。

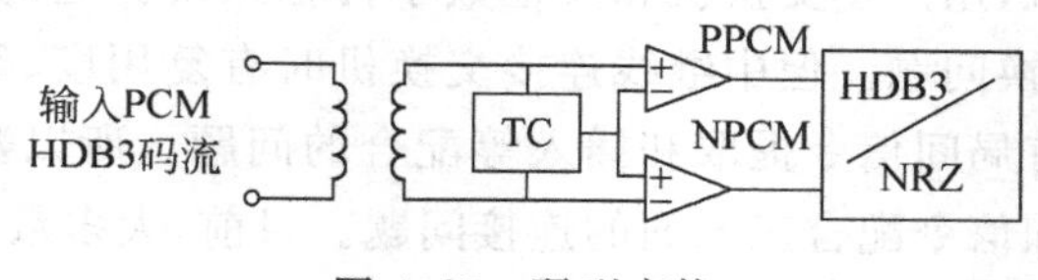

图 4.20 码型变换

除了码型变换，有些交换机还要进行码率变换，如 S1240 交换机中传输码率为 4Mb/s，而 PCM30/32 为 2Mb/s，因此要变换码率。

(2) 时钟提取：从 PCM 传输线上输入的 PCM 码流中，提取对端局的时钟频率，作为输入基准时钟，使收端定时和发端定时绝对同步，以便接口电路在正确时刻判决数据。这实际上就是位同步过程。例如，输入 PCM 码流为 30/32 一次群，则提取时钟频率为 2048kHz。时钟提取方法很多，可利用锁相环、谐振回路或晶体滤波等方法实现。

(3) 帧同步：在收端从输入 PCM 传输线上获得输入的帧定位信号的基础上产生收端各路时隙脉冲，使与发端的帧时隙脉冲自 TS_0 起的各路对齐，以便发端发送的各路信码能正确地被收端各路接收，这就是帧同步。

在 PCM 数字通信帧结构中，每帧的 TS_0 是供传输同步码组和系统告警码组用的。为了实现帧同步，发端固定在偶帧的 TS_0 的 bit2～bit8 发一特定码组“0011011”，经过比较、保护和调整，控制收端定时的位脉冲发生器和时隙脉冲发生器产生时隙脉冲的顺序，达到帧同步，如图 4.21 所示。

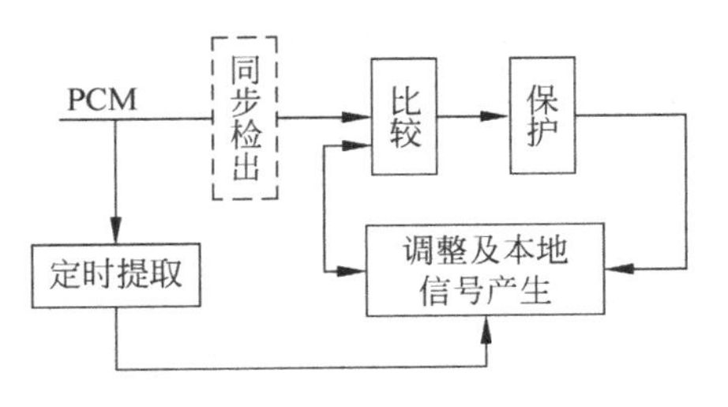

图 4.21　帧同步

同步检出的脉冲还需识别其真伪。如果发生失步，为了避免对偶发性误码或干扰错判，又为了确定经过调整后是否真的进入同步状态，要采取同步保护。规定连续四次检测不到同步码组才判定系统失步，这叫前向保护。前向保护时间为 $3\times250\mu s=750\mu s$。而在失步状态下，规定连续检测两次帧同步码组，且中间奇帧 TS_0 bit2 为“1”才判定同步恢复，这叫后向保护，后向保护时间为 $250\mu s$。

帧同步电路的具体工作过程如图 4.22 所示，图中 SFR0、SFR1 是移位寄存器，FASDET 是同步码检出电路。RS0 和 RS1 是状态触发器；FPe 为偶帧脉冲信号，高电平有效；$\overline{\text{FPo}}$为奇帧脉冲信号，低电平有效。

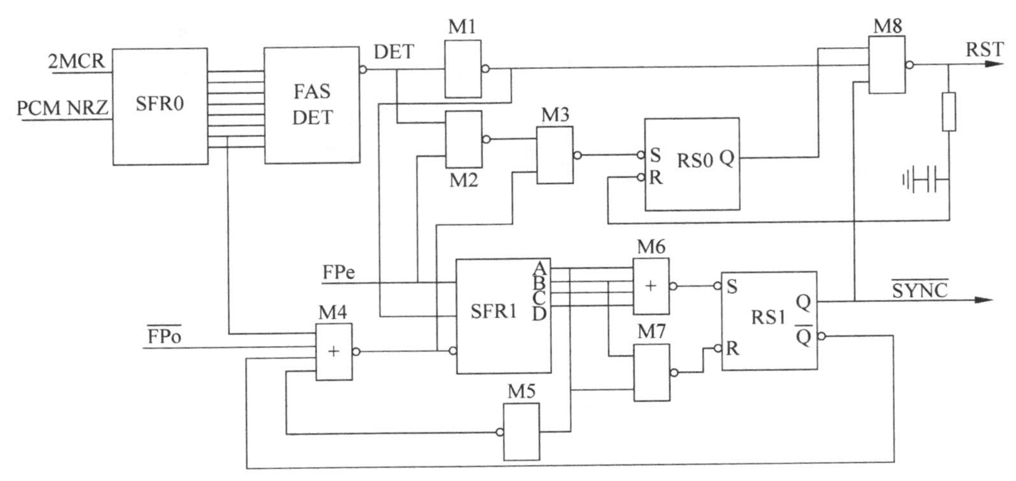

图 4.22　帧同步电路的工作原理

PCM 信号经过 HDB3 逆变换后恢复成 NRZ PCM 信号，依次移位输入到 SFR0 中，SFR0 的 8 个输出连接到 FASDET 电路，该电路由 74LS138 和一个或门(1/4 LS32)构成，它完成 FAS 信号 0011011 的检出，当收到这样的码型时，FASDET 输出一个负脉冲 DET，该脉冲经 M1 反相后，变成正脉冲信号。然后输入到 SFR1 和 M8。当 FPe 信号到来时，把 DET 信号锁存到 SFR0 中。下面分析电路由同步进入失步状态，再由失步进入同步状态时的工作情况。

帧同步电路处于同步工作状态时，M6 输出为 1，M7 输出为 0，RS1 输出为 0($\overline{\text{SYNC}}$)，RS0 触发器处于 0 状态，RST 信号为 1，每当 FPe 信号到来时，刚好 DET 信号为 0，因此移入 SFR1 的信号为 1，其他各电路状态不变。当因某种原因致使帧同步电路工作异常时，当 FPe 信号到来时，DET 信号为 1，没收到 FAS 信号，这时，M2 输出 0，从而使 RS0 置 1，准备进行同步调整，同时 SFR1 将收到一个 0 信号。当这种情况连续出现四次时，M6 输出 0，致使 RS1 输出 1，电路进入失步状态，开始同步捕捉。在此之后，一旦 DET 信号变为 0，则 M8 就输出 0，致使定时电路复位。同时经延迟后使 RS0 清零。定时电路复位后，即产生 FPe 信号把当前的 DET 负脉冲移入 SFR1，等到下一帧定时电路产生$\overline{\text{FPo}}$信号，核对奇帧的 B2 是否为 1，若不为 1，则重新把 RS0 触发器置 1，重新开始捕捉；若为 1，则等到下一帧的 FPe 信号到来时，检测是否正确收到 DET 负脉冲，若正确，则 SFR1 的 $Q_A Q_B$ 为 1，M7 输出 0，RS1 触发器清零，电路进入同步保持状态；否则重新初始化定时电路，并进行同步捕捉。

(4) 复帧同步：复帧同步是为了解决各路标志信令的错路问题，随路信令中各路标志信令在一个复帧的 TS_{16} 上都各有自己确定的位置，如果复帧不同步，标志信令就会错路，通信也无法进行。又由于帧同步以后，复帧不一定同步，因此在获得帧同步以后还必须获得复帧同步，以使收端自 F_0(第零帧)开始的各帧与发端对齐。

帧同步和复帧同步的结果是使收端的帧和复帧的时序按发端的时序一一对准。它们都是依靠发送端在特定的时隙或码位上，发送特定的码组或码型，然后在接收端，从收到的 PCM 码流中对同步码组或码型进行识别、确认和调整，以获得同步。

复帧同步是在帧同步的基础上进行的，因此电路的构成比较简单。复帧同步电路的具体工作过程如图 4.23 所示，图中 M1 是复帧同步码检出电路，在帧同步情况下，$\overline{\text{SYNC}}=0$，此时若 TS_{16} 的 B1～B4 全为 0，则 M1 输出为 1，DF1 和 DF2 是同步保护触发器。按 CCITT 建议的规定，当连续收到两次错误的帧同步码时，即认为复帧失步，而一旦收到一组正确的复帧同步，即可确认复帧同步的恢复。该电路的工作机理是，一旦失步，复帧计数器即停止工作，一直等到收到复帧同步码为止。电路的工作过程是这样的。

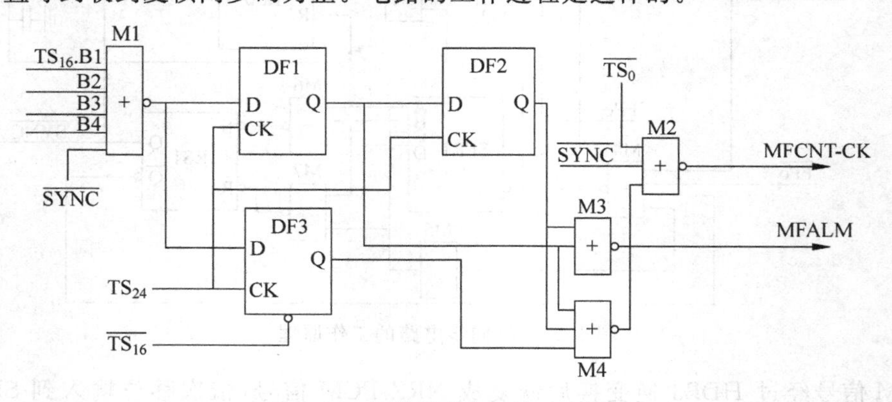

图 4.23 复帧同步电路的工作原理

假定电路现在处于同步工作状态，因某种原因，当 TS_{24} 时钟到来时，因 TS_{16} 的 B1～B4 非全 0，M4 输出为 0，则 DF1 Q 输出为 0，若下一次 TS_{24} 时钟到来时，M1 输出仍为 0，则在该时钟的作用下，DF1、DF2、DF3 都输出为 0，从而使 M3 输出为 1，产生复帧失步告警信号，同时，M4 输出为 1，M4 的输出控制 M2，以扣除一个 TS_0 信号，致使复帧计数器停止一拍。M4 的输出 1 脉冲的宽度决定了 DF3 的输出。在上述电路中，DF3 的作用是使 M4 的输出出现脉冲形式，一个脉冲扣除一个 TS_0 时钟，DF3 的清零信号可以选用 TS_1～TS_{16} 的任何一个时隙脉冲(这个触发器可以不加)。如果一直收不到正确的复帧同步码，复帧计数器就一直停止工作，一旦当 M1 的输出在 TS_{24} 时钟到来时输出为 1，则 DF1 和 DF3 就输出为 1，致使 M3、M4 输出为 0，进入同步状态。

(5) 检测和传送告警信息：检出故障后产生故障告警信号，向对端发送告警信息，也检测来自对方交换机送来的告警信号，当连续 6 个 50ms 内都发生一次以上误码时，就产生误码告警信号，表示误码率不得超过 10^{-3}。

(6) 帧定位：帧定位是利用弹性存储器作为缓冲器，使输入 PCM 码流的相位与网络内部本局时钟相位同步。具体地说，就是从 PCM 输入码流中提取的时钟控制输入码流存入弹性存储器，然后用本局时钟控制读出，这样输入 PCM 信号经过弹性存储器后，读出的相位就统一在本局时钟相位上，达到与网络时钟同步。

(7) 帧和复帧同步信号插入：网络输出的信号中不含有帧和复帧同步信号，为了形成完整的帧和复帧，在送出信号前，要将帧和复帧信号插入，也就是在第 0 帧的 TS_{16} 插入复帧同步信号 00001X11。在偶帧 TS_0 插入 10011011，奇帧 TS_0 插入 11X11111 的帧同步信号。完成这些功能后，再经过 NRZ/HDB3 和单/双变换将输出信号送到 PCM 线路上去。

(8) 信令提取和格式转换：信号控制电路将 PCM 传输线上的信令传输格式转换成适合于网络的传输格式。如在 TS_{16} 中传输时，TS_{16} 提取电路首先从经过码型变换的 PCM 码流中提取 TS_{16} 信令信息，将其变换为连续的 64kb/s 信号，在输入时钟产生的写地址控制下，写入控制电路的存储器，然后在网络时钟产生的读地址控制下，按送往网络的信令格式逐位读出。

与用户电路的 BORSCHT 功能相对应，对上述数字中继接口的功能也可概括为 GAZPACHO 功能，它们的含义是：

G —— Generation of Frame Code　帧码发生
A —— Alignment of Frames　帧定位
Z —— Zero String Suppression　连零抑制
P —— Polar Conversion　码型变换
A —— Alarm Processing　告警处理
C —— Clock Recovery　时钟提取恢复
H —— Hunt During Reframe　帧同步
O —— Office Signaling　信令插入和提取

4.3.5 数字多频信号的发送和接收

在程控数字交换机中，除了铃流信号，其他音频信号和多频(MF)信号都是采用数字信号发生器直接产生数字信号，使其能直接进入数字交换网。用这种方法可以克服振荡器频率和幅度不稳定的缺点，还节省了模数转换设备。

对于数字多频信号的接收，采用数字滤波器原理进行检测。下面分别说明它们的工作过程。

1. 数字音频信号和多频信号发生器

数字音频信号发生器的基本原理是把模拟音频信号经抽样和量化，按照一定的规律存入只读存储器(ROM)中，再配合控制电路，在使用时按所需要的要求读出即可。

2. 数字音频信号的发送

在数字交换机中，各种数字信号可以通过数字交换网络送出，与普通话音信号一样处理。也可以通过指定时隙(如时隙0，时隙16)传送。

F-150机的数字音频信号通过两条上行信道送到数字交换模块。其中一条传送30种双频信号，另一条传送26种信号音。这两条上行信道把上述的56种数字信号，经过复用器、初级T、S级，最后存储在次级T的话音存储器中。当需要某种信号时，可直接从次级T读出，送至相应的用户电路或中继电路。上述连接路由如图4.24所示。在数字交换网络里，预先指定好一些内部时隙，固定作为信号音存储到次级T话音存储器的通道，这种连接方法称为"链路半永久性"连接法。

在信号音采用"链路半永久性"连接时，不管有无用户听信号音的要求，在数字交换网络的次级T的话音存储器中，总是有数字信号音存在着。一旦有某用户需要听某种信号音时，只要将这个信号音的PCM数码在该用户所在的时隙读出即可。

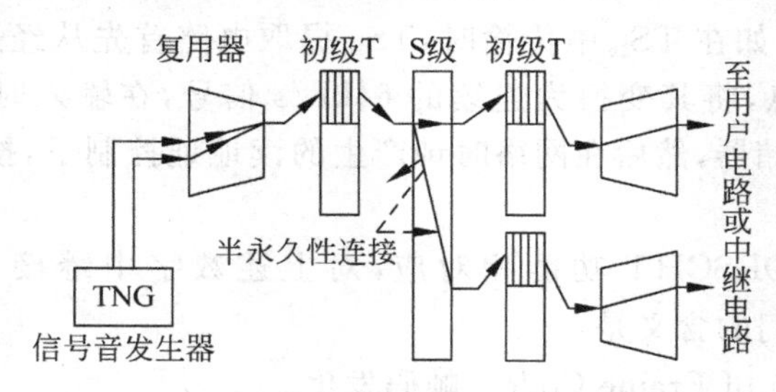

图4.24 音频信号半永久性连接示意图

一个TST模块内可多个用户听一种信号音，因为次级T的话音存储器是随机存储器，读出时并不破坏其所存的内容，故可多次读出。由此可见，在一个特定的话路上的信号音能够同时送往许多用户，克服了模拟交换机中音频信号发生器有一个最大负荷限制的缺陷。

3. 数字音频信号的接收

各种信号音是由用户话机接收的，因此在用户电路中进行译码以后就变成了模拟信号自动接收。

数字信号接收器用于接收MF或双音多频(DTMF)信号，尽管模拟信号的选频技术已非常成熟，但在数字程控交换系统中，多用数字滤波器和数字逻辑电路来实现。这是因为在数字程控交换机中，信号接收器通常通过下行信道上的一个时隙接于数字交换网络。从对端来的MF信号或来自用户话机的DTMF信号，自数字(模拟)中继接口或用户电路送入，经交换网络到信号接收器的输入端。在这里MF信号或DTMF信号都是以数字编码形式出现的，所以信号接收的滤波和识别功能都是由数字滤波器和数字逻辑电路构成的。图4.25为接收器的结构框图。

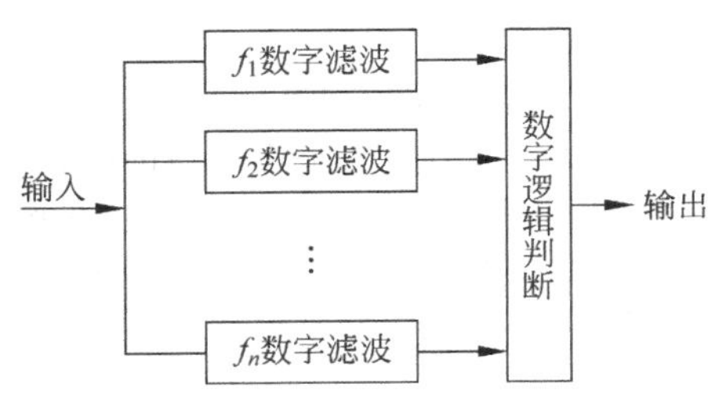

图4.25 数字信号接收器

4.4 存储程序控制

4.4.1 呼叫处理过程

在说明存储程序控制原理以前，有必要先概括地了解呼叫处理过程，从而掌握SPC交换机应具有的呼叫处理基本功能。

1. 一个呼叫处理过程

在开始时，用户处于空闲状态，交换机进行扫描，监视用户线状态。用户摘机后开始了处理机的呼叫过程。处理过程如下。

(1) 主叫用户A摘机呼叫。

① 交换机检测到用户A摘机状态；

② 交换机调查用户A的类别，以区分是同线电话、一般电话、投币电话还是小交换机等；

③ 调查话机类别，弄清是按钮话机还是号盘话机，以便接上相应收号器。

(2) 送拨号音，准备收号。

① 交换机寻找一个空闲收号器及它和主叫用户间的空闲路由；

② 寻找主叫用户和信号音间的一个空闲路由，向主叫用户送拨号音；

③ 监视收号器的输入信号，准备收号。

(3) 收号。

① 由收号器接收用户所拨号码；

② 收到第一位号后，停拨号音；

③ 对收到的号码按位存储；

④ 对“应收位”、“已收位”进行计数；

⑤ 将号首送向分析程序进行分析(叫做预译处理)。

(4) 号码分析。

① 在预译处理中分析号首，以决定呼叫类型(本局、出局、长途、特服等)，并决定该收几位号；

② 检查这个呼叫是否允许接通(是否是限制用户等)；

③ 检查被叫用户是否空闲，若空闲，则予以示忙。

(5) 接至被叫用户。

测试并预占空闲路由，其包括：

① 向主叫用户送回铃音路由(这一条可能已经占用，尚未复原)；

② 向被叫送铃流回路(可能直接控制用户电路振铃，而不是另找路由)；

③ 主、被叫用户通话路由(预占)。

(6) 向被叫用户振铃。

① 向用户B送铃流；

② 向用户A送回铃音；

③ 监视主、被叫用户状态。

(7) 被叫应答通话。

① 被叫摘机应答，交换机检测到以后，停振铃和停回铃音；

② 建立A、B用户间通话路由，开始通话；

③ 启动计费设备，开始计费；

④ 监视主、被叫用户状态。

(8) 话终、主叫先挂机。

① 主叫先挂机，交换机检测到以后，路由复原；

② 停止计费；

③ 向被叫用户送忙音。

(9) 被叫先挂机。

① 被叫先挂机，交换机检测到以后，路由复原；

② 停止计费；

③ 向主叫用户送忙音。

2. 用SDL图来描述呼叫处理过程

从第1部分可以看出，整个呼叫处理过程就是处理机监视、识别输入信号(如用户线状态，拨号号码等)，然后进行分析、执行任务和输出命令(如振铃，送信号等)，接着再进行监视、识别输入信号、再分析、执行……循环下去。

但是，在不同情况下，出现的请求及处理的方法也各不相同，一个呼叫处理过程是相当复杂的。例如，识别到挂机信号，但这挂机是在用户听拨号音时中途挂机、收号阶段中途挂机、振铃阶段中途挂机还是通话完毕挂机，处理方法各不相同，为了对这些复杂功能用简单的方法来说明，采用了规范描述语言(Specification and Description Language，SDL)图来表示呼叫处理过程。

(1) 稳定状态和状态转移。首先，可以把整个接续过程分为若干阶段，每一阶段用一个稳定状态来标志。各个稳定状态之间由要执行的各种处理来连接，如图4.26所示。图4.26是一个局内接续过程的图解示意图，把接续过程分为空闲、等待收号、收号、振铃、通话和听忙音6种稳定状态。

例如，用户摘机，从“空闲”状态转移到“等待收号”状态。它们之间由主叫摘机识别、收号器接续、拨号音接续等各种处理来连接。又如“振铃”状态和“通话”状态间可由被叫摘机检测、停振铃、停回铃音、路由驱动等处理来连接。

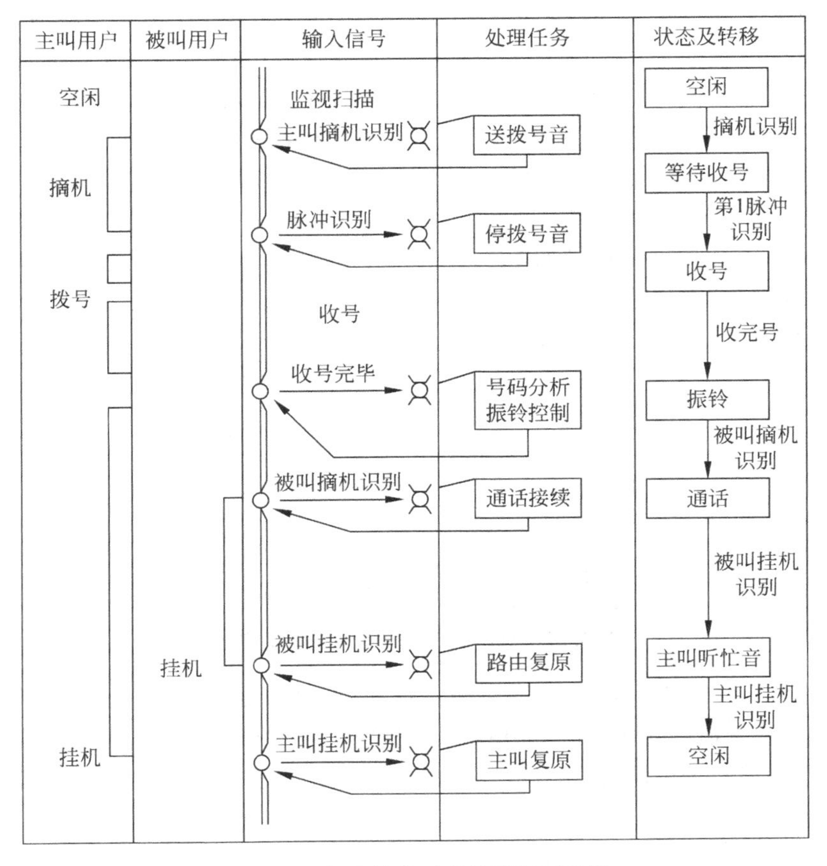

图 4.26 局内接续过程的图解示意图

在一个稳定状态下，如果没有输入信号，即如果没有处理要求，则处理机是不会去理睬的。如在空闲状态时，只有当处理机检测到摘机信号以后，才开始处理，进行状态转移。

同样，输入信号在不同状态时会进行不同处理，并会转移至不同的新状态。如同样检测到摘机信号，在空闲状态下，则认为是主叫摘机呼叫，要找寻空闲收号器和送拨号音，转向“等待收号”状态；如在振铃状态，则被认为是被叫摘机应答，要进行通话接续处理，并转向“通话”状态。

在同一状态下。不同输入信号处理也不同，如在“振铃”状态下，收到主叫挂机信号，则要做中途挂机处理；收到被叫摘机信号，则要做通话接续处理。前者转向“空闲”状态，后者转向“通话”状态。

在同一状态下，输入同样信号，也可能因不同情况得出不同结果。如在“空闲”状态下主叫用户摘机，要进行收号器接续处理。如果遇到无空闲收号器，或者无空闲路由(收号路由或送拨号音路由)，则就要进行“送忙音”处理，转向“听忙音”状态。如能找到，则就要转向“等待收号”状态。

因此，用这种稳定状态转移的方法可以比较简明地反映交换系统呼叫处理中各种可能的状态，各种处理要求及各种可能结果等一系列复杂的过程。

(2) SDL 图简介。SDL 图是 SDL 语言中的一种图形表示法。SDL 语言是以有限状态机(FSM)为基础扩展起来的一种表示方法。它的动态特征是一个激励—响应过程,即机器平时处于某一个稳定状态,等待输入;当接收到输入信号(激励)以后立即进行一系列处理动作,输出一个信号作为响应,并转移至一个新的稳定状态,等待下一个输入;如此不断转移。可以看出,SDL的动态特征和前面所讲的状态转移过程是一致的。因此用SDL语言来描述呼叫处理过程是十分合适的。在这里只介绍SDL进程图的有关内容,以后的呼叫处理描述也只限于一个进程范围之内。

SDL进程图常用的图形符号如图4.27所示。在图4.27中只列举了部分常用图形符号,以便大家能够读SDL进程图。

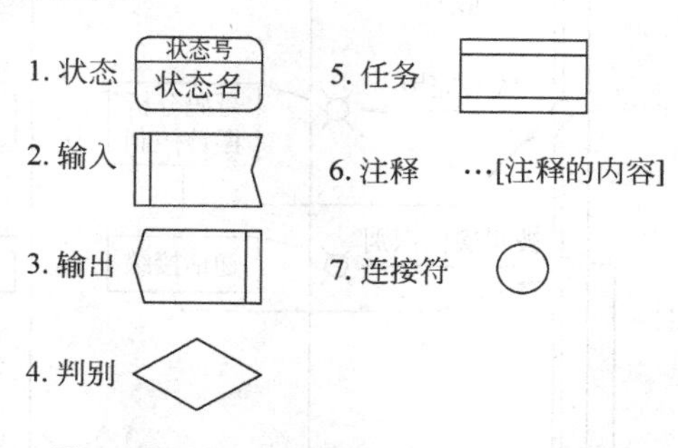

图4.27 SDL进程图部分常用图形符号

(3) 描述局内呼叫的SDL进程图举例。图4.28是根据图4.26所举的局内呼叫的例子而用SDL语言来描述的例子。图中共有6种状态,在每个状态下任一输入信号可以引起状态转移。在转移过程中同时进行一系列动作,并输出相应命令。根据这个描述可以设计所需要的程序和数据。

(4) 呼叫处理过程。根据图4.28的描述,能得到一个局内呼叫(也包括其他呼叫)过程包括以下三部分处理。

① 输入处理:这是数据采集部分。它识别并接受从外部输入的处理请求和其他有关信号。

② 内部处理:这是内部数据处理部分。它根据输入信号和现有状态进行分析、判别,然后决定下一步任务。

③ 输出处理:这是输出命令部分。根据分析结果,发布一系列控制命令。命令对象可能是内部某一些任务,也可能是外部硬件。

4.4.2 呼叫处理软件

SPC交换系统为实现呼叫建立过程而执行的处理任务可分为三种类型:输入处理、内部处理和输出处理。

1. 输入处理

收集话路设备的状态变化和有关信息叫做输入处理。各种扫描程序都属于输入处理,例如,用户状态扫描,拨号脉冲扫描,双音信号和局间多频信号的接收扫描,中继占用扫描等。通过扫描来发现外部事件,所采集的信息是接续的依据。

应根据SPC系统的结构和性能,划分各种扫描程序,并按照外部信息的变化速度、处理

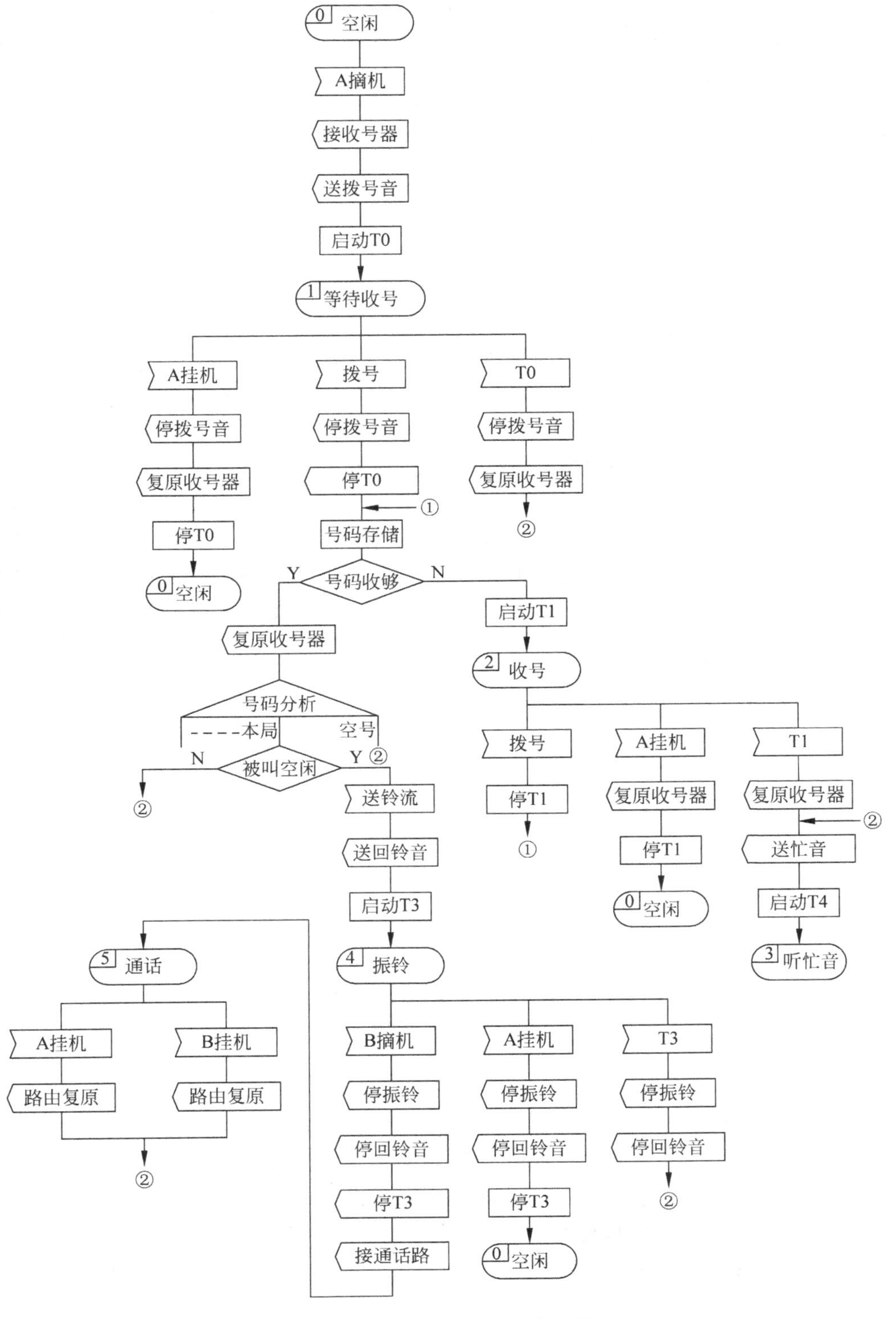

图 4.28 局内呼叫 SDL 进程图

机的负荷能力和服务指标，确定各种扫描程序的执行周期。输入处理一般是在中断中执行，主要任务是发现事件而不是处理事件，因此扫描程序执行的时间应尽量缩短。为提高效率，通常用汇编语言编写。另外还广泛采用群处理方式，即每次输入一群用户或设备的信息数量相当于处理机的字长，从而可对一群用户同时进行逻辑运算。输入处理程序的执行级别较高，仅次于故障中断。

扫描与硬件有关，从软件的层次而言，扫描程序是接近硬件的低层软件，必须能有效地读取硬件状态信息。在数字交换机中，有待处理机读取的外部信息，通常由硬件以一定的周期不断地送往特定的扫描存储区，再由软件周期地读取。硬件写入的周期短于软件的读取周期。如 F-150 系统中的用户状态信息，硬件写入周期为 4ms，软件读取周期为 100ms。这样可使软件读取的信息反映硬件的最新状态。

(1) 扫描与输入。由于在当前的程控交换机中，模拟用户接口的数量仍占大多数，对模拟用户和中继接口监测信令的扫描和输入仍是呼叫处理的一项主要负担。根据 4.3.1 节，接口输出的监测信号是一个二进制的高、低电平信号。因此，每路接口的输入与输出仅需要 1 位存储器。由于控制系统的数据总线常是 8 位、16 位甚至 32 位，接口监测信号的读入需要并行进行。图 4.29 给出了控制系统以 8 路并行的方式读入接口数据的原理。控制系统周期地扫描接口监测信号的输出电平，扫描周期为 8ms，每次读入 8 位作为本次扫描结果存于存储器 PR 中。将该数据与存储在 LR 中的上一次扫描结果相比较，可得到每个接口监测信号的变化，该变化存储在状态变化指示存储器 SR 中，供处理系统读取。监测信令电平的变化引起 SR 中相应位由 0 变为 1，从而引起相应处理子进程的启动与运行。因此，每次扫描操作包括两步：PR$\oplus$LR→SR 和 PR→LR。

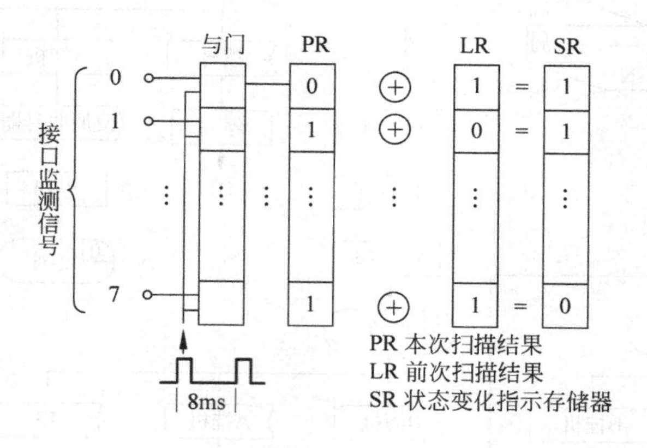

图 4.29 扫描与输入

图 4.30 给出了当某接口的监测信号电平变化时，扫描电路各存储器内容的相应变化。设初始 LR 值为 1，在前三次扫描抽样中，输入电平为高，PR 内容为 1，与 LR 异或后得 0，表示状态未发生变化。当第 4 次抽样时刻到来时，输入信号已变为低电平，PR＝0，但由于在上一次扫描中所得到的结果是高电平，LR＝1，因而 PR$\oplus$LR ＝SR＝1。此后，每当输入电平变化时，SR 将相应地置 1。电平的变化方向可由下式决定：

$$\text{TR} = \text{LR} \oplus \text{SR} = 0 \text{ 电平由高变低}$$
$$= 1 \text{ 电平由低变高}$$

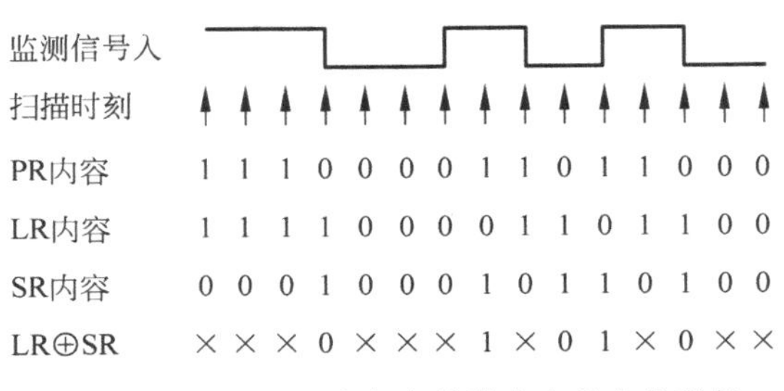

图 4.30 扫描过程中各存储器内容的变化举例

利用状态变化存储器 SR 的内容和 LR 存储的内容相“与”，即 $SR \wedge LR=1$，就可进行挂机识别，同理 $SR \wedge \overline{LR}=1$，可进行摘机识别。用类似的方法也可进行脉冲数字识别。

通常 PR 由硬件实现，LR 和 SR 可由软件提供，以此降低硬件成本，并减轻 CPU 读取接口的负担。当进程处于脉冲收号状态时，CPU 读 PR 的周期一般不大于 10ms，在其他状态，读周期可放宽到 100ms。

图 4.31 给出了接收线路信号的处理子进程 SDL 图。它的作用是，将线路监测扫描获得的电平(0 或 1)结合时间关系产生便于上层软件处理的“摘机”、“挂机”、“拍簧”、“1”、“2”、…等代码或符号。

子进程启动后一直处于状态 0，直至收到扫描输出 PR=1，进入状态 1。如 PR=1 的持续时间小于 100ms，便被认为是突发干扰，返回状态 0。如 PR=1 持续 100ms 以上，子进程将向上层软件输出一个“摘机”信号，并进入状态 2。PR=0 使进程退出状态 2，进入状态 3。如 PR=0 持续时间大于 2s，进程输出“挂机”，如在 2s 内收到 PR=1，则认为接收到一个环流“断”脉冲。“断”脉冲窄于 50ms 被认作干扰，不予处理；宽度在 100ms～2s 之间被判作“拍簧”，50～100ms 之间被认作是一个数字脉冲，并转入状态 4。此后如 PR=1 维持不变达 200ms 以上，便认为数字(D)接收完毕。即此时为位间隔(分隔两个数字之间的间隔)。进程输出 D 后返回状态 2；如在 200ms 以内再次扫描到 PR=0，则认为数字尚未收全，应继续收号。图 4.31(b)给出了线路信号与流程状态的对应关系。

(2) 扫描周期的确定。

① 用户呼出扫描周期。用户呼出扫描周期应取适当的数值，太长会增加拨号音时延，影响服务质量，太短则不必要地增加了处理机的时间开销，影响到处理机的处理能力，一般可为 100ms 左右。当采用专门的外围处理机，所控制的用户数不多或处理机的任务较轻时，也可以再小一些，只有几十毫秒。

② 脉冲收号扫描周期。为了正确地采集用户拨号脉冲信息，脉冲收号扫描周期的取定使得在任何一个脉冲的断、续时间内，至少进入一次脉冲扫描。

显然，这就与程控交换机所允许的脉冲时间参数有关。脉冲时间参数包含脉冲速度(或者为脉冲重复频率)和断续比，应该选取最不利的情况来确定扫描周期。

我国规定的号盘脉冲的参数有脉冲速度和脉冲断、续比。

- 脉冲速度：即每秒钟送的脉冲个数。规定脉冲速度为每秒钟 8～20 个脉冲。
- 脉冲断、续比：即脉冲宽度(断)和间隔宽度(续)之比，如图 4.32 所示，规定的脉冲断、续比范围为 1∶1～3∶1。

来算一算在最坏的情况下，即最短的变化间隔(脉冲或间隔宽度)是多少，由此来决定扫

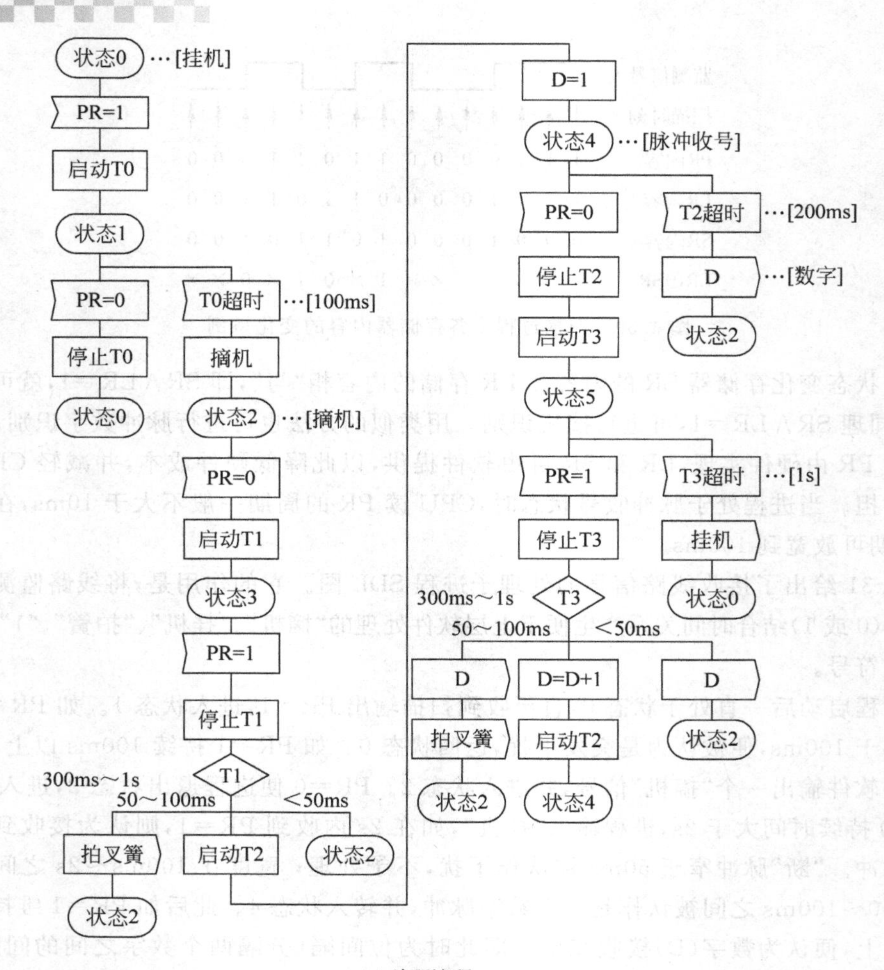

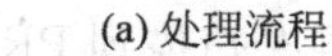
(a) 处理流程

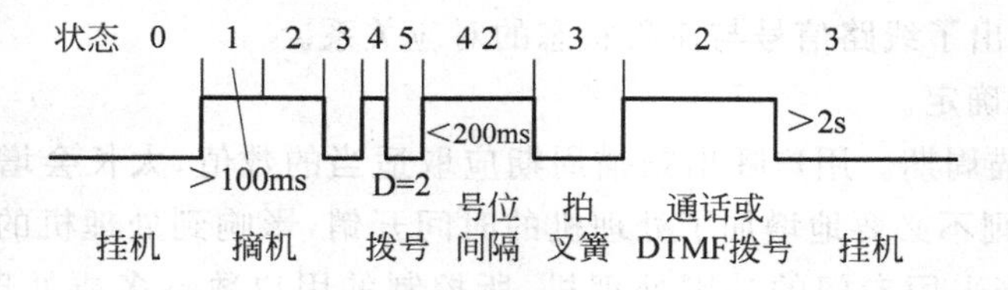

(b) 线路信号与状态的关系

图 4.31 接收线路信号的处理子进程 SDL 图

图 4.32 脉冲断、续比

描间隔时间。

规定的号盘最快速度是每秒 20 个脉冲，也就是说脉冲周期 $T=1000/20=50\text{ms}$。断续比为 3∶1 时续的时间最短。它占周期的 1/4，即 12.5ms。这样要求扫描的最长间隔不能大于这个时间，否则要丢失脉冲。假定取扫描间隔为 8ms。

③ 位间隔识别。位间隔识别的基本功能是判别一位数字的结束。一位数字中的各脉冲间隔较短而数字间的位间隔则有几百毫秒。因此位间隔识别周期的确定与号盘最小间隔时间和脉冲参数有关，用 $T_{位}$ 表示位间隔识别周期。

- $T_{位}$ 的上限：图 4.33 表明，如果相当于一位数字的一串脉冲恰巧结束在位间隔识别点刚过去以后，因为识别的原理是上次识别时有脉冲变化而本次识别时无脉冲变化，因此就要花接近于两个 $T_{位}$ 的时间才能识别出位间隔。

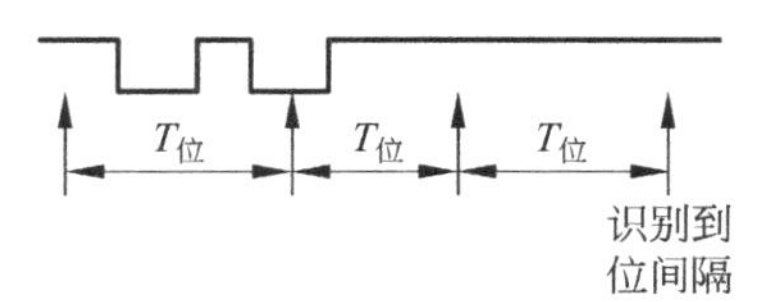

图 4.33　一串脉冲结束在位间隔识别点刚过去

- $T_{位}$ 的下限：$T_{位}$ 的下限应大于最大的脉冲之间的闭合时间，考虑到位间隔识别的同时也识别中途挂机，区别这两者很容易，只要区别现在用户处于挂机状态还是摘机状态即可，前者为中途挂机，后者为位间隔。$T_{位}$ 还应大于最大的脉冲的断开时间 $t_{断最大}$，这样才可以防止将脉冲间的闭合时间误判成位间隔，以及将脉冲断开时间误判成中途挂机。

综上所述，可有

$$t_{断最大} < T_{位} < \frac{1}{2} \times 最小间隔时间$$

号盘最小间隔时间一般在 300ms 以上，最大 $T_{位}$ 应小于 150ms。在最低的脉冲速度和最大的断续比的条件下，可得到 $t_{断最大}$ 最大为

$$t_{断最大} = \frac{1000}{8} \times \frac{3}{3+1} = 93.75\text{ms}$$

$T_{位}$ 应大于 $t_{断最大}$，可按时钟中断周期的整倍数取定为 96ms 或 100ms。

④ 双音多频脉冲数字的扫描周期。双音多频脉冲数字的接收多用数字滤波器和数字逻辑电路实现，在第 4.3.5 节已经介绍。在这种情况下每个数字用一组双频信号来表示。在交换机中专门有几套收号器用来检测这种信号，并把它翻译成一个十六进制的数字。软件扫描的任务就是定期地从收号器上读得这些数字。每个数字脉冲的持续时间约 40ms，每个数字之间的间隔最小可达 100ms 左右。在收号器上专门有一个“信号出现”位 SP，在一次新的数字脉冲来临时 SP 变为高电平，脉冲过后 SP 恢复为低电平。数字扫描程序按 10ms 左右的周期扫描 SP 位，如两次连续扫描发现 SP 由低电平变为高电平，则说明新的数字已到，读出收号器的这个数字即可，如图 4.34 所示。

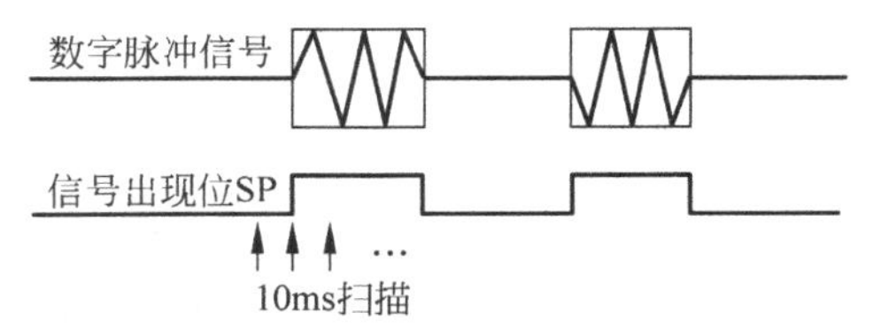

图 4.34　双音多频脉冲数字的扫描周期

如果(前次 SP⊕本次 SP)∧前次$\overline{\text{SP}}$=1,则表示数字已到。如连续扫描次数超过一定值,且没有检测到数字,则为检测线路状态,如为低电平(因为低电平为挂机状态)则为中途挂机。

2. 内部处理

内部处理是与硬件无直接关系的高一层软件的处理过程,如数字分析、路由选择、通路选择等,预选阶段中有一部分任务也属于内部处理。实际上,实现呼叫建立过程的主要处理任务都在内部处理中完成。内部处理程序的级别低于输入处理,可以允许执行稍有延迟。

内部处理程序的一个共同特点是要通过查表进行一系列的分析和判断,也可称为分析处理。例如,预选阶段要通过查表得到主叫类别,以确定不同的处理任务。数字分析也要通过查表确定呼叫去向,以区分不同的接续任务。相关数据组织成表格,将数据和程序分开,可使程序结构简明而富有灵活性。内部处理可用高级语言编写。

内部处理程序的结果可以是启动另一个内部处理程序或者启动输出处理。

(1) 数字分析。

① 用程序判断分析。可用程序的判断进行数字分析。数字的来源可能直接从用户话机接收下来,也可能通过局间信令传送过来,然后根据所拨号码查找译码表进行分析。分析步骤可分为两部分。

- 预译处理:在收到用户所拨的"号首"以后,首先进行预译处理,分析用户提出什么样的要求。预译处理所需用的号首一般为1～3位号。例如,用户第一位拨"0",表明为长途全自动接续;用户第一位拨"1"表明为特服接续。如果第一位号为其他号码,则根据不同局号可能是本局接续,也可能是出局接续。

如果"号首"为用户服务的业务号(例如叫醒登记),则就要按用户服务项目处理。号位的确定和用户业务的识别也可以采用逐步展开法,形成多级表格来实现。

- 拨号号码分析处理:对用户所拨全部号码进行分析。可以通过译码表进行,分析结果决定下一步要执行的任务。因此译码表应转向任务表。图4.35为数字分析程序流程图概况。

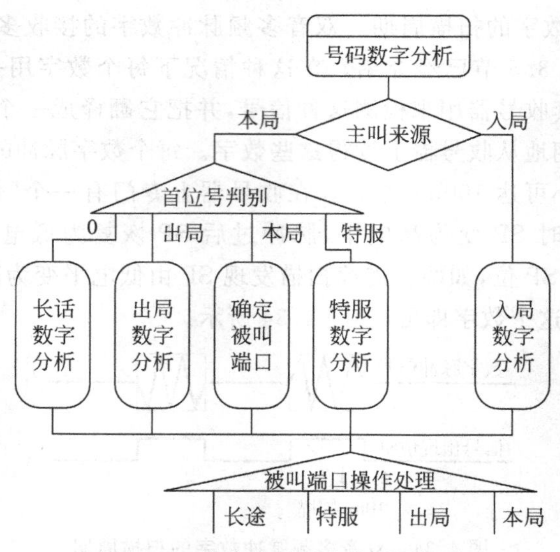

图4.35 数字分析程序流程图概况

② 用查表分析。采用查表方法可适应编号制度的变化而具有灵活性。数字分析的过程就是不断查表的过程，有塔形结构和线性结构两种表格的组织方式。

- 塔形结构：塔形结构由多级表组成，图 4.36 表示了三级表格。用所收到的逐位号码依次检索各级表格，即第 1 位查第 1 级表，第 2 位查第 2 级表，等等。表中各单元用 1 个比特作为指示位，0 表示继续查表。此时所得为下级表的首地址，1 表示查表结束，得到对应于一定的接续任务的代码。第 1 级只有 1 张表，第 2 级最多有 10 张表，第 3 级最多有 100 张表，形成"金字塔"式的结构。

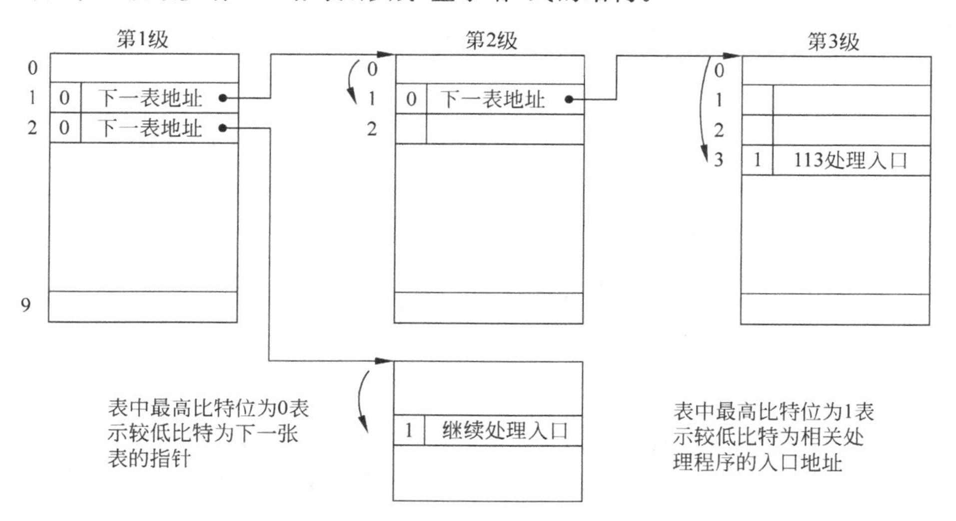

图 4.36　塔形结构查表法号码数字分析

- 线性结构：线性结构的表格如图 4.37 所示。要收到足够的位数后才开始查表，例如收到前 3 位后查表。在大多数情况下可以得到分析结果——接续任务代码。对应于未使用的号码则用特殊代码，例如用"0"表示。少数情况可能要继续查表，为此可加一个扩展表。查扩展表可用搜索法，将收到的号码与表中的号码组合比较，如一致即搜索成功，从而得到相应的接续任务代码。搜索有两种方法：一种是线性方法，从表首开始依次搜索到表尾；另一种是两分搜索法，即先搜索表的中部，然后再搜索上半部或下半部的中部，以此类推。用两分法时，表中的号码组合应按其数值依次排列。

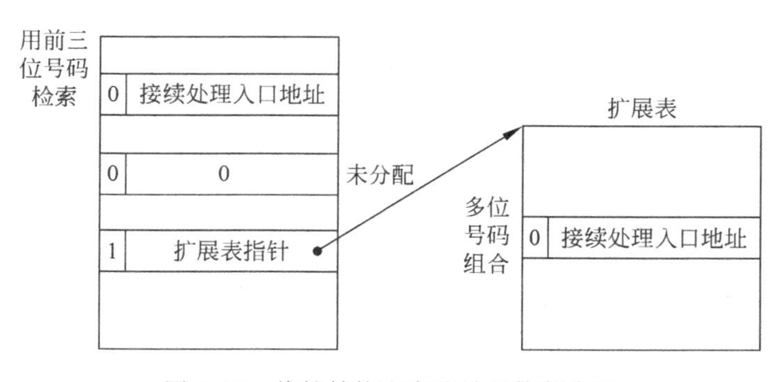

图 4.37　线性结构查表法号码数字分析

(2) 路由选择。

① 路由选择的任务。路由选择要用到数字分析的结果。数字分析结果可能包含多种数据,如路由索引、计费索引、还需接收的号码位数等。计费索引用来检索与计费有关的表格,以确定呼叫的计费方式和费率。路由索引则用于路由选择。不同的路由索引表示不同的呼叫去向。

路由选择的任务是在相应路由中选择一条空闲的中继线。如该路由全忙而有迂回路由,就转向迂回路由,可能迂回多次。程控交换软件应提供迂回选择的灵活性,并能适应迂回方案的变化。图 4.38 表示迂回路由的示例,①、②、③表明选择顺序。路由选择将在第 5 章详细讲解。

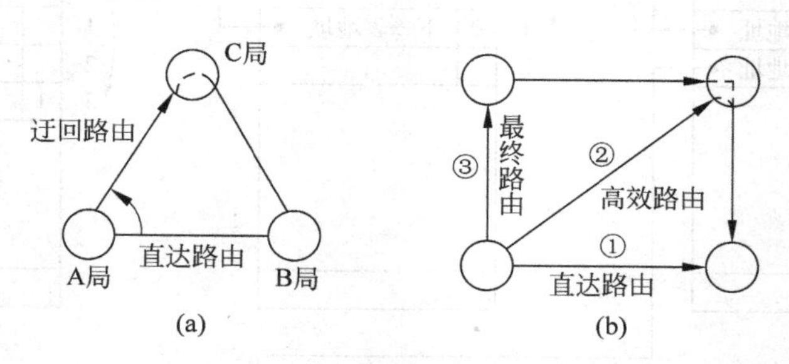

图 4.38 迂回路由的示例

② 迂回路由的选择。为具有灵活性,应采用查表方法。图 4.38 所示为一种简便的方法。根据数字分析程序所得到的路由索引(RTX)查路由索引表,并得到两个输出数据,一个是中继群号(TGN);另一个是下一(迂回)路由索引(NRTX)。每个 RTX 对应一个 TGN,有了 TGN,就可以在该中继群中选择空闲中继线。如果全忙,就用 NRTX 再检索路由索引表,又得到与 NRTX 对应的 TGN 及下一个路由索引。

图 4.39 表明,从数字分析得到 RTX=6,用 6 检索路由索引表,得到 NRTX=8,TGN=4。用 4 检索空闲链路指示表,其内容为"0",表示对应于 TGN=4 的路由全忙。为此,再用 NRTX=8 查路由索引表,得到 NRTX=14,TGN=6,用 6 检索下一张表,得到的不是"0"而是"1",表示第 1 条中继线空闲并可选用。当然不必再迂回,NRTX=14 就不需要使用了。

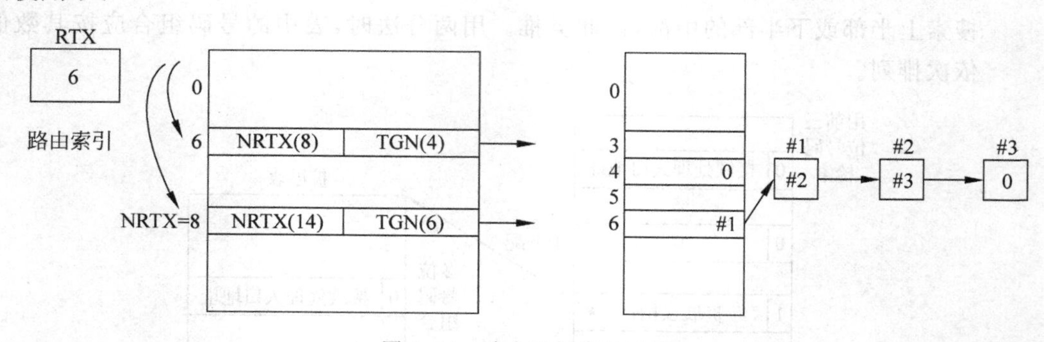

图 4.39 路由选择查表示意

(3) 通路选择。

通路选择的任务,是根据已定的入端和出端在交换网络上的位置(地址码),选择一条空闲的通路。一条通路常常由多级链路串接而成，串接的各级链路都空闲时才是空闲通路。通常采用条件选试，即要全盘考虑所有的通路，从中选择所涉及的各级链路都空闲的通路。

3. 输出处理

输出处理完成话路设备的驱动，如接通或释放交换网中的通路，启动或释放某话路设备中的继电路或改变控制电位，以执行振铃、发码等功能。

输出处理与输入处理一样，也是与硬件有关的低层软件的处理。输出处理与输入处理都要针对一定的硬件设备，可合称为设备处理。扫描是处理机的输入信息，驱动是处理机的输出信息。因此，扫描和驱动是处理机在呼叫处理中与硬件联系的两种基本方式。

着眼于一个呼叫的处理过程，是输入处理、内部处理和输出处理的不断循环。例如，从用户摘机到听拨号音，输入处理是用户状态扫描；内部处理是查明主叫类别，选择空闲的地址信号接收器和相应通路；输出处理是驱动通路接通并发出拨号音。从用户拨号到听到回铃音，输入处理是收号扫描；内部处理是数字分析、路由选择和通路选择；输出处理是驱动振铃和送出回铃音。输入处理发现呼叫要求，通过内部处理由输出处理完成对要求的回答。回答应尽可能迅速，这是实时处理的要求。

硬件执行了输出处理的驱动命令后，改变了硬件的状态，使得硬件设备从原有稳定状态转移到另一种稳定状态。例如，空闲状态时用户电路不经过交换网络接通其他话路设备，在听拨号音状态时则接通收号器。因此，呼叫处理过程实际上是状态的不断转移过程。根据系统结构和性能，区分出各种不同状态和状态转移条件，是设计呼叫处理程序重要和有效的方法。图4.40仅说明状态转移的基本要领及其与软件的关系。

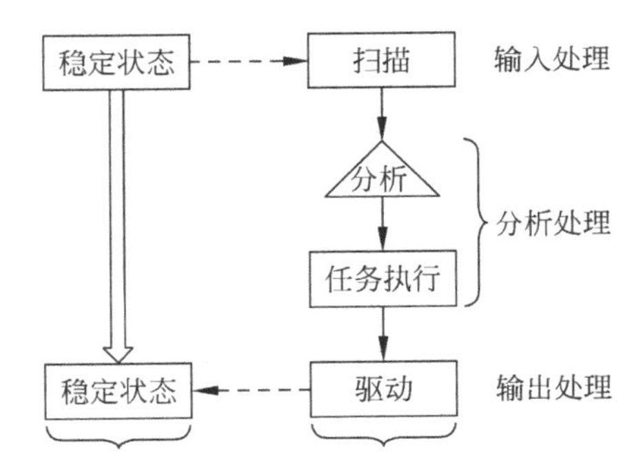

图4.40　状态转移的基本原理及其与软件的关系

4.4.3　程控交换的软件系统

程控交换机是微电子技术和软件技术发展的产物，主要由硬件设备和软件系统两大部分组成。随着微电子技术的不断发展，硬件设备成本不断下降，而软件系统的情况正好相反。以电话交换为例，一个大型程控交换局的容量可达十万门以上，软件系统通常由数十万条甚至上百万条语句组成，其开发工作量可达数百人年。随着新业务的不断引入和功能的不断完善，软件工作量还有不断增加的趋势。可以预期，程控交换系统的成本和质量(包括可靠性、话务处理能力、过载保护、可维护性等)在很大程度上将取决于软件系统，而且，随着技术的发展，软件系统的这种支配地位会越来越明显。

1. 交换软件的特点和组成

(1) 交换软件的特点。交换软件最突出的特点是规模大、实时性和可靠性要求高,所以,交换软件通常是最难设计的软件系统之一。

① 规模大。交换软件系统的规模很大,因为在一个大型交换系统中可以容纳几万门或更多的电话,另外还有大量其他类型的终端,它们之间的通话需要由软件系统来提供呼叫处理;大量的硬设备需要有一个复杂的维护系统,以保证交换系统的完整性;在这些硬设备中会有很多类型的终端、协议和接口,不同的用户会有不同的服务要求和限制,所有这些都需要软件来进行协调和处理。因此,在一个交换软件系统中包含有大量的数据,以及通过对这些数据进行处理来完成交换机各种功能的程序。一个大型交换机的软件系统可多达上百万条语句和大量的数据。

② 实时性。交换系统需要同时,或者说,在一个很短的时间间隔内处理成千上万个并发任务,因此对每个交换机都有一定的业务处理能力和服务质量要求。

交换机的业务处理能力通常用每小时或每秒钟处理的呼叫个数,用单位时间(忙时)能处理的试呼次数来衡量。交换系统的服务质量通常用在一定业务量时,由于交换系统内部的原因(如资源短缺、处理出错或处理机超载等)而不能完成的呼叫百分比来衡量,一般要求此百分数小于0.1%。

③ 多道程序并行处理。程控交换机中处理机是以多道程序运行方式工作的。也就是说同时进行多种任务,例如,一个一万用户的交换机,忙时平均同时可能有1200~2000个用户正在通话,再加上通话前、后的呼叫建立和释放用户数,就可能有2000多项处理任务。软件系统必须把这些和呼叫处理有关的数据都保存起来,并且等待一个新的外部事件,以便呼叫处理往下进行。除此之外,还要同时处理维护、测试和管理任务。

④ 可靠性要求。对一个交换机来说,即使在硬件或软件系统本身有故障的情况下,系统仍应能保证可靠运行,并能在不中断系统运行的前提下从硬件或软件故障中恢复正常。例如,许多交换机的可靠性指标是99.98%的正确呼叫处理及40年内系统中断运行时间不超过两小时。

(2) 交换软件的组成。如图4.41所示,交换系统由两大部分组成,即运行软件系统和支援软件系统。

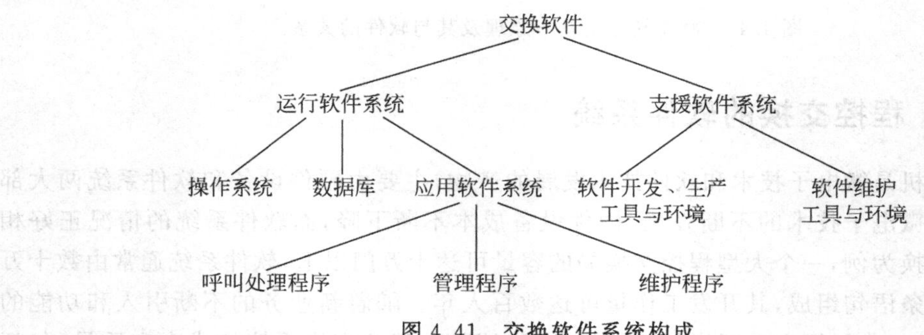

图4.41 交换软件系统构成

① 运行软件系统:运行软件系统又称联机软件,是指存放在交换机处理机系统中,对交换机的各种业务进行处理的那部分软件,其中的大部分业务具有比较强的实时性。根据

功能不同，运行软件系统又分为操作系统、数据库系统和应用软件系统三个子系统。

操作系统用来对系统中的所有软件、硬件资源进行管理，为其他的软件部分提供支持，实现后可方便整个软件系统的设计和实现，有助于提高软件系统的可靠性、可维护性和可移植性等。

数据库系统对软件系统中的大量数据进行集中处理，实现各部分软件对数据的共享访问，并提供数据保护等功能。

应用软件系统通常包括呼叫处理程序、管理程序和维护程序三部分。其中呼叫处理程序主要用来完成交换机的呼叫处理功能。普通的呼叫处理过程从一方用户摘机开始，接收用户拨号数字，经过对数字进行分析后接通通话双方，一直到双方用户全部挂机为止，如本章前几节所介绍的内容。管理程序的主要作用包括三个方面：一是协助实现交换机软、硬件系统的更新；二是进行计费管理；三是监督交换机的工作情况，确保交换机的服务质量。维护程序实现交换机故障检测、诊断和恢复功能，以保证交换机的可靠工作。运行软件系统的结构如图4.42所示。

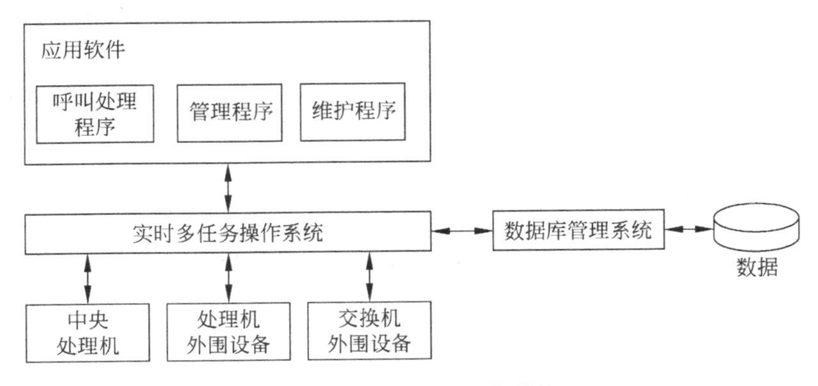

图4.42 运行软件系统结构

② 支援软件系统：我们知道，程控交换机的成本和质量在很大程度上取决于软件系统，因此，提高软件的开发、生产效率和质量是直接影响程控交换机成本和质量的关键。

在一个通信网中，由于各个交换局的地理位置、所管辖区域的政治、历史、经济等情况各不相同，因此它们的用户组成、容量、话务量、对端局程式及其在整个网中所处的地位与作用各不相同。尽管各个局的主体软件构成相同，但在考虑上述具体因素时，软件的有关部分需要做一定的修改以适应各种具体要求。如果每建立一个程控交换局都要用人工方法根据具体要求对交换软件系统中的相应程序和数据进行修改，则不但工作量大，更重要的是不能保证软件质量。支援软件系统的一个重要功能是提供软件开发和生产的工具与环境。

程控交换软件系统的一大特点是具有相当大的维护工作量。这不仅是因为原来设计和实现的软件系统不完善而需要加以修改，更重要的是随着技术的发展，需要不断引入新的功能和业务，以对原有功能加以改进和扩充。另外，交换局的业务发展引起用户组成、话务量等的变化，整个通信网的发展可能会对各交换局提出新的要求等。可以预料，程控交换软件的维护工作量比一般软件系统更大。维护工作从系统投入运行开始，一直延续到交换机退出服役为止。一般软件总成本中有50%～60%是用在维护上的，所以，提高程控软件的维护水平（包括效率和质量）对提高程控交换系统的质量和降低成本具有十分重要的作用。支援软件系统的另一个重要功能就是提供先进的软件维护工具和环境。

在交换机软件中，呼叫处理程序是实现交换机基本功能的主要组成部分，但在整个系统的运行软件中，它只占一小部分，一般不超过三分之一，而系统防御和维护管理程序大约为整个运行软件的三分之二左右。各部分程序在运行软件中所占的大致比例如图4.43所示。

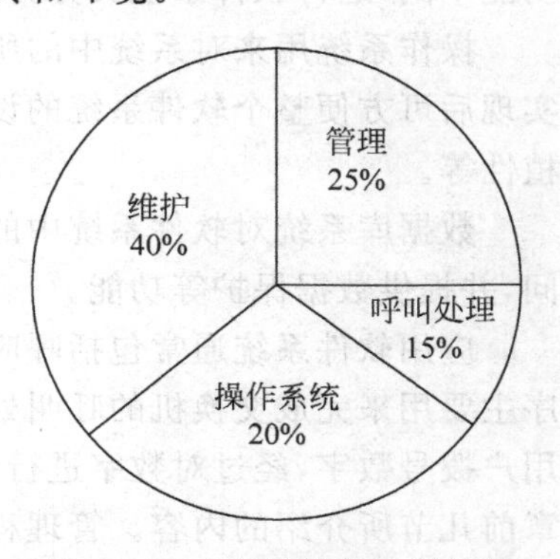

图4.43 运行软件的比例分配

(3) 各软件组成部分的实时性要求。在交换软件系统中，实时性和优先级是一个相似的概念。一般来说，软件模块的实时性越强，其优先级也应该越高。实时性最强的是操作系统和维护软件中的系统防御程序，而操作系统中又以外中断(如不可屏蔽中断，外设中断等)的处理程序实时性最高，其次是呼叫处理程序。呼叫处理程序各部分按其完成功能的不同及各用户服务级别的不同又可分为若干优先级。相对来说，管理程序和维护程序的大部分实时性低于呼叫处理程序。数据库管理系统的实时性(优先级)一般随用户的实时性高低而定，如果用户程序实时性较高，则该用户程序优先得到数据库管理系统的服务，于是该用户程序认为数据库管理系统具有较高的优先级，而在实时性低的用户看来则正好相反。

2. 程控交换机的操作系统

交换机的操作系统直接覆盖在裸机上，为其他软件模块提供一个虚拟机环境，所以操作系统有两个界面，如图4.44所示。

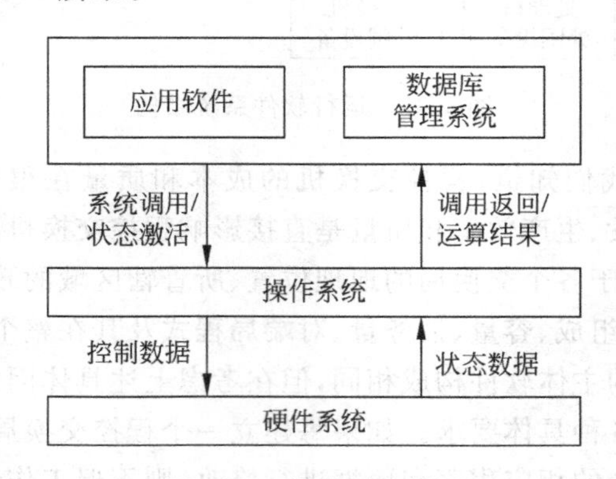

图4.44 操作系统界面

第一个界面是操作系统与硬件(处理机系统和交换机外设)之间的界面。通过此界面，操作系统对硬件资源进行管理，对输入输出进行控制。在这个界面上还有一组中断接口，负责所有外中断进入操作系统。在较新的交换机操作系统中，为了提高软件系统的可移植性和可扩充性，交换机外设的控制和管理通常不再直接由操作系统来完成，而是由一个专门的模块来完成，操作系统为此模块提供支持。5ESS中的外设控制模块和S1240中的系统支持机(SSM)模块都属于此类模块。

第二个界面是操作系统与其他软件模块之间的接口，称为原语接口或系统调用接口，操作系统通过此界面为它们提供服务和支持，实现对所有软件资源的管理。这两个接口统称为操作系统接口，实际上由一组接口程序组成。

与分时系统相比较，交换机操作系统功能较少，构成也要简单一些。它主要完成以下功能：内存管理、程序调度、程序间的通信、处理机间的通信（在多处理机交换系统中）、时间服务和出错处理等。

操作系统内部的模块划分基本上可按上述功能进行。除这些功能模块以外，还有操作系统接口和初始化程序等。下面仅对程序调度进行讨论。

程序调度就是调度合适的程序占用处理机。在整个工作软件系统中，几乎所有的应用程序（进程）都必须通过操作系统的调度才能占用处理机。所有程序的调度都由操作系统中的调用程序来完成。调度是实现系统并发处理的关键之一。

（1）调度策略。调度可分为静态调度和动态调度。一种典型的静态调度是把处理机时间等分为一组连续的时间片。系统中的所有程序都按其优先级在某一段时间内分配到若干块时间片。这种调度方法比较简单，缺点是难以掌握合适的调度时机，不能很好地反映系统中各任务的实时性情况，处理机时间的使用效率也不高。动态调度则完全按各程序的优先级来进行。所有要求占用处理机的程序都有其相应的优先权，由操作系统中相关部分预先向调度程序登记（例如形成一些队列或表等），调度程序按登记的情况，根据优先级高低先后调度它们占用处理机。动态调度的优点是，调度能合理地反映各任务的实时性情况，处理机使用效率较高。但是算法稍微复杂一些。

（2）程序级别。程序应划分为若干级别。总的来说，典型的划分为故障级、时钟级（或周期级）和基本级。发生故障时产生故障中断调用故障处理进程，其级别最高。其次是时钟级，时钟级中执行实时性要求严格的进程或其他要求定时执行的进程，如各种扫描程序均属时钟级。基本级执行定时性要求不太严格的进程，稍有延迟也没有什么影响，其级别最低。

为了确保时钟级程序的周期性执行，由作为外围设备的时钟计数电路（如 CTC 芯片）向处理机发出定时中断的请求，称为时钟中断。时钟中断周期一般在 4～10ms 之间。小交换机可适当延长。其确定原则是能满足时钟级进程中最小执行周期的要求而又不要无谓增加处理机的负荷。

故障级和时钟级都是在中断中执行的，但故障的发生是随机的，故在正常情况下，只有时钟级和基本级的交替执行。每当时钟中断到来时，就执行时钟级进程，执行完毕转入基本级的执行，如图 4.45 所示。

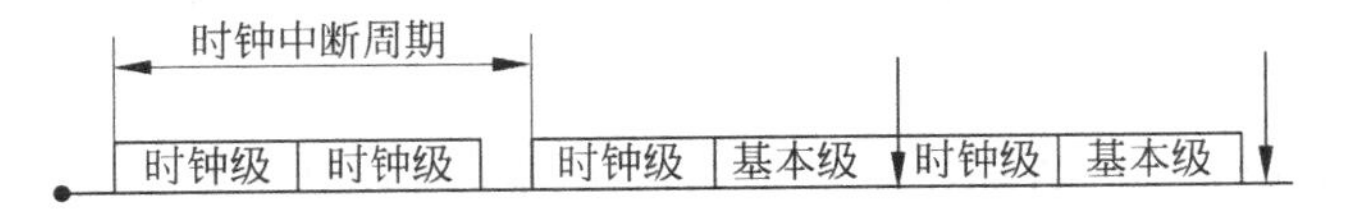

图 4.45　时钟级与基本级的执行

基本级执行完毕到下一次时钟中断到来，存在一小段空余时间。由于话务量的变化，空余时间的长短不是固定的。也可能出现基本级未执行完毕就发生时钟中断，这时空余时间不存在。但在正常负荷下，不应经常出现无空余时间的情况，否则说明处理机处理能力不够，经常超负荷。

在实际系统中，还可将故障级、时钟级和基本级再各自划分为若干级别。表 4.1 说明一种划分的示例。故障级分为高、中、低级，对应于严重程度不同的故障。时钟级分为高、低两级，高级的时间要求更为严格，如拨号脉冲扫描、信令发送和接收等，对话路和输入输出设备的控制可纳入低级。基本级也划分为三个队列，相当于三级。图 4.46 表示执行中可能遇到的情况。

表 4.1 程序级别的划分

故障级	FH 级	紧急处理
	FM 级	处理机故障
	FL 级	话路和 I/O 子系统故障
时钟级	H 级	严格定时要求的处理
	L 级	较低定时处理
基本级	BQ1	内部处理
	BQ2	内部处理
	BQ3	维护处理

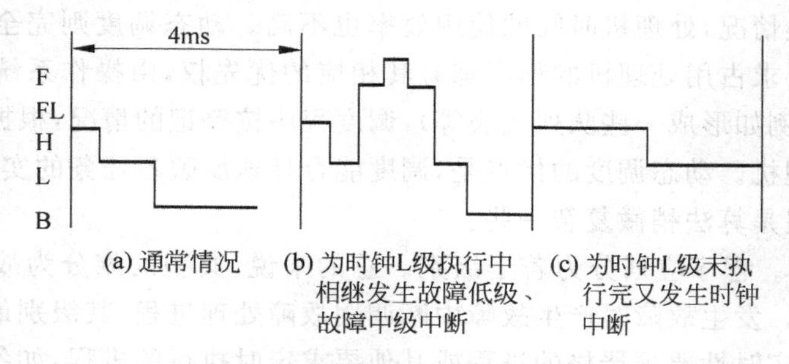

图 4.46 执行中可能遇到的情况

(3) 时钟级调度。时钟中断发生后，进入时钟级调度管理程序，其任务是确定本次时钟中断应调度哪些时钟进程，以满足各种时钟级进程的不同周期性要求。对于容量小的程控交换机，时钟级进程的类型不多，周期只有几种，可以设置几种不同的时钟中断。例如，设 10ms 和 100ms 中断，10ms 中断用来执行拨号脉冲扫描，100ms 中断用于摘挂机扫描。这样就基本上不需要调度管理，但灵活性和适应性较差。

通常以一种时钟中断为时基，采用时间表作为调度的依据。下面介绍由时间表启动时钟级程序的例子。

时钟级程序由时间表启动，时间表由计数器、屏蔽表、时间表、转移表组成，如图 4.47 所示。

① 计数器。这是一个时钟级中断的计数器。如果时钟级中断的周期是 8ms，计数器就按每隔 8ms 中断一次并将其内容加 1。计数器的数值即作为时间表要执行的单位号。初值为 0，每来一次周期中断就加 1，当增加到时间表的总行数的最大值时，计数器清零，返回到 0，重新开始计数。这样，随着时间计数器不断地加 1 和清零，时间表就依次按单元地址号周而复始地执行各单元任务。

② 时间表。这是一个执行任务的调度表。它规定了时钟级程序的执行周期和执行时间，与转移表一起按规定调度各时钟级程序。在图 4.47 中有 12 行，表明时间表有 12 个单元，由侧面的单元地址所标记。每行有 16 列，即字长 16 位。表中填“1”的位表示要执行相

应的程序，表中填“0”或空白的位表示不执行相应的程序。表中每一列对应一个程序，其对应的程序地址由转移表提供。这样，可用填“1”的位置来控制各个程序的执行周期。在每一行都有“1”的那一列所对应的程序即每隔 8ms 执行一次。如果隔一行有“1”的，即为每隔 16ms 执行一次。如果每隔 11 行有“1”的，即为每经过 96ms 执行一次。在图 4.47 中，程序的最长执行周期为 96ms，所以时间表需有 12 个单元。

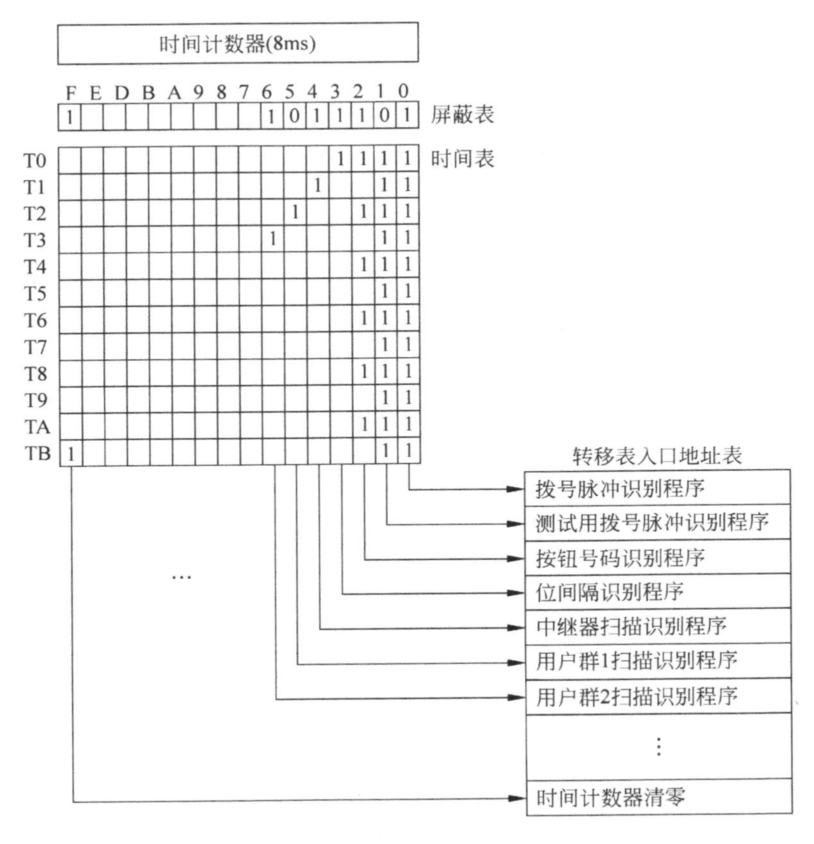

图 4.47　时间表

③ 屏蔽表。又称活动位或有效位。屏蔽表表示某一位所对应的程序是否处于可执行的状态。它可以提供附加控制。当某一位所对应的程序要执行时，则屏蔽表中的对应位为 1，当某一位所对应的程序暂不执行时，则屏蔽表中的对应位为 0。在执行时，时间表中的每一位内容要与屏蔽表中相应位进行逻辑乘，如果逻辑乘的结果在该位是 1，则执行该程序，如果逻辑乘的结果在该位是 0，则不执行该程序。这样一来，在不改变时间表内容的前提下，可以灵活地改变屏蔽表来控制程序是否执行。例如，第 0 列对应的程序是拨号脉冲识别程序，在时间表中每一行第 0 列均写入 1，在屏蔽表中的第 0 位也写 1，因此，每隔 8ms 两者相“与”为 1，故每隔 8ms 执行一次该程序；又如时间表的第一列对应的程序是测试拨号脉冲识别程序，这个程序平时不用，只是在需要进行测试时才使用。因此，虽然在时间表中每一行的第一列均写入 1，但是由于屏蔽表中的第 1 位是置 0，两者相“与”为 0，故不执行。如果需要执行时，只需将屏蔽表第 1 位写入 1，即可执行。这样就灵活多了。

④ 转移表，也称入口地址表。表中的内容是各个程序的入口地址。按照这个地址去调

用相应的程序。

下面通过图 4.48 所示的时间表控制流程图来说明图 4.47 所示时间表的调用程序过程。在图 4.47 所示时间表中,时钟级程序的启动周期为:

拨号脉冲识别程序,启动周期为 8ms;

测试用拨号脉冲识别程序,启动周期为 8ms;

按钮号码识别程序,启动周期为 16ms;

位间隔识别程序,启动周期为 96ms;

中继器扫描程序,启动周期为 96ms;

用户群扫描程序,启动周期为 96ms;

时间计数器清零,启动周期为 96ms。

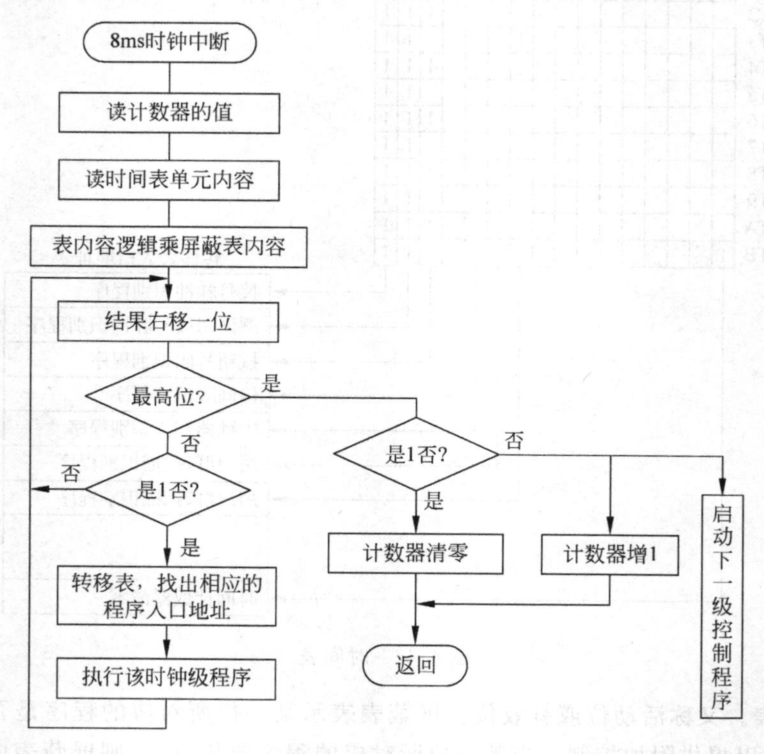

图 4.48 时间表调度控制流程

从所要执行的程序看,最大周期为 96ms,故时间表有 12 个单位,即 12 行即可。时间计数器是每 8ms 加 1,也就是说,时钟级中断的周期为 8ms。字长为 16,即每一行有16 位。工作过程可由时间表控制流程图 4.48 表示,其过程如下。

① 时间计数器最初置“0”,每 8ms 中断一次,时间计数器加 1。

② 8ms 中断到,读时间计数器的值,以其值为指针,读取时间表中该行的内容。例如,在计数器数值为 1 时,读时间表第一行的内容。

③ 将时间表该行的内容与屏蔽表相应的内容进行逻辑乘。

④ 将逻辑乘的结果右移一位。

⑤ 判断是否是最高位。

⑥ 若不是最高位，则判断该逻辑乘的结果是否为“1”，不是“1”，则转入④。若是“1”，则转至转移表，找出相应的程序入口地址，执行该时钟级程序，执行完毕，即可转入④。

⑦ 若在⑤处判断是最高位，则判断该位是否为“1”，如果是1，则转至计数器清零，返回初始位置，等待下一个8ms周期中断到来。若最高位不是“1”时，则启动下一级控制程序，本时间表若是L级时间表，则此时就启动基本级的控制程序。同时，时间计数器加1，返回至初始位置。

(4) 基本级调度。基本级中的程序也可以有周期性(周期较长)，但大部分程序没有周期性，而是按需执行，有任务就激活。可将需要执行的任务排队，如划分级别则每级有一个队列，同一级按先到先服务的原则调度执行。所谓将任务排队，实际上是将存储块排成队列，存储块中存有需要激活的基本程序的身份及执行时要用的有关数据。存储块名称因系统而异，例如，可称为事务信息块或消息缓存器。

① 基本级调度管理程序。调度管理程序示意图如图4.49所示。仍以分为三级为例，执行控制程序先询问有无BQ_1级处理要求，若有则按BQ_1队列依次处理，处理完毕再访问有无BQ_2级处理要求，如此下去，直到BQ_3级的队列处理完毕为止。

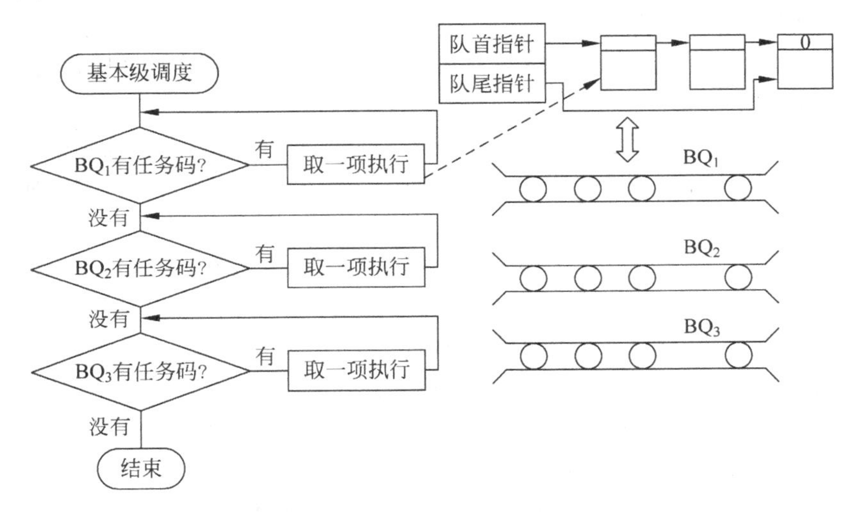

图4.49 基本级程序调度管理流程

② 基本级队列处理。基本级中的队列就是处理登记表的队列。处理登记表也叫处理细目，是在发现处理要求的进程中登记的。例如，用户扫描发现用户呼出，就登记呼出事件处理登记表，包括应激活的进程地址、要求处理的内容和处理中需要的一些数据等。对应于先到先处理的原则，可将处理登记表构成先进先出的链形队列，或称为FIFO链，如图4.50所示。

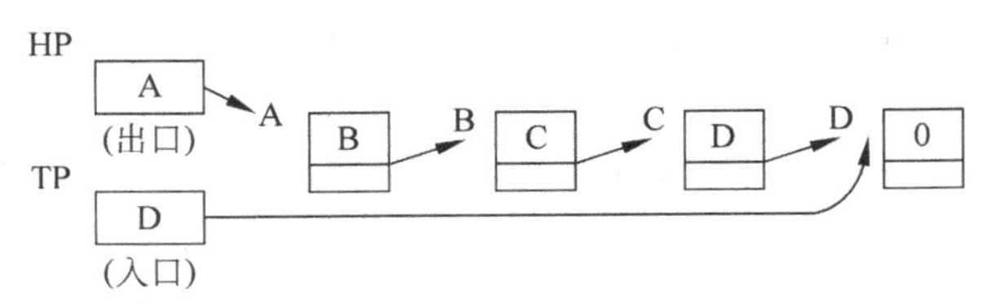

图4.50 先进先出链队

图 4.50 表示由四张登记表组成的链队。队首指示字 HP 指明排在最前的登记表的首地址(例如 A),据此可查到第一张表。每张登记表除去必需的各种数据以外,还存有下一张表的首地址,故第一张表处理完毕可找到第二张表。以次类推,一直可找到最后一张表。最后一张表中对应于下一张表的地址栏内填入 0,表示链队到此为止。在处理时应先取第一张表,依据是队首指示字。当新的表格进入链队时应排在队尾,故应另设队尾指示字 TP,指明排在队尾的登记表的首地址,以便编队时使用。

3. 呼叫处理能力分析

评价一台程控交换机的话务能力一般有两个基本参数:通过交换网络可以同时占用的路由数,一般称为话务量,用爱尔兰数表示;单位时间内控制设备能处理的呼叫数。

对于数字交换机来说,一般交换网络的阻塞率很低,能通过的话务量较大,因此交换机的话务能力往往受控制设备的呼叫处理能力的限制。

控制设备的呼叫处理能力以忙时试呼次数(BHCA)来衡量。这是评价一台交换系统的设计水平和服务能力的一个重要指标。

(1) 影响 BHCA 的因素。

① 处理机速度:与处理机的主振频率和执行各种指令所需的时钟周期有关。速度越高,处理能力越强。

② 指令功能:在同样的处理机速度下,指令功能越强,则处理能力也越强。例如,具有专门的寻 1 指令时,执行一条寻 1 指令相当于完成了好几条普通指令的功能,而且由于寻 1 指令要经常使用,故可提高处理能力。

③ 无呼叫发生时的开销:在没有呼叫发生时,处理机也要不停地扫描以监视各种事件的发生。因此,无呼叫发生时,处理机也有一定的开销。实际上,就是时钟级的开销。时钟级的开销显然与时钟周期的长短、时钟级任务的多少有关。时钟级开销也与话务负荷有关,话务负荷越大,时钟级对发生的事件进行个别登记的处理量也越大。但由于不论是否发生呼叫,总要执行时钟级,而且在时钟级的处理工作简单而迅速,故话务负荷对时钟级的影响不是很大。时钟级要占用处理机相当一部分的开销。

④ 呼叫处理的开销:这是处理机的主要开销。如果要计算 BHCA 值,必须知道一次呼叫占用多少机时。这就涉及一次呼叫处理要执行多少条指令及各种指令的执行速度。

⑤ 其他开销:如调度管理、机间通信和简单的故障处理等。有些开销也可能已计入呼叫处理之中。

⑥ 程序结构和编制:程序的结构、使用的编程语言及程序编制的优劣都会影响 BHCA 值。例如,采用无公共数据区的模块化结构会增加开销,使用高级语言,代码效率要低于汇编语言。

⑦ 安全系数:处理机不能处理满负荷状态,而应保留有一定的富余处理能力,从而可适应话务负荷的波动及异常情况。

⑧ 话务参数:本局、出局、入局等呼叫所占的比例及拨号不全、阻塞、被叫忙、被叫不应答、完成通话等呼叫所占的比重,都影响到 BHCA 值。

(2) BHCA 值的估算。程控交换机所给出的 BHCA 值必须有足够的精确度,否则会导致使用中服务质量的严重下降。因此,分析和测算所能承当的 BHCA 值是一个重要问题。

但是，要精确地计算 BHCA 值有一些困难，主要是测算各种程序的执行时间比较烦琐，而且要考虑程序执行的动态性和各种话务参数的变化。通常用一个线性模型来估算处理机的时间开销 t

$$t = a + bN$$

式中，a 是与话务量无关的开销，它与系统容量等固定参数有关；b 是处理一次呼叫的平均时间开销；N 为一定时间内各种呼叫接续的总数，即处理能力值(BHCA)。

现在对 a、b 和 N 做一简要的分析说明。

① a 的产生主要来自时钟级程序。当没有呼叫发生时也要执行时钟级程序。因此时钟级程序包含了固定的开销，它与是否有呼叫发生无关，这一固定的开销就形成了 a 的主要成分。

时钟的固定开销是容易理解的。实际上，时钟级程序中的公共操作(而非检测到事件后的个别处理)都对应有固定开销。例如，呼出扫描程序中不论是否有呼叫发生，总是要定时执行读取用户回路状态信息，与前次状态相比较，判别有无摘机事件发生等操作，这些都是固定开销。

基本级任务中如果也包含了少量的与呼叫次数无关的固定开销，以及程序的执行管理中也可能含有固定的开销，都应计入 a 中，以提高精确性。

② b 的测算和分析要比 a 复杂得多。b 是处理一次呼叫的平均开销，必须考虑到本局、出局、入局的呼叫比例及拨号不全、阻塞、被叫忙、被叫不应答所占的比重，因为各种呼叫类型的处理时间是各不相同的。而且，对应于一定的呼叫类型而言，例如，完成通话的一次本局呼叫，其处理开销要涉及基本级的各种程序和功能，如数字分析、通路选试等。

b 是各种呼叫类型的处理开销的加权平均值，显然当各种呼叫的比例起了变化时，b 的值就不同。这意味着某一个 BHCA 值是针对一定的话务参数而求得的，在衡量程控交换机给出的 BHCA 值是否满足要求时应注意到这一点。

b 的产生主要来自基本级程序，但是时钟级程序中的个别操作也与呼叫次数有关，必须计入。

③ N 是各类呼叫的总次数，按照一定的话务量和平均占用时间可以求得 N，即 BHCA 值。

处理机的忙时利用率不可能为 100%，一般处理机的时间开销为 0.75～0.85。

例如，某处理机忙时呼叫处理的时间开销平均为 0.85(即占用率)，固有开销 $a=0.29$，处理一个呼叫平均需要时间 32ms，即可得

$$0.85 = 0.29 + \frac{32 \times 10^{-3}}{3600} \cdot N$$

$$N = \frac{(0.85 - 0.29) \times 3600}{32 \times 10^{-3}} = 63000\ \text{次} / \text{小时}$$

4. 数据结构

(1) 数据类型。存储程序控制的实现离不开存储器中的大量数据。软件包括程序与数据，数据是程序执行的环境和依据。因此，要存储何种数据及确定数据结构是一个重要问题。

数据基本上可分为两大类：动态数据和半固定数据。

① 动态数据：呼叫处理过程中有许多数据需要暂存，而且它们不断地变化，这些数据称为动态数据。呼叫控制块、时限控制块中存放的都是动态数据。各种忙闲表为反映相关设备的忙闲状况要不断修改，也是动态数据。对动态数据应合理地组织，使得能快速存取而又节省内存。

② 半固定数据：相对于动态数据而言，半固定数据基本上是固定的数据，但在需要时也可以改变。半固定数据分为用户数据和局数据，也可统称为局数据。

用户数据与各个用户有关，主要是用户的线路类别、服务类别，如用户线类型可有独用线、同线或小交换机中继线，也可以是投币电话；话机可以是号盘话机、按键话机或兼具号盘脉冲和双音信号发送功能的话机；服务类别则反映目前使用权，如是否呼出禁止，是否长途有权、国际有权，一些新服务性能是否有权及登记使用情况等。用户设备码也是用户数据。

局数据是与整机有关的数据，如出局路由数、各路由的中继线数、迂回路由方案和编号方法等。与控制接续有关的参数，如各种规定的时限值也是局数据。

呼叫处理程序只是读取半固定数据而不改写半固定数据。如需修改半固定数据，可由人机通信输入命令，命令有一定格式，并先要输入通行字(Password)。通行字用来保证人机命令的使用权，只有通行字命令格式都符合规定时，才执行命令，修改半固定数据。例如，用户电话的装拆、电话号码或设备码的改变、用户的改变、中继线数或中继路由的变化等，都可以通过人机命令而修改相关数据。

局数据的新近更改可称为近期变更(Recent Change)，具有专门的管理程序，由人机命令更改后应证实其运行正常，然后复制后备存储器。

(2) 动态数据的表格结构。各种动态数据要按照其性质组织成紧凑的表格结构。各种交换系统的表格结构，因容量、性能、内存容量、存取方法等因素而异。为获得较具体的概念，下面说明一个小容量程控用户交换机的表格类型，以及与新服务性能有关的表格。

① 小容量程控用户交换机的表格类型如下。

- 忙闲表：反映用户和话路设备的忙闲状态，可包括用户忙闲表，各级链路忙闲表，中继器忙闲表等。
- 事件登记表：在输入处理中发现的各种事件应记录在事件登记表中，以作为内部处理的依据。
- 呼叫记录或设备信息表：呼叫建立过程中有关数据(如收到的被叫号码)可存放在呼叫记录表中。呼叫记录表着眼于呼叫，每个呼叫分配一张，也可以着眼于各种公用的话路设备，设置设备信息表。每个公用的话路设备(如中继器、收号器等)各有一张信息表，当该设备占用后可陆续存入相关数据。
- 各种分析、译码表：如数字分析表，将用户号码译成设备码的译码表等。
- 各种监视表：用来暂存扫描输入的有关信息。
- 输出登记表：作为输出排队的缓冲区，用来暂存驱动输出信息和其他输出信息。
- 新服务性能登记表：用来存放登记新服务性能的有关信息。

② 新服务性能登记表：对于使用新服务性能的呼叫，还有一些特殊处理。程序离不开数据，只要了解新服务性能有关的表格结构，就可推想程序的处理过程。以下说明几种较简

单的新服务性能的表格及有关处理。

缩位拨号登记表：缩位拨号是指用较少号码位数来代替原有的一串号码。需要缩位拨号时要先进行登记，登记应按规定的拨号方式，通常包括以下内容。

- 前缀和缩位拨号登记的代码。
- 缩位代码：1位或2位，相当于每个用户最多可登记10个或100个缩位代码（当首位不能用0或1时，数量要减少）。
- 所代表的号码。
- 后缀。

通常应使用按键话机，话机上的*和#要用于前缀和后缀中或各段内容的分隔。程控交换机收到用户的登记要求后，在该用户的缩位拨号登记表对应于缩位代码的单元内写入所代表的整个号码，如图4.51所示。

设以45代替2352769七位号码，交换机收到使用缩位拨号的前缀及代码45后，用45检索缩位拨号登记表，即可得到2352769。下一步处理如同用户拨完整个号码一样，进行数字分析和路由选择工作。

热线登记表：热线是指用户摘机后可不拨号而直接接通所需的某一用户。用户所登记的热线号码存放在热线登记表中。当用户摘机呼出，查明已登记热线，就直接接通所登记的热线用户。通常使用延迟热线，即主叫在摘机后几秒内不拨号，即认为要求热线接续。故在处理后，应进行时限监视，只有在规定时间内未拨号才接至热线用户。

呼叫转移登记表：呼叫转移是指呼入的电话自动转移到用户目前临时所在处的电话。如图4.52所示，每个用户有其登记区，登记时以主叫用户坐标码（即设备码）检索转移登记表，写入欲转移去的用户坐标码。如已登记转移，即可接到表中所登记的转移用户坐标码。为便于程序判别，登记表每行的最高位可用作标志位，表示是否已进行转移登记。

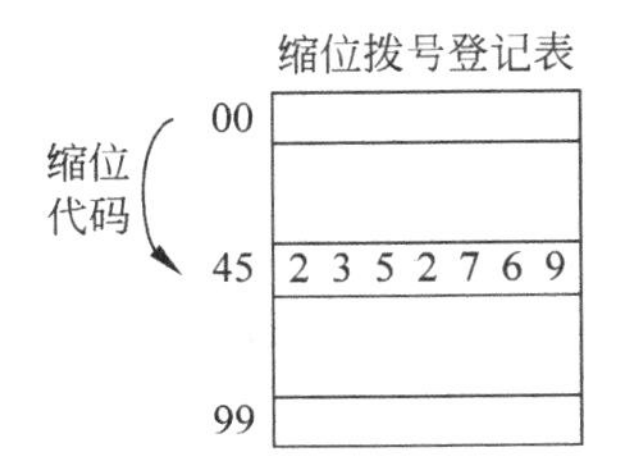

图4.51 缩位拨号代码表

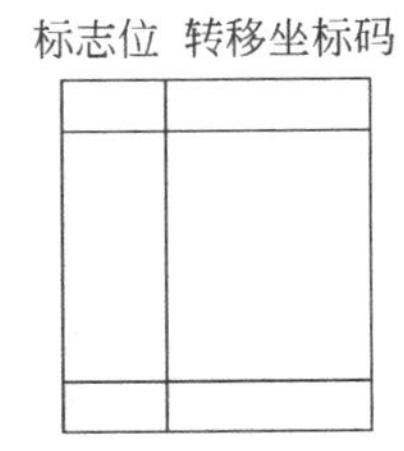

图4.52 呼叫转移登记表

叫醒服务登记表：叫醒服务是指在某一指定时刻对用户话机振铃。用户在叫醒登记时，应送出表示叫醒时间的代码如0430表示4点30分，2350表示晚上11点50分。交换机应将叫醒时间及主叫身份写入叫醒登记表。如采用时限控制块（TCB），则TCB就相当于一张叫醒登记表。对TCB不断进行监视，如到达叫醒时间就对用户振铃。

其他如会议电话、代答、遇忙或久不应答的转移都可以使用相应的登记表。有些性能只要一个比特指示位，如免干扰服务、呼出限制等。

（3）数据库的结构。在早期的交换机软件中，数据基本上都是通过一些表格文件组织管理的，它们往往是面向一个个具体的应用，在不同阶段，往往要用不同的表格来组织数据。这种面向应用的数据组织方式存在着许多不足。

其一，数据不能共享。因为数据表格文件是针对一个个具体应用建立起来的，表格文件之间彼此独立，不能反映出不同表格中数据之间的联系。但在不同的文件中必然有许多相同的数据重复，也就是说，数据不能为不同的表格文件共享。这将大大浪费存储器资源，而且，对数据的修改也不甚方便，修改一个数据，可能要涉及多个文件。

其次，数据不具有完全的独立性，它和程序之间还有一定的依赖关系。利用表格文件组织数据、编写程序时要涉及具体的数据结构。不同的结构所要求的程序语句有所不同，这样，一旦数据结构需要修改，相应的程序也必须做某些变化。反之亦然，程序的变化也必然导致相应数据结构的修改。无疑这对交换软件的发展是不利的。

另外，由于数据分散在不同的表格文件中使用，缺乏统一管理，不利于数据的安全性。

为了克服上述不足，目前在数字交换机软件中基本上都使用数据库来组织管理数据。

数据库是可以共享的相关数据以一定方式组织起来的集合。它不仅可以描述数据本身，而且还能描述数据之间的联系。

在数据库中，数据之间的联系由存取路径来实现。通过所有存取途径来描述数据之间的各种联系是数据库的主要特点。这种数据也称为结构化数据，它大大减小了数据冗余。因为在数据库中，同一个数据不需要重复。如果该数据和不同的数据之间存在着不同的联系，则不必像表格文件那样，在不同的表格文件中都要对该数据进行描述。

数据库的应用有助于交换机软件的程序模块化，程序模块化就要求数据独立化。程序模块和数据结构的关系越密切，则数据结构的改动对程序模块的影响就越大。为减小这种影响，数据应隐含在程序模块之间。这样，当程序模块需要数据时，不必详细了解数据的具体结构及存取方式和位置，只需提出存取要求即可，剩下的工作由数据库管理系统处理。

半固定数据可以用数据库统一管理。为了能对数据进行存取、改变结构、扩充、初始化和保证安全性，应配以数据库控制系统（DBCS）。

5. 程序设计语言

在交换机软件程序的整个设计过程中，一般要用到三种语言，就是规范描述语言、汇编和/或高级语言，以及交互式人-机对话语言（MML）。

规范描述语言用于系统设计阶段，它用来说明对整个程控交换机的各种功能要求及技术规范，并描述功能和状态的变化情况。

规范描述语言是一种图形语言，它以简单明了的图形形式对系统的功能和状态进行分块，并对每块的各个进程及进程的动作过程和各状态的变化进行具体的描述。

人机语言主要用于操作维护终端和交换系统之间的通信，以供维护人员输入运行维护指令。

由人机语言编写的指令仅仅只是描述了这一条指令的功能，各条指令之间没有任何联系。而且，该语言本身只是按照所执行的功能来确定，与交换机的专门知识没有太多的联系，语句非常接近自然语言，语法的规则也非常简单，易于学习使用。

汇编语言和高级语言是直接用来编写软件程序的两种各具特色的语言。

汇编语言同机器语言非常接近，因此，利用汇编语言编写的程序占用处理机时间少，占用存储器空间少，也就是说，用这种语言编写的程序运行效率高，能够较好地满足交换机软件实时性的要求。在早期的交换机和小容量的交换机中，由于受到处理机能力和存储器容量的限制，一般都采用汇编语言编程。

然而，由于汇编语言高度地依赖微处理器，不同的微处理器所使用的汇编语言又各不相同，因此，汇编语言程序的可移植性差。此外，汇编语言是一种面向微处理器动作过程的语言，而要了解这种程序，必须熟悉微处理器的指令系统，因此，汇编语言程序可读性差，编写效率低。由于汇编语言的这些缺陷，在交换机的软件编制中很快就转向了高级语言。

高级语言是一种面向程序的软件设计语言，它独立于微处理器。在编写程序时不需要对微处理器的指令系统有深入的了解，而且一个用高级语言编写的交换机软件程序在不同类型的处理器上都可以使用。此外，高级语言的语句功能强，和人们所熟悉的用语更为接近，便于程序的编写、修改和移植。目前，程控交换机的软件主要用高级语言编写。

用于编写交换机软件的高级语言有很多种，如一般通用的 PASCAL 语言和 C 语言等，近几年来，由 CCITT 推荐的专用于编写交换机软件的 CHILL 高级语言得到了广泛的使用。

尽管高级语言在许多方面都优于汇编语言，但是，高级语言程序必须经编译程序转换成目标程序后才能为处理器所执行，这就使得程序量相当庞大，从而影响了实时性要求。因此，即使在近代的一些交换机软件中，对于实时性要求严格的程序部分，如号码数据接收、中断服务等，一般仍然采用汇编语言编写。

习题 4

4.1　电路交换系统有哪些特点？

4.2　对交换系统在呼叫处理方面应有哪些基本要求？

4.3　程控数字交换机基本结构包含哪几部分？并简述它们的作用。

4.4　简述程控交换机控制设备的处理机的两种配置方式及其特点。

4.5　CCITT 在电路交换系统中规定了哪几类接口及各类接口的作用是什么？

4.6　模拟用户接口电路有哪些功能？

4.7　数字用户接口连接的用户传输线是否一定要四线传输？若采用二线传输需要解决哪些问题？

4.8　模拟中继接口与模拟用户接口有什么区别？它们分别完成哪些功能？

4.9　数字中继接口电路完成哪些功能？提取信令送到交换机何处？又从交换机何处取得信令插入到汇接电路的 PCM 码流中？

4.10　数字多频信号是如何通过数字交换网实现发送和接收的？

4.11　试计算 1380Hz＋1500Hz 的数字多频信号所需只读存储器的容量。

4.12　简述程控交换机建立本局通话时的呼叫处理过程，并用 SDL 图给出振铃状态以后的各种可能情况的进程图。

4.13　呼叫处理过程中从一种状态转移至另一种状态包括哪三种处理及其处理内容是什么？

4.14　程控交换机软件的基本特点是什么？由哪几部分组成？

4.15　简述程控交换机操作系统的基本功能。

4.16　为什么程序要划分若干级别？一般分为几种类型的级别？各采取什么方式

激活？

4.17 设某程控交换机需要5种时钟级程序，它们的执行周期分别为：

A程序：8ms　　　　D程序：96ms

B程序：16ms　　　　E程序：96ms

C程序：16ms

现假定处理机字长为8位，要求设计只用一个时间表来控制这些时钟级进行的执行管理程序：

(1) 从能适应全部时钟级程序的周期出发，规定出该机采用的时钟中断周期；

(2) 设计出上述程序的全部启动控制表格；

(3) 画出该进程执行管理的详细流程框图。

电话通信网与信令系统

通信技术的飞速发展为现代交换机技术提供了强有力的支持，交换机作为通信网的骨干设备更是日新月异。信令系统是通信网的重要组成部分，是通信网的神经系统。本章介绍现代通信网的概念、构成要素和通信网的分类；介绍电话网的概念、本地电话网、长途电话网、路由及路由选择和电话网编号计划；介绍信令的基本概念、信令的分类、No. 1(R2)信令、No. 7 信令及 No. 7 信令网。

5.1 通信网的概述

当今社会正在经受信息技术迅猛发展浪潮的冲击，通信技术、计算机技术、控制技术等现代信息技术的发展及相互融合，拓宽了信息的传递和应用范围，使得人们在广域范围内随时随地获取和交换信息成为可能。尤其是随着网络化时代的到来，人们对信息的需求与日俱增，全球范围内 IP 业务突飞猛进的发展，在给传统电信业务带来巨大冲击的同时，也为现代通信技术的发展提供了新的机遇。

5.1.1 通信网的概念

通信网是一种使用交换设备、传输设备，将地理上分散的用户终端设备互连起来实现通信和信息交换的系统。通信网是实现信息传输、交换的所有通信设备相互连接起来的整体。

通信网是由一定数量的节点(包括终端设备和交换设备)和连接节点的传输链路相互有机地组合在一起，以实现两个或多个规定点间信息传输的通信体系。也就是说，通信网是由相互依存、相互制约的许多要素组成的有机整体，用以完成规定的功能。

通信网的功能就是要适应用户呼叫的需要，以用户满意的程度传输网内任意两个或多个用户之间的信息。为了使通信网能快速且有效可靠地传递信息，充分发挥其作用，对通信网一般提出三个要求。

(1) 接通的任意性与快速性。这是对通信网的最基本要求。所谓接通的任意性与快速性是指网内的任一个用户都能快速地接通网内任一其他用户。如果有些用户不能与其他一些用户通信，则这些用户必定不在同一个网内；而如果不能快速地接通，有时会使要传送的信息失去价值，这种接通是无效的。影响接通的任意性与快速性的主要因素有以下几个方面。

① 通信网的拓扑结构：如果网络的拓扑结构不合理会增加转接次数，使阻塞率上升，时延增大。

② 通信网的网络资源：网络资源不足的后果是增加阻塞概率。

③ 通信网的可靠性：可靠性低会造成传输链路或交换设备出现故障，甚至丧失其应有的功能。

(2) 信号传输的透明性与传输质量的一致性。透明性是指在规定业务范围内的信息都可以在网内传输，对用户不加任何限制。传输质量的一致性是指网内任何两个用户通信时，应具有相同或相仿的传输质量，它与用户之间的距离无关。通信网的传输质量直接影响通信的效果，不符合传输质量要求的通信网是没有意义的。因此要制定传输质量标准并进行合理分配，使网中的各部分均满足传输质量指标的要求。

(3) 网络的可靠性与经济性。可靠性对通信网是至关重要的，一个可靠性不高的网络会经常出现故障乃至通信中断，这样的网络是不可用的。但绝对可靠的网络是不存在的。所谓可靠是指在概率的意义上，使平均故障间隔时间(两个相邻故障间隔时间的平均值)达到要求。可靠性必须与经济性结合起来。提高可靠性往往要增加投资，造价太高又不易实现，因此应根据实际需要在可靠性与经济性之间取得折中和平衡。

以上是对通信网的基本要求，除此之外，人们还会对通信网提出一些其他要求，而且对于不同业务的通信网，上述各项要求的具体内容和含义将有所差别。

5.1.2 通信网的构成要素

由通信网的定义可以看出，通信网在硬件设备方面的构成要素是终端设备、传输链路和交换设备。为了使全网协调合理地工作，还要有各种规定，如信令方案、各种协议、网络结构、路由方案、编号方案、资费制度与质量标准等，这些均属于软件。即一个完整的通信网除了包括硬件以外，还要有相应的软件。

1. 终端设备

终端设备是通信网最外围的设备，它将输入信息变换成为易于在信道中传送的信号，并参与控制通信工作，是通信网中的源点和终点，对应于通信模型中的信源/信宿及部分变换/反变换设备。其主要的功能是转换，它将用户(信源)发出的各种信息(声音、数据、图像等)变换成适合在信道上传输的电信号，以完成发送信息的功能。或者反之，把对方经信道送来的电信号变换为用户可识别的信息，完成接收信息的功能。终端设备的种类有很多，如电话终端、数字终端、数据通信终端、图像通信终端、移动通信终端和多媒体终端等。终端设备的功能有以下三个。

(1) 将待传输的信息和在传输链路上传送的信号进行相互转换。在发送端，将信源产生的信息转换成适合在传输链路上传送的信号；在接收端则完成相反的变换。

(2) 使信号与传输链路相匹配，由信号处理设备完成。

(3) 信令的产生和识别，即用来产生和识别网内所需的信令，以完成一系列控制作用。

2. 传输链路

传输链路是信息的传输通道，是连接网络节点的媒介。它一般包括信道与变换器、反变换器的一部分。传输链路包括传输媒质和延长传输距离及改善传输质量的相关设备，其功能是将携带信息的电磁波信号从发出地点(信源)传送到目的地点(信宿)，把发送端发出的信息通过传输信道传送到接收端。传输设备根据传输媒质的不同有光纤传输设备、卫星传输设备、无线传输设备、同轴电缆与双绞线传输设备等。在交换设备之间的干线传输设备中,以光纤传输设备为主,其他传输设备为辅;而在终端设备与交换设备之间的传输设备中,以缆线传输设备、无线传输设备为主,其他传输设备为辅。传输系统将终端设备和交换设备连接起来形成网络。

3. 交换设备

交换设备是通信网的核心(节点),起着组网的关键作用。交换设备的基本功能是对所接的链路进行汇集、接续和分配。不同的业务,如语音、数据、图像通信等对交换设备的要求也不尽相同。

交换设备解决信息传输的方向问题。根据信息发送端的要求,选择正确、合理、高效的传输路径,把信息从发送端传送到接收端。为了保证信息传输的质量,交换设备之间必须具有统一的传输协议,它规定了传输线路的连接方式(面向连接与无连接)、收发双方的同步方式(异步传输与同步传输)、传输设备工作方式(单工、半双工与全双工)、传输过程的差错控制方式(端到端方式与点到点方式)、流量的控制形式(硬件流量控制与软件流量控制)等。常用交换设备是各种类型的交换机,如电话交换机、X. 25 交换机、以太网交换机、帧中继交换机和 ATM 交换机等。

5.1.3 通信网的分类

通信网的分类方法很多,常见的有以下几种。

1. 按业务类别分类

(1) 电话网。电话网用以实现网中任意用户间的话音通信,它是目前通信网中规模最大、用户最多的一种,也是本章重点学习的内容。

(2) 电报网。电报是用户将书写好的电报稿文交由电信公司发送、传递,并由收报方投送给收报人的一种通信业务。电报网用来在用户间以电信号形式传送文字,现在人们对电报的使用已经越来越少,但这项业务还在一些范围内存在。例如礼仪电报,它是在国内普通公众电报基础上开办的一种新业务。礼仪电报是以礼仪性交往为目的的电报,它迅速、及时,充满温馨,应用范围十分广泛。

(3) 数据网。数据网是利用数字信道传输数据信号的数据传输网,它向用户提供永久性和半永久性连接的数字数据传输信道,既可用于计算机之间的通信,也可用于传送数字化传真、数字语音、数字图像信号或其他数字化信号,在数据终端之间传送各种数据信息,以实现用户间的数据通信。数据传送的特点:抗干扰能力强,容易采用加密算法,易于实现智能化和小型化。目前有数字数据网、分组交换网、帧中继网和 ATM 网等。

(4) 传真网。传真是一种通过有线电路或无线电路传送静止图像或文字符号的技术。发送端将欲传送的图像或文件,分解成若干像素,以一定的顺序将各个像素变换成电信号,然后通过有线或无线的传输系统传送给接收端,接收端将收到的电信号转变为相应亮度的像素,并按照同样的顺序一行一行、一点一点地记录下来,合成与原稿一模一样的图像或文件。

(5) 多媒体通信网。多媒体通信网可提供多媒体信息检索、点对点及点对多点通信业务、局域网互联、电子信函、各种应用系统如电子商务、远程医疗、网上教育及办公自动化等功能，我国的多媒体通信网可通过网关与 Internet 互联。

(6) 综合业务数字网。综合业务数字网(ISDN)是以综合数字电话网为基础发展演变而成的通信网，它能够提供端到端的数字连接，用来支持包括话音与非话音在内的多种电信业务，用户能够通过标准的用户网络接口接入网内。把话音及各种非话音业务集中到同一个网中传送，实现用户到用户间的全数字化传输，有利于提高网络设备的使用效率及方便用户的使用。

2. 按适用范围分类

(1) 公用网。公用网也称为公众网，是向全社会开放的通信网。

(2) 专用网。专用网主要是各专业部门为内部通信需要而建立的通信网。专用通信网有着各行业自己的特点，如公安通信网、军用通信网和电力通信网等。

3. 按传输信号的形式分类

(1) 模拟网。通信网中传输的是模拟信号，即时间与幅度均连续或时间离散而幅度连续的信号。对于大容量的通信网，很少使用模拟网络。

(2) 数字网。数字网是指使用数字信号进行传输与交换，在两个或多个规定点之间提供数字连接，实现数字通信的数字节点和数字通道的集合。现在我们国家使用的通信网绝大多数是数字网，数字通信具有体积小、保密性好、易于集成化等优点。

4. 按传输媒质分类

(1) 有线网。其传输媒质包括(架空)明线、(同轴、对称)电缆、光缆等。

(2) 无线网。包括移动通信(GSM、CDMA)、无线寻呼、卫星通信等。

5.1.4 电话通信网

电话通信网是进行交互型语音通信、开放电话业务的电信网，简称电话网。它是一种电信业务量最大，服务面积最广的专业网，可兼容其他多种非话业务网，是电信网的基本形式和基础，包括本地电话网、长途电话网和国际电话网。电话网采用电路交换方式，主要由四部分组成：发送和接收电话信号的用户终端设备、进行电话交换的交换设备、连接用户终端和交换设备的线路和交换设备之间的线路。

除了以传递电话信息为主的业务网以外，一个完整的电话通信网还需要有若干个用以保障业务网正常运行、增加网络功能、提高网络服务质量的支撑网络。支撑网中传递的是相应的检测和控制信号。支撑网包括同步网、公共信道信令网、传输监控网和网络管理网等。

5.2 本地电话网

5.2.1 本地电话网概述

本地电话网简称本地网，是指在同一个长途编号区范围内，由端局、汇接局、局间中继线、长市中继线以及用户线、电话机组成的电话网。每个本地网都是一个自动电话交换网，在同一个本地网内，用户相互之间呼叫只需拨打本地电话号码。本地网是由市话网扩大而形成的，在城市郊区、郊县城镇和农村实现了自动接续，把城市及其周围郊区、郊县城镇和农村统一起来。

1. 本地网的类型

扩大本地网的特点是城市周围的郊县与城市划在同一长途编号区内，其话务量集中流向中心城市。扩大本地网的类型有两种。

(1) 特大和大城市本地网，以特大城市及大城市为中心，中心城市与所辖的郊县(市)共同组成的本地网，简称特大和大城市本地网。省会、直辖市及一些经济发达的城市如深圳组建的本地网就是这种类型。

(2) 中等城市本地网，以中等城市为中心，中心城市与该城市的郊区或所辖的郊县(市)共同组成的本地网，简称中等城市本地网。地(市)级城市组建的本地网就是这种类型。

2. 本地网的交换中心及职能

本地网内可设置端局和汇接局。端局通过用户线和用户相连，它的职能是负责疏通本局用户的去话和来话话务。汇接局与所管辖的端局相连，以疏通这些端局间的话务；汇接局还与其他汇接局相连，疏通不同汇接局间端局的话务；根据需要还可与长途交换中心相连，用来疏通本汇接区的长途转话话务。本地网中，有时在用户相对集中的地方，可设置一个隶属于端局的支局(一般的模块局就是支局)，经用户线与用户相连，但其中继线只有一个方向到所隶属的端局，用来疏通本支局用户的发话和来话话务。

5.2.2　本地网的汇接方式

对于采用二级结构的本地网，就是将本地网分区，分成若干个汇接区，在汇接区内设汇接局，每一个汇接局下设若干个端局。汇接局之间以及汇接局与端局之间都设置低呼损的直达中继群。不同汇接局之间的呼叫通过这些汇接局之间的中继群沟通。汇接方式可以分为集中汇接、去话汇接、来话汇接、来去话汇接等。

1. 集中汇接

集中汇接是一种最简单的汇接方式，在一个汇接区内仅设一个汇接局，如图5.1所示。在实际中，为了提高可靠性，常常使用一对汇接局来全面负责本地网中各端局间的来去话汇接。这两个汇接局是平行关系，其中任意一个不能正常使用，基本上不影响网络的畅通。本地网的每一个端局都与汇接局相连。

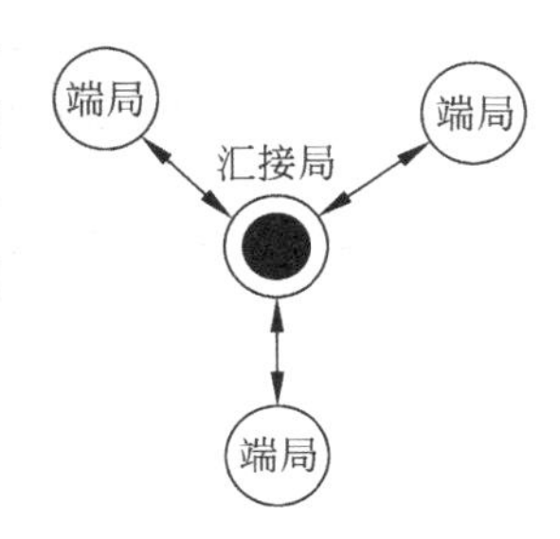

图5.1　集中汇接

2. 去话汇接

去话汇接的基本方式如图5.2所示。图5.2中，虚线把本地网络分为两个汇接区，分别为汇接区1和汇接区2。每个区内的汇接局除了汇接本区内各个端局之间的话务以外，还汇接去往另一个汇接区的话务。每个端局对所属汇接区的汇接局建立直达去话中继电路，而对全网所有汇接局都建立低呼损来话直达中继电路，即“去话汇接，来话全覆盖”。

在实际应用中，为了提高可靠性，常常在每一个汇接区内使用一对汇接局来全面负责本汇接区内各端局间的来去话汇接任务，而且这一对汇接局还可以同时汇接本区内去往另一汇接区中每一端局的话务。

3. 来话汇接

来话汇接的汇接方式如图 5.3 所示，它基本与去话汇接方式相似，仅改去话为来话，即“来话汇接，去话全覆盖”。

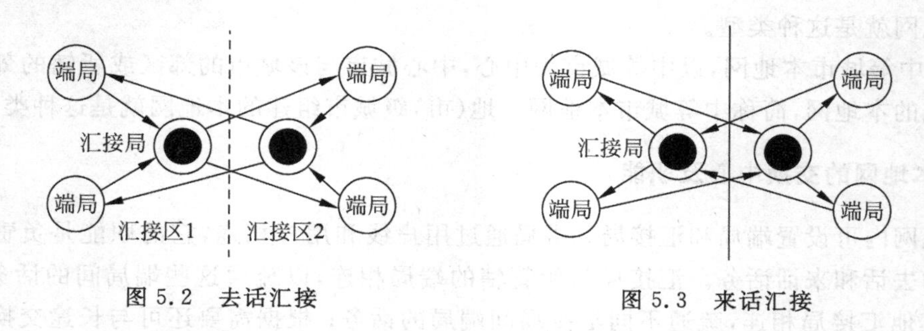

图 5.2　去话汇接　　图 5.3　来话汇接

4. 来去话汇接

图 5.4 所示为来去话汇接的基本结构示意图，其中每一个汇接区中的汇接局既汇接去往其他区的话务，也汇接从其他汇接区送过来的话务。每个端局仅与所属汇接区的汇接局建立直达来去话中继电路，区间只有汇接局间的直达中继电路连线。为了提高可靠性，在实际应用时往往在每个汇接区内设置一对汇接中心。每个端局与本区内的两个汇接局都有直达路由，汇接局和每一个端局与长途局之间也都可以有直达路由。

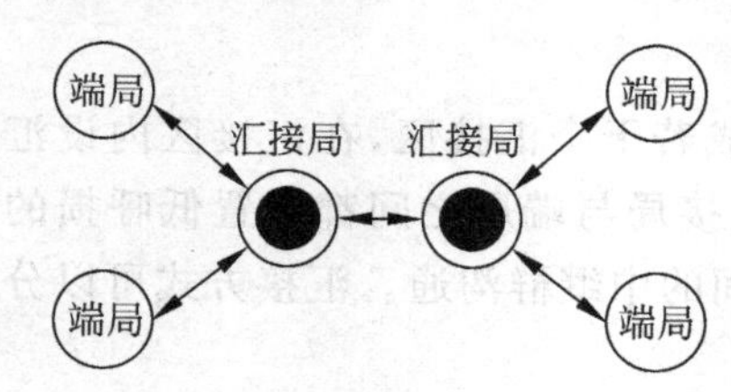

图 5.4　来去话汇接的基本结构

对于上述各种汇接方式，在实际应用中，可以在端局之间或端局与另一个汇接区的汇接局之间设置高效直达路由。

5.2.3　本地网的网络结构

由于各中心城市的行政地位、经济发展及人口的不同，扩大的本地网交换设备容量和网络规模相差很大，所以网络结构分为以下两种。

1. 网形网

网形网是本地网结构中最简单的一种，网中所有端局个个相连，端局之间设立直达电路。当本地网内交换局数目不太多时，采用这种结构，如图 5.5 所示。

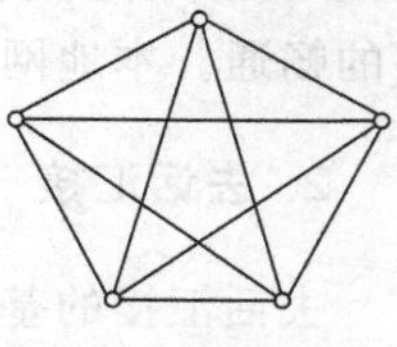

图 5.5　网形网

2. 二级网

当本地网中交换局数量较多时,可由端局和汇接局构成两级结构的等级网,端局为低一级,汇接局为高一级。二级网的结构又包括分区汇接和全覆盖两种。

(1) 分区汇接。分区汇接的网络结构是把本地网分成若干个汇接区,在每个汇接区内选择话务密度较大的一个局或两个局作为汇接局,根据汇接局数目的不同,分区汇接有两种方式:分区单汇接和分区双汇接。

① 分区单汇接。这种方式是比较传统的分区汇接方式。它的基本结构是在每一个汇接区设一个汇接局,汇接局之间以网形网连接,汇接局与端局之间根据话务量大小可以采用不同的连接方式。在城市地区,话务量比较大,应尽量做到一次汇接,即来话汇接或去话汇接。此时,每个端局与其所隶属的汇接局以及其他各区的汇接局(来话汇接)均相连,或汇接局与本区及其他各区的汇接局(去话汇接)相连。在农村地区,由于话务量比较小,采用来去话汇接,端局与所隶属的汇接局相连。

采用分区单汇接的本地网结构如图 5.6 所示。每个汇接区设一个汇接局,汇接局间结构简单,但是网络可靠性差。当汇接局 A 出现故障时,a_1、a_2、b_1'和 b_2' 4 条电路都将中断,即 A 汇接区所有端局的来话都将中断。若是采用来去话汇接,则整个汇接区的来话和去话都将中断。

② 分区双汇接。在每个汇接区内设两个汇接局,两个汇接局地位平等,均匀分担话务负荷,汇接局之间网状相连;汇接局与端局的连接方式与分区单汇接结构相同,只是每个端局到汇接局的话务量一分为二,由两个汇接局承担。

采用分区双汇接的本地网结构如图 5.7 所示。分区双汇接结构比分区单汇接结构可靠性提高很多,例如当 A 汇接局发生故障时,a_1、a_2、b_1'和 b_2' 4 条电路被中断,但汇接局仍能完成该汇接区 50%的话务量。分区双汇接的网络结构比较适用于网络规模大、居所数目多的本地网。

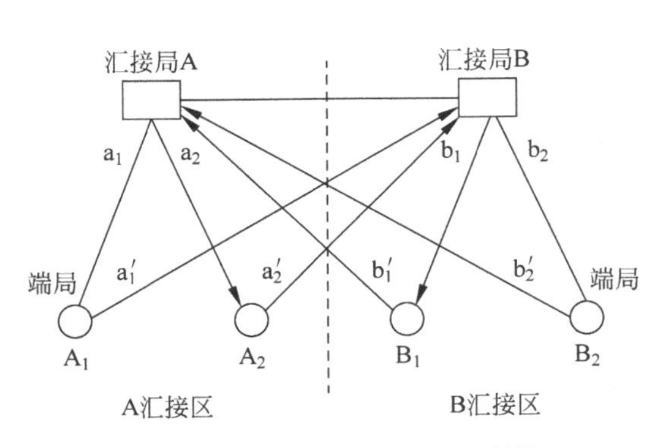

图 5.6 分区单汇接的本地网结构

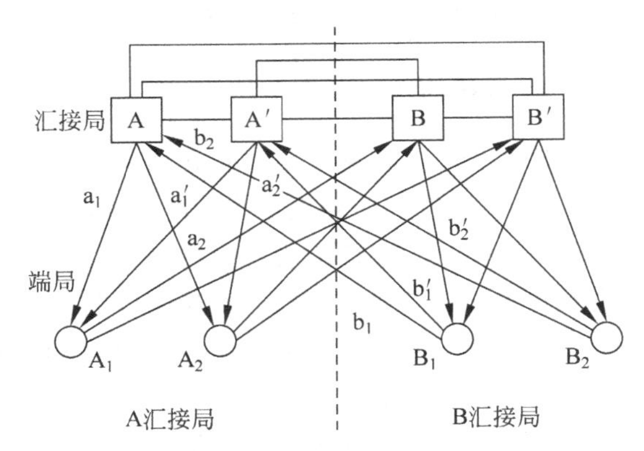

图 5.7 分区双汇接的本地网结构

(2) 全覆盖。全覆盖的网络结构是在本地网内设立若干个汇接局,汇接局间地位平等,均匀分担话务负荷。汇接局间以网形网相连。各端局与各汇接局均相连。两端局间用户通话最多经一次转接。

全覆盖网络结构如图 5.8 所示。全覆盖的网络结构几乎适用于各种规模和类型的本地网。汇接局的数量可根据网络规模来确定。全覆盖的网络结构可靠性高,但线路费用也提高很多,所以应综合考虑这两个因素确定网络结构。图 5.8 中设置了三个汇接局,采用了分区双汇接的汇接方式。

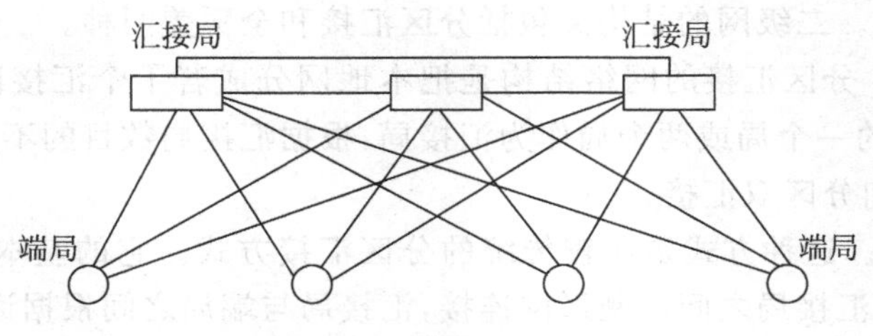

图 5.8 全覆盖网络结构

一般来说,特大或大城市本地网,其中心城市采取分区双汇接或全覆盖结构,周围的县采取全覆盖结构,每个县为一独立汇接区,偏远地区可采用分区单汇接结构。对于中等城市本地网,其中心城市和周边县采用全覆盖结构,偏远地区可采用分区单(双)汇接结构。

5.3 长途电话网

长途电话网由国内长途电话网和国际长途电话网组成。国内长途电话网是在全国各城市间用户进行长途通话的电话网,网中各城市都设一个或多个长途电话局,各长途局间由各级长途电路连接起来,提供跨地区和省区的电话业务;国际长途电话网是指将世界各国的电话网相互连接起来进行国际通话的电话网,为此,每个国家都需设一个或几个国际电话局进行国际去话和来话的连接。一个国际长途电话实际上是由发话国的国内网部分、发话国的国际局、国际电路和受话国的国际局以及受话国的国内网等几部分组成的。

5.3.1 国内长话网

1. 传统的四级长话网结构

早在 1973 年,鉴于当时长途话务流量的流向与行政管理的从属关系几乎一致,即呈纵向的流向,邮电部明确规定我国电话网的网络等级分为五级,由一、二、三、四级长途交换中心及本地交换中心即端局五级组成。五级电话网络结构示意图如图 5.9 所示。电话网由长途网和本地网两部分组成。长途网设置一、二、三、四级长途交换中心,分别用 C1、C2、C3 和 C4 表示;本地网设置汇接局和端局两个等级的交换中心,分别用 Tm 和 C5 表示,也可只设置端局一个等级的交换中心。

我国电话网长期采用五级汇接的等级结构,全国分为八个大区,每个大区分别设置一个一级交换中心 C1,C1 的设立地点为北京、沈阳、上海、南京、广州、武汉、西安和成都,每个 C1 间均有直达电路相连,即 C1 间采用网形网连接。在北京、上海、广州设立国际出入口局,用以和国际网连接。每个大区包括几个省(区),每省(区)设立一个二级交换中心 C2,各地区设立三级交换中心 C3,各县设立四级交换中心 C4。C1～C4 组成长途网,各级有管辖关系的交换中心间一般按星形连接,当两交换中心无管辖关系但业务繁忙时也可设立直达电路。C5 为端局，需要时也可设立汇接局，用以组建本地网。

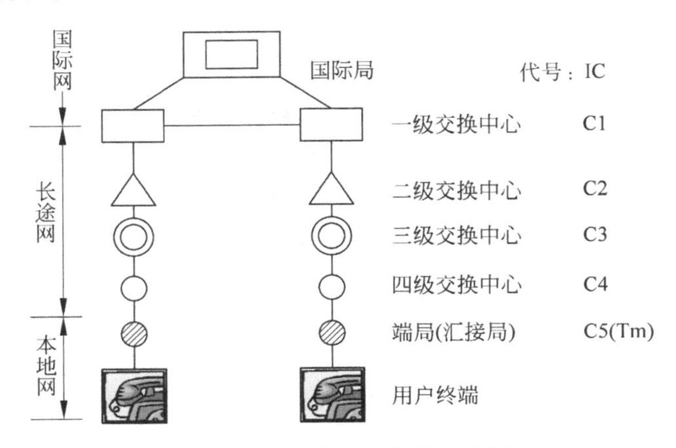

图 5.9　五级电话网结构示意图

2. 二级长途网

五级等级结构的电话网在网络发展的初级阶段是可行的，这种结构在电话网由人工向自动、模拟向数字的过渡中起了较好的作用，然而在通信事业高速发展的今天，由于经济的发展，非纵向话务流量日趋增多，新技术新业务层出不穷，多级网络结构存在的问题日益明显，就全网的服务质量而言主要表现在如下两个方面。

(1) 转接段数多。如两个跨地市的县级用户之间的呼叫，需经 C4、C3、C2 等多级长途交换中心转接，接续时延长，传输损耗大，接通率低。

(2) 可靠性差。多级长途网，一旦某节点或某段电路出现故障，将会造成局部阻塞。

此外，从全网的网络管理、维护运行来看，网络结构级数划分越多，交换等级数量就越多，使网管工作过于复杂，同时，不利于新业务网络的开放，更难适应数字同步网、No. 7 信令网等支撑网的建设。

目前，我国的长途网正由四级向二级过渡，由于 C1、C2 间直达电路的增多，C1 的转接功能随之减弱，并且全国 C3 扩大本地网形成，C4 失去原有作用，趋于消失。目前的过渡策略是：二级长途交换中心合并为 DC1，构成长途二级网的高平面网(省际平面)；C3 被称为 DC2，构成长途二级网的低平面网(省内平面)。长途二级网的等级结构如图 5.10 所示。

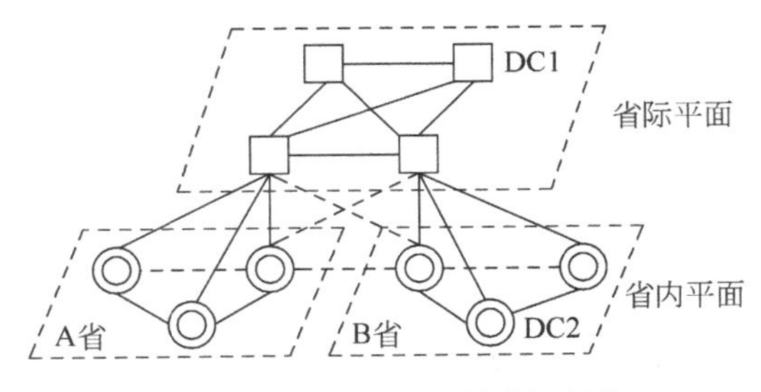

图 5.10　长途二级网的等级结构

① DC1(省级交换中心)。省级交换中心综合了原四级网中的 C1 和 C2 的交换职能，设在省会(直辖市)城市，汇接全省(含终端)长途话务。在 DC1 平面上，DC1 局通过基干路由

全互连。DC1局主要负责所在省的省际长话业务以及所在本地网的长话终端业务,也可作为其他省DC1局间的迂回路由,疏通少量非本汇接区的长途转话业务。省会城市一般设两个DC1局。

② DC2(本地网交换中心)。本地网交换中心综合了原四级中的C3与C4交换职能,设在地(市)本地网的中心城市,汇接本地网长途终端话务。在DC2平面上,省内各DC2局间可以是全互联,也可以不是,各DC2局通过基干路由与省城的DC1局相连,同时根据话务量的需求可建设跨省的直达路由。DC2局主要负责所在本地网的长话终端业务,也可作为省内DC2局之间的迂回路由,疏通少量长途转话业务。

随着光纤传输网的不断扩容,减少网络层次、优化网络结构的工作需继续深入。目前有两种提法:第一,取消DC2局,建立全省范围的DC1本地电话网的方案;第二,取消DC1局,使全国的DC2本地网全互联的方案。两个方案的目标都是要将全国电话网改造成长途一级、本地网一级的二级网。

5.3.2 国际长话网

国际长话网是由各国的长话网互联而成的。类似于由本地网互联而成国内长话网结构,国际长话网采用如图5.11所示的三级辐射式网络结构,国内长途电话网通过国际局进入国际电话网。原国际电报电话咨询委员会(CCITT,现为ITU-T)于1964年提出等级制国际自动局的规划,国际局分一、二、三级国际交换中心,分别以CT1、CT2和CT3表示,其基干电路所构成的国际电话网结构如图5.11所示。三级国际转接局分别如下。

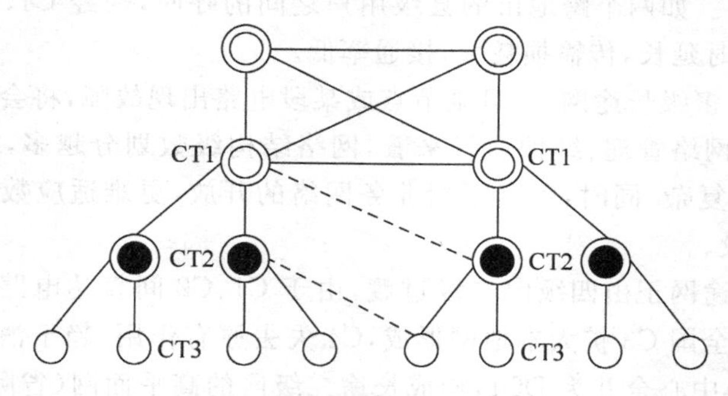

图5.11 国际电话网结构

1. 一级国际中心局

全世界范围内按地理区域的划分总共设立7个一级国际中心局,分管各自区域内国家的话务,7个CT1局之间全互联。

2. 二级国际中心局

CT2是为在每个CT1所辖区域内的一些较大国家设置的中间转接局,即将这些较大国家的国际业务或其周边国家的国际业务经CT2汇接后送到就近的CT1局。CT2和CT1之间仅连接国际话路。

3. 三级国际中心局

这是设置在每个国家内，连接其国内长话网的国际网关。任何国家均可有一个或多个CT3局，国内长话网经由CT3进入国际长话网进行国际间通话。

国际长话网中各级长途交换机路由选择顺序为先直达，后迂回，最后选骨干路由。任意CT3局之间最多通过5段国际电路。若在呼叫建立期间，通话双方所在的CT1局之间由于业务忙或其他原因未能接通，则允许经过另一个CT1局转接，因此这种情况下经过6段国际电路。为了保证国际长话的质量，使系统可靠工作，原CCITT规定通话期间最多只能通过6段国际电路，即不允许经过两个CT1中间局进行转接。

5.3.3 国际电话国内网的构成

目前我国对外设置北京、上海、广州三个国际出入口局。对外设置乌鲁木齐地区性国际出入口局。对某个相邻国家（或地区）话务量比较大的城市可根据业务主管部门的规定设置边境出入口局。地区性出入口局或边境出入口局对相邻国家和地区可设置直达路由，开放点对点的终端业务。地区性的出入口局或边境出入口局至其他国家或地区的电话业务应经相关国际出入口局疏通。

我国的三个国际出入口局对国内网采用分区汇接方式。三个国际出入口局之间，以及三个出入口局对其汇接区内的DC1之间设置基干路由。在特殊情况下，DC1可与相邻汇接区的国际出入口局相连（与相邻汇接区的国际出入口局设置直达电路群的话务门限值及其开放方向，由电信主管部门的相关文件规定）。三个国际出入口局对其汇接区内的DC2之间视话务情况可设高速直达电路群或低呼损直达电路群相连。

乌鲁木齐地区性国际出入口局（主要疏通西北方向至中亚、西亚各国的话务）与北京、上海、广州三个国际出入口局之间以低呼损电路群相连。与其汇接区（西北区）内的DC1之间以低呼损电路群相连。

国际出入口局及地区性国际出入口局所在城市的市话端局，可与该国际出入口局之间设置低呼损直达中继群，或经本地汇接局汇接至国际出入口局，以疏通国际电话业务。

5.4 路由及路由选择

1. 路由的含义

进行通话的两个用户经常不属于同一交换局，当用户有呼叫请求时，在交换局之间要为其建立起一条传送信息的通道，这就是路由。确切地说，路由是网络中任意两个交换中心之间建立一个呼叫连接或传递信息的途径。它可以由一个电话群组成，也可以由多个电话群经交换局串接而成。

2. 路由的分类

组成路由的电话群根据要求可具有不同的呼损指标。对低呼损电话群，其呼损指标应小于或等于1%；对高效电路群没有呼损指标的要求。相应地，路由可以按呼损进行分类。

在一次电话接续中，常常对各种不同的路由要进行选择，按照路由选择也可对路由进行分类。概括起来路由分类如图 5.12 所示。

(1) 基干路由。基干路由是构成网络基干结构的路由，由具有汇接关系的相邻等级交换中心之间以及长途网和本地网的最高等级交换中心之间的低呼损电路群组成。基干路由上的低呼损电路群又叫基干电路群。电路群的呼损指标是为保证全网的接续质量而规定的，应小于或等于 1%，在基干路由上的话务量不允许溢出至其他路由。

(2) 低呼损直达路由。直达路由是指由两个交换中心之间的电路群组成的，不经过其他交换中心转接的路由。任意两个等级的交换中心由低呼损电路群组成的直达路由称为低呼损直达路由。电话群的呼损小于或等于 1%，其话务量不允许溢出至其他路由上。

两个交换中心之间的低呼损直达路由可以疏通其间的终端话务，也可以疏通由这两个交换中心转接的话务。

(3) 高效直达路由。任意两个交换中心之间由高效电路群组成的直达路由称为高效直达路由。高效直达路由上的电路全没有呼损指标的要求，话务量允许溢出至规定的迂回路由上。

两个交换中心之间的高效直达路由可以疏通其间的终端话务，也可以疏通经这两个交换中心转接的话务。

(4) 首选路由与迂回路由。首选路由是指某一交换中心呼叫另一交换中心时，有多个路由，第一次选择的路由就称为首选路由。当第一次选择的路由遇忙时，迂回到第二或第三个路由，那么第二或第三个路由就称为第一路由的迂回路由。迂回路由通常由两个或两个以上的电话群经转接交换中心串接而成。

(5) 安全迂回路由。这里的安全迂回路由除具有上述迂回路由的含义外，还特指在引入“固定无级选路方式”后，加入到基干路由或低呼损直达路由上的话务量，在满足一定条件下可向指定的一个或多个路由溢出，此种路由称为安全迂回路由。

(6) 最终路由。最终路由是任意两个交换中心之间可以选择的最后一种路由，由无溢出的低呼损电路群组成。最终路由可以是基干路由，也可以是部分低呼损路由和部分基干路由串接，或仅由低呼损路由组成。

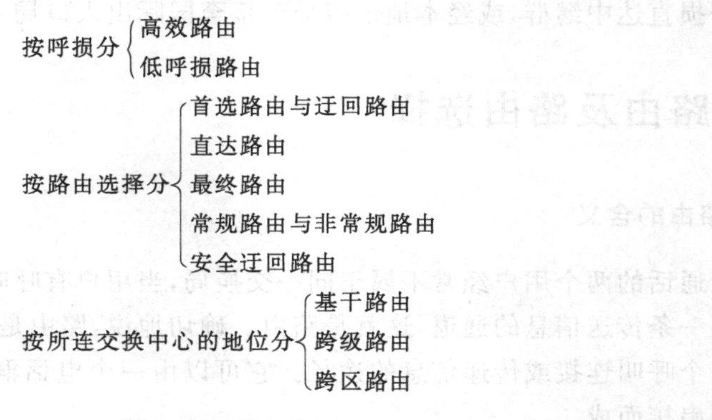

图 5.12 路由分类

3. 路由选择的基本概念

路由选择也称选路，是指一个交换中心呼叫另一个交换中心时，在多个可传递信息的途径中进行选择，对一次呼叫而言，直到选到了目标局，路由选择才算结束。ITU-T E.170 建议从两个方面对路由选择进行描述：路由选择结构和路由选择计划。

(1) 路由选择结构。路由选择结构分为有级(分级)和无级两种。

① 有级选路结构。如果在给定的交换节点的全部话务流中，到某一方向上的呼叫都是按照同一个路由组依次进行选路的，并按顺序溢出到同组的路由上，而不管这些路由是否被占用或这些路由能不能用于某些特定的呼叫类型，路由组中的最后一个路由即为最终路由，呼叫不能再溢出，这种路由选择结构称为有级选路结构。

② 无级选路结构。如果违背了上述定义(如允许发自同一交换局的呼叫在电话群之间相互溢出)，则称为无级选路结构。

(2) 路由选择计划。路由选择计划是指如何利用两个交换局间的所有路由组来完成一对节点间的呼叫。它包括固定选路计划和动态选路计划两种。

① 固定选路计划。固定选路计划是指路由组的路由选择模式总是不变的。即交换机的路由表一旦制定后在相当长的一段时间内交换机按照表内指定的路由进行选择。但是对某些特定种类的呼叫可以人工干预改变路由表，这种改变呈现为路由选择方式永久性改变。

② 动态选路计划。动态选路计划与固定选路计划相反，路由组的选择模式是可变的。即交换局所选的路由经常自动改变。这种改变通常根据时间、状态或事件而定。路由选择模式的更新可以是周期性或非周期的、预先设定的或根据网络状态而调整的。

4. 路由选择规则

路由选择的基本原则是：

(1) 确保传输质量和信令信息传输的可靠性；

(2) 有明确的规律性，确保路由选择中不出现死循环；

(3) 一个呼叫连接中的串接段数应尽量少；

(4) 能使话务在低等级网络中流通等。

长途网中的路由选择规则主要有：

(1) 网中任一长途交换中心呼叫另一长途交换中心的所选路由局最多为三个；

(2) 同一汇接区内的话务应在该汇接区内疏通；

(3) 发话区的路由选择方向为自下而上，受话区的路由选择方向为自上而下；

(4) 按照“自远而近”的原则设置选路顺序，即首选直达路由，次选迂回路由，最后选最终路由。

本地网中继路由的选择规则主要有：

(1) 选择顺序为先选直达路由，后选迂回路由，最后选基干路由；

(2) 每次接续最多可选择三个路由；

(3) 端局与端局间最多经过两个汇接局，中继电路最多不超过三段。

5.5 电话网编号计划

电话网络的编号计划是指对本地网、国内长途网、国际长途网的特种业务和新业务等所规定的各种呼叫的号码缩排规程。在现代自动电话网络中，编号计划或这种号码编排规程是维系电话网络正常工作的重要保证。电话交换设备应该满足本节所讲的所有规程。

电话的编号有两个作用,其一是构成由主叫到被叫的呼叫路由,其二是便于计费设备进行计费。编号计划是影响电话网设计的一个重要问题。从网络角度来看,编号实际上还代表着网络组织系统和容量;从用户角度来看,编号是用户的直接代号,有一定的社会影响,一经编录就不再轻易更改,尤其不允许在较短的时间内一再改号。

5.5.1 编号的基本原则

电话号码是一种有限资源,正确地使用这一资源可使网络取得更好的经济效益,否则将引起资源的浪费,直接影响网络建设的费用。因此,编号计划应放在与网络组织同等地位去考虑。考虑的基本原则大致如下。

1. 要考虑远近期结合

编号计划是以业务预测和网络规划为依据的。编号时,既要考虑到电话业务发展的趋势,又要结合本地经济和其他的发展情况,还要考虑长远的发展。业务预测确定了网络的规模容量、各类性质用户的分布情况以及电话交换局的设置情况,由此可确定号码的位长、容量和局号的数量。特别是在编制号码计划时,考虑因网络的发展可能出现的新业务,如移动通信、非话音业务等,应对规划期的容量要有充分的估计,对号码的容量要留有充分的余地。近远期结合,既要满足近期需要,又要考虑远期的发展,一般情况下,一次编号后不再变更。

2. 号码计划要与网络安排统一考虑,做到统一编号

号码计划实际上也是网络组织的一个重要组成部分,因此在确定网络组织方案时必须与编号方案统一考虑。例如,本地电话网中具有不同制式的交换设备情况下,要考虑怎样组织汇接号码,怎样分配号码才能使原有设备变动量最小;哪一个地区可能很快要发展成新的繁华地段,有可能需要安装很多电话等。

3. 尽可能避免改号

随着电话网的发展,在网的用户数量巨大,每一次改号都可能影响到很多用户,特别是大面积的改号。在全国实行长途自动化后,尤其是在开发国际自动化电话业务后,这种影响不仅涉及本地电话网用户,而且涉及全国用户甚至国外用户,可能影响外地客户对本地的接通率。因此在今后电话网设计中应把避免改号作为一条重要原则考虑。

从用户的角度看,号码升位也是改号,且影响面较大。为了避免改号,近期工程为模块局的用户号码可采用远期该区域的编号计划,模块局的号码可不同于母局局号。待模块局改为分局时就不需要改号了。

4. 国内电话号码长度

国内号长应符合 ITU-T 建议的国际电话号码规定,不要超过限定的 12 位。

5.5.2 电话网编号国家规定

凡是进入国家通信网的各种长话、市话的交换设备都应满足《国家通信网自动电话编

号》的一切规定，有关编号原则、编号方式和长途区号基本规定和原则如下。

1.《国家通信网自动电话编号》规定的编号原则

在远期要留有一定的备用区号，以满足长远发展的需要；编号方案应符合国际电话电报委员会的Q.11建议，即国内电话有效号码的总长度不能超过10位。同时应尽可能缩短编号号长和具有规律性，以便于用户使用；长、市号码容量运用充分；应尽可能使长市自动交换设备简单，以节省投资。

(1) 在做好各省、市、区三级范围内的本地电话网中、远期规划的基础上，在市、县间话务联系密切且能促进业务量发展的情况下，本地电话网可以扩大。

(2) 特大城市、大城市、中等城市的本地电话网一般不突破行政管辖范围。

(3) 一个本地电话网的范围应按40年远期的人口、电话普及率等因素进行规划，所规划容量不超过5000万门(对二位长途区号城市)或500万门(对三位区号城市)或50万门(对四位区号城市)。

(4) 为满足本地电话网的传输性能，本地电话网的最大服务范围(用户到用户距离)一般在300km以内。

(5) 本地电话网范围的调整应在本地电话网规划的基础上进行，且应充分考虑行政区划的变动性。调整后的本地电话网要基本稳定，原则上不能随行政区划的变动而变动。在特殊情况下，现在须经工业信息化部同意后才能变动。

(6) 本地电话网范围的划分应在"我国长途区号调整方案"的基础上进行。

(7) 本地电话网范围的划分不论其大小，在没有新规定之前，目前管理体制上长、市话费分摊的原则不能变。

在上述基本原则条件下，在长远规划的基础上，可对本地电话网范围进行因地制宜的调整，联系密切的市、县在划分成一个本地电话网时，应充分注意网络中交换设备和传输设备的状况，确保一个本地电话网范围的通信畅通。

2. 本地电话号码升位改号的基本规定

(1) 各本地电话网的规划、设计等都必须包括编号计划及近期升位、改号的方案。对于有一定规模容量的城市要创造条件，尽可能一次性完成本地网的升位、改号工作。

(2) 在考虑本地电话网升位时，应做好近、远期的发展规划，使在相当长时间内编号计划不做大的变动。升位间隔时间应尽可能长。

(3) 规划、设计交换区时，不仅要考虑技术经济等因素，还应考虑电话号码变动的因素，尽量不变或少变用户号码。

(4) 对于采用数字程控交换设备的本地电话网，升位时间可适当提前，对将来要改为分局的远端模块局，宜采用将来分局的局号。

(5) 选定升位方法时，要明确保证割接时网络安全的措施。

(6) 电话号码升位时，为便于用户记忆，升位的局号与原有的局号要有一定的规律性。

(7) 升位改号后在一定时间内应采取减少无效呼叫的技术措施，如放录音通知，使用"改号自动通知机"等，以减少由于升位、改号对通信质量的影响。

3.《国家通信网自动电话编号》的编号

(1) 在同一闭锁编号区内,采用闭锁编号方式,同一闭锁编号区的用户之间相互呼叫时拨统一的号码,即市话局号加用户号码。

(2) 长途拨号采用开放编号方式,即在呼叫闭锁编号区以外的用户时,用户需加拨长途字冠"0"和长途区号。

(3) 全国编号采用不等位制,不同城市(或县)根据其政治、经济各方面的不同地位采用不同号长的长途区号。不同城市的市话号码长度也可不相等。

5.5.3 电话号码的组成

1. 用户号码的组成

在一个本地网中,自动交换机的电话号码都是统一编号的,在一般情况下都采用等位编号,号长要根据本地电话用户数和长远规划的电话容量来确定。当本地电话网编号位长小于7位号码时,允许用户交换机的直拨号码比网中普通用户号码长一位。

本地电话网中,一个用户电话号码由两部分组成:局号和用户号。局号可以是1~4位(4位时记为PQRS);用户号为4位(记为ABCD)。本地电话网的号码长度最长为8位。

2. 特种业务号码的组成

我国规定第一位为"1"的电话号码为特种业务的号码。其编排原则如下。

(1) 首位为"1"的号码主要用于紧急业务号码,用于全国统一的业务接入码、网间互通接入码、社会服务号码等。由于首位为"1"的号码资源紧张,对于某些业务量较小或属于地区性的业务,不一定需要全国统一号码,可以不使用首位为"1"的号码,可采用普遍电话号码。

(2) 为便于用户使用,原则上已经使用的号码一般不再变动。为充分利用首位为"1"的号码资源,首位为"1"的号码采用不等位编号。对于紧张业务采用三位编号,即1XX。对于业务接入码或网间互通接入码、社会服务等号码,视号码资源和业务允许情况,可分配三位以上的号码。

(3) 为便于用户记忆和使用,以及充分利用号码资源,尽可能将相同种类业务的号码集中配置。

(4) 随着业务的发展,有些业务使用范围逐步减少,直至淘汰,在此过程中相应业务号码在淘汰之前可继续使用。

(5) 随着电信网络的发展,今后将不断有新的业务对编号提出要求。根据号码资源情况和业务要求,只有对于需要全国统一又必须采用短号码的业务才分配首位为"1"的号码,如114为查号台,119为火警报警。

3. 补充业务号码的组成

我国规定:200,300,400,500,600,700,800为补充业务号码。

300业务是我国智能网上开放的第一种业务,它允许持卡用户在任一双音频固定电话机上使用，拨打本地、国内和国际电话，产生的通话费全部记在300卡规定的账号上，电话局对所使用的话机不计费。300业务与200业务功能基本相似。200业务是在智能网未建成前，采用智能（语音）平台应急开放的记账电话卡业务。300业务联网漫游使用的范围比200更广。一般来说，本地打长途电话用200卡较为方便，出省和跨地区流动时最好购买300卡。

800业务即被叫集中付费业务，当主叫用户拨打为800号码时，对主叫用户免收通信费用，通信费用由申请800业务的被叫用户集中付费。800业务分为本地800业务和长途800业务两种：本地800业务指800业务用户仅接受本地网的800来话业务；长途800业务指800业务用户可接受本地和长途的来话业务。800业务具有的功能：唯一号码、遇忙或无应答转移、呼叫筛选、按时间选择目的地、按发话位置选择目的地等。

4. 长途区号的分配原则

一个长途区号的服务范围为一个本地电话网络。由于我国幅员辽阔，各地区电话业务发展很不平衡，为了充分利用号码资源，长途区号的分配采用不等位制，即由2位、3位或4位三种长途区号组成，编排的原则是电话用户越多，长途区号越短；用户越少，区号越长。

（1）首位为“1”的区号有两种用途：一种是长途区号；另一种是网络或特种业务的接入码。其中“10”为北京的区号，为2位码长。

（2）2位区号为“2X”，其中X＝0～9，是分配给几个特大城市的本地网。这种以2开头的2位长的区号一共可以安排10个。

（3）3位区号为“$3X_1X \sim 9X_1X$”。（第一位中的6除外）其中X_1为1、3、5等奇数，X＝0～9。3位区号总共可以约有300个，安排给大、中城市的本地网络。

（4）4位区号为“$3X_2XX \sim 9X_2XX$”，其中X_2为偶数，X＝0～9。4位区号总共可以安排3000个，分配给中、小城市和以县城为中心的包括农村范围在内的县级本地电话网络。

（5）首位为“6”的长途区号除“60”和“61”留给台湾，作为2位的区号外。其余“62X～69X”为3位区号，如668为广东茂名的区号。应用不等位制长途区号可以覆盖我国所有本地网并留有余量。

5.5.4 国际长途电话编号方案

一般来说，国际长途号码由两部分组成，即由国家号码＋国内号码。每一个编号区分配一位号码，各编号区内的各个国家号码应以所属的编号区码作为首位。例如中国所在的编号区为“8”，国家号码为“86”；美国所在的编号区为“1”，国家号码为“1”。

拨打国际长途电话时，除在用户电话号码的前面加拨长途区号以外，在前面还要加拨国家号码，国家号码的一般长度为1～3位。如果某国家的国家号码为3位$I_1I_2I_3$，则拨打这个国家的某用户的电话，应该拨00　$I_1I_2I_3$ $X_1X_2X_3$PQRSABCD。其中“00”为全自动国际长途字冠，“$I_1I_2I_3$”为被叫的国家号码，“$X_1X_2X_3$”为被叫电话的区号，“PQRSABCD”为用户电话的号码。

国际长途全自动拨号的号码长度不超过15位，其中国际（即国家号）加区号不超过7位，国内用户号码8位。

5.6 信令系统概述

信令是各交换局在完成呼叫接续中的一种通信语言。例如,一个用户要打电话,必须先摘机,即由用户话机向交换局送出摘机信号；然后用户拨被叫号码,即送出拨号信号；如果用户挂机,则向交换局送出挂机信号等。在实际通信过程中,摘机、挂机、拨号等是用"电信号"来表示的。这些电信号不同于要传送的话音电信号,它们指挥相关交换机采取相应的动作,因此称之为信令。

正如人类社会必须有一个语言系统,任何通信网都必须有一个信令系统。信令系统用于指导终端、交换系统及传输系统协同地运行,在指定的终端信源和信宿之间建立临时的通信信道,并维持网络本身正常地运行。

通信网中信令传输与用户消息传输可用图 5.13 说明。对于终端产生的消息,所有网络设备的作用仅相当于一条直接的信号通路。但对于信令传输,所有的终端及网络设备都必须完成信令的发、收和处理,因而它们均是信令通信系统的终端。信令既可通过专门的信令信道,也可借用消息信道传输。

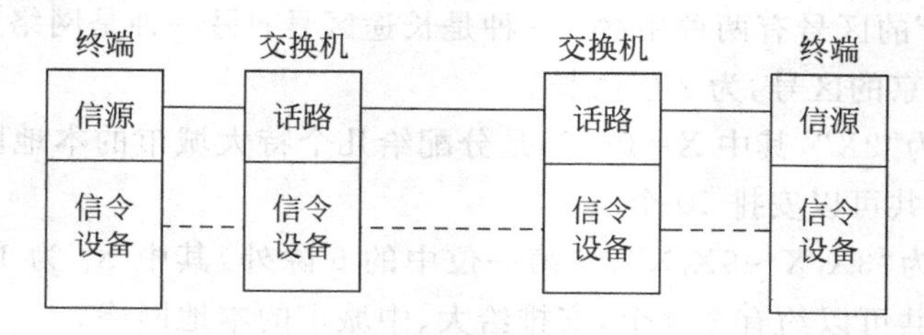

图 5.13 信令信道与话音信道

信令系统的设计应包括三个方面:

(1) 信令的定义即确定实际应用所需要的信令条目,并给出它们准确的含义及功能;

(2) 信令的编码即根据传输系统的特性,确定每一条信令的信号形式;

(3) 信令的传输即规定信令的传输过程及信令网络的组织等。

- 信令:控制交换机动作的信号。
- 信号:信号是一种统称,而信令是指具有动作含义的操作控制命令。
- 信令方式:信令的传送所要遵守的一定的规约和规定。它包括信令的结构形式,信令在多段路由上的传送方式及控制方式。
- 信令系统:指完成特定的信令方式时所使用的通信设备的全体。

5.6.1 终端信令与局间信令

信令系统必须定义一组信令或一个信令集合,该集合应包括指导通信设备接续话路和维持其自身及整个网络正常运行所需的所有命令。信令集合中所含的信令条目数及各信令的含义与其应用的场合有关。电信网中的信令可分为终端信令和局间信令,如图 5.14 所示,前者用在通信终端和市话交换机之间,而后者主要用在交换机与交换机之间或交换机与中继传输系统之间。

通信终端的数量通常远大于交换机的数量，出于经济上的考虑，终端信令一般设计得较简单，通常只具有最基本的呼叫建立和释放功能。终端信令集合通常应包括下列一些信令。

（1）请求。它由终端发出，使通信终端由空闲转变为工作状态，并“唤醒”交换机的控制系统，为它提供规定的呼叫处理服务。这种信令的例子是电话机的“摘机”信号。

（2）地址。它传递被叫终端的标志，由终端发出，供交换网络接续主、被叫终端之间的链路。使用在电话网中，这种信令称为电话“号码”。

（3）释放。由终端发出，使通信终端由工作状态转变为空闲状态，并释放所占用的交换与传输设备。在电话网中，终端释放线路的信令是通过“挂机”来传送的。

（4）来话提示。由交换机发出，提示外来呼叫的到达，请求通信终端由空闲状态转入工作状态。电话网中的被叫提示信令是“振铃”。

（5）应答。由终端发出，作为对“来话提示”信令的响应，同时使终端转入工作状态。在电信网中，应答信令同样称为“摘机”。它与“请求”信令相同。在一般情况下它们的信号形式也相同（均表现为环线直流电流的导通）。但由于这两种信令的前期状态不同，因而不至于产生混淆。

（6）进程提示。为了保证呼叫信令以正确的时序可靠地传送，终端与交换系统之间常存在必要的“握手”过程。在交换式通信网中，呼叫过程常由交换系统控制进行。因此交换机必须在呼叫的各个阶段向终端发送适当的信令，使终端了解呼叫处理的进展情况，以便确定进一步的动作。在电话通信中，进程提示信令包括忙音、拨号音、回铃音等，它们统称为“信号音”。

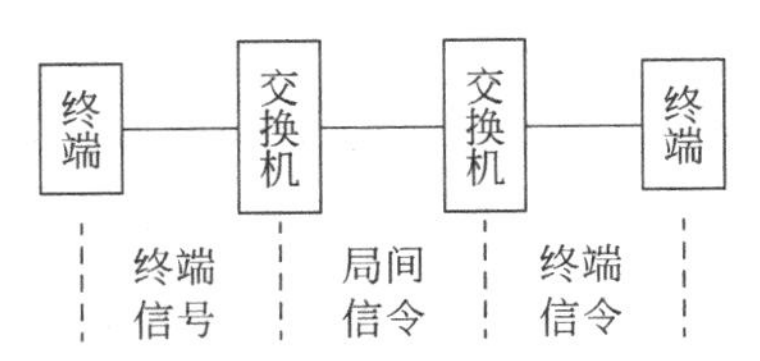

图 5.14　终端信令和局间信令

终端信令的定义与终端的种类和特性有关。

局间信令通常远比终端信令复杂，这是因为它除应满足呼叫处理和话路接续的需要外，还必须顾及到整个通信网络的管理和维护。因此，局间信令集合中除应包括终端所需要的各种接续信令外，还应包括以下信令。

（1）路由。当网络中局部地区发生设备故障或呼叫拥塞时，可利用路由信令通知相关交换局，使它们暂时修改原定的路由方案。

（2）管理。这类信令用于传送网络的状态信息。例如，当网络的组态或设备有所变化时，可通过管理信令通知网中其他的交换设备。网络管理人员则可通过这类信令对网中各种设备进行状态修改（开启或关闭设备）、管理和操作。

（3）用户类型。说明用户的类别、使用通信资源的权限等。例如，用户类型信令可说明呼叫是由话务员发出还是由普通用户发出，用户的呼叫处理优先级别如何等。

（4）业务类型。它说明呼叫本身的特点，通常反映了呼叫所需涉及的网络设备。例如业务类型信令可说明呼叫是否为投币电话，是否为数据通信，等等。

（5）维护。这类信令包括为试验设备正常与否而发出的试验信号，试验呼叫的指示信号，故障报警，以及发出诊断和维护命令等。

（6）计费。交换局之间常需要交换一些有关计费的信息，例如，呼叫方标志（电话号码），计费脉冲或完整的通话记录等。

5.6.2 随路信令与共路信令

在信令集合的条目及其功能确定之后，还必须为每一条信令规定一种信号形式：信令编码与传输系统的信号模式、信令信道与消息信道之间的关系、信令设备的信号处理方式以及信令的传输规则等。

信令的信号形式必须适合于传输系统。由于传输系统有模拟与数字之分，信令相应地存在着模拟编码和数字编码。

因此，信令系统可以按照传输方式分为随路信令和共路信令。随路信令（Channel Associated Signalling，CAS）是指信令通道和话音通道合一传输，它的优点是技术实现简单，缺点是信令效率低。随路系统适合于模拟传输系统。随路信令可以分为两个部分，线路信令（也称为监测信令）和记发器信令，它们都有前向信号和后向信号之分。线路信令有两种方式，分别称为带内信令（2600Hz）和带外信令（4000Hz）。带内信令和带外信令的区别是信令的表现方式为连续的单频正弦信号。带内信令使用了话音消息信道，因而正在传输信令的信道无法同时用于消息传输。带外信令则不占用消息信道，因而信令传输与消息传输相对独立。记发器信令采用带内多频信号方式，用不同的频率组合表示数字信息。典型的随路信令是中国 1 号信令（R2）。在随路信令中，信令在本 PCM 系统中传输，所以，一条信令链路只能为 30 条话路服务。

对于数字传输，大多采用话音通路和信令链路分离的方法，利用专用的信令链路来传输信令，在该条信令链路上可以传输大量话路的信令，这种信令称为公共信道信令（Common Channel Signalling，CCS）或共路信令。在公共信道信令系统中，由于信令信道与消息信道之间没有固定的关系，信令信息的传输必须伴随着相应的地址和控制等其他信息。共路信令效率高、信息容量大，适合电信业务的发展需要。在共路信令中，一条信令链路能够为近 3000 条话路服务。典型的共路信令是七号（No. 7）信令。

随路信令和共路信令的比较如图 5.15 所示。虚线条表示信令链路，实线条表示话音通路，一条线条表示一个 PCM 系统。

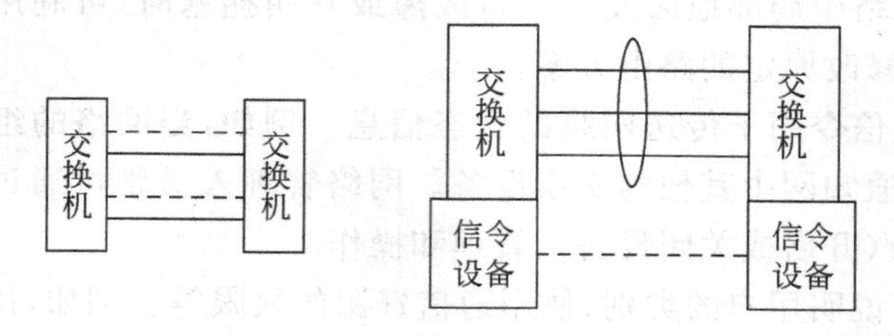

图 5.15 随路信令和共路信令

表 5.1 是 ITU-T 在不同的通信网络发展阶段所建议的各种局间通信信令系统。

表 5.1 各种局间通信信令系统

系统名称	控制方式	传输模式	信道方式	信令能力	使用范围
No. 1	人工	模拟单向	随路（带内）	仅监测	国际
No. 2	半自动	模拟单向	随路（带内）		国际（未使用）
No. 3	全/半自动	模拟单向	随路（带内）	监测/记发	国内（欧洲）

续表

系统名称	控制方式	传输模式	信道方式	信令能力	使用范围
No. 4	全/半自动	模拟单向	随路(带内)	仅记发	国内(欧洲)
No. 5	全/半自动	模拟双向	随路(带内)	监测/记发	国际/国内
R1	全/半自动	模、数单向	随路(带内)	监测/记发	国际/国内
R2	全/半自动	模、数双向	随路(带内)	监测/记发	国际/国内
No. 6	全/半自动	数字双向	共路	监测/记发	国际/国内
No. 7	全/半自动	数字双向	共路	监测/记发	国际/国内

5.7 No.1(R2)信令

R2 是随着程控技术的发展而出现的一种信令系统,它在 1962 年国际电信会议上首先提出,随后被 ITU-T 采纳,目前主要用于欧、美及中国等。R2 系统适用于全自动和半自动通信,是一种双向信令系统,可用于二线和四线传输,作为国内局间信令。中国 No. 1 与 R2 相似,是中国国内的随路系统,其线路信令有数字型和模拟型两种。记发器信令采用多频互控信号,中国 No. 1 和 R2 的信令结构相同,信令编码也基本相同,记发器信令编码中国 No. 1 采用高频组按 6 中取 2,低频组 4 中取 2,R2 采用高频组按 6 中取 2,低频组 6 中取 2,所以 R2 比中国 No. 1 编码容量大。本节介绍中国 No. 1 信令的编码,如表 5. 2 所示。

表 5. 2 中国 No. 1 信令编码

<table>
<tr><th colspan="2" rowspan="3">接续状态</th><th colspan="4">编 码</th></tr>
<tr><th colspan="2">前向</th><th colspan="2">后向</th></tr>
<tr><th>a_f</th><th>b_f</th><th>a_b</th><th>b_b</th></tr>
<tr><td colspan="2">示闲</td><td>1</td><td>0</td><td>1</td><td>0</td></tr>
<tr><td colspan="2">占用</td><td>0</td><td>0</td><td>1</td><td>0</td></tr>
<tr><td colspan="2">占用证实</td><td>0</td><td>0</td><td>1</td><td>1</td></tr>
<tr><td colspan="2">被叫应答</td><td>0</td><td>0</td><td>0</td><td>1</td></tr>
<tr><td rowspan="6">主叫控制复原</td><td>被叫先挂机</td><td>0</td><td>0</td><td>1</td><td>1</td></tr>
<tr><td rowspan="2">主叫后挂机</td><td rowspan="2">1</td><td rowspan="2">0</td><td>1</td><td>1</td></tr>
<tr><td>1</td><td>0</td></tr>
<tr><td rowspan="3">主叫先挂机</td><td rowspan="3">1</td><td rowspan="3">0</td><td>0</td><td>1</td></tr>
<tr><td>1</td><td>1</td></tr>
<tr><td>1</td><td>0</td></tr>
<tr><td rowspan="5">互不控制复原</td><td rowspan="2">被叫先挂机</td><td>0</td><td>0</td><td>1</td><td>1</td></tr>
<tr><td>1</td><td>0</td><td>1</td><td>0</td></tr>
<tr><td rowspan="3">主叫先挂机</td><td rowspan="3">1</td><td rowspan="3">0</td><td>0</td><td>1</td></tr>
<tr><td>1</td><td>1</td></tr>
<tr><td>1</td><td>0</td></tr>
<tr><td rowspan="5">被叫控制复原</td><td rowspan="2">被叫先挂机</td><td>0</td><td>0</td><td>1</td><td>1</td></tr>
<tr><td>1</td><td>0</td><td>1</td><td>0</td></tr>
<tr><td>主叫先挂机</td><td>1</td><td>0</td><td>0</td><td>1</td></tr>
<tr><td rowspan="2">被叫后挂机</td><td rowspan="2">1</td><td rowspan="2">0</td><td>1</td><td>1</td></tr>
<tr><td>1</td><td>0</td></tr>
<tr><td colspan="2">闭塞</td><td>1</td><td>0</td><td>1</td><td>1</td></tr>
</table>

5.7.1 线路信令

数字型线路信令用于 PCM 中继，在 TS_{16} 时隙传输。由于 PCM 为四线传输，所以，一个方向传输的是前向信号，另一个方向传输的是后向信号。分别用 a_f、b_f、c_f，a_b、b_b、c_b 表示。

前向信号：

$a_f=0$ 主叫摘机占用；$a_f=1$ 主叫挂机拆线；$b_f=0$ 正常状态；$b_f=1$ 故障状态；$c_f=0$ 话务员再振铃或强拆；$c_f=1$ 话务员未再振铃或强拆。

后向信号：

$a_b=0$ 被叫摘机；$a_b=1$ 被叫挂机；$b_b=0$ 受话局示闲；$b_b=1$ 受话局占用或闭塞；$c_b=0$ 话务员向主叫回振铃操作；$c_b=1$ 话务员未进行回振铃操作。

信令编码：(市—市全自动)。

5.7.2 局间记发器信令

记发器信令是指收到占用证实后，到用户通话之前这段时间内，各记发器之间相互交换的信号，包括地址信号和接续控制信号。我国采用多频互控方式(MFC)。

前向信号由 1380、1500、1620、1740、1860、1980Hz 的高频组按 6 中取 2 编码，可以组成 15 种信号。后向信号由 1140、1020、900、780Hz 的低频组按 4 中取 2 编码，可以组成 6 种信号，如表 5.3 所示。

前向信令分两组，前向Ⅰ组信号和前向Ⅱ组信号，后向信令分 A 组信号和 B 组信号，如表 5.4 所示。前向Ⅰ组信号编码如表 5.5 所示，前向Ⅱ组信号编码如表 5.6 所示，后向 A 组信号编码如表 5.7 所示，后向 B 组信号编码如表 5.8 所示。

表 5.3 多频信号编码组合

信号代码	前向频率	1380	1500	1620	1740	1860	1980
	后向频率	1140	1020	900	780		
1		√	√				
2		√		√			
3			√	√			
4		√			√		
5			√		√		
6				√	√		
7		√				√	
8			√			√	
9				√		√	
10					√	√	
11		√					√
12			√				√
13				√			√
14					√		√
15						√	√

表 5.4　信号含义

前向信号				后向信号			
组别	名称	含义	容量	组别	名称	含义	容量
Ⅰ	KA	主叫类别	10	A	A 组信号	收码状态 接续状态 回控证实	6
	KC	长途接续类别	5				
	KE	长市、市市接续	5				
	数字	1～0	10				
Ⅱ	KD	呼叫业务类别	6	B	B 组信号	被叫状态	6

表 5.5　前向Ⅰ组信号编码

	KA	KC	KE	数字信号
1	普通、定期			1
2	普通、用户表(立即)			2
3	普通、打印机(立即)			3
4	备用			4
5	普通、免费			5
6	备用			6
7	备用			7
8	优先、定期			8
9	备用			9
10	优先、免费			0
11		备用	H 信号	
12		指定号码呼叫	备用	
13		测试呼叫	测试呼叫	
14		优先呼叫	备用	
15		有卫星电路	备用	

表 5.6　前向Ⅱ组信号编码

信号代码	信令代码	含　义
1	KD=1	长途话务员半自动呼叫
2	KD=2	长途自动呼叫
3	KD=3	市话
4	KD=4	市内传真或数据,优先用户
5	KD=5	半自动核对主叫号码
6	KD=6	测试呼叫

表 5.7　后向 A 组信号编码

信号代码	信令代码	含　义
1	KA=1	发下一位号码
2	KA=2	由第一位起重发
3	KA=3	转至 B 组信号
4	KA=4	拥塞
5	KA=5	被叫号码为空号
6	KA=6	发 KA 和主叫号码

表 5.8 后向B组信号编码

信号代码	信令代码	含义
1	KB=1	被叫用户空闲
2	KB=2	被叫用户"市忙"
3	KB=3	被叫用户"长忙"
4	KB=4	机键拥塞
5	KB=5	被叫号码为空号
6	KB=6	备用

5.7.3 No.1 信令过程

以本地网呼叫为例，被叫号码为 7 位，PQR 为局号，ABCD 为用户号码，如图 5.16 所示。图 5.16 所示为互不控制的复原方式，且为主叫先挂机。

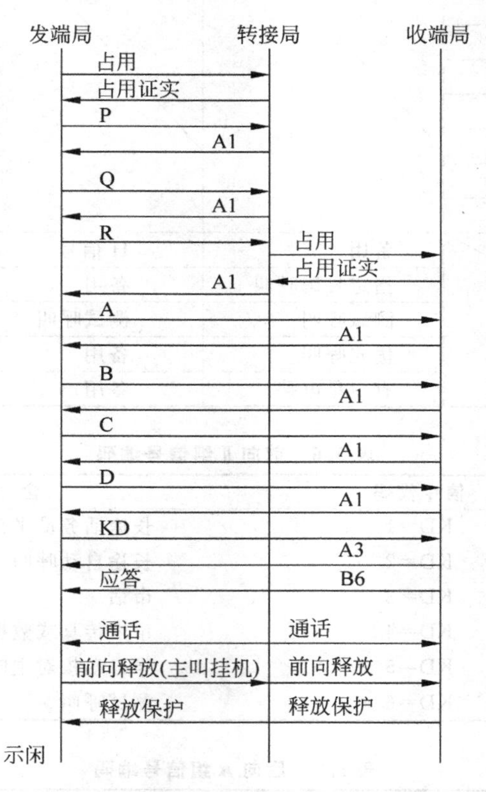

图 5.16 中国 No.1 信令本地呼叫流程

5.8 No.7 信令

No.7 信令系统是为数字程控交换机和数字传输网的需要而设计的。它除了能传输传统的话音呼叫和数据呼叫的控制信令外，还具有传输遥控信息和 OAM 信令的能力。No.7

信令是以 64kb/s PCM 为基本信道设计的，具有信道利用率高，信令传送速度快，信令容量大的特点，适用于国际、国内的通信系统。No.7 信令网与通信网分离，便于运行维护和管理，可方便地扩充新的信令规范，适应未来信息技术和各种业务发展的需要，是通信网向综合化、智能化发展的不可缺少的基础支撑。

5.8.1　No.7 信令系统结构

No.7 信令的基本结构如图 5.17 所示。它由两个部分组成：用户部分(User Part,UP)和消息传递部分(Message Transfer Part,MTP)。用户部分是各类信令收发和处理模块的总称。这些模块通常属于交换机控制系统的一部分。ITU-T 目前定义的用户部分包含有电话用户部分(Telephone User Part,TUP)和数据用户部分(Data User Part,DUP)以及 ISDN 用户(ISUP)。

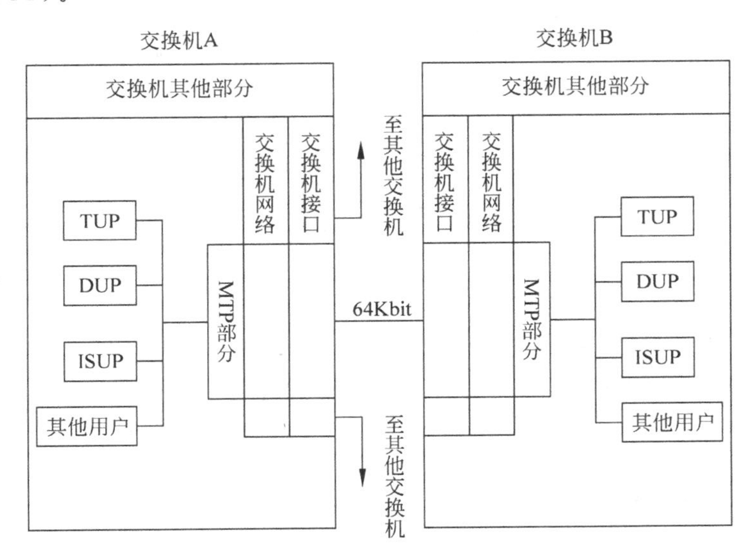

图 5.17　No.7 信令系统结构

各个用户部分所产生的信令均被送入消息传递部分，由消息传递部分在每条信令信息之上添加适当的控制信息后，经过交换网络和数字中继的 TS_{16} 成包地送往指定的交换机。在相反的方向，消息传递部分对接收的数据包进行地址分析，并根据分析结果将包中的信令信息传送给指定的用户部分。

5.8.2　消息格式和编码

No.7 信令的信号采用二进制编码方式传送信号，信号编码的基本单位称为信号单元。No.7 信令信号方式采用不等长的单个信号单元消息传递各种信号消息，以适应多种业务的需要。信号单元有三种：消息信号单元(MSU)、链路状态信号单元(LSSU)和填充信号单元(FISU)。它们的格式如图 5.18 所示。

消息信号单元是由用户部分产生的，用于传递用户部分的消息，它的长度是可变的，最大长度可以是 272 字节。

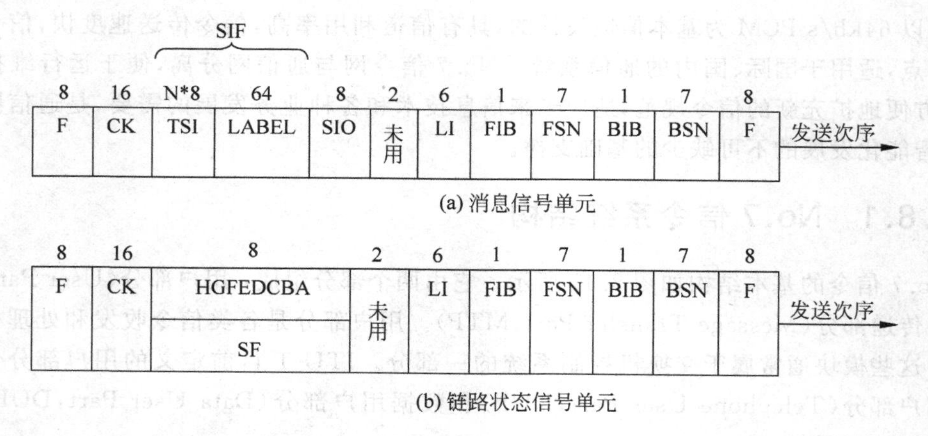

8	16	2	6	1	7	1	7	8
F	CK	未用	LI	FIB	FSN	BIB	BSN	F

发送次序

(c) 填充信号单元

F：标志码　　BSN：后向序号　　FSN：前向序号
LI：长度指示　　BIB：后向指示位　　FIB：前向指示位
SIO：业务提示　　SIF：信号消息字段　　LABEL：路由标记
TSI：电话信号消息　　CK：校验位　　SF：状态字段

图 5.18　No.7 信令的信号单元格式

链路状态信号单元是当链路进行初始化时，对消息信号单元进行流量控制。当通路故障时，链路的两端不断发送 LSSU 表示自已的调整情况。

填充信号单元的作用是保持信号链路的同步，因此它也称为同步信号单元。

5.8.3　消息传递部分

消息传递部分(MTP)是信令系统的关键部分，是整个信令网的交换和控制中心，类似于交换机在电信网中的作用。

MTP 必须完成两类功能，信令信号的交换和信令网的管理。MTP 的基本结构如图 5.19 所示，ITU-T 建议的 MTP 的功能结构包含三层，与七层协议并存的 MTP 结构如图 5.19(a)所示，MTP 的功能结构如图 5.19(b)所示。

第一层是信令数据链路层，它负责在两个链路终端之间传送某给定速率的数字信号，在通常情况下，信道由交换网的接续链路和数字中继组成，速率为 64kb/s，信令链路通常占用 16 时隙。第二层是信令链路控制或信令链路终端。它的作用是为它的高层(MTP3)提供可靠的信令传输效果。对于信令数据链路它可以看作是一个传输终端，对于高层它可以看作是一条可靠的传输信道。第三层是信令网功能，可以划分为信号消息处理和信号网管理两类功能。

5.8.4　电话用户部分

电话用户部分(TUP)定义了电话呼叫中所需要的全部信令，并规定其编码形式。TUP

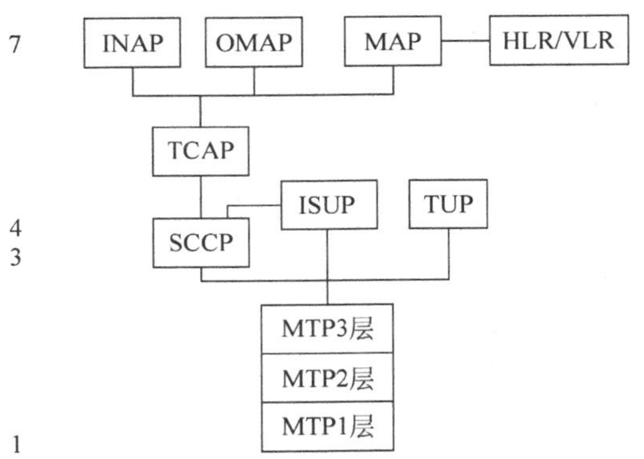

HLR：本地位置寄存器　　INAP：智能网应用部分
ISUP：ISDN用户部分　　MAP：移动通信应用部分
MTP：消息传递部分　　OMAP：操作维护应用部分
SCCP：信号连接控制部分　　TCAP：事务处理能力应用部分
TUP：电话用户部分　　VLR：访问位置寄存器

(a) 与七层协议并存的MTP结构

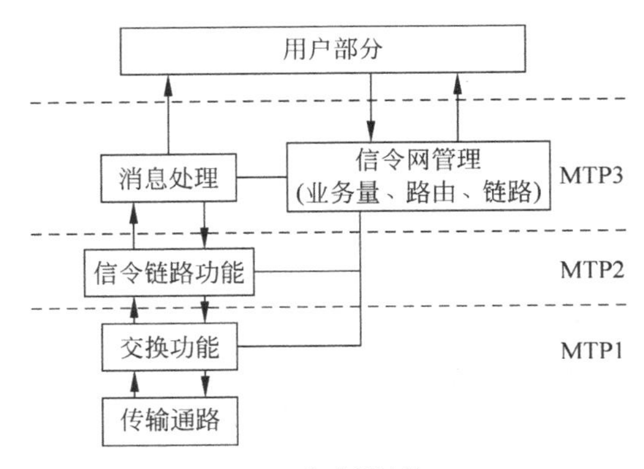

(b) MTP的功能结构

图 5.19　MTP 的基本结构

包括下列 7 类信令：

(1) 前向地址；

(2) 前向建立；

(3) 后向建立请求；

(4) 后向建立成功消息；

(5) 后向建立失败消息；

(6) 呼叫监测消息；

(7) 话路监测消息。

每一条消息有若干个字节，称为电话信令信息(Telephone Signal Information，TSI)，TSI 和 LABEL 组合称为信号消息字段 SIF，其格式如图 5.20 所示。

H0 用于区分上述 7 类信令，H1 用于同类信令中的不同信令，我国的信令点编码为 24 位，源点和目的点相同。一条信令链路最多可以处理 128 个 PCM 系统。

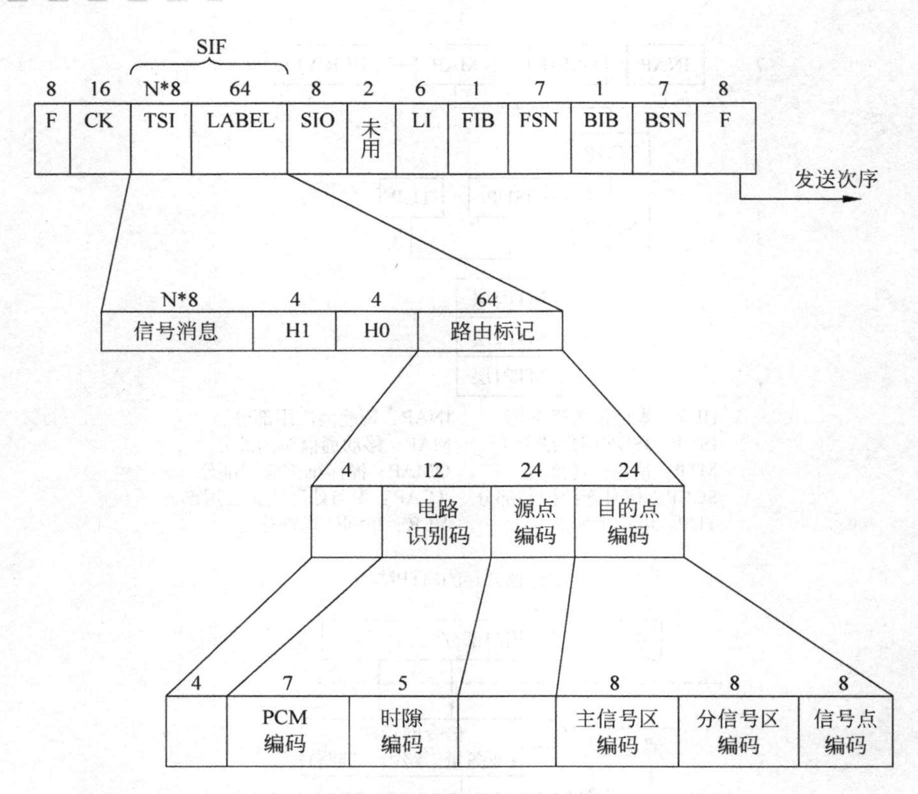

图 5.20 TUP 信号消息编码

信令的定义和编码如表 5.9 所示。

表 5.9 TUP 信号消息的定义和编码

信令类型	信令定义	信令代码	应用说明
前向地址 FAM	首次地址消息	IAM	包括用户类别、被叫号码和电路控制信息(如导通试验、是否有卫星电路等)
	首次地址及补充信息	IAI	长途呼叫或特服呼叫,需要主叫号码等附加信息
	后续地址消息	SMA	带有多个后续地址消息
	仅含有一个后续地址消息	SAO	发送了首次地址后,所有剩余的被叫号码都可以通过 SAO 发送
前向建立 FSM	主叫方标志	GSM	对一般请求信息 GRQ 的响应消息
	导通试验结束	COT	提供话音通路的导通检验
	导通试验失败	CCF	导通故障
后向建立请求 BSM	请求发主叫标志	GRQ	请求的业务包括主叫用户类别、标识,原被叫地址,呼叫追踪等
后向建立成功 SBM	地址全	ACM	收到被叫用户号码,确认被叫状态,回送的后向建立消息
	计费	CHG	暂时未使用

续表

信令类型	信令定义	信令代码	应用说明
后向建立失败 USM	交换设备拥塞	SEC	入局交换设备拥塞
	中继群拥塞	CGC	出线中继群电路拥塞
	国内网拥塞	NNC	
	地址不全	ADI	被叫号码不足以建立呼叫
	呼叫失败	CFL	失败原因不属于本信令定义
	被叫用户忙	SSB	
	空号	UNN	号码未分配给用户
	话路故障	LOS	被叫用户线路故障，不能正常工作如单向、临时移机等
	发送特殊信号音	SST	请求向发送端发送特殊语音信号，表示接续失败
	禁止接入(闭塞)	ACB	线路已经闭塞
	未提供数字链路	DPN	传输线路为模拟，无法传输 No.7 信令的信号
呼叫监测 CSM	应答、计费	ANC	被叫用户已应答，开始计费
	应答、不计费	ANN	被叫用户已应答，不计费
	后向释放	CBK	被叫用户先挂机
	前向释放	CLF	拆线信号是最优先执行的信号，由控制复原方式决定谁来控制释放话路
	再应答	RAN	由不能控制复原的那一侧的用户挂机后，在一定的时限又发出摘机信号，再应答信号能使主、被叫再通话
	前向转接	FOT	在半自动通信中，主叫局话务员用来请求被叫局话务员帮助转话
	主叫挂机	CCL	主叫用户挂机
话路监测 CCM	释放保护	RLG	前向拆线信号的响应信号
	闭塞	BLD	
	闭塞确认	BLA	
	解除闭塞	UBL	
	解除闭塞确认	UBA	
	请求导通试验	CCR	
	复位线路	RSC	话路异常情况下，重新启动话路
电路群监视 GRM	面向维护的群闭塞	MGB	
	面向维护的群闭塞证实	MBA	
	面向维护的群解除闭塞	MGU	
	面向维护的群解除闭塞证实	MUC	
	面向硬件故障的群闭塞	HGB	
	面向硬件故障的群解除闭塞	HGU	
	面向硬件故障的群解除闭塞证实	HUA	
	电路群复原	GRS	
	电路群复原	GRA	

5.8.5 数字用户部分

数字用户仅适用于电路交换型数字通信。数字用户部分(DUP)所定义的信令及其功能大部分与电话用户信令相似。二者的差别主要体现在通信终端不同。例如,DUP中定义了数据通信终端未准备就绪,电源关等信令。

数字用户信令与电话用户的另一个区别是数字终端的传输速率可能较低(如2400b/s),因此消息信道为64kb/s时,系统允许将信道划分为若干个子信道。子信道通过标签说明,数字标签如图5.21所示。基本信道标志BIC说明数字子信道所在的64kb/s信道的哪一条PCM的哪一个时隙。TSC说明子信道在64kb/s基本信道中的位置。

LABEL

8	4	12	24	24
HGFEDCBA	0000			
TSC		BIC	OPC	DPC

DPC:信令点目的点编码
OPC:信令点源点编码
BIC:基本信道标志码
TSC:时隙代码
LABEL:标签

图5.21 数字信令标签的格式

5.8.6 ISDN用户部分

为了满足ISDN用户对多业务的需求,必须引入ISDN用户部分(ISDN UP或简称ISUP)。它是在TUP的基础上,增添了非话音承载业务的控制协议和电话网中所不具有的呼叫中更改及通信的暂停/恢复等协议。ISUP支持ISDN业务的基本承载业务和补充业务。

ISUP消息是借助于信号单元在信令链路上传输的。与TUP消息一样,消息在信号信息字段(SIF)中传输,消息格式如图5.22所示。

TUP和ISUP的区别是业务信息8位组(SIO)不同,TUP的编码是0010,ISUP的编码是1010,业务信息由业务表示语(SI)和子业务字段(SSF)两部分组成。

在我国的No.7信令方式中,TUP一共规定了13个消息组,59种消息和信号。详见技术规范。而ISUP消息的SIF和TUP消息的SIF不同,它是以8位位组的堆栈出现的。

在发送消息时,首先发送顶部的8位位组,最后发送底部的8位位组。ISUP的每种消息由若干个参数组成,每个参数有一个名字,按8位位组编码,参数的长度是可以固定的,也可以是变化的,每个参数包括一个长度表示语,表示参数内容字段中8位位组的数目,它的长度也是8位位组。

(1) 路由标记:路由标记的格式如图5.23所示。DPC表示目的点编码,OPC表示源点编码,SLS表示负荷分担信令链路选择的编码。

(2) 电路识别:电路识别码的格式如图5.24所示。DPC表示目的点编码,OPC表示源点编码,CIC表示源点和目的点之间相连接的话路的PCM编码和TS编码。目前仅用低12位。

(3) 消息类型:消息类型编码统一规定了每种消息的功能和格式,对所有的消息都是必需的。

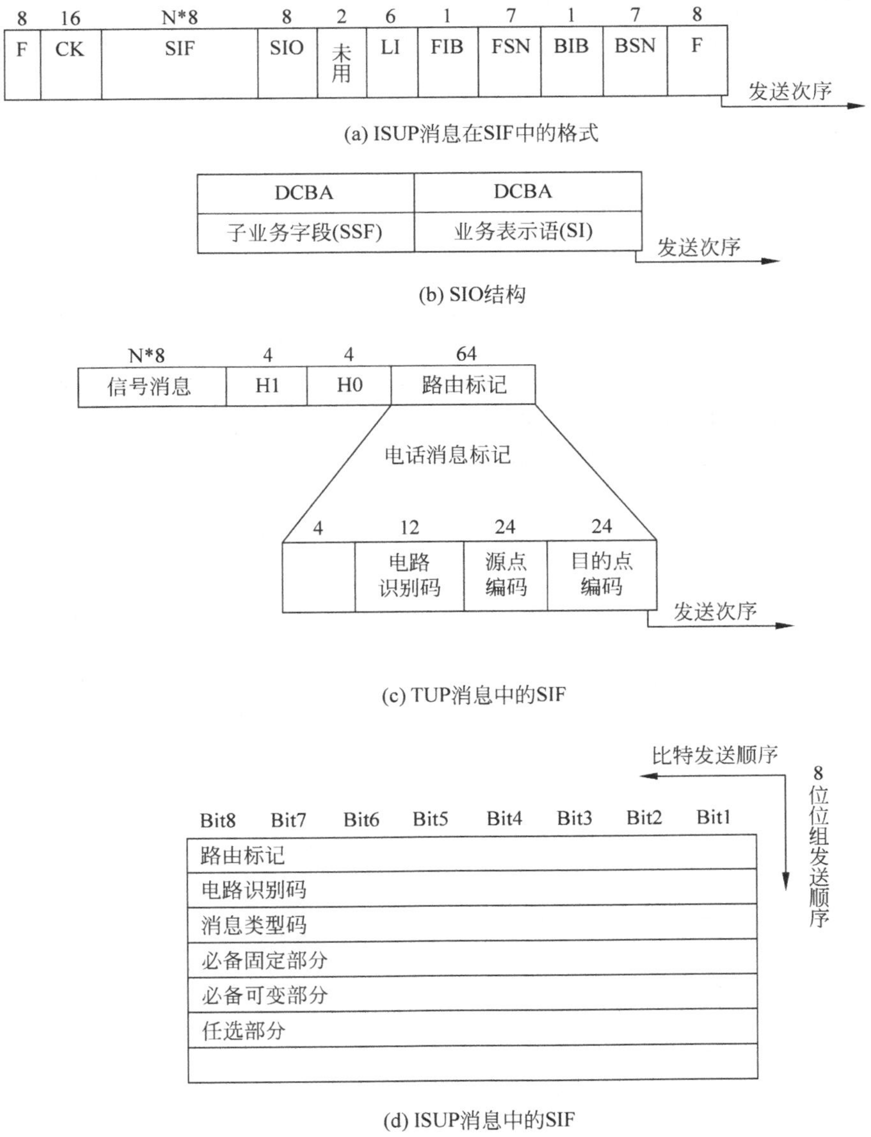

8	16	N*8	8	2	6	1	7	1	7	8
F	CK	SIF	SIO	未用	LI	FIB	FSN	BIB	BSN	F

发送次序

(a) ISUP消息在SIF中的格式

DCBA	DCBA
子业务字段(SSF)	业务表示语(SI)

发送次序

(b) SIO结构

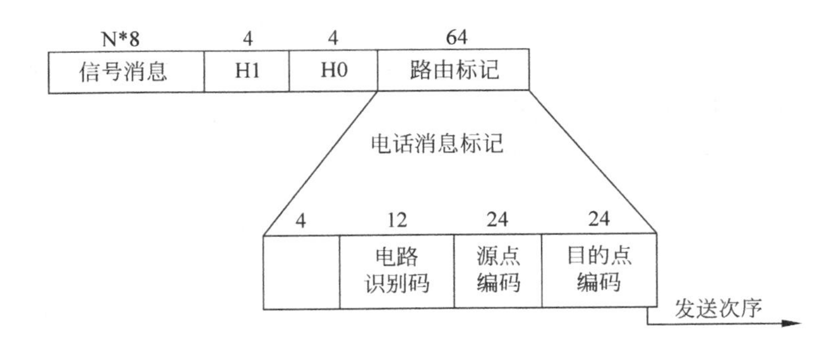

(c) TUP消息中的SIF

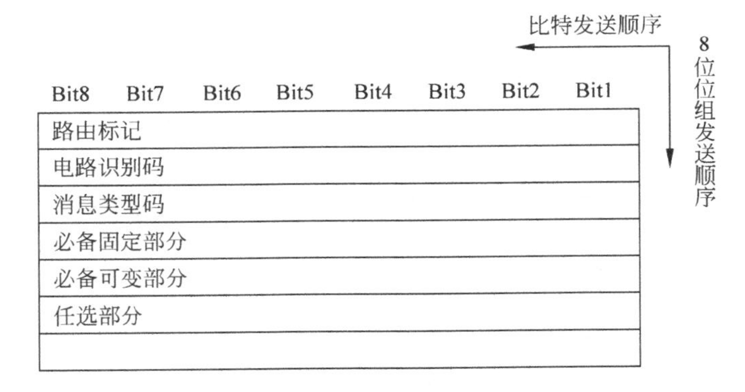

(d) ISUP消息中的SIF

图 5.22 TUP 和 ISUP 结构比较

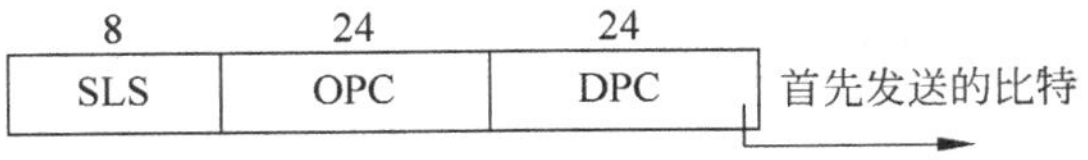

8	24	24
SLS	OPC	DPC

首先发送的比特

图 5.23 ISUP 路由标记格式

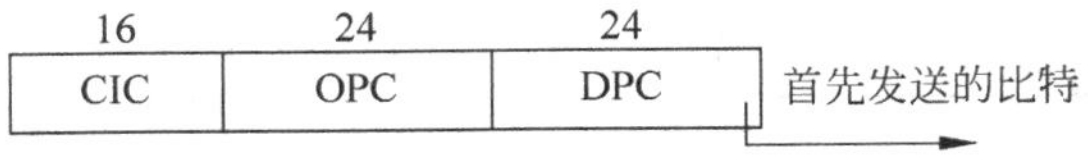

16	24	24
CIC	OPC	DPC

首先发送的比特

图 5.24 ISUP 电路识别格式

(4) 必备固定部分：对于一个指定的消息类型，必备且有固定长度的那些参数包括在必备固定部分。参数的位置、长度、顺序统一由消息类型规定，因此，该消息不包括参数的名字和长度表示语。

(5) 必备可变部分：每个参数的开始用指针表示，指针也是 8 位位组编码，参数的名字和指针的发送顺序隐含在消息类型中，参数的数目和指针的数目统一由消息类型规定。

(6) 任选部分：由若干个参数组成，有固定方式和可变方式两种。每一参数应包括参数名、长度表示语、参数内容。

5.8.7 信令传递过程

图 5.25 给出了市话局之间呼叫的信令顺序。图 5.25(a)是正常接续的消息流程；图 5.25(b)是呼叫特服业务的消息流程如 119、120、110；图 5.25(c)是被叫遇忙的呼叫流程；图 5.25(d)是一个要求主叫号码的呼叫。

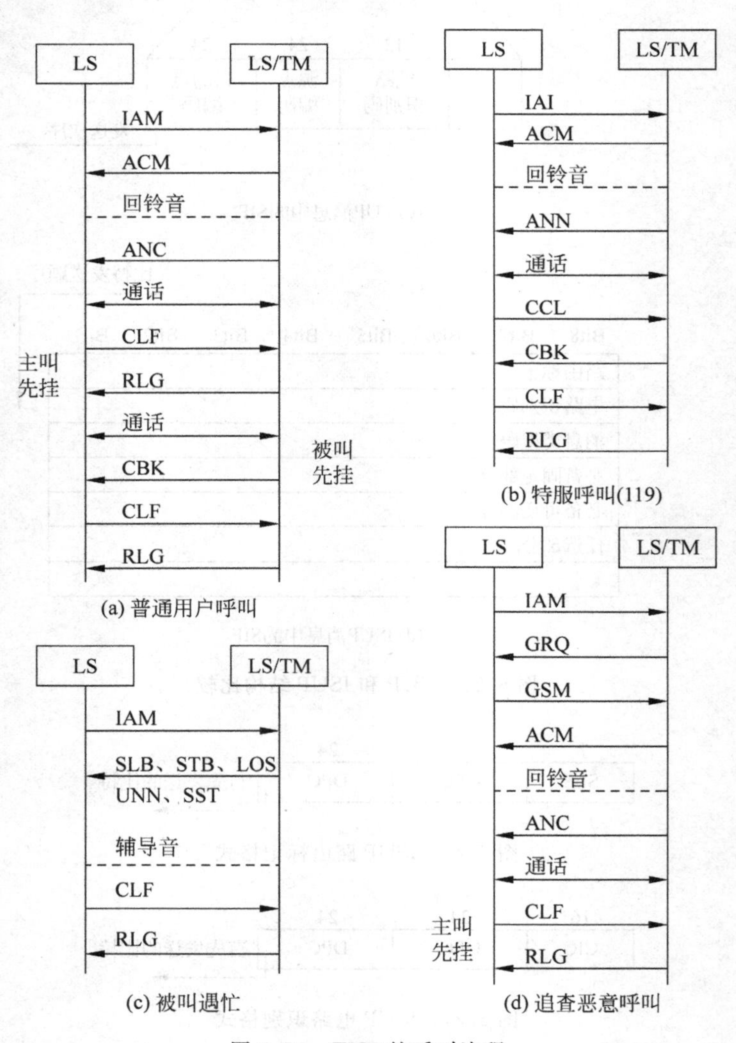

图 5.25 TUP 的呼叫流程

5.9 No.7 信令网

5.9.1 No.7 信令网概念

我国 No.7 信令网的基本组成部件有信令点 SP、信令转接点 STP 和信令链路。

(1) 信令点 SP：SP 是处理控制消息的节点，产生消息的信令点为该消息的起源点，消息到达的信令点为该消息的目的地节点。任意两个信令点，如果它们的对应用户之间(例如电话用户)有直接通信，就称这两个信令点之间存在信令关系。

(2) 信令转接点 STP：具有信令转发功能，将信令消息从一条信令链路转发到另一条信令链路的节点称为信令转接点。信令转接点分为综合型和独立型两种。综合型 STP 是除了具有消息传递部分 MTP 和信令连接控制部分 SCCP 的功能外，还具有用户部分功能(例如 TUP/ISUP、TCAP、INAP)的信令转接点设备；独立型 STP 是只具有 MTP 和 SCCP 功能的信令转接点设备。

(3) 信令链路：在两个相邻信令点之间传送信令消息的链路称为信令链路。

① 信令链路组：直接连接两个信令点的一束信令链路构成一个信令链路组。

② 信令路由：承载指定业务到某特定目的地信令点的链路组。

③ 信令路由组：载送业务到某特定目的地信令点的全部信令路由。

当电信网络采用 No.7 信令系统之后，将在原电信网上，寄生并存在一个起支撑作用的专门传送 No.7 信令系统的信令网——No.7 信令网。电信网与信令网关系如图 5.26 所示。

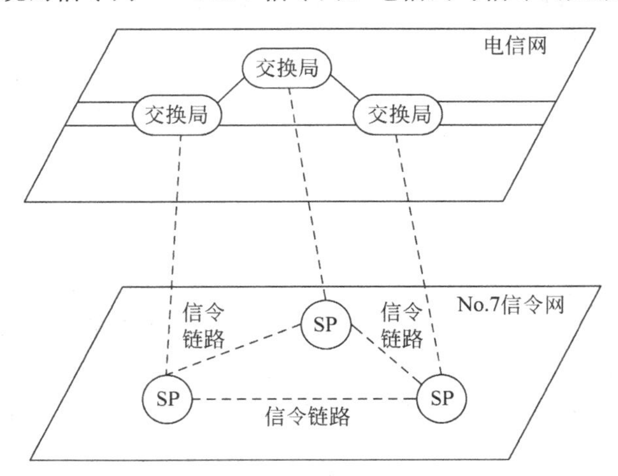

图 5.26 电信网与 No.7 信令网关系示意图

5.9.2 No.7 信令系统的工作方式

在电信网中，一般采用下列两种工作方式。

1. 直联工作方式

两个交换局间的信令通过局间的专用直达信令链路来传送的方式称为直联工作方式，

如图 5.27 所示。

2. 准直联工作方式

两个交换局间的信令消息需经过两段或两段以上串接的信令链路传送，也就是说信令链路与两交换局的直达话路群不在同一路由上，信令链路中间需经过一个或几个信令转接点，并且只允许通过预定的路径和信令转接点时称为准直联工作方式，如图 5.28 所示。

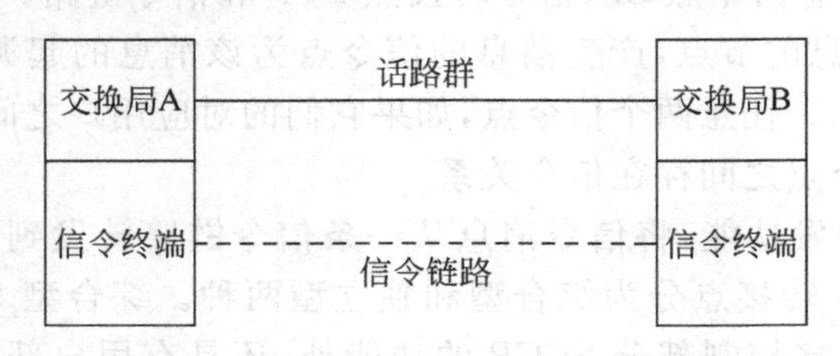

图 5.27　直联工作方式

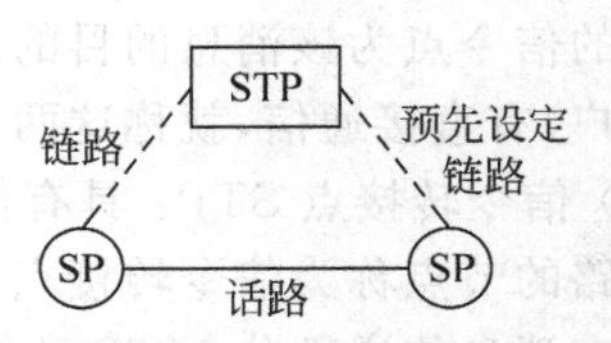

图 5.28　准直联工作方式

5.9.3 信令网的组成和分类

1. 信令网的组成

信令网由信令点、信令转接点及连接它们的信令链路组成。信令点是信令消息的源点和目的点。信令转接点是将一条信令链路上的信令消息转发至另一条信令链路上去的信令点。信令转接点若只具有信令消息转接功能则称独立信令点，若还具有用户部分功能，此时信令转接点与交换局结合在一起，则称综合信令转接点。

信令链路是信令网中连接信令点的最基本部件，由 No.7 信令系统中的第一、第二功能级组成。

2. 信令网的分类

信令网分为无级信令网和分级信令网。

(1) 无级信令网。无级信令网是指信令网中不引入信令转接点，各信令点间采用直联工作方式的信令网，如图 5.29(a)所示。由于无级信令网从容量和经济上都无法满足通信网的需求，因而未被广泛采用。

(2) 分级信令网。分级信令多是指含有信令转接点的信令网。分级信令网又可分为具有一级信令转接点的二级信令网和具有二级信令转接点的三级信令网，如图 5.29(b)、图 5.29(c)所示。

(3) HSTP 的功能和要求。HSTP 负责转接它所汇接的 LSTP 和 SP 的信令消息。HSTP 应采用独立型信令转接点设备。它必须具有 No.7 信令系统中的消息传送部分 MTP、信令连接控制部分 SCCP、事务处理能力应用 TCAP 和运行管理应用部分 OMAP 的功能。

(4) LSTP 的功能和要求。LSTP 负责转接它所汇接的信令点 SP 的信令消息。LSTP 可以采用独立型的信令转接设备，也可以采用与交换局(SP)合设在一起的综合式的信令转接点设备。采用独立型信令转接点设备时的要求同 HSTP；采用综合型信令转接点设备时，除了必须满足独立型信令转接点设备的功能外，还应满足用户部分的有关功能。

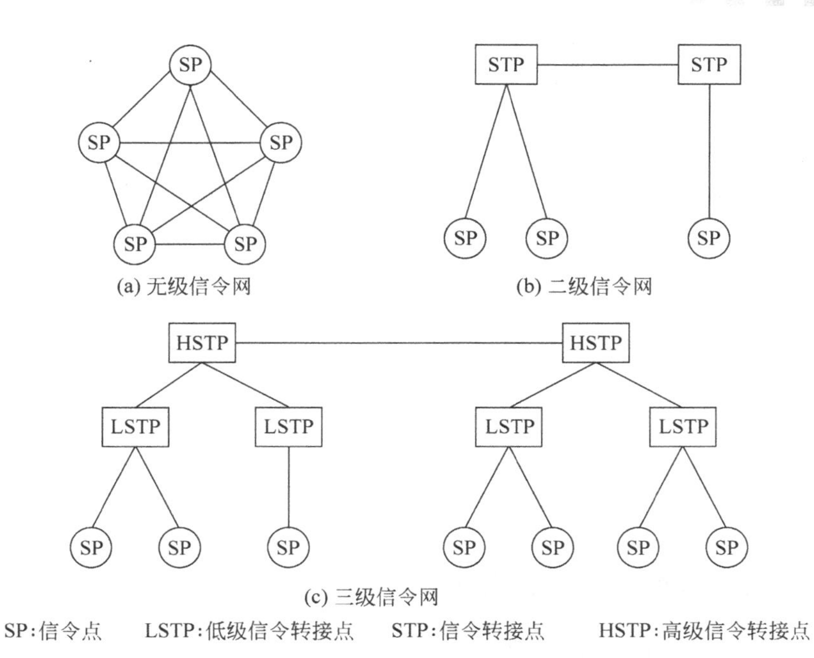

图 5.29 信令网分类示意图

(5) SP 的功能和要求。第三级信令点 SP 是信令网中传送各种信令消息的源点和目的地点,应满足部分 MTP 功能及相应的用户部分功能。

5.9.4 我国信令网的结构和网络组织

我国采用三级信令网结构,是因为考虑到信令网所要容纳的信令点数量、信令转接点可以连接的最大信令链数量及信令网的冗余度,并结合我国情况而确定的。

第一级 HSTP 间的连接方式的选择主要考虑在保证可靠性的条件下,每个 HSTP 的信令路由要多、信令连接中经过的 HSTP 转接数量要少,一般有两种连接方式。

1. 网形网连接

网形网连接如图 5.30(a)所示。其特征是 HSTP 间均设有直达信令链。正常情况下,HSTP 间的信号连接不经过其他 HSTP 的转接。网形网连接的 HSTP 信令路由通常包括一个正常路由、两个迂回路由,故可靠性高。

2. A、B 平面连接

A、B 平面连接如图 5.30(b)所示。A 与 B 平面内为网形网连接,平面间为格子状连接。A、B 平面连接的特征是:在正常情况下,同一平面内的 HSTP 间连接可以不经过其他 HSTP 转接,但在故障情况下可以经过不同平面的 HSTP 转接。它的信令路由由一个正常路由和一个迂回路由组成,由于迂回路由少,所以可靠性比网形网连接时略低。

我国信令网采用四倍的冗余度,使用 A、B 平面连接已具有足够的可靠性,且比较经济,因此我国采用 A、B 平面连接的结构。

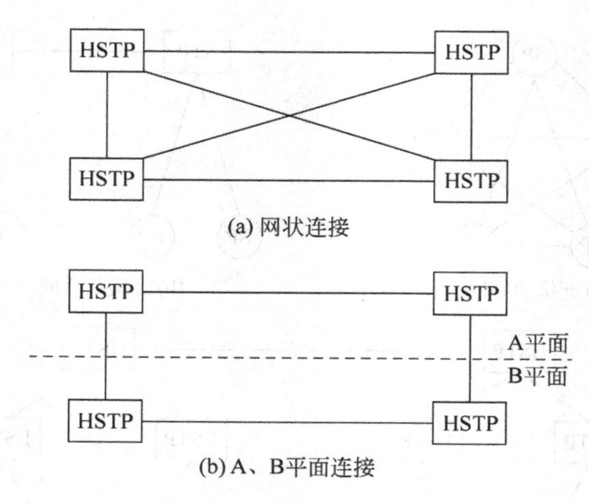

(a) 网状连接

(b) A、B平面连接

图 5.30　HSTP 的连接方式

5.9.5　信令网的信令点编码

1. 信令网的信令点编码的必要性

No.7 信令系统的信令点寻址采用图 5.31 所示的路由标记方法。详细的路由标记方法使信令点寻址很方便，可以根据 DPC 的编码进行寻址，但需要每个信令点分配一个编码。我国使用 24 位的信令点编码方式，编码容量为 2^{24} 比特。

CIC	SLS	OPC	DPC
		24	24

DPC：目的地信令点编码　SLS：信令链路选择
OPC：源点信令点编码　CIC：电路识别码

图 5.31　信令点寻址的路由标记方法

2. 信令点编码的编号计划的基本要求

(1) 为便于信令网管理，国际和各国的信令网是彼此独立的，且采用分开的信令点编码的编号计划，其中国际间采用的是 14 位的信令点编码方式。这样国际接口局的信令点由于同时属于国际和国内两个信令网，因此它们具有国际信令点编码计划(Q. 708 建议)分配的和国内信令点编码的编号计划分配的两个信令点编码。

(2) 为便于管理、维护和识别信令点，信令点的编号格式应采用分级的编码结构，并使每个字段的编码分配具有规律性，以便当引入新的信令点时，信令点路由表修改最少。

3. 我国信令点编码的格式和分配原则

我国国内信令网采用 24 位全国统一编码计划，信令点编码格式如图 5.32 所示。

(1) 每个信令点编码由三部分组成，第三个 8 位用来区分主信令区的编码，原则上以省、自治区、直辖市、大区中心为单位编排；第二个 8 位用来区分分信令区的编码，原则上以各省、自治区、地级市及直辖市、大区中心的汇接区和郊县为单位编排；第一个 8 位用来区

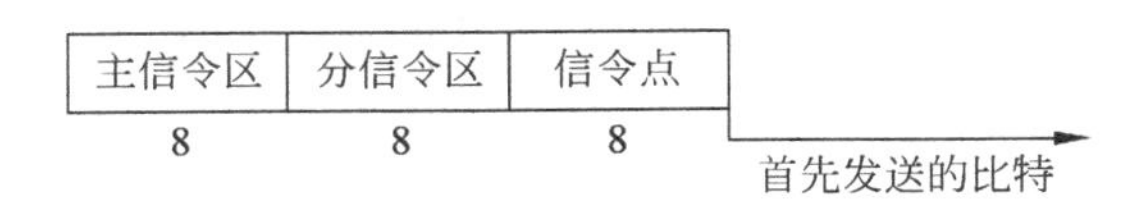

图 5.32　国内信令网信令点编码格式

分信令点，国内信令网的每个信令点都按图 5.32 的格式分配给一个信令点编码。

(2) 主信令区的编码基本上按顺时针方向由小到大安排，目前只启用低 6 位。

(3) 分信令区的编码分配也应具有规律性，由小至大编排。对于中央直辖市和大区中心城市、国际局和国内长话局、各种特种服务中心(如网管中心和业务控制点等)以及高级信令转接点应分配一个分信令区编号。对于信令点数超过 256 个的地区亦可再分配一个分信令区编号。目前分信令区的编码只启用低 5 位。

(4) 下列信令节点应分配给信令点编码：国际局，国内长话局，市话汇接局、端局、支局，农话汇接局、端局、支局，直拨 PABX，各种特种服务中心，信令转接点以及其他 No.7 信令点(如模块局)。

以上各项以系统为单位分配信令点编码。

5.9.6　信令路由的分类

信令路由是指由一个信令点到达消息目的地所经过的各个信令转接点的预先确定的信令消息路径。

1. 信令路由的分类

信令路由按其特征和使用方法分为正常路由和迂回路由两类，如图 5.33 所示。

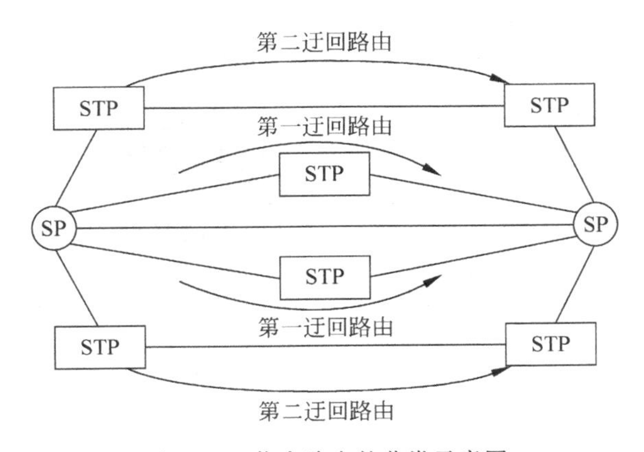

图 5.33　信令路由的分类示意图

(1) 正常路由。正常路由是指未发生故障的正常情况下信令业务流的路由，根据我国三级信令网结构和网络组织，正常路由主要分类如下。

① 正常路由是采用直联方式的直达信令路由，当信令网中的一个信令点具有多个信令路由时，如果有直达的信令链路，则应将该信令路由作为正常路由，如图 5.33 所示。

② 正常路由是采用准直联方式的信令路由，当信令网中一个信令点的多个信令路由中，都是采用准直联方式经过信令转接点转接的信令路由时，则正常路由为信令路由中最短

的路由。其中当采用准直联方式的正常路由是采用负荷分担方式工作时，该两个信令路由都为正常路由，如图 5.34 所示。

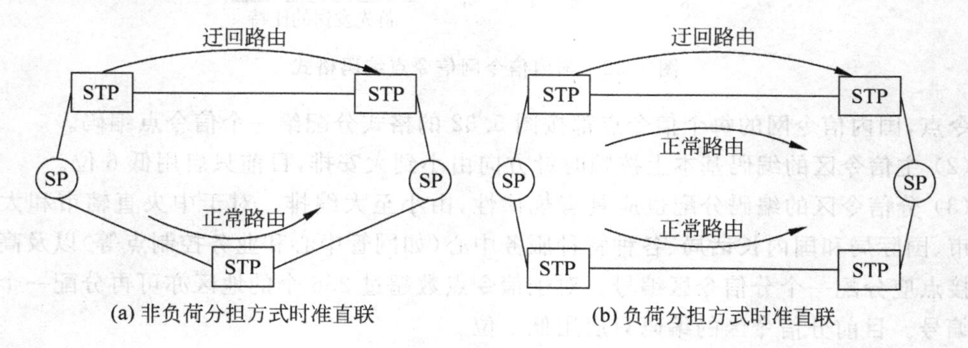

(a) 非负荷分担方式时准直联　　(b) 负荷分担方式时准直联

图 5.34　准直联方式的正常路由

(2) 迂回路由。迂回路由是指由于信令链或路由故障造成正常路由不能传送信令业务流时而选择的路由。迂回路由都是经过信令转接点转接的准直联方式的路由，迂回路由可以是一个路由，如图 5.34(a)所示，也可以是多个路由。当有多个迂回路由时，应该按照路由经过信令转接点的次数，由小到大依次分为第一迂回路由、第二迂回路由等，如图 5.33 所示。

2. 信令路由选择的一般规则

(1) 首先选择正常路由，当正常路由因故障不能使用时，再选择迂回路由，如图 5.35 所示。

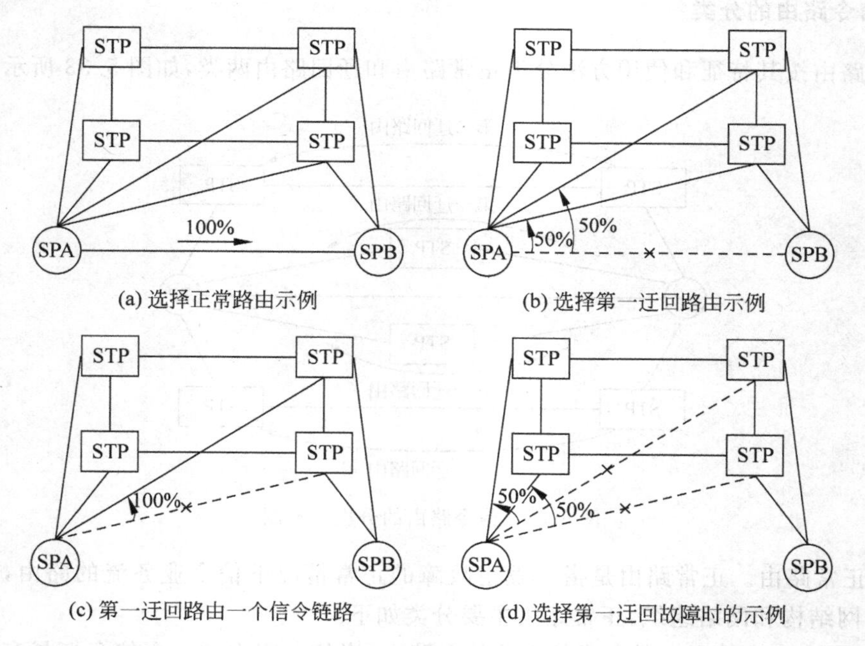

(a) 选择正常路由示例　　(b) 选择第一迂回路由示例

(c) 第一迂回路由一个信令链路　　(d) 选择第一迂回故障时的示例

图 5.35　信令路由选择的一般规则

(2) 信令路由中具有多个迂回路由时，首先选择优先级最高的第一迂回路由，当第一迂回路由因故障不能使用时，再选择第二迂回路由，以此类推。

在正常或迂回路由中，可能存在着多个同一优先等级的路由（N），若它们之间采用负荷分担方式，则每个路由承担整个信令负荷的 $1/N$；若采用负荷分担方式的某个路由中的一个信令链路组发生故障时，应将信令业务倒换到其他信令链路组上去；若采用负荷分担方式的一个路由发生故障时，应将信令业务倒换到其他路由。

习题 5

5.1　构成通信网的三个必不可少的要素是什么？

5.2　本地电话网的汇接方式有哪几种？

5.3　我国电话网的结构是怎样的？其中长途电话网向无级网过渡的策略是什么？

5.4　本地电话网的范围和构成是怎样的？

5.5　通信网的基本结构有哪些类型？各自的特点是什么？

5.6　描述电话通信网的等级结构及特点。

5.7　简述本地网和长途网的编号方案。

5.8　根据路由选择原则，按选择先后次序列出如图 5.36 所示的 C_{3a}局至 C_{3b}局的全部可供选择的接续路由。

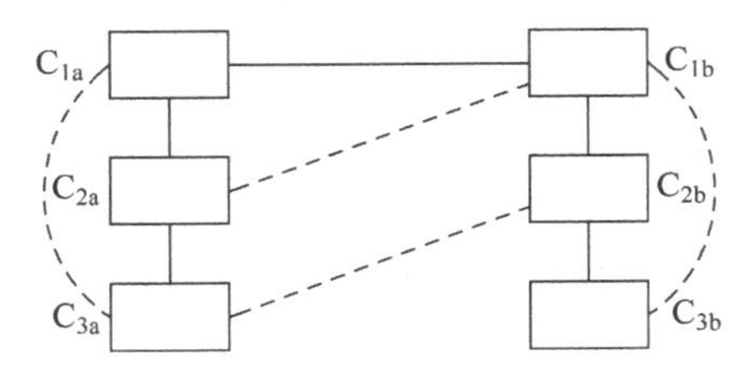

图 5.36　题 5.8 图

5.9　什么是信令？信令有哪些分类？

5.10　什么叫随路信令？什么叫共路信令？二者之间有什么区别？

5.11　试说明 No.7 信令系统的应用及特点。

5.12　No.7 信令系统由几级构成？各级是怎样定义的？

5.13　No.7 信令的基本信令单元(SU)有哪几种？试画图说明它们的格式。

5.14　简要说明我国 No.7 信令网的结构。

5.15　假如使用 TS_{16}时隙做数据链路，如何区分随路信令和公共信道信令呢？

5.16　简述我国信令点编号计划和分配原则。如信令点的编码是 0A2032H，交换机应输入的信令点数据是什么？

5.17　什么是信令路由？信令路由分哪几类？怎样进行路由选择？

第6章 分组交换技术

分组交换技术最初是为了满足计算机之间互相进行通信的要求而出现的一种数据交换技术。从数据交换发展的历史来看，它经历了电路交换、报文交换、分组交换的发展过程。在进行数据通信时，分组交换方式能比电路交换方式提供更高的效率，可以使多个用户之间实现资源共享；同时，分组交换又具有比报文交换还小的数据传输时延。因此，分组交换技术是数据交换方式中一种比较理想的方式。要说明的是，尽管传统的分组交换技术在目前显得有些过时，但毋庸置疑的是，分组交换技术是后来各种交换技术（如帧中继、ATM 等）的基础，因此理解分组交换技术对理解后面章节中介绍的其他数据交换技术是至关重要的。帧中继技术作为一种快速分组交换技术，它是在分组交换技术的基础上发展起来的，将分组交换的协议做了简化，可以提供高速高吞吐量的数据传输业务，主要用于网间互联。

本章主要介绍传统分组交换技术的产生背景、基本概念、交换原理、X.25 协议、分组交换机及帧中继技术。

6.1 概述

6.1.1 分组交换的产生背景

分组交换（Packet Switching，PS）技术的研究是从 20 世纪 60 年代开始的。当时，电路交换技术已经得到了极大的发展。电路交换技术是最适合于语音通信的，但随着计算机技术的发展，人们越来越多地希望多个计算机之间能够进行资源共享，即能够进行数据业务的交换。数据业务不像电话业务那样具有实时性，而是具有突发性的特点，并要求高度的可靠性。这就要求在计算机之间有高速、大容量和时延小的通信路径。在计算机之间进行数据通信时，传统的电路交换技术的缺点越来越明显：固定占用宽带，线路利用率低，通信的终端双方必须以相同的数据率进行发送和接收等。所有这些都表明电路交换不适合进行数据通信。因此，大约在 20 世纪 60 年代末、70 年代初，人们开始研究一种新形式的、适合于进行远距离数据通信的技术—分组交换技术。

分组交换技术是一种存储—转发的交换技术，被广泛用于数据通信和计算机通信中。它结合了电路交换和早期的存储—转发交换方式——报文交换的特点，克服了电路交换线路利用率低的缺点，同时又不像报文交换那样时延非常大。因此，分组交换技术自从产生后便得到了迅速的发展。

6.1.2 分组交换的概念

分组交换不像电路交换那样在传输中将整条电路都交给一个连接,而不管它是否有信息要传送。分组交换的基本思想是:把用户要传送的信息分成若干个小的数据块,即分组(Packet),这些分组长度较短,并具有统一的格式,每个分组有一个分组头,包含用于控制和选路的有关信息。这些分组以"存储—转发"的方式在网内传输,即每个交换节点首先对收到的分组进行暂时存储,分析该分组头中有关选路的信息,进行路由选择,并在选择的路由上进行排队,等到有空闲信道时转发给下一个交换节点或用户终端。

显然,采用分组交换时,同一个报文的多个分组可以同时传输,多个用户的信息也可以共享同一物理链路,因此分组交换可以达到资源共享,并为用户提供可靠、有效的数据服务。它克服了电路交换中独占线路、线路利用率低的特点。同时,由于分组的长度短,格式统一,便于交换机进行处理,因此它能比传统的"报文交换"有较小的时延。

6.1.3 分组交换的优缺点

1. 分组交换的优点

分组交换的设计初衷是为了进行计算机之间的资源共享,其设计思路截然不同于电路交换。与电路交换相比,分组交换的优点可以归纳如下。

(1) 线路利用率较高。分组交换在线路上采用动态统计时分复用的技术传送各个分组,因此提高了传输介质(包括用户线和中继线)的利用率。每个分组都有控制信息,使终端和交换机之间的用户线上或者交换机之间的中继线上,均可同时有多个不同用户终端按需进行资源共享。

(2) 异种终端通信。由于采用存储—转发方式,不需要建立端到端的物理连接,因此不必像电路交换中那样,通信双方的终端必须具有同样的速率和控制规程。分组交换中可以实现不同类型的数据终端设备(不同的传输速率、不同的代码、不同的通信控制规程等)之间的通信。

(3) 数据传输质量好、可靠性高。每个分组在网络内的中继线和用户线上传输时,可以逐段独立地进行差错控制和流量控制,因而网内全程的误码率在 10^{-11} 以下,提高了传送质量且可靠性较高。分组交换网内还具有路由选择、拥塞控制等功能,当网内线路或设备产生故障后,分组交换网可自动为分组选择一条迂回路由,避开故障点,不会引起通信中断。

(4) 负荷控制。分组交换网中进行了逐段的流量控制,因此可以及时发现网络有无过负荷。当网络中的通信量非常大时,网络将拒绝接受更多的连接请求,以使网络负荷逐渐减轻。

(5) 经济性好。分组交换网是以分组为单元在交换机内进行存储和处理的,因而有利于降低网内设备的费用,提高交换机的处理能力。此外,分组交换方式可准确地计算用户的通信量,因此通信费用可按通信量和时长相结合的方法计算,而与通信距离无关。

由于分组交换技术在降低通信成本、提高通信可靠性等方面取得了巨大的成功,因此20世纪70年代中期以后的数据通信网几乎都采用了这一技术。三十多年来,分组交换技术得到了较大的发展。

2. 分组交换的缺点

上面介绍了分组交换的诸多优点，但任何技术在具有优点的同时都不可避免地具有一些缺点，分组交换也不例外。它的这些优点都是有代价的。

(1) 信息传送延时大。由于采用存储—转发方式处理分组，分组在每个节点内都要经历存储、排队、转发的过程，因此分组穿过网络的平均时延可达几百毫秒。目前各公用分组交换网的平均时延一般都在数百毫秒，而且各个分组的时延具有离散性。

(2) 用户的信息被分成了多个分组，每个分组附加的分组头都需要交换机进行分析处理，从而增加了开销，因此，分组交换适宜于计算机通信等突发性或断续性业务的需求，而不适合在实时性要求高、信息量大的环境中应用。

(3) 分组交换技术的协议和控制比较复杂，如我们前面提到的逐段链路的流量控制，差错控制，还有代码、速率的变换方法和接口，网络的管理和控制的智能化等。这些复杂的协议使得分组交换具有很高的可靠性，但是它同时也加重了分组交换机处理的负担，使分组交换机的分组吞吐能力和中继线速率的进一步提高受到了限制。

从上述优缺点可以看出，分组交换技术对语音（电话）通信和高速数据通信（2.048Mb/s以上）是不适应的，它难以满足对实时性要求比较高的电话和视频等业务。这是由于分组交换技术的产生背景是通信网以模拟通信为主的年代，用于传输数据的信道大多数是频分制的电话信道，这种信道的数据传输速率一般不大于 9.6kb/s，误码率为 10^{-5}～10^{-4}。这样的误码率不能满足数据通信的要求，通过进行复杂的控制，一方面实现了信道的多路复用，同时把误码率提高到小于 10^{-11} 的水平，满足了绝大多数数据通信的要求。

6.1.4 分组交换面临的问题

随着分组交换技术的发展，其性能在不断地提高，功能在不断地完善。分组交换机的分组处理能力由初期的 100 个分组每秒发展到今天的几万个分组每秒，数据分组通过交换机的时延从几十毫秒缩短到不到 1ms，分组交换机之间的中继线速率由 9.6kb/s 提高到 2.048Mb/s。但是到了 20 世纪 90 年代，用户对数据通信网的速率提出了更高的要求，而采用现有分组交换技术的分组交换系统的能力几乎达到了极限，因此人们又开始研究新的分组交换技术。

为了进一步提高分组交换网的分组吞吐能力和传输速率，一方面要提高信道的传输能力，另一发面要发展新的分组交换技术。光纤通信技术的发展为分组交换技术的发展开辟了新的道路。光纤通信具有容量大（高速）、质量高（低误码率）等特点，光纤的数字传输误码率小于 10^{-9}，光纤数字传输系统能提供 40Gb/s 的速率，通常提供 2Mb/s 和 34Mb/s 信道。在这种通信信道条件下，分组交换中逐段的差错控制、流量控制就显得没有必要，因此快速分组交换（Fast Packet Switching，FPS）技术迅速地发展起来。

快速分组交换可以理解为尽量简化协议，只具有核心的网络功能，可提供高速、高吞吐量、低时延服务的交换方式。帧中继作为快速分组交换 FPS 的一种，是在分组交换的基础上发展起来的，它对其复杂的协议进行了简化，可以更好地适应数字传输的特点，能够给用户提供高速率、低时延的业务，所以近年来得到了迅速的发展。

6.2 分组交换原理

6.2.1 统计时分复用

在数字传输中,为了提高数字通信线路的利用率,可以采用时分复用的方法。而时分复用有同步时分复用和统计时分复用两种。分组交换中采用了统计时分复用的概念,它在给用户分配资源时,不像同步时分那样固定分配,而是采用动态分配(即按需分配),只有在用户有数据传送时才给它分配资源,因此线路的利用率较高。

分组交换中,执行统计复用功能的是具有储存能力和处理能力的专用计算机——信息接口处理机(IMP)。IMP 要完成对数据流进行缓冲存储和对信息流进行控制的功能,以解决各用户争用线路资源时产生的冲突。当用户有数据传送时,IMP 给用户分配线路资源,一旦停发数据,则线路资源另作他用。图 6.1 所示为三个终端采用统计时分方式共享线路资源的情况。

下面来看看具体的工作过程。来自终端的各分组按到达的顺序在复用器内进行排队,形成队列。复用器按照 FIFO 的原则,从队列中逐个取出分组向线路上发送。当存储器空时,线路资源也暂时空闲,当队列中又有了新的分组时,又继续进行发送。图 6.1 中,起初 A 用户有 a 分组要传送,B 用户有 1、2 分组要传送,C 用户有 x 分组要传送,它们按到达顺序进行排队: a、x、1、2。因此在线路上的传送顺序为: a、x、1、2。然后终端均暂时无数据传送,则线路空闲。后来,终端 C 有 y 分组要传送,终端 A 有 b 分组要传送,则线路上又顺序传送 y 分组和 b 分组。这样,在高速传输线上,形成了各用户分组的交织传输。输出的数据不是按固定时间分配,而是根据用户的需要进行的。这些用户数据的区分不像同步时分复用那样靠位置来区分,而是靠各个用户数据分组头中的“标记”来区分的。

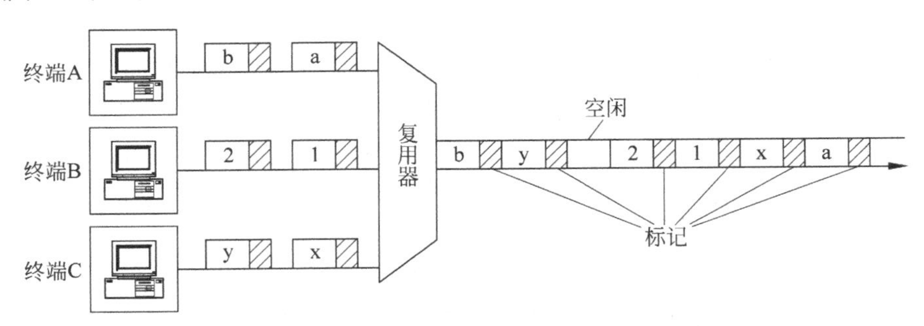

图 6.1 统计时分复用

统计时分复用的优点是可以获得较高的信道利用率。由于每个终端的数据使用一个自己独有的“标记”,可以把传送的信道按照需要动态地分配给每个终端用户,因此提高了传送信道的利用率。这样每个用户的传输速率可以大于平均速率,最高时可以达到线路的总的传输能力。如线路总的速率为 9.6kb/s,三个用户信息在该线路上进行统计时分复用时的平均速率为 3.2kb/s,而一个用户的传输速率最高时可以达到 9.6kb/s。

统计时分复用的缺点是会产生附加的随机时延并且有丢失数据的可能。这是由于用户传送数据的时间是随机的，若多个用户同时发送数据，则需要进行竞争排队，引起排队时延；若排队的数据很多，引起缓冲器溢出，则会有部分数据被丢失。

6.2.2 逻辑信道

在统计时分复用中，虽然没有为各个终端分配固定的时隙，但通过各个用户的数据信息上所加的标记，仍然可以把各个终端的数据在线路上严格地区分开来。这样，在一条共享的物理线路上，实质上形成了逻辑上的多条子信道，各个子信道用相应的号码表示。图 6.2 中在高速的传输线上形成了分别为三个用户传输信息的逻辑上的子信道。我们把这种形式的子信道称为逻辑信道，用逻辑信道号(Logical Channel Number，LCN)来标识。逻辑信道号由逻辑信道群号及群内逻辑信道号组成，二者统称为逻辑信道号 LCN。在统计复用器 STDM 中建立了终端号和逻辑信道号的对照表，网络通过 LCN 就可以识别出是哪个终端发来的数据，如图 6.2 所示。

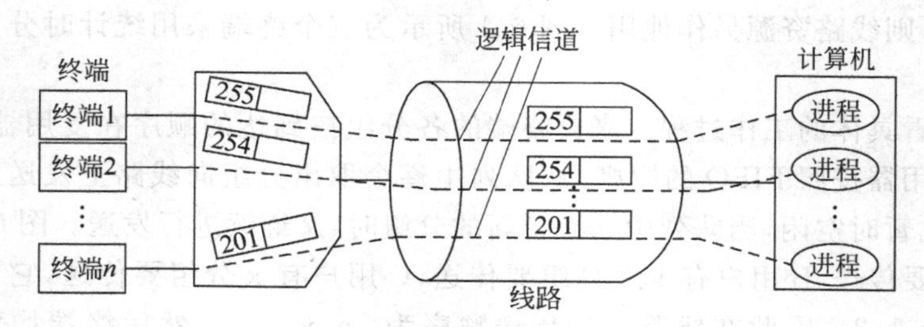

图 6.2 逻辑信道的概念示意

逻辑信道具有如下特点。

(1) 由于分组交换采用动态统计时分复用方法，因此是在终端每次呼叫时，根据当时的实际情况分配 LCN 的。要说明的是，同一个终端可以同时通过网络建立多个数据通路，它们之间通过 LCN 来进行区分。对同一个终端而言，每次呼叫可以分配不同的逻辑信道号，但在同一次呼叫连接中，来自某一个终端的数据的逻辑信道号应该是相同的。

(2) 逻辑信道号是在用户至交换机或交换机之间的网内中继线上可以被分配的、代表子信道的一种编号资源。每一条线路上，逻辑信道号的分配是独立进行的。也就是说，逻辑信道号并不在全网中有效，而是在每段链路上局部有效，或者说，它只具有局部意义。网内的节点机要负责出/入线上逻辑信道号的转换。

(3) 逻辑信道号是一种客观的存在。逻辑信道总是处于下列状态中的某一种："准备好"状态、"呼叫建立"状态、"数据传输"状态、"呼叫清除"状态。

6.2.3 虚电路和数据报

如前所述，在分组交换网中，来自各个用户的数据被分成一个个分组，这些分组将沿着各自的逻辑信道，从源点出发，经过网络达到终点。问题是：分组是如何通过网络的？分组在通过数据网时有两种方式：虚电路(Virtual Circuit，VC)方式和数据报(Data Gram，DG)方式。两种方式各有特点，可以适应不同业务的需求。

1. 虚电路方式

两终端用户在相互传输数据之前要通过网络建立一条端到端的逻辑上的虚连接，称为虚电路。一旦这种虚电路建立，属于同一呼叫的数据均沿着这一虚电路传送。当用户不再发送和接收数据时，清除该虚电路。在这种方式中，用户的通信需要经历连接建立、数据传输、连接拆除三个阶段，也就是说，它是面向连接的方式。

需要强调的是，分组交换中的虚电路和电路交换中建立的电路不同。不同之处在于：在分组交换中，以统计时分复用的方式在一条物理线路上可以同时建立多个虚电路，两个用户终端之间建立的是虚连接；而电路交换中，是以同步时分方式进行复用的，两用户终端之间建立的是实连接。在电路交换中，多个用户终端的信息在固定的时间段内向所复用的物理线路上发送信息，若某个时间段某终端无信息发送，其他终端也不能在分配给该用户终端的时间段内向线路上发送信息。而虚电路方式则不然，每个终端发送信息没有固定的时间，它们的分组在节点机内部的相应端口进行排队，当某终端暂时无信息发送时，线路的全部宽带资源可以由其他用户共享。换句话说，建立实连接时，不但确定了信息所走的路径，同时还为信息的传送预留了带宽资源；而在建立虚电路时，仅仅是确定了信息所走的端到端的路径，但并不一定要求预留带宽资源。之所以称这种连接为虚电路，正是因为每个连接只有在发送数据时才排队竞争占用宽带资源。

如图 6.3 所示，网中已建立起两条虚电路，VC1：A—1—2—3—B，VC2：C—1—2—4—5—D。所有 A—B 的分组均沿着 VC1 从 A 到达 B，所有 C—D 的分组均沿着 VC2 从 C 到达 D，在 1—2 之间的物理链路上，VC1、VC2 共享资源。若 VC1 暂时无数据可传送时，网络将保持这种连接，但将所有的传送能力和交换机的处理能力交给 VC2，此时 VC1 并不占用带宽资源。

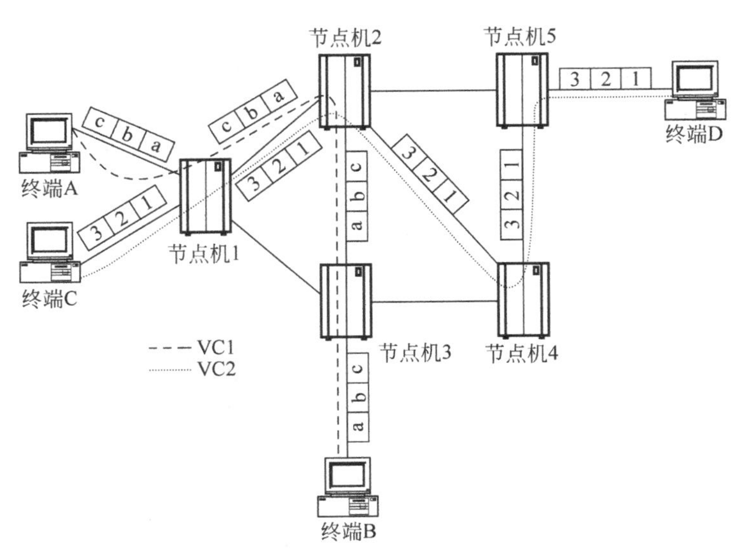

图 6.3 虚电路示意图

虚电路的特点如下。

(1) 虚电路的路由选择仅仅发生在虚电路建立的时候，在以后的传送过程中，路由不再改变，这可以减少节点不必要的通信处理。

(2) 由于所有分组遵循同一路由，这些分组将以原有的顺序到达目的地，终端不需要进行重新排序，因此分组的传输时延较小。

(3) 一旦建立了虚电路，每个分组头中不再需要有详细的目的地地址，而只需要逻辑信道号就可以分区每个呼叫的信息，这可以减少每一分组的额外开销。

(4) 虚电路是由多段逻辑信道构成的，每一个虚电路在它经过的每段物理链路上都有一个逻辑信道号，这些逻辑信道级联构成了端到端的虚电路。

(5) 虚电路的缺点：当网络中线路或者设备发生故障时，可能导致虚电路中断，必须重新建立连接。

(6) 虚电路的使用场合：虚电路适用于一次建立后长时间传送数据的场合，其持续时间应显著大于呼叫建立时间，如文件传送、传真业务等。

虚电路分为两种：交换虚电路(Switching Virtual Circuit，SVC)和永久虚电路(Permanent Virtual Circuit，PVC)。

SVC是指在每次呼叫时用户通过发送呼叫请求分组来临时建立虚电路的方式。如果应用户预约，由网络运营者为之建立固定的虚电路，就不需要在呼叫时再临时建立虚电路，而可以直接进入数据传送阶段了，这种方式称为PVC。这种方式一般适用于业务量较大的集团用户。

2. 数据报方式

在数据报方式中，交换节点将每一个分组独立地进行处理，即每一个数据分组中都含有终点地址信息，当分组到达节点后，节点根据分组中包含的终点地址为每一个分组独立地寻找路由，因此同一用户的不同分组可能沿着不同的路径到达终点，在网络的终点需要重新排队，组合成原来的用户数据信息。

如图6.4所示，终端A有三个分组a、b、c要传送给B，在网络中，分组a通过节点2进行转接到达3，b通过1—3之间的直达路由到达3，c通过节点4进行转接到达3。由于每条路由上的业务情况(如负荷量、时延等)不尽相同，三个分组的到达不一定按照顺序，因此在节点3要将它们重新排序，再传送给B。

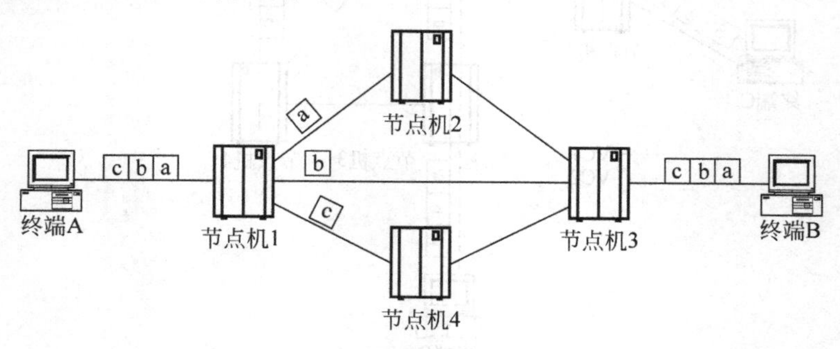

图6.4 数据报方式示意图

数据报的特点如下。

(1) 用户的通信不需要有建立连接和清除连接的过程，可以直接传送每个分组，因此对于短报文通信效率比较高。

(2) 每个节点可以自由地选路,可以避开网中的拥塞部分,因此网络的健壮性较好。对于分组的传送比虚电路更为可靠,如果一个节点出现故障,分组可以通过其他路由传送。

(3) 数据报方式的缺点:分组的到达不按顺序,在终点各分组需重新排队;并且每个分组的分组头要包含详细的目的地地址,开销比较大。

(4) 数据报使用场合:数据报适用于短报文的传送,如询问/响应型业务等。

6.3 X.25 协议

在分组通信网中,终端设备是通过接口接入分组交换机的,因此,为了使得各种终端设备都能和不同的分组交换机进行连接,接口协议就必须标准化。在分组交换网中,这个接口上的协议为 ITU-T 的 X.25 协议。由于 X.25 协议是分组交换网中最主要的一个协议,因此,有时把分组交换网又叫做 X.25 网。

6.3.1 分层结构

X.25 建议是数据终端设备(Digital Terminal Equipment,DTE)与数据电路终接设备(Data Circuit-terminating Equipment,DCE)之间的接口协议。1976 年,ITU-T 首次通过了 X.25 协议,并于 1980 年、1984 年、1988 年多次做了修改。它为利用分组交换网的数据传输系统在 DTE 和 DCE 之间交换数据和控制信息规定了一个技术标准。

X.25 协议分为三层:物理层,链路层和分组层,分别和 OSI 的下三层一一对应,如图 6.5 所示。

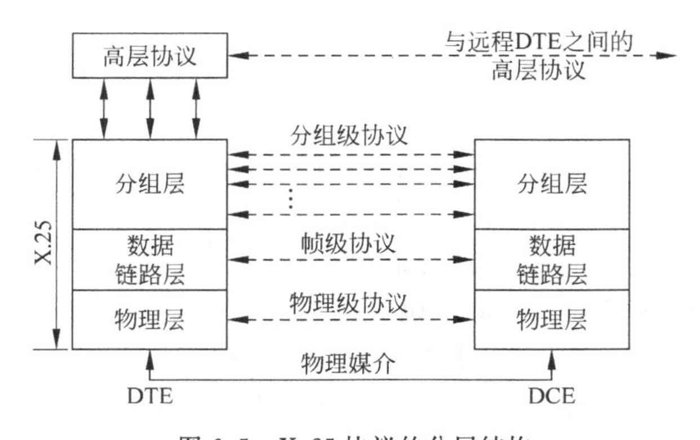

图 6.5 X.25 协议的分层结构

6.3.2 物理层

物理层定义了 DTE 和 DCE 之间建立、维持、释放物理链路的过程,包括机械、电气、功能和过程特性,相当于 OSI 的物理层。

X.25 的物理层就像是一条输送信息的管道,它不执行重要的控制功能,控制功能主要由链路层和分组层来完成。

6.3.3 数据链路层

链路层规定了在DTE和DCE之间的线路上交换X.25帧的过程。链路层规程用来在物理层提供的双向的信息传送管道上实施信息传输的控制。链路层的主要功能有：

(1) 在DTE和DCE之间有效地传输数据；

(2) 确保接收器和发送器之间信息的同步；

(3) 监测和纠正传输中产生的差错；

(4) 识别并向高层协议报告规程性错误；

(5) 向分组层通知链路层的状态。

数据链路层处理的数据结构是帧。X.25的链路层采用了高级数据链路控制规程(High Level Data Link Control,HDLC)的帧结构,并推荐它的一个子集平衡型链路接入规程(Link Access Procedures Balanced,LAPB)作为链路层规程。它通过置异步平衡方式(SABM)命令要求建立链路。用LAPB建立链路只需要两个站中的任意一个站发送SABM命令,另一站发送UA响应即可以建立双向的链路。

1. 帧结构

LAPB的帧结构如图6.6所示。

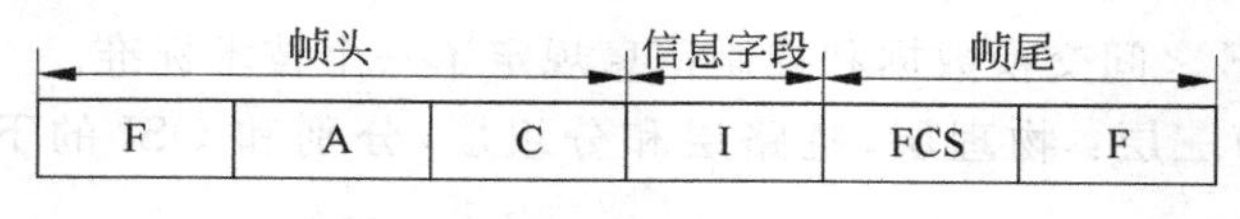

图6.6 LAPB的帧结构

标志F：帧标志,编码为01111110。F为帧的限定符,所有的帧都应以F开始和结束。

地址字段A：由一个8比特组组成,表示链路层的地址。

信息字段I：为传输用户信息而设置的,用来装载分组层的数据分组,其长度可变。在X.25中,长度限额一般为一个分组长度,即128字节或256字节。

帧校验序列FCS：包含在每个帧的尾部,长度为16比特,用来检测帧的传送过程中是否有错。FCS采用循环冗余码,可以用移位寄存器实现。

控制字段C：由一个8比特组组成,主要作用是指示帧的类型。在X.25中共定义了三类帧。

① 信息帧(I帧)：由帧头、信息字段I和帧尾组成。I帧用于传输高层的信息,即在分组层之间交换的分组,分组包含在I帧的信息字段中。I帧的C字段的第1个比特为"0",这是识别I帧的唯一标志,第2～8比特用于提供I帧的控制信息,其中包括发送顺序号N(S),接收顺序号N(R),探寻位P,这些字段用于链路层差错控制和流量控制。

② 监控帧(S帧)：没有信息字段,其作用是用来保护I帧的正确传送。监控帧的标志是C字段的第2,1位为"01"。监控帧有3种：接收准备好(RR)、接收未准备好(RNR)和拒绝帧(REJ)。RR用于在没有I帧发送时向对端发送肯定证实信息；REJ用于重发请求；RNR用于流量控制,通知对端暂停发送I帧。

③ 无编号帧(U 帧)：其作用不是用于实现信息传输的控制，而是用于实现对链路的建立和断开过程的控制。识别无编号帧的标志是 C 字段的第 2、1 位为“11”。无编号帧包括：置异步平衡方式(SABM)、断链(DISC)、已断链方式(DM)、无编号确认(UA)和帧拒绝(FRMR)等。其中，SABM、DISC 分别用于建立链路和断开链路；UA 和 DM 分别为 SABM、DISC 进行肯定和否定的响应；FRMR 表示接收到语法正确但语义不正确的帧，它将引起链路的复原。

各种帧的作用如表 6.1 所示。

表 6.1 X.25 数据链路层的帧类型

分类	名称	缩写	作　用
信息帧	—	I 帧	传输用户数据
监控帧	接收准备好	RR	向对方表示已经准备好接收下一个 I 帧
	接收未准备好	RNR	向对方表示“忙”状态，这意味着暂时不能接收新的 I 帧
	拒绝帧	REJ	要求对方重发编号从 N(R)开始的 I 帧
无编号帧	置异步平衡方式	SABM	用于在两个方向上建立链路
	断链	DISC	用于通知对方，断开链路的连接
	已断链方式	DM	表示本方已与链路处于断开状态，并对 SABM 做否定应答
	无编号确认	UA	对 SABM 和 DISC 的肯定应答
	帧拒绝	FRMR	向对方报告出现了用重发帧的办法不能恢复的差错状态，将引起链路的复原

2. 链路操作过程

数据链路层的操作分为三个阶段：链路建立、帧的传输和链路断开。

(1) 链路建立。DTE 通过发送连续的标志 F 来表示它能够建立数据链路。

原则上，DTE 或 DCE 都可以启动数据链路的建立，但一般是由 DTE 在接入时启动的。在开始建立数据链路之前，DCE 或 DTE 都能够启动链路断开过程，以确保双方处于同一阶段。DCE 还能主动发起 DM 响应帧，要求 DTE 启动链路建立过程。

这里以 DTE 发起过程为例来说明链路建立的过程。DTE 通过向 DCE 发送置异步平衡方式 SABM 命令启动数据链路建立过程，DCE 接收到后，如果认为它能够进入信息传送阶段，它将向 DTE 回送一个 UA 响应帧，则数据链路建立成功；DCE 接收到后，如果它认为不能进入信息传送阶段，它将向 DTE 回送一个 DM 响应帧，则数据链路未建立。链路建立的过程如图 6.7 所示。

(2) 帧的传输。当链路建立之后，就进入信息传输阶段，即在 DTE 和 DCE 之间交换 I 帧和 S 帧。I 帧的传输控制是通过帧的顺序编号和确认、链路层的窗口机制和链路传输计时器等功能来实现的。具体实现过程不再详细介绍，有兴趣的读者请参阅 X.25 的协议。

(3) 链路断开过程。链路断开过程是一个双向的过程，可由任意方发起。这里以 DTE 发起为例来说明链路断开的过程。若 DTE 要求断开链路，它向 DCE 发送 DISC 命令帧，若 DCE 原来处于信息传输阶段，则用 UA 响应帧确认，即完成断链过程；若 DCE 原来已经处于断开阶段，则用 DM 响应帧确认。链路断开的过程如图 6.8 所示。

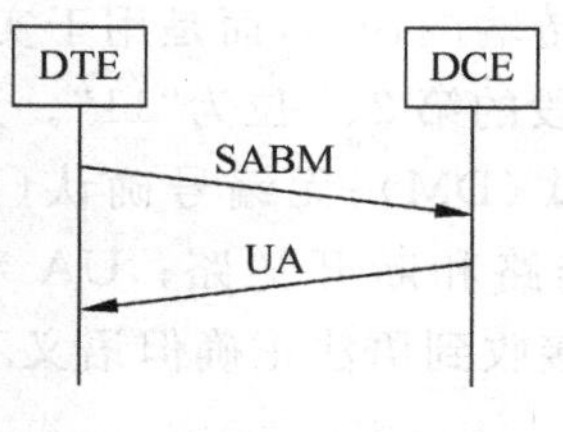

图 6.7 链路建立的过程

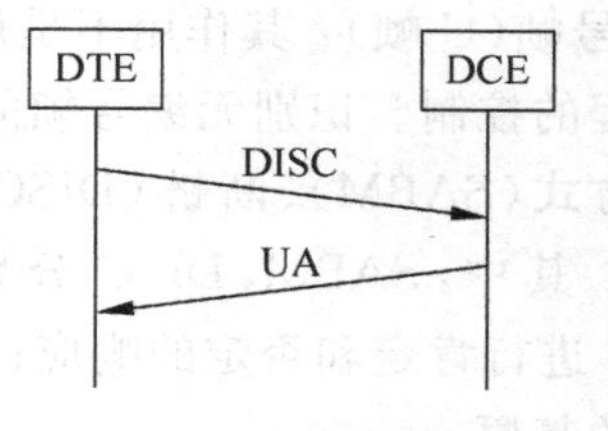

图 6.8 链路断开的过程

6.3.4 分组层

X.25 的分组层利用链路层提供的服务在 DTE-DCE 接口上交换分组。它将一条数据链路按统计时分复用的方法划分为许多个逻辑信道，允许多台计算机或终端同时使用，以充分利用数据链路的传输能力和交换机资源，实现通信能力和资源的按需分配。

在分组层，交换机要为用户提供交换虚电路和永久虚电路，并为每次呼叫提供一个逻辑信道，进行有效的分组传输，包括顺序编号、分组的确认和流量控制过程等。

1. 分组格式

X.25 的分组层定义了每一种分组的类型和功能。分组的格式如图 6.9 所示，它由分组头和分组数据两部分组成。

(1) 通用格式识别符 GFI：包含 4 比特，它为分组定义了一组通用功能。GFI 的格式如图 6.10 所示。其中，Q 比特用来区分传输的分组包含的是用户数据还是控制信息，Q=0 时为用户数据，Q=1 时为控制信息。D 比特用来区分数据分组的确认方式，D=0 表示数据分组由本地确认(在 DTE-DCE 接口上确定)，D=1 表示数据分组进行端到端(DTE-DTE)确认。SS=01 表示按模 8 方式工作，SS=10 表示按模 128 方式工作。

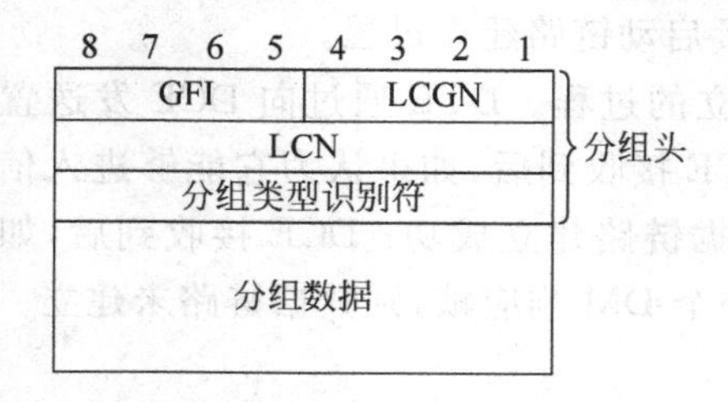

图 6.9 X.25 的分组格式

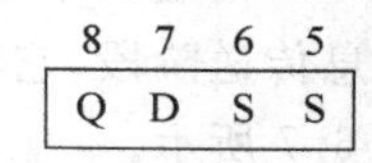

图 6.10 分组头 GFI 的格式

(2) 逻辑信道群号 LCGN 和逻辑信道号 LCN：共 12 比特，用于区分 DTE-DCE 接口上许多不同的逻辑信道。X.25 分组层规定一条数据链路上最多可分配 16 个逻辑信道群，各群用 LCGN 区分；每群内最多可有 256 条逻辑信道，用信道号 LCN 区分。除了第 0 号逻辑信道有专门用途外，其余 4095 条逻辑信道均可分配给虚电路使用。

(3) 分组类型识别符：共 8 比持，用来区分各种不同的分组。X.25 的分组层共定义了 4 大类 30 个分组。分组类型如表 6.2 所示。

表 6.2 X.25 定义的分组类型

类型		DTE→DCE	DCE→DTE	功能
呼叫建立分组		呼叫请求 呼叫接受	入呼叫 呼叫连接	在两个 DTE 之间建立 SVC
数据传送分组	数据分组	DTE 数据	DCE 数据	两个 DTE 之间传送用户数据
	流量控制分组	DTE RR DTE RNR DTE REJ	DCE RR DCE RNR	流量控制
	中断分组	DTE 中断 DTE 中断证实	DCE 中断 DCE 中断证实	加速传送重要数据
	登记分组	登记请求	登记证实	申请或停止可选业务
恢复分组	复位分组	复位请求 DTE 复位证实	复位指示 DCE 复位证实	复位一个 SVC
	重启动分组	重启动请求 DTE 重启动证实	重启动指示 DCE 重启动证实	重启动所有 SVC
	诊断分组	—	诊断	诊断
呼叫清除分组		清除请求 DTE 清除证实	清除指示 DCE 清除证实	释放 SVC

2. 分组层处理过程

分组层定义了 DTE 和 DCE 之间传输分组的过程。

如前所述，X.25 支持两类虚电路连接：交换虚电路和永久虚电路。SVC 要在每次通信时建立虚电路，而 PVC 是由运营商设置好的，不需要每次建立。因此，对于 SVC 来说，分组层的操作包括呼叫建立、数据传输、呼叫清除三个阶段；而对于 PVC 来说，只有数据传输阶段的操作，无呼叫建立和清除过程。

(1) SVC 的呼叫建立过程。正常的呼叫建立过程如图 6.11 所示。当主叫 DTE1 想要建立虚呼叫时，它就在至交换机 A 的线路上选择一个逻辑信道(图 6.11 中为 253)，并发送呼叫请求分组，如表 6.3 所示。该“呼叫请求”分组中包含了可供分配的高端 LCN 和被叫 DTE2 地址。

表 6.3 中，前三个字节为分组头，GFI、LCGN、LCN 的意义如前所述，第三个字节即分组类型识别符为 00001011，表示这是一个呼叫请求分组。在数据部分包含有详细的被叫 DTE2 地址和主叫 DTE1 地址。

表 6.3 呼叫请求分组的格式

GFI	LCGN
LCN	
0 0 0 0 1 0 1 1	
主叫 DTE1 地址长度	被叫 DTE2 地址长度
被叫 DTE2 地址	
被叫 DTE2 地址	0 0 0 0
主叫 DTE1 地址	
主叫 DTE1 地址	0 0 0 0
其他信息	

源端交换机 A 收到 DTE1 送来的呼叫请求分组后，要根据被叫 DTE2 的地址判断被叫 DTE2 所连接的终端交换机 C，然后查 A 的路由表选择去往终端交换机 C 的路由。假设选择的路由要经过交换机 B 进行转接，则交换机 A 将该呼叫请求分组转换成网络内部规程格式，转发至交换机 B，然后再通过交换机 B 传送到终端交换机 C。为了理解容易，这里假设网络内部也采用 X.25 协议进行虚电路连接。这样，每个交换机进行路由选择后，都要选择一个逻辑信道将该分组传送到下一交换机或被叫终端。由于每一段线路上所选择的 LCN 并不相同，因此每个交换机中要建立一张转发表，表示入端 LCN 和出端 LCN 之间的映射关系。图 6.11 中表(a)、表(b)、表(c)分别是交换机 A、B、C 中建立的转发表。表(a)表示从入端口 DTE1 的 253 号逻辑信道来的信息要转发至出端口 B 交换机的 20 号逻辑信道，表(b)表示了从入端口交换机 A 的 20 号逻辑信道来的信息要转发至出端口交换机 C 的 78 号逻辑信道，此时终端交换机 C 再将网络规程格式的呼叫请求分组转换为入呼叫分组，并选择一个逻辑信道发送给被叫 DTE2。表(c)则表示了从入端口交换机 B 的 78 号逻辑信道来的信息要通过 10 号逻辑信道发送至被叫 DTE2。

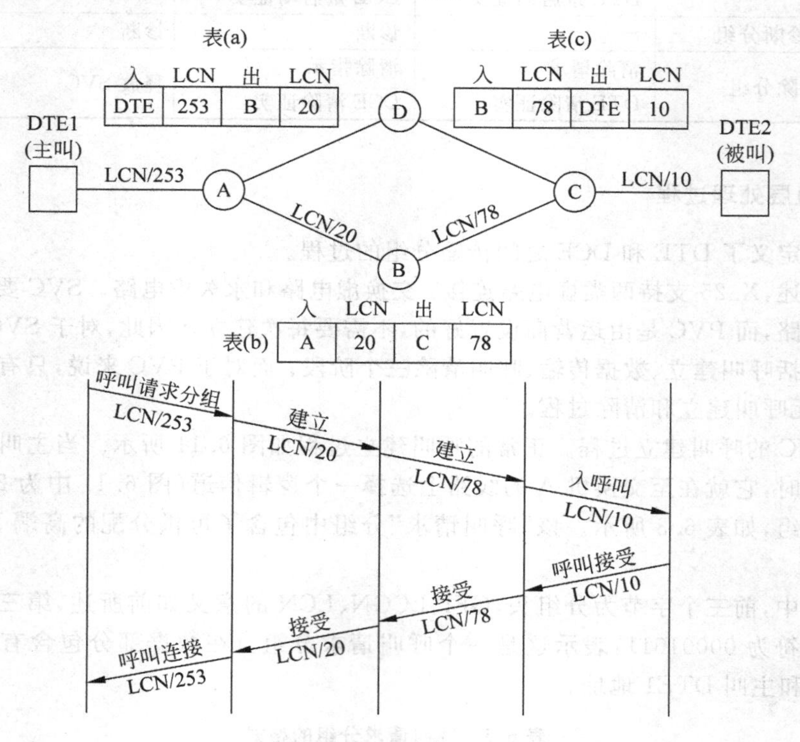

图 6.11 呼叫建立过程

若被叫 DTE2 可以接受呼叫，则向交换机 C 发送“呼叫接受”分组，表示同意建立虚电路，该分组中的 LCN 必须与“入呼叫”分组中的 LCN(10)相同。交换机 C 接收到“呼叫接受”分组后，通过网络规程传送到交换机 B，交换机 B 再送给交换机 A，交换机 A 发送呼叫连接分组到主叫 DTE1，此呼叫连接分组中的 LCN 与呼叫请求分组中的 LCN(253)相同。主叫 DTE1 接收到呼叫连接分组之后，表示主叫 DTE1 和被叫 DTE2 之间的虚电路已经建立。此时，可以进入数据传输阶段。

(2) 数据传输阶段。当主叫 DTE1 和被叫 DTE2 之间完成了虚呼叫的建立之后，就进入了数据传输阶段，DTE1 和 DTE2 对应的逻辑信道就进入数据传输状态。此时，在两个 DTE 之间交换的分组包括数据分组、流量控制分组和中断分组。

无论是 PVC，还是 SVC，都有数据传输阶段。在数据传输阶段，交换机的主要作用是逐个转发分组。由于虚电路已经建立，属于该虚电路的分组将顺序沿着这条虚电路进行传输，此时分组头中将不再需要包含目的地的详细地址，而只需要有逻辑信道号即可。在每个交换节点上，要将分组进行存储，然后进行转发。转发是指根据分组头中的 LCN 查相应的转发表，找到相应的出端口和出端的 LCN，用该 LCN 替换分组头中的入端口 LCN，然后将分组在指定的出端口进行排队，等到有空闲资源时，将分组传送至线路上。

(3) SVC 的呼叫清除过程。在虚电路任何一端的 DTE 都能够清除呼叫。呼叫清除过程将导致与该呼叫有关的所有网络信息被清除，所有网络资源被释放。

呼叫清除的过程如图 6.12 所示。主叫 DTE1 发送清除请求分组给交换机 A，再通过网络到达交换机 C，交换机 C 发清除指示分组给被叫 DTE2，被叫 DTE2 用清除证实分组予以响应。该清除证实分组送到交换机 C，再通过网络传到交换机 A，交换机 A 再发送清除证实到主叫 DTE1。完成清除协议之后，虚呼叫所占用的所有逻辑信道都被释放。

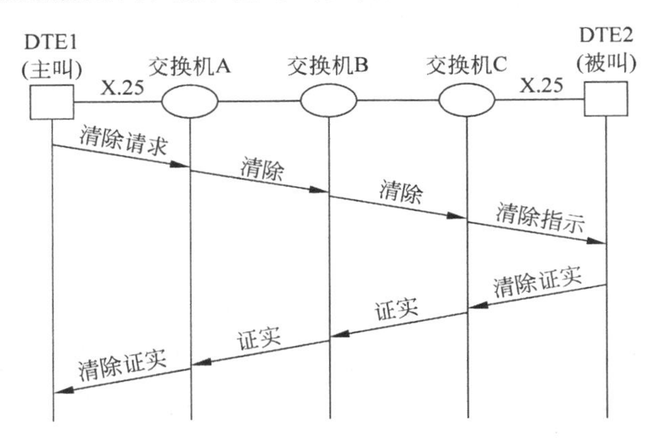

图 6.12　呼叫清除过程

6.4 分组交换机

6.4.1 分组交换机在分组网中的作用

分组交换机是分组网中的核心设备，在虚电路和数据报两种方式下，交换机的作用有所不同。

1. 虚电路方式下分组交换机的作用

单从交换的角度看，在虚电路方式下，分组交换机的主要作用有两个。

(1) 路由选择。呼叫建立阶段，分组交换机要按照用户的要求进行路由选择，在源点和终点的用户终端设备之间建立起一条虚电路，在这个虚电路所经过的每段链路上，都有一个逻辑信道来传送属于该虚电路的信息。因此,在选择路由的同时,交换机内部要建立起一个出/入端与逻辑信道号之间的映射关系,即转发表,以便属于该虚电路的分组均沿着同一条虚电路到达终点。在呼叫拆除阶段,交换机要负责拆除虚电路,释放每段链路上的逻辑信道资源。

(2) 分组的转发,即按转发表进行转发分组。在信息传输阶段,交换机要按照转发表中的映射关系,把某一入端逻辑信道中送来的分组信息转发到对应的出端,进行排队,当出端口有相应的带宽时,在对应的逻辑信道中转发出去。

2. 数据报方式下分组交换机的作用

数据报方式下不需要进行连接建立和连接拆除的过程,只有信息的传送过程。此时,每个交换机对来自用户的每个分组都要进行路由的选择。一旦选好路由,就将该分组直接进行转发,而不需要转发表。当下一分组到来时,再重新进行路由选择。

6.4.2 分组交换机的功能结构

由于 ITU-T 只对分组交换网和终端之间的互连方式做了规范,而对网内的设备如交换机之间的协议并未做规范,因此各个厂家的内部协议并不统一,生产的分组交换机也是多种多样,不尽相同,但其完成的基本功能是一样的。从功能上讲,分组交换机一般由四个主要功能部件组成:接口功能模块、分组处理模块、控制模块和维护操作与管理模块,如图 6.13 所示。

1. 接口功能模块

接口功能模块负责分组交换机和用户终端之间或与其他交换机之间的互连,包括中继接口模块和用户接口模块。接口功能模块完成接口的物理层功能,定义了用户线和中继线接入分组交换机时的物理接口,包括机械、电气、功能、规程等特性。

分组交换机中常用的物理接口包括 ITU-T 的 X. 21、X. 21bis、V. 24 等。X. 21 是一种高速物理层接口,可以支持高达 10Mb/s 的链路速率,适用于全数字网。X. 21bis 和 V. 24 兼容,两者的电气接口都采用 V. 28,即著名的 RS-232,可以支持直至 19. 2kb/s 的链路速率。

2. 分组处理模块

分组处理模块的主要任务是实现分组的转发。在采用虚电路和数据报的情况下处理稍有不同。

在数据报情况下,分组处理模块将从接口上送来的分组按照分组头上的目的地址进行路由选择后,从另一接口转发出去。

若采用虚电路方式,在信息传输阶段,分组处理模块将从接口上送来的分组按照分组头上的逻辑信道号按转发表的要求从另一接口转发出去。此时交换模块对接收到的分组进行严格的检查,交换机中保存每一个虚呼叫的状态,据此检查接收的分组是否和其所属呼叫的状态相容,这样可以对分组进行流量控制。

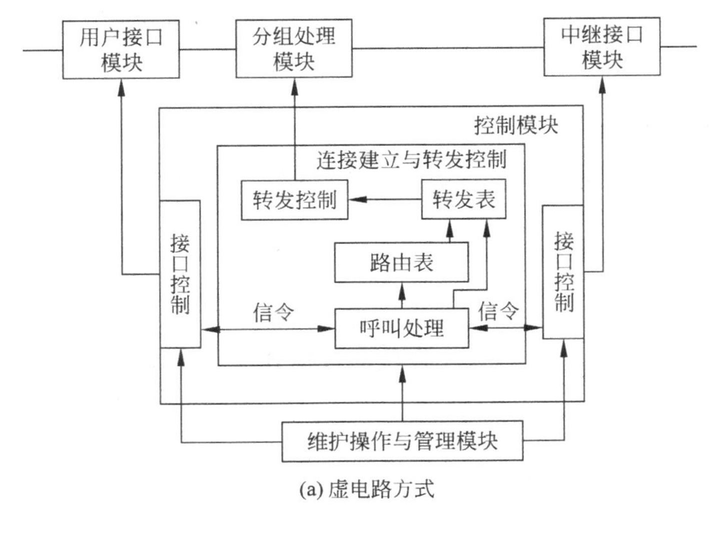

(a) 虚电路方式

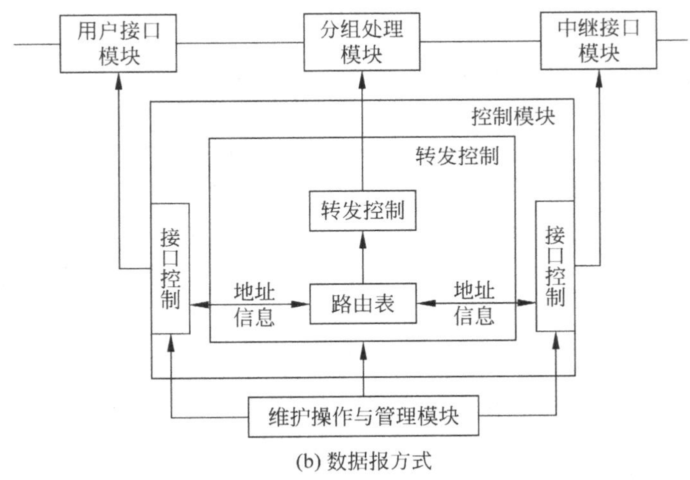

(b) 数据报方式

图 6.13 分组交换机的功能结构

3. 控制模块

控制模块完成对分组处理模块和接口模块的控制。控制模块的作用主要有两个。

(1) 连接建立与转发控制。在虚电路和数据报的情况下,处理稍有不同。

① 对于虚电路方式:如图 6.13(a)所示,在呼叫建立阶段,控制模块根据用户的呼叫要求(信令信息)进行呼叫处理,并根据路由表进行路由选择,建立虚电路并生成转发表;而在信息传输阶段,要按照转发表,控制分组的转发过程。

② 对于数据报方式:只有信息传输阶段,如图 6.13(b)所示,交换机根据分组头的地址信息查询路由表,直接将分组进行转发,不需要进行呼叫处理和生成转发表。

(2) 接口控制。完成 X.25 链路层的功能,如差错控制和流量控制。在 X.25 中,数据链路层要进行逐段链路上的差错控制和流量控制,这是靠 I 帧和 S 帧的 C 字段中的发送顺序号 N(S)、接收顺序号 N(R)、探寻/最终位 P/F 等进行的,包括帧的确认、重发机制、窗口机制等控制措施；在分层组，要对每条虚电路进行差错控制和流量控制，其控制机理与链路层相似，但控制的层次不同。

4. 维护操作与管理模块

该模块完成对分组交换机各部分的维护操作和管理功能。

6.4.3 分组交换机的指标体系

衡量一个分组交换机的性能指标主要由以下几种。

(1) 分组吞吐量：表示每秒通过交换机的数据分组的最大数量。在给出该指标时，必须指出分组长度，通常为 128 字节/分组。一般小于 50 分组/秒的为低速率交换机，50～500 分组/秒的为中速率交换机，大于 500 分组/秒的为高速率交换机。

分组吞吐量常用业务量发生器测试。业务量发生器与分组交换机的两个端口分别相连，一个用于发送，另一个用于接收。在分组交换机的处理能力达到极限之前的最大分组发送速率即为分组交换机的分组吞吐量。

(2) 链路速率：指交换机能支持的链路的最高速率。一般小于 19.2kb/s 的为低速率链路，(19.2～64)kb/s 的为中速率链路，大于 64kb/s 为高速率链路。

(3) 并发虚呼叫数：指的是交换机可以同时处理的虚呼叫数。

(4) 平均分组处理时延：指的是将一个数据分组从输入端口传送至输出端口所需的平均处理时间。在给出该指标时也必须指出分组长度。

(5) 可靠性：包括硬件可靠性和软件可靠性。可靠性用平均故障间隔时间 MTBF 来表示。

(6) 可利用度：指的是交换机运行的时间比例，它与硬件故障的平均修复时间及软件故障的恢复时间有关。平均故障修复时间 MTTR 是指从出现故障开始到排除故障，网络恢复正常工作为止的时间。可用性 A 可以用平均故障间隔时间 MTBF 和平均故障修复时间 MTTR 来表示

$$A=\frac{\text{MTBF}}{\text{MTBF}+\text{MTTR}}$$

(7) 提供用户可选补充业务和增值业务的能力：指交换机给用户提供的业务除基本业务外，还能提供哪些供用户可选的补充业务和增值业务。

6.5 帧中继技术

从前面叙述可知，分组交换采用 ITU-T X.25 协议，其协议控制复杂，要逐段进行链路上的差错控制、流量控制，因此分组交换机的处理速度慢，时延较大，不能很好地满足实时性业务的需要。这是由于 X.25 产生的时代是模拟通信占主导作用的时代，模拟传输的特点是误码率高，线路带宽小，因此要采用复杂的差错控制和流量控制机制来保证数据传输的可靠性。

帧中继(Frame Relay，FR)技术的出现反映了用户应用要求、数据通信和传输设备方面

的更新。从用户应用要求方面来看，通过局域网 LAN 连接的智能个人计算机和工作站的应用越来越广泛。这种应用的主要特性之一是要求高的传输速率，而不是传输信息量的大小，其目的是要获得短的响应时间，通常要求在 LAN 之间具有 1.544Mb/s 或 2.048Mb/s 的速率，有时也采用 64kb/s 的速率。在未采用帧中继技术之前，这种要求一般是用专线满足的。LAN 和 LAN 之间通信的另一个特性是信息传输的突发性，也就是说在信息传输的过程中常常有很长的空闲时间，即使是图形或图像信息的传输也具有突发信息量的特性，这样，使得为了满足系统响应时间而使用的昂贵的高速线路的利用率很低。而帧中继技术可以给用户提供高速率、高吞吐量、低时延的业务，满足用户实时性业务、宽带业务的需要。从数据通信和传输设备方面来看，现代的通信系统中，已大量地使用了光纤来进行传输，光纤的误码率非常低（达到 10^{-9} 以下），同时由于采用了先进的复用技术，带宽也非常宽，因此，逐段链路的差错控制和流量控制机制显得就不那么必要了，可以将其简化，以加快交换机的处理速度。

所有这些，都促进了帧中继技术的发展。帧中继主要应用在广域网 WAN 中，支持多种数据业务，如局域网互连、计算机辅助设计、计算机辅助制造、文件传送、图像查询业务、图像监视等。

6.5.1　帧中继的基本原理及技术特点

帧中继是在 OSI 参考模型第二层（数据链路层）的基础上采用简化协议传送和交换数据的一种技术，由于第二层的数据单元为帧，故称之为帧中继。它是 X.25 分组网在光纤传输、用户终端日益智能化的条件下的发展。它仅完成物理层和链路层核心层的功能，而将流量控制、纠错等复杂的控制交给智能终端去完成，大大简化了节点机之间的协议。

1. 帧中继的协议模型

帧中继的协议结构如图 6.14 所示。

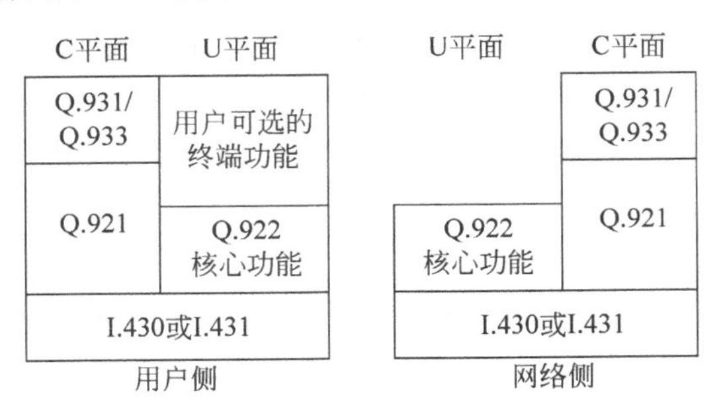

图 6.14　帧中继的协议结构

帧中继包括两个操作平面。

- 控制平面(C-plane)：用于建立和释放逻辑连接，传送并处理呼叫控制信息。
- 用户平面(U-plane)：用于传送用户数据和管理信息。

(1) 控制平面（简称 C 平面）包括三层。第三层规范使用 ITU-T 的建议 Q.931/Q.933 定义了帧中继中的信令过程，包括提供永久虚连接 PVC 业务的管理过程，交换虚连接 SVC 业务的呼叫建立和拆除过程。第二层的 Q.921 协议是一个完整的数据链路协议——D 信道链路接入规程(Link Access Procedures on the D-channel,LAPD),它在C平面中为Q.931/Q.933的控制信息提供可靠的传输。C平面协议仅在用户和网络之间操作。

(2) 用户平面(简称U平面)使用了ITU-T Q.922协议,即帧方式链路接入规程(Link Access Procedures to Frame Mode Bearer Services,LAPF),帧中继只用到了Q.922中的核心部分,称为DL-Core。

(3) DL-Core的功能包括:

① 帧定界、同步和透明传输;

② 用地址字段实现帧多路复用和解复用;

③ 对帧进行检测,确保0比特插入前/删除后的帧长是整数个字节;

④ 对帧进行检测,确保其长度不至于过长或过短;

⑤ 监测传输差错,将出错的帧舍弃(帧中继中不进行重发);

⑥ 拥塞控制。

作为数据链路层的子层,U平面的核心功能只提供无应答的链路层数据传输帧的基本服务,提供从一个用户到另一个用户传送数据链路帧的基本功能。

2. 帧中继的帧格式

在帧中继接口(用户线接口和中继接口),ITU-T Q.922核心功能所规定的帧中继的帧格式如图6.15所示。

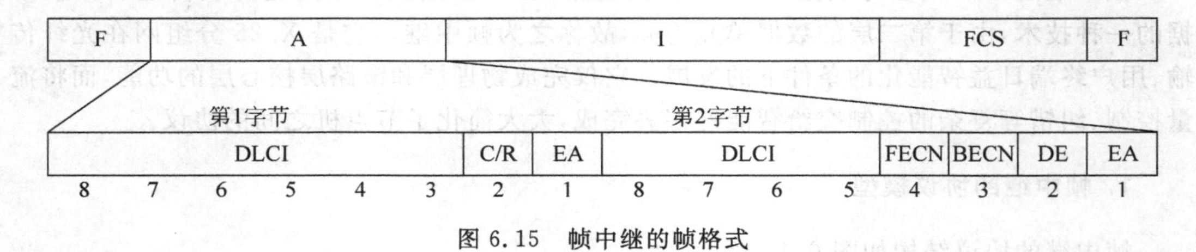

图6.15 帧中继的帧格式

可以看出,帧中继的帧格式和LAPB的格式类似,最主要的区别是帧中继的帧格式中没有控制字段C。帧格式中各字段的含义如下。

(1) 标志字段F。标志字段是一个01111110的比特序列,用于帧同步、定界(指示一个帧的开始和结束)。

(2) 地址字段A。地址字段一般为2字节,也可扩展为3或4字节,用于区分不同的帧中继连接,实现帧的复用。当地址字段为2个字节时,其结构如表6.4所示。

表6.4 地址字段的格式

DLCI(高阶比特)			C/R	EA0
DLCI(低阶比特)	FECN	BECN	DE	EA1

数据链路连接标识符(Data Link Connection Identifier,DLCI):当采用2字节的地址字段时,DLCI占10位,其作用类似于X.25中的LCN,用于识别UNI接口或NNI接口上的永久虚连接、呼叫控制或管理信息。其中,DLCI=16~1007共992个地址供帧中继使用,在专设的一条数据链路连接(DLCI=0)上传送呼叫控制消息,其他值保留或用于管理信

息。与 X.25 的逻辑信道号 LCN 相似，对于标准的帧中继接口，DLCI 只有局部（或本地）意义。

命令/响应：命令/响应与高层应用有关，帧中继本身并不使用，它透明通过帧中继网络。

扩展地址 EA：当 EA 为 0 时，表示下一个字节仍为地址字段；当 EA 为 1 时，表示下一个字节为信息段的开始。依照此法，地址字段可扩展为 3 字节或 4 字节。

正向显式拥塞通知 FECN：用于帧中继的拥塞控制，用来通知用户启动拥塞控制程序。若某节点将 FECN 置为 1，则表明与该帧同方向传输的帧可能受到网络拥塞的影响产生时延。

反向显式拥塞通知 BECN：若某节点将 BECN 置为 1，即指示接收端，与该帧相反方向传输的帧可能受网络拥塞的影响产生时延。

丢弃指示 DE：用于帧中继网的带宽管理。若 DE 为 1，则表明网络发生拥塞时，为了维持网络的服务水平，该帧与 DE 为 0 的帧相比应先丢弃。

(3) 信息字段。用户数据应由整数个字节组成。帧中继网允许用户数据长度可变，最大长度可由用户与网络管理部门协商确定，最小长度为 1 个字节。

(4) 帧校验序列 FCS。帧校验序列 FCS 为一个 16 比特的序列，用来检查帧通过链路传输时是否有差错。

3. 帧中继的交换原理

(1) 帧的转发过程。帧中继起源于分组交换技术，它取消了分组交换技术中的数据报方式，而仅采用虚电路方式，向用户提供面向连接的数据链路层服务。

类似于分组交换，帧中继也采用了统计复用技术，但它是在链路层进行统计复用的，这些复用的逻辑链路是用 DLCI 来标识的。类似于 X.25 中的 LCN，当帧通过网络时，DLCI 并不指示目的地址，而是标识用户和网络节点以及节点与节点之间的逻辑虚连接。帧中继中，由多段 DLCI 的级联构成端到端的虚连接(X.25 中称为虚电路)，可分为交换虚连接 SVC 和永久虚连接 PVC。由于标准的成熟程度，用户需求以及产品情况等原因，目前在网中只提供永久虚电路业务。无论是 PVC 还是 SVC，帧中继的虚连接都是通过 DLCI 来实现的。

当帧中继网只提供 PVC 时，每一个帧中继交换机中都存在 PVC 转发表，当帧进入网络时，帧中继通过 DLCI 值识别帧的去向。其基本原理与分组交换过程类似，所不同的是：帧中继在链路层实现了网络(线路和交换机)资源的统计复用，而分组交换(X.25)是在分组层实现统计时分复用的。帧中继中的虚连接是由各段的 DLCI 级联构成的，而 X.25 的虚电路是由多段 LCN 级联构成的。

帧中继网中，一般都由路由器作为用户，负责构成帧中继的帧格式。如图 6.16 所示，路由器在帧内置 DLCI 值，将帧经过本地 UNI 接口送入帧中继交换机，交换机首先识别到帧头中的 DLCI，然后在相应的转发表中找出对应的输出端口和输出的 DLCI，从而将帧准确地送往下一个节点机。如此循环往复，直至送到远端 UNI 处的用户，途中的转发都是按照转发表进行的。在图 6.16 中，已建立了三条 PVC。

PVC1 为路由器 1 到路由器 2：25—35。

PVC2 为路由器 1 到路由器 3：35—45—55—65。

PVC3 为路由器 1 到路由器 4：20—30—40。

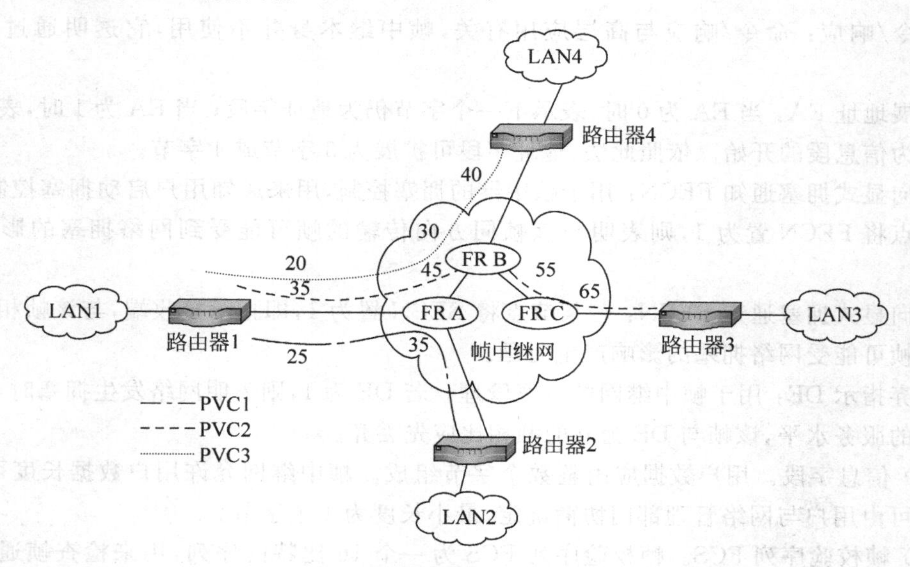

图 6.16 帧中继的交换原理

各交换机内部都建立相应的转发表，如表 6.5、表 6.6 和表 6.7 所示。如对于 PVC2，交换机 A 收到 DLCI＝35 的帧后，查询转发表，得知下一节点为交换机 B，DLCI＝45，则交换机 A 将 DLCI＝35 映射到 DLCI＝45，并通过 A—B 的输出线转发出去，帧到达交换机 B 时，完成类似的操作，将 DLCI＝45 映射到 DLCI＝55，转发到交换机 C，C 将 DLCI＝55 映射到 DLCI＝65 转发到路由器 3，从而完成用户信息的交换。

表 6.5 交换机 A 转发表

输入端	DLCI	输出端	DLCI
路由器 1	20	交换机 B	30
路由器 1	25	路由器 2	35
路由器 1	35	交换机 B	45

表 6.6 交换机 B 转发表

输入端	DLCI	输出端	DLCI
交换机 A	30	路由器 4	40
交换机 A	45	交换机 C	55

表 6.7 交换机 C 转发表

输入端	DLCI	输出端	DLCI
交换机 B	55	路由器 3	65

在帧中继网中，节点机一旦收到帧的首部，就立即开始转发此帧，即在帧的尾部还未收到之前，交换机就可将帧的首部发送到下一相邻的交换机。显然，帧中继网中的节点这样对

帧进行处理是以所传送的帧基本不出错为前提的。但若帧出现传输差错，又该如何处理呢？帧校验序列检错是只有在整个帧完全收完后节点才能处理，但当帧中继的节点监测到出错时，帧的大部分可能已转发到下一个节点了。解决这个问题的方法是：当监测到有误码的节点时，应立即中断这次传输，当中断传输的指示下达到下一个节点后，下一个节点就立即中断该帧的转发，至此，该帧就从网内消除。帧中继网内将会丢弃有错的帧，不再像 X.25 网中那样采用重传机制，而是将差错的恢复由网内转移到用户终端负责。这就表明，帧中继设备不必像 X.25 网中的交换机那样，在接收到确认消息之前要保存数据。

(2) 帧中继的 PVC 管理。帧中继为计算机用户提供高速数据通道，因此帧中继网提供的多为 PVC 连接。任何一对用户之间的虚电路连接都是由网络管理功能预先定义的，如果数据链路出现故障，要及时将故障状态的变化及 PVC 的调整通知用户，这是由本地管理接口(Local Management Interface，LMI)管理协议负责的。

PVC 管理是指在接口间交换一些询问和状态信息帧，以使双方了解对方的 PVC 状态情况。PVC 管理包括两部分：用于 UNI 接口的 PVC 管理协议和用于 NNI 接口的 PVC 管理协议。这里将以 UNI 接口的 PVC 管理为例详细说明，NNI 的 PVC 管理协议与此基本相同。

PVC 管理可完成以下功能：

① 链路完整性证实；

② 增加 PVC 通知；

③ 删除 PVC 通知；

④ PVC 状态通知(激活状态或非激活状态)。

LMI 管理协议定义了两个消息：状态询问 STATUS ENQUIRY 消息和状态响应消息 STATUS。在 UNI 之间，通过单向周期性地交换 STATUS ENQUIRY 和 STATUS 消息来完成以上功能，这种周期称为轮询周期。

UNI 接口的 PVC 管理示意图如图 6.17 所示，其过程如下。

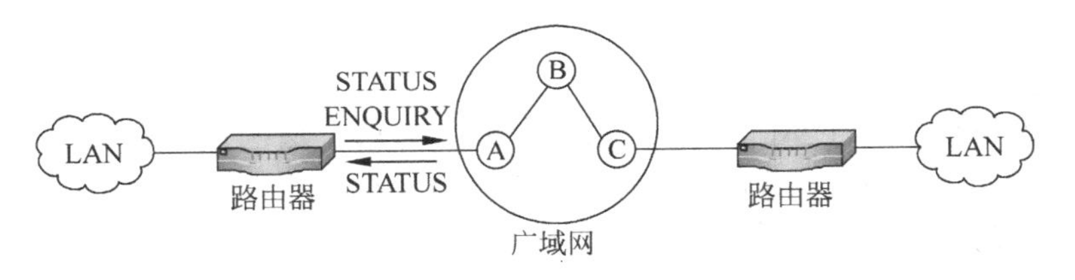

图 6.17 UNI 接口的 PVC 管理

① 由用户端发出状态询问信息 STATUS ENQUIRY，目的是为了检验数据链路是否工作正常(Keep Alive)，同时发起端的计时器 T 开始计时，T 的间隔即为每一个轮询的时间间隔；若 T 超时，则重发 STATUS ENQUIRY。同时，发起端的计数器 N 也开始计数(N 的周期数可人工设定或取缺省值)，在发送 N 个用来检验数据链路是否工作正常的 STATUS ENQUIRY 后，用户发出一个询问端口上所有 PVC 状态的 STATUS ENQUIRY。

② 轮询应答端收到询问信息后，以状态信息 STATUS 应答状态询问信息 STATUS ENQUIRY，该信息可能是链路正常工作的应答信息，也可能是所有 PVC 的状态信息。

虽然 PVC 管理协议增加了帧中继的复杂性，但这样能保证网络可靠运行，满足用户的服务质量。

(3) 呼叫控制协议。呼叫控制协议的功能是建立和释放 SVC。这是帧中继的增强部分协议。

呼叫建立消息共有三个：setup(呼叫建立)、call proceeding(呼叫进展)和 connect(连接)。建立过程如图 6.18(a)所示。

呼叫建立消息中最重要的是 setup 消息，它包含的主要信息单元为：主叫地址、被叫地址、DLCI 和链路层核心参数。被叫地址供网络选路用。DLCI 为分配给该 SVC 的本地数据链路，一般由网络选定，但主叫用户亦可提供优选的链路。链路层核心参数包括帧信息字段最大长度和有关带宽控制的参数等。

呼叫释放消息也有三个：disconnect(拆链)、release(释放)和 release complete(释放完成)。释放过程如图 6.18(b)所示。

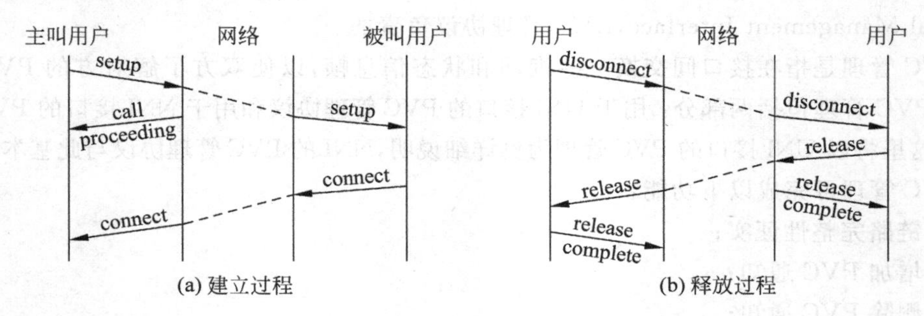

图 6.18　SVC 的建立和释放过程

应该说明的是，虽然帧中继的标准有关于 SVC 的上述的信令过程，但由于目前应用的帧中继网中都为 PVC，而 PVC 并无呼叫建立和释放过程，因此，SVC 的建立和释放在实际中并没有应用。帧中继中的信令主要是 PVC 的管理功能。

4. 帧中继的技术特点

从帧中继的协议体系可以看出，与 X.25 分组交换相比，帧中继技术的特点如下。

(1) 帧中继协议取消了 X.25 的分组层功能，只有两个层次：物理层和数据链路层，使网内节点的处理大为简化。在帧中继网中，一个节点收到一个帧时，大约只需执行 6 个监测步骤，而 X.25 中约需执行 22 个步骤。实验结果表明：采用帧中继时一个帧的处理时间可以比 X.25 的处理时间减少一个数量级，因而提高了帧中继网的处理效率。

(2) 用户平面和控制平面分离。

(3) 传送的基本单元为帧，帧的长度是可变的，允许的最大长度为 1KB，要比 X.25 网的缺省分组 128B 长，特别适合于封装局域网的数据单元，减少了分段与重组的处理开销。

(4) 在数据链路层完成动态统计时分复用、帧透明传输和差错检测。与 X.25 网不同，帧中继网内节点若检测到差错，就将出错的帧丢弃，不采用重传机制，减少了帧序号、流量控制、应答等开销，由此减少了交换机的处理时间，提高了网络吞吐量，降低了网络时延。例如 X.25 网内每个节点由于帧检验产生的时延为 5～10ms，而帧中继节点的处理时延小于 1ms。

(5) 帧中继技术提供了一套有效的带宽管理和拥塞控制机制，使用户能合理传送超出约定带宽的突发性数据，充分利用了网络资源。

(6) 帧中继现在可提供用户的接入速率在 64kb/s～2.048Mb/s 范围内，以后还可更高。

(7) 帧中继采用了面向连接的工作模式，可提供 PVC 业务和 SVC 业务。但由于帧中继 SVC 业务在资费方面并不能给用户带来明显的好处，实际上目前主要用 PVC 方式实现局域网的互连。

6.5.2 帧中继交换机

帧中继交换机是帧中继网中的核心设备，其主要功能包括：用户接入、中继连接、转发控制、管理功能以及与其他网络互通的能力。以下主要介绍帧中继交换机的管理功能，包括带宽管理和拥塞控制等。

1. 带宽管理

带宽管理是指网络对每条虚连接上传送的用户数据量进行监控，以保证带宽资源在用户间的合理分配。

每一用户接入帧中继网时使用下列约定的四个参数：

(1) 承诺的时间间隔 T_c(Committed Time Interval)：网络监视一条虚连接上传送的用户数据量所采用的时间间隔。一般地，T_c 和业务的突发性成正比，一般选取范围大致为几百毫秒到 10 秒。

(2) 承诺的信息速率(Committed Information Rate，CIR)：正常情况下网络对用户承诺的用户数据传送速率，它是 T_c 时间段内的平均值。

(3) 承诺的突发长度 B_c(Committed Burst Size)：正常情况下，在 T_c 时间段内网络允许用户传送的最大数据量(单位为 bits)。

(4) 超量突发长度 B_e(Excess Burst Size)：T_c 时间段内，网络能够给用户传送的超过 B_c 部分的最大数据量。

每个帧中继用户在使用服务之前，应与网络约定一条虚连接上的 B_e、B_c、CIR 值，网络在 T_c 时间段内对每条虚连接上的数据量进行监测，根据监测结果进行带宽的调整，如图 6.19 所示。

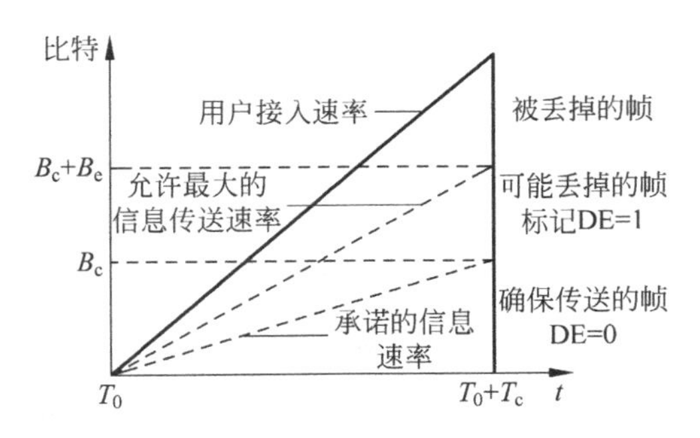

图 6.19 帧中继的带宽管理

控制过程如下。

(1) 若测得的比特数≤B_c，说明用户的速率小于 CIR，网络节点应继续转发这些帧。在正常情况下，应保证这些帧传送到目的地；

(2) 若 B_c≤测得的比特数≤B_c+B_e，则说明用户的传输速率已超过CIR，但仍在约定范围内，网络将 B_e 部分的帧DE置为1后转发。若网络无严重拥塞，则努力把这类帧传送到目的地。一旦出现拥塞，将首先丢弃这些DE=1的帧；

(3) 若测得的比特数>B_c+B_e，说明用户已经严重违约，则网络应丢掉超过 B_c+B_e 部分的所有的帧。

2. 拥塞控制

帧中继网中，为了简化协议，提高节点机的处理速度，就将流量控制和差错控制都交给了高层。但这样做可能会使得数据网络出现拥塞危险，因此要采取一定的措施来尽量减少这种拥塞的出现。

从图6.20中可以看出，一开始当网络负载增加时，随着入网信息量的增加，吞吐量线性地上升。当到达A点后，网络不能继续接收更多的信息，吞吐量趋于平稳。如果输入信息量继续加大，网络将呈现严重的拥塞状态(B点所示)，此时网络的吞吐量将急剧下降，甚至可能崩溃(死锁)。为了防止拥塞，网络必须采取必要的措施，通知用户减少发送数据。

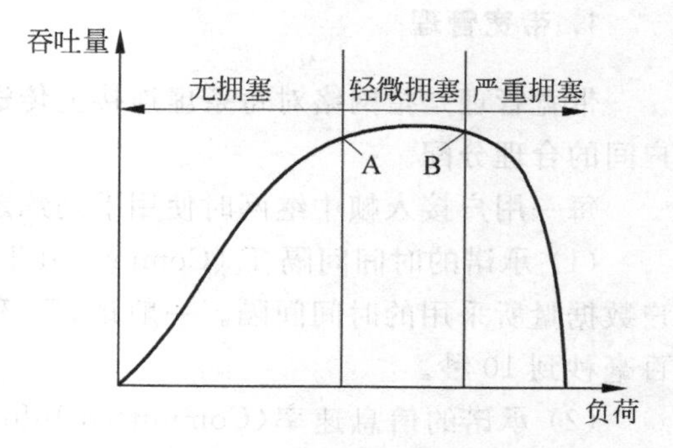

图6.20 拥塞对吞吐量的影响

一般来说，网络发现拥塞和控制拥塞的措施有以下几种。

(1) 显式拥塞通知。在发生轻微拥塞的情况下，网络利用帧结构中的拥塞指示位FECN、BECN来通知端点用户。

如图6.21所示，若B点发生拥塞，则B点通过将前向传送的帧(B到C方向)的FECN位置1来通知C点发生拥塞；同时，通过将后向传送的帧(B到A方向)的BECN位置1来通知A点发生拥塞。用户终端在收到拥塞信息后，原则上应降低其数据传送速率，以减少因拥塞造成的帧丢失。

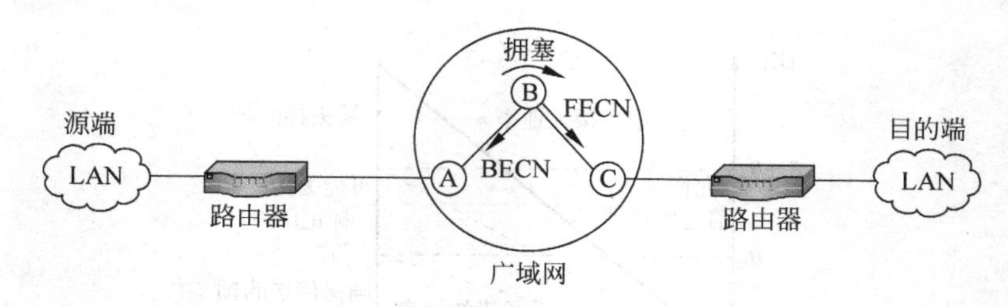

图6.21 显式拥塞通知

(2) 丢弃DE=1的帧。若发生严重拥塞，或者用户并未降低传送速率，网络将如何进行拥塞控制呢？这可以从帧中继的基本原则中找到答案：一旦出现问题就将帧丢弃。此时，除继续采用FECN、BECN来通知用户外，网络将丢弃DE=1的帧来对自身进行保护。这样做增加了网络的反应时间，降低了吞吐量，但可以防止网络性能的进一步恶化，使网络从拥塞中恢复。

习题 6

6.1 统计时分复用和同步时分复用的区别是什么？哪个更适合于进行数据通信？

6.2 为什么说分组交换技术是数据交换方式中一种比较理想的方式？

6.3 试从多方面比较虚电路方式和数据报方式的优缺点。

6.4 分组头格式有哪几部分组成及各部分的意义是什么？

6.5 什么是逻辑信道？什么是虚电路？二者有何区别和联系？

6.6 SVC是如何建立的？PVC又是如何建立的？

6.7 HDLC帧分为哪几种类型？各自的作用是什么？

6.8 试从呼叫建立和数据传输两个方面分析分组交换机的作用。

6.9 从功能上看，分组交换机包括哪几部分？各完成什么功能？衡量一个分组交换机的性能指标有哪些？

6.10 比较帧中继与X.25在技术特征上的不同点。

6.11 简述帧中继与分组交换的本质区别，为什么说帧中继是分组交换的改进？

6.12 帧中继的帧结构中，DLCI起什么作用？

第7章 移动交换原理

移动通信泛指接入采用无线技术的各种通信系统，它包括陆地移动通信系统、卫星移动通信系统、集群调度移动通信系统、无绳电话系统、无线寻呼系统、地下移动通信系统等。本章只讨论基于蜂窝技术的陆地公用移动通信系统。主要介绍PLMN结构、波道指配和信道划分、移动交换基本技术、移动交换接口信令和移动交换系统。

7.1 移动通信系统概述

7.1.1 移动通信

对于陆地公用移动通信系统，按照话音信号采用模拟还是数字方式传送，可分为模拟移动通信系统和数字移动通信系统；按照用户接入的多址方式，可分为频分多址(FDMA)、时分多址(TDMA)和码分多址(CDMA)系统。本章以TDMA方式的全球移动通信系统(Global System for Mobile Communications，GSM)为主，讲述移动通信系统的交换和信令技术。移动通信技术的发展已经经历了三个主要阶段：第一代(1G)为模拟通信系统，主要采用FDMA技术；第二代(2G)为数字通信系统，主要采用TDMA(如GSM)和CDMA(如IS-95)技术；第三代(3G)比2G可以提供更宽的频带，主要采用CDMA(如CDMA2000、WCDMA、TD-SCDMA)技术，不仅传输语音，还能传输高速数据，从而提供快捷方便的无线应用。此外为实现2G到3G的平滑过渡，定义了2.5G，如通用无线分组业务(GPRS)。

7.1.2 PLMN结构

1988年ITU-T通过了关于公用陆地移动网(Public Land Mobile Network，PLMN)的Q.1000系列建议，对PLMN的结构、接口、功能以及与公用电话交换网(PSTN)的互通等作了详尽的规定。图7.1为PLMN的功能结构。

1. 网络功能单元

移动交换中心(MSC)：完成移动呼叫连接、越区切换控制、无线信道管理等功能，同时也是PLMN与PSTN、公共数据网(PDN)、ISDN等陆地固定网的接口设备。

移动台(MS)：移动网的用户终端设备。

基站(BS)：负责射频信号的发送和接收以及无线信号至MSC的接入，在某些系统中

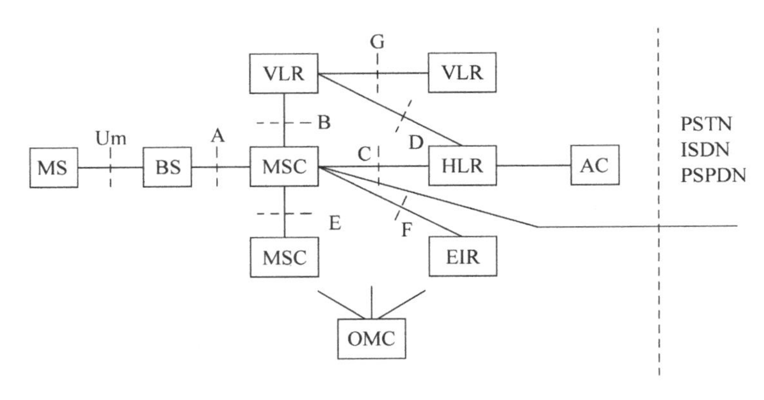

图 7.1 PLMN 功能结构

还可以有信道分配、蜂窝小区管理等控制功能。一般一个基站控制一个或数个蜂窝小区(Cell)。

原籍位置登记器(Home Location Register,HLR):所谓"原籍"指的是移动用户开户登记的电话局所在区域。HLR 存储在该地区开户的所有移动用户的用户数据(用户号码、移动台类型和参数、用户业务权限等)、位置信息、路由选择信息等。移动用户的计费信息也由 HLR 集中管理。

访问用户登记器(Visitor Location Register,VLR):存储进入本地区的所有访问用户的相关数据。这些数据都是呼叫处理的必备数据,取自访问用户的 HLR。MSC 处理访问用户的去话或来话呼叫时,直接从 VLR 检索数据,不需要再访问 HLR。访问用户通常称为"漫游用户"。

设备标识登记器(Equipment Identity Register,EIR):记录移动台设备号及其使用合法性等信息,供系统鉴别管理使用。

鉴权中心(Authentication Center,AC):存储移动用户合法性检验的专用数据和算法。该部件只在数字移动通信系统中使用,通常与 HLR 在一起。

操作维护中心(Operation and Maintenance Center,OMC):用于网络的管理和维护。

2. 网络接口

Um 接口:无线接口,又称空中接口。该接口采用的技术决定了移动通信系统的制式。

目前,第三代移动通信系统的目标是在无线接口中采用统一的技术和规范,以实现全球漫游。需要指出的是,无论是什么制式的移动通信系统,其移动交换机采用的都是数字程控交换机。

A 接口:无线接入接口。该接口传送有关移动呼叫处理、基站管理、移动台管理、信道管理等信息,并与 Um 接口互通,在 MSC 和 MS 之间互传信息。

B 接口:MSC 和 VLR 之间的接口。MSC 通过该接口向 VLR 传送漫游用户位置信息,并在呼叫建立时向 VLR 查询漫游用户的有关数据。

C 接口:MSC 和 HLR 之间的接口。MSC 通过该接口向 HLR 查询被叫移动台的选路信息,以便确定呼叫路由,并在呼叫结束时向 HLR 发送计费信息。

D 接口:VLR 和 HLR 之间的接口。该接口主要是用于登记器之间传送移动台的用户数据、位置信息和选路信息。

E接口：MSC之间的接口。该接口主要用于越区切换。当移动台在通信过程中由某一MSC业务区进入另一个MSC业务区时，两个MSC需要通过该接口交换信息，由另一个MSC接管该移动台的通信控制，使移动台通信不中断。

F接口：MSC和EIR之间的接口。MSC通过该接口向EIR查询发呼移动台的合法性。

G接口：VLR之间的接口。当移动台由某一VLR管辖区进入另一VLR管辖区时，新老VLR通过该接口交换必要的信息。

MSC与PSTN/ISDN的接口：利用PSTN/ISDN的NNI信令建立网间话路连接。

3. 网络单元的物理实现

PLMN的主要功能单元是MSC、HLR和VLR，它们在实际网络中的物理实现方式可有三种。

(1) 综合式。MSC、HLR和VLR位于同一物理设备中，即移动交换机兼具位置登记器的功能。这时，移动交换机之间的信令链路中传送C、D、E、G接口的信息，B接口及MSC与本局HLR的C接口成为交换机的内部接口。在移动网发展初期阶段可采用这种方式。

(2) 部分分离式。MSC和VLR位于同一物理设备中，HLR为单独的物理设备。这种方式应用较为普遍。

(3) 完全分离式。MSC、HLR和VLR均为独立的物理实体。这时，MSC和VLR为独立的网络数据库，控制移动业务的处理，MSC则完成单纯的话路接续任务。其中，MSC和VLR相当于SCP(业务控制点)，MSC相当于SSP(业务交换点)，它们之间通过7号信令交换信息。

4. 网络区域划分

根据ITU-T建议，PLMN的空间划分如图7.2所示。它由以下几个区域组成。

蜂窝小区：PLMN的最小空间单元。每个小区分配一组信道。小区半径按需要划定，一般为1km至几十千米的范围。半径在1km以下的称为微小区，还有更小的微微小区。小区越小，频率重用距离越小，频谱利用率就越高，但是系统设备投资也越高，且移动用户通信中的越区切换也越频繁。

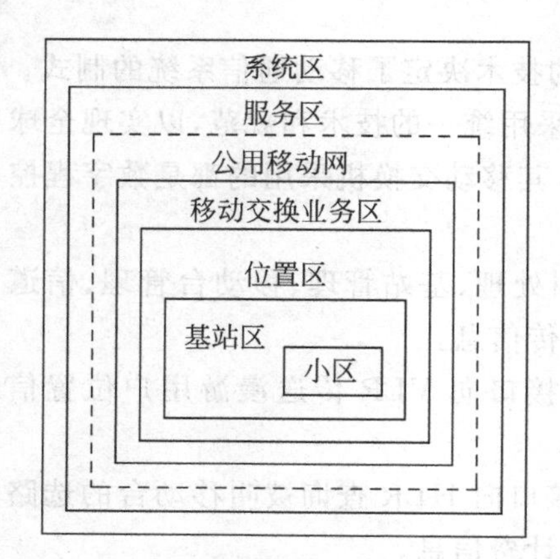

图7.2 PLMN网络区域划分

基站区：一个基站管辖的区域。如果采用全向天线，则一个基站区仅含一个小区，基站位于小区中央。如果采用扇形天线，则一个基站区包含数个小区，基站位于这些小区的公共顶点上。

位置区：可由若干个基站区组成。移动台在同一位置区内移动可不必进行位置登记。

移动交换业务区：一个MSC管理的区域。一个公用移动网通常包含多个业务区。

服务区：由若干个互相联网的PLMN覆盖区组成

的区域，在此区域中，移动用户可以漫游。

系统区：指的是同一制式的移动通信系统的覆盖区，在此区域中 Um 接口技术完全相同。

5. GSM 组网方式

我国 GSM 数字移动通信网划分为移动业务本地网、省内网及全国网三级。移动业务本地网的范围原则上与扩大后的 C3 本地固定电话网的范围一致，省内网由省内多个移动业务本地网组成，全国网则由各省网组成。

省内可根据话务流量、流向分等级成对设置一级汇接中心（TMSC1）和二级汇接中心（TMSC2），TMSC1 负责转接省际话务，TMSC2 负责转接省内不同本地网间的话务。起先 TMSC1 分别设在 8 个大区中心，各省分别设置 TMSC2，TMSC1 之间网形网连接，各 TMSC1 与所属 TMSC2 之间设置低损耗直达路由。随着 GSM 网的高速发展，自 1998 年起在省会城市新建、扩建 28 对 TMSC1，新老 TMSC1 之间采用网形网连接，使原大区中心的 TMSC1 作用逐渐淡化。随着光纤的大量铺设，有可能将 TMSC1 与 TMSC2 逐步合并为 TMSC，届时我国 GSM PLMN 将演变为二级网。

在一个本地网内，根据用户发展情况可设一个或若干个 MSC，也可以几个本地网合设一个 MSC。一个本地网有多个 MSC 且数量较少时，MSC 间可采用网形相连的方式；当 MSC 数量较多时，可设置汇接 MSC 并在部分话务量较大的局间设置直达中继。

为了实现与其他通信网络的互通，组网时还设置了网关 MSC（GMSC），负责转接 PSTN、ISDN 等与 GSM 移动网间的话务。

7.1.3 波道指配和信道划分

移动通信频率分配，涉及信道划分和波道指配。所谓波道指的是具有一定频带宽度的无线传输通道。移动通信系统都是按固定的工作频率设计的。公用移动网大多采用 800MHz 和 900MHz 频段，少数采用 450MHz 频段，欧洲的 DCS 数字系统采用 1800MHz 频段，第三代移动通信系统采用 2000MHz 频段。每个系统在其工作频段中划分若干个波道，以供众多用户使用。GSM 数字系统频带宽度为 25MHz，划分为 125 个波道。

系统的波道必须按一定的方法分配给各个蜂窝小区，其原则是既要提高频谱利用率，又要减少不同小区的互相干扰。一般采用固定方式指配波道。具体来说，就是将系统总波道数分成 N 组，把每一组波道固定指配给一个小区，N 个小区组成一簇。然后将这样的小区簇在空间重复衍生，直至覆盖整个服务区域。其基本要求是任意两个相邻的小区（包括分属不同簇的相邻小区）指配的波道组应不相同。可以证明，符合这一要求的 N 满足下述关系式

$$N = i^2 + ij + j^2 \quad i,j = 0,1,2,3,\dots \quad 且 \quad i+j>1 \tag{7.1}$$

对于给定的 N，若小区形状为正六边形，则频率重用小区间的最小中心距 D 与小区半径 r 之比满足

$$C = \frac{D}{r} = \sqrt{3N} \tag{7.2}$$

式中，C称为同频复用系数。由于信号功率和传播距离平方成反比，因此$C^2=\frac{D^2}{r^2}$的大小决定了同频干扰信噪比的大小。显然，N越大，同频干扰越小，但是频率重用率越低。因此应根据需要选取一个合理的N值。图7.3给出$N=7$时的波道指配结构，其同频复用系数为4.58，同频干扰抑制比约为30dB，是一种应用广泛的小区结构。

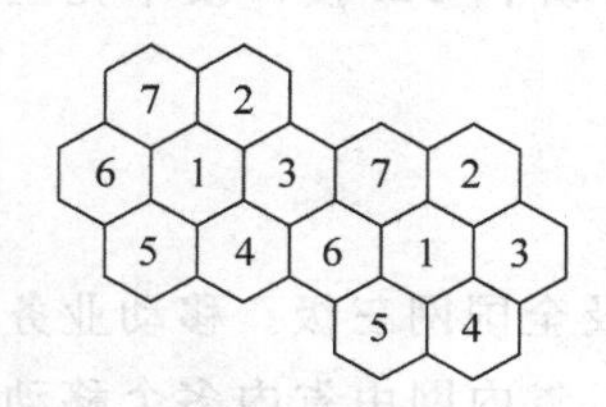

图7.3　蜂窝小区的波道指配($N=7$)

N确定以后，尚需确定小区的大小，这主要决定于该地区的话务密度。对于给定的N，每个小区的可用信道数已定，在一定的呼损率条件下，根据呼损曲线就可查得每个小区能够承担的话务量，从而得出小区的面积和半径。

信道是传送数据或控制信息的逻辑信道。对于FDMA系统来说，一个信道就占用一个波道；对于TDMA系统来说，多个信道通过时分复用的方式共用一个波道；对于CDMA系统来说，多个信道通过分配不同的伪随机序列(伪码)共用一个波道。

蜂窝式移动通信系统中的无线信道均为双工信道，基站发往移动台的方向为下行方向，其信道为前向信道；移动台发往基站的方向为上行方向，其信道为后向信道。对于频分双工(FDD)系统，前后向信道各占一个频率。对于时分双工(TDD)系统来说，前后向信道占用同一波道中的两个不同的时隙。

按功能划分，有两类信道：业务信道和控制信道。业务信道用于传送话音和用户数据，只在通话时占用。控制信道用于传送信令信息和系统管理数据。前向控制信道主要传送系统广播信息和寻呼信息，后向控制信道主要传送移动台的寻呼响应信息和发呼时的接入信息。控制信道的数量和划分视系统而异。

7.1.4　编号计划

在移动通信系统中，由于用户的移动性，需要有四种号码对用户进行识别、跟踪和管理。

1. 移动台号簿号码

移动台号簿号码(Mobile Station Directory Number，MSDN)就是人们呼叫该用户所拨的号码，在GSM系统中称为MSISDN，其结构为：[国际电话字冠]+[国家号码]+[国内有效号码]。其中，国内有效号码的编号目前采用独立于PSTN/ISDN编号计划的编号方式，结构为：[移动网号]+$H_0H_1H_2H_3$+ABCD，移动网号(13X)识别不同的移动系统，$H_0H_1H_2H_3$用以标识所属的HLR，ABCD仍为用户号码。

2. 国际移动台标识号

国际移动台标识号(International Mobile Station Identification，IMSI)是任何网络唯一识别一个移动用户的国际通用号码。移动用户以此号码发出入网请求或位置登记，移动网据此查询用户数据。此号码也是HLR、VLR的主要检索参数。

IMSI编号计划国际统一，由ITU-T E.212建议规定，以适应国际漫游的需要。它和各国的MSDN编号计划互相独立，这样使得各国电信管理部门可以随着移动业务类别的增加独立发展其自己的编号计划，不受IMSI的约束。

ITU-T 规定 IMSI 的结构为：[MCC]+[MNC]+[MSIN]。其中 MCC 为 3 位国家码，由 ITU-T 统一分配，我国为 460；MNC 为移动网号，在我国中国移动的 MNC 为 00、02、04、06，中国联通的 MNC 为 01、05、07，中国电信的 MNC 为 03；MSIN 为网内移动台号，采用等长 10 位数字编号格式。由 MNC 和 MSIN 共同组成国内移动台标识号 NMSI，其长度由各国自定。但是 ITU-T 要求各国应努力缩短 IMSI 的位长，并规定 IMSI 最大长度为 15 位。我国数字移动网（TDMA）参照 GSM 规范，取 IMSI 为 15 位。

每个移动台可以是多种移动业务的终端（如话音、数据等），相应的可以有多个 MSDN，但是其 IMSI 只有一个，移动网据此受理用户的通信或漫游登记请求，并对用户计费。IMSI 由电信经营部门在用户开户时写入移动台的 EPROM。当任一主叫按 MSDN 拨叫某移动用户时，终接 MSC 将请求 HLR 或 VLR 将其翻译成 IMSI，然后用 IMSI 在无线信道上寻呼该移动台。

3. 国际移动台设备标识号

国际移动台设备标识号（International Mobile Equipment Identification，IMEI）是唯一标识移动台设备的号码，又称为移动台串号。该号码由制造厂家永久性地置入移动台，用户和电信部门均不能改变，其作用是防止有人使用非法的移动台进行呼叫。

根据需要，MSC 可以发指令要求所有的移动台在发送 IMSI 的同时发送其 IMEI，如果发现两者不相配，则确定该移动台非法，应该禁止使用。在 EIR 中建立一张“非法 IMEI 号码表”，俗称“黑表”，用以禁止被盗移动台的使用。EIR 也可设置在 MSC 中。

ITU-T 建议 IMEI 的最大长度为 15 位。其中，设备型号占 6 位，制造厂商占 2 位，设备序号占 6 位，另有 1 位保留。我国数字移动网即采用此结构。

4. 移动台漫游号

移动台漫游号（Mobile Station Roaming Number，MSRN）是系统赋予来访用户的一个临时号码，其作用是供移动交换机路由选择使用。在 PSTN 中，交换机是根据被叫号码中的长途区号和交换机局号判知被叫所在地点，从而选择中继路由的。固定用户的位置和其号簿号码有固定的对应关系，但是移动台的位置是不确定的，它的 MSDN 中的移动网号和 $H_0H_1H_2H_3$ 只反映它的原籍地，当它漫游进入其他地区接受来话呼叫时，该地区的移动系统必须根据当地编号计划赋予它一个 MSRN，经由 HLR 告之 MSC，MSC 据此才能建立至该用户的路由。

MSRN 由被访地区的 VLR 动态分配，它是系统预留的号码，一般不向用户公开，用户拨打 MSRN 号码将被拒绝。

7.1.5 GSM 系统的业务功能

GSM 系统设计之初，就是按照 ISDN 业务的模式完成的。除了提供传统的电路交换方式的话音通信服务外，还提供电路交换的低速数据通信服务、短消息服务以及补充业务等。

7.1.6 语音编码

为了适应无线资源的有限性要求，移动通信系统中的语音编码应尽量降低其速率，以减少其带宽。GSM系统中采用13kb/s的编码速率。

7.2 移动交换基本技术

在移动通信中，将涉及移动台初始化、位置登记与更新、TMSI分配与更新、鉴权、加密、移动台始呼、移动台被呼、漫游、切换、呼叫释放等一系列过程。

7.2.1 移动呼叫一般过程

1. 移动台初始化

在蜂窝式移动通信系统中，每个小区指配一定数量的波道，在这些波道上按规定配置各类逻辑信道，其中必有一个用于广播系统参数的广播信道，移动台一开机后首先就要通过自动扫描，捕获当前所在小区的广播信道，由此获得所在PLMN号、基站号和位置区域等信息，并将其存入RAM中。扫描的起始信道根据选定的原籍PLMN确定。

对于GSM系统来说，一个小区由多个不同功能的逻辑控制信道，以时分复用的方式在同一波道上传送。移动台首先需要根据广播的训练序列完成与基站的同步，然后获得位置信息，此外还需提取接入信道、寻呼信道等公共控制信道号码。上述任务完成后，移动台就监视寻呼信道，处于守听状态。

2. 移动台呼叫固定网用户(MS→PSTN用户)

呼叫接续如图7.4所示，其过程如下。

(1) 移动台发号，即移动台摘机、拨号、按下“发送”键后，占用控制信道，向基站发出“始呼接入”消息。消息的主要参数是被叫号码，同时也发送移动台标识号IMSI。

(2) 基站将移动台始呼消息转送给移动交换机。

(3) 移动交换机根据IMSI检索用户数据，检查该移动台是否为合法用户，是否有权进行此类呼叫。用户数据取自VLR或HLR。

(4) 若为合法有权用户，则为移动台分配一个空闲业务信道。根据不同系统，可由基站控制器或交换机分配。

(5) 基站开启该波道射频发射机，并向移动台发送“初始业务信道指配”消息。

(6) 移动台收到此消息后，即调谐到指定的波道，并按要求调整发射电平。

(7) 基站确认业务信道建立成功后，将此消息通知移动交换机。

(8) 移动交换机分析被叫号码，选定路由(若被叫为本地用户，将呼叫送当地GMSC再到市话网；若被叫为外地用户，GMSC将呼叫接至本地长话局或通过PLMN将呼叫依次接至主叫所在地MSC、被叫所在地GMSC，再到被叫地市话网)，建立与PSTN交换局的中继连接。

(9) 若被叫空闲，则终端交换局回送后向指示消息(如ACM)，同时经话路返送回铃音。

(10) 被叫摘机应答后，即可和移动用户通话。

这里有几点需要说明。

(1) 在PSTN中，用户摘机后必须在听到拨号音表示交换机已经准备收号后，才能拨号。移动网中,任一移动台可以在任何时刻发出起呼消息。为此必须解决多个移动台同时起呼时可能发生的接入控制信道的争用冲突问题。在 GSM 系统中,采用无线局域网中常用的"时隙 ALOHA"协议,允许移动台随机接入。如果由于冲突,基站没有收到移动台发出的接入请求消息,则移动台将收不到基站返回的响应消息,此时移动台随机延迟若干时隙后重发接入请求消息。从理论上说,第二次再发生冲突的概率将很小。系统通过广播信道发送"重复发送次数"和"平均重复间隔"参数,以控制信令业务量。

(2) GSM 系统中,移动台收到"业务信道指配"消息后,在与该业务信道位于同一波道时隙的随路信令信道上回送响应消息,基站收到响应消息就表明移动台已正确地调谐到指定的业务信道上。

(3) 在数字移动系统中,回铃音信号是移动台在收到相应无线接口消息(由终端局回送的后向成功建立消息转换而成)后生成的。

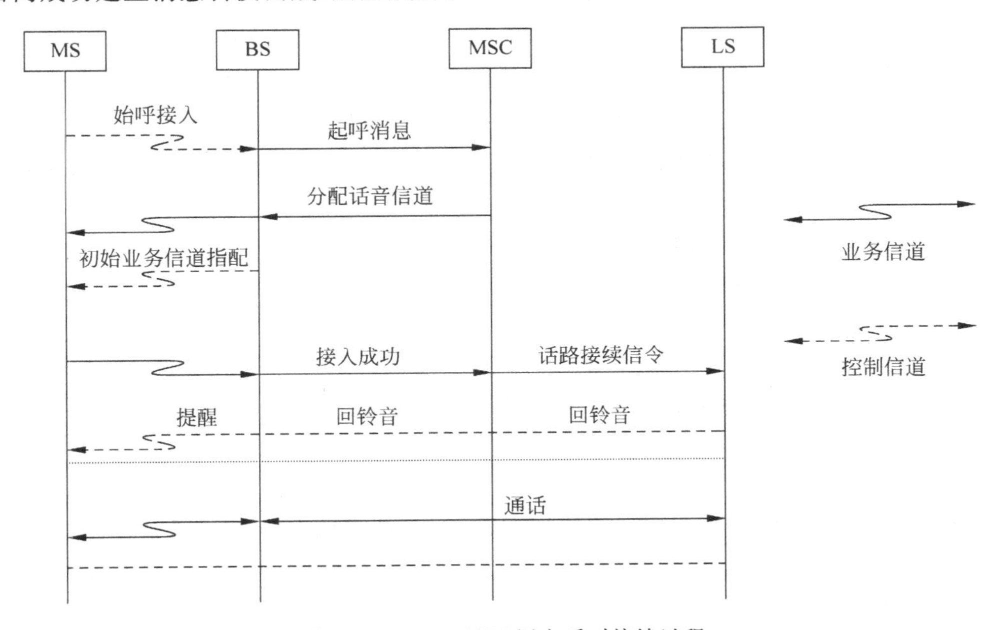

图 7.4 MS→PSTN 用户呼叫接续过程

3. 固定网用户呼叫移动台(PSTN 用户→MS)

其过程如图 7.5 所示,图 7.5 中网关 MSC 在 GSM 系统中定义为与主叫 PSTN 局最近的移动交换机。

① PSTN 交换机通过号码分析判定被叫是移动用户,将呼叫接经 GMSC。

② GMSC 根据 MSDN 确定被叫所属 HLR,向 HLR 询问被叫当前位置信息。

③ HLR 检索用户数据库,若记录该用户已漫游至其他地区,则向所在的 VLR 请求漫游号 MSRN。

④ VLR 动态分配 MSRN 后回送 HLR。

⑤ HLR 将 MSRN 转送 GMSC。

⑥ GMSC 根据 MSRN 选路,将呼叫连接至被叫当前所在移动交换局即访问移动交换

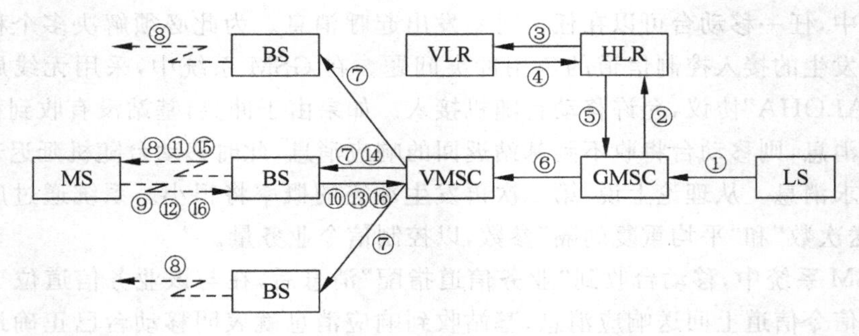

图 7.5 PSTN 用户→MS 呼叫接续过程

中心(VMSC)。

⑦ VMSC 查询数据库,向被叫所在位置区的所有小区基站发送寻呼命令。

⑧ 各基站通过信道发送寻呼消息,消息的主要参数为被叫的 ISMI 号。

⑨ 被叫收到寻呼消息,发现 ISMI 与自己相符,即回送寻呼响应消息。

⑩ 基站将寻呼响应消息转发给 VMSC。

⑪ VMSC 或基站控制器为被叫分配一条空闲业务信道,并向被叫移动台发送业务信道指配消息。

⑫ 被叫移动台回送响应消息。

⑬ 基站通知 VMSC 业务信道已接通。

⑭ VMSC 发出振铃指令。

⑮ 被叫移动台收到指令消息后,向用户振铃。

⑯ 被叫取机,应答消息通知基站和 VMSC,开始通话。

4. 呼叫释放

在移动通信系统中,为节省无线传输资源,呼叫释放采用互不控制复原方式。如 GSM 系统中,MSC 和 MS 之间的释放过程就和 ISDN 相同,采用 Disconnect—Release—Release Complete 三消息过程。

7.2.2 网络安全技术

数字 GSM 系统提供了完备的网络安全功能,它包括三个方面:用户识别号的保密、用户身份的认证以及用户信息和信令信息在无线信道上的保密。

1. 临时移动用户标识号

移动用户的 IMSI 是唯一标识用户的一个永久性号码,如果被人截获,就会让人知道行踪,甚至被人冒用账户,造成经济损失。为此,GSM 系统可为每一个使用网络的用户提供一个临时的标识号 TMSI。该号码在用户进入访问区时由 VLR 分配,它和 IMSI 一起存在 VLR 的数据库中,在访问期间有效。移动台起呼或向网络发送报告时都将使用该号码,网络向其寻呼时也使用此号码。如果移动用户进入一个新的 VLR 管区并进行位置更新登记时,新的 VLR(VLR_2)首先根据更新消息中的 TMSI 及 LAI(位置区域标识)IMSI 向 HLR

发出位置更新消息，请求有关的用户数据。与此同时，VLR_1 将收回原先分配的 TMSI，VLR_2 重新给此用户分配一个 TMSI。上述过程如图 7.6 所示。

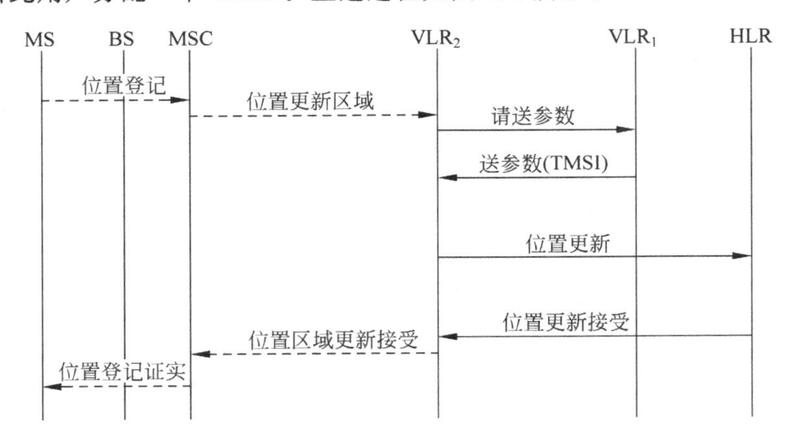

图 7.6 TMSI 更新过程

2. 用户鉴权

用户鉴权(Authentication)也称为用户认证。其目的是以一种可靠的方法确认用户的合法身份，它不依赖于 IMSI、MSDN 或 IMEI。这是 GSM 系统的一大特色。

(1) 用户标识模块(SIM)。在 GSM 标准中，移动台包括两个部分：SIM 和移动设备(ME)。SIM 专门用来存储和移动用户有关的信息，ME 则为收发信设备，可供任何用户使用。SIM 有两种物理形式：一种是标准 IC 卡，可插入任何具有 IC 卡适配器的 ME。这样移动用户只要携带 SIM 卡，就可以使用任何地方的任何移动台进行呼叫，由原来的"终端移动性"发展为"个人移动性"；另一种是半固定的电路插板，插在移动台内，主要用于 GSM 手机。

SIM 中存储的基本数据包括 IMSI、Ki、鉴权算法(A3)和数据加密密钥生成算法(A8)，其中 Ki 称为鉴权密钥，每个用户都不一样，鉴权算法则是统一的。此外，为了网络操作，还需要存储用户临时数据的当前值，即 TMSI、LAI 和 Kc，其中 Kc 是由 A8 计算得到的数据加密密钥。

为了 SIM 卡本身的使用安全，用户可设置 4～8 位数字的密码，即个人用户识别码(Personal Identification Number，PIN)，如果使用者连续三次输入密码出错，SIM 就自动锁定，其后必须用个人解锁密钥才能使 SIM 解锁。

除此以外，SIM 还可以存储和用户业务有关的一些数据，例如，缩位号码表、终端配置参数、呼出限制、固定电话号码表、要发送的短消息等。

(2) 用户鉴权过程。用户鉴权由 AC、VLR 和用户配合完成，其原理如图 7.7 所示。当用户起呼或进行位置更新登记时，VLR 向该用户发送一个随机数 RAND，用户的 SIM 卡以(RAND，Ki)为输入参数执行鉴权算法 A3，得到计算结果即数字签名响应(Signed RESponse，SRES)回送 VLR，VLR 将此结果和暂存器中存储的预先算好的结果比较，如果两者相符，就表示鉴权成功。

VRL 中存储的(RAND，SRES)数据对是由 AC 预先算好后传送过来的。AC 中存有各个用户的 Ki 和同样的算法 A3。VLR 可为每个访问用户暂存最多 7 对(RAND，SRES)数据，每执行一次鉴权使用一对数据，鉴权结束这对数据就丢弃不再使用。当VLR只剩两对数据时就向AC发出请求，AC将向它发送5对数据。用户的Ki只有SIM卡和AC中才有，其他网络部件，包括HLR、VLR都无此参数，以保证用户安全。

如果VLR发现鉴权计算结果与预期结果不相符合，且用户是以TMSI和网络联系的，则可能是错误的TMSI，这时VLR将通知用户发送其IMSI。如果IMSI—TMSI对应关系出错，则以IMSI为准再次进行鉴权。若鉴权再次失败，VLR就要核查用户的移动台设备(IMSI)是否合法。鉴权失败记录将由VLR保存。

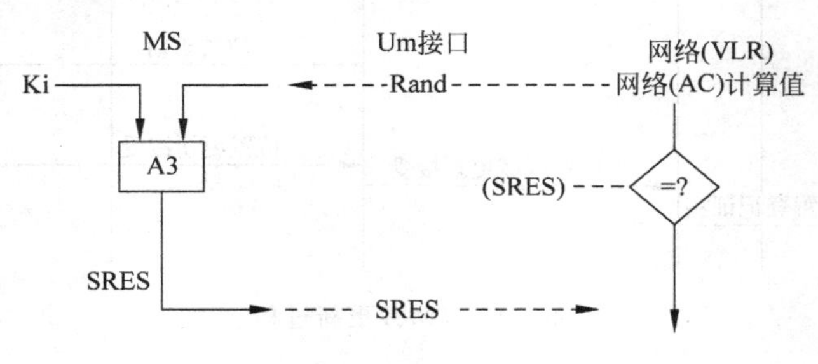

图 7.7 用户鉴权原理

(3) 鉴权密钥的网络管理。由以上分析可知，用户密钥Ki的保密至关重要。Ki是由网络登记中心分配，并连同IMSI写入用户的SIM卡的，然后由登记中心通知AC。通知是由磁带或数据传输方式发送的，该传送过程必须加密，加密算法记作A4，AC收到此消息后，首先解密，然后重新用另一个算法A2加密后存入存储器。A2、A4及鉴权算法A3都是在AC的专用保密盒中运行的，该保密盒有自己的处理器和操作系统，而且有机械保安装置，以防止非法拆卸。鉴权中心本身应有安全保护，只有特许人员才能进入，操作人员必须有口令并赋予相应的读写权。

3. 数据加密

数据加密用于信令和重要的用户通信信息的保密传送，用户信息是否需要加密可在呼叫建立时由信令指明。数字系统加密有许多成熟的算法。GSM采用可逆算法A5加密。即发送端用A5算法加密，接收端也用A5算法解密。

仅靠算法完成加密，无论算法本身加密性能多好，还是难以对付职业窃听者。因此，GSM系统加密还需要一个用户特定的密钥Kc。该密钥是在鉴权过程中根据同一随机数和Ki用算法A8计算得到的，如图7.8所示。

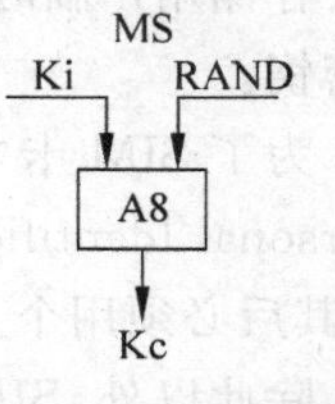

图 7.8 数据加密密钥的生成

考虑到数据加密，VLR中存储的用户保密数据共有三个，即RAND、SRES、Kc。鉴权时，RAND送经用户，鉴权成功后将Kc送往基站。

7.2.3 漫游

漫游(Roaming)服务是蜂窝式移动通信系统一项十分重要的功能，它可以使不同地区的蜂窝移动网实现互联。移动台不但可以在原籍交换局的业务区中使用，也可以在访问交换局的业务区中使用。具有漫游功能的用户，在整个联网区域内任何地点都可以自由地呼出和呼入，其使用方法不因地点的不同而变化。

根据系统对漫游的管理和实现的不同，可将漫游分为三类：人工漫游、半自动漫游和自动漫游。下面具体介绍自动漫游技术。

1. 位置登记

所谓位置登记就是移动台通过接入信道向网络报告它的当前位置。如果位置发生变化，新的位置信息就由移动交换机经 VLR 通知 HLR 登记。借此，系统可以动态跟踪移动用户，完成对漫游用户的自动接续。

位置登记有三种方式。

(1) 起呼登记：当移动台发起呼叫时，移动交换机在呼叫处理的同时自动执行一次位置登记过程。

(2) 定期登记：移动台在网络控制下周期性地发送位置登记消息。如果 MSC/VLR 在规定时间内未收到定时登记消息，就可以判断该移动台不可及，以后收到来话呼叫时可不必再寻呼，这是定时登记的优点。但是定时登记周期较长，不能动态地对移动用户进行跟踪。

(3) 强迫登记：当移动台由一个位置区进入另一个位置区时，将自动发出登记请求消息。其触发条件为：$LAI_{-r} \neq LAI_{-s}$。其中，LAI_{-r}为移动台存储器中存储的最近访问的位置区号，LAI_{-s}为当前系统广播的位置区号。

2. 路由重选

由于漫游用户已经离开其原来所属的交换局，它的号簿号码 MSDN 已不能反映其实际位置。因此，呼叫漫游用户应首先查询 HLR 获得漫游号，然后根据漫游号重选路由。根据向 HLR 查询的位置不同，有两种重选方法。

(1) 原籍局重选。不论漫游用户现在何处，一律先根据 MSDN 接至其原籍移动交换中心(HMSC)，然后再由原籍局查询 HLR 数据库后重选路由。这种方法实现简单，计费也简单，但是可能会发生路由环回。

(2) 网关局重选。PSDN/ISDN 用户呼叫漫游用户时，不论其原籍局在哪里，固定网交换机按就近接入原则首先将呼叫接至最近的 MSC，然后由 GMSC 查询 HLR 后重选路由。这种方法可以达到路由优化，但是涉及计费问题。

GSM 系统规定采用网关局重选法，国际漫游规定采用原籍局路由重选方法。

3. MSRN 的分配

如前所述，漫游号 MSRN 用作路由重选，它对 MS 和 PSTN 用户均不可见。从选路角度看，对 MSRN 的数字分析与一般的 PSTN 呼叫相同。MSRN 由 VLR 分配，分配结果告知 HLR。具体分配方法有两种。

(1) 按位置分配。漫游用户进入新的业务区发起位置登记时，VLR 就为其分配一个固定的 MSRN，并通知 HLR 保存。此号一直保留到该用户离开此业务区时才收回。这种方法的好处是管理简单，GMSC 只要询问 HLR 就可以获得 MSRN，但是号码资源占用量太大。虽然规范给出了这种方法，但是使用很少。

(2) 按呼叫分配。漫游用户登记时仅记录其位置区号，供来话寻呼使用。仅当该用户有来话呼叫时才为其分配一个临时的MSRN，呼叫建立过程完成后收回。这种方式需要预留的MSRN号码资源少，但是每次呼叫HLR都要向VLR索要MSRN号，信令和管理过程较为复杂。目前一般都采用这种方法。

4. 漫游用户的权限控制

由于网络运营部门或用户的需要，常常需要对漫游用户的呼叫权限做一定的限制。

作为运营部门来说，常常希望优先为本地用户服务，对漫游用户只提供基本服务，为此将对漫游用户的服务类别(COS)、补充业务权限等做一定的限制。另一种可能的限制是不允许漫游用户进行本地呼叫，原因是运营部门仍然将他们视作外地用户，要求他们仍按长途方式呼叫本地用户，以便收取相应的资费。这类权限控制通过局数据设定。

作为用户来说，漫游至外地后很可能只希望能打出电话，而不希望接受来话。其原因是重选路由后的延伸段资费要由漫游用户承担，而漫游用户并不想支付高昂的长途话费。因此，应允许用户指定在哪些访问区不接受来话呼叫，这一功能对于国际漫游用户尤为重要。这类权限控制通过用户数据设定。

7.2.4 切换

切换(Hand Over，H/O)是蜂窝式移动通信系统的又一重要功能。它指的是移动台在通话过程中改变所用的语音信道，改变的原因是由于移动台漫游远离基站或接近无线盲区，或者由于外界干扰而造成在原有话音信道上通话质量下降，这时必须切换到一条新的空闲话音信道上去，以保持通话不被中断。

1. 切换的类型

根据切换前后新、老话音信道的相对位置关系，可将切换划分为以下四种类型。

(1) 越区切换。新、老话音信道属于两个不同的蜂窝小区，这对应于移动台跨越两个邻近小区的情况，如图7.9中的MS_1所示。切换由MSC_1控制完成。

(2) 越局切换。新、老话音信道属于两个不同的蜂窝小区，且这两个小区分属不同的MSC管辖，这对应于移动台跨越两个邻近交换业务区的情况，如图7.9中的MS_2所示。其切换由MSC_1和MSC_2协调完成，且新的话音通路要占用MSC_1和MSC_2之间的局间中继电路。

(3) 不同系统间切换。新、老话音信道不但分属不同的交换业务区，而且这两个业务区属于不同的运营系统。首先要求这两个系统的信令能够互通，其次若这两个系统所用频段不完全相同，则MSC_2分配新的话音信道时要考虑移动台的适应性。

(4) 小区内切换。新、老话音信道属于同一蜂窝小区。这类切换发生于两种情况：一是原有话音信道由于干扰通话质量下降；二是话音信道设备需要维护。这类切换在同一基站范围内，实现较为简单。

另有一类称为强迫切换，它并不是由于信道质量下降引起的，而是由于小区话务调节的需要。如移动台所在小区话务密度较高，其邻近小区话务密度较低，在发生瞬时话务高峰时，本小区话音信道可能不够用。为了避免话务损失，可以借用邻近小区的信道，强迫正在通话中的靠近邻近小区的移动台切换到借用信道上去，将让出的信道分配给新的呼叫。这类切换通常是越区切换。

为了保证通信不中断，切换必须在极短时间内完成，这就要求无线信道质量检测、高速信令传送和交换机快速处理的配合。

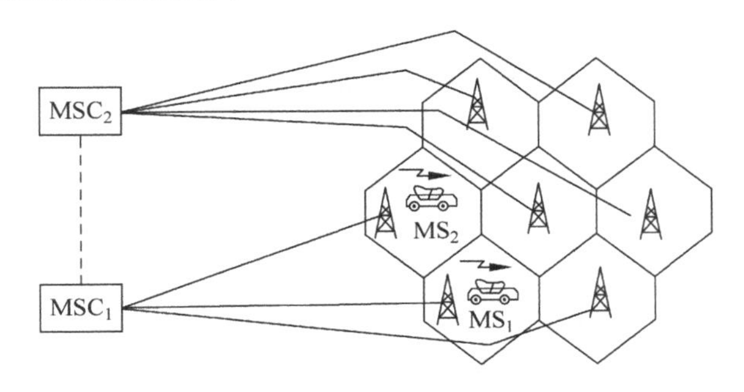

图 7.9 越区切换和越局切换

另外，从切换实现方式的角度，又可以将切换类型分为硬切换和软切换。

软切换是 CDMA 系统的一个重要特点。在 CDMA 系统中，所有移动用户共用一个共用的信道，但是每个用户分配一个不同的伪随机扩频序列(PN)，在接收端利用同样的伪码解扩就可以检测出该用户发的信息。由于各小区的频率相同，因此越区切换不需要进行信道之间的切换，故称为软切换。

图 7.10 给出软切换性能示意图。当移动台接近两个区的交界区时，它同时和两个小区的基站建立通信连接，一直到进入新的小区测量到新基站的传输质量已满足指标要求后才断开与原基站的连接。如果说硬切换是“先断开、后切换”的话，软切换则是“先切换、后断开”，没有通信中断时间，实现“软着落”。在 CDMA 系统中，这点不难做到，因为各基站工作于同一频道。在切换过程中，同时接收两个基站的信号，犹如收到的是不同路径传来的多径信号，可以利用分集接收装置处理，不但对话音接收没有影响，反而可以增强接收信号电平，提高载干比。

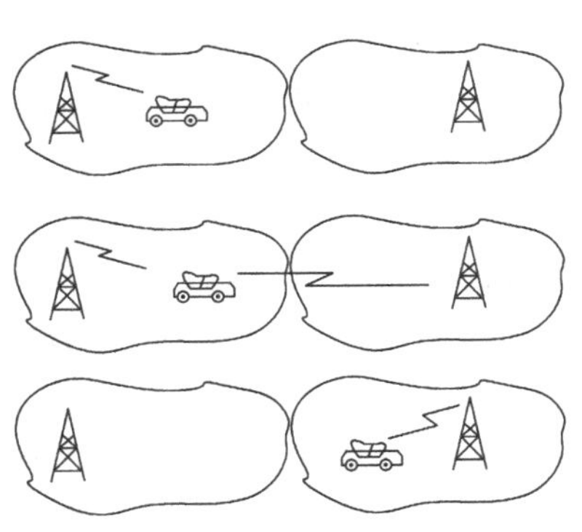

图 7.10 软切换性能示意图

2. 切换判决条件

什么时候需要切换主要取决于话音信道的质量，其监测判决有如下三个方面的条件。

(1) 传输质量。在数字系统中判决指标就是传输误码率。

(2) 传输损耗。判决指标为射频信号强度。

(3) 移动台位置。切换一般是由于移动台游动到邻接小区边缘所致，因此若能动态测出移动台运动中的位置，则可以根据其与基站的距离及与小区边缘距离做出切换判决。

上述三种判决条件中，满足任一条件都将触发切换。一般说来，数字系统综合采用第一种和第二种方法。第三种方法实现较困难，目前很少采用。

3. 切换实现技术

切换功能包括信道监视、信道测量、切换控制和切换接续四个子功能。前两个子功能用来触发切换和选择切换目标小区，在数字系统中由基站收发信系统(BTS)和 MS 合作完成。后两个功能由 MSC 完成。

GSM 系统采用移动台辅助切换(MAHO)的方法进行信道监测和目标小区的选择。它将测量功能交给移动台去完成。基站通过广播信道告之移动台所有邻接小区的清单(即它们的广播信道)，每个移动台据此连续测量邻接小区的功率电平和本小区的电平及传输质量(误码率)，测量结果置入测量报告，并周期性地向基站报告。基站本身也可以对至移动台的链路进行测量。根据这些测量值进行判定，切换的决定权在基站控制器(BSC)。越局切换需要由 MSC 控制，发生越局切换时整个切换过程由移动台初始接入的 MSC，即主控 MSC 控制。关于越局切换的基本控制过程将在 7.3.5 节介绍。

切换的一个重要指标是切换用户通信的中断时间，它直接关系到服务质量和切换成功率。影响中断时间的主要因素有：信道监测时间、信令处理时延和话路连接切换时间。

7.2.5 短消息业务处理

所谓短信息是指在专用控制信道上传送的长度较短的用户数据，犹如 ISDN 中 D 信道上传送的分组数据。短消息业务(SMS)是 GSM 系统提供的一项特定的数据业务，相当于寻呼业务。系统设置一个短信息业务中心(SMSC)，起信息存储和转发的作用。主叫用户可以是移动用户或固定网用户，它们先将消息发往 SMSC，然后再由 SMSC 将此消息转发给被寻呼的移动用户，移动台显示出文字或数字。这是 GSM 系统中唯一一种不需要建立端到端业务通道的业务。和普通寻呼不同的是，GSM 系统是一个双向通信系统，因此被叫收到消息后可以向 SMSC 发送确认消息，如果被叫未发送确认消息，SMSC 会重传以确保被叫收到寻呼信息。此外，SMSC 还能回送主叫用户被叫是否已经收到此消息。

根据上述分析，SMS 可分为两个分离的过程：移动台发送点到点消息和移动台接收点到点短消息。从网络结构上说，GSM 将 SMSC 视作系统外部件，因此也要经由网关点接入 GSM 系统，该网关点通常也与 MSC 组合在一起，记作 SMC-GW。图 7.11 表示出移动台发送短消息的过程。

图 7.11 SMS 的发送过程

① 主叫移动台(MS-0)经信令信道向其所在 VMSC 发送短消息。

② VMSC 通过 7 号信令(具体为 MAP 消息，关于 MAP 的介绍见 7.3.4 节。受限于 7 号信令消息的最大长度，短消息不能超过 160 字符)封装短消息传送给 SMC-GW。

③ SMC-GW 将短消息传送给 SMSC。

各短消息发送由低层协议确认，表明 SMSC 已经收到该短消息。

图 7.12 示出移动台接收短消息的过程，包括被叫未收到情况下的重传过程。

① SMSC 向 SMC-GW 发送短消息，消息中包含主叫标识和 SMSC 收到该消息的时间。

② SMC-GW 向 HLR 询问至被叫路由信息。

③ HLR 返回被叫所在 VMSC 的 7 号信令点地址。

④ SMC-GW 通过 7 号信令将短消息送给 VMSC。

⑤ VMSC 寻呼被叫移动台(MS-T)。若成功,短消息存入 SIM 卡,以后可以在任一移动台显示。

⑥ 若 MS-T 不可及,VMSC 告之 SMC-GW 传送失败,同时记录"IMSI(MS-T)有短消息等待"。

⑦ SMC-GW 通知 SMSC 和 HLR 传送失败。

⑧ HLR 记录 SMSC 标识及 IMSI(MS-T),表示该 SMSC 有短消息待发往 MS-T。

⑨ VMSC 检测到 MS-T 可及后通知 HLR。

⑩ HLR 通知 SMC-GW。

⑪ SMC-GW 通知 SMSC,其后 SMSC 将向 MS-T 重新发送该短消息。如果发送成功,则 SMSC 向主叫 MS-0 回送确认消息,确认消息作为独立的短消息处理,如果超时仍未能将短消息送达 MS-T,则 SMSC 将予以丢弃。

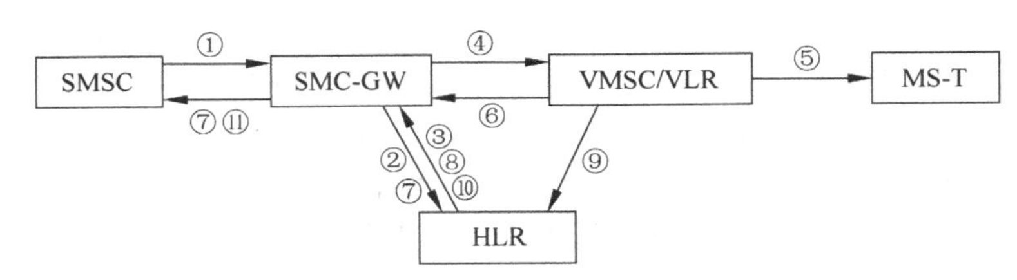

图 7.12 SMS 的接收过程

7.3 移动交换接口信令

信令是关系到移动网能否联网的关键技术,要实现全球漫游,各移动系统必须遵从统一的信令规范,并采用统一的无线传输技术。GSM 系统涉及的一个重要出发点是支持泛欧漫游和多厂商环境,因此定义了相当完备的信令协议。其接口和协议结构对第三代移动通信的标准制定也有很大的影响。本节着重围绕 GSM 系统介绍移动交换信令技术。

7.3.1 无线接口信令

1. 物理层(第 1 层)

GSM 系统将无线信道分为两类:业务信道(TCH)和控制信道(CCH)。前者用于传送用户信息,包括话音或数据;后者用于传送信令信息,又称为信令信道。

GSM 系统定义了四类控制通道:广播信道、公共控制信道、专用控制信道和随路控制信道。

(1) 广播信道(BCH)供基站发送单向广播信道,使移动台与网络同步。共有三种广播信道。

① 广播控制信道(BCCH):用于向移动台发送识别和接入网络所需的系统参数。例

如,位置区标识码(LAI)、移动网络标识码(MNC)、邻接小区基准频率和接入参数等。

② 频率校正信道(FCCH):用于向移动台提供系统的基准频率信号,以使移动台校正其工作频率。

③ 同步信道(SCH):向移动台传送同步训练序列,供其捕获与基站的起始同步;同时广播基站识别号码,以使移动台识别相邻的同频基站。

(2) 公共控制信道(CCCH)用于系统寻呼和移动台接入,共有三种。

① 寻呼信道(PCH):由基站发往移动台。

② 随机接入信道(RACH):由移动台使用,向系统申请入网信道,包含呼叫时移动台向基站发送的第一个消息。

③ 接入准许信道(AGCH):基站由此信道通知移动台所分配的业务信道和专用控制信道,同时向移动台发送时间提前量(timing advance)。该提前量的作用是使远离基站的移动台提前发送其指定的时隙信息,以补偿其传输时延,借此保证远端和近端移动台在不同时隙发出的信号抵达基站时不会发生交叠和冲撞。该提前量是根据对移动台的传输时延测量而设定的。

(3) 专用控制信道(DCCH)和随路控制信道(ACCH)用于在网络和移动台间传送网络消息以及无线设备间传送低层信令消息。网络消息主要用于呼叫控制和用户位置登记;低层信令消息主要用于信道维护。具体包括以下三种信道。

① 独立专用控制信道(SDCCH):基站和移动台间的双向信道,用于传送呼叫控制和位置登记信令信息。所谓"独立专用"指的是该信道单独占用一个物理信道,即某个波道中的某个时隙,不和任何 TCH 共用物理信道,犹如 7 号信令中的公共信令信道一样。它的管理和 TCH 一样,在信令交换过程中可以进行信道切换。

② 慢速随路控制信道(SACCH):该信道总是和 TCH 或 SDCCH 一起使用。只要基站分配了一个 TCH 或 SDCCH,就一定同时分配一个对应的 SACCH,它和 TCH(SDCCH)位于同一物理信道中,以时分复用方式插入要传送的信息。

SACCH 用于信道维护。在下行方向,基站向移动台发送一些主要的系统参数,使得移动台随时知道系统的最新变化。这些参数和 BCCH 发送的数据类似,另外再加上一些调整时间的提前量或功率电平的控制参数。在上行方向,移动台向网络报告邻接小区的测量值,供网络进行切换判决时使用,同时还向网络报告它当前使用的时间提前量和功率电平。

③ 快速随路控制信道(FACCH):该信道传送的信息和 SDCCH 相同,差别在于 SDCCH 是独立的信道,而 FACCH 是寄生于 TCH 中的,故称为"随路"。其用途是在呼叫进行过程中快速发送一些长的信令消息。例如,在通话中移动台越区进入另一小区需要立即和网络交换一些信令消息。如果通过 SACCH 传送,因为每 26 帧才能插入 1 帧 SACCH,速度太慢,所以就"偷用"TCH 信道来传送此消息,被偷用的 TCH 就称为 FACCH。一次偷用至少 4 帧,这是交织编码的需要。这种信令传送方式称为"中断—突发"方式,它必须暂时中断用户信息的传送。为了减少对话音质量的影响,GSM 系统采用了数字信号处理技术来估计因为插入 FACCH 而被删除的话音信号,在接收输出端予以恢复。

表 7.1 列出上述各类信道的名称及其传送方向。

表 7.1 GSM 系统无线信道

信道名	缩写	方向
业务信道	TCH	MS↔BS
快速随路控制信道	FACCH	MS↔BS
广播控制信道	BCCH	MS←BS
频率校正信道	FCCH	MS←BS
同步信道	SCH	MS←BS
随机接入信道	RACH	MS→BS
寻呼信道	PCH	MS←BS
接入准许信道	AGCH	MS←BS
独立专用控制信道	SDCCH	MS↔BS
慢速随路控制信道	SACCH	MS↔BS

为了节省无线资源，上述信道按一定方式构成组合信道，每个组合信道占用一个物理信道。常用的三种组合信道为：

① TCH＋FACCH＋SACCH；

② BCCH＋FCCH；

③ SDCCH＋SACCH。

2. 数据链路层（第 2 层）

第二层协议称为 LAPDm，它是在 ISDN 的 LAPD 协议基础上做少量修改形成的。修改原则是尽量减少不必要的字段以节省信道资源。主要不同之处在于取消帧定界标志(Flag)和帧校验序列(FCS)，因为其功能已由 TDMA 系统的定位和信道纠错编码完成。此外还定义了多种简缩的帧格式用于各种特定的情况。

图 7.13 示出 LAPDm 所定义的 5 种帧格式。其中，格式 B 是最基本的一种帧，和 LAPD 帧基本相同。地址字段增设一个业务接入点标识 SAPI＝3，它表示是短消息。SAPI＝0 的帧优先级高于 SAPI＝3 的帧。控制字段定义了两类帧：I 帧和 UI 帧。前者用于专用控制信道(SDCCH、SACCH、FACCH)，后者用于除 RACH 外的所有控制信道。帧格式 A 对应 U 帧和 S 帧。

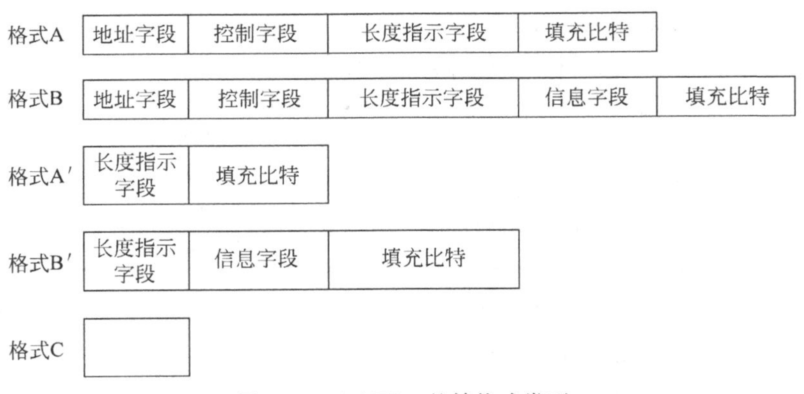

图 7.13 LAPDm 的帧格式类型

帧格式 A′和 B′用于 AGCH、PCH 和 BCCH 信道。这些下行信道的信息自动重复发送，无须证实，因此不需要控制字段；所有移动台都要守听这些信道，因此不需要地址地段。

其中,B′传送 UI 帧,A′纯粹起填充作用。

帧格式 C 仅一个字节,专门用于 RACH。实际上它并不是 LAPDm 帧,只是由于接入消息的信息量少,所以就赋予一个最简化的结构。

3. 信令层(第三层)

(1) 第三层是收发和处理信令消息的实体,包括三个功能子层。

① 无线资源管理(RR):其作用是对无线信道进行分配、释放、切换、性能监视和控制,共定义了 8 个信令过程。

② 移动性管理(MM):定义了移动用户位置更新、定期更新、鉴权、开机接入、关机退出、TMSI 重新分配和设备识别等 7 个过程。

③ 连接管理(CM):负责呼叫控制,包括补充业务和 SMS 的控制。由于 MM 子层的屏蔽,CM 子层已感觉不到用户的移动性。其控制机理继承 ISDN,包括去话建立、来话建立、呼叫中改变传输模式、MM 连接中断后呼叫重建和 DTMF 传送等 5 个信令过程。

(2) 第三层信令的消息结构如图 7.14 所示。其中,TI 为事务标识,用以区分多个并行的 CM 连接;TI 标志指示 CM 连接的源点,CM 消息的源点置其为 0。对于 RR 和 MM 连接,TI 没有意义。协议指示语定义了 RR、MM、呼叫控制、SMS、补充业务和测试 6 种协议,MT 指示每种协议的具体消息。消息本体由消息单元(IE)序列组成。

<table>
<tr><td>TI 标志</td><td>TI</td><td>协议指示语(PD)</td></tr>
<tr><td>0</td><td colspan="2">消息类型(MT)</td></tr>
<tr><td colspan="3">信息单元(必备)</td></tr>
<tr><td colspan="3">信息单元(任选)</td></tr>
</table>

图 7.14 无线接口第三层消息结构

(3) 信令过程示例如下。

图 7.15 示出去话呼叫建立过程中无线接口信令消息的传送顺序。

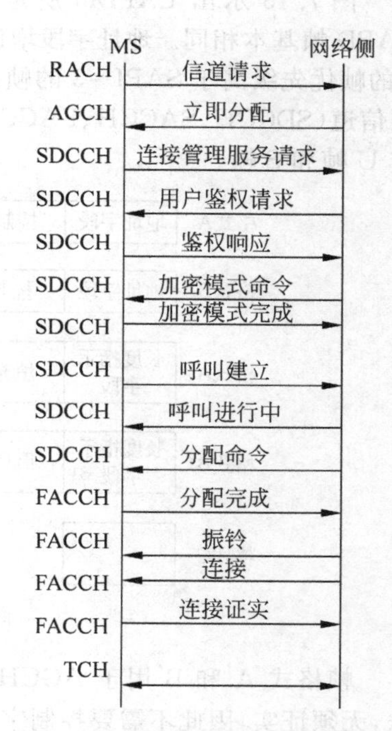

图 7.15 去话呼叫建立信令过程

移动台首先通过 RACH 发出一个"信道请求"消息,申请一个信令信道。基站经 AGCH 回送一个"立即分配"消息,指配一个专用信令信道 SDCCH。其后移动台就转入此信道和网络联络。先发送"CM 服务请求"消息,告诉网络要求 CM 实体提供服务。但是 CM 连接必须建立在 RR 和 MM 连接完成的基础上,因此首先要执行必需的 MM 和 RR 过程。为此先执行用户鉴权(MM 过程),然后执行加密模式设定(RR 过程)。移动台发出"加密模式完成"消息后就启动加密,该消息本身也已加密。如果不需要加密,则网络发出的"加密模式命令"消息中将指示"不加密"。接着移动台发出"呼叫建立"消息,该消息指明业务类型和被叫号码,也可给出自身的标识和能力(任选信息单元)。网络启动选路进程,同时发回"呼叫进行中"消息。与此同时,网络分配一个业务信道供其传送用户数据，该 RR 过程包含两个消息：“分配命令”和“分配完成”。其中“分配完成”消息已经在新指配的 TCH/FACCH 信道上发送，其后的信令消息转入经由该 FACCH 发送，原先分配的 SDCCH 释放，供其他用户使用。由于这时尚未通话，因此 FACCH 的占用并不影响通信质量。当被叫空闲且振铃时，网络向主叫发送“振铃”消息，移动台发出回铃音。被叫应答后，网络发送“连接”消息，移动台回送“连接证实”消息。这时 FACCH 任务完成，回归 TCH，进入正常通话状态。

最后指出一点，图 7.15 中的“网络侧”是一个泛指，各信令消息在网络侧的对应实体可能位于基站、基站控制器或移动交换机中。

7.3.2　A-bis 接口信令

GSM 系统将基站系统(BSS)进一步分解为基站收发信台(BTS)和基站控制器(BSC)两部分，如图 7.16 所示，它们之间的接口称为 A-bis。一个 BSC 可以控制分布于不同地点的多个 BTS，对于小型基站的系统也可以合二为一。由于 A-bis 接口定义较晚，目前尚未完全标准化，因此尚不能支持 BSC-BTS 的多厂商环境。

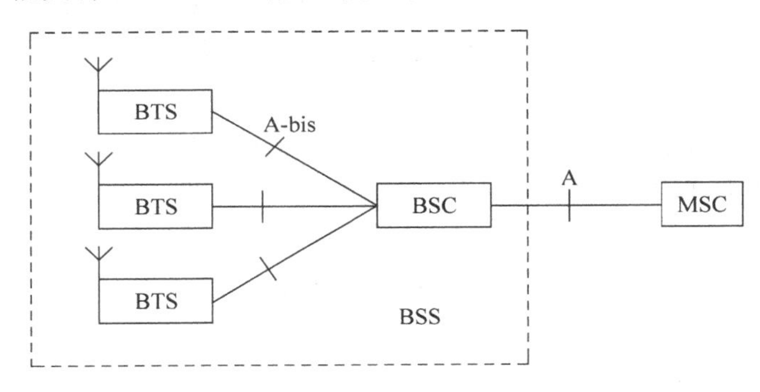

图 7.16　基站系统结构

1. 信令功能结构

如图 7.17 所示，A-bis 接口信令也是三层结构。其第二层采用 LAPD 协议；第三层有三个实体：业务管理过程、网络管理过程和第二层管理过程，SAPI 值分别为 0、62 和 63，对应的第二层逻辑链路分别称为 RSL(无线信令链路)、OML(操作和管理链路)和 L_2ML(第二层管理链路)。

第二层管理过程已经由 LAPD 定义；网络管理过程尚未标准化，这是 A-bis 接口不能支持多厂商合作的主要原因；GSM 标准主要定义了业务管理过程。

2. 业务管理过程

业务(Traffic)管理过程有两大任务。第一项任务就是透明传送绝大部分无线接口信令信息。所谓透明就是 BTS 对第三层消息的内容不做分析和变更，也不采取任何动作，仅对消息的外部封装和信道编码做重新调整，以适配无线和有线接口不同的低层(第一层和第二层)协议的要求。

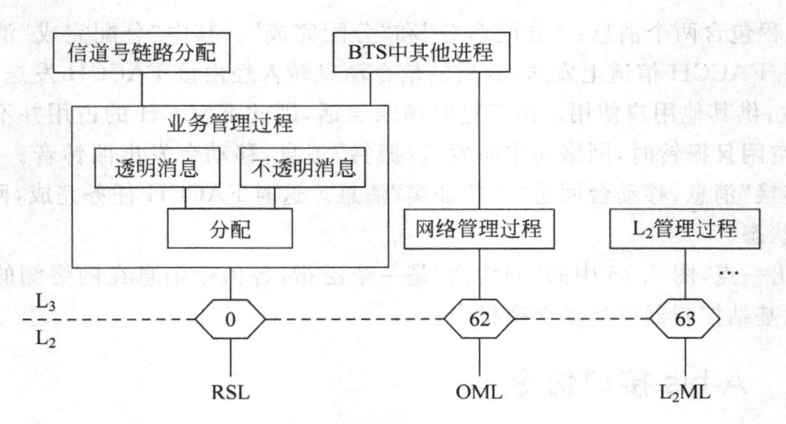

图 7.17 A-bis 接口信令结构模型(BTS 侧)

第二项任务是对 BTS 的物理和逻辑设备进行管理，管理是通过 BSC-BTS 之间的命令—证实消息序列完成的，消息的源点和终点就是 BSC 和 BTS，与无线接口消息没有对应关系，它们与需要由 BTS 处理和转接的无线接口消息统称为不透明消息。

GSM 规范将 BTS 的管理对象分为四类，它们是：无线链路层、专用信道、控制信道和收发信机，相应定义了四个管理子过程。

无线链路层管理过程负责无线通路数据链路层的建立和释放以及透明消息的转发；专用信道管理过程负责 TCH、SDCCH 和 SACCH 的激活、释放、性能参数和操作方式控制以及测量报告等；控制信道管理过程负责不透明消息的转发及公共控制信道的负荷控制；收发信机管理过程负责收发信机流量的控制和状态报告。

3. 消息结构

图 7.18 示出 A-bis 接口信令消息的一般结构。其中消息鉴别语指示是哪一类管理过程的消息，并指明是否为透明消息；信道号指示信道类型；链路标识进一步指示是哪一种专用控制信道。

消息鉴别语	
EM	消息类型
信道号	
链路标识	
其他信息单元	

图 7.18 A-bis 接口信令消息结构

7.3.3 A 接口信令

图 7.19 示出 A 接口信令结构。它采用 7 号信令作为消息传送协议，严格来说有四层：物理层(MTP-1:64kb/s 链路)、链路层(MTP-2)、网络层(MTP-3＋SCCP)和应用层。但是

由于A接口为用户侧信令，只用到极其有限的网络层功能，因此GSM规范仍将其归为三层结构，应用层作为信令的第三层，MTP-2/3＋SCCP作为第二层，负责消息的可靠传送。

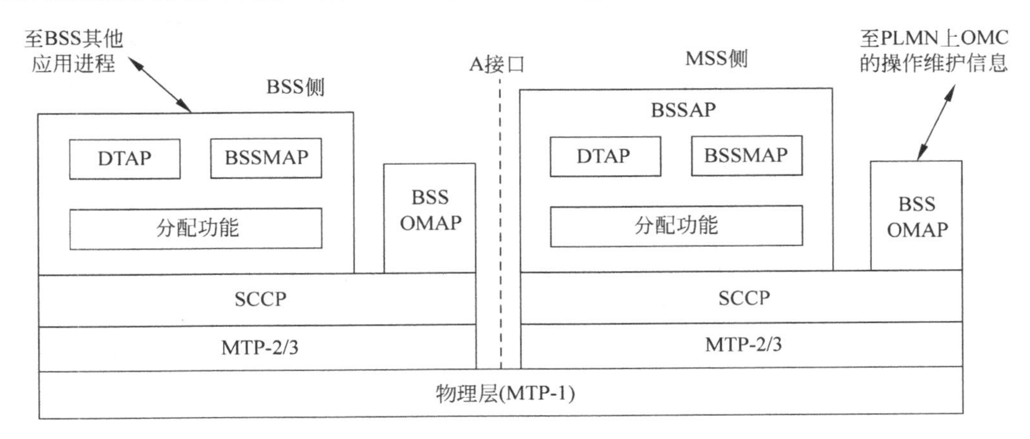

图7.19 A接口信令结构模型(BSC侧)

MTP-3复杂的信令网管理(SNM)功能基本上不用，主要用其信令消息处理(SMH)功能。由于有许多和电路无关的管理消息，因此采用SCCP，但是其全局名翻译功能基本不用。传送某一特定事务(如呼叫)的消息序列和操作维护消息序列采用SCCP面向连接服务功能(类别2)，适用于整个基站系统，和特定事务无关的全局消息则采用SCCP无连接服务功能(类别1)。另外利用SCCP子系统号可识别多个第三层应用实体。

第三层包括三个应用实体。

(1) BSS操作维护应用部分(BSSOMAP)：用于和MSC及网管中心(OMC)交换维护管理信息。与OMC间的消息传送也可采用X.25协议。

(2) 直接传送应用部分(DTAP)：用于透明传送MSC和MS间的消息，这些消息主要是CM和MM协议消息。RR协议消息终结于BSS，不再发往MSC。

(3) BSS管理应用部分(BSSMAP)：用于对BSS的资源使用、调配和负荷进行控制和监视。消息的源点和终点为BSS和MSC，消息均和RR相关。某些BSSMAP过程将直接引发RR消息，反之，RR消息也可能触发某些BSSMAP过程。GSM标准共定义了18个BSSMAP信令过程。

BSSMAP和DTAP合称为基站系统应用部分(BSSAP)。

总结以上分析，可得包括Um、A-bis和A接口的用户侧信令协议模型如图7.20所示。图中虚线表示协议对等层之间的逻辑连接。

Um接口直接和用户相接，所有和通信相关的信令信息都源于此接口，从这个意义上来说，它是理解用户侧信令最重要的一个接口。在MS侧有三个应用实体：RR、MM和CM。其中RR的对等实体主要位于BSC中，它们之间的消息传送通过A-bis接口业务管理实体(TM)的透明消息程序转接完成。极少量的RR对等实体位于BTS中(RR′)，它们的消息经Um接口直接传送。MM和CM的对等实体位于MSC中，它们之间的消息传送经过A接口的DTAP和A-bis接口的TM两次透明转换完成，透明转换主要完成低层协议转换。为了保证这三个应用的正常工作和呼叫的正常进行，在A-bis接口和A接口分别有TM(不透明消息)和BSSMAP应用协议，对BTS和整个BSS进行二级业务管理。除此之外，各接口还有网络管理维护协议,为网元和网络的统一管理提供条件。

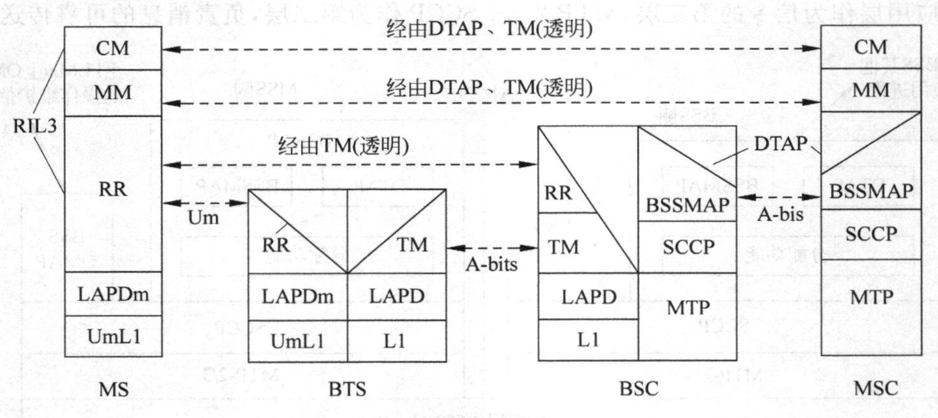

图 7.20 GSM 系统用户侧信令协议模型

7.3.4 网络接口信令

网络接口信令包括接口 B~G,其信令的传送采用的是 7 号信令方式。网络接口信令的应用层协议为移动应用部分(MAP),由 SCCP 和 TCAP 支持。MAP 的主要功能是支持移动用户漫游、切换和网络的安全保密,实现全球联网。为此,需要在 MSC 和 HLR、VLR、EIR 等网络数据库之间频繁地交换数据和指令,这些信息都与电路连接无关,最适合于七层结构的 7 号信令方式传送。

MAP 协议共定义了 10 个信令过程。

(1) 位置登记和删除。

(2) 补充业务处理:包括补充业务的激活、去激活、登记、取消、使用和询问。一般由 MS 发起这些操作,MSC 通过 VLR 向 HLR 查询用户的补充业务权限等数据,据此决定能否执行这些操作。若用户补充业务的注册情况有变化,则由 HLR 通知 VLR,修改其数据库,这时不涉及 MSC 和 MS。

(3) 呼叫建立过程中检索用户参数。它包括以下三种情况。

① 直接信息检索:MSC 由 VLR 直接获得所需参数。

② 间接信息检索:VLR 还需向 HLR 获取部分或全部用户参数。

③ 路由信息检索:PSTN/ISDN 用户呼叫 MS 时,网关 MSC 向 HLR 请求漫游号。

(4) 切换:用以支持越局基本切换和后续切换(连续发生两次越局切换)。为此定义了请求测量结果、MSC-A 切换至 MSC-B、MSC-B 切回 MSC-A、MSC-B 后续切换至 MSC-B′和获取切换号等信令过程。

(5) 用户管理:包括用户位置信息管理和用户参数管理,主要是 VLR 向 HLR 验证信息或 HLR 向 VLR 检索信息,可用于 VLR 和 HLR 重新启动后的数据恢复或正常的数据库更新。

(6) 操作和维护:已定义的主要是计费数据由 MSC 向 HLR 传送的过程。

(7) 位置登记器的故障恢复:包括 VLR 和 HLR 的恢复。VLR 重新启动后,将所有的 MS 标上“恢复”标记,表示数据尚待核实。当收到来自 MSC 或 HLR 的消息(如呼叫建立、位置更新、用户鉴权等)时,表示该用户仍在本 VLR 控制区内,这时可去除恢复标记。当收到位置删除消息时,则将此 MS 记录删除。

HLR 重新启动后,将向全部或相关的 VLR 发送"复位"消息,VLR 收到此消息后,将所有属于 HLR 的 MS 打上标记,待核实后即通知 HLR,予以更新恢复。

(8) IMEI 管理:定义 MSC 向 EIR 查询移动台设备合法性的信令过程。

(9) 用户鉴权:包括以下四个信令过程。

① 基本鉴权过程:处理其他事务(如呼叫建立、位置登记、补充业务操作等)时进行的正常鉴权。

② VLR 向 HLR 请求鉴权参数(数据组):当 VLR 保存的预先算好的鉴权数据组低于门限值时,执行此过程。

③ 向原先 VLR 请求鉴权参数:此过程在向原 VLR 索取 IMSI 时一并完成。

④ 切换时的鉴权:为了确保安全,规定切换完成后需要进行鉴权。鉴权仍由 MSC-A 发起,鉴权结果由 VLR-A 校核,但是需要由 MSC-A 通知 MSC-B 向 MS 索取鉴权计算结果。

(10) 网络安全功能的管理:主要是加密密钥、TMSI 等的传送。

7.3.5 移动交换信令示例

下面以基本越局切换为例,说明主控 MSC 是如何控制网络各部件完成切换的。切换需要 MAP 信令、BSSMAP 信令和 TUP/ISUP 信令的配合,其过程如图 7.21 所示。图 7.21 中假设主叫是 PSTN 用户,被叫是 MS,在通话过程中 MS 由 MSC-A 所辖小区移入 MSC-B 所辖小区,其控制步骤如下。

(1) MS 连续发送测量报告,BSS-A 判定需要进行切换时,则向 MSC-A 发出请求,同时告之选定的目标小区。

(2) MSC-A 向 MSC-B 发送"无线信道请求"。

(3) MSC-B 向 VLR-B 请求并获得切换,其作用相当于一个虚拟的漫游号。

(4) MSC-B 指令 BSS-B 分配一个业务信道,供 MS 切换后使用。

(5) MSC-B 向 MSC-A 发送"无线信道证实"消息,告之已分配的业务信道号及切换号。

(6) MSC-A 发送 TUP/ISUP 消息,建立中继话路。将 IAM 消息中的被叫号码置为切换号。

(7) MSC-A 指令 MS 进行切换,告之目标小区和业务信道。

(8) MS 切换到新的业务信道上,告之 MSC-B。

(9) MSC-B 告之 MSC-A 切换完成,并发送"应答,不计费"消息,中继话路双向连通。此时,PSTN 主叫用户经 MSC-A 接至 MSC-B,再经新分配的业务信道和 MS 通话。

(10) MSC-A 指令 BSS-A 释放原先的业务信道。

(11) 待通话结束后,拆除 MSC-A 和 MSC-B 间的中继话路,结束切换事务,归还切换号,释放新的业务信道。

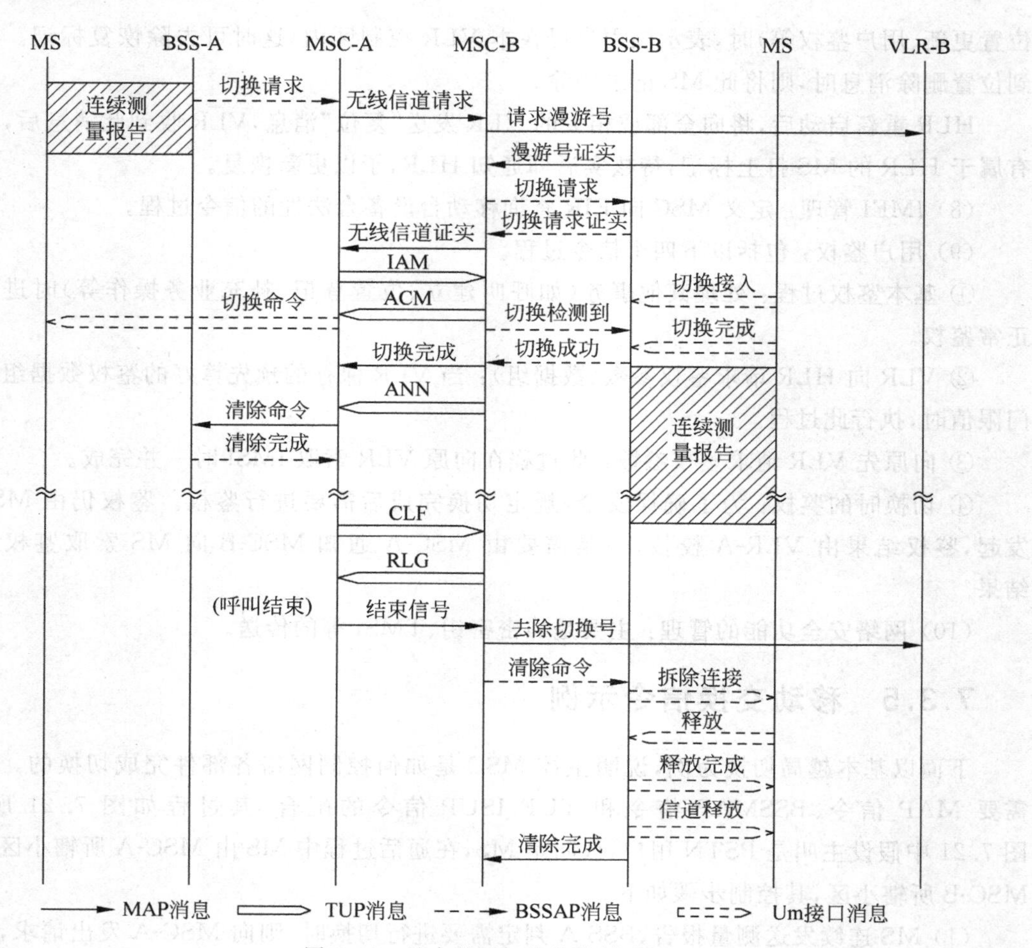

图 7.21 基本越局切换的控制过程

7.4 移动交换系统

7.4.1 移动交换机的结构和特点

1. 移动交换机的一般结构

常用的 MSC/VLR 综合式移动交换机的一般结构如图 7.22 所示，虚线部分为任选部件。

和 PSTN 程控电话交换机相比，其结构上的差异有以下几个方面。

(1) 撤除用户级设备。一般程控交换机用户电路数量大，占整个交换机硬件设备的60%左右。移动交换机没有这部分设备，因此其体积较小，所需机房面积和电源容量也较小。

(2) 增设基站信令接口 BSI 和网络信令接口 NSI。前者传送与移动台通信的信息以及基站控制和维护管理信息，后者向 PLMN 其他网络部件传送移动用户管理、切换控制、网络

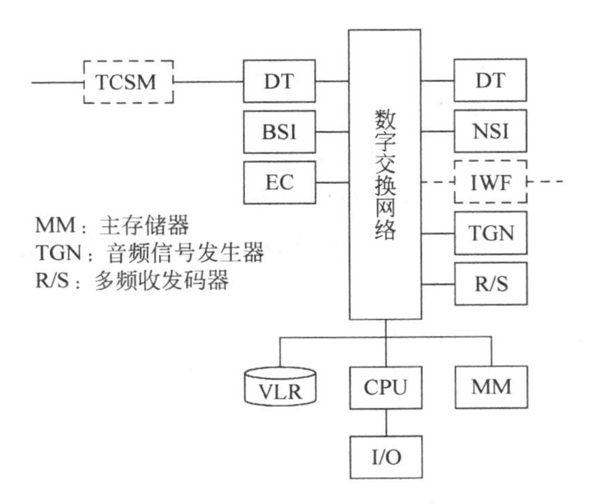

图 7.22 移动交换机的一般结构

维护管理等信息。

以 GSM 为代表的数字移动系统采用以 7 号信令和 ISDN 规范为基础的统一规范，在硬件上，BSI 和 NSI 为 7 号信令系统的信令终端设备，在软件上则需要装备 SCCP、TCAP 和应用层软件，一般都配备专用的信令处理机。

(3) 增设 VLR 数据库。

(4) 增设回波抑制器设备 EC，用于移动用户和 PSTN 用户的通话。由于移动网空中接口时延较大，可达卫星链路时延的一半，而 PSTN 用户电路都采用二/四线变换，因此和移动网通话会产生可感觉的回声，必须设法消除。

(5) 选用部件：网络互通单元 IWF，GSM 系统中装备在与 PSTN 接口的 GMSC 中，用于支持移动用户和 PSTN 用户之间的数据业务。主要硬件是各种 Modem。数据的模拟传输终结于 IWF，进入 GSM 网恢复为数字形式。

(6) 选用部件：码型变换和子复用设备 TCSM，在数字移动系统中用作 PCM 64kb/s 语音编码和无线接口低速率语音编码之间的转换，以及变换后的子速率信号的复用传输。该设备可以位于 MSC，也可以位于基站系统，或者作为单独的设备处理。如果置于基站侧，就不需要子复用功能。

由此可见，移动交换机和一般交换机硬件上差别不大，主要在于交换软件和信令的不同，另外还需设计一个大容量的实时数据库。

2. 移动交换机的容量估算

确定一个移动交换机能够接入多少个移动用户需要综合考虑它的三个性能指标：可装载最大用户文件数、可处理平均忙时试呼次数(BHCA)和可配置无线端口最大数。同时它还与具体网络中移动用户的话务特性有关。

(1) BHCA 是衡量交换机中处理机呼叫处理能力的一个重要指标，其含义是当处理机占用率达到一定上限值(一般为 75%～85%)时所能处理的每小时呼叫次数。这里的呼叫应包含各种类型的呼叫(本局、出局、入局、汇接)和各种呼叫完成情况(完成、被叫忙、久叫不应、拨号不全等)的组合，组合比例应符合网络统计规律。一般大型程控交换机的 BHCA 值都达几十万以上。

对于移动交换机来说，它处理移动呼叫需要识别漫游用户，处理切换等，其开销远大于一般市话呼叫。移动交换机给出其 BHCA 指标时，必然同时给出该指标基于的话务假设条件，包括呼叫类型（移动呼叫 PSTN、PSTN 呼叫移动等）比例、各类呼叫成功率、切换频度和切换成功率等。当一个 PSTN 用的程控交换机改装为移动交换机时，其 BHCA 值将下降，典型值为原来的 25%。如 DSC 公司生产的 DEX-600 市话交换机的 BHCA 值为 300000，改装为 Motorola 公司的 EMX-2500 机后的 BHCA 值为 75000。

要根据 BHCA 指标确定一个移动交换机能够接入多少个用户，还必须知道每个用户的忙时呼叫次数。假设根据观察统计，每个用户平均每天呼叫次数为 t，则其忙时呼次 b 可表示为

$$b = t \cdot k \tag{7.3}$$

式中 k 为集中系数，其典型值为 0.1～0.15。由此可得，移动交换机的容量为

$$C = \frac{\text{BHCA}}{b} \tag{7.4}$$

例如，根据统计，某网络的话务统计数据为：MS→PSTN 呼叫占 60%，呼叫成功率为 50%；PSTN→MS 呼叫占 35%，呼叫成功率为 75%；MS→MS 呼叫占 5%，呼叫成功率为 75%。在移动台中，车载台占 10%，每天成功呼叫次数为 4 次；手持机占 85%，每天成功呼叫次数为 8 次；固定台占 5%，每天成功呼叫次数为 18 次。据此可算得，平均每用户忙时成功呼叫次数为

$$b_s = (4 \times 10\% + 8 \times 85\% + 18 \times 5\%) \times 0.15 = 1.215 \text{ 次 / 用户}$$

式中取 $k=0.15$。

平均每用户忙时呼叫次数为

$$b = 1.215 \times 60\% \times \frac{1}{0.5} + 1.215 \times 35\% \times \frac{1}{0.75} + 1.215 \times 5\% \times \frac{1}{0.75} = 2.106 \text{ 次 / 用户}$$

查 EXM-500 移动交换机性能规范，其 BHCA 值＝20000，则它可接入的移动用户总数为

$$C = \frac{20000}{2.106} = 9497$$

(2) 无线频道话务量和呼损率。在话务理论中，用户通信量的大小用话务量来度量，话务量的定义为

$$\alpha = \lambda \cdot S \tag{7.5}$$

式中，λ 表示用户小时平均呼次，S 为呼叫平均时长。在 λ 和 S 采用相同时间单位的情况下，话务量为一个无量纲的量，称作“爱尔兰(E)”。

在一个总共有 n 个信道的系统中，设共有 N 个用户，则总的话务量为

$$A = N \cdot \alpha \tag{7.6}$$

A 称为系统流入话务量，当有多于 N 个用户同时试图呼叫时，由于信道争用冲突必将造成呼叫损失。因此，从概率统计角度看，只有一部分话务量能够完成，称为完成话务量，记作 A_0，称

$$B = \frac{A - A_0}{A} \tag{7.7}$$

为呼损率,它是系统服务等级的度量。显然要提高服务等级,必须减小系统的流入话务量A,也就是减小系统容纳的用户数,但是这不利于提高系统资源的利用率。因此,应该确定一个合理的服务等级。由无线信道数决定的系统容量都是相对某一服务等级而言的。

根据话务理论分析,当$n\to\infty$时,呼损率服从爱尔兰分布,其公式为

$$B=\frac{\frac{A^n}{n!}}{\sum_{i=0}^{n}\frac{A^i}{i!}} \tag{7.8}$$

一般以表格的形式给出B、A、n三者的关系,称为爱尔兰表。

设移动通信系统的服务等级为$B=5\%$,每个基站区的信道数为$n=20$,则由表可查得$A=15.249\mathrm{E}$,即每个信道的流入话务量可为

$$\frac{A}{n}=0.76\mathrm{E}$$

仍在上面所述的话务条件下,设呼叫平均时长为100s,则每用户忙时平均话务量为

$$2.106\times100\times\frac{1}{3600}=0.0585\mathrm{E}$$

查EXM-500性能规范,其最大端口数为1920,其中分配给中继线和公共设备的端口数为1070个,分配给无线信道的最大端口数为850个,由此可算得它可接入的移动用户总数为

$$C=\frac{850\times0.76}{0.0585}=11042$$

(3) 最大用户文件数。移动交换机中,移动用户的用户数据量比一般市话用户要大得多,因此必须考虑它对交换机内存量的要求,最大用户文件数就是在给定的内存容量下,能够存储多少个用户的数据,它直接决定了系统的最大容量。

例如EXM-500交换机的最大用户文件数为15000,考虑到还要存储一部分漫游用户的数据,实际系统容量小于这个数字。

综合以上三个方面因素的考虑,可以确定移动交换机的实际容量,如EMX-500的容量约为10000个的用户。

3. 用户数据库

移动交换机同样包含动态数据、局数据和用户数据,它和一般交换机的不同之处主要是用户数据包含的信息量大,占用存储量大,且可能分布存储于不同物理位置的数据库(如HLR、VLR)中。交换机需要有很强的实时数据库管理功能。

移动用户数据一般包含以下数据项。

(1) 移动号码:包括IMSI、IMEI和MSDN。

(2) 移动用户当前位置:包括业务区号(SID)和位置区号(LAI)。

(3) 移动台类别:包括移动台类型标志、计费标志、机器故障标志和关机标志。

(4) 服务类别(含补充业务),具体如下。

① 发送端控制业务:包括去话呼叫限制、热线标志、热线号码、缩位号码表和通话保密请求标志等。

② 终端控制业务:来话呼叫限制、免打扰标志、呼叫前转类型标志、无条件呼叫前转号

码、遇忙前转号码、无应答前转号码和夜间应答转移号码及时间等。

③ 预置会议电话成员号码。

(5) 漫游数据：包括漫游号 MSRN、HLR 号、访问 VLR 号、访问 MSC 号和漫游限制标志等。

(6) 切换号。

(7) 网络安全保护参数、ISDN 补充业务参数和承载业务参数等。

7.4.2 移动呼叫处理

和一般程控交换机相比，移动交换机的呼叫处理有如下一些特定功能。

1. 移动用户接入处理

对于 MS 始发呼叫，不存在用户线扫描、拨号音发送和收号等处理过程，MS 接入和发号通过无线接口信令完成，交换机的功能主要是检查 MS 的合法性及其呼叫权限。对于 MS 来话呼叫，则要执行寻呼过程。

2. 信道分配

这是移动呼叫处理的特有过程，由交换机按需要给起呼或终结 MS 分配业务信道和必要的信令信道。在某些系统中，是由交换机指令、基站控制器进行具体分配。一般情况下，每个小区只配有固定数量的业务信道。但是，为了提高接通率，也可以在小区信道全忙时借用邻近小区的信道，这种动态信道分配算法比较复杂。

3. 路由选择

路由选择原则上和一般交换机相同，主要特点体现在多种选路策略上。呼叫异地 MS，可通过移动网连接，也可经 PSTN 网连接；呼叫漫游 MS，可采取 GMSC 重选路由法，也可采取至原籍交换局后再转接的方法。这些均视网络规划和移动系统规范而定。

4. 切换

这是移动交换区别于一般交换机的重要特点，它要求交换机在用户进入通信阶段后继续监视业务信道质量，必要时进行切换以保证通信连续性。

5. 移动计费

移动计费是一个相当复杂的问题，其特殊性体现在三个方面：一是规范不同，固定网只对主叫收费，移动网可能对被叫 MS 也要收费；二是由于移动性，计费数据由访问 MSC 生成，但是需要送回其 HLR，这就对信令提出特殊要求，当切换时，呼叫将跨越多个交换局，计费应由首次接入的交换机全程管理；三是用户漫游至异地接受来话时，全程话费如何在主叫被叫间分摊，这和选路策略有关。

6. 呼叫排队

为了提高接通率，当业务信道全忙时，网络侧可向移动台发送“呼叫排队”通知，将呼叫排入等待队列，待有空闲信道后接通。若排队超时，呼叫将予以释放。此功能适用于去话和来话呼叫，在数字系统中由基站控制器完成。此功能不用于国际通信。

7. 不占用空中通道的呼叫建立

不占用空中通道的呼叫建立（OACSU）功能指的是在呼叫建立过程中只使用控制信道，待被叫应答后才分配业务信道，其目的是提高无线资源的利用率。此为任选功能，仅当移动台和交换机都具备此功能时才能使用，它涉及信令过程的修改。

8. 呼叫重建

这指的是当空中信道突然中断，如在传播路径上突然出现隧道、建筑物时，为了使呼叫不中断，允许移动台向邻近小区发出呼叫重建的接入请求，移动交换机收到此消息后，应该根据用户标识搜寻其原有的连接，然后将其切换到新分配的业务信道上去。为此，要求交换机在连接异常中断后启动一个“呼叫重建定时器”，在此时间内允许连接重建，超时后全程连接释放。

从功能上看，这相当于 MS 启动的切换过程，因此只能用于数字移动系统。从信令过程上看，这和一般的去话呼叫建立类似，其差别在于接续过程一定要快。为此，移动台必须快速选取已建立同步的邻接小区，而不是通常意义下的最佳小区，交换机应将呼叫重建作为高优先级任务来处理。

9. DTMF 信号传送

某些应用，例如呼叫转移、语音信箱、数据终端自动应答等，要求用户在话路建立以后发送 DTMF 信号。由于数字移动通信系统空中接口采用低速率语音编码，该编码是针对话音优化设计的，传送 DTMF 信号会产生较大失真，因此数字系统的上行方向采用信令方式传送 DTMF 信号，交换机读出该消息后，如需继续向前方传递，则需配备 DTMF 发码器转发此信号。下行方向则直接传送，移动台应有相应的 DTMF 检测能力。

习题 7

7.1 PLMN 区域划分为哪几部分？简单说明各个区域的管辖范围。

7.2 试说明 VLR 和 HLR 的功能差别。为什么有了 HLR 还要设立 VLR？

7.3 试说明 EIR 和 AC 的功能差别。

7.4 试说明为什么在移动通信系统中要对移动台赋予四种号码。

7.5 试说明移动呼叫接续过程和普通 PSTN 中的呼叫接续过程的差别。

7.6 参照图 7.1 给出 GSM 系统各接口的信令协议结构和各层协议名称。

7.7 试说明 GSM 系统中，MSC 至 MS 的信令消息经过哪些信令协议层和哪些变换送达目的地。

7.8 为什么 MAP 信令消息传送需要 SCCP 支持？举例说明传送 MAP 消息时 SCCP

全局名翻译的作用。

7.9 移动交换机比一般程控电话交换机需增设哪些部件？它们的作用是什么？

7.10 举例说明对漫游用户进行原籍局重选路由时产生路由环回的情况。

7.11 为什么国际漫游不采用网关局重选路由方法？

7.12 试对于图 7.3 所示结构证明式(7.2)成立。并计算该结构的同频干扰信噪比。

7.13 试参照图 7.21 画出后续越局切换情况下的信令流程。注意：MSC-A 始终是主控局。

第8章 ATM交换技术

前面我们介绍了电路交换、分组交换及帧中继技术，这一章将介绍异步转移模式(ATM)交换技术。首先介绍产生ATM的原因和异步转移模式的基础知识，这包括ATM信元复用方式、信元结构、协议模型、信元处理原则及ATM交换网的拓扑结构等，随后介绍ATM的交换原理、ATM交换机的模块结构、基本排队机制及共享存储器交换结构，最后介绍ATM交换的呼叫和连接控制。这里着重介绍符合协议的功能模块实现原理，并从软件控制的观点出发讲述ATM交换的呼叫控制所涉及的协议过程和实现机理。

8.1 引言

在现代社会中，人们需要传递和处理的信息量越来越大，信息的种类也越来越多，其中对会议电视、高速数据传输、远程教学、VOD等宽带新业务的需求正迅速增长。原来的各种网络都只能传输一种业务，如电话网只能提供电话业务，数据通信网只能提供数据通信业务。这种情况对于用户和网络运营者来说都是不方便和不经济的，人们因此提出了ISDN(Integrated Services Digital Network)的概念，希望能够用一种网络来传送各种业务。

ISDN的概念是于1972年提出的，由于当时的技术和业务需求的限制，首先提出的是窄带ISDN(N-ISDN)。目前N-ISDN技术已经非常成熟，世界上已经有了许多比较成熟的N-ISDN网。但是由于N-ISDN存在着带宽有限、业务综合能力有限、中继网种类繁多、对新业务的适应性差等局限性，要求人们提出有更大的灵活性、更宽的带宽、更强的业务综合能力的新网络。自20世纪80年代以来，一些与通信相关的基础技术，如微电子、光电子技术等的发展和光纤的传输距离和传输容量的提高，为新网络的实现提供了基础。

就是在这种环境下，出现了宽带ISDN(B-ISDN)。B-ISDN能够满足：提供高速传输业务的能力；网络设备与业务特性无关；信息的转移方式与业务种类无关。为了研究开发适应B-ISDN的传输模式，人们提出了很多种解决方案，如多速率电路交换、帧中继、快速分组交换等。最后得到了一个最适合B-ISDN的传输模式——ATM(Asynchronous Transfer Mode)。

ATM技术作为B-ISDN的核心技术，已经由ITU-T于1992年规定为B-ISDN统一的信息转移模式。ATM技术克服了电路模式和分组模式的技术局限性，采用光通信技术，提高了传输质量；在网络节点上简化操作，使网络时延减小。而且它还采取了一系列其他技术，从而达到了B-ISDN的要求。

8.2 异步转移模式基础

8.2.1 ATM传送模式

ATM技术是实现B-ISDN的核心技术，它是以分组传送模式为基础并融合了电路传送模式高速化的优点发展而成的，可以满足各种通信业务的需求。现行的电路交换采用同步转移模式(STM)。由图8.1(a)可以看出，在STM中存在着以125μs为周期的帧，它靠帧内的时隙位置来识别信道，一条信道所占用的时隙位置是固定的。

ATM的传送模式如图8.1(b)所示，它本质上是一种高速分组传送模式。它将话音、数据及图像等所有的数字信息分解成长度固定(48字节)的数据块，并在各数据块前装配由地址、丢失优先级、流量控制、差错控制(HEC)信息等构成的信元头(5字节)，从而形成53字节的完整信元。它采用异步时分复用的方式将来自不同信息源的信元汇集到一起，在一个缓冲器内排队，然后按照先进先出的原则将队列中的信元逐个输出到传输线路，从而在传输线路上形成首尾相接的信元流。在每个信元的信头中含有虚通路标识符/虚信道标志符(VPI/VCI)作为地址标志，网络根据信头中的地址标志来选择信元的输出端口转移信元。

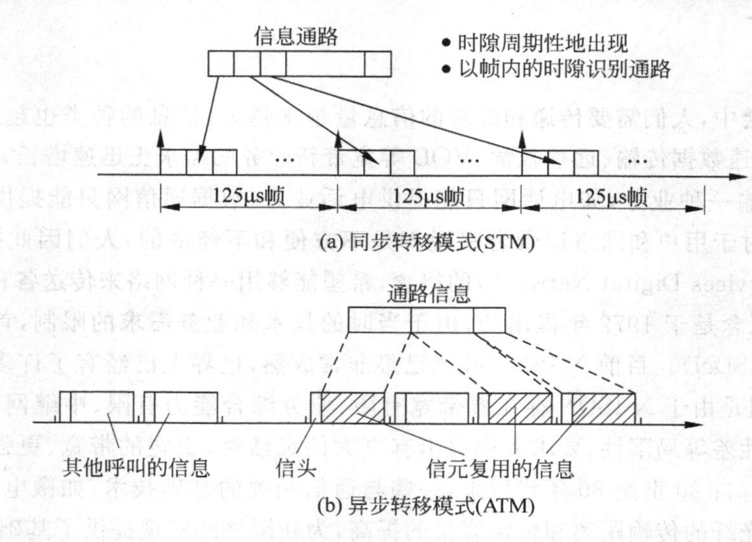

图8.1 STM与ATM的比较

由于信息源产生信息的过程是随机的，所以信元抵达队列也是随机的。速率高的业务信元到来的频次高；速率低的业务信元到来的频次低。这些信元都按到达的先后顺序在队列中排队，队列中的信元按输出次序复用在传输线路上，这样，具有同样标志的信元在传输线上并不对应某个固定的时隙，也不是按周期出现的，也就是说信息传送标识和它在时域的位置之间没有任何关系，信息的识别只是按信头的标志来区分。由于ATM的这个复用特性，ATM模式也被称为标志复用或统计复用模式。这样的传送复用方式使得任何业务都能按实际需要来占用资源，对某个业务，传送速率会随信息到达的速率而变化，因此网络资源得到最大限度的利用。此外，ATM网络可以适用于任何业务，不论其特性如何(速率高低、突发性大小、质量和实时性要求如何），网络都按同样的模式来处理，真正做到了完全的业务综合。

由图8.1可见，ATM靠信元中的信头标志来识别。虽然在前面所讲的X.25协议的分组转发也采用了标记复用，但其分组长度在上限范围内可变，因而插入到通信线路的位置是任意变化的。而ATM采用固定长度的信元，可使信元像STM的时隙一样定时出现。因此，ATM可以采用硬件方式高速地对信头进行识别和交换处理。由此可见，ATM传送技术融合了电路传送模式与分组传送模式的特点。可以从以下两个角度来理解ATM的这个特征。

1. ATM可以看作是电路传送方式的演进

在电路传送方式中，时间被划分为时隙，每个时隙用于传送一个用户的数据，各个用户的数据在线路上等时间间隔出现。同时，不同用户的数据按照它们占用的时间位置的不同予以区分。

如果在上述的每个时隙中放入48个字节的用户数据和5个字节的信头，即一个ATM信元，则上述的电路传送方式就演变为ATM。这样一来，由于可依据信头标志来区分不同用户的数据，所以用户数据所占用的时间位置就不必再受到约束。由此所产生的主要好处是：

(1) 线路上的数据传送速率可以在使用它的用户之间自由分配，不必再受固定速率的限制；

(2) 对于断续发送数据的用户来说，在它不发送数据时，信道容量可以提供给其他用户使用，从而提高了信道利用率。

2. ATM可以看作是分组传送方式的演进

由于在分组传送方式中其信道上传送的是数据分组，而ATM信元完全可以看作是一种特殊的数据分组，所以把ATM方式看作是分组传送方式的演进更为自然。

ATM与分组传送方式主要有下列不同：

(1) ATM中使用了固定长度的分组——ATM信元，并使用了空闲信元来填充信道，这使得信道被分成等长的时间小段，从而具有电路传送方式的特点，为提供固定比特率和固定时延的电信业务创造了条件；

(2) 可以由用户在申请信道时提出业务质量要求；

(3) 不使用逐段反馈重发方式，用户可以在必要时使用端到端（即用户之间）的差错纠正措施。

这些改进，使得ATM可以提供分组交换数据业务的同时，也能满足需要提供固定比特率和固定时延的电信业务（如电话业务）的要求。

综合上面两个方面的叙述，可以看出，ATM是属于电路传送方式和分组传送方式的某种结合。事实上，20世纪80年代提出ATM时，就是从两个不同的起点出发，达到了相同的归宿。一些人从改进同步时分复用方法出发，提出异步时分复用（ATD）。另一些人从改进分组交换出发，提出了快速分组交换（FPS）。这两者的进一步演进和标准化，就是当前的ATM。

8.2.2 ATM 信元结构

ATM 的信元结构和信元编码是在 I.361 建议中规定的，由 53 个字节的固定长度数据块组成。其中前 5 个字节是信头，后 48 个字节是与用户数据相关的信息段。信元的组成结构如图 8.2 所示。

信元从第 1 个字节开始顺序向下发送，在同一字节中从第 8 位开始发送。信元内所有的信息段都以首先发送的比特为最高比特(Most Significant Bit，MSB)。

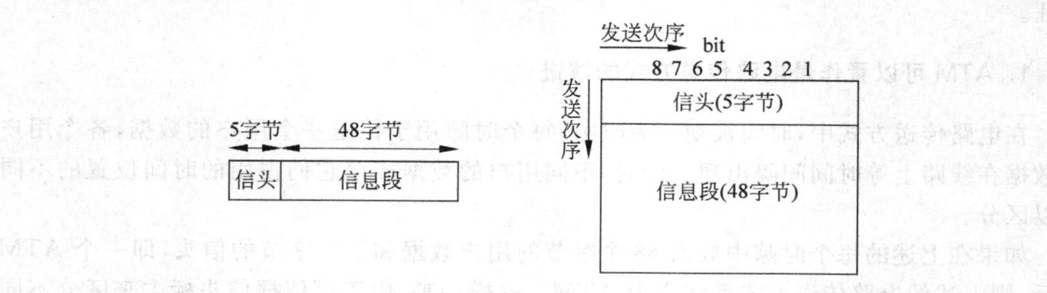

图 8.2 信元的组成结构

图 8.3 表示简化的 B-ISDN 组织结构示意和 ATM 信元的信头格式。在使用 ATM 技术的通信网上，用户线路接口称作用户—网络接口，简称 UNI；中继线路接口称作网络节点接口，简称 NNI。ATM 信头的结构在用户—网络接口上和网络节点接口上稍有不同，下面分别说明在这两种接口上的 ATM 信头格式和编码。

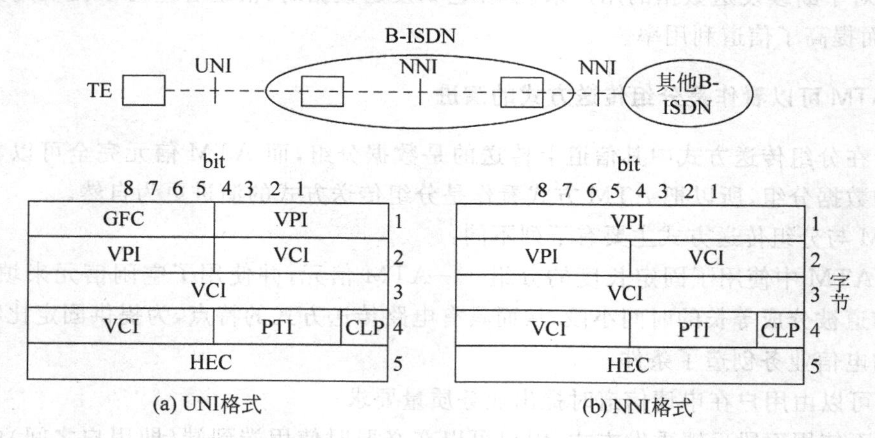

图 8.3 ATM 信元的信头格式

1. UNI 信头格式和编码

按照发送顺序，信头开始的 4 比特是一般流量控制(GFC)，ITU-T 在 1994 年 11 月确定了 GFC 算法，即采用基于循环的排队算法。

跟在 GFC 后面的是路由信息。包括 8 比特 VPI 和 16 比特 VCI；然后是 3 比特净荷类型(PTI)，其中 4 种为用户数据信息类型，3 种为网络管理信息，还有 1 种目前尚未定义(详见表 8.1)。PTI 之后是信元丢弃优先权(CLP)，当传送网络发生拥塞时，首先丢弃 CLP=1

的信元。信头的最后一个字节是信头差错控制码(HEC),HEC是一个多项式码,用来检验信头的错误。

表8.1 PTI标志值及净荷类型说明

PTI编码比特 4 3 2	类型说明
0 0 0	用户数据信元,无阻塞,SDU类型=0
0 0 1	用户数据信元,无阻塞,SDU类型=1
0 1 0	用户数据信元,无阻塞,SDU类型=0
0 1 1	用户数据信元,无阻塞,SDU类型=1
1 0 0	分段OAM F5流信元
1 0 1	端到端OAM F5流信元
1 1 0	保留给今后的业务流控制和资源管理
1 1 1	保留给未来的功能应用

除了传送用户数据信息的信元外,还有一些其他的信元。目前ITU-T已经定义了下列几种特殊信元。

未分配信元(Unassigned Cell):ATM层产生的不包含有用用户数据信息的信元。当发送侧没有信息要发送时,ATM层就要向复用线上填入未分配信元,以使收发两侧能异步工作。

空闲信元(Idle Cell):不包含用户信息的信元,但它们不是由ATM层产生,而是由物理层产生的,是物理层为了适配所用的传送媒体载荷能力规定的信元速率而插入的信元。空闲信元由物理层插入和提取,因而在ATM层看不到空闲信元。未分配信元则不同,在物理层和ATM层都能见到未分配信元。

元信令信元(Meta Signalling Cell):含有元信令的信元,用来供用户与网络协商信令的VCI和信令所需的资源。

通用广播信令信元(General Broadcast Signalling Cell):这类信元包含了需要向用户—网络接口上的所有终端广播的信令信息。

物理层OAM信元(Physical Layer OAM Cell):这类信元包含了与物理层的操作维护有关的信息。

I.361建议给出了元信令和通用广播信令信元的VPI/VCI值,如表8.2所示。

表8.2 元信令和通用广播信令信元的VPI/VCI值

类别	VPI	VCI
元信令	0000 0000	0000 0000 0000 0001
通用广播信令	0000 0000	0000 0000 0000 0010

其他的VPI/VCI值(全0除外)可用来标志用户信息信元的虚信道。VPI/VCI共24b,实际中所需要的比特数由用户和网络在此范围内事先商定。如果实际所需的比特数不足24b,则需将VPI和VCI段不用的高位比特置为“0”。

当VPI/VCI值为全“0”时(HEC除外),信头作为预分配值,供特殊信元使用。在

表8.3中给出了UNI的信头预分配值。表8.3中的前三类都是物理层的信元，这些信元不送往ATM层，只在物理层处理。

表8.3 UNI信头的预分配值

字节	第1字节	第2字节	第3字节	第4字节
空闲信元标志	0000 0000	0000 0000	0000 0000	0000 0001
物理层OAM信元标志	0000 0000	0000 0000	0000 0000	0000 1001
留给物理层使用的信元	PPPP 0000	0000 0000	0000 0000	0000 PPP1
未分配信元	0000 0000	0000 0000	0000 0000	0000 BBB0

注：P表示可供物理层使用的比特，这种比特不具有信头格式中对应位置(GFC,PTI,CLP)相应的含义；B表示任意比特。

2. NNI的信头格式和编码

网络节点接口上信元的信头结构如图8.3(b)所示。如果与图8.3(a)相比较，会发现NNI的信头结构和UNI的十分相似，唯一的不同之处是在NNI的信头中没有了GFC，它的位置被VPI所占据。因此，在网络节点之间可以使用12比特VPI，这样可以识别更多的VP链路。

NNI上信元的信头预分配值如表8.4所示。这些预分配信头值的规律和UNI上的信头预分配规律基本相同，只是在NNI上，信头的前4比特(即第1字节的高4比特)不能用来作为P比特用。这是因为这4个比特位置已被VPI所占据，因此所有预分配信头值在VPI/VCI位置上的比特必须全为“0”。

表8.4 NNI信头的预分配值

字节	第1字节	第2字节	第3字节	第4字节
空闲信元标志	0000 0000	0000 0000	0000 0000	0000 0001
物理层OAM信元标志	0000 0000	0000 0000	0000 0000	0000 1001
留给物理层使用的信元	0000 0000	0000 0000	0000 0000	0000 PPP1
未分配信元	0000 0000	0000 0000	0000 0000	0000 BBB0

注：P表示可供物理层使用的比特；B表示任意值。

8.2.3 ATM分层参考模型

国际电联标准化组织ITU-T在建议I.321中给出了B-ISDN的参考模型(B-ISDN PRM)，B-ISDN是一个基于ATM的网络，这个参考模型也是唯一的一个关于ATM的规程参考模型。因此，这个规程参考模型目前已广泛用于描述基于ATM的通信实体。

B-ISDN参考模型是基于OSI参考模型和ISDN标准建立的。图8.4表示了B-ISDN的分层结构，虽然ITU-T鼓励使用SDH /SONET技术来传送ATM信元，但是物理层还是可以由不同的媒体组成。

B-ISDN模型包括三个平面：用户平面(U平面)负责提供用户信息传送、流量控制和恢复(Recovery)操作；控制平面(C平面)负责建立网络连接和管理连接，以及连接的释放，使用永久虚电路(PVC)时不需要控制平面;管理平面(M平面)有两个功能,平面管理和层管理。平面管理没有分层结构,它负责所有平面的协调。层管理负责各层中的实体,并执行运营、监控和维护功能。

图8.4的B-ISDN参考模型比较抽象,为了进一步理解它,可以在各个层面中放入可能的相关协议,采用如图8.5所示一种较实际的方式来理解模型中各层面之间的关系和作用。这里虽然在物理层表示出了其他选择,但B-ISDN模型建议用SDH作为其物理层。表8.5给出了各个层的功能。

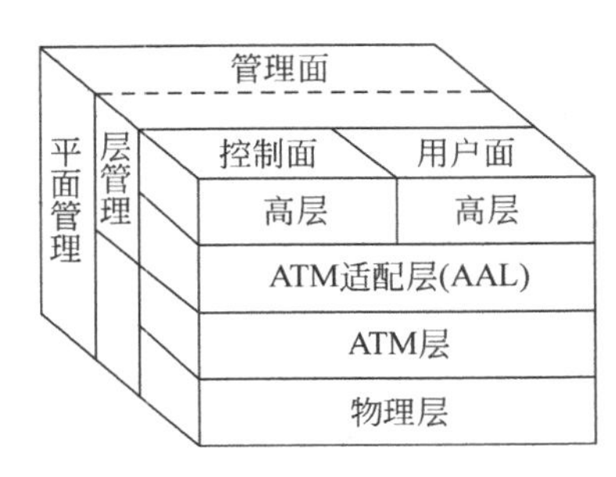

图8.4 ATM和B-ISDN参考模型

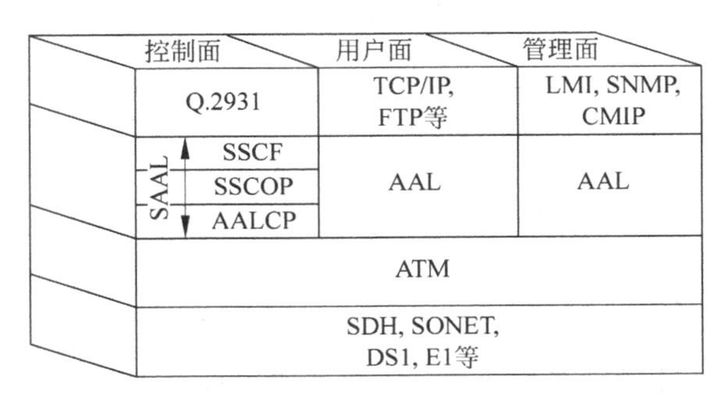

图8.5 B-ISDN的分层协议说明示例

(1) ATM物理层:物理层利用通信线路的比特流传送功能实现传送ATM信元的功能。注意这种传送功能是不可靠的。透过物理层传送的ATM信元可能丢失,它的信息域部分也可能发生错误。但是,在顺序传送多个ATM信元时,传送过程中不会发生顺序的颠倒。

物理层(PL)包含两个子层:物理媒体子层(PM)和传输会聚子层(TC)。PM的功能依赖于传输媒体的外部特性(单模光纤、微波等)。TC负责会聚物理层操作,它不依赖于媒体。会聚子层被划分成5种主要功能。

① 传输帧创建/恢复:负责PDU(在B-ISDN帧中叫做帧)的创建/恢复。

② 传输帧适配:负责把信元放入到物理层的帧中,以及从帧中提取信元。确切的操作取决于被用在物理层上的帧的类型,例如,一个SDH包装或者是一个没有SDH包装的信元。

③ 信元定界:在源端点负责定义信元的边界,而在接收端点负责恢复所有信元。

④ 信头处理:在源端点负责产生信头差错控制域(HEC),而在接收端点负责对HEC进行检验处理,以确定该信头在传送过程中是否已被污损。

⑤ 信元速率去耦:负责在发送端插入空信元和在接收端剔除空信元以适配物理级的带宽容量。

物理层业务接入点(PHY-SAP)的业务原语是:

PHY-DATA. Request(PHY-SDU),向物理层发送一个信元;

PHY-DATA. Indication(PHY-SDU),物理层指示它接收到一个信元。

前缀PHY-DATA代表物理层;参数PHY-SDU表示物理层的业务数据单元(SDU),它是一个完整的ATM信元。

表 8.5 B-ISDN分层功能

<table>
<tr><th>层功能</th><th colspan="2">层号</th></tr>
<tr><td>会聚</td><td>CS</td><td rowspan="2">AAL</td></tr>
<tr><td>拆装</td><td>SAR</td></tr>
<tr><td>一般流量控制
信头处理
VPI/VCI 处理
信元复用和解复用</td><td colspan="2">ATM</td></tr>
<tr><td>信元速率去耦
HEC 序列产生和信头检查
信元定界
传输帧适配
传输帧创建和恢复</td><td>TC</td><td rowspan="2">物理层</td></tr>
<tr><td>比特定时
物理媒体</td><td>PM</td></tr>
</table>

上述业务原语表示了物理层的基本功能。注意这里没有使用证实原语和响应原语。

为此在比特流传送功能的基础上实现传送 ATM 信元的功能，物理层实体需要完成的任务包括：线路编码、时钟提取、信元定界和 HEC 检验等。

目前已经规定了在铜线、光纤、公众网的 SDH 和 PDH 系统，以及在计算机网络上实现物理层的协议。

(2) ATM 层：ATM 层利用物理层提供的信元传送功能，向外部提供传送 ATM 业务数据单元的功能。ATM 业务数据单元(ATM-SDU)是任意的 48 字节长的数据段，它在 ATM 层中成为 ATM 信元的信息部分。ATM 层是与物理层相互独立的，并且从概念上讲不管信元是在光纤、双绞线对上，还是在其他模式上运送，当然媒体为光纤时该操作最佳。无论速率如何，ATM 层都具有四种主要功能。

① 信元复用和解复用：在源端点负责对来自各个虚连接的信元进行复接和在目的端点对接收的信元流进行解复用。

② VPI/VCI 处理：负责在每个 ATM 节点对信头进行标记/识别。ATM 虚连接是通过 VPI 和 VCI 来识别的。

③ 信头处理：负责在源端点产生信头(除 HEC 域外)和在目的端点翻译信头。如在目地端点可以把 VPI/VCI 翻译成业务接入点(SAP)。

④ 一般流量控制：在源端点负责产生 ATM 信头中的一般流量控制域，而在接收点则依靠它来实现流量控制。

ATM 层的主要工作是对 ATM 信元的信头部分进行产生和处理。ATM 信头的主要部分是 VPI 和 VCI，对于不同的用户经 ATM 层实体传送的数据，ATM 层可以为其指定不同的 VPI 或 VCI，因此，ATM 层实体可以提供用户数据的复接能力。这样，物理上的一条通信线路，在 ATM 层实体的用户看来，就成为多个 VPC 或 VCC，并且每个 VPC 是多个 VCC 的集合。

同时注意到 ATM 交换设备和交叉连接设备都是依据 VPI 或 VCI 来进行 VP 链路或 VC 链路的连接，而 ATM 层实体已经完成了 VPI 和 VCI 的处理，据此可以认为 ATM 交换设备和交叉连接设备的基本功能也只是局限于 ATM 层内。例如,可以想象一个连接了 N 条通信线路的 ATM 交换设备和交叉连接设备中包含了 N 个 ATM 层实体。每个 ATM 实体把线路上不同的 VP 链路或 VC 链路的数据分别输入输出,那么 ATM 交换设备和交叉连接设备的任务就是根据外部的命令把这些数据流彼此连接起来。

(3) AAL 层及高层:在前面图 8.5 的左边是 C 平面。它的高层包含着 Q.2931 信令协议,被用来在 ATM 网络中建立连接。Q.2931 下一层是 ATM 适配层的信令层(SAAL)。SAAL 支持在任意两个运行 ATM 交换式虚呼叫(ATM SVC)的机器之间传送 Q.2931 信令消息。SAAL 包含三个子层,这些子层的完全定义 ITU-T 还没有完成。简单地说,它们提供下列功能:AAL 公共部分(AAL CP)负责利用 C 平面过程检测经任意接口传输所受到污损的业务。业务指定的面向连接部分(SSCOP)提供变长业务通过该接口进行传送的能力,并且从出错的或丢失了若干数据单元的业务中恢复信息。业务指定的协调功能(SSCF)提供到下一更高层的接口,在这里是 Q.2931。

在图 8.5 的中间部分是用户平面,它包括用户适配层和应用所指定的协议,例如 TCP/IP 或 FTP。这些协议是作为典型用户协议的例子而随意选取的。用户平面请求仅在 C 平面已成功地建立一个连接,或该连接被预订(Preprovisioned)时才会发生。

从上面的讨论可以看出,ATM 层提供的只是一种基本的数据传输能力,AAL 层是在此基础上提供更适合于各种不同的电信业务的通信能力。如果一种电信业务的通信需求不能在 ATM 层得到满足,则它可以利用 AAL 层的通信能力。

目前,一般认为各种不同电信业务可依其所需的通信能力的不同大致划分为四种业务类型,如图 8.6 所示。

<table>
<tr><td>业务类型 A</td><td>业务类型 B</td><td>业务类型 C</td><td>业务类型 D</td></tr>
<tr><td>恒定比特率</td><td colspan="3">变比特率</td></tr>
<tr><td colspan="3">连接型</td><td>非连接型</td></tr>
<tr><td colspan="2">通信双方时钟同步</td><td colspan="2">通信双方时钟不同步</td></tr>
</table>

图 8.6 电信业务分类

恒定比特率或变比特率:恒定比特率业务,即以恒定速率持续不断地传送数据的业务;变比特率业务的传送过程是断断续续的,因此从宏观角度看其传送速率是变化的。

连接型或非连接型:面向连接的业务是连接型业务,否则是非连接型业务。电话是连接型业务的例子,电报是非连接型业务的例子。

通信双方时钟同步或不同步:有些业务需要通信双方的时钟保持同步,有些则不需要。例如,数字话音业务和数字电视业务显然需要双方时钟同步,而计算机数据通信业务则不需要双方时钟同步。

语音通信和普通图像通信(电视)属于业务类型 A;经压缩的分组化图像通信属于业务类型 B;分组交换网中的虚电路和数据报业务可以分别看作是业务类型 C 和类型 D 的例子。

根据以上的分类分析,人们试图在同样的 ATM 层通信能力基础上,通过不同的 AAL 层规程来提供不同的通信能力,以满足不同的业务需要。目前已经定义了 5 种不同的 AAL

层规程，分别提供不同的通信能力。

5 种不同的 AAL 层协议分别记作 AAL1、AAL2、AAL3、AAL4、AAL5。

AAL1 提供业务类型 A 使用的通信能力，可以选择具备或不具备前向数据纠错的能力，可以在数据丢失或出现不能纠正的错误时给予指示，不使用反馈重发方法纠错。

AAL2 与 AAL1 的区别仅在于它供传送变速率数据使用，因此是提供业务类型 B 使用的通信能力。

最初定义的两种不同的 AAL 协议——AAL3 和 AAL4，目前已经成为完全相同的协议，并统称为 AAL3/4。它提供业务类型 C 使用的通信能力。

AAL5 是另一种提供业务类型 C 使用的通信能力的 AAL 协议。它的出现比 AAL3/4 晚，但因为它比 AAL3/4 更简单、更适合用于传送大的数据分组，所以在目前它的使用更为广泛。它除了用于计算机数据通信外，也用于压缩电视信号的传送。

注意：后者是一个业务类型 B 的例子。

此外，对于不使用任何一种 AAL 协议，直接利用 AAL 层能力的情况，也常称为 AAL0，即 AAL 层为空的意思。

目前还没有定义专门用于业务类型 D 的 AAL 协议。有关在 ATM 系统中如何支持业务类型 D，即无连接业务数据的问题，请留意 ATM 论坛文集中的最新讨论。

在前面图 8.5 的右边是管理平面。M 平面提供所需的管理业务，并且它是利用 ATM 本地管理接口(LMI)来实现的。互联网的简单网管协议(SNMP)，或 OSI 的公共管理信息协议(CMIP)都可以驻留于 M 平面。

8.2.4 ATM 信元传送处理原则

在 8.2.2 节给出的 ATM 信元定义的基础上，这里接着介绍一些有关 ATM 传送中的一些处理方法。

1. 误码处理方法

在传送 ATM 信元的系统中，通过对信头部分的 HEC 进行检验可以纠正信头中的一位错码和发现多位错码，当 HEC 已检验出信头有错而无法纠正时则丢弃该信元。

在传送 ATM 信元的主要媒体——光纤中，ATM 信元头中出现误码大多也只是一位错误，因而在 ATM 信元头纠错中采用了只能纠正一位错码的校验码序列。

通过统计 HEC 检验的结果，可以确定信元的传送质量。

对信息域不采取任何纠错和检错措施，例如反馈重发措施等。这使得：

(1) 接收方收到的 ATM 信元的信头都是正确的；

(2) 不是所有的 ATM 信元都能送到接收方，信头错误的信元被丢弃了；

(3) ATM 系统不保证传送信息的正确性，也就是说，接收方收到的 ATM 信元的信息域中可能有误码。

2. 信元定界方法

在一个比特流中界定各个信元的功能称为信元定界功能，由于在 ATM 信元间没有使用特别的分隔符，信元的定界也借助于 HEC 字节实现，定界方法如图 8.7 所示。

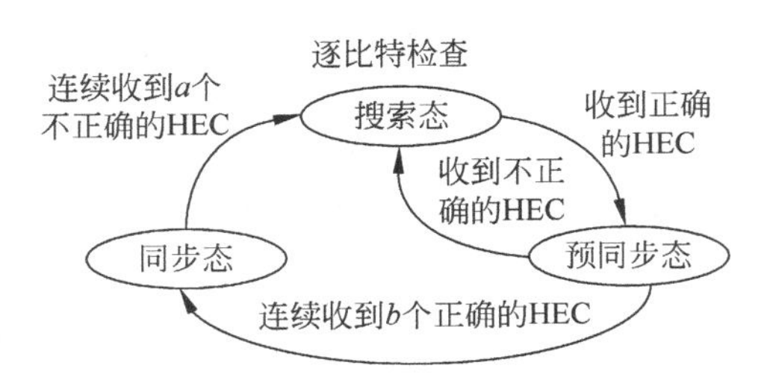

图 8.7 信元定界方法

在信元定界过程中定义了三种状态：搜索态、预同步态和同步态。在搜索状态中，系统对接收信号进行逐比特的 HEC 检验。在发现了一个正确的 HEC 检验结果后，系统进入预同步态。在这种状态，系统认为已经发现了信元的边界，并按照此边界找到下一个信头进行 HEC 检验。若能连续发现 b 个信元的 HEC 检验都正确，则系统进入同步态。若在此过程中发现一个 HEC 检验的错误，则系统回到搜索态。在同步态，系统逐信元进行 HEC 检验，在发现连续 a 个不正确的 HEC 检验结果后，系统回到搜索态。

某些传送媒体中可能提供其他的信元定界手段，因而不必使用上述信元定界方法。但上述信元定界方法是基本的，它不依赖于所使用的传送媒体。

3. 信道填充

对于一条以恒定速率传送 ATM 信元的信道，若在它的发送端上没有其他信元传送，则应向信道送出空闲信元。在信道的接收端，应把收到的空闲信元丢掉，对其信息域也不做任何处理。

上述信道填充方法使得：

(1) 信道上永远处于信元传送状态；

(2) 信道上时间被等分为一系列小段，每个小段传送一个信元。

4. 面向连接的工作方式

在 ATM 系统中，用户的通信采用面向连接的方式工作。“面向连接”指的是一种类似于电话业务和分组交换网中的虚电路业务的方式。其具体含义是：用户的通信是经过一个由系统分配给自己的虚电路来进行的，这个虚电路可能是这个用户长期占用的(专用电路)或者是用户在进行通信前临时申请的(临时电路)虚电路。

虚电路的概念如图 8.8 所示。在一个物理通道中可以包含一定数量的虚通路(VP)，虚通路的数量由信头中的 VPI 值决定。而在一条虚通路中可以包含一定数量的虚信道(VC)，并且虚信道的数目由信头中的 VCI 值决定。ATM 信元的交换既可以在 VP 级进行，也可以在 VC 级进行。

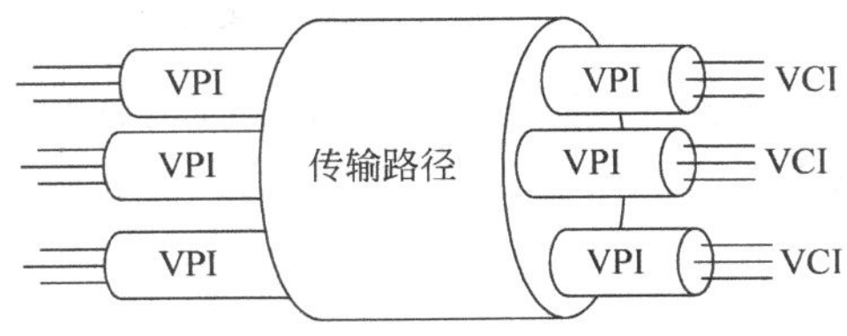

图 8.8 VPI 与 VCI 的概念

两种虚电路之间是一种等级关系，一个虚通路可由多个虚信道组成。

在一条通信线路上具有相同的 VPI 的信元所占有的子通路叫做一个 VP 链路（VP Link）。多个 VP 链路可以通过 VP 交叉连接设备或 VP 交换设备串联起来。多个串联的 VP 链路构成一个 VP 连接（VPC），就像在电话网中通过电话交换设备连接多段通信线路，为用户提供话路一样。

一个 VPC 中传送的具有相同 VCI 的信元所占有的子信道叫做一个 VC 链路（VC Link）。多个 VC 链路可以通过 VC 交叉连接设备或 VC 交换设备串联起来，多个串联的 VC 链路构成一个 VC 连接（VCC）。这点与电话网中通过交换设备连接多段通信线路，为用户提供话路一样。

图 8.9 给出了一个 VP 和 VC 交换连接的示意图，VP 交换是指 VPI 的值在经过交换节点时，该交换点根据 VP 连接的目的地，将输入信元的 VPI 值改为接收端的新的 VPI 值赋予信元并输出。VC 交换是指 VCI 的值在经过 ATM 交换后，VPI 和 VCI 的值都发生了改变。理论上，VC 交换点终止 VC 链路和 VP 链路，VCI 与 VPI 将同时被改为新值，VC/VP 由此达到交换与传送数据的目的。

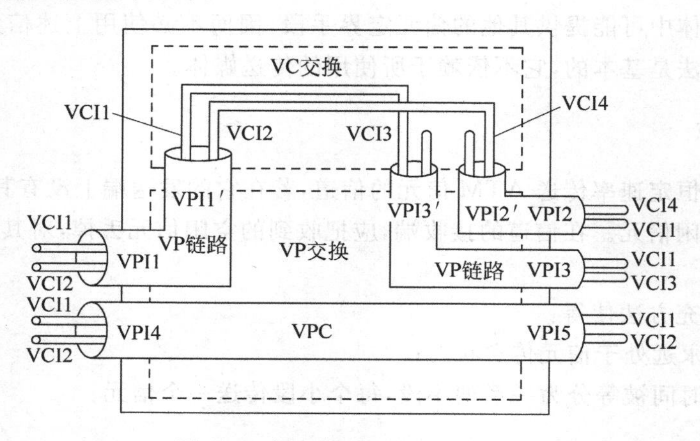

图 8.9 虚连接和 VC 及 VP 交换

图 8.10 给出了一个 VCC 和 VPC 的连接过程。

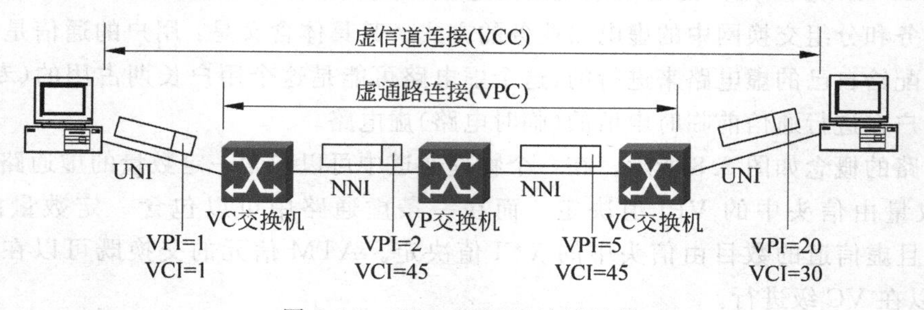

图 8.10 VCC 和 VPC 连接过程

注意：在组成一个 VPC 的各个 VP 链路上，ATM 信元的 VPI 不必相同。同样，在组成一个 VCC 的各个 VC 链路上，ATM 信元的 VCI 也不必相同。

8.2.5 基于 ATM 交换的 B-ISDN 拓扑结构

在图 8.11 中给出了一个可能的基于 ATM 交换的 B-ISDN 网络简化拓扑结构图。图中的 ATM 交换机通过专用的用户网络接口可以连接到具有实时业务要求的语音交换设备 PBX 和视频业务系统 Video,为用户提供面向连接的业务信息传送服务。也可以连接到计算机通信的局域网 LAN 以及工作站和主计算机,为用户提供无连接的数据通信业务。通过公共 UNI 接到广域网或者城域网的 ATM 节点交换机,为本地用户的上行业务提供汇集功能和为远端用户到本地的下行业务提供分配指定功能。

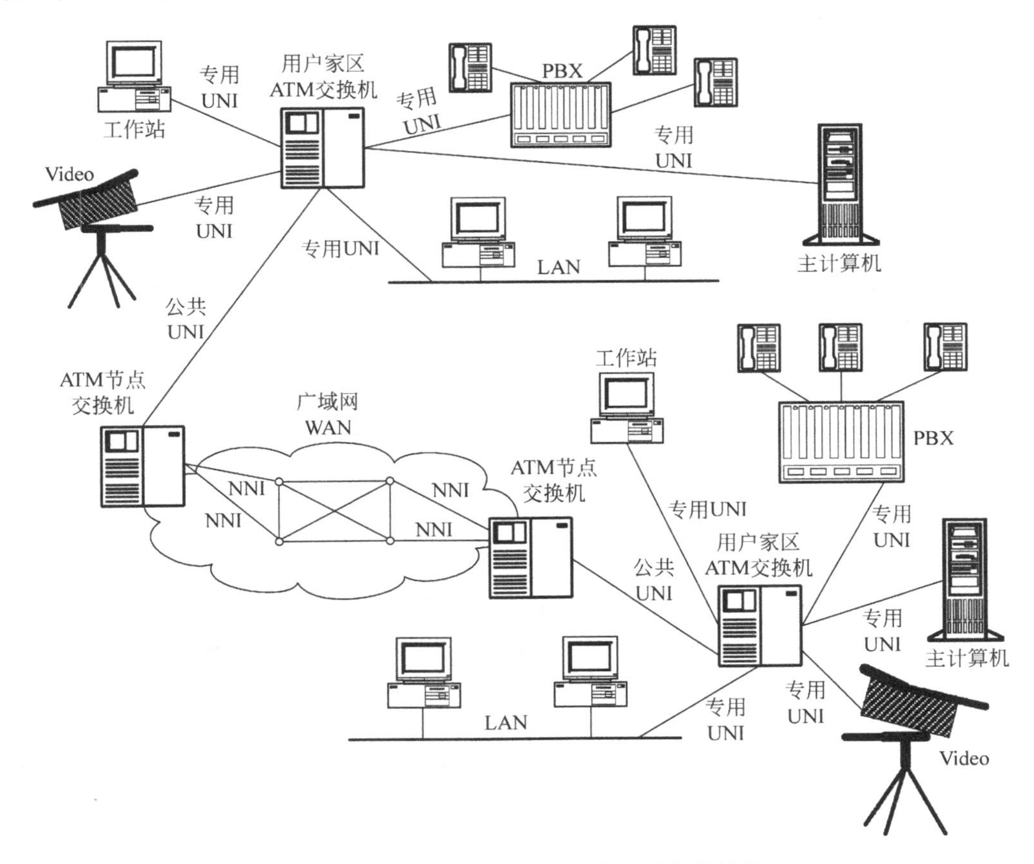

图 8.11 一个可能的 ATM 交换网的拓扑结构

ATM 节点交换机的作用是为本地业务的上下提供出入口,主要负责网络中的节点之间的业务流量疏导和路由选择。因而,当不需要完成虚信道交换时也可以用数字交叉连接设备来实现。数字交叉连接设备只完成虚通路的交换,所以设备较为简单。

从图 8.11 可以看出,这里采用了两种用户网络接口:专用 UNI 和公共 UNI。理论上讲,这两种用户网络接口在完成的功能方面没有任何区别,都是用户设备与网络之间的接口,是直接面向用户的,完成接口的物理层和 ATM 层协议以及 ATM 信令等功能。只是专用用户网络接口不像公共网的接口那样更多地考虑严格的一致性,而专用的用户网络接口的形式更多、更灵活,发展也更快一些,更能适合用户环境的需要。另外,公共用户网络接口采用光纤 SDH 物理层协议结构，而专用的用户网络接口可以采用 SDH、SONET、DS1、E1 等物理层协议结构，甚至可以把 ATM AAL 层的功能移入到交换机内部来完成，从而简化了终端的功能，降低了终端的成本。

网络节点接口 NNI 是网络中两个交换机之间的接口，它完成网络节点之间互连的物理层和 ATM 层协议，执行 No. 7 信令体系的宽带 ISDN 用户部分进行路由选择和网络管理功能。对于在 ATM 交换机上的到达网络节点 ATM 交换机的接口，它属于完全基于 UNI 的专用 NNI，所以在体系结构上仍然采用 UNI 的标准和信令结构。

8.3 ATM 交换的基本原理

ATM 网从概念上讲的是分组交换网，每一个 ATM 信元在网中独立传输。ATM 网又是面向连接的通信网，端到端连接是在网络通信开始以前建立的。因此，ATM 交换机是基于存储的路由选择表，利用信头中的路由选择标志号(VPI 和 VCI)把 ATM 信元从输入线路传送到指定的输出线路的。建立在交换节点上的接续主要执行两个功能：对于每一个接续，它指配唯一的用于输入和输出线路的接续识别符，即 VPI/VCI 交换；它在交换节点上建立路由选择表，以对每一接续提供其输入和输出接续识别符间的联系。

所谓交换，在 ATM 网中是指 ATM 信元从输入端逻辑信道到输出端逻辑信道的消息传递。输出信道的确定是根据连接建立信令的要求在众多的输出信道中进行选择来完成的。ATM 逻辑信道具有两个特征，即它具有物理端口(线路)编号和虚路径识别符和虚通路识别符。为了提供交换功能，输入端口必须与输出端口相关联；输入 VPI/VCI 与输出的识别符相关。

ATM 交换的基本原理如图 8.12 所示。图中的交换节点有 N 条入线($I_1 \sim I_N$)，N 条出线($O_1 \sim O_n$)，每条入线和出线上传送的都是 ATM 信元，并且每个信元的信头值(VPI 和 VCI)表明该信元所在的逻辑信道。不同的入线(或出线)上可以采用相同的逻辑信道值。ATM 交换的基本任务是将任一入线上任一逻辑信道中的信元交换到所需的任一出线上的任一逻辑信道上去。例如：图中入线 I_1 的逻辑信道 x 被交换到出线 O_1 的逻辑信道 k 上，入线 I_1 的逻辑信道 y 被交换到出线 O_n 的逻辑信道 m 上；等等。这里的交换包含了两方面的功能：一是空间交换，即将信元从一条传输线传送到另一条编号不同的传输线上去，这个功能又叫路由选择；另一个功能是时间交换，即将信元从一个时隙改换到另一个时隙，请注意，在 ATM 交换中逻辑信道和时隙之间并没有固定的关系，逻辑信道是靠信头的 VPI/VCI 值来标识的，因此实现时间交换要靠信头翻译表来完成。例如，I_1 的信头值 x 被翻译成 O_1 上的 k 值。如图 8.12 所示，空间交换和时间交换功能可以用一张信头、线路翻译表来实现。

由于 ATM 是一种异步传送方式，在逻辑信道上信元的出现是随机的，而在时隙和逻辑信道之间没有固定的对应关系，因此很有可能会存在竞争(或称碰撞)。也就是说，在某一时刻，可能会发生两条或多条入线上的信元都要求转到同一输出线上去，例如 I_1 的逻辑信道 x 和 I_N 的逻辑信道 x(假定它们的时隙序号相同)都要求交换到 O_1，前者使用 O_1 的逻辑信道 k，后者使用 O_1 的逻辑信道 n，虽然它们占用不同的 O_1 逻辑信道，但由于这两个信元将同时

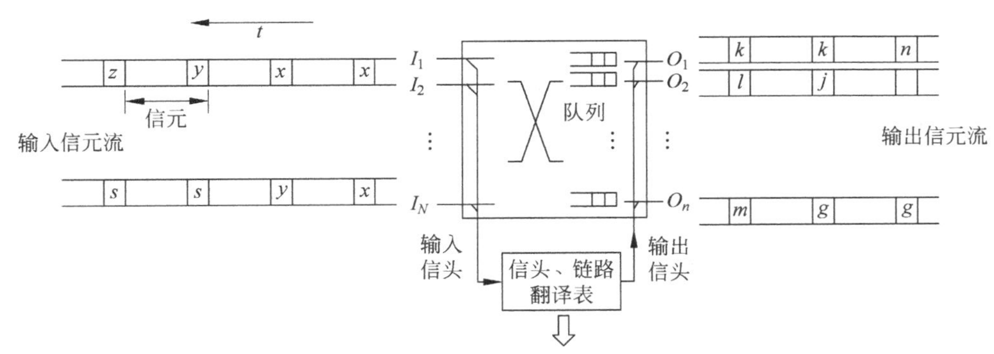

输入链路	信头值	输出链路	信头值
I_1	x y z	O_1 O_n O_2	k m l
⋮	⋮	⋮	⋮
I_N	x y s	O_1 O_2 O_n	n i g

图 8.12 ATM 交换的基本原理

到达 O_1，在 O_1 上的当前时隙只能满足其中一个的需求，另一个必须被丢弃。为了不使在发生碰撞时引起信元丢失，因此交换节点中必须提供一系列缓冲区，以供信元排队用。

综上所述，可以得出这样的结论，ATM 交换系统执行三种基本功能：路由选择、排队和信头翻译。对这三种基本功能的不同处理，就产生了不同的 ATM 结构和产品。

8.4 ATM 交换机的模块结构

ATM 交换机从基本构成上可分为接口模块、交换模块和控制模块，如图 8.13 所示。

接口模块位于交换机的边缘，为交换机提供对外的接口。接口模块可分为两大类：一类是 ATM 接口模块，提供标准的 ATM 接口；另一类是业务接口模块，提供与具体业务相关的接口。

ATM 接口模块完成物理层、ATM 层的功能。业务接口模块完成业务接口处理、AAL 层和 ATM 层的功能。业务接口的处理包括物理层、数据链路层甚至更高层的功能，如业务数据帧结构的识别、分离或组装用户数据和信令。业务信令经过分析转换为 ATM 信令，由交换机的控制模块进行处理，业务数据则根据不同的业务类型，进行不同类型的 ATM 适配。

交换模块是整个交换机的核心模块，它提供了信元交换的通路，通过交换模块的两个基本功能(排队和选路)，将信元从一个端口交换到另一个端口上去，从一个 VP/VC 交换到另一个 VP/VC。交换模块还完成一定的流量控制功能，主要是优先级控制和 ABR 业务的流量控制。

控制模块是交换机的中央枢纽，它完成 ATM 信元处理、资源管理和流量控制中的连接接纳控制以及设备管理、网络管理等功能。在实现时，设备管理和网管多在外接的管理维护

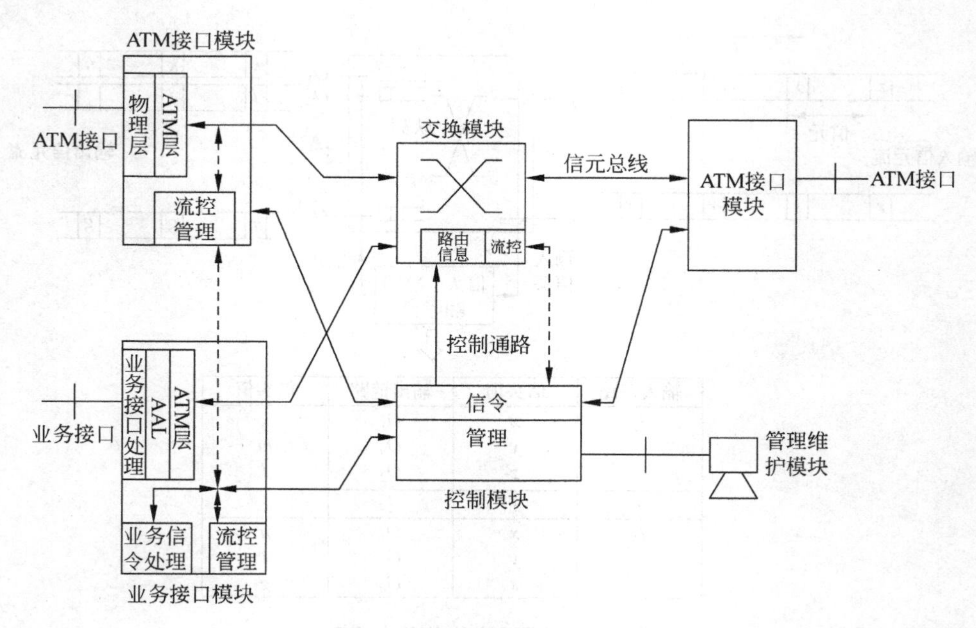

图 8.13 ATM 交换机的功能模块

平台上完成。

8.5 基本排队机制

ATM 交换结构的基本排队机制有输入排队、输出排队和中央排队，如图 8.14 所示。

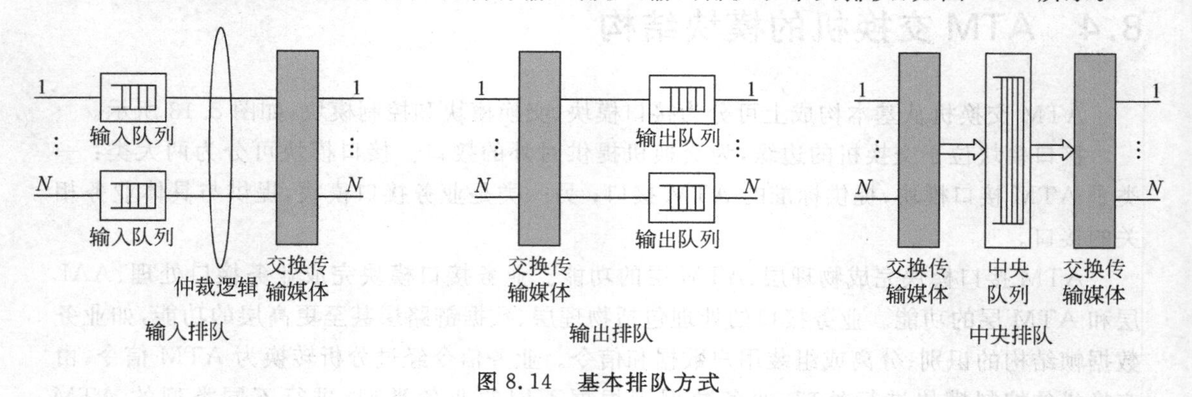

图 8.14 基本排队方式

1. 输入排队

在这种情况下采用如图 8.14 所示的方法来解决输入端可能出现的竞争问题。在媒体输入线上设置队列，对信元进行排队，由一个仲裁机构根据各输出线的忙闲、输入队列的状态和交换传输媒体的状态来决定哪些队列中的信元可以进行交换。输入排队的特点有以下三个方面。

(1) 存在信头阻塞(HOL)，如线 1 队列上的第一个信元要到出线 2 上，若出线忙，队列的第一个信元出不去，则它后面的信元的出线即使空着，这些信元也不能输出，这就是信头阻塞(HOL)。HOL降低了交换传输媒体的利用效率。

(2) 需要专门的仲裁机制。仲裁机制越复杂，交换传输媒体的利用率就越高，但系统的实现就越复杂。

(3) 从队列本身的结构和实现方法来看，输入队列是比较简单的，可以用简单的FIFO来实现，它对存储器速度的要求较低。

2. 输出排队

输出排队中，交换传输媒体本身可保证输入的任一个信元都可以被交换到输出端，但输出线的速率是有限的，所以要在输出端进行排队，解决输出线的竞争。输出队列有以下特点。

(1) 输出队列的控制比较简单。在输出队列中，只需判断信元的目的输出线，由交换传输媒体将信元放到相应的输出队列中就可以了。

(2) 输出队列本身的管理比较简单。输出队列可以由FIFO实现，但它要求存储器的速度较高，极端的情况是，N个入线的信元都要求输出到同一条出线，为保证无信元丢失，要求存储器的写速率是入线速率的总和。

(3) 输出队列的利用率较低。为达到同样的信元丢失率，输出队列要求更大的存储空间，因为一个输出队列只被一个输出线利用，每个队列都需要按照最坏的情况设计存储容量。

3. 中央排队

中央排队机制中，交换传输媒体分为两部分，队列设在两个交换传输媒体中间，所有入线和出线共用一个缓冲器，所有信元都经过这一个缓冲器进行缓存。

中央排队的特点有以下三个方面。

(1) 存储管理复杂。由于存储器不再由一个输入、输出线所用，所以队列不能用简单的FIFO实现，而必须用随机寻址的存储器来实现，它须有一套复杂的管理机制。

(2) 存储器利用率高。由于存储器是所有虚连接共享的，相当于对每一个输入、输出线都有一个长度可变的队列。

(3) 对存储器的速度要求是三种方式中最高的。输入、输出端的存储器读写速度都必须是所有的端口速率之和。

8.6 共享存储器交换结构

8.6.1 ATM交换结构

ATM交换结构(Switching Fabric)是ATM交换单元的核心。大型交换机的交换单元由多个交换结构互连而成，小的交换机由单个交换结构构成。ATM交换结构分为时分交换结构和空分交换结构两种，下面分别介绍。

1. 时分交换结构

在时分交换结构中，各接口以时分复用的方式共享一条通信媒体。根据媒体不同，可分为共享总线和共享存储器两种。时分交换结构的交换能力受到共享媒体的限制，但是由于每个信元都沿着共享媒体传输，所以时分交换结构很容易实现点到多点（Point-to-Multipoint）传送。

(1) 共享总线结构。共享总线结构一般如图 8.15 所示，它由总线和总线仲裁模块构成，各个接口模块都挂在总线上，当一个接口模块有信元要交换时，由接口模块首先发出总线申请，由总线仲裁模块决定是否允许发送。如果允许，则接口模块把信元发送到总线上，总线上各个接口模块根据信元携带的路由信息判断是否接收该信元，如果信元的目的地址为本模块，则从总线上把该信元复制下来，这样就完成了一个信元交换。

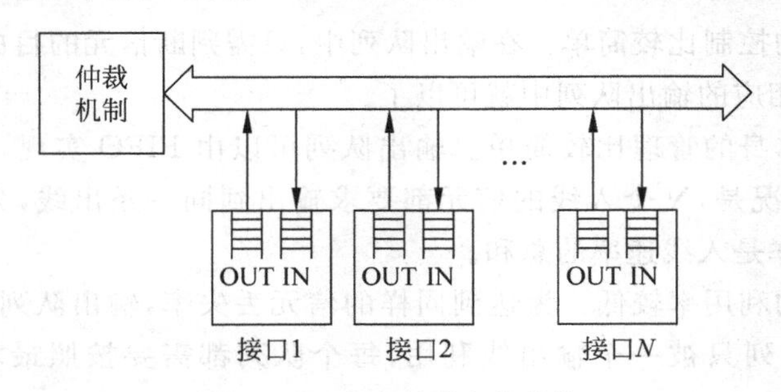

图 8.15 共享总线交换结构

共享总线交换结构的特点是结构简单，容易实现点到多点通信，容易实现优先级控制，但是它的吞吐量有限。

(2) 共享存储器结构。共享存储器结构的交换方式是目前比较流行的一种 ATM 交换方式，将在 8.6.2 节详细介绍。

2. 空分交换结构

在空分交换结构中，输入和输出端口之间有一组通路，这些通路并行工作使不同输入端口的信元可以同时由交换单元传送。这样交换单元的总容量就是每个通路的带宽乘以并行传送一个信元的通路平均数之积。因此，理论上采用空分交换结构的 ATM 交换机的总容量没有上限。空分交换结构可分为全互连网结构和多级互连网结构。

在 ATM 交换机中利用多级互连网将一些相同结构的小容量交换单元，构成一个大容量的交换结构。交换单元是一个独立的交换单位，多为一个或一组交换芯片，可以完成 4×4、8×8、16×16 等容量的交换，其实现方式多种多样，如可以采用共享存储器、全互连网结构。目前比较流行的连接各个交换单元的多级互连网是 BANYAN 网，如图 8.16 所示。

图 8.16 中所示是一种形式的 BANYAN 网，它的基本单元是 2×2 的交换单元。这是一种自选路由的网络，以目的地址为选路信息，有 N 比特的目的地址就有 N 级网络，每级有解释选路信息的 1 个比特，交换单元中标有 1 的出线，表示选路信息的当前比特为 1 时从此线输出。

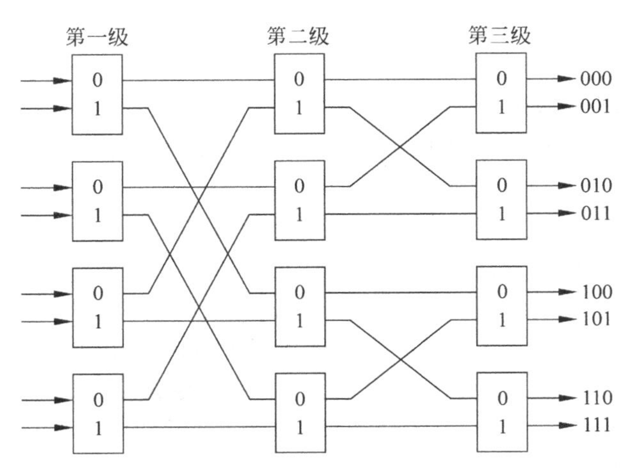

图 8.16 BANYAN 网

8.6.2 共享存储器交换结构

共享存储器的交换结构如图 8.17 所示，它一般由选路控制、存储器控制、信元传输媒体和中央存储器构成。

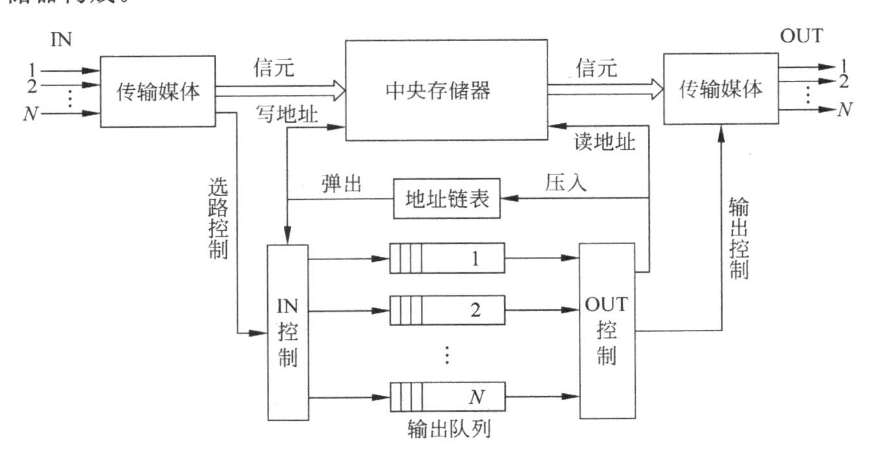

图 8.17 共享存储器交换结构

共享存储器交换结构的交换容量由存储器的容量决定。目前典型的共享存储器交换结构都采用共享输出队列的排队机制，采用地址链表管理存储器。地址链表中存放着共享存储器的空闲地址，当一个信元到达时，就从链表中弹出一个地址，信元就存储在这个地址所指的存储区中；同时信头进入选路控制器，由它识别信元的出口线，每个出口线都对应着一个输出队列，选路控制器将信元存放的地址推入相应的输出队列中，这样各出线口只要从输出队列中取出地址，就可根据这个地址从共享存储体中取出信元了。

共享存储器交换结构的特点如下。

(1) 点到多点通信实现较复杂，一种方法是将信元复制多份，分别放入各个队列中；另一种方法是不进行信元复制，而是设置一个计数器，每向一个目的输出端口传送一次信元，计数器就减 1,一直到零,表示已向所有目的输出端口传送了广播/点到多点信元,这时才可释放该信元所占用的存储地址。

(2) 存储器控制机制较复杂。

(3) 由于存储器是一种非常通用的器件,并且存储器电路设计具有重复性,所以共享存储器交换结构从成本和交换容量上比共享总线结构要好。

(4) 存储器为所有输出共享,所以存储器利用率较高。

(5) 共享存储器结构本身也是无阻塞的,信元丢失只发生于队列溢出时。

在共享存储器交换结构中,排队管理的方式决定了共享内存的利用效率。目前较流行的排队管理如图 8.18 所示。在图 8.18 所示的例子中,每个输出端口对应四个队列,每个队列一个优先级。除了输出队列外,还有 CPU 队列,用来存放需要送到 CPU 的信令、OAM、网管等信元。在共享内存中,为每一个队列设置少量的保留内存,不论该内存是否使用都为其保留。这种内存部分共享方式的内存管理效率比内存全部共享方式的利用率要低,但是不会出现一个或几个队列把共享内存全部占据的情况。

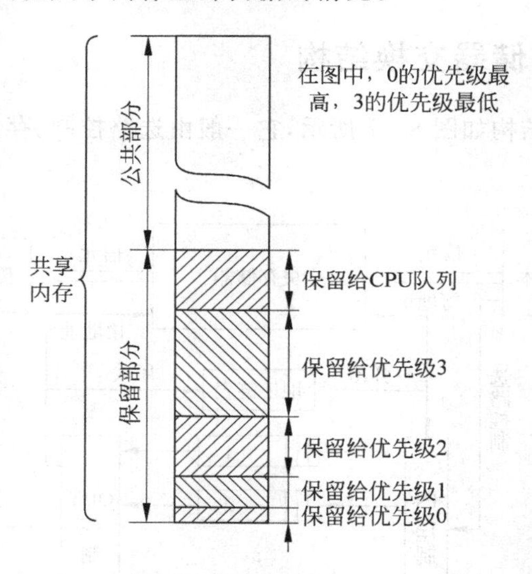

图 8.18 共享存储器的排队管理

8.7 ATM 交换的呼叫和连接控制

本节介绍 ATM 交换系统的呼叫和连接控制操作,其重点是用户和网络之间的请求连接是如何建立的。在过去的技术中把这个过程也称作交换式虚呼叫(SVC)。

8.7.1 ATM 请求式连接

为了在任何时刻都能为用户提供合适的服务,早期的 ATM 技术主要集中于永久虚连接(PVC)的实现上。目前,ATM 论坛已对请求式连接的重要性达成了一致意见,并且已经规划出了这个操作的技术规范。这一节将介绍称作“第一阶段”的操作规范。

像所有的请求式连接一样(SVC),一个通过ATM网络的用户到用户的会晤,既要求有连接的建立过程,也要求有连接的释放过程。为了建立连接,用户必须提供主叫和被叫地址以及该会晤所需的QoS。当网络出现故障时,虽然在一段时间内该连接可能还被保持在激活状态,但请求式连接的会晤过程不可能自动地被重建。

ATM连接控制过程是围绕着ISDN的Q.931第三层的操作建立的,并且派生了一个称作Q.2931的Q.931子集,目前它还在进一步完善之中。在第一阶段,信令必须在UNI上支持14种功能。一些请求连接的含义可能不释自明,有些则不然,对于一些模糊不清的项将提供较详细的解释。ATM请求连接的功能如下:

(1) 请求式连接(交换式);

(2) 点到点和点到多点连接;

(3) 对称的或不对称的带宽请求;

(4) 单连接呼叫(Single);

(5) 为呼叫建立、请求、应答、释放以及带外信令指定过程;

(6) 支持A、C和X类传送业务;

(7) 在用户之间不协商QoS;

(8) 规定VPI/VCI范围;

(9) 指定一个带外信令信道;

(10) 差错恢复机制;

(11) 制定选路格式;

(12) 顾客注册过程;

(13) 识别端到端能力参数的方法;

(14) 不支持多级操作。

请求式连接的简单含义是指在ATM UNI上必须提供交换式信道连接,它们依靠信令来建立。在这一阶段,它将不支持永久性连接,虽然它还在研究之中。

ATM UNI既支持点到点的连接,也支持点到多点的连接。一个点到多点的连接被定义为:一个附属于终节点的相关VC和VP链路的会聚。当一个ATM链路被指定为根链路时,那么它便被看作是这个树形拓扑的根。当这个根收到信息时,它便把这个信息复制并发送到该树的全部叶节点。叶节点之间的通信必须通过根节点。连接是通过根节点发起建立的,随后接入一个叶节点,接着可以用"加入者"操作增加其他节点,一次只接入一个叶节点。

对于带宽分配,ATM UNI既支持对称连接,也支持不对称的连接。在虚连接的每个方向上,带宽被独立地指定。前向是指从主叫方到被叫方,后向是指从被叫方到主叫方。

UNI还为连接的请求、建立、释放连接(合理清除)以及用作控制功能的带外信道定义了专门的过程。

由ATM论坛出版的第一阶段规范支持A类和C类传送业务,同样也支持X类过程。X类过程是由用户定义QoS操作的过程,如果读者想进一步了解,可以参阅ITU-T和ATM论坛有关业务分类方面的资料。

在第一阶段,QoS不能在用户之间进行协商。一个用户可能请求某个等级的服务,并且可能在连接请求中发出了该业务的QoS参数。接收者只能指示这些值是否能够满足,而不允许返回任何关于业务流的建议协商过程。

该规范还为VPI和VCI的应用定义了范围。在第一阶段，VPI和VCI之间具有一对一的映射，因此不允许8比特以外的值。除规定了VPI/VCI值的范围外，还规定VCI=5和VPI=0的值作为带外信令信道。

第一阶段规范包括了若干处理差错恢复过程的机制，其中，提供了非致命性信令错误（可以被恢复的错误）的恢复机制、复位到恢复的过程、强迫虚信道连接（VCC）到空闲状态的过程，以及属于错误恢复和呼叫清除的其他对话过程。

在UNI上的重要功能之一是提供了寻址格式规约。这些规约是围绕着OSI网络业务接入点（NSAP）组织建立的，这些在ISO 8348和ITU-T X.213的附录A中进行了规范说明。第一阶段规范要求应用与包含在ISO 10589中的登记过程具有一致的格式，标准的这个特性将使不同厂家的系统之间的互通变得非常容易。

ATM请求式连接功能还包括了容许用户通过UNI交换地址信息以及其他监控信息的客户登记过程。这个过程允许ATM监控器把网络的地址自动地加载到端口。

另外的支持是能够识别端到端能力参数。能力是指提供能够识别运行在ATM PDU内部的是什么协议，也就是说，在ATM业务之上正在运行着什么样的协议。这个能力允许跨越基于ATM的网络的两个终端用户之间运行各种不同类型的协议系列，并且利用该标志在接收机上把这个业务流分离和解复成各个协议系列。

8.7.2 关于ATM寻址

随着交换式虚呼叫加入到ATM操作后，标准化源和目的地址的编码规约显得极其重要。在PVC中寻址不是问题，这是因为它的连接和端点（目的和源点）都是确定的，并且用户只需要提供一个预分配的VPI/VCI值给网络即可。然而，对于SVC来说，到目的点的连接可能会随着每次会晤而改变，因此就需要明确的地址。当呼叫在UNI之间被映射以后，则这些VPI/VCI值便可以被用作业务流标识。

ATM寻址是根据OSI网络业务接入点建立的，在ISO 8348和ITU-T X.213的附录A中对它进行了定义。OSI NSAP以及它和ATM寻址间的关系如图8.19所示。

ISO和ITU-T对NSAP寻址及NSAP寻址的语法进行了分级描述，它由四部分组成。

(1) 起始域部分（Initial Domain Part, IDP）：包括授权格式标识符（AFI）和起始域标识符（IDI）。

(2) 授权格式标识符（Authority Format Identifier, AFI）：包含一个8比特字节的域，用来标识域指定部分（DSP）。对于ATM来说，AFI域编码为39、47、45，分别代表DCC格式、ICD格式和E.164格式。

(3) 起始域标识符（Initial Domain Identifier, IDI）：为DSP值指定寻址域和网络寻址授权，它按照AFI（这里AFI=39、47或45）进行翻译。对于ATM来说，IDI被编码为：符合ISO 3166的数据国家码（DCC）；国际码指示（ICD），指明一个由ISO 6523登记授权的机构（英国标准学会）；E.164地址，此时是一个电话号码。

(4) 域指定部分（Domain Specific Part, DSP）：包含由网络授权所决定的地址。对于

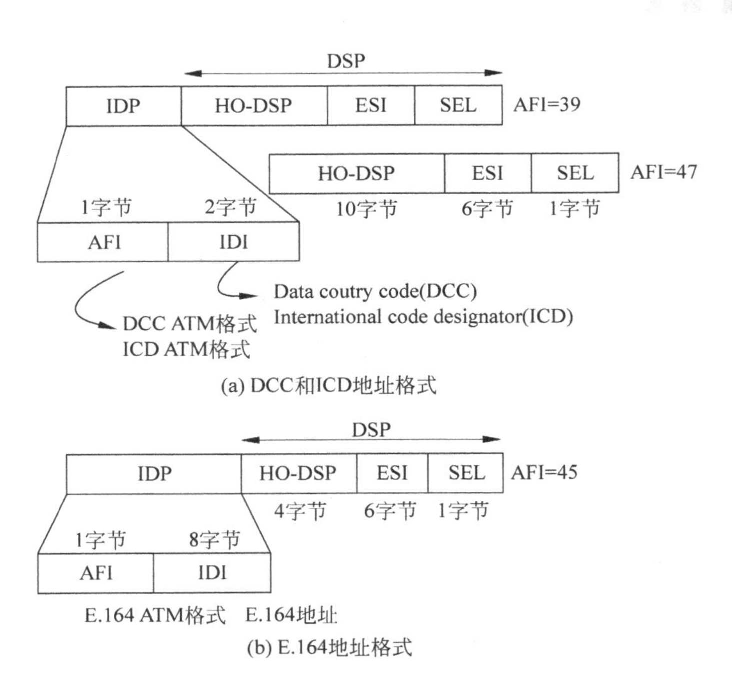

图 8.19 OSI/ATM 地址格式

ATM 来说，内容可变，它依赖于 AFI 的值。域格式标识符（DFI），指明用法和 DSP 剩余的其他部分。管理授权是一个由 ISO 指定的机构，它负责在 DSP 的某些域分配值。

高层域指定部分（HO-DSP）是通过 IDP 识别授权进行建立的。这个域可能包含一个分层地址（具有拓扑意义，见 RFC 1237），例如，一个选路域及在这个域内的地区。终端系统标志符（ESI）指明在该地区内的一个终端系统（例如一台计算机）。

选择器（SEL）不为 ATM 网络所用，它通常识别打算接收该业务流的用户机的高层中的协议实体。所以，SEL 可以包含高层 SAP。

ATM 公用网必须支持 E.164 地址，而专用网络则必须支持所有格式。

8.7.3 地址登记

ATM 论坛 UNI 信令规范为用户和网络提供了一个登记 ATM 地址的过程，该过程从网络初始化其用户的地址表到空开始，如图 8.20 所示。首先网络侧发送一条 SNMP ColdStart Trap 消息对用户进行初始化，随后再发出 Get Next Request 消息，并由用户返回 Get Next Response 以示其处于活动状态。接着，由网络侧发送一条包含网络前缀的 Set Request 消息到用户侧，期望该用户在它的地址 MIB 中“登记”这个地址，虽然在图 8.20 中没有给出，但是用户侧也能够发送 Get Next Response 和 Set Response 到网络侧来登记地址。

8.7.4 连接控制消息

表 8.6 列出了在 UNI 上请求连接的 ATM 消息和它们所执行的功能。由于这些消息是从 Q.931 推导出来的，这在电路交换技术中已讨论过了，所以这里只列出这些消息在 ATM UNI 操作中的应用。

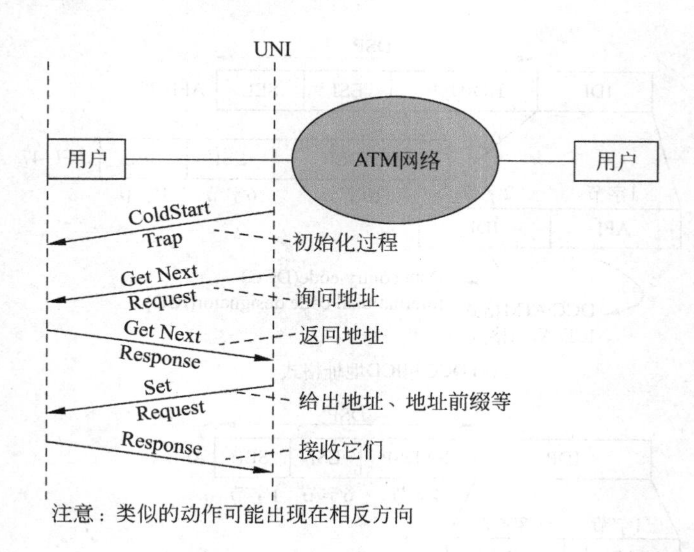

图 8.20 地址登记

表 8.6 ATM 连接控制消息

消息	功能
呼叫建立	
SETUP	起始呼叫建立
CALL PROCEEDING	呼叫建立已经开始
CONNECT	呼叫已被接受
CONNECT ACKNOWLEDGE	呼叫接受已被证实
呼叫清除	
RELEASE	起始呼叫清除
RELEASE COMPLETE	呼叫已被清除
杂项	
STATUS ENQUIRY(SE)	发生状态查询请求
STATUS(S)	对 SE 发出响应或报告出错
全局呼叫参考	
RESTART	再起动所有 VC
RESTART ACKNOWLEDGE	证实再起动
点到多点操作	
ADD PARTY	加入多方
ADD PATRT ACKNOWLEDGE	加入多方被证实
ADD PARTY REJECT	加入多方被拒绝
DROP PARTY	退出多方
DROP PAPTY ACKNOWLEOGE	退出多方被证实

这些消息包含着典型的 Q.931 域，例如，协议描述符、呼叫参考、消息类型及消息长度等。当然，这些域的信息内容是为专门的 ATM UNI 接口定做的。

8.7.5　连接建立和清除

连接建立是由一个用户发出 SETUP 消息开始的(如图 8.21 所示)。这个消息由主叫用户发送给网络并且被网络转送到被叫用户,为了识别消息,这个消息包含了若干信息元素(域),指定各种 AAL 参数、主叫和被叫地址、QoS 要求、运送网络选择(如果需要的话)及其他域的号码等。图 8.21 方框中的注释说明了在消息中被传送的主要信息元素,也可能出现其他的信息元素,这取决于一个系统的特定实现。

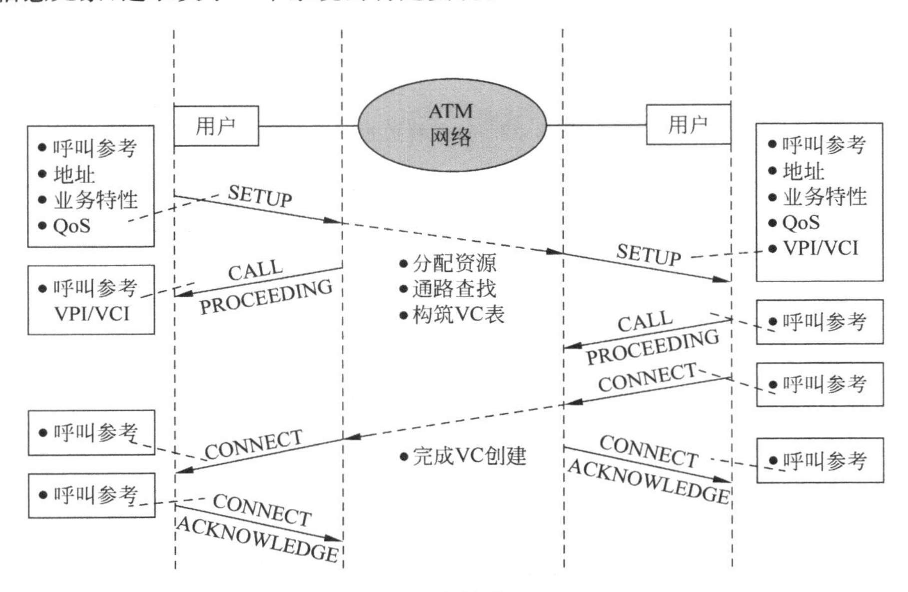

图 8.21　连接建立过程

根据正在接收的 SETUP 消息,网络返回一个 CALL PROCEEDING 消息给主叫用户,并且把该 SETUP 消息前向转送给被叫用户,并且等待被叫用户返回一个 CALL PROCEEDING 消息。CALL PROCEEDING 消息被用来指示该呼叫已被启动并且不再需要呼叫建立信息,但是任何事情都还没有接受。

被叫用户,如果它接受一个呼叫,那么将给网络发送一条 CONNECT 消息。这个 CONNECT 消息随后将被转送给主叫用户。该 CONNECT 消息包含着与在 SETUP 消息中的一些参数相一致的若干参数,例如呼叫参考和消息类型,同样接受 AAL 参数参考和作为在原 SETUP 消息中信息元素结果所产生的若干其他标识。

根据正在接收的 CONNECT 消息,主叫用户和网络都返回 CONNECT ACKNOWLEDGE 消息给它们各自的对方。

如图 8.22 所示那样,两个用户都可以启动一个断开操作。为此,要求用户要发送给网络一个 RELEASE 消息,这个消息的作用是清除两个用户和网络之间的端到端连接。这个消息只包括标识该消息贯穿网络的基本信息。由于它们不需要清除连接状态表,因此也就不包括其他参数。和在图 8.21 中的建立实例一样,在图 8.22 的方框中的注释也是说明在被转送的消息中所包含的主要信息元素。也可能出现其他信息元素,这取决于特定的系统实现。

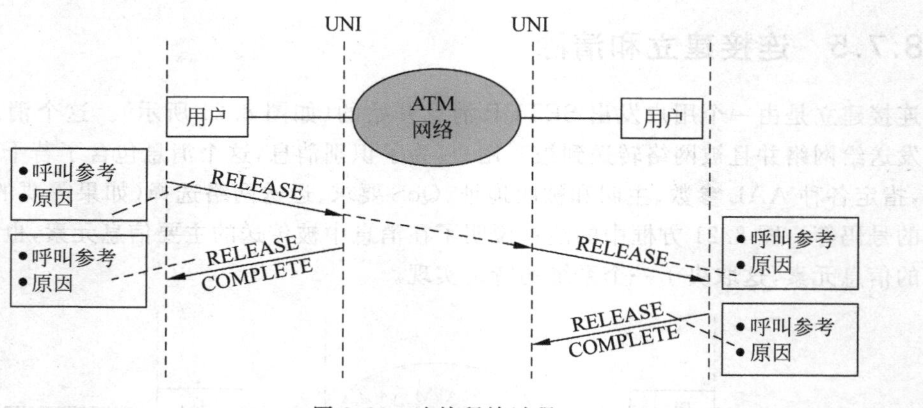

图 8.22 连接释放过程

正在接收的网络和正在接收的用户被要求发送 RELEASE COMPLETE 消息作为接收 RELEASE 消息的结果。

习题 8

8.1 为什么说 ATM 技术融合了电路传送和分组传送模式的特点？请简要说明原因。

8.2 请画出 ATM 信元的组成格式，并说明在 UNI 上和 NNI 上的信元格式有何不同。

8.3 请说明 ATM 信元的净荷信息可以有哪几种类型。

8.4 在一个信元中，VPI/VCI 的作用是什么？

8.5 在 ATM 参考模型中，控制面的作用是什么？为什么在交叉连接设备中可以没有控制面？

8.6 请简述 ATM 参考模型中物理层的内容及其作用。

8.7 请简要叙述 ATM 层的作用是什么。

8.8 在 ATM 传送过程中，ATM 系统对传送中的信元误码是如何处理的？

8.9 在 ATM 系统中，什么叫虚通路？什么叫虚信道？它们之间存在着什么样的关系？

8.10 在 ATM 网络中，VCC 的含义是什么？

8.11 参照图 8.12，如果要把入线 I_1 上的逻辑信道 x 交换到出线 O_2 的逻辑信道 z 上，以及把入线 I_N 上的逻辑信道 x 交换到出线 O_2 的逻辑信道 y 上，请画出 ATM 交换的入线和出线上信元复用排列图，并填写交换控制用的信头、链路翻译表内容。

8.12 简述 ATM 交换机的模块结构及各模块的功能。

8.13 简述共享存储器的交换结构及特点。

8.14 在 ATM 交换中，请求式连接和半永久虚电路连接有什么不同？

第9章 IP交换技术

在当今通信领域中，发展最为迅猛的通信技术莫过于因特网(Internet)，在短短二十多年中，它便把世界各大洲众多国家几千万个计算机用户互连在一起。在因特网中完成信息交互和网络互连的技术是通过路由器来实现的。每个计算机用户终端在发起一个呼叫前，首先把要进行交互的数据信息按照互联网协议(IP)的要求加入自己的地址和目的地址及其他控制信息并打成一个信息包交给路由器，由路由器完成下一步转移路线的选择并转发数据包到下一站，从而达到信息转移的目的。在路由器中，数据报文的转发是面向无连接的信息交互方式。随着在因特网上的多媒体和实时应用的大量增加，路由器的跳到跳(Hop-by-Hop)分组报文传送方式使得网络在支持更高带宽需求和提供业务质量保证方面显得力不从心，并且这种传统的路由器正在变为网络的瓶颈。因此，近年来国际上工业界和学术界都在致力于修改路由器/选路技术，以适应新的选路功能，并提供充分的网络保障以支持业务的质量要求。在这一章中，为了使读者能更好地理解，首先介绍 TCP/IP 协议的基本原理，随后介绍路由器技术，最后讨论 IP 交换技术的进一步发展，例如 IP 交换、标记交换、多协议标签交换等内容。

9.1 TCP/IP 基本原理

TCP/IP 协议实际上是一个协议簇，TCP 和 IP 是最著名的两个协议，其他协议包括用户数据报协议(UDP)、互联网控制报文协议(ICMP)及地址解析协议(ARP)等，整个协议簇称为 TCP/IP。

9.1.1 TCP/IP 的网络体系结构

人们熟知 TCP/IP 网络的突出特点在于其网络互连功能，但它的含义远非如此，它本身是在物理网(X.25、FR、LAN 等)上的一组网络协议簇，为了更好地了解 TCP/IP 的体系结构特点，将 TCP/IP 协议和 ISO 7498 中的 OSI 七层参考模型做一个对照，以便更清楚地了解 TCP/IP 网络协议簇的结构。

如图 9.1 所示，第 2 层在 TCP/IP 网络中被称为网络接口层，由各种通信子网组成，它是 TCP/IP 网络的实现基础，规定了怎样把数据组织成帧及计算机怎样在网络中传输帧，类似于 OSI 七层参考模型的第 2 层。第 3 层在 TCP/IP 网络中被称为互连网层(IP 层)，它负责互连计算机之间的通信，规定了互联网中传输的包格式及从一台计算机通过一个或多个路由器到达最终目标的包转发机制。第 4 层为传输层,它和 OSI 七层参考模型的第 4 层一样,规定了怎样保证传输的可靠性。

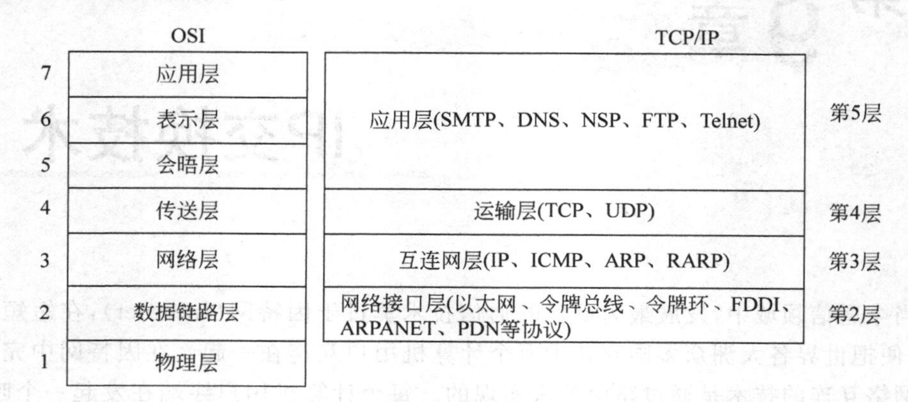

图 9.1 TCP/IP 分层模型与 OSI 模型的对比

对应于 OSI 七层参考模型的第 5～7 层为 TCP/IP 的应用层,向用户提供一组常用的应用程序,例如,简单邮件传送协议(SMTP)、域名服务(DNS)、命名服务协议(NSP)、文件传输协议(FTP)和远程登录(Telnet)等。

9.1.2 IP 协议

TCP/IP 的核心层是网络层和传输层,相应的核心协议是 IP 和 TCP 两大协议。其中 IP 协议的主要功能包括无连接数据报传送、数据报寻径和差错处理三个部分。

IP 层的特点有两个。首先,IP 层作为通信子网的最高层,提供无连接的数据报传输机制。IP 数据报协议非常简单,不能保证传输的可靠性。其次,IP 协议是点到点的协议。IP 层对等实体的通信不经过中间机器,对等实体所在的机器位于同一物理网络,对等机器之间具有直接的物理连接。IP 层点到点通信的一个最大问题是寻径,即根据信宿 IP 地址如何确定通信的下一点的问题。一旦确定了通信的下一个点,点到点通信便可建立起来。

IP 数据报由报头和正文两部分组成。报头有 20 个字节的固定段和任选的变长段,IP 数据报格式如图 9.2 所示。其中版本域记录着该数据报文符合哪一个协议版本。由于每个数据报都含有版本信息,因此不排除在网络运行中改变协议版本的可能性。

由于报头长度不固定,因此报头中的头标长域用来指明报头的长度(以 32 比特字节为单位,其最小值为 5 单位)。

主机用服务类型字段告诉子网它所想要的服务类型,如低延迟、高吞吐量、高可靠性、最低代价、常规传输还是突发加急传输等。

总长字段指出包括报头和数据的整个总报文长度,最大总长度为 65536 字节。标志域可理解为 IP 报文的序列号,目的主机用它来识别潜在的重复报文。

标志域和段偏移量域允许 IP 将一个报文分成多个报文,以适应下一站的传输介质。例如,源于令牌网的报文最大传递单元为 4500 字节,如果到达目的地要经过以太网,就必须把该报文分成数个不大于 1500 字节的报文。标志域和分段偏移量域用来唯一地标志每个分

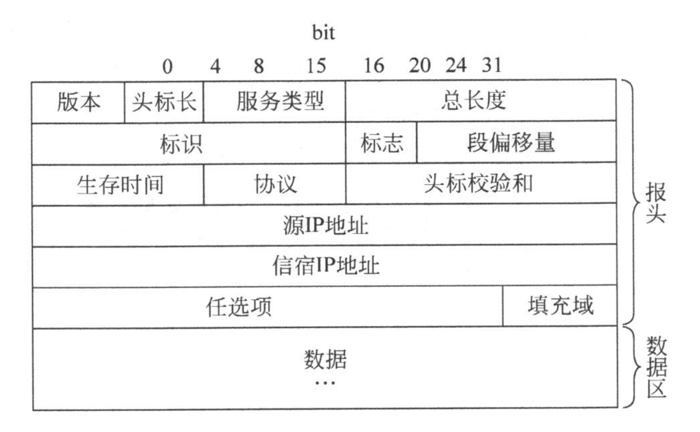

图 9.2 IP 数据报格式

段，以使目的系统能够正确地重组原来的 4500 字节。

生存时间(Time To Live，TTL)是用来标志报文在网络传输过程中的最大生存期的计数器，时间单位为秒。正常值设为 64，最大为 255，当其值为 0 时，则丢弃该报文，并向报文发送方返回一个装有超时信息的互联网控制报文协议(ICMP)报文。

协议域提供目前的数据报文部分在使用着什么协议，以便递交给适当的协议处理系统(如 TCP、UDP 等)。头标校验和域用来检查报文头部在传送过程中的受破坏情况，如果在目的地计算出的校验和与该域的值不符，则丢弃该报文。

源 IP 地址和信宿 IP 地址字段指明源和宿的网络编号和主机编号，路由器利用这些地址来决策到达目的地的最佳路径。

头标中任选项字段用于存放安全保密、报文经历、错误报告调试、时间戳等信息。例如，在跟踪报文时所历经的每个路由器都在可选项域中填入自己的 IP 地址。由于 IP 报文要求报文头部是 4 字节的整倍数，于是利用填充域进行补齐。

在 1981 年所定义的 IP 版本 4(IPv4)标准中，IP 地址是一个 32 比特的数，包含网络编号和主机号两个部分。如图 9.3 所示，IP 地址采用了 5 种不同的格式，目前只用了前 4 种编址模式，它们分别允许 A 类最多 127 个网络，每个网络可有 1600 多万台主机；B 类最多 16000 多个网络，每个网络可有 64000 多台主机；C 类 200 多万个网络，每个网络可有 254 台主机；D 类是为多播(Multicast)定义的，它可以有 28 比特的多点广播组编号。剩余的地址都是 E 类地址，保留为实验使用。

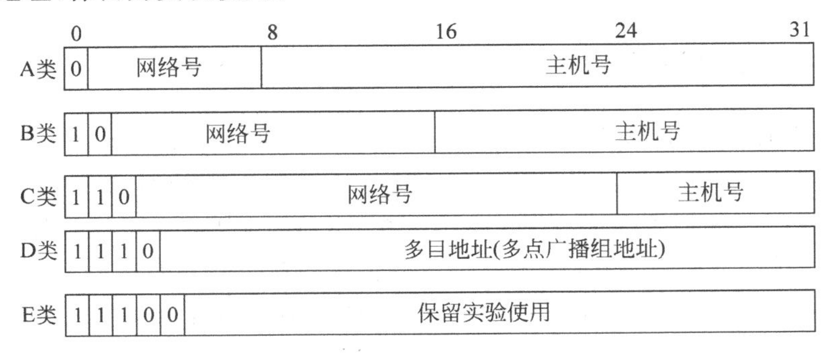

图 9.3 IP 地址模式

IP地址是一个32比特的二进制数,用户很少输入或读其二进制值,当与用户交互时,软件使用一种更适合人理解的表示法,称为点分十进制表示法(Dotted Decimal Notation)。做法是将32比特二进制数按每8比特一组用十进制数表示,并利用圆点将各组分开。表9.1表示了一些二进制数和等价的点分十进制数表示的例子。

表9.1 二进制数IP地址的等价点分十进制表示

32比特的二进制数				等价的点分十进制数
10000001	00110100	00000110	00000000	129.52.6.0
11000000	00000110	00110001	00000111	192.6.49.7
00001001	00110100	00000000	00100101	9.52.0.37
10000000	00010100	00000010	00000011	128.20.2.3
10000100	00000100	11111111	00000000	132.4.255.0

IP协议规定,在整个互联网中的每一个物理网络的网络编号必须是唯一的,物理网络编号的分配由Internet业务提供者和Internet号码分配权威组织(Internet Assigned Number Authority)协调解决。在一个物理网络中,主机编号由本地网络管理员分配。除了给每个主机分配一个IP地址外,IP协议规定也应给路由器分配IP地址。事实上,每个路由器要连接两个或更多的物理网络,因此每个路由器分配了两个或更多的IP地址。一个IP地址并不标识一台特定的计算机,而只是标识一个接口和一个网络间的连接关系。当一台计算机与多个网络有连接关系时,则必须为每个连接分配一个IP地址。图9.4给出了一个为网络、主机和路由器分配IP地址的示例。

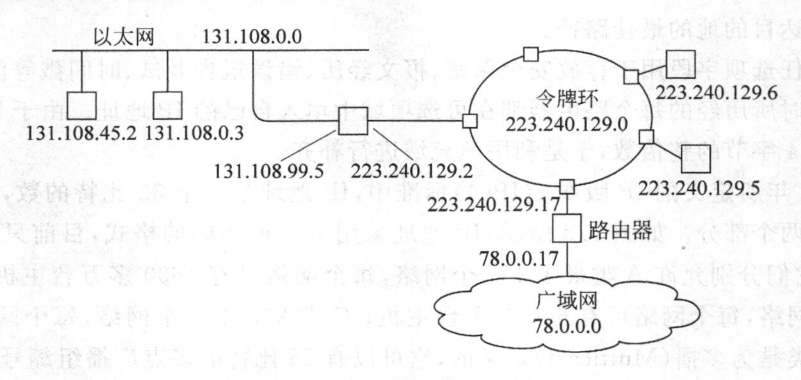

图9.4 IP地址分配示例

9.1.3 地址解析协议

上面介绍的IP地址方案是为主机和路由器指定的高级协议地址。由于这些IP地址是由软件负责维护的,因此它们只是一些虚的地址。也就是说,局域网或广域网并不知道一个IP地址的网络编号与一个网络的关系,也不知道一个IP地址的主机编号与一台计算机的关系。更为重要的是,想通过一个物理网络进行传送的帧必须含有目的地的硬件地址。因而,协议软件在发送一个包之前,必须先将目的地的IP地址翻译成等价的硬件地址,即介质访问控制(MAC)地址。

将一台计算机的 IP 地址翻译成等价的硬件地址的过程称作地址解析。地址解析是一个网络内的局部过程,即一台计算机能够解析另一台计算机地址的充要条件是两台计算机都连接在同一物理网络中,一台计算机无法解析远程网络上的计算机的地址。

为使所有计算机对用于地址解析的消息的精确格式和含义达成一致,TCP/IP 协议系列的地址解析协议(ARP)定义了两类基本的消息:一类是请求,另一类是应答。一个请求消息包含一个 IP 地址和对相应硬件地址的请求;一个应答消息既包含发来的 IP 地址,也包含相应的硬件地址。

ARP 标准精确规定了 ARP 消息怎样在网上传递。协议规定:所有 ARP 请求消息都直接封装在 LAN 帧中,广播给网上的所有计算机,每台计算机收到这个请求后都会检测其中的 IP 地址,与 IP 地址匹配的计算机发送一个应答,而其他计算机则会丢弃收到的请求,不发送任何应答。

用邮政系统来说明路由器和 ARP 如何联合操作将会很有帮助。假设要将一封信或便条送到由一位教师负责的教室中 20 个学生中的一个,教师并不知道每个人的名字。信件上有学生的名字(等同于 IP 地址),教师就像一个路由器,而教室是一个广播域(就像大多数 LAN 一样)。教师念信封上的名字(目的 IP 地址),谁是迈克?(类似 ARP 请求),每个人都听到这个请求,但只有迈克认为名字匹配(IP 地址匹配),迈克回答。这样就标识出了迈克的物理位置(硬件地址),随后教师就可以将信件(报文)转送到正确的目的地。

ARP 协议的工作方式与上述邮政系统类似,路由器有一个 IP 报文要发送给 LAN 段上多个系统中的某个主机,路由器则必须先发送一个广播报文来得到目的地的介质访问控制地址,图 9.5 的以太网通过路由器互连说明了这个操作过程。第一步是路由器发送广播 ARP 请求报文(谁是 172.16.1.209),只有一个计算机系统有与之匹配的 IP 地址,并在第二步发出 ARP 应答(我是 172.16.1.209,MAC 地址为 0008.0001.9A.1D)。

注意:这里 ARP 请求报文是广播式的,而 ARP 应答是指定送给路由器的,非广播式。

图 9.1 的 IP 层中还包含一个反向地址解析协议(RARP),它是 ARP 的功能扩充,规定了从硬件地址到等价的 IP 地址的翻译过程。

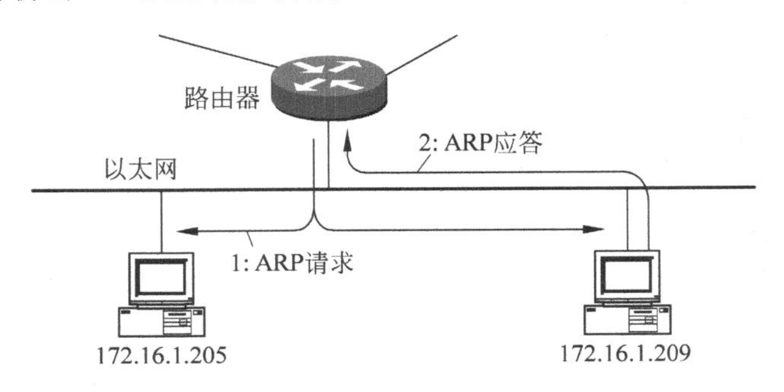

图 9.5 地址解析协议

9.1.4 互联网控制报文协议

IP 协议的概念简明扼要,报文格式只有一种,网络只需尽力将报文包传到目的地即可。但是,如果网络不能返回一些信息就很难诊断错误情况,互联网控制报文协议(ICMP)就是为实现这种信息交换而设的，它是IP中不可分割的一部分。所有的IP路由器和主机都要支持这种协议。大多数的ICMP消息是“诊断”信息，例如，当一个IP报文无法到达目的站点或TTL超时时，路由器就会废弃该报文，并向源站点返回一个ICMP报文。ICMP还定义了一个回响功能，用来测试连通性。

ICMP的用途并非是增加IP数据报的可靠性，而仅仅是关于网络问题的返回报告。由于ICMP报文是在IP数据报里提供的，在现实中总会有报文包本身有错或出现问题的情况，例如本地线路拥塞等。为了避免重复报告所引起的“雪崩”现象，这里有个必须遵守的原则：ICMP报文的问题不再引发ICMP报告。

ICMP报文格式如图9.6所示，包含类型、代码及校验和三个固定的域，剩余的内容依赖于消息类型。

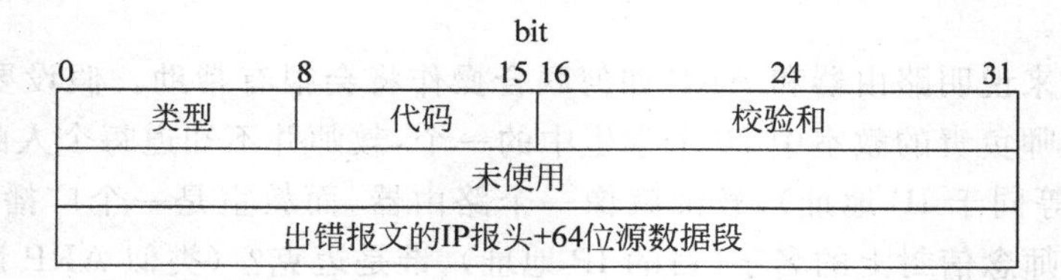

图9.6 ICMP报文格式

下面给出部分ICMP头部的消息类型域编号和含义及代码域的代码编号和含义。利用这两个域代码的不同组合，可以将消息类型进一步划分为子类型，例如，消息类型3代表目的站点不可达，代码域则进一步说明为什么报文不可达的原因。

ICMP报文头类型域编号含义：

0：回响应答；

3：目的站点不可达；

4：源站点熄灭；

5：重定向；

8：回响；

9：路由器广告；

10：路由器请求；

11：超时；

12：参数有问题；

13：时间戳；

14：时间戳应答；

15：信息请求；

16：信息应答。

ICMP报文头代码域编号含义：

0：网络不可达；

1：主机不可达；

2：协议不可达；

3：端口不可达；

4：需要分段但设置了 DF 位；

5：路由器失败。

9.1.5 TCP 协议

前面介绍了 IP 提供的无连接包传送服务以及用于报告差错的协议，这一节将介绍 TCP/IP 协议系列中的传输控制协议 TCP，并将解释 TCP 怎样提供可靠的传输服务。

TCP 是面向连接的协议，它提供两个网络设备间数据的有保障的顺序传递。在收到接收者的证实前，数据段一直保留在发送系统的缓冲区中。如果丢失了某段，TCP 将自动重传。TCP 系统将监测收发两者间的轮回时间，接收者在检测到因网络拥塞而引起报文丢失时将会自动放慢传输速度。当发送 TCP 数据段时，网络的变化(如链路变成拥塞)可能会使到达的报文顺序混乱，TCP 将在接收端识别每段内容并按正确顺序重组数据，数据重组完成后再交给应用层处理。

TCP 被称为一种端到端协议，这是因为它提供一个直接从一台计算机上的应用到另一远程计算机上的应用的连接。应用能请求 TCP 构成连接、发送和接收数据以及关闭连接。由 TCP 提供的连接称作虚连接，这是因为它们是由软件实现的，底层互联网系统并不对连接提供硬件或软件支持，只是两台机器上的 TCP 软件模块通过交换消息来实现的虚连接。

TCP 使用 IP 来携带消息，每一个 TCP 消息封装成一个 IP 数据报后通过互联网。当数据报到达目的主机，IP 将数据报的内容传给 TCP。请注意，尽管 TCP 使用 IP 来携带消息，但 IP 并不阅读或干预这些消息。因而，TCP 只把 IP 看作一个包通信系统，这一通信系统负责一个连接的两个端点的主机连接，而 IP 只把每个 TCP 消息看作数据传输。

图 9.7 包含了一个互联网，其中的两台主机和一个路由器说明了 TCP 和 IP 的关系。

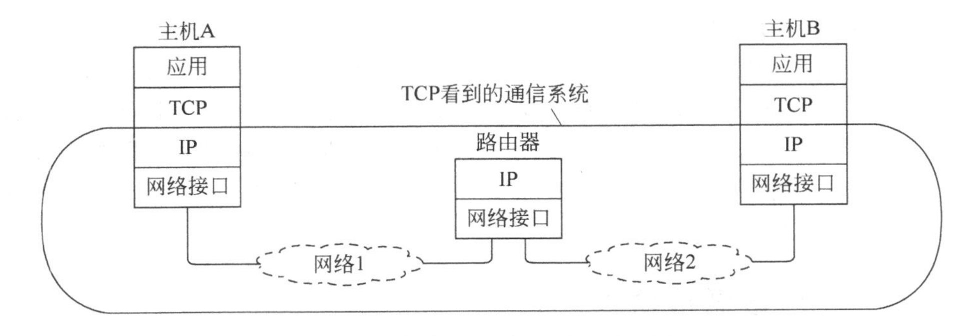

图 9.7 说明 TCP 和 IP 关系的例子

TCP 对所有的报文采用了一种简单的格式，包括携带数据的报文，以及确认和三次握手中用于创建和终止一个连接的消息。TCP 采用段来指明一个消息，图 9.8 说明了段格式。

TCP 传送实体从用户进程接受任意长的报文，把它们分成不超过 64KB 的片段，再将每个片断作为一个独立的报文来传送。由于 IP 网络层不保证正确地递交数据报，因此 TCP 要按需要在超时后重传这些数据报。已经到达的数据报可能顺序不正确，因此 TCP 也要按正确的顺序将它们重新组装成原来的报文。

TCP 段中的端口号用来标志源主机和目的主机的应用程序，每个主机可以自行决定如

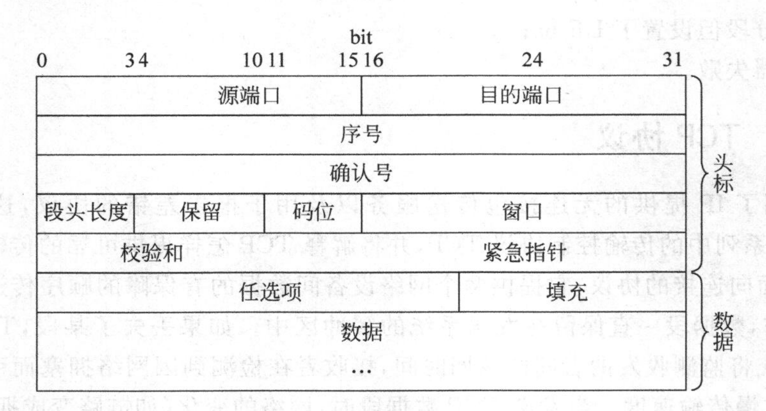

图 9.8 TCP 段格式

何分配它的端口。

序号字段指出段中数据在发送端数据流中的位置。确认号字段用于接收者告诉发送者哪些数据已被正确接收,指示希望接收的下一个字节。TCP 采用捎带技术,在发送的数据段中捎带对方数据的确认,这样可以大大节省所传报文数。

码位字段是一个 6 比特的指示码,它们从左到右各比特顺序分别代表 URG、ACK、PSH、RST、SYN、FIN 标志位。如果使用紧急指针,URG 标志就置为 1。紧急指针用来指示从当前序号的数据开始,向后数多少字节可找到紧急数据。这一特殊功能用以代替中断报文。SYN 位用于建立连接。连接请求设置 SYS=1 和 ACK=0,表示不使用捎带确认字段。如果连接证实捎带了确认,则 SYS=1 且 ACK=1。实际上,SYS 位用来代表连接请求和连接,而 ACK 位用来区分是否使用捎带确认。

TCP 滑动窗口用于实现流量控制机制,接收者用该字段告诉发送者还有多少缓冲空间可用。传送者一次发送的数据量总是小于可用缓冲区,所以不会引起接收缓冲区溢出。当接收者处理完一定的缓冲区数据后,便向发送者发送 ACK,指出缓冲区空间已经增加。发送者通过确认号及被告知的窗口大小决定还可以发送多少数据。校验和是段内内容的校验和,所使用的算法是把段内所有数据按 16 位做每位的补码并求和。任选项字段用于各种各样的情况,例如在建立连接过程中传送缓冲区大小等。

9.1.6 用户数据报协议

用户数据报协议(UDP)也是在 IP 之上的另一个传输层协议,它与 TCP 不同,UDP 提供无连接的数据报服务,广泛用于倾向直接使用数据报服务的应用程序。UDP 非常适合于单个报文的请求与应答,通常用来实现事务功能。

UDP 是轻权协议,处理开销很小。由于简单,它很适合那些不需要 TCP 全部特性的应用。

UDP 不提供有保证的数据传送,每个 UDP 数据报都装载在 IP 报文中进行发送和接收,网络拥塞或传输错误等事件都可能会引起路由器丢失报文。使用数据报服务的程序必须由自身提供可靠性,即由应用程序对重要数据提供重传控制。另外,UDP 也不保证数据的传输顺序。

UDP 的数据报文格式如图 9.9 所示。与 TCP 报文相比，其头部只有 8 个字节，更加短小、简单。源端口和目的端口用于确定发送及接收应用程序，长度域用来说明整个 UDP 报文的长度，包括 UDP 头部，其最大报文长度为 65535 字节。

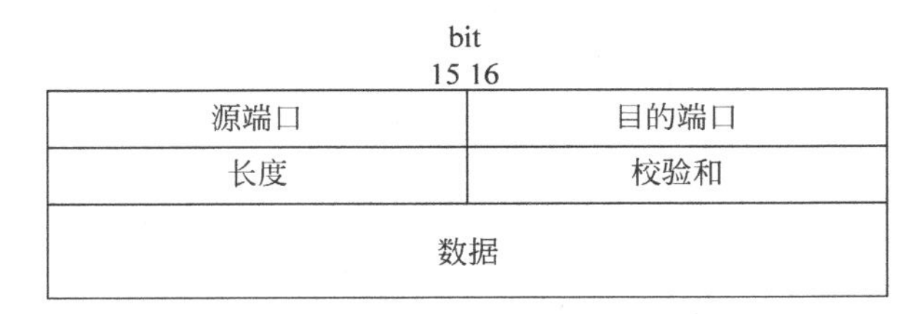

图 9.9 UDP 数据报文格式

9.1.7 IP 的未来

从最初的美国的分组交换网(Arpanet)发展至今，因特网已经经历了巨大的演变。追溯到 1978 年，当因特网第一次出台的时候，32 位的 IP 地址看起来还是非常充裕的。当时一些研究人员(例如 Cassandra)就曾认为，选择固定的地址大小是缺乏远见的做法，但他们的告诫并没有引起重视。因为这种地址方案能方便地将地址保存在 32 比特宽的内存中，而且还能很好地将报头对齐，提高编程效率。也正是因为这个缺乏远见的"易于编程"的报头格式，才使得因特网协议能够在众多设备上得以实现，从而使因特网迅速发展，最终变得如此庞大。而一个复杂的格式一般不会吸引那么多的追随者。

设想一下，如果把因特网扩大到每个部门、每个家庭的各种设施，那么原来的 32 比特 IP 地址绝对是无法满足的，并且这种设想在不远的将来将会变为现实，这将会引发 IP 地址的巨大需求。因此，有人提出了因特网面临着死亡危机。面临危机的三个方面的原因是：B 类地址的耗尽、路由太长及地址空间的耗尽。

新版 IP 于 1995 年取得标准化，称为 IPv6。它简化了 IP 报文格式，把 IP 地址增加到 128 比特，这可以让 IP 继续应用于越来越大的范围。有人设想给美国的每个有源计量器分配一个 IP 地址，以便能远程控制和读表。还有一种设想是给每个家庭的有线电视控制盒分配 IP 地址。而 IPv6 采用 128 比特 IP 地址，能够满足这种需求。要想了解更多的 IPv6 知识，请参阅相关协议标准。

9.2 路由器工作原理

图 9.10 给出一个连接两个网络的路由器的基本组织结构示例。图 9.10 中的网络 1 和网络 2 可以是以太网、令牌总线网、令牌环网或广域网等，这些网络通过路由器进行互连。

路由器乍看起来好像是一种复杂的设备，实际上它也是一台计算机，只是多了一些连接不同网络介质类型的网卡而已，其基本操作非常简单。路由器实现两个基本功能：其一，直接将报文转发到下一跳的地址；其二，维护在路由器中用来决定正确路径的路由选择表。下面介绍路由器的报文转发原理和路由选择表的维护过程。

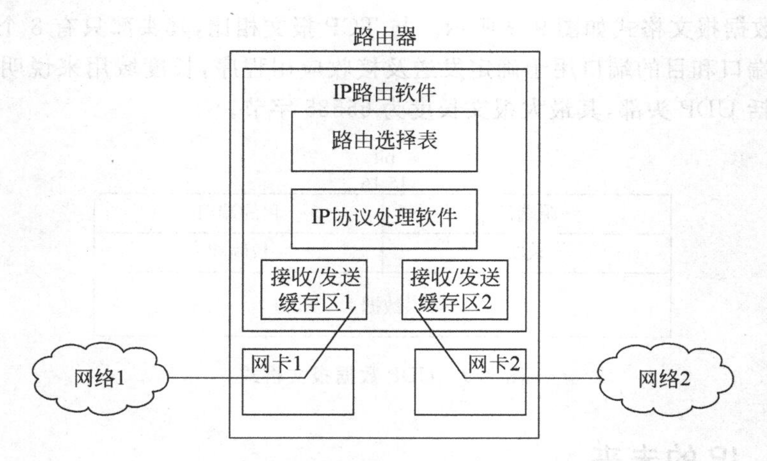

图 9.10 路由器的基本组织结构

9.2.1 路由器的报文转发原理

在图 9.10 的路由器中，网卡 1 和网卡 2 实现 TCP/IP 协议的网络接口层协议功能。它们负责接收来自各自所连网络的数据帧，取出 IP 数据报，然后将 IP 报文存入路由器中对应的报文接收缓存区；同时还负责完成存储在发送缓存区中待发的 IP 数据报到与其直接相连的下一网络的数据包物理传送功能。

当路由器接收到一个报文时，IP 协议处理软件首先检查该报文的生存时间，如果其生存时间为 0，则丢弃该报文，并给其源站点返回一个报文超时 ICMP 消息。如果生存期大于 0，则接着从报文头中提取 IP 报文的目的 IP 地址，也就是读取 IP 报文的第 17～20 字节的内容。然后，通过图 9.11 所示的网络掩码屏蔽操作过程从目的 IP 地址中找出目的地网络号，再利用目的地网络号从路由选择表中查找与其相匹配的表项。如果在路由选择表中未找到与其相匹配的表项，则把该报文放入默认的下一路径的对应发送缓存区中进行排队输出；如果找到了匹配的表项，则将该 IP 报文放入该表项所指定的输出缓存区的队列中进行排队输出。

IP 协议处理软件经过寻径并按路由选择表的指示把原 IP 数据报放入相应输出缓存器的同时，它还将下一路由器的 IP 地址递交给对应的网络接口软件，封装成帧，由接口软件完成数据帧的物理传输。图 9.12 中给出了一个简化的路由器 IP 协议处理软件的流程框图。

IP 软件不修改原数据报的内容，也不会在上面附加内容(甚至不附加下一路由器的 IP 地址)。网络接口软件收到 IP 数据报和下一路路由器地址后，首先调用 ARP 完成下一路由器的 IP 地址到物理地址的映射，利用该物理地址形成帧(下一路由器物理地址便是帧信宿地址)，并将 IP 数据报封装进该帧的数据区中，最后由子网完成数据报的真正传输。

为了有助于读者进一步理解路由器的工作原理，在图 9.13 中给出了一个互联网通信实例。这里，各通信子网的 IP 编号分别为 202.56.4.0、203.0.5.0 和 198.1.2.0，路由器 1 与网络 1 和网络 2 直接相连，在与网络 1 连接的网络接口 IP 地址为 202.56.4.1，与网络 2 连接的网络接口 IP 地址为 203.0.5.2；路由器 2 与网络 3 和网络 2 直接相连，与网络 2 连接的网络接口 IP 地址为 203.0.5.10，与网络 3 连接的网络接口 IP 地址为 198.1.2.3。用户 A 要传送一个数据文件给用户 B，现在来看各个路由器的工作过程。

A类地址	10 .		5 .		200 .		1	
二进制格式	0000	1010.	0000	0101.	1100	1000.	0000	0001
掩码	1111	1111.	0000	0000.	0000	0000.	0000	0000
二进制与网络号	0000	1010.	0000	0000.	0000	0000.	0000	0000
B类地址	131 .		5 .		200 .		1	
二进制格式	1000	0011.	0000	0101.	1100	1000.	0000	0001
掩码	1111	1111.	1111	1111.	0000	0000.	0000	0000
二进制与网络号	1000	0011.	0000	0101.	0000	0000.	0000	0000
C类地址	202 .		5 .		200 .		1	
二进制格式	1100	1010.	0000	0101.	1100	1000.	0000	0001
掩码	1111	1111.	1111	1111.	1111	1111.	0000	0000
二进制与网络号	1100	1010.	0000	0101.	1100	1000.	0000	0000

图 9.11 IP 地址与网络掩码屏蔽操作过程

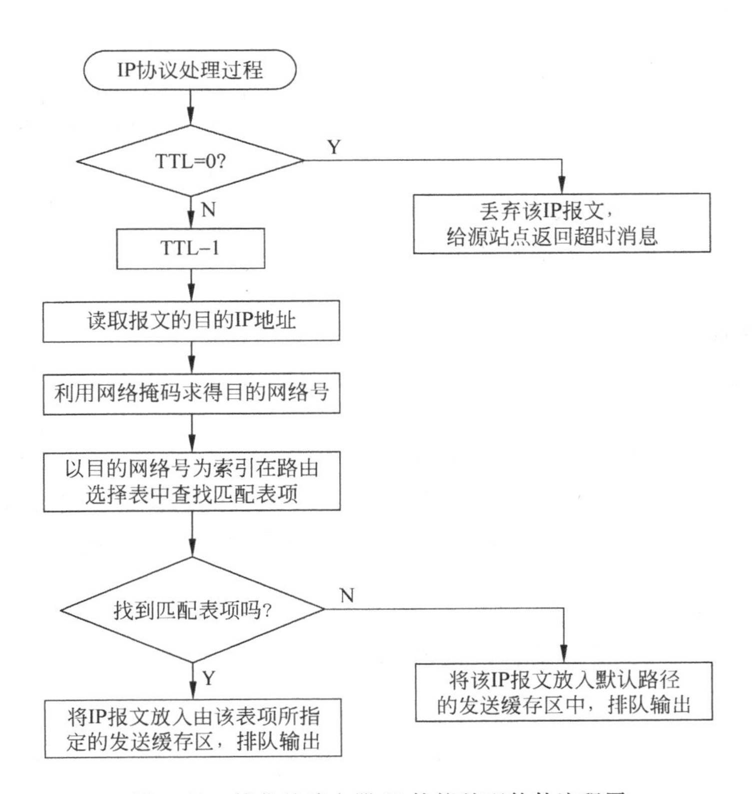

图 9.12 简化的路由器 IP 协议处理软件流程图

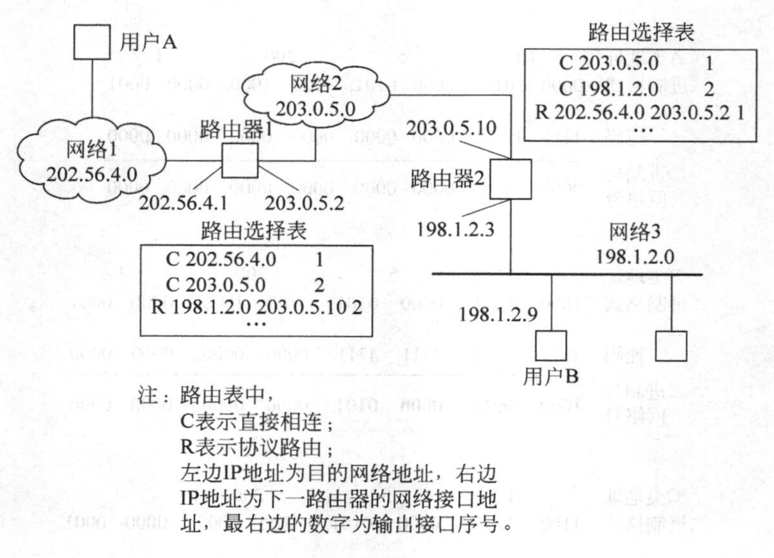

图 9.13　一个互联网通信实例

首先，用户 A 把数据文件以 IP 数据报形式送到默认路由器 1，其目的站点的 IP 地址为 198.1.2.9。第一步，报文被路由器 1 接收，它通过子网掩码取与运算确定了该 IP 报文的目的网络号为 198.1.2.0。第二步，通过查找路由选择表，路由器 1 在路由表中找到与其匹配的表项，获得输出接口号为 2 和下一站的 IP 地址为 203.0.5.10。下一站的地址是指下一个将要接收报文的与本路由器连接在同一物理网络上的路由器的网络接口的 IP 地址。第三步，路由处理软件将该 IP 数据报放入网络 2 接口的发送缓存区中，并将下一站的 IP 地址递交给网络接口处理软件。第四步，网络接口软件调用 ARP 通过如图 9.5 所示的过程完成下一站路由器 IP 地址到物理地址（MAC 地址）的映射。在一个正常运行的互联网中，一般来说路由器会在高速缓存器中记录其相邻路由器的网络接口对应 IP 地址的 MAC 地址，因此不必每接收一个 IP 报文都使用 ARP 来获得下一站的 MAC 地址。获得下一站的 MAC 地址后，便将原 IP 数据报封装成适合网络 2 传送的数据帧，排队等待传送。

报文被传送到路由器 2 后，通过上述路由表查找操作，获得与目的地 IP 地址匹配的表项。由表项内容可知，该匹配表项是目的网络号，与该路由器直接相连。因此，在第三步路由处理软件将原 IP 数据报放入 2 号发送缓存区后，同时将目的 IP 地址 198.1.2.9 递交给网络接口处理软件。第四步，由于报文已到达最后一个路由器，所以网络接口软件必须每次首先调用 ARP 以获得目的主机的 MAC 地址，然后对原 IP 报文进行数据帧包装，接着报文就可以直接发送给目的主机。

9.2.2　路由选择表的生成和维护

路由选择表是关于当前网络拓扑结构的信息，这些信息包括哪些链路是可操作的、哪些链路是高容量的等等，共享的具体信息内容由所采用的路由信息协议决定。维护路由选择表功能就是利用路由信息协议，随着网络拓扑的变化不断地自动更新路由选择表的内容。

路由选择表的生成可以是手工方式，也可以是自动方式。对于可适应大规模互联网的

TCP/IP 协议，其获取路由信息的过程显然应该采取自动方式。任何路由器启动时，都必须获取一个初始的路由选择表。不同的网络操作系统，获取初始路由选择表的方式可能不同，总体来说，有三种方式。第一种，路由器启动时，从外存读入一个完整的路由选择表，使其长驻内存；系统关闭时，再将当前路由选择表（可能经过维护更新），写回外存，供下次使用。第二种，路由器启动时，只提供一个空表，通过执行显式命令（比如批处理文件中的命令）来填充。第三种，路由器启动时，从与本路由器直接相连的各网络的地址中推导出一组初始路由，当然通过初始路由只能访问相连网络上的主机。可见，无论哪种情况，初始路由选择表总是不完善的，需要在运行过程中不断地加以补充和调整，这就是路由选择表的维护。

在 Internet 中，由于随时可能增加新的主机和网络，并且新增加的网络可采用任意方式和运行中的因特网互连，同时存在某些网络因故障或其他原因而退出互联网服务，这些都可以导致因特网的拓扑结构发生变化。作为直接反映网络拓扑结构变化的路由选择表则必须跟踪这些动态变化，否则会发生寻址错误。因此，在因特网的路由器中不可能一次性装入一个完整且准确的路由选择表，只有动态地更新才能适应网络拓扑的动态变化。在因特网中，路由选择表初始化和更新维护的典型过程属上述第三种情况，路由器首先从周围网络地址中得出初始路由表，再从周围路由器中获取稍远一些网络的路由信息……由于因特网中全体路由器的协作，各路由器很快就能掌握所有的路由信息。关于路由算法方面已有多个路由信息协议，想深入了解路由信息协议的读者可参考 RFC（Request for Comment）文档中的有关讨论。

9.3 IP 交换技术

从前面关于路由器知识的介绍可知，传统的因特网主要是基于共享介质类型的物理网络（如以太网）通过路由器互连而成，它适于低速数据通信。共享介质型网络结构，用户在使用网络通信时必须竞争网络资源，当用户数增加时，每个用户实际获得的链路传送能力将大幅度下降，不能保证用户的通信服务质量要求。同时，随着多媒体通信的发展，不仅要求高速的数据通信，也要求能传送话音、图像等，还要求保证通信的 QoS，例如，带宽、延迟和分组丢失率等。

另外，由于在因特网上用户数的增加和对带宽要求较高的万维网（WWW）应用的普及而导致网上信息流量的持续增加，由多层路由器构成的传统网络正趋向饱和。当它扩充到一定限度后，其经济性和效率将随规模的进一步增大而下降。为建立更大规模的网络，许多因特网服务提供者（ISP）进行了积极的探索和实践。当前，人们认为通过在路由器网络中引入交换结构是一种比较好的解决方案。

IP 交换（IP Switch）是 Ipsilon 公司提出的专门用于在 ATM 网上传送 IP 分组的技术，其目的是使 IP 更快并能提供业务质量支持。IP 交换技术打算抛弃面向连接的 ATM 软件，而在 ATM 硬件的基础之上直接实现无连接的 IP 选路。该方法旨在同时获得无连接 IP 的健壮性及 ATM 交换的高速、大容量的优点。

9.3.1 IP 交换机的构成及工作原理

IP 交换机基本上是一个附有交换硬件的路由器，它能够在交换硬件中高速缓存路由策略。如图 9.14 所示，IP 交换机由 ATM 交换机硬件和一个 IP 交换控制器组成。

在图 9.14 的交换机结构中，ATM 交换机硬件保留原状，但所有关于 AAL5 的控制软件将被去掉，用一个标准的 IP 路由软件来取代，并且采用一个流分类器来决定是否要交换一个流以及用一个驱动器来控制交换硬件。系统启动阶段，就在 IP 交换机及其邻接交换机的控制软件之间建立一条默认的虚信道，随后这条信道将被用做默认的 IP 数据报的跳到跳(Hop-by-Hop)转移路径。在 ATM 交换机和 IP 交换控制器之间所使用的控制协议为 RFC1987 通用交换管理协议(GSMP)，该协议使得 IP 交换控制器能对 ATM 交换机进行完全控制。在 IP 交换机之间运行的协议是 RFC1953 Ipsilon 流管理协议(IFMP)，该协议用于在两个 IP 交换机之间传送数据。为了获得交换的效益，它定义一种既具有 ATM 标签也符合 IP 流的机制。

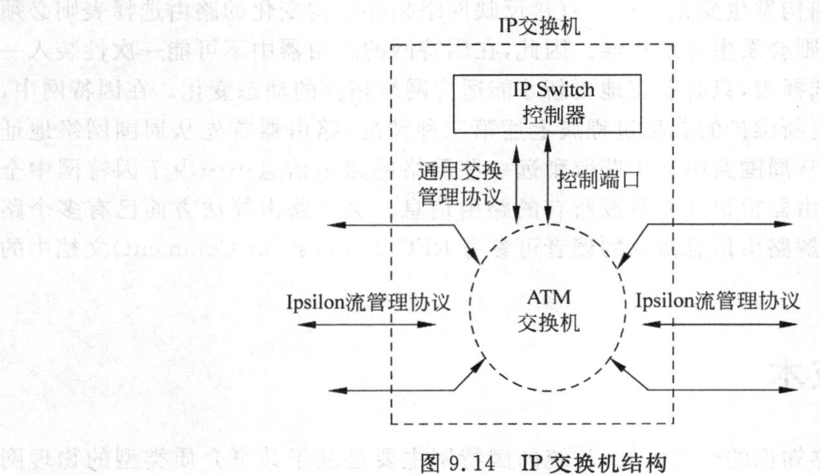

图 9.14 IP 交换机结构

IP 交换的基本概念是流的概念。一个流是从 ATM 交换机输入端口输入的一系列有先后关系的 IP 包，它将由 IP 交换控制器的路由软件来处理。

IP 交换的核心是把输入的数据流分为两种类型，如图 9.15 所示。

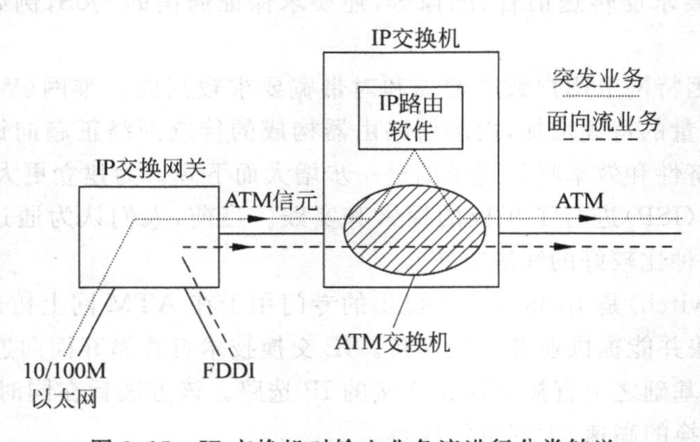

图 9.15 IP 交换机对输入业务流进行分类转送

(1) 持续期长、业务量大的用户数据流；

(2) 持续期短、业务量小、呈突发分布的用户数据流。

持续期长、业务量大的用户数据流包括：

(1) 文件传输协议(FTP)数据；

(2) 远程登录(Telnet)数据；

(3) 超文本传输协议(HTTP)数据；

(4) 多媒体音频、视频数据等。

持续期短、业务量小、呈突发分布的用户数据流包括：

(1) 域名服务器(DNS)查询；

(2) 简单邮件传输协议(SMTP)数据；

(3) 简单网络管理协议(SNMP)数据等。

对于持续期长、业务量大的用户数据流在 ATM 交换机硬件中直接进行交换，对于多媒体数据，它们常常要求进行广播和多播通信，把这些数据流在 ATM 交换机中进行交换，也能利用 ATM 交换机硬件的广播和多点发送能力。对于持续期短、业务量小、呈突发分布的用户数据流，通过 IP 交换控制器中的 IP 路由软件完成转送，即采用和传统路由器类似的跳到跳的存储转发方式，采取这种方法省去了建立 ATM 虚连接的开销。

对于需要进行 ATM 交换的数据流，必须在 ATM 交换机内建立 VC。ATM 交换要求所有到达 ATM 交换机的业务流都用一个 VCI 来进行标记，以确定该业务流属于哪一个 VC。IP 交换机利用 Ipsilon 流管理协议(IFMP)来建立 VCI 标签和每条输入链路上传送的业务流之间的关系。

与传统的跳到跳路由器相比，IP 交换机还增加了直接路由。IP 交换机与传统路由器的数据转发方式比较如图 9.16 所示。

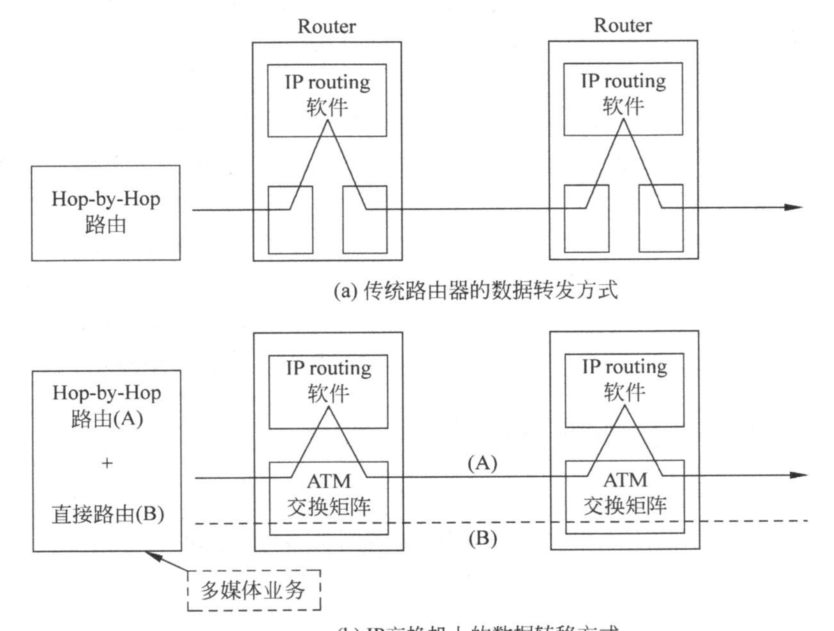

图 9.16　IP 交换机与传统路由器的数据转发方式比较

IP 交换机是通过直接交换或跳到跳的存储转发方式实现 IP 分组的高速转移，其工作原理如图 9.17 所示，共分 6 步进行，现分述如下。

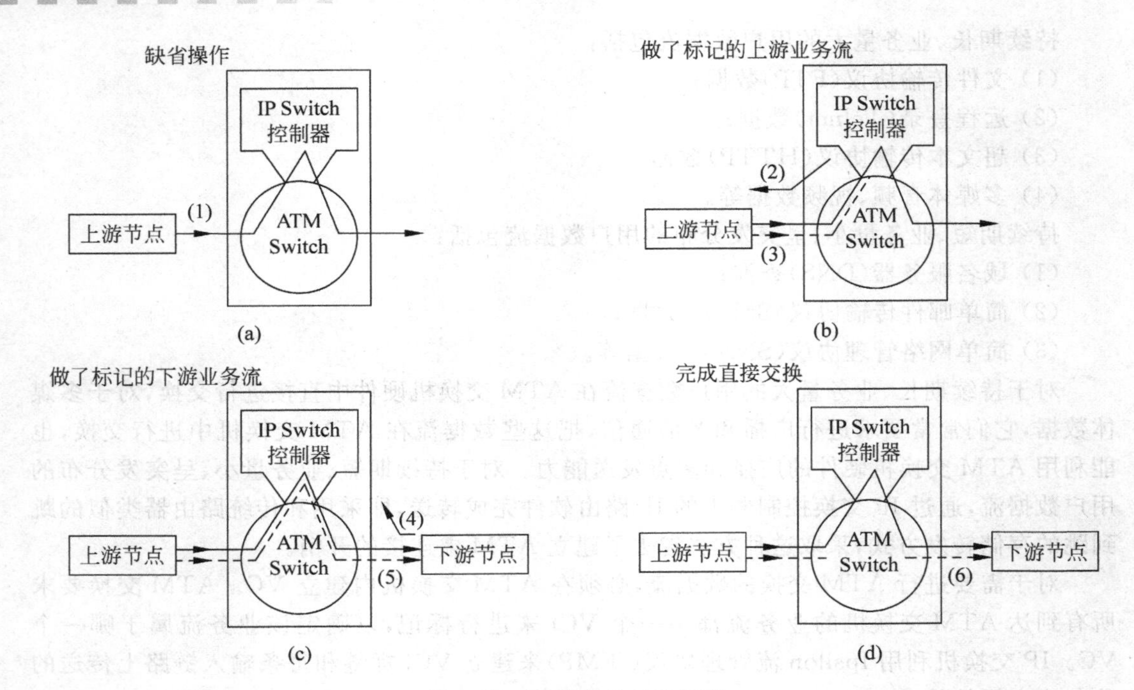

图 9.17 IP 交换的工作原理

(1) 在 IP 交换机内的 ATM 输入端口从上游节点接收到输入业务流，并把这些业务流送往 IP 交换控制器中的选路软件进行处理。IP 交换控制器根据输入业务流的 TCP 或 UDP 报文首部中的端口号码进行流分类。对于持续期长、业务量大的用户数据流，IP 交换机将直接利用 ATM 交换机硬件进行交换；对于持续期短、业务量小、呈突发分布的用户数据流，将通过 IP 交换控制器中的 IP 路由软件进行跳到跳存储转发方式发送。

(2) 一旦一个业务流被识别为直接的 ATM 交换，那么 IP 交换机将要求上游节点把该业务流放在一条新的虚通路上。

(3) 如果上游节点同意建立虚通路，则该业务流就在这条虚通路上进行传送。

(4) 同时，下游节点也要求 IP 交换机控制器为该业务流建立一条呼出的虚电路。

(5) 通过(3)和(4)，该业务流被分离到特定的呼入虚通路和特定的呼出虚通路上。

(6) 通过旁路路由，IP 交换机控制器指示 ATM 交换机完成直接交换。

9.3.2 IP 交换中所使用的协议

IP 交换中使用了 GSMP 和 IFMP 两种协议。GSMP 用于 IP 交换机控制器中，完成直接控制 ATM 交换，IFMP 用于 IP 交换机、IP 交换网关或 IP 主机中，完成把现有网络或主机接入到由 IP 交换机组成的 IP 交换网中，用来控制数据传送。

1. GSMP 协议

RFC1983 通用交换机管理协议(GSMP)是一个多用途的协议，用于 IP 交换机控制器，它是一个异步协议。在 GSMP 协议中，它把 IP 交换机控制器设置为主控制器，而 ATM 交换机设置为从属的受控设备。IP 交换机控制器利用该协议向 ATM 交换机发出下列要求：

(1) 建立和释放跨越 ATM 交换机的虚连接;

(2) 在点到多点连接中,增加或删除端点;

(3) 控制 ATM 交换机端口;

(4) 进行配置信息查询;

(5) 进行统计信息查询。

IP 交换机控制器利用 GSMP 指导 ATM 交换机为某个用户业务流建立新的 VPI/VCI。

GSMP 是一个简单的、主从方式的、请求—响应式的协议。主控方(IP 交换机控制器)发送请求,而 ATM 交换机在动作完成后给出一个响应。为了速度和简化起见,交换机和控制器间的通信通过不可靠的消息传输模式来进行,没有附加的错误检测和重传功能。GSMP 消息通过一条默认的虚通路(VPI/VCI=0/15)进行传送。GSMP 的消息格式如图 9.18 所示。

<table>
<tr><td colspan="3">LLC(AA-AA-03)</td><td></td></tr>
<tr><td colspan="4">SNAP(00-00-00-88-0C)</td></tr>
<tr><td>版本</td><td>消息类型</td><td>结果</td><td>编码</td></tr>
<tr><td colspan="4">进程识别符</td></tr>
<tr><td colspan="4">GSMP消息体</td></tr>
<tr><td colspan="4">填塞域(0~47字节)</td></tr>
<tr><td colspan="4">AAL-5 CPCS-PDU的尾部(8字节)</td></tr>
</table>

图 9.18 GSMP 消息格式

LLC/SNAP: 逻辑链路控制/子网接入点,是 AAL5 多协议封装的标准头部。这里,AA-AA-03 三个字节指示 SNAP 报头存在,00-00-00 三个字节指示随后的两个字节为以太网类型,88-0C 两个字节指示 ARP 类型。CPCS-PDU: 会聚子层公共部分—协议数据单元。其尾部 8 个字节中包括三个字节的垫整字段,1 字节的定位和 1 字节结束标记,最后两字节为长度指示。

在图 9.18 中,所有的消息都使用一个 AAL5 LLC/SNAP 封装,但是最常用的消息(如连接管理)将被设计得足够小,以便装在一个单一信元的 AAL5 包封中。选用 LLC/SNAP 封装,可以允许除 GSMP 以外的其他协议(如 SNMP 协议等)能复用到链路中。

借助于一个邻接协议(Adjacency Protocol)跨越控制链路来进行状态同步,从而发现链路末端实体的身份并检出何时起变化。在建立邻接关系以前,链路上只存在邻接协议而没有 GSMP 消息。而一旦建立了邻接关系,就可以发出 5 种类型的消息: 配置(Configuration)、连接管理(Connection Management)、端口管理(Port Management)、统计(Statistics)和事件(Event)。有关这 5 种消息的解释如下。

(1) 配置消息: 它是控制器用来发现 ATM 交换机能力的消息。除了名称、种类和序列号之外,每个 ATM 交换机端口还可以报告出其所支持的 VPI/VCI 范围、接口类型和信元速率、管理和线路状态及优先级号等。现有版本的 GSMP(RFC1987)采用非常简单而严格方式的优先级输出队列,具体为每个端口可以规定任意数目的优先级队列。该协议应进一步支持下一代的 ATM 队列和排序硬件。值得说明的是，现有的 GSMP 版本并不支持流量管理功能，因为在资源保留协议(RSVP)得到广泛采用之前无须这一功能。

(2) 连接管理消息：当交换机的配置一旦被发现，控制器就能够开始发布连接管理消息。通过连接管理消息，控制器可以通过交换机建立和删除连接。连接的建立并不区分点对点还是点对多点连接，即“添加支路”(Add Branch)和“删除支路”(Delete Branch)消息对这两种连接都适用。“删除树”(Delete Tree)消息用来删除一个多点连接的整体。“移去支路”(Move Branch)允许多点连接中的一条输出支路从一个输出口上移去。

(3) 端口管理消息：端口管理消息用来复位、激活、停止交换机环回交换端口的操作。

(4) 统计消息：用来查询每个 VC 和每个端口的性能数据。

(5) 事件消息：允许交换机针对特殊事件异步地向控制器发出告警。这些特殊事件包括在一个端口上检测到或丢失了载波、检测到或丢失了端口接口以及到达了一个无效 VPI/VCI 的信元等。

从属部分 GSMP 协议的编程量约为 2000 行，其性能可达到每秒操作 1000 条连接。如果交换机中的包处理和 AAL 处理功能由拆装子层(SAR)器件来实现，则性能还会大大提高。

2. IFMP 协议

RFC1953 Ipsilon 流管理协议(IFMP)用来实现在邻接的 IP 交换机控制器、IP 交换网关或支持 IFMP 的网络接口卡之间请求分配一个新的 VPI/VCI 的控制操作。更具体地说，IFMP 协议给某个流附加一个标签，使该流的路由更加有效。

IFMP 跨越 IP 交换机在网络中组成独立运行的链路，这些链路将 IFMP 对等实体互联起来。在 ATM 链路上它使用默认的虚通路(VPI/VCI＝0/5)。IFMP 的目的是通知一条链路的发送端将一个 VCI 与特定的流关联起来。该 VCI 是由链路的接收端选择的。

属于非交换方式流的所有数据包都要以逐跳方式在 IP 交换机控制器之间的每条链路上的默认通路中进行转发。当一个新的流到达 ATM 交换机后，IP 交换机将对该流进行分类，以决定该流是否或何时被交换。IFMP 协议中定义了两种流类型：流类型 1 称作端口对流类型；流类型 2 称作主机对流类型。流类型 2 允许在相同的主机对间的流中加入业务质量的区分，并可支持基于流的防火墙安全特性。流是通过流标志进行识别的，在流标志中给出了属于哪个流的 IP 包头的各字段值。两种流类型的标志格式如图 9.19 所示。

版本	头长度	TOS	TTL	协议
源地址				
目的地址				
源端口		目的端口		

流类型1的标志

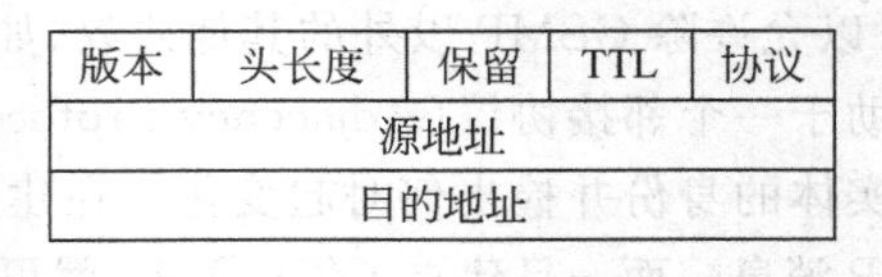

流类型2的标志

图 9.19 流类型 1 和 2 的标志

需要注意的是，一个流在交换之前要首先进行标记。入口链路上的接收机首先选择一个空闲的 VCI，随后向上游发送一个 IFMP 重定向消息，用来通知链路另一端的发送机的流与此 VCI 相关联。重定向消息中还包含一个生存时间字段，该字段规定了流与特定 VCI 关联的有效时间长度，超过此时间，该关联即变为无效。因此流的重定向必须在存活期内由另外的 IFMP 重定向消息来刷新。上述流标记过程独立且同时地在 IP 交换网络中的每一条链路上执行，但前提是假定流分类策略在整个管理域内保持一致，这样才不至于使上游 IP 交换机做出不同的分类结果。

当一 IP 交换机控制器发送一条 IFMP 重定向消息时，它将同时去查看下游链路上的流是否已做标记；同样，当 IP 交换机收到一重定向请求时，它也会去查看上游链路上的流是否已做标记。当上游链路和下游链路都已对某一给定流做了标记后，则该流便会以直接交换方式贯穿 ATM 交换机。

要在 ATM 链路上传送 IP 包将会遇到的一个问题就是 IP 包的封装问题，这是必须考虑的因素。事实上，当一个 IP 交换机接收一个重定向消息时，它也将改变该重定向流的 IP 包的封装。用于默认通道的 IP 包的封装是标准的 AAL5 上的 LLC/SNAP 封装。而针对重定向到一特定虚通路上流的 IP 包，其封装并不使用 LLC/SNAP 信头，并取消流标志规定的所有字段，结构如图 9.20 所示。

总长度		标识
标志(Flag)	偏移(Offset)	检查和
包数据		
PAD(填塞域)和AAL5的尾		

流类型1的封装

保留	TOS	总长度	
标识		标志(Flag)	偏移(Offset)
保留	协议	检查和	
包数据			
PAD(填塞域)和AAL5的尾			

流类型2的封装

图 9.20 IFMP 包的封装

从图 9.20 可以看出，具有上述压缩头的 IP 包接着被分装到 AAL5 中，并被发送到选定的虚通路上。发布重定向消息的 IP 交换机将会备份这些被取消的字段，并将它们与所选定的 ATM VCI 联系起来，这样，交换机可以使用这些存储字段恢复原有的完整 IP 首部。这样做的原因是为了保密的需要。因为采用这样的方法后可以把 IP 交换机当作一个简单的基于流的防火墙而无须检查每个包的内容。利用这种方法可以防止防火墙后的非法用户建立一个到某目的地或业务的交换流（在通常情况下，非法用户以自己的 IP 首部替换掉原有的首部就有可能访问被禁止的站点）。

为了与传统路由器的跳到跳方式在生存时间上保持一致，IP 交换机在流类型 1 和 2 的流标志中也包括了 TTL 字段，这就确保了交换方式的流中所含的均是 TTL 正确的包。在交换方式流的终点，属于该流的所有包的 TTL 值肯定是正确的，因为 TTL 字段并不是在实际传送的过程中得到的，而是从目的地所存储的信息中恢复出来的。图 9.20 中检查和的值在交换方式流的传送过程中应保持不变。要做到这一点，就应当在交换方式流的源点将包的校验和的值减去该点的 TTL 值。而重构包头时需在交换方式流的终点再加上终点处的 TTL 值。这一操作是必要的，因为从交换方式流的目的点向回看，不知道究竟经历了多少个上游 IP 交换节点，且有可能这一数目还要随着时间的推移而改变。

每台 IP 交换机控制器都会对每一个流做周期性的查看。如果在上一次刷新有效期内流中又有业务出现，则控制器会再发送一个到上游的重定向信息以对该流进行刷新。上游的 IP 交换机控制器则会继续在重定向的 VCI 上发送数据包直到超时为止（即在规定的刷新时间段内未收到任何重定向指示)。一旦流已经超时,上游控制器将会删除关联状态(Associated State)。同样,下游节点也会这样做。除此之外,下游IP交换机控制器还可以向上游发送IFMP回送消息,主动取消与VCI的关联状态。在收到了IFMP回送证实消息后,下游流的状态就会被删除。之所以需要这一点,原因是在某些情况下(例如路由改变、缺少接收VCI资源等)应该明确地删除关联状态。

9.4 标记交换技术

标记交换(Tag Switching)是Cisco公司推出的一种基于传统路由器的ATM承载IP技术。虽然IP交换技术与标记交换技术一样都是IP路由技术与ATM技术相结合的产物,但这两个技术的产生却有着完全不同的出发点。IP交换技术认为路由器是IP网中的最大瓶颈,它希望借助ATM技术来完全替代传统的路由器技术;而标记交换技术则不然,标记交换最本质的特点是没有脱离传统路由器技术,但在一定程度上将数据的传递从路由变为交换,提高了传送效率。另外,标记交换既不受限于使用ATM技术,也不仅仅转发IP业务。

9.4.1 标记交换的工作原理

标记交换机有两种元件:传递元件和控制元件。传递元件根据分组中携带的标记信息和交换机中保存的标记传递信息完成分组的传递。控制元件则负责在交换机之间维护标记传递信息。

在标记交换机中,标记传递信息库用于存放标记传递的相关信息,每个入口标记对应一个信息项(Entry),每个项内包括出口标记、出口接口号、出口链路层信息等子项。

1. 传递元件

当标记交换机收到一个携带标记的分组时,传递元件的工作流程如下:

(1) 从分组中抽出标记;

(2) 将该标记作为标记信息库(TFIB)的查询索引,检索该分组所对应的项;

(3) 用该信息项中的出口标记和链路层信息(如MAC地址)替换分组中原来的标记和链路层信息;

(4) 将装配后的分组从信息项所指定的出口接口送出。

图9.21给出了一个应用实例。一个目的地址为128.89.26.4的无标记分组到达路由器RTA。RTA查询它的TFIB,找到目的地址与网络号128.89.0.0/16(注:这里的16代表在TFIB中的网络前缀的位数,意为地址掩码的高16位为全1,其余为0)。相匹配的项,取得到下一跳路由器RTB的出口标记值4和出口接口号1,然后将出口标记4装配在分组上,再将该分组送至出口1进行发送输出。RTB收到标记4的分组,用4作为索引查询它的TFIB,找到它的下一跳出口和出口标记值。在RTB中的检索TFIB方法与在RTA中的有所不同,它用标记作为索引,这种检索方法类似于在ATM交换机中用来检索VPI/VCI的方法,这种方法非常便于采用硬件来实现。RTC在收到了RTB转发的该分组后,将分组

中的标记剥除，恢复成无标记的 IP 分组并传递给用户。

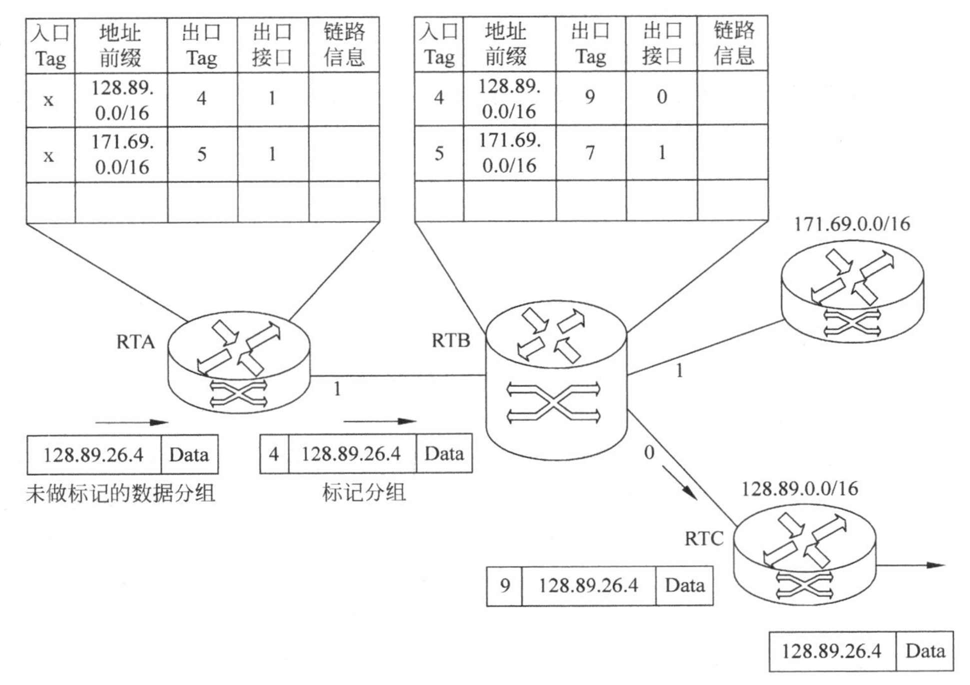

图 9.21 IP 分组的标记交换流程

2. 控制元件

控制元件完成标记分配和维护规程，即负责 TFIB 的标记信息生成和维护。标记的分配和维护主要用标记分配协议(TDP)来实现。

在介绍 TDP 协议之前，首先介绍一下基于目的地的路由。

路由器采用的便是基于目的地的路由，也就是说，该路由器的每个可达网段在它的路由表中都对应一个信息项。这个信息项中包括这个可达网段的地址、下一路由器的物理地址和转发的输出端口号等信息子项。路由器在收到一个分组后，用其目的地址匹配路由表中的信息项，若找不到匹配的项则使用默认路由，若无默认路由则丢弃。若找到则按其信息项中所指示的端口进行转发分组。路由器根据从路由协议(如 OSPF、BGP4 等)中获取的路由信息以及相应的路由算法形成路由表。在网络状况发生改变后，路由器通过路由协议完成路由表的动态更新。

TFIB 是根据路由表形成的，除了增加出口标记子项外，每个信息项在 TFIB 中所处的位置还进行了有序化处理，即用入口标记为索引进行一定的计算便可得到该信息项在 TFIB 中的位置，这样便可以用硬件方式完成对 TFIB 的检索和数据的转发。正是由于 TFIB 是根据路由表形成的，所以 TFIB 也是基于目的地的路由信息表。

3. TDP 协议

TDP 用来分配和维护 TFIB 中的标记子项。TDP 使用专用的、可靠的链路传输，在

ATM 标记交换路由器(ATM-TSR)上使用 VPI/VCI 为 0/32 的默认虚通路。TDP 规定了三种标记分配方式：下游节点标记分配、下游节点按需分配标记和上游节点标记分配。

所谓上游和下游是指站在某个路由器的角度(例如图 9.22 中的 RTA)，指向某个目的地址的路由方向称为下游，反之称为上游。如图 9.22 中 RTA 对于目的端 128.89.0.0/16 而言，RTA→RTB→RTC 为其路由的下游方向，而 RTB 则将 RTA 视为其上游节点，将 RTC 视为其下游节点。

下游节点标记分配由下游节点根据本节点的使用状况分配标记，然后通过 TDP 将所分配的标记通知上游节点。上游节点将该标记填入它的 TFIB 的对应项中。

图 9.22 给出了一个下游节点标记分配的实例。对于目的地址 128.89.0.0/16 而言，RTB 为 RTA 的下游节点，RTB 为该地址分配标记 4，并将此信息通知 RTA，RTA 将该信息填入它的 TFIB 中对应项的出口标记子项中。同样，RTC 为该地址分配标记 9 并通知 RTB，RTB 也进行同 RTA 一样的登记操作。标记分配的过程可以逐段完成，图 9.22 中虽然标志了分配过程的顺序(①RTC 分配标记；②RTC 将分配的标记通知 RTB；……)，但其流程并非严格限制需按此执行。在标记分配逐段完成之后，RTB 的 TFIB 中输出标记和输入标记都已填入，这时 RTB 便可以实现标记交换，而无须再进行目的地址匹配和路由选择。

上游节点标记分配的分配方向与下游节点标记分配相反，RTA 为 RTA→RTB 段分配标记后通知 RTB，RTB 为 RTB→RTC 段分配标记后通知 RTC。

下游节点按需分配标记则是由 RTA 先向 RTB 提出分配标记请求，然后再由 RTB 为 RTA→RTB 段分配标记，并通知分配结果。

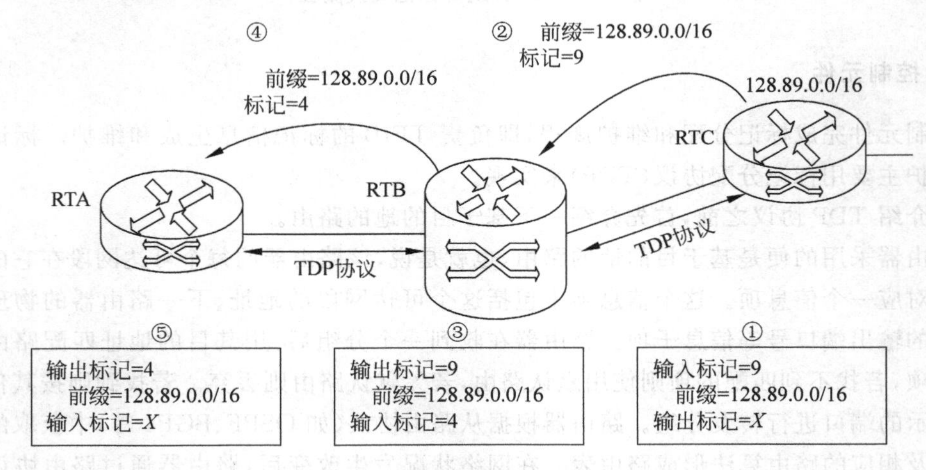

图 9.22 下游节点分配标记示例

三种分配方式相辅相成。节点的 TFIB 有两种管理方式，一种称为单接口 TFIB，一种称为单节点 TFIB。单接口 TFIB 是一个接口配置一个 TFIB，所有接口的 TFIB 互不相关，所以作为索引的入口标记只在本接口或本段有效，与节点的其他接口无关。这时入口标记的选择可以只考虑该接口的使用情况，使用上游节点分配或下游节点分配都可。而单节点标记 TFIB 则不然，一个节点只设一个 TFIB 表，可以将其下载到各接口，但其内容相同。因此入口标记在全节点有效而且不能重复。这时只能使用下游节点标记分配，因为上游节点对下游节点的入口标记的使用情况不了解，无法进行分配；而段标记作为上游节点的出口标记与其他接口无关，所以下游节点可以完成标记分配。下游节点按需分配标记和前两种不同，前两种应用于拓扑驱动时分配标记，它在一个节点中为每个目的地只分配一个或几个(按业务等级分)标记。但不同的源、不同的应用可能有不同的业务质量需求，当需要为某些特定业务提供特殊服务时，可以用下游节点按需分配标记为其提供专用标记。另外，ATM 环境下的标记交换也使用下游节点按需分配标记，否则将会出现如图 9.23 所示的信元交织问题。

图 9.23 的 RTA 和 RTD 同样经由 RTB 和 RTC 访问 128.89.0.0/16，若以上游或下游方式分配标记，则 RTB→RTC 段将只为 128.89.0.0/16 分配了一个标记 40。对 RTB 而言，对应于该地址的入口标记有 50 和 70 两个，而出口标记只有一个，两个业务流就会交织在一起。如果 RTB 为 ATM-TSR，则会出现信元交织的情况，RTC 将无法区分两种业务流。所以，ATM 环境下的标记交换必须采用下游节点按需分配标记协议，否则，标记交换机必须具有 VC 合并功能。

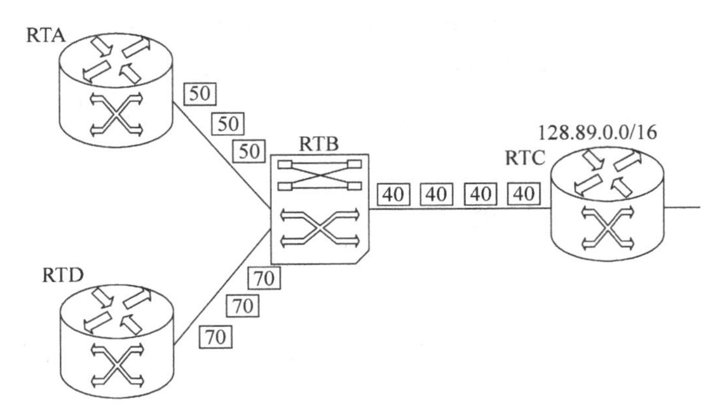

图 9.23 信元交织问题

图 9.24 给出了下游节点按需分配标记的实例。当 RTB 为 ATM-TSR 时，首先 RTB 采用上游或下游标记分配的方法为 RTA 的业务流分配标记 40。在 RTD 的业务流出现后，为了避免出现信元交织的情况，RTB 利用下游节点按需分配协议，为 RTD 的业务流向 RTC 请求一个新的标记 60。不同的源采用不同的标记就可以避免信元交织问题。

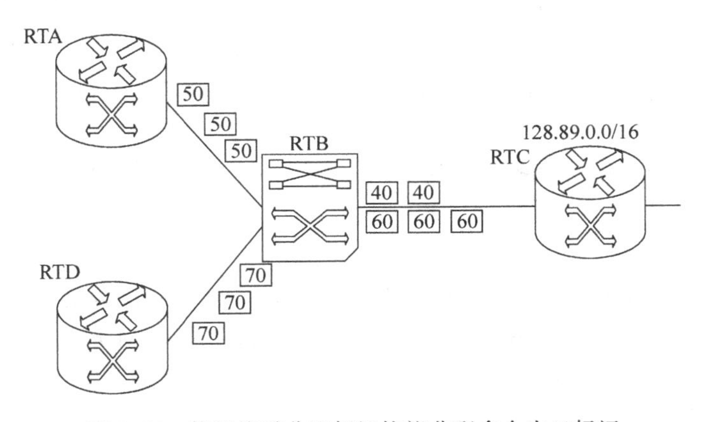

图 9.24 使用按需分配标记协议分配多个出口标记

信元交织就是来自不同源的信元以同一个标记 VPI/VCI 发出时交织混杂在一起，使接收端无法区分的情况。因为标记交换的业务流在 ATM 上传送时也需要通过 AAL 进行适配，而出现信元交织后，AAL 就难以正确成帧，所以，信元交织现象是一种致命的错误，必须避免。

4. ATM 环境下的 VC 合并

在 ATM 环境下，为了减少 VC 的使用数量，Cisco 推出了一种新的功能称作 VC 合并(VC Merge)。VC 合并允许不同来源的流汇往同一目的端时使用同一个标记，如图 9.23 所示。换句话说，就是实现了多点到点的连接。但 VC 合并同样会面临图 9.23 所指出的问题，即信元交织问题。VC Merge 解决此问题当然不能使用图 9.24 的方法，因为它背离了使用合并的初衷。它的解决办法是使用输入缓存技术，将输入的信元缓存成为帧，再对其进行交换。这样将信元交织转换为帧交织，末端节点的 AAL5 就可以正确地将两个流的信元分别组合成帧了。很显然，VC 合并节省了 VC 数量，却牺牲了转发效率，并加大了转发时延。不过节省的是合并后每一级节点的 VC，而牺牲的只有一级节点的转发效率，时延也只相当于增加了一跳，但对于时延敏感型业务而言，这是不可容忍的，所以标记交换只为尽最大努力传送业务提供 VC 合并功能。

9.4.2 标记交换的性能

1. 灵活的路由机制

标记交换中的标记与 ATM 中的 VPI/VCI 的使用方法大致相同，ATM 标记交换路由器中的标记实际上就是 VPI/VCI。既然如此，标记交换就会面临 VPI/VCI 资源匮乏的问题。为解决这个问题，标记交换除了为尽最大努力传送业务提供 VC 合并功能之外，在网络结构上它使用了层次化路由结构以减少标记的使用量。

为减少路由信息量，Internet 很早就引入了层次化的路由概念。首先根据网络规模和用户群的分布情况将网络划分为多个域，域内运行 OSPF 等域内路由选择协议交互主机的路由信息。域间运行 BGP 等域间路由协议交互各域的可达性信息。因为域间不再交互主机的详细路由信息，减少了路由信息量和路由协议开销，同时也避免了过大的路由表给管理和数据转发带来的低效率。当然这些路由机制并非为标记交换而设计，但标记交换与路由技术的关系极为紧密，这体现在不仅交换机仍采用传统的路由技术进行拓扑信息的交互，而且 TFIB 也根据路由表形成。路由表的简化在很大程度上减少了标记的使用量，但是否能成比例递减还取决于应用对服务质量的要求。

2. 可靠的服务质量

标记交换提供两个机制保证服务质量。一个是将业务进行分类，通过资源预留协议(RS-VP)为每个类别的业务申请相应的服务质量等级。在 ATM 环境下，不同类别的业务使用不同的标记虚电路(TVC)，利用 TVC 保证相应的服务质量。若在非 ATM 环境下，标记交换机则将业务分为几类：

(1) 分配一定带宽，超出部分丢弃；

(2) 分配一定带宽,超出部分以低优先级处理;

(3) 如果用户超出所提供的带宽发送数据,则超出部分以更高的优先级发送,并且用户需负担额外的费用。

另一个机制是为某些特殊业务用“下游按需分配标记”协议申请专用 TVC,提供端到端业务质量保证。

3. 多播功能

标记交换机利用多播路由协议(如 PIM)生成多播树,在形成多播树时会采用生成树算法避免形成回路。多播传递元件负责将多播分组沿着多播树进行传递。

当一个标记交换机生成一个多播传递项时,除了将该项填入输出接口表外,还为多播的每个输出接口生成一个输出标记。标记交换机通过多播的输出接口通知相邻的标记交换机出口标记和多播树的捆绑关系。邻接交换机在收到这一通知后,将捆绑信息中的相关出口标记填入 TFIB 中相应的多播树项目的入口标记子项中。这样就完成了多播标记交换表的生成过程。

9.5 多协议标签交换技术

多协议标签交换(Multi-Protocol Label Switching,MPLS)技术是未来最具竞争力的通信网络技术。1997 年 IETF 提出 MPLS 之后,到目前为止,有关的 MPLS 技术的协议标准草案和规范已经约有 140 个,并且在 1999 年就有厂商推出 MPLS 设备。这种进展速度是以前任何一种技术所没有的。MPLS 技术是一种开放的通信网上利用标签引导数据高速、高效传输的新技术。它的价值在于能够在一个无连接的网络中引入连接模式的特性。其主要优点是减少了网络复杂性,兼容现有各种主流网络技术,能降低约 50%网络成本,在提供 IP 业务时能确保 QoS 和安全性,具有流量工程能力。此外,MPLS 能解决 VPN 扩展问题和维护成本问题。

9.5.1 几个基本概念

1. 转发等价类

MPLS 作为一种分类转发技术,将具有相同转发处理方式的分组归为一类,称为 FEC(Forwarding Equivalence Class,转发等价类)。相同 FEC 的分组在 MPLS 网络中将获得完全相同的处理。

FEC 的划分方式非常灵活,可以是以源地址、目的地址、源端口、目的端口、协议类型或 VPN 等为划分依据的任意组合。例如,在传统的采用最长匹配算法的 IP 转发中,到同一个目的地址的所有报文就是一个 FEC。

2. 标签

标签是一个长度固定,仅具有本地意义的短标识符,用于唯一标识一个分组所属的 FEC。一个标签只能代表一个 FEC。

标签长度为 4 个字节,其结构如图 9.25 所示。标签共有四个域。

Label：标签值字段，长度为20位，用来标识一个FEC。

Exp：3位，保留，协议中没有明确规定，通常用作CoS。

S：1位，MPLS支持多重标签。值为1时表示为最底层标签。

TTL：8位，和IP分组中的TTL意义相同，可以用来防止环路。

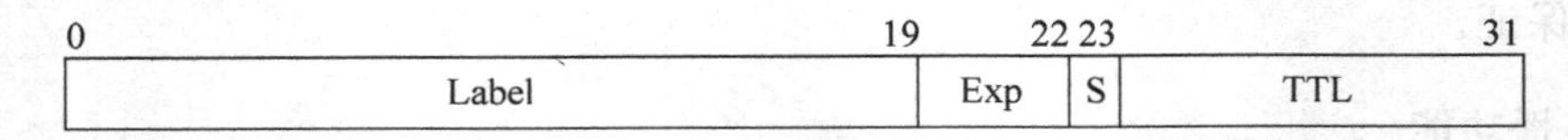

图9.25 标签的封装结构

9.5.2 MPLS工作原理

1. MPLS基本原理

MPLS的基本原理是以一个类似于路由器的设备来控制ATM的硬件交换机。MPLS是属于第三层交换技术，引入了基于标记的机制，它把路由和转发分开，由标签来规定一个分组通过网络的路径。MPLS网络由核心部分的标签交换路由器(LSR)、边缘部分交换路由器(LER)组成。LSR的作用可以看作是ATM交换机与传统路由器的结合，由控制单元和交换单元组成，LSR就是实现了MPLS功能的ATM交换机；LER的作用是分析IP包头，用于决定相应的传送级别和标签交换路径(LSP)，于是该系统既具备ATM交换机高速交换功能，又能支持强大的路由功能。也就是将第二层的ATM交换机换成LSR，LER可以是具有MPLS功能的ATM交换机，也可以是具有MPLS功能的路由器。

2. MPLS网络组成

MPLS网络由三部分组成(如图9.26所示)。

(1) 标记边缘路由器(LER)：LER是位于MPLS网络边缘的第三层路由设备，是将标记加到进来的数据包上，又在包出去的时候将标记取消，并能够提供增值的第三层服务，如安全性、网络流量计算和QoS分类等。

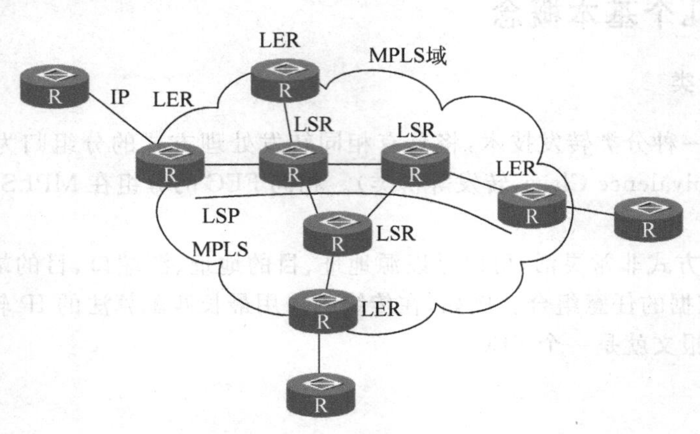

图9.26 MPLS网络示意图

(2) 标记交换路由器(LSR)：位于一个多协议标签交换(MPLS)网络的中间。它为转换这个标签用于路由分组负责。当一个LSR接收到一个分组，它使用这个包含在这个分组头部的标签作为一个索引来决定在标签交换通道(LSP)中的下一跳,和一个来自查寻表分组相应的标签。然后旧的标签被从这个头部移除,和在这个分组被路由转发之前被替换为新的标签。

(3) 标签分发协议(LDP):MPLS 体系中的一种主要协议。在 MPLS 网络中,两个标签交换路由器(LSR)必须用在它们之间或通过它们转发流量的标签上达成一致。

3. MPLS 的工作过程

(1) 使用现有的路由协议,如 OSPF,IGRP 等,建立到终点网络的连接,LDP 完成标记到终点的映射。

(2) 输入端标记边缘路由器接收到分组,完成第三层功能,并给分组贴上标记,如图 9.27 所示。

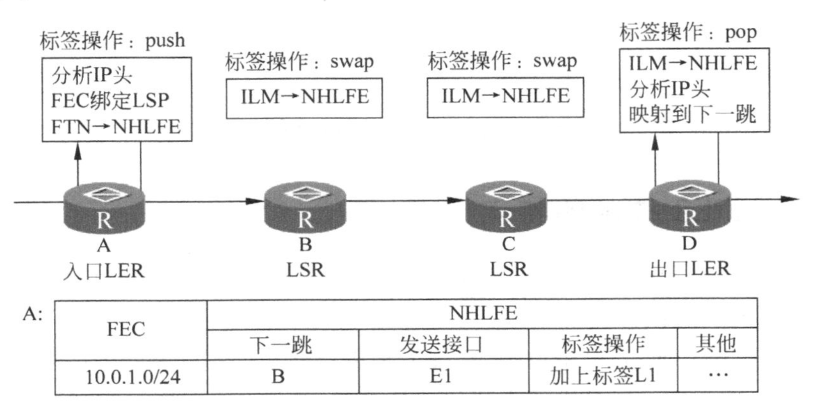

A:

FEC	NHLFE			
	下一跳	发送接口	标签操作	其他
10.0.1.0/24	B	E1	加上标签L1	…

- 传统路由协议和标签分发协议(LDP)一起,在各个LSR中为有业务需求的FEC建立路由表和标签映射表(FEC-Label映射),即成功建立LSP。
- Ingress接收分组,判定分组所属的FEC,给分组加上Label。

图 9.27 输入端标记边缘路由器完成第三层功能并给分组贴上标记

(3) 标记交换机对带有标记的分组进行交换,如图 9.28 所示。

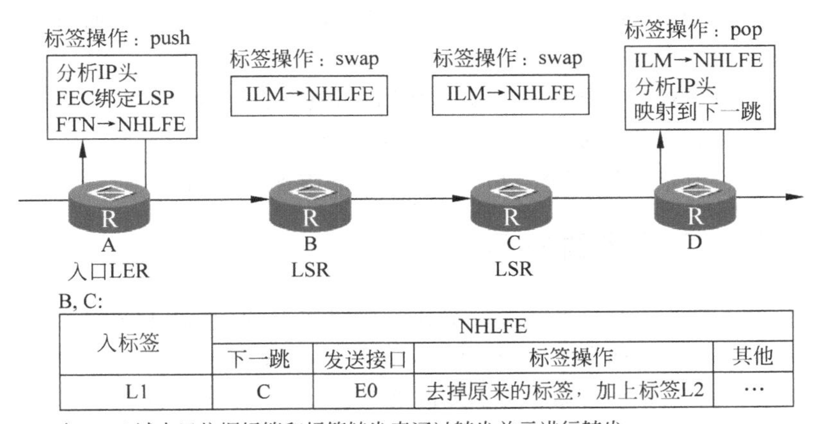

B, C:

入标签	NHLFE			
	下一跳	发送接口	标签操作	其他
L1	C	E0	去掉原来的标签,加上标签L2	…

- 在MPLS域中只依据标签和标签转发表通过转发单元进行转发。

图 9.28 标记交换机对带有标记的分组进行交换

(4) 在输出端的 MPLS 边缘路由器中去掉标记，并将分组传送给终端用户，如图 9.29 所示。

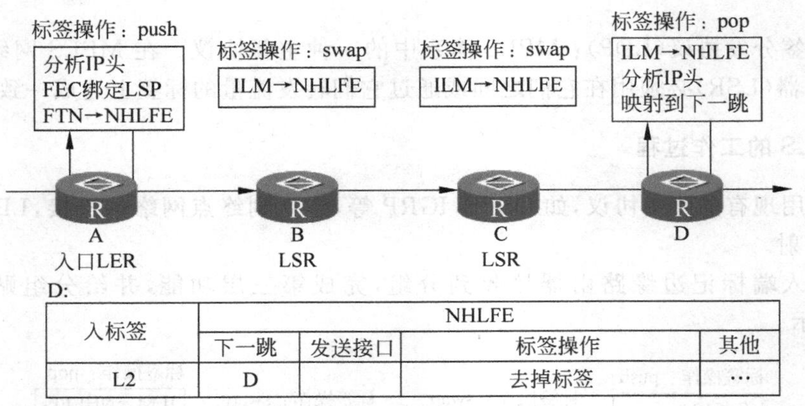

入标签	NHLFE			
	下一跳	发送接口	标签操作	其他
L2	D		去掉标签	…

□ Egress将标签去掉，继续转发。

图 9.29 在输出端的 MPLS 边缘路由器中去掉标记

9.5.3 MPLS 技术的特点

(1) MPLS 在网络中的分组转发是基于定长标签，由此简化了转发机制，使得转发路由器容量很容易扩展到太比特级。

(2) 充分采用原有的 IP 路由，在此基础上加以改进，保证了 MPLS 网络路由具有灵活性的特点。

(3) 采用 ATM 的高效传输交换方式，抛弃了复杂的 ATM 信令，无缝地将 IP 技术的优点融合到硬件转发中。

(4) MPLS 网络的数据传输和路由计算分开，是一种面向连接的传输技术，能够提供有效的 QoS 保证。

(5) MPLS 不但支持多种网络层技术，而且是一种与链路层无关的技术，它同时支持 X.25、帧中继、ATM、PPP、SDH、DWDM 等，保证了多种网络的互联互通，使得各种不同的网络传输技术统一在一个 MPLS 平台上。

(6) MPLS 支持大规模层次化的网络拓扑结构，具有良好的网络扩展性。

(7) MPLS 的标签合并机制支持不同数据流的合并传输。

(8) MPLS 支持流量工程、CoS、QoS 和大规模的虚拟专用网。

9.5.4 MPLS 技术的应用

最初，MPLS 技术结合了二层交换技术和三层路由技术，提高了路由查找速度。但是，随着 ASIC(Application-Specific Integrated Circuit，专用集成电路)技术的发展，路由查找速度已经不成为阻碍网络发展的瓶颈，这使得 MPLS 在提高转发速度方面不具备明显的优势。

但由于 MPLS 结合了 IP 网络强大的三层路由功能和传统二层网络高效的转发机制，在转发平面采用面向连接方式，与现有二层网络转发方式非常相似，这些特点使得 MPLS

能够很容易地实现 IP 与 ATM、帧中继等二层网络的无缝融合，并为 QoS、TE、VPN 等应用提供更好的解决方案。

1. 基于 MPLS 的 VPN

传统的 VPN 一般是通过 GRE、L2TP、PPTP 等隧道协议来实现私有网络间数据流在公网上的传送，LSP 本身就是公网上的隧道，因此，用 MPLS 来实现 VPN 有天然的优势。

基于 MPLS 的 VPN 就是通过 LSP 将私有网络的不同分支连接起来，形成一个统一的网络。基于 MPLS 的 VPN 还支持对不同 VPN 间的互通控制。

图 9.30 是基于 MPLS 的 VPN 的基本结构：CE(Customer Edge，用户边缘设备)可以是路由器，也可以是交换机或主机；PE(Provider Edge，服务商边缘路由器)位于骨干网络。

PE 负责对 VPN 用户进行管理、建立各 PE 间 LSP 连接、同一 VPN 用户各分支间路由分派。PE 间的路由分派通常是用 LDP 或扩展的 BGP 协议实现。

基于 MPLS 的 VPN 支持不同分支间 IP 地址复用，并支持不同 VPN 间互通。与传统的路由相比，VPN 路由中需要增加分支和 VPN 的标识信息，这就需要对 BGP 协议进行扩展，以携带 VPN 路由信息。

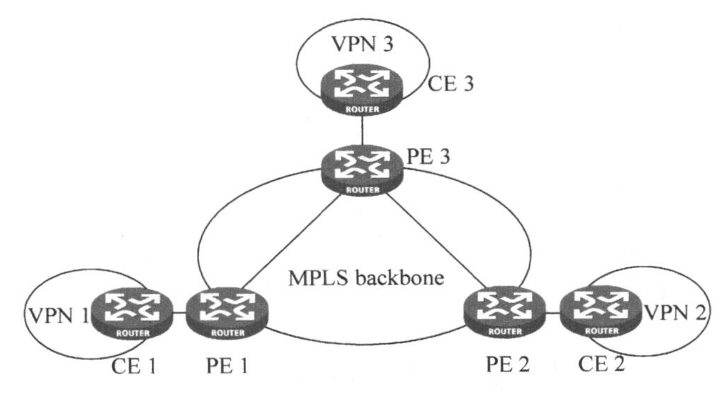

图 9.30 基于 MPLS 的 VPN

2. 基于 MPLS 的流量工程

基于 MPLS 的 TE 和差分服务 Diff-Serv 特性，在保证网络高利用率的同时，可以根据不同数据流的优先级实现差别服务，从而为语音、视频等数据流提供有带宽保证的低延时、低丢包率的服务。

由于全网实施流量工程的难度比较大，因此，在实际的组网方案中往往通过差分服务模型来实施 QoS。

Diff-Serv 的基本机制是在网络边缘，根据业务的服务质量要求将该业务映射到一定的业务类别中，利用 IP 分组中的 DS 字段(由 ToS 域而来)唯一的标记该类业务，然后，骨干网络中的各节点根据该字段对各种业务采取预先设定的服务策略，保证相应的服务质量。

Diff-Serv 的这种对服务质量的分类和 MPLS 的标签分配机制十分相似，事实上，基于 MPLS 的 Diff-Serv 就是通过将 DS 的分配与 MPLS 的标签分配过程结合来实现的。

9.5.5 MPLS 技术存在的问题

MPLS 技术发展十分迅速，仅仅经历三年时间，就已发展成为业界推崇的一种 Internet 新兴技术，充分显示了其强大的技术优势。但是，目前 MPLS 技术在许多方面还存在一些难点，需要认真思考与探讨。

1. 对标签合并功能的支持

标签合并能够有效解决网络标签资源有限的问题，并且便于网络实施流量工程，其代价是 LSR 对 LIB 的维护将更加复杂。如果 LSR 支持标签合并功能，则意味着该节点必须支持多点到点的传输能力，目前改造后的 ATM-LSR 或帧中继-LSR 设备均不支持多点到点的传输方式，并且节点容易在出端口产生信元交织。为解决上述问题，必须要对现有的 ATM-LSR 或帧中继-LSR 进行硬件改造，其实现难度很大，成本高并且难以与传统 ATM/帧中继业务相兼容。

此外，对于 QoS 路由而言，要求网络为特定的业务流分配特定的 LSP，因而不能采用标签合并传输方式。标签合并功能的使用环境以及节点相应的处理操作还有待于 IETFMPLS 工作组的进一步解决。

2. 环路问题

在网络层 IP 报文通过 TTL 超时机制来丢弃报文。但在 L2 层由于 ATM/帧中继硬件并不提供 TTL 功能。因而没有办法来直接丢弃产生环路(Loop)的报文，由于环路的存在，网络拥塞程度不断加剧，它不仅使报文无法到达正确的信宿，甚至有可能导致网络被迫丢弃用于更新路由信息的报文，致使路由寻径变得更加不稳定，延长了环路分组在网络中的驻留时间。

目前 MPD 解决环路问题的主要方法是使用环路检测机制。该机制允许环路在网络中产生，但当网络检测到环路存在时，要求节点立即关闭环路。IETF 当前提出了基于穿线法(Thread)的环路检测机制，由于其算法实现复杂且不完善，因而仍然需要开发更好的环路检测算法以消除环路问题。

3. MPLS 实施区分服务

MPLS 与分类业务的技术优势相结合是当今 Internet 的发展趋势，但是由于 ATM 采用硬件交换的方式，现有方案仅利用 CLP/DE 字段标识特定的分类业务，致使目前 ATM/帧中继链路与分类业务类型(PSC)的对应关系很不明确，这将给 MPLS 实施分类业务带来很大的困难，这一问题需要尽早解决。

4. ATM 交换机对于 CR-LDP 的支持

传统的 ATM 交换机采用了 5 种服务类别标准用以支持特定的 QoS 服务，而受限的标签分配协议(CR-LDP)则以令牌筒参数标识用户要求的流量特性，因而两种 QoS 参数的精确映射将是 CR-LSP 有效支持保证特定 IPQoS 服务的关键。由此可见，经过改造后的 ATM-LSR 对于不同的流量参数、权重取值、业务频率等众多 CR-LDP 受限参数如何在设备内部分配相应的队列及节点资源,用以保证数据的有效传输将是 CR-LDP 首要解决的问题。

5. CR-LDP 与 RSVP 扩展信号的互通问题

采用 RSVP 扩展信令与 CR-LDP 都可以建立支持特定 IPQoS 服务的 LSP 以及实施面向全网的流量工程,但是它们彼此在信令体系结构之间的差别极大。虽然业界普遍看好 CR-LDP,但是为了 MPLS 技术的蓬勃发展以及满足 ISP 的实际需要,解决两种信令之间的互通问题是十分必要的。理想的信令互通模型解决方案的出台将会把 MPLS 技术引入一个更为广泛的应用领域。

习题 9

9.1 地址解析协议的作用是什么?
9.2 IP 协议的功能是什么?
9.3 TCP 协议的主要功能是什么?
9.4 UDP 与 TCP 协议的不同点是什么?
9.5 路由器的结构和功能是怎样的?
9.6 在图 9.5 中,当路由器发出一个 ARP 请求后它将收到几个 ARP 应答? 为什么?
9.7 在你看来,IPv6 将要解决哪些问题?
9.8 简述当一个路由器收到报文后,它对报文进行处理的全部过程。
9.9 网络掩码的作用是什么? 它是如何进行操作的?
9.10 IP 交换机的基本原理是什么? IP 交换机是如何完成 IP 分组交换的?
9.11 GSMP 协议的作用是什么?
9.12 IFMP 协议主要完成哪些功能?
9.13 请简述标记交换在完成一个 IP 分组转送过程中的操作步骤。
9.14 在标记交换中,有哪几种标记分配方式? 简述各方式的操作过程。
9.15 标记交换有哪些性能特点?
9.16 试比较 IP 交换和标记交换技术,简述它们的相同点和不同点。
9.17 MPLS 中,什么是转发等价类? 它有什么作用?
9.18 在 MPLS 网络中,LER 和 LSR 的作用是什么?
9.19 请简述 MPLS 交换的基本原理。

下一代交换技术

10.1 软交换技术

国际软交换协会(International Softswitch Consortium,ISC)对软交换(Softswitch)是这样定义的：软交换是提供呼叫控制功能的软件实体。软交换在下一代网络(Next Generation Network,NGN)中起着重要的作用,可以说,软交换技术的发展成就了NGN。软交换是一种功能实体,为NGN提供具有实时性业务要求的呼叫控制和连接控制功能,是NGN呼叫与控制的核心。

10.1.1 软交换的基本要素

简单地看,软交换是实现传统程控交换机呼叫控制功能的实体,但传统的呼叫控制功能是和业务结合在一起的,不同的业务所需要的呼叫控制功能不同；而软交换则与业务无关,这要求软交换提供的呼叫控制功能是各种业务的基本呼叫控制。软交换要求把呼叫控制功能从媒体网关(传输层)中分离出来,通过软件实现连接控制、翻译和选路、网关管理、呼叫控制、宽带管理等功能,把控制和业务提供分开。软交换提供了在分组交换网中与电路交换相同的功能,因此,软交换也称为呼叫代理或呼叫服务器。原信息产业部对软交换的定义是："软交换是网络演进以及下一代分组网络的核心设备之一,它独立于传输网络,主要完成呼叫控制、资源分配、协议处理、路由认证、带宽管理、计费等功能,同时可向用户提供现有电路交换机所能提供的所有业务,并向第三方提供可编程能力。"其实,软交换技术和原先的电路交换技术并没有什么本质的不同,都是由一个(或者一簇)控制处理机来完成用户管理、业务逻辑、信令分析处理和路由选择等核心功能,然后控制交换组织完成语音通道的连接和建立；不同之处是交换组织由原先的TDM时隙交换网络替换为包/信元交换网络(这也是软交换的由来)。

软交换的业务能力包括：平滑继承公共交换电话网络(Public Switched Telephone Network,PSTN)的语音业务和智能网业务；语音增值业务提供能力更为灵活,且具备支持多媒体业务的能力；业务开发与部署更为灵活、快捷(这是由于业务与呼叫控制分离,呼叫控制与承载传送分离,降低了业务与网络的耦合程度)；提供开放业务接口(API),支持第三方业务的开发和部署能力,极大地丰富了业务和应用。

软交换技术完全符合NGN的发展要求,可以在Internet上实现基本语音、视频以及各种增值业务,并且提供统一的业务平台,实现各种增值业务,使得电信业的业务能力以及网络资源能够有更好的应用和发展。下面介绍软交换技术区别于其他技术的最显著特征,同时也是其核心思想的三个基本要素。

1. 开放的业务生成接口

软交换提供业务的主要方式是通过 API 与“应用服务器”配合,以提供新的综合网络业务。与此同时,为了更好地兼顾现有通信网络,软交换还能够通过 INAP(一般采用 INAP/TCAP/SCCP over M3UA 等)与 IN 中已有的 SCP 配合,以提供传统的智能业务。

2. 综合的设备接入能力

软交换可以支持众多的协议(如 PSTN 中的 SS7、R2、DSS1、INAP 以及 IP 网中的 SIP、H. 248/MGCP、SIP、H. 323 和 BICC 等),以便对各种各样的接入设备进行控制,最大限度地保护原有投资并充分发挥现有通信网络的作用。

3. 基于策略的运行支持系统

软交换按照一定的策略对网络特性进行实时、智能、集中式的调整和干预,以保证整个系统的稳定性和可靠性,它是在基于 IP 的网络上提供电信业务的技术。

10.1.2　软交换的功能

软交换设备位于 NGN 的控制层,提供多种业务的连接控制、路由、网络资源管理、计费、认证等功能。软交换设备与各种媒体网关、终端、应用服务器以及其他软交换设备间采用标准协议相互通信。

软交换既可以作为独立的 NGN 网络部件分布在网络的各处,为所有媒体提供基本业务和补充业务,也可以与其他增强业务节点结合,形成新的产品形态。图 10.1 详细展示了软交换的功能结构。

软交换主要完成以下功能。

(1) 协议功能:提供主持多种信令协议(H. 248、H. 323、SIP、RADIUS、SNMP 等)的接口,实现 PSTN 和 IP 网/ATM 网间的信令互通知和不同网关的互操作。

(2) 业务提供功能:除能处理实时业务外,还具有利用新的网络服务设施提供各种增值业务和补充业务的能力;可以直接与 H. 248 终端、MGCP 终端和 SIP 终端进行连接,提供相应业务。

(3) 业务交换功能:支持业务控制触发的识别以及与 SCP 间的通信;管理呼叫控制功能和 SCP 间的信令;按要求修改呼叫/连接处理功能,在 SCF 控制下处理 IN 业务请求;实现业务交互作用管理。

(4) 呼叫控制功能和资源控制功能:可以为基本呼叫的建立、保持和释放提供控制功能,包括呼叫处理、连接控制、智能呼叫触发检出和资源控制等;可以接收来自业务交换功能的监视请求,并对其中与呼叫相关的事件进行处理;可以接收来自业务交换功能的呼叫控制相关信息,支持呼叫的建立和监视;支持基本的两方呼叫控制功能和多方呼叫控制功能;能够识别媒体网关报告的用户摘机、拨号和挂机事件;控制媒体网关向用户发送各种

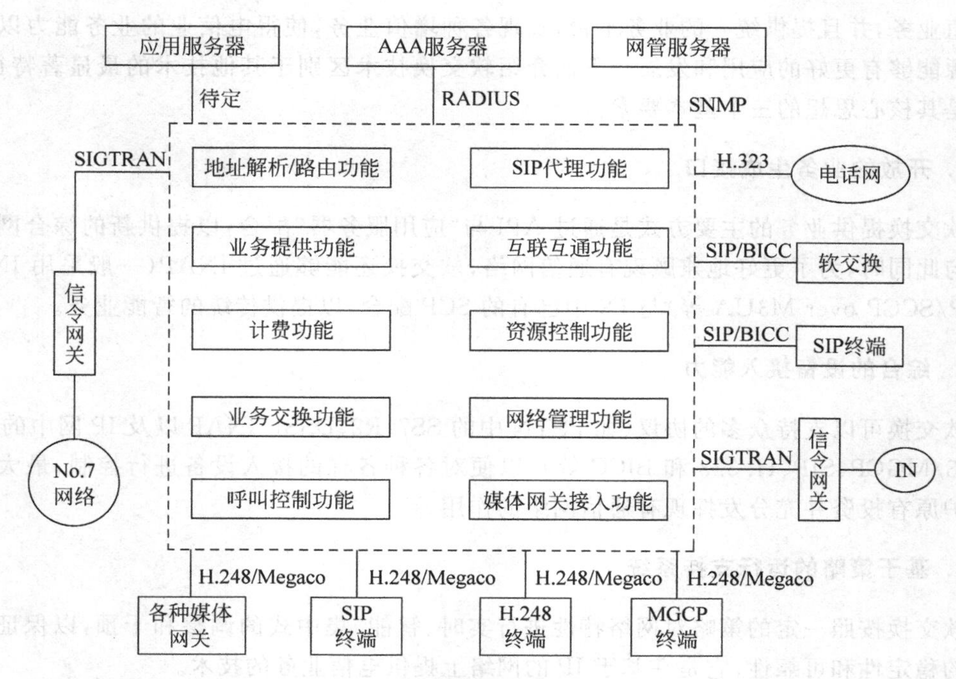

图 10.1 软交换的功能结构

话音信号等；提供满足运营商需求的编号方案；具有电话交换设备的呼叫控制功能；对网关设备或 IP/ATM 网的核心设备进行控制等。

(5) 网守(Gatekeeper)功能(地址解析)：接入认证与授权、地址解析和带宽管理功能。

(6) 网络管理功能：主要包括业务统计和告警等。

(7) 互联互通功能：可以通过信令网关实现分组网与现有 No.7 信令网的互通；通过信令网关与现有智能网互通；允许 SCF 控制 VoIP 呼叫且对呼叫信息进行操作；通过互通模块，采用 H.323 协议实现与现有 H.323 体系的 IP 电话网的互通，采用 SIP 协议实现与未来 SIP 网络体系的互通；与其他软交换设备互联，可以采用 SIP 或 BICC；提供 IP 网内 H.248 终端、SIP 终端和 MGCP 终端之间的互通。当软交换内部不包含信令网关时，软交换能够采用 SS7/IP 协议与外置的信令网关互通，其主要承载协议采用 SCTP。

(8) 计费功能：具有采集详细话单及复式计费功能，并能够按照运营商的需求将话单传送到相应的计费中心；当使用记账卡等业务时，软交换具备实时断线的功能。

(9) 媒体网关接入功能：控制媒体网关是否采用语音压缩，并提供可以选择的语音压缩算法，算法应至少包括 G.729、G.723 等；可以控制媒体网关是否采用回声抵消技术；可以向媒体网关提供语音包缓存区的大小，以减少抖动对语音质量带来的影响。

另外，软交换控制媒体网关还可能具有与移动业务相关的功能以及与数据/多媒体业务相关的功能，SIP 代理功能，以及 H.248 终端、SIP 终端、MGCP 终端的控制和管理功能，No.7 信令(即 MTP 及其应用部分)功能(任选)，H.323 终端控制、管理功能(任选)等。

10.1.3 软交换的参考模型

软交换主要是基于 IP 网、ATM 网等数据通信网。ISC 提出的软交换参考模型如

图 10.2 所示。

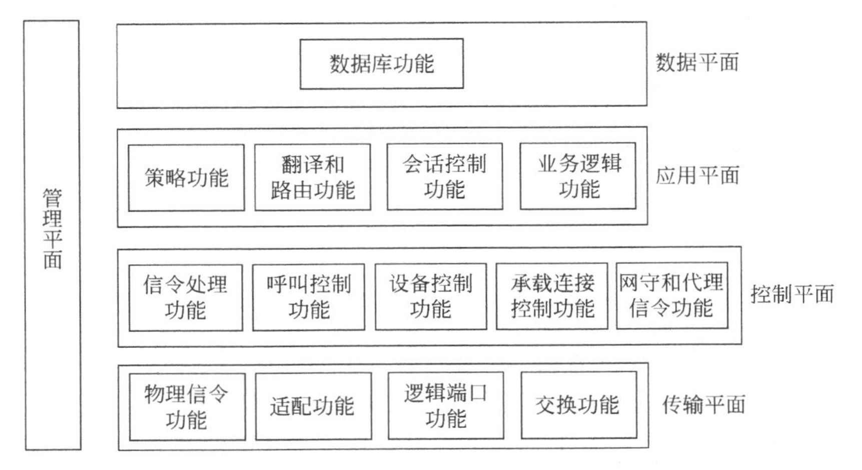

图 10.2 ISC 提出的软交换参考模型(功能平面)

(1) 传输平面：负责语音、视频等具体承载数据的传送，主要功能有交换功能、逻辑端口功能、适配功能和物理信令功能。传输平面与外部的接口采用 TDM 话路或分组链路，包括带内信令。

(2) 控制平面：提供一些控制功能，诸如信令处理功能、设备控制功能、承载连接控制功能、网守和代理信令功能等。控制平面与外界的接口采用 H.323(H.225/H.245)、SIP 和 TCAP(TCAP/SCCP/M3UA/SCTP/IP)等协议及信令。

(3) 应用平面：提供业务和应用控制功能，包括业务逻辑功能、会话控制功能、翻译和路由功能以及策略功能。

(4) 数据平面：提供数据库功能，为计费等功能提供服务。

(5) 管理平面：提供管理功能，包括网络操作和控制、网络鉴权。在管理接口中采用 SNMPv2 和 CMIP 等管理协议。

10.1.4 软交换网关

1. 网管的分类和功能

软交换作为一个开放的实体，与外部的接口必须采用开放的协议。软交换功能是通过网关发出信令，控制语音和数据业务的互通实现的。软交换通过各种具体协议与具体的网络实体通信。软交换的功能实体如图 10.3 所示。媒体网关控制器通常被称为“软交换机 SS”。

(1) 软交换功能实体分类及接口。

① 信令网管(SG)：No.7 信令网与 IP 网的边缘接收和发送信令消息的信令代理，主要完成信令消息的中继、翻译和终结处理。信令网关可以和媒体网关集成在一个物理实体中，处理由媒体网关功能控制的与线路或中继终端有关的信令消息。

② 网守(GK)：主要完成用户认证、地址解析、带宽管理、计费等功能。可通过 RAS(注册(Registration)、许可(Admission)和状态(Status))信令来完成终端与网守之间的登记注

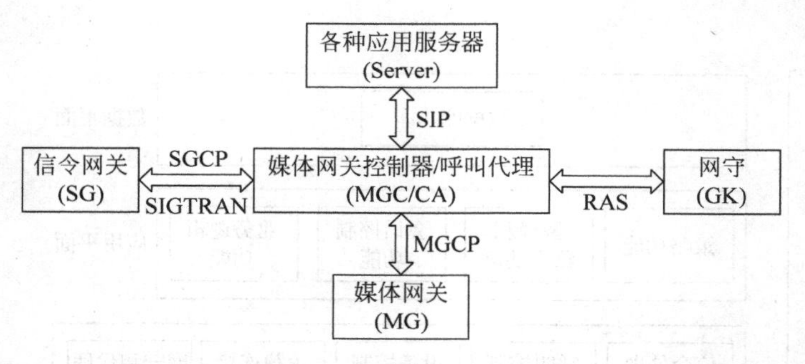

图 10.3 软交换的功能实体

册、授权许可、带宽改变、状态和脱离解除等过程。实际上，网守是 H.323 系统中的功能实体，它控制一个或多个网关，引导两种不同网络之间语音电路的建立与分离。

③ 应用服务器(Server)：在 IP 网内向用户提供多种智能业务和增值业务。目前国际上 Softswitch 论坛将应用服务器置于软交换之外。软交换仅完成业务的控制功能。需要说明的是，一些组成单元可以内置，也可以外置于软交换体系。电信厂家多将传统业务综合在软交换之内，而将新的业务由应用服务器来生成。

④ 媒体网关控制器/呼叫代理(MGC/CA)：负责控制 IP 网络的连接(包括呼叫控制功能)。MGC/CA 是软交换的重要组成部分和功能实现部分。其中，MGC 是 H.248 协议关于 MG 媒体通道中呼叫连接状态的控制部分，可以通过 H.248 协议或媒体网关控制协议(MGCP)、媒体设备控制协议(MDCP)对 MG 进行控制，MGC/CA 之间通过 H.323 或者 SIP 协议连接。

⑤ 媒体网关(MG)：用来处理电路交换网和 IP 网的媒体信息互通。在 H.248 协议中，MG 实体完成不同网络间不同媒体信息的转换。H.323 协议中相似的功能实体是 MM (Media Manager)，它在 MG 或其他网关中负责将电路交换媒体(PCM 流等)转换成 H.323 媒体(RTP/RTCP)。信令网关负责将电路交换网的信令转换成 IP 网的信令，根据相应的信令生成 IP 网的控制信令，在 IP 网中传输。媒体网关的作用主要是负责将各种用户或网络的媒体流综合地接入到 IP 核心网中。媒体网关包括中继网关、接入网关、住户网关等，设备本身并没有明确的分类。任何一类媒体网关都将遵循开放的原则并具体实现某一类或几类媒体转换和接入功能，接受软交换的统一管理和控制。按照设备在网络中的位置及主要作用的不同，媒体网关可分为以下几类。

- 中继网关(TG)：主要针对传统的 PSTN/ISDN 中 C4 或 C5 交换局媒体流的汇接接入，将其接入到 ATM 或 IP 网络，实现 VoATM 或 VoIP 功能。
- 接入网关(AG)：负责各种用户或接入网的综合接入，如直接将 PSTN/ISDN 用户、以太网用户、ADSL 用户或 V5 用户接入。这类接入网关一般放置在靠近用户的端局，同时它还具有拨号 Modem 数据业务分流的功能。
- 驻地网关(RG)：从目前的情况看，放置在用户住宅小区或企业的媒体网关主要解决用户语音和数据(主要指 Internet 数据)的综合接入，未来可能还会解决视频业务的接入。

⑥ 媒体网关与软交换间的接口：可以使用媒体网关控制协议(Media Gateway Control

Protocol,MGCP)、IP 设备控制(Internet Protocol Device Control,IPDC)协议或 H.248(Megaco)协议。

⑦ 信令网关与软交换间的接口:可使用信令控制传输协议(Signalling Control Protocol,SCTP)或其他类似协议。

⑧ 软交换间的接口:实现不同软交换间的交互。此接口可使用 SIP-T 或 H.323 协议。

⑨ 软交换与应用/业务层之间的接口:提供访问各种数据库、三方应用平台、各种功能服务器等的接口,实现对各种增值业务、管理业务和三方应用的支持。

⑩ 软交换与应用服务器间的接口:可使用 SIP 协议或 API(Parlay),提供对三方应用和各种增值业务的支持功能。

⑪ 软交换与网关中心间的接口:可使用 SNMP,实现网络管理。

⑫ 软交换与智能网的 SCP 之间的接口:可使用 INAP,实现对现有智能网业务的支持。

(2) 网管功能。IETF 的 RFC2719 给出了网关的总体模型,将网关的特征分为三个功能实体:MG 功能(MGF)、MGC 功能(MGCF)和 SG 功能(SGF),如图 10.4 所示。

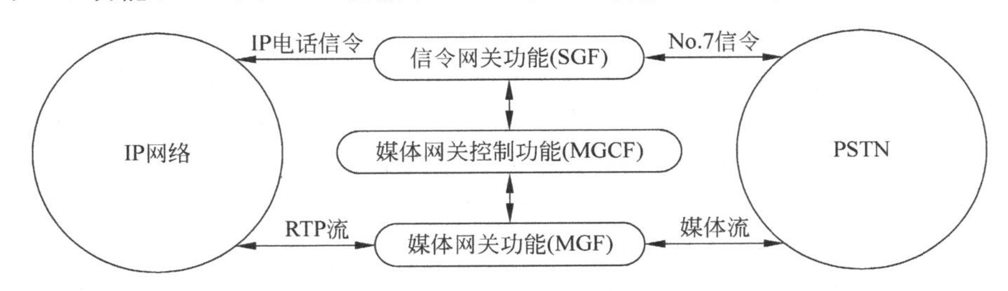

图 10.4 分离的网关功能实体

① MG 功能。MGF 在物理上一端接于 PSTN 电路,另一端则是作为 IP 网络路由器所连接的终端。媒体网关的主要功能是将一种网络中的比特流转换为另一种网络中的比特流,并且在传输层和应用层都需要进行这种转换。在传输层,一方面要实现 PSTN 网络侧的复用功能,另一方面还要实现 IP 网络侧的解复用功能。这是因为在 PSTN 网络中,多个语音通路是以时分复用机制(TDM)复用为一个帧的,而 IP 网则将语音通路封装在实时传输协议(RTP)的净负荷中。在应用层,PSTN 和 IP 网络的语音编码机制不同,PSTN 网络主要采用 G.711 编码,而 IP 网络采用语音压缩编码以减少每个话路占用的带宽。这就导致了两个结果:语音质量的降低和时延的增加。因此,媒体网关除了利用 IP 网络中提供的用来提高 QoS 的技术外,还具有支持 IP 网流量旁路或其他增强功能,如播放提示音、收集数字和统计等。实际上,这些增强功能还可以进一步被旁路到一个专用的设备中。

- MGF 通过 MGCP 或 H.248/MEGACO 和 MGCF 通信。MGF 和 MGCF 的通信是主从关系(MGCF 为主,MGF 为从)。
- MGF 具有媒体处理功能,如媒体编码转换、媒体分组打包、回声消除、抖动缓冲管理、分组丢失补偿等。
- MGF 能执行媒体插入功能,如呼叫进程中的提示音产生、DTMF 生成、证实音生成、语音检测等。
- MGF 能处理信令和媒体时间检测功能,如 DTMF 检测、摘挂机检测、语音动作检测等。

- MGF 管理位于本设备上的上述功能实体需求的媒体处理资源。
- MGF 具有数字分析的能力(基于从 MGCF 下载的数字地图)。
- MGF 向 MGCF 提供一种审计端点状态和能力的机制。
- MGF 不需要保持经过的多个呼叫的状态,仅需要维护它所支持的呼叫连接状态。

② SG 功能。SGF 负责网络的信令处理,如它可以将 No.7 信令的 ISUP 消息转换为 H.323 网络中的相应消息。信令网关一方面通过 IP 协议和媒体网关控制器(MGC)进行通信,另一方面通过 No.7 和 PSTN 进行通信。根据应用模型的不同,信令网关的作用也有所不同。在中继网关应用模型中,信令网关的作用仅仅是将信令以隧道的方式传送到媒体网关控制器中,由后者进行信令的转换。

国际软交换协会(ISC)的参考模型中定义了信令网关功能(SGF)和接入网关信令功能(AGSF)。信令网关就是 SGF 和 AGSF 的物理实现,提供 No.7 信令网络和分组语音网络之间的接口,能将 No.7 信令协议转换为 IP 协议传送到软交换中。信令网关的典型部署有 No.7 信令网关和 IP 信令网关。

No.7 信令网关:用与中转 No.7 信令协议的高层(ISUP、SCCP、TCAP)跨越 IP 网络。No.7 信令网关终端来自一个或者更多 PSTN 网络的 No.7 信令消息传输协议,并通过基于 IP 的信令传输协议(如 SCTP)中转 No.7 高层协议到一个或更多的基于 IP 的网络组件(如软交换机)。通常,No.7 信令网关只提供有限的路由能力,完整的路由能力由软交换机或者特殊协议设备(H.323 关守或者 SIP 代理)提供。

IP 信令网关:在两种情况下提供 IP 到 IP 的信令转化。首先出于安全原因,如不暴露在信令消息内服务商的互联网 IP 地址,IP 信令网关可以看作是部署在分组网络间的应用层网关(ALG)。在这种情况下,应用层特指协议堆栈的应用层协议(如 SIP 或者 H.323)。IP 信令网关也提供网络地址转换(NAT)能力,当数据包穿过网络边界时,在传输层把公共 IP 地址(如 SCTP)转化为私有地址,即在不具有完全信令能力的分组网络之间,通过在网络边界上设置协议转换器来实现较小程度的网间互通的情况。例如,一个基于 H.323 的网络能通过一个 IP 信令网关和一个基于 SIP 的网络互通,然而,更加可能的情况是由软交换来提供信令协议转换能力。

最初的工业设计是将信令网关功能内置于软交换内部。这样,从信令的角度看,每个软交换都是一个信令端点(SEP),通过直接方式与其他软交换以及 PSTN/ISDN 中的信令点建立信令联系。这种结构方式中要求各信令点两两相连,即网形网连接方式,显然很不经济,尤其是它不能适合大规模网络的应用。

因此,一个自然的想法就是仿照现有 No.7 信令网的结构,在分组网中引入信令转接点(STP),也就是独立的信令网关。它和 PSTN/ISDN 中的信令点相连,并和各个软交换相连,负责信令消息在两类不同网络之间的转接,其信令传送方式为准直联方式,如图 10.5 所示。

和常规 STP 不同的是,由于涉及两类不同网络中的信令转接,因此除了转接寻址和路由功能外,还需要交换底层传送协议。如果分组网络为 ATM 网络,则经由信令 ATM 适配层(SALL)适配后拆装成信元进行传送。如果分组网络是 IP 网络,则采用 IETE SIGTRAN 工作组定义的流控制传送协议(SCTP)进行传送。当然,信令网关也可以在 PSTN/ISDN 中用作独立的 STP。

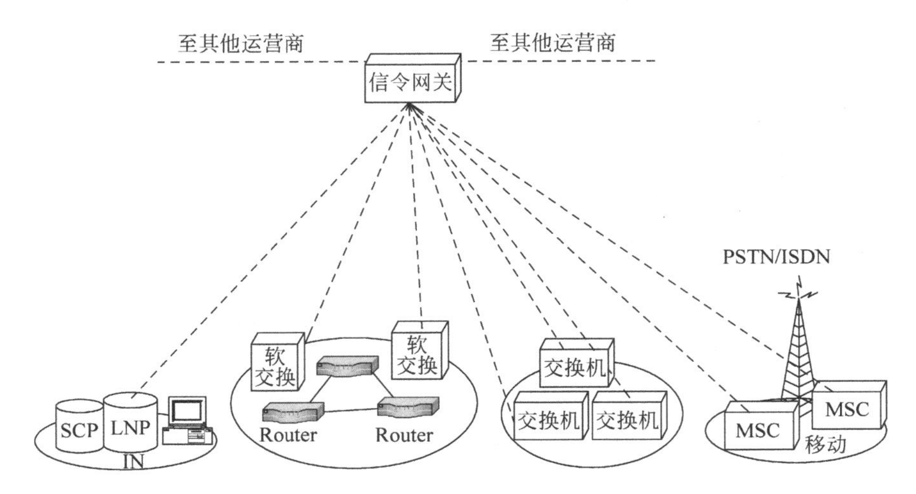

图 10.5 采用信令网关的准直联信令传送方式

引入信令网关的根本原因是市场发展的需要。随着信息源的高速增长和信息获取技术的大力发展，通信网络用户特别是移动网用户迅速增加，每个用户的呼叫次数也不断增加；新的增值业务不断出现，需要更多的网络智能及相应的控制信令；此外，网络优化后层次精简，节点容量普遍加大，电信市场开放必然使运营网络日益增多，网络互通业务大量上升，这些都要求在信令网中装备大容量、可扩展、功能增强的 STP 和信令网关。

图 10.6 是一个信令网关的功能实现结构示例。信令消息处理和全局名翻译器分别完成 No.7 信令的 MTP-3 和 SCCP 功能，TDM 接口完成底层 MTP 功能，No.7 Over IP 功能支持与 IP 网络互通的信令网关功能。号码可携带(NP)服务器是一个增强功能模块，可根据用户需要选用。所有模块由高速 ATM 内部总线相连。

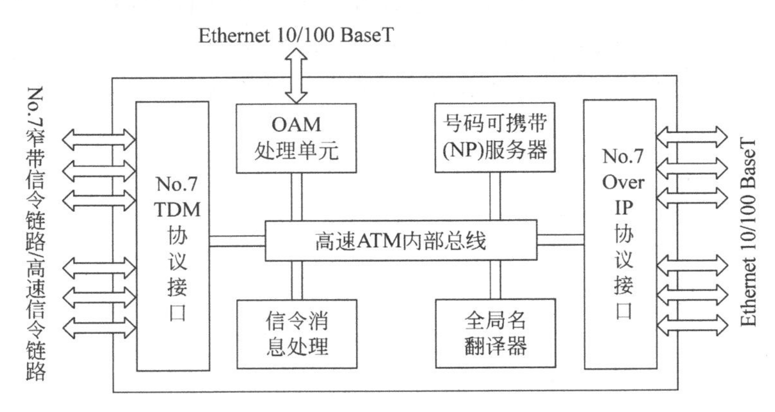

图 10.6 信令网关的功能实现结构示例

(3) MGC 功能。MGCF 控制整个网络，监视各种资源并控制所有连接，负责用户认证和网络安全；媒体网关控制器功能发起和终止所有的信令控制。实际上，媒体网关控制器功能主要进行信令网关功能的信令翻译。在很多情况下，媒体网关控制器功能和信令网关功能集成在同一个设备中。

2. 网关应用

基于网关的软交换网络互通结构如图 10.7 所示。

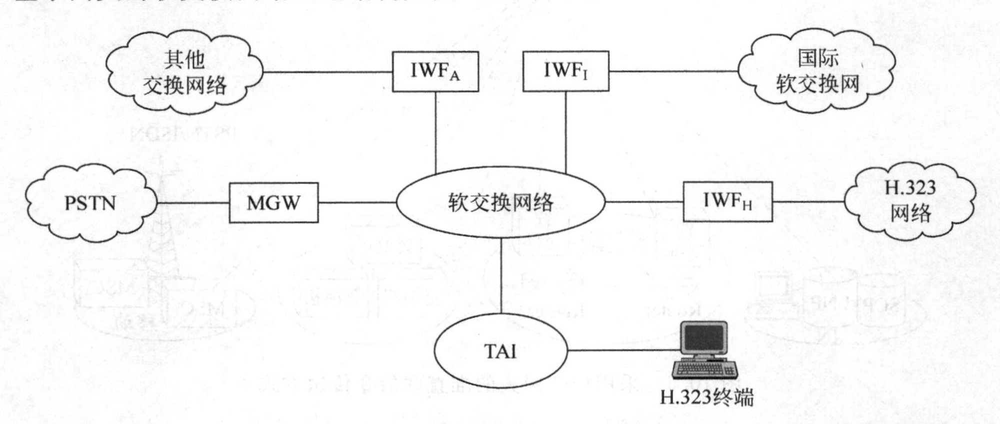

图 10.7 软交换网络互通结构

媒体网关(MGW)支持基于分组技术的软交换网络和电路交换的一般电话交换网络(PSTN)的互通。网间互通单元(IWF_H)支持软交换网络和异质网络的网间互通，目前指的是与 H.323 网络的互通。域间互通单元(IWF_A/IWF_I)支持不同软交换网络之间的互通。其中 IWF_A 为国内不同软交换网络运营域的互通单元；IWF_I 为国外不同软交换网络运营域的国际互通单元。软交换网络也能支持 H.323 终端的直接接入，而不必经由 H.323 网络才能与软交换网络通信。终端适配接口(TAI)用于适配该类终端的接入，包括接入协议的转换以及用户登记和认证。

根据所需要的功能和使用位置的不同，NGN 中将存在不同的网关组织类型。H.248/Megaco 协议用于 MGC 对 MG 的控制。MGC 和 SG 之间的接口协议能够在 IP 网络中传输 No.7 信令，如 IETF 的信令传输组(SIGTRAN)制定的 SCTP 协议。图 10.8 是根据网关功能分离建立的网络体系结构。

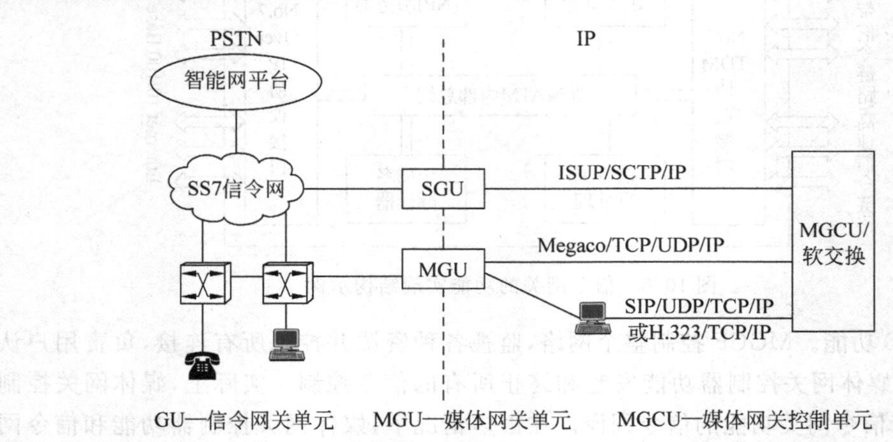

图 10.8 PSTN 和 IP 网络互连的体系结构

(1) 中继网关的应用。中继网关(TG)将长途交换机连接到IP路由器,应该有No.7信令接口,并且能够管理大量的连接(PSTN侧的64kb/s链路和IP侧的RTP流)。TG的用途是利用IP网络的分组媒体流传送来替代PSTN的长途中继链路,实现"电话到电话的呼叫"。

图10.9为利用中继媒体网关替代汇接局的中继应用情况。图10.9中软交换替代了传统的PSTN的长途/汇接交换机,信令网关进行No.7信令和基于SIGTRAN的IP信令协议的转换与传输,中继媒体网关则在MGC的控制下完成PSTN到IP再到PSTN的媒体中继汇接连接。

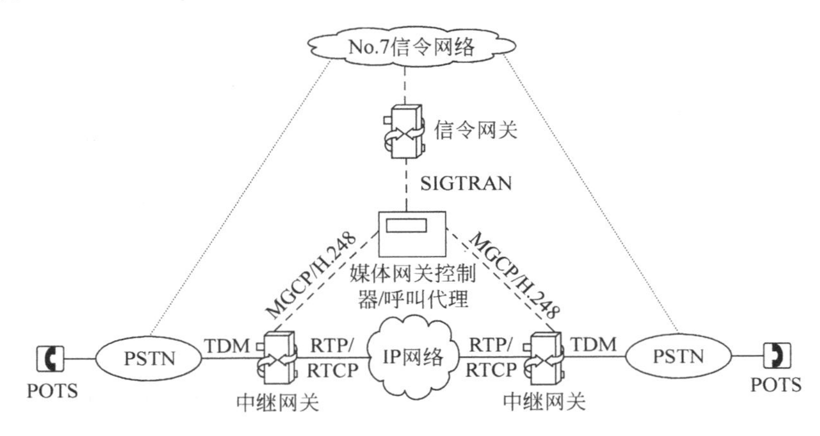

图10.9 媒体网关的中继应用情况

(2) 接入网关的应用。接入网关通过接入接口(如UNI)将电话连接到IP路由器,用来支持"计算机到电话"或者"电话到计算机"以及"电话到电话"的呼叫。例如,网络接入服务器(NAS)可以通过ISDN接口将长途交换机和IP路由器连接在一起。用户驻地媒体网关能将模拟电话连接到IP路由器。

图10.10为各种接入网络(V5、GR303和ISDN等)通过软交换连接到PSTN的情形。接入网关(AG)通过V5/GR303/ISDN协议和接入网完成信令交互功能。对于V5或者ISDN,接入网关将终接其物理连接,并将信令消息通过SIGTRAN协议(V5UA或IUA)传送到MGC;对于GR303,则接入网关直接终接信令消息,并将其转换为适当的MGCP或H.248/Megaco事件传送到MGC。同时也对来自接入网的语音媒体流进行分组和码型转换并以RTP消息格式发送到TG。TG再将分组化的语音媒体流转换为PCM语音,然后通过电路交换中继模式发送到PSTN。

同样,无线接入网络(RAN)可以通过无线接入媒体网关接入到核心网络。

(3) 用户驻地网关的应用。

① POTS电话。用户驻地网关支持的用户数目较少,且位于离用户较近的地方。用户驻地网关的目的是为了扩大IP网络的使用。

图10.11为通过IP网络将模拟电话业务(POTS)连接到PSTN的情况。POTS电话首先连接到驻地网关(RG),RG完成用户环路信令功能,并通过MGCP或H.248/Megaco协议将信令传送到MGC,MGC在SG的帮助下实现和PSTN的呼叫连接,最后RG将模拟语音媒体流数字化、分组化(RTP格式)后传送到中继网关进入PSTN网络。

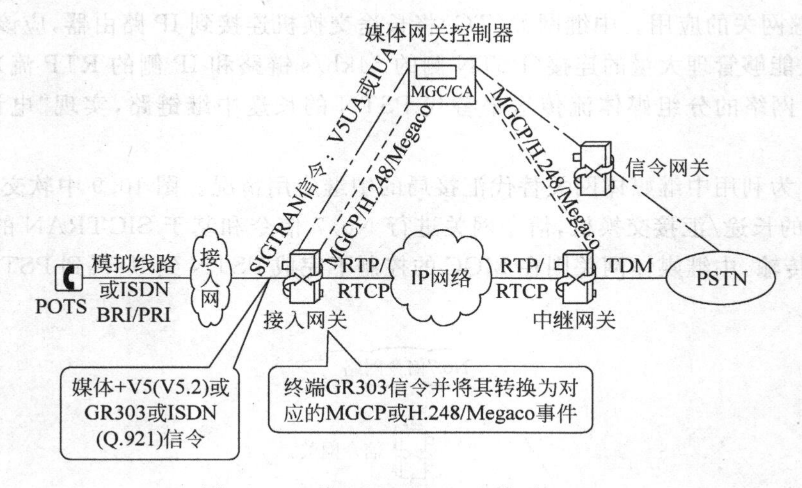

图 10.10 接入网通过 IP 连接到 PSTN

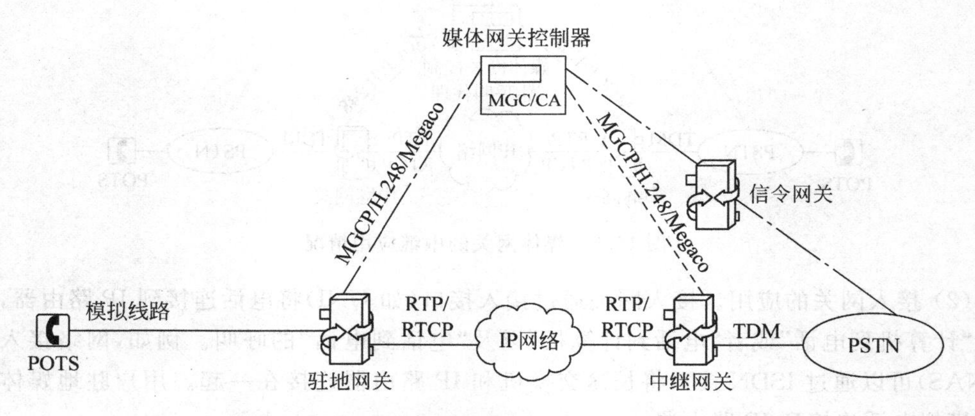

图 10.11 通过 IP 网络实现 POTS 电话之间的通信

② 电缆网络。图 10.12 是利用电缆接入网络实现 VoIP 网络的例子。位于用户边的电缆调制解调器有一个嵌入式的多媒体终端适配器(MTA)，该 MTA 连接 POTS 电话和任何基于以太网的设备，完成 AG/RG 的功能。MTA 也可以和电缆调制解调器分离，但需要通过以太网相互连接。MTA 终接来自/去往 POTS 电话的用户环路信令，并通过 CMTS 和 MGC 进行信令交互(利用 NCS 或 SIP 协议，其中网络控制信令协议 NCS 是 MGCP 的修正协议)；MGC 通过信令网关和 PSTN 进行信令交互。另外，MTA 也终接来自 POTS 电话的模拟语音，将其数字化、分组化后承载在 RTP 上并通过 CM/CMTS 电缆网络发送到中继网关。这里，MGC 通过 TGCP 协议(MGCP 的修正协议)控制 TG。

为了能够和分组电缆(Packet Cable)系统完全兼容，MGC 必须通过 COPS 协议和 CMTS 进行信令交互。

为了保证电缆网络的 QoS，MGC 可以通过动态 QoS(DQOS)和 COPS 协议与 CMTS 通信。

③ VoDSL 和 IAD。图 10.13 是利用 DSL 接入网络实现 VoIP 网络的例子。位于用户边的综合接入设备(IAD)(又称接入网关/住户网关/异步用户环路终端单元)连接 POTS 电

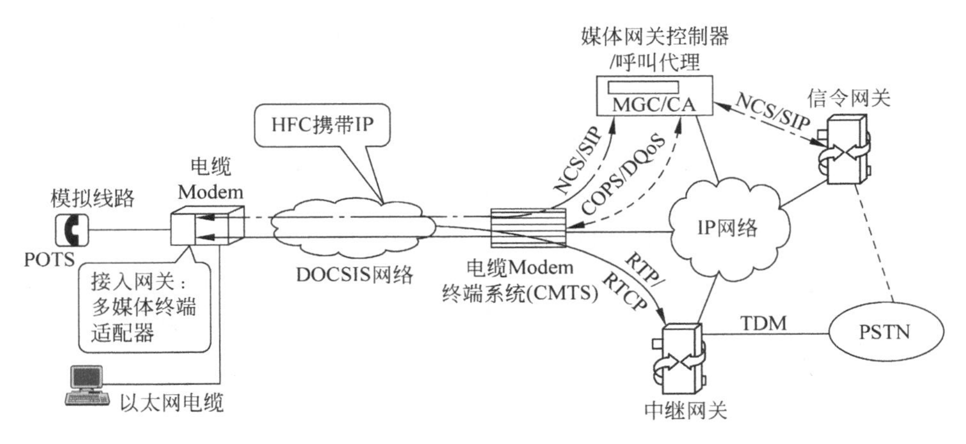

图 10.12　利用电缆接入网络实现 VoIP 网络

话或任何以太网设备，完成用户环路信令功能，通过 DSLAM 和 MGC 以 MGCP 或 H.248/Megaco 协议方式进行信令交互；MGC 通过信令网关和 PSTN 进行信令交互。另外，IAD 也完成来自 POTS 电话的语音媒体流的数字化和分组化，并将其通过 DSLAM 以 RTP 消息格式传送到中继网关。

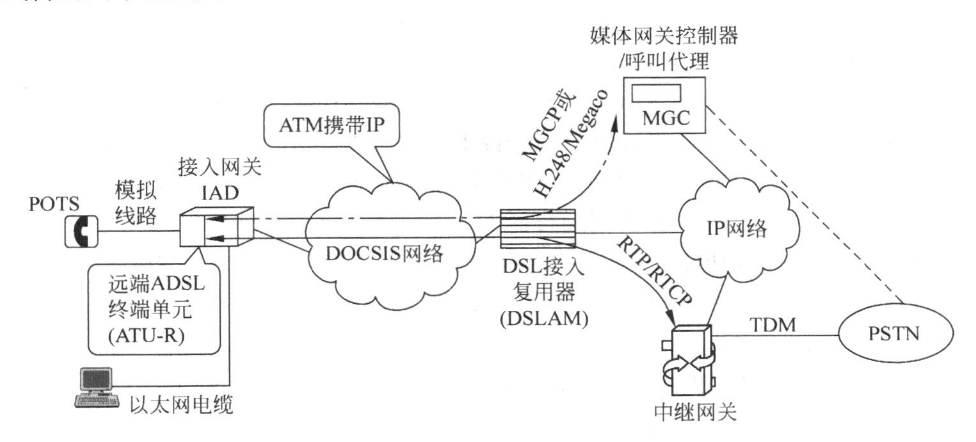

图 10.13　利用 DSL 接入网络实现 VoIP 网络

10.1.5　软交换协议

软交换是一个开放的、多协议的实体，由于历史原因，NGN 系列协议有些相互补充，有些则相互竞争。经过几年的发展，软交换一些老的协议在不断地完善成熟或退出，新的协议也在不断推出。

1. 软交换互通协议

软交换包含非对等和对等两类协议。非对等协议主要指媒体网关控制协议 H.248/Megaco；对等协议包括 SIP、H.323、BICC 等。H.248/Megaco 与其他协议配合可完成各种 NGN 业务；SIP、H.323 则存在竞争关系。由于 SIP 具有简单、通用、易于扩展等特性，逐渐发展成为主流协议。图 10.14 所示为软交换协议之间的关系。下面介绍一些相关的协议。

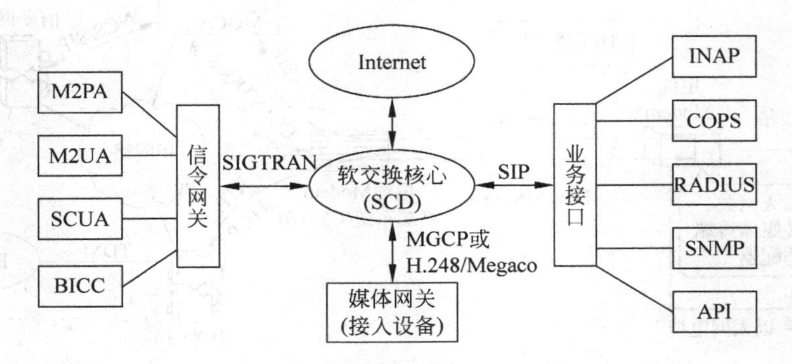

图 10.14 软交换协议之间的关系

(1) MGCP(RFC2705 定义)称为媒体网关控制协议,是 IETF 较早定义的媒体网关控制协议,主要从功能的角度定义媒体网关控制器和媒体网关之间的行为。MGCP 命令分成连接处理和端点处理两类,共 9 条命令,分别是端点配置(Endpoint Configuration)、通报请求(Notification Request)、通报(Notify)、创建连接(Creat Connection)、通报连接(Notify Connection)、删除连接(Delete Connection)、审核端点(Audit Endpoint)、审核连接(Audit Connection)、重启进程(Restart InProgress)。

(2) H.248/Megaco 是在 MGCP 协议的基础上,结合其他媒体网关控制协议特点发展而成的一种协议,它提供控制媒体的建立、修改和释放机制,同时也可携带某些随路呼叫信令,支持传统网络终端呼叫。该协议应用在媒体网关和软交换之间、软交换与 H.248/Megaco 终端之间,在构建开放和多网融合的 NGN 中发挥着重要作用。

H.248/Megaco 因其功能灵活、支持业务能力强而受到重视,而且不断有新的附件补充其能力,是目前媒体网关和软交换之间的主流协议。目前国内通信标准推荐软交换和媒体网关之间应用 H.248 协议,该协议共 8 条命令,分别是添加(Add)、减去(Subtract)、移动(Move)、修改(Modify)、审核值(Audit Value)、审核能力(Audit Capabilities)、通知(Notify)、业务改变(Service Change)。

(3) SIP(会话初始协议)是 IETF 制定的多媒体通信系统框架协议之一,它是一个基于文本的应用层控制协议,独立于与底层协议,用于建立、修改和终止 IP 网上的双方或多方多媒体会话。SIP 借鉴了 HTTP、SMTP 等协议,支持代理、重定向、登记定位用户等功能,支持移动用户,与 RTP/RTCP、SDP、RTSP、DNS 等协议配合,支持 Voice、Video、Data、E-mail、Presence、IM、Chat、Game 等。

(4) SIP-T 协议补充定义了如何利用 SIP 协议传送电话网络信令,特别是 ISUP 信令的机制。其用途是支持 PSTN/ISDN 与 IP 网络的互通,在软交换系统之间的网络接口中使用。目前 IP 电话网络的主要应用环境是 PSTN-IP-PSTN,即 IP 中继应用。对于 ISDN 呼叫来说,主叫侧和被叫侧常需要通过信令来交换信息,以支持终端兼容性检测或补充业务,有时还要求利用 No.7 信令在主被叫之间透明传送信息。这就要求 ISUP 信令在通过 IP 网络时保持消息的完整性。SIP-T 采用的方法是将 ISUP 消息完整的封装在 SIP 消息体中。当边缘软交换系统通过信令网关收到 ISUP 消息时,经过消息分析将相关参数映射为 SIP

消息的对应头部域，同时将整个消息封装到 SIP 消息体中，到达对端边缘软交换系统后，再将其拆封转送至被叫侧 ISDN。虽然，SIP-T 只对 IP 中继应用有意义，但是由于发送端软交换系统并不知道接收方是 ISDN 还是 IP 终端，因此即使对于电话至 PC 类型通信，也有必要采用 SIP-T 协议。

(5) 随着数据网络和语音网络的集成，融合的业务越来越多，PSTN-64kb/s、N×64kb/s 的承载能力局限性太大，分组承载网络除 IP 网络外还有 ATM 网络，但 IP 分组网不具备运营级质量，为了在扩展的承载网络上实现 PSTN、ISDN 业务，就制定了 BICC(Bearer Independent Call Control)协议。

BICC 协议解决了呼叫控制和承载控制分离的问题，使呼叫控制信令可在各种网络上承载，包括 MTP-SS7 网络、ATM 网络、IP 网络。BICC 协议由 ISUP 演变而来，是传统电信网络向综合多业务网络演进的重要支撑工具。

BICC 协议正由 CS1(能力集 1)向 CS2、CS3 发展。CS1 支持呼叫控制信令在 MTP-SS7、ATM 上的承载，CS2 增加了在 IP 网上的承载，CS3 则关注 MPLS、IP、QoS 等承载应用质量以及与 SIP 的互通问题。

BICC 协议提供支持独立于承载技术和信令传送技术的窄带 ISDN 业务。BICC 协议属于应用层控制协议，可用于建立、修改、终接呼叫。BICC 协议基于 N-ISUP 信令，沿用 ISUP 中的相关消息，并利用 ATM(Application Transport Mechanism)传送 BICC 特定的承载控制信息，因此可以承载全方位的 PSTN/ISDN 业务。呼叫与承载的分离，使得异种承载的网络之间的业务互通变得十分简单，只需要完成承载级的互通，业务不用进行任何修改。软交换设备之间可以采用 BICC 来实现协议互通。

目前 BICC 协议可使用的信令传送转换层包括 MTP3/MTP3B、SCTP 等。BICC 协议丢弃了窄带信令和宽带信令应用层互通的传统方法，采用呼叫信令和承载信令分离的思路，承载控制协议则根据承载类型的不同，可分为 DSS2、AAL2 信令、B-ISUP 或 IP 控制协议。

BICC 的思想和 SIP-T 的相同，都是将窄带 ISUP 信令信息透明的从入口网关传送到出口网关，但是具体实现方法不同。BICC 是直接用 ISUP 作为 IP 网络中的呼叫控制消息，在其中透明传送承载控制信息；而 SIP-T 仍然是用 SIP 作为呼叫和承载控制协议，在其中透明传送 ISUP 消息。显然，BICC 并不是用于 SIP 体系的，它只可能与 H.323 网络配用，因此 IP 终端或网关和网守之间采用 H.225.0 协议，网守之间采用 BICC 协议。ISDN 用户网络接口采用 Q.931 信令，交换机间的网络接口采用 ISUP 信令。

(6) H.323 是一套在分组网上提供实时音频、视频和数据通信的标准，是 ITU-T 制定的在各种网络上提供多媒体通信的系列协议 H.32x 的一部分。H.323 也是多媒体通信协议，它比 SIP、H.248/Megaco 协议的发展历史更长，其升级和扩展性不是很好。SIP＋H.248/Megaco 协议可取代 H.323 协议，但为了与 H.323 网络互通，NGN 必须支持该项协议。

在软交换之间互通协议方面，目前固定网络中应用较多的是 SIP-T，移动网络中应用较多的是 BICC，未来的发展方向是 SIP-I；在软交换与媒体网关之间的控制协议方面，MGCP 较成熟，但 H.248 继承了 MGCP 的所有优点，有取代 MGCP 的趋势；在软交换与终端之间的控制协议方面，SIP 是趋势，软交换与应用服务器之间，SIP 是主流，目前此业务接口基本成熟；在应用服务器与第三方业务方面，Parlay 是方向，但目前商用不成熟。

SIP 是 NGN 多媒体通信协议，用于软交换、SIP 服务器和 SIP 终端之间的通信控制和信息交互，扩展的 SIP-T 可使 SIP 消息携带 ISUP 信令；在需要媒体转换的地方可设置媒体网关，H.248/Megaco 为媒体网关控制器(MGC)的协议，用于控制媒体网关，完成媒体转换功能，它并不负责呼叫控制功能；BICC 可使 ISUP 协议在不同承载网络(ATM、IP、PSTN)上传送。

2. 信令网关协议

SIGTRAN 是 IETF 的一个工作组，其任务是建立一套在 IP 网络上传送 PSTN 信令的协议。SIGTRAN 是实现用 IP 网络传送电路交换网信令消息的协议栈，它利用标准的 IP 传送协议作为底层传输，通过增加自身功能来满足信令传送的要求。如图 10.15 所示，SIGTRAN 协议栈包括三部分：信令适配层、信令传输层和 IP 协议层。信令适配层用于支持特定的原语和通用的信令传输协议，包括针对 No.7 信令的 M3UA、M2UA、M2PA、SUA 和 IUA 等协议，还包括针对 V5 协议的 V5UA 等。信令传输层支持信令传送所需的一组通用的可靠传送功能，主要指 SCTP 协议。IP 协议层实现标准的 IP 传送协议。

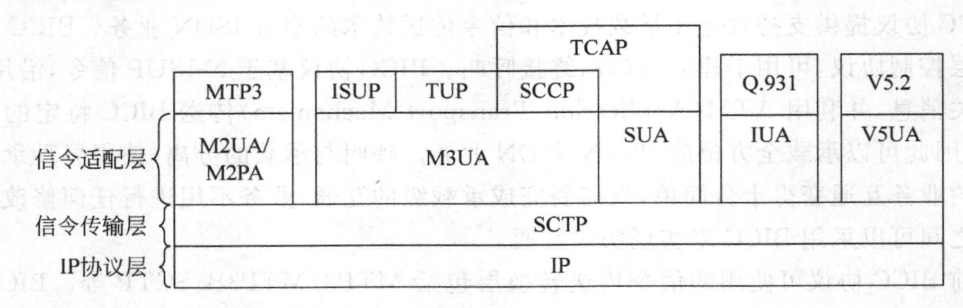

图 10.15 SIGTRAN 协议栈组成示意图

通过 SIGTRAN，可在信令网关单元和媒体网关控制器单元之间(SG—MGC)、媒体网关单元和媒体网关控制器单元之间(MG—MGC)、分布式媒体网关控制单元之间(MGC—MGC)以及电路交换网的信令点或信令转接点所连接的两个信令网关之间(SG—SG)传送电路交换网的信令(主要指 No.7 信令)。

SIGTRAN 的主要功能是完成 No.7 信令在 IP 网络层的封装，支持的应用包括用于连接控制的 No.7 信令应用(如用于 VoIP 的应用业务)和用于无连接控制的 No.7 信令应用，解决 No.7 信令网与 IP 网实体相互跨界访问的需要。

在 IP 网的基础上，SIGTRAN 提供透明的信令消息传送功能，包括：传送各种不同类型的协议；确认正在传输何种电路交换网协议；提供公用基础协议，定义头格式、安全性外延和信令传输过程，在需要增加专业电路交换网协议时实现必要的外延；与下层 IP 结合，提供电路交换网下层应有的相关功能(包括流量控制)，保证控制流内有序地传输信令消息，对信令消息的源点和目的点进行逻辑判断，对信令消息控制的物理接口进行逻辑判断、差错检测、恢复传送路径中的故障部分，检测对等实体是否可用等；在一个 SIGTRAN 的上层支持多个电路交换网协议，避免在另一个控制流出现传送错误时中断当前控制流的传送。需要时，允许信令网关向不同的目标端口发送不同的控制流；可以传送被下层电路交换网分割或重组的消息单元；提供一种合适的安全机制，保护物理中传送的信令消息；通过对信令生成(包括电路交换网信令生成)的适当控制和对拥塞的反应策略,避免 Internet 拥塞。

SIGTRAN 支持的主要协议如下。

(1) SCTP 是流控制传送协议,用于在 IP 网络上可靠地传输 PSTN 信令,可替代 TCP、UDP 协议。TCP 为单向流,且不提供多个 IP 连接,安全方面也受到限制;UDP 不可靠,不提供顺序控制和连接确认;SCTP 在实时性和信息传输方面更可靠、更安全。一个关联的两个 SCTP 端点都向对方提供一个 SCTP 端口号和一个 IP 地址表,这样,每个关联都由两个 SCTP 端口号和两个 IP 地址表来识别。

(2) 在 IP 网终端点保留 No.7 的 MTP3/MTP2 间的接口,M2UA 可用来向用户提供与 MTP2 向 MTP3 所提供业务相同的业务集。

M2UA 支持对 MTP2/MTP3 接口边界的数据传送、链路建立、链路释放、链路状态管理和数据恢复,从而为高层提供业务。

M2UA 的功能包括映射功能、流量/拥塞控制、SCTP 层流管理、无缝的 No.7 信令网络管理互通和管理/解除阻断。

(3) M2PA(MTP2 层用户对等适配层协议)是把 No.7 的 MTP3 层适配到 SCTP 层的协议。M2PA 描述的传输机制可使两个 No.7 节点通过 IP 网上的通信完成 MTP3 消息处理和信令网管理功能,因此能够在 IP 网连接上提供与 MTP3 协议的无缝操作。

(4) M3UA(MTP3 层用户适配层协议)是把 No.7 的 MTP3 层用户信令适配到 SCTP 层的协议。M3UA 描述的传输机制支持全部 MTP3 用户消息(TUP、ISUP、SCCP)的传送、MTP3 用户协议对等层的无缝操作、SCTP 传送和话务的管理、多个软交换之间的故障倒换和负荷分担以及状态改变的异步报告。通过 SG 可以直接调用 M3UA 传送用户信令或进行 SCCP 信令传输。M3UA 可提供多种业务,如支持传递 MTP3 用户消息、与 MTP3 网络管理功能互通以及支持到多个 SG 连接的管理等。

(5) SUA 定义了如何在两个信令端点间通过 IP 传送 SCCP 用户消息或第三代网络协议消息,支持 SCCP 用户互通,相当于 TCAP over IP。

SUA 的功能主要包括支持对 SCCP 用户部分的消息传输,支持 SCCP 无连接业务,支持 SCCP 面向连接的业务,支持 SCCP 用户协议对等层之间的无缝操作,支持分布式基于 IP 的信令节点以及支持异步地向管理发送状态变化报告等。

10.1.6 基于软交换的 NGN 组网及发展

1. 软交换组网方案

在软交换技术的组网应用中,根据接入方式不同分为窄带和宽带两类组网方案:窄带组网方案,即利用软交换网络技术为现有的窄带用户提供话音业务,具体包括长途/汇接和本地两类方案;宽带组网方案即为宽带用户,主要为 DSL(数字用户环路)和以太网用户提供话音及其他增值业务解决方案。软交换的组网结构示意如图 10.16 所示。

(1) 窄带组网方案。所谓窄带组网,可以简单地认为是利用软交换、网关等设备替代现有的电话长途/汇接局和端局。它的网络组织中除了包括软交换设备外,还涉及网关接入设备。

① 软交换机:提供传统的长途和本地电话业务,完成信令处理、呼叫控制、资源管理、

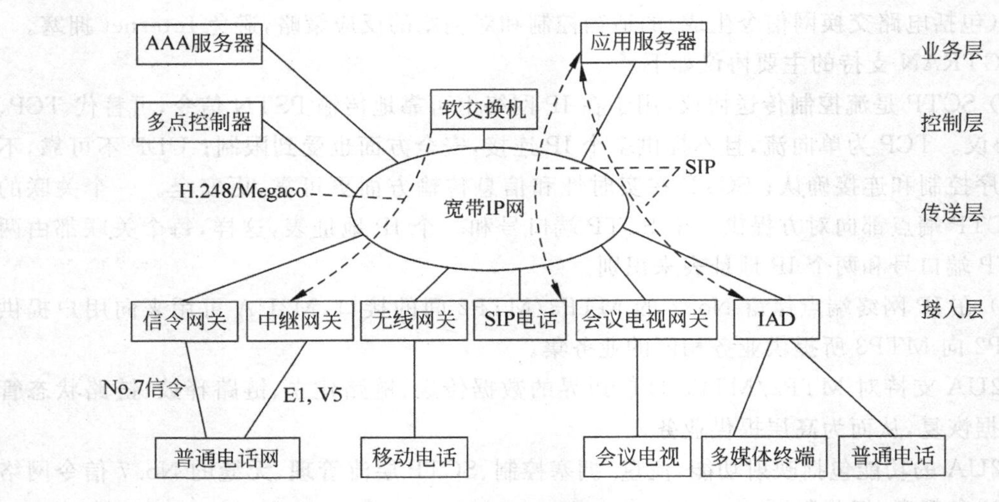

图 10.16 软交换的组网结构示意图

计费、用户管理等功能。

② 接入网关：为大型接入设备，提供 POTS、PRI/BRI、V5 等窄带接入，与软交换配合可以替代现有的电话端局。

③ 中继网关：提供中继接入，可以与软交换及信令网关配合替代现有的汇接/长途局。

(2) 宽带组网方案。所谓宽带组网，可以简单地认为是利用软交换等设备为 IAD、智能终端用户提供业务。它的网络组织中除了包含软交换等核心网络设备之外，更重要的是终端。

① 多点控制器(MC)：挂接在软交换机旁，配合软交换机工作，主要完成会议电话及视频会议的控制功能，对会议进行集中管理。它可以控制多点处理器(MP)与各终端进行话音、视频、数据编解码的能力协商，以及优先权设置等。

② 会议电视网关：负责接收和处理来自非数据终端的信令和音视频等媒体流。处理一种或多种媒体流，经过相关处理后发送到相应的多点处理器或用户终端，将用户终端发送的信令消息映射成相应的消息经网关转发给软交换设备。

③ 多点处理器(MP)：挂接在会议电视网关上，配合会议电视网关工作，主要负责多媒体会议的话音、视频、数据的混合、切换和同步等功能。还具有话音编码的转换功能。

④ 智能终端：一般分为软终端和硬终端两种，包括 SIP 终端、H. 323 会议电视终端和 MGCP 终端等。

宽带组网方案中的软交换网络除了可提供传统的话音业务外，还可以提供新兴的话音与数据相结合的业务、多媒体业务，以及通过 API 开发的业务。

NGN 的主要研究领域有四大方面：网络融合、网络演进、可管理性和服务质量。

图 10.17 为网络演进中的一个实际组网案例。本方案引入了集中用户数据库(HLR)和集中路由服务器(RS)，将原来存放在各软交换设备(SS)中的用户数据及路由数据分离出来，使其集中存放在 HLR 及 RS 之中，而 SS 只保留与网关资源相关的信息，如中继网关的 EI 资源的空闲情况等。

本解决方案在传输层引入了具有一定安全及 QoS 保证的(软交换业务)专业承载网络

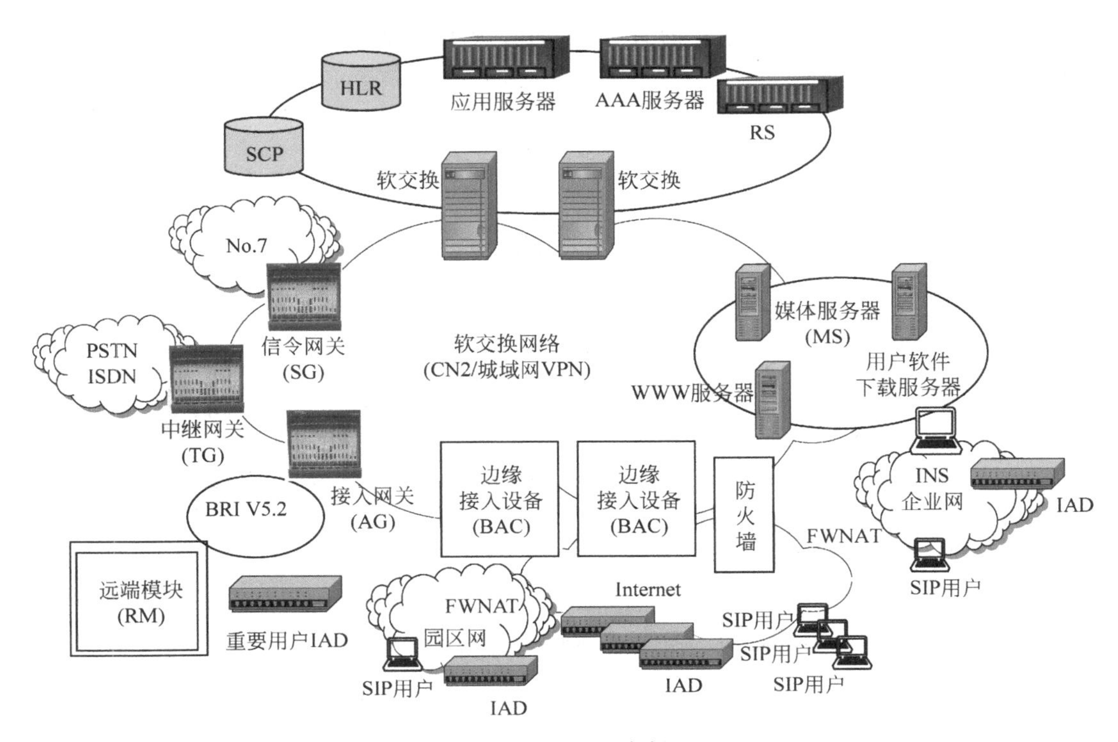

图 10.17 组网案例

及软交换业务边缘接入设备(BAC)。软交换、中继网关(TG)、接入网关(AG)、信令网关(SG)、重要客户 IAD、媒体服务器(MS)等设备基于专用网络部署,该专用网络可以是新建的专用网或采用 MPLS VPN 等技术的虚拟专用网,能通过各种手段来实现软交换设备间的相互通信及软交换设备和非软交换设备间的消息隔离。

对于非重要客户使用的 IAD 及 SIP 软、硬终端等设备,由于设备数量多、分布广,将通过各种接入方式快速收敛于 BAC 设备,通过 BAC 设备实现与专用网络中其他设备的互通,此时 BAC 提供信令与媒体的代理功能及安全检测与隔离功能。

对于通过公共 Internet 接入软交换网络的 IAD 及 SIP 用户,当用户发起业务请求时,终端首先通过软交换网络的 DNS 进行 SS 的域名解析,得到根据用户所在位置或 IP 地址段所分配的 BAC 的 IP 地址,终端将呼叫请求权送至该 BAC,BAC 去查询该用户是否在已通过安全注册的用户列表中,若是,则对其进行用户和软交换间的信令代理(BAC 在用户看来相当于软交换,在软交换看来相当于用户)。BAC 根据预设原则将呼叫请求送至相应 SS 进行处理。

对于部署在专用网络上的 TG 及 AG/部分 IAD 设备,当用户发起业务请求时,网关设备将根据预设的 SSIP 地址将呼叫送至相应的 SS。

主叫 SS 首先会去 HLR 查询用户的业务相关信息,判别用户该业务是否有权,是否符合预设的业务触发条件,然后根据查询的结果访问 RS 获得本次呼叫的路由信息,将呼叫接续至下一跳 SS 或业务平台。被叫 SS 收到呼叫请求后查询 HLR,获得目前用户指定终端的 IP 地址,并将其接至终端。

图 10.18 给出的是软交换(内置信令网关)的直接信令传送方式。软交换与传统网络

PSTN/PLMN/IN之间实现了信令的直达，从而实现了各种电信级业务在IP网上的长驱直入。

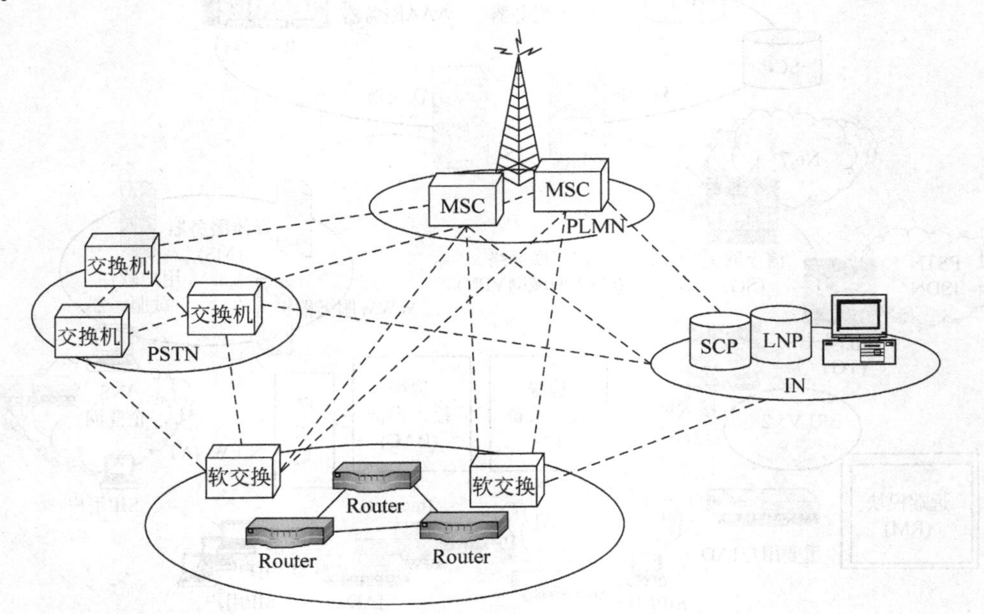

图10.18 软交换(内置信令网关)的直接信令传送方式

2. NGN的发展

(1) 传统网络向NGN的演进。从传统的电路交换网络到分组交换网络将是一个长期的渐进过渡过程，演进策略需要根据具体网络现状和业务预测以及经济比较进行详细分析后才能决定。如何保护现有投资和现有电信业务的收益是电信网络演进至NGN需要解决的问题。演进应该分为以下几个层面：

① 从网络接入层面上的演进：宽带接入建设为用户提供宽带的且面向分组的接入，可以为用户提供更加高速的接入方式。现在各地智能小区的建设已经全面展开，意味着面向NGN的演进的开始。

② 从长途网络层面上的演进：中继旁路的策略，即利用集成的或独立的中继网关，旁路部分语音话务到IP或ATM网络上，利用软交换进行路由控制和业务提供，这样可以减缓现有的电路交换网络的拥塞问题。

③ 从本地交换网络层面上的演进：市话局拥有大量的用户机架以及本地的电话业务数据，改造将是最为困难的。可利用综合的具有大容量的宽带接入设备取代现有的用户机架，以独立的接入网关接入IP网络或ATM网络，升级软交换和应用服务器，以支持本地的电话业务和IP业务。

④ 从移动网层面上的演进：移动网的MSC正在逐步被MSC Server和MGW所取代，说明软交换技术在移动网中得到了广泛的应用。3G技术的重点在于宽带的无线技术，NGN的重点是基于分组网络的业务控制技术，这两个技术将分别提供不同业务领域的通信服务。NGN与3G并不矛盾，而且也并非截然分离，广义上的NGN应该综合考虑固定和

无线领域，而且适应整个电信网IP化演进的趋势，3G网络也在很多方面应用了NGN的技术。3GPP在制定R4阶段的规范时，已经把NGN领域提出的软交换概念引入到移动核心网领域。因此，NGN与3G同步推行，能够实现有效互补。

(2) NGN中统一的融合平台。在NGN中，SIP可以应用于IP网的基本语音和多种通信增值业务，应用于通信核心网络中的信令协议，应用于业务平台(应用服务器)及智能终端或数字家庭网关等设备，它不仅是涉及软交换方面的协议，同时也是IMS媒体呼叫控制协议。IMS将成为NGN中统一的融合平台，主要表现在：采用SIP信令作为呼叫控制，业务控制能力强；核心网与接入无关；开放性更好，标准化程度更高；各种有线/无线业务具有共同的核心网、统一的网络层上的集中用户数据库、后台计费系统和业务开发平台、统一的业务认证架构、自动的全网漫游能力；用于固网的功能、接口和协议修改等。随着以后基于IMS业务的增多，支持IMS的硬件终端的出现，大范围互操作测试的有效进行，IMS就可以大规模商用。

相对软交换而言，IMS更关注逻辑网络的结构和功能、控制层面的统一架构以及宽带多媒体业务，而软交换则更关注具体的设备形态、功能、具体协议以及语音相关业务。软交换和IMS是PSTN向NGN演进的两个不同阶段，软交换是初级阶段，IMS是目标架构，采用重叠网形式引入，两者将以互通方式长期共存。长远看来，IMS将融合软交换成为统一平台，部分软交换硬件将继续保留，功能也被修改。

3. 软交换的应用

目前，国内外许多电信运营商都部署了商用的软交换网络，其技术日趋成熟。运营商在建设软交换网时一般分三个步骤：第一步是利用软交换技术实现长途网的优化改造，如中国移动、中国电信等运营商已经建成了覆盖全国的长途软交换网，用于分流长途语音业务，并逐步将长途业务转向软交换网；第二步是利用软交换技术实现替代和新建本地网的功能，软交换的本地网应用已经成为新兴运营商竞争市场和传统运营商替换老化设备，以及进行网络扩容的重要手段；第三步是利用软交换技术提供新型增值业务。

由于各运营商的基础网络和运营策略不同，软交换建设的具体方案也存在一定的差异。

(1) 软交换的优点。

① 呼叫控制与分组承载分离后带来的优点：智能化的软交换设备能方便地实现不同信令的转换，并具有开放接口和API，方便新业务的产生；分组承载由简单的设备完成，如媒体网关，或由IP终端设备直接完成端到端传输。

② 从运营方面讲，软交换的组网方案对新老运营公司都有利：传统运营公司用它实现PSTN与分组网的融合，既保护传统投资，又具有创新能力；而新公司利用它可以比较容易地进入竞争激烈的通信市场，不需对传统设备进行巨大投资，降低资金压力。

(2) 软交换的不足。

① 协议体系众多，而且分别来自不同的标准化组织，有些相互补充，有些则相互竞争；

② 不同协议之间和不同厂家设备之间的互操作问题；

③ 实时业务的QoS保障问题，网络的集中管理问题；

④ 业务生成和业务应用收入能力等问题有待妥善解决。

(3) 软交换发展中存在的问题。尽管基于软交换技术的NGN有了长足的发展，有些产品和网络也已经部署，但不可否认的是，总体上，NGN在技术和市场上还在继续完善发展中。

① NGN的技术标准还在不断发展，许多问题，如软交换与传统交换网的信令互通等都还没有彻底解决。

② 不同厂家对标准以及相关协议的理解还存在差异，不同厂家设备的互操作等问题的解决也需要时间。

③ NGN网络业务标准的制定也是比较困难的问题。业务标准的不成熟，运营商推出的业务就难以大范围推广，网络的效益也就难以真正发挥。

④ 软交换网络虽然在业务提供方面比传统网络有优势，但这种优势目前来看并没有达到令传统交换网络无法企及的程度，也就是说，人们还没有发掘出NGN的“杀手”级应用。

⑤ 更为重要的问题在于，现有电信交换网络所提供的话音业务仍然是运营商重要的收入来源，并且以往巨大的投资仍然在发挥作用。对于固定网运营商来说，这种收入结构不改变，他们就不会抛弃原有的网络。因此，软交换与传统电路交换网将长期共存。

IP网中原有的QoS问题，NGN中同样存在。因为NGN承载的是IP流，IP流的质量将决定网络的好坏。如果QoS质量得不到提高，软交换也将承受相当的压力。当然，软交换技术将会得到进一步发展，如何将上层的服务质量控制消息有效传递到网络下层并由下层执行，将是下一步技术研究要做的事情。

(4) 软交换发展趋势。总体上看，软交换作为电信网的发展方向已经获得业界的认同，目前网络设备的实际能力已超过实际的业务需要，因而从技术层面上看是乐观的。

IP网的飞速发展，全球覆盖的现实，其开放性及可经济地支持多业务的特点，使人们容易接受在IP基础上进一步演进提高，以较好地融合现有网络，平滑地向NGN发展。另一方面，希望用今天的IP网一统天下显然不切实际，现有IP网络必然与未来NGN的要求存在很大差异，NGN亦不完全等同于下一代Internet(NGI)，其中将包含大量应用中间件、分布智能控制、软交换等新技术。IP技术将会进一步演进，通过保留与使用IP的合理成分，改进IP的一系列缺陷，网络融合的目标最终将得到实现。

随着技术发展和市场应用的进一步拓展，基于软交换的下一代网络必将在固定和移动网络融合的演进过程中发挥重要作用。

10.2 光交换概述

21世纪通信网应该是能提供各种通信业务的、具有巨大通信能力的B-ISDN。网络业务将以宽带视频和高速数据及普通话音业务为主。为提供这些业务，需要高速、宽带、大容量的传输系统和宽带交换系统。

目前，光纤已成为通信网的主要传输媒介。未来，每秒数百兆比特的视频通信业务可能像现在的电话一样普及。网络交换节点所需容量是现有电话网的1000～10000倍，至少是太比特(Tb/s)级的。以电子技术为基础的交换方式，无论是数字程控交换、ATM交换还是高速路由器，它们的交换容量都受到电子器件工作速度的限制。在这种情况下，人们对光交换的关心日益增长，因为光技术在交换高速宽带信号上优于电交换，研究和开发具有高速宽带大容量交换潜力的光交换技术势在必行。光交换被认为是未来宽带通信网的新一代交换技术，其优点主要集中在以下几方面。

(1) 极宽的带宽。光交换技术最大的特点是其比特速率的透明性，即相同的光器件能应用于比特速率不同的系统。一个光开关就可能有每秒数百吉比特的业务吞吐量，可以满足大容量交换节点的需要。

(2) 运行速度快。由于电子器件受到电子电路的电容、电阻时延和载流子渡越时间的限制，其运行速度最高只有 20Gb/s 左右。电驱动的光开关也要受到电子电路工作速度的限制，而光控开关速度可达 10^{-12}s 级，利用光控器件就能实现超高速的全光交换网。

(3) 光交换与光传输匹配可进一步实现全光通信网。从通信发展演变的历史可以看出交换遵循传输形式的发展规律：模拟传输导致机电制交换，而数字传输将引入数字交换。那么，传输系统普遍采用光纤后，很自然地导致光交换，通信全过程由光完成，从而构成完全光化的通信网，有利于高速大容量的信息通信。

(4) 降低网络成本，提高可靠性。光交换无须进行光电转换，以光的形式直接实现用户间的信息交换，省去了进入交换系统前后的光电、电光变换这一环节，这对提高通信质量和可靠性，降低网络成本都大有好处。

(5) 模拟传输和数字传输均可进行光交换，避免了宽带电交换系统功耗大、串扰严重等问题。

(6) 具有空间并行传输信息的特性。光交换不受电磁波影响，可在空间进行并行信号处理和单元连接，可做二维或三维连接而互不干扰，是增加交换容量的新途径。

(7) 光器件体积小，便于集成。从理论上来说，光器件可趋向于最小极限 λ(λ 指光的波长)。在实际应用中，光器件与电子器件相比，体积更小，集成度更高，并可提高整体处理能力。

光交换是指不经过任何光电转换，在光域直接将输入光信号交换到不同的输出端。由于目前光逻辑器件的功能还比较简单，不能完成控制部分复杂的逻辑处理功能，因此现有的光交换控制单元还要由电信号来完成，即所谓的电控光交换。在控制单元输入端进行光电转换，而在输出端完成电光转换。随着光器件技术的发展，光交换技术的最终发展趋势将是光控光交换。

下面先介绍几种主要的光交换器件，然后介绍各种光交换网络结构和系统，以及光交换技术的发展与应用等。

10.2.1 光交换器件

1. 光开关

光开关是各种光通信系统实现高功能、高可靠性，提高维护和使用效率必不可少的光器件。光开关大致可分为半导体材料的光开关、采用铌酸锂($LiNbO_3$)的耦合波导光开关，M-Z 干涉型热光开关、液晶光开关、微机电系统(MEMS)开关等。

光开关在光通信中的作用有三类：一是将某一光纤通道的光信号切断或开通；二是将某波长光信号由一个光纤通道转换到另一个光纤通道中去；三是在同一光纤通道中将一种波长的光信号转换为另一种波长的光信号(波长转换器)。

光开关的特性参数主要有插入损耗、回波损耗、隔离度、串扰、工作波长、消光比、开关时间等。有些参数与其他器件的定义相同，有的则是光开关所特有的。

(1) 半导体光开关是由半导体光放大器转换而来的。通常,半导体光放大器用来对输入的光信号进行光放大,并且通过控制放大器的偏置信号来控制其放大倍数。当偏置信号为零时,输入的光信号将被器件完全吸收,使得器件输出端没有任何光信号输出。器件的这个作用相当于一个开关把光信号"关断"了。当偏置信号不为零且具有某个定值时,输入的光信号便会被适量放大而出现在输出端上,这相当于开关闭合让光信号"导通"。因此,这种半导体光放大器也可以用作光交换中的空分交换开关,通过控制电流来控制光信号的输出选向。这种半导体光放大器的结构及等效光开关示意图如图 10.19 所示。

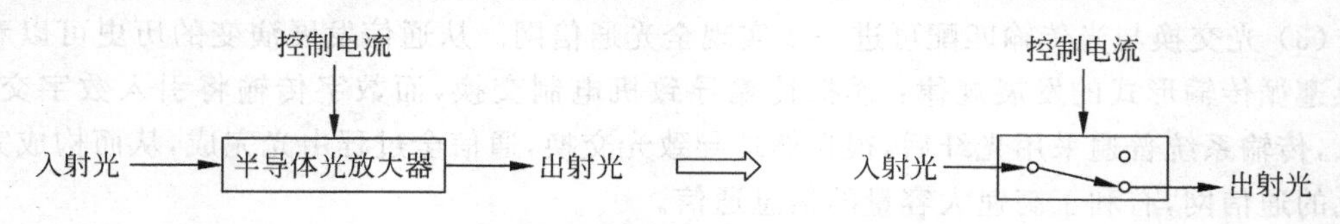

图 10.19 半导体光放大器及等效光开关示意

(2) 耦合波导光开关属于电光开关,其原理一般是利用铁电体、化合物半导体、有机聚合物等材料的电光效应或电吸收效应,以及硅材料的等离子体色散效应,在电场的作用下改变材料的折光率和光的相位,再利用光的干涉或偏振等方法使光强突变或光路转变。

这种开关是通过在电光材料如铌酸锂($LiNbO_3$)(或其他化合物半导体、有机聚合物)的衬底上制作一对条形波导及一对电极构成的,如图 10.20 所示。当不加电压时,即为一个具有两条波导和四端口的定向耦合器。一般称①—③和②—④为直通臂,①—④和②—③为交叉臂。

铌酸锂是一种很好的电光材料,它具有折射率随外界电场变化而改变的光学特性。在铌酸锂基片上进行钛扩散,以形成折射率逐渐增加的光波导,即光通道,再焊上电极,它便可以作为光交换元件了。当两个很接近的波导进行适当的耦合时,通过这两个波导的光束将发生能量交换,并且其能量交换的强度随着耦合系数、平行波导的长度和两波导之间的相位差而变化。只要所选的参数得当,那么光束将会在两个波导上完全交错。另外,若在电极上施加一定的电压,将会改变波导的折射率和相位差。由此可见,通过控制电极上的电压,将会获得如图 10.20 中所示的平行和交叉两种交换状态。

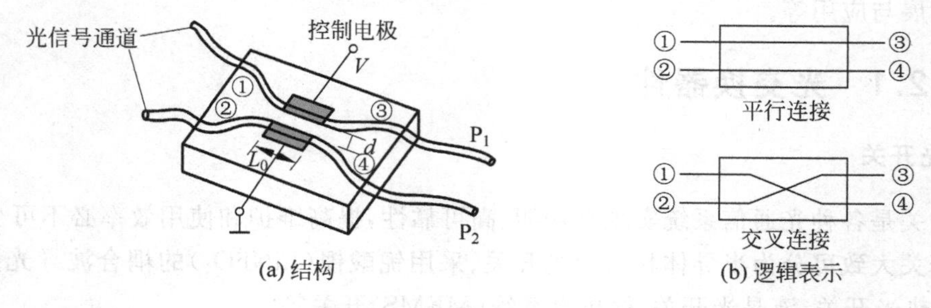

图 10.20 耦合波导光开关

(3) 马赫-曾德尔(Mach-Zehnder)干涉型电光开关是一种广泛应用的光开关。它是由两个 3dB 定向耦合器 DC_1、DC_2和两个长度相等的波导臂 L_1、L_2组成,如图 10.21 所示。

由端口①输入的光,被第一个定向耦合器按 1∶1 的光强比例分成两束,通过干涉仪两臂进行相位调制。在两光波导臂的电极上分别加上电压 V 和 $-V$ 的偏置电压。

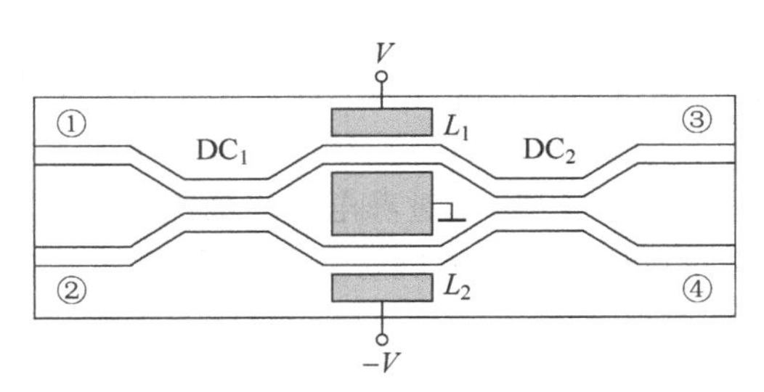

图 10.21　M-Z 干涉型电光开关

该器件的交换原理是基于硅介质波导内的热电效应。平时偏置电压为零时，器件处于交叉连接状态。当加上偏置电压时，由于每个波导臂上带有铬薄膜加热器，使得波导臂被加热，这时器件切换到平行连接状态。M-Z 干涉型电光开关的优点是插入损耗小(0.5dB)、稳定性好、可靠性高、成本低，适合于大规模集成，缺点是响应速度较慢，为 1～2ms。

(4) 液晶光开关的原理是利用液晶材料的电光效应，即用外电场控制液晶分子的取向而实现开关功能。偏振光经过未加电压的液晶后，其偏振态将发生 90°的改变；而经过施加一定电压的液晶时，其偏振态将保持不变。

液晶光开关的工作原理如图 10.22 所示。在液晶盒内装有相列液晶，通光的两端安置两块透明的电极。未加电场时，液晶分子沿电极平板方向排列，与液晶盒外的两块正交偏振片 P 和 A 的偏振方向成 45°，P 为起偏器，A 为检偏器，如图 10.22(a)所示，这样液晶具有旋光性，入射光通过起偏器 P 先变为线偏光，经过液晶后，分解成偏振方向相互垂直的左旋光和右旋光，两者的折射率不同(速度不同)，有一定的相位差，在盒内传播盒长距离 L 后，引起光的偏振面发生 90°旋转，因此不受偏振器 A 阻挡，器件为开启状态。当施加电场 E 时，液晶分子平行于电场方向，因此液晶不影响光的偏振特性，此时光的透射率接近于零，处于关闭状态，如图 10.22(b)所示。撤去电场，由于液晶分子的弹性和表面作用又恢复至原开启态。

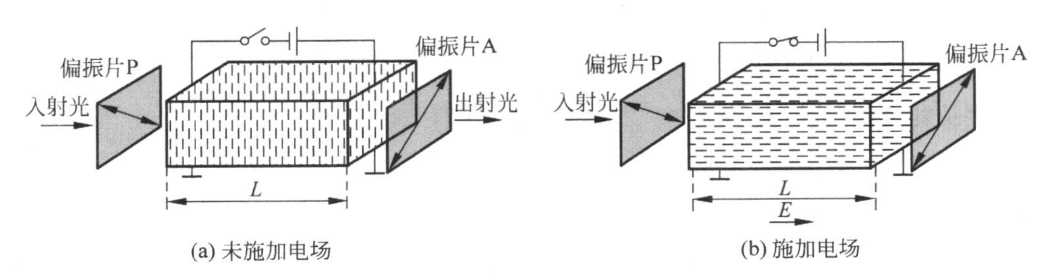

图 10.22　液晶光开关工作原理

(5) 微电机系统(MEMS)开关是靠微型电磁铁或压电器件驱动光纤或反射光的光学元件发生机械移动，使光信号改变光纤通道的光开关。其原理如图 10.23 和图 10.24 所示。

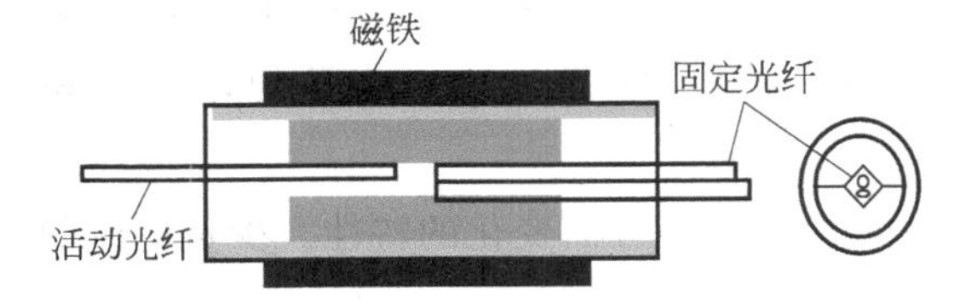

图 10.23　移动光纤式光开关

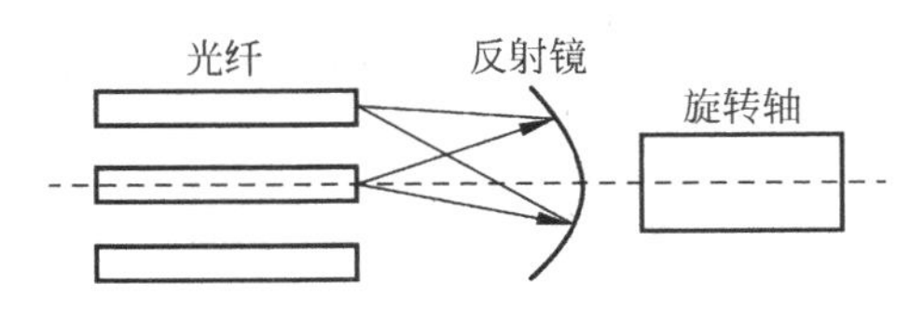

图 10.24　移动反射镜式光开关

以上这两种器件体积较大，很难实现并组成集成化的开关网络。近年来正大力发展一种由大量可移动的微型镜片构成的开关阵列，即微机电系统光开关。例如采用硅在绝缘层上的硅片生长一层多晶硅，再镀金制成反射镜，然后通过化学刻蚀或反应离子刻蚀方法除去中间的氧化层，保留反射镜的转动支架，通过静电力使微镜发生转动。图10.25所示为一个MEMS实例，它采用16个可以转动的微型反射镜光开关，实现两组光束间的4×4光互连。

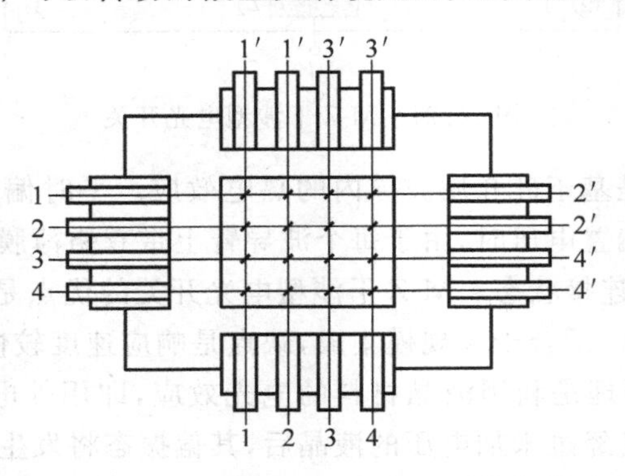

图10.25 两组4×4 MEMS开关阵列

归纳起来，按照光束在开关中传输的媒质来分类，光开关可分为自由空间型和波导型光开关。自由空间型光开关主要利用各种透射镜、反射镜和折射镜的移动或旋转来实现开关动作。波导型光开关主要利用波导的热光、电光或磁光效应来改变波导的性质，从而实现开关动作。按照开关实现技术的物理机理来分，可以分为机械开关、热光开关和电光开关。机械开关在插损、隔离度、消光比和偏振敏感性方面都有很好的性能，但它的开关尺寸比较大，开关动作时间比较长，不易集成。对波导开关而言，它的开关速度快，体积小，而且易于集成，但其插损、隔离度、消光比、偏振敏感性等指标都较差。因此如何在未来的光网络中结合机械开关和波导开关两者的优点，以适应现代网络的要求，一直是研究的热点之一。上面提到的微机电光开关(MEMS)已成为未来大规模光网络中光开关器件的代表性器件。

2. 波长转换器

波长转换器是一种能把带有信号的光波从一个波长输入转换为另一个波长输出的器件。当不同地点的发射机向同一目的地以同一波长发送信号时，在很多节点的多个波长上的交换信号会发生冲突。直接的解决方法是将光通道转移至其他波长，随着对复杂光网络的多重光通道管理需求的增加，人们对波长转换的兴趣也不断增长，波长转换器是解决相同波长争用同一个端口时的信息阻塞的关键。理想的光波长转换器应具备较高的速率，较宽的波长转换范围、高的信噪比、高的消光比且与偏振无关。

最直接的波长转换是光—电—光直接转换，即将波长为λ_1的输入光信号，由光电探测器转变为电信号，然后再去驱动一个波长为λ_2的激光器，使得出射光信号的输出波长为λ_2。

直接转换利用了激光器的注入电流直接随承载信息的信号而变化的特性。少量电流的变化(约为1nm/mA，每毫安1nm)就可以调制激光器的光频(波长)。

另外一种是调制间接转换，即在外调制器的控制端上施加适当的直流偏置电压，使得波

长为 λ_1 的入射光被调制成波长为 λ_2 的出射光。光波长转换器结构示意如图 10.26 所示。

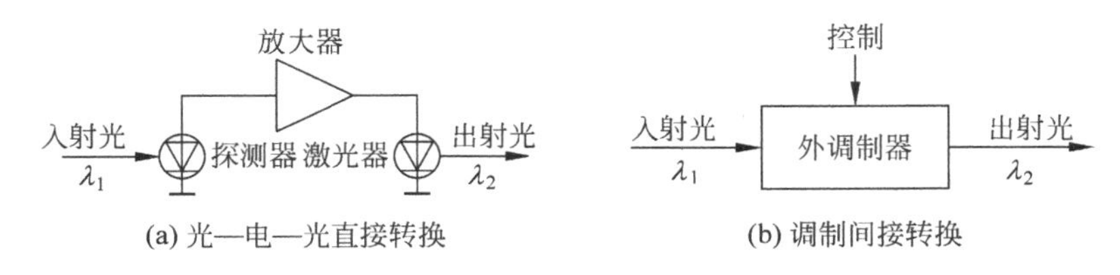

(a) 光—电—光直接转换　　(b) 调制间接转换

图 10.26　光波长转换器结构示意

调制间接转换利用了某些材料(如半导体,绝缘晶体和有机聚合物)的电光效应。最常用的是使用钛扩散铌酸锂波导构成的 M-Z 干涉型外调制器。在半导体中,相位滞后的变化受到随注入电流而变化的折射率的影响。在晶体和各向异性的聚合物中,利用电光效应,即电光材料的折射率随施加的外电压而变化,从而实现对激光的调制。

目前,可调谐激光器(Tunable Laser)是实现波分复用(Wavelength Division Multiplexing,WDM)最重要的器件,通过电流调谐,一个激光器可以调谐出 24 个不同的频率。

3. 光存储器

在电交换中,存储器是常用的存储电信号的器件。在光交换中,同样需要存储器实现光信号的存储。常用的光存储器有光纤时延线光存储器和双稳态激光二极管光存储器。

(1) 光纤时延线光存储器。光纤时延线作为光存储器使用的原理较为简单。它利用了光信号在光纤中传播时存在时延,这样,在长度不同的光纤中传播可得到时域上不同的信号,这就使光信号在光纤中得到了存储。N 路信号形成的光时分复用信号被送入到 N 条光纤时延线,这些光纤的长度依次相差 Δl,这个长度正好是系统时钟周期内光信号在光纤中传输的时间。N 路时分复用信号,要有 N 条时延线,这样,在任何时间诸光纤的输出端均包括一帧内所有的 N 路信号。即间接地把信号存储了一帧时间,这对光交换应用已足够了。

光纤时延线光存储法较简单,成本低,具有无源连接器件的所有特性,对速率几乎无限制。而且它具有连续储存的特性,不受各比特之间的界限影响,在现代分组交换系统中应用较广。

时延线存储的缺点是,它的长度固定,时延也就不可变,故其灵活性和适应性受到了限制。现在有一种"可重入式光纤时延线光存储器",可实现存储时间可变。

(2) 双稳态激光二极管光存储器。其原理是利用双稳态激光二极管对输入光信号的响应和保持特性来存储光信号的。

双稳态半导体激光器具有类似电子存储器的功能,即它可以存储数字光信号。光信号输入到双稳态激光器中,当光强超过阈值时,由于激光器事先有适当偏置,可产生受激辐射,对输入光进行放大。其相应时间小于 10^{-9} s,以后即使去掉输入光,其发光状态也可以保持,直到有复位信号(可以是电脉冲复位或光脉冲复位)到来,才停止发光。由于以上所述两种状态(受激辐射状态和复位状态)都可保持,所以它具有双稳特性。

用双稳态激光二极管作为光存储器件时,由于其光增益很高,可大大提高系统信噪比,并可进行脉冲整形。其缺点是,由于有源器件剩余载流子的影响,其反应时间较长,使速率受到一定的限制。

4. 光调制器

在光纤通信中，通信信息由 LED 或 LD 发出的光波所携带，光波就是载波，把信息加载到光波上的过程就是调制。光调制器是实现从电信号到光信号转换的器件。

与电调制一样，调制方式有模拟调制和数字调制两大类。数字调制是光纤通信的主要调制方式，其优点是抗干扰能力强，中继时噪声和色散的影响不累积，因此可以实现长距离传输。缺点是需要较宽的频带，设备也复杂。

按调试方式与光源的关系来分，有直接调制和外调制两种。直接调制是指直接用电调制信号来控制半导体光源的振荡参数(光强、频率等)，得到光频的调幅波或调频波，这种调制又称内调制。外调制是让光源输出的幅度与频率等恒定的光载波通过光调制器，光信号通过调制器实现对光载波的幅度、频率及相位等进行调制。光源直接调制的优点是简单，但调制速率受到载流子寿命及高速率下的性能退化的限制(如频率啁啾等)。外调制的方式需要调制器，结构复杂，但可获得优良的调制性能，尤其适合于高速率下的运用。

常有的光调制器主要有铌酸锂电光调制器、马赫-曾德尔型光调制器和电吸收半导体光调制器。

电光调制的机理是基于线性电光效应的，即光波导的折射率正比于外加电场变化的效应。利用电光效应的相位调制器中，光波导折射率的线性变化，使通过该波导的光波有了相位移动，从而实现相位调制。单纯的相位调制不能调制光的强度。由包含两个相位调制器和两个 Y 分支波导构成的马赫-曾德尔干涉仪型调制器即能调制光的强度。

高速电光调制器有很多用途，如高速相位调制器可用于相干光纤通信系统，在密集波分复用光纤系统中用于产生多光频的梳形发生器，也能用作激光束的电光移频器。

马赫-曾德尔型光调制器具有良好的特性，可用于光纤有线电视(CATV)系统、无线通信系统中基站与中继站之间的光链路和其他的光纤模拟系统，还可在光时分复用(OTDM)系统中用于产生高重复频率、极窄的光脉冲或光弧子，在先进雷达的欺骗系统中用作光子宽带微波移相器和移频器，在微波相控阵雷达中用作光子时间时延器，用于高速光波元件分析仪，测量微弱的微波电场等。

电吸收半导体光调制器的机理是，利用量子阱中激子吸收的量子限制效应，当调制器无偏压时，调制器中的光波处于通状态；随着调制器上偏压的增加，原波长处吸收系数变大，调制器中的光波处于断状态。调制器的通断状态即为光强度调制。

电吸收半导体光调制器的最大特点在于其调制速率可以达到 100Gb/s 以上，而且其消光比的值非常高。

10.2.2 光交换网络

光交换是未来宽带通信网最具潜力的新一代交换技术，基于光纤的全光网络方案能提供高速、大容量的传输及处理能力，打破信息传输的“瓶颈”，可以在很长的时间内适应高速宽带业务的带宽需求。全光网络(全光通信网络)是指光信息流在网络中传输及交换时始终以光的形式存在，而不需要经过光电、电光变换。也就是说，信息从源节点到目的节点的传输过程中始终在光域内，波长成为全光网络的最基本积木单元。由于全光网络中的信号传输全部在光域内进行，因此，全光网络具有对信号的透明性，它通过波长选择器件实现路由选择。全光网络以其良好的透明性、波长路由特性、兼容性和可扩展性，成为下一代高速（超高速）宽带网络的首选。

目前的全光网络，并非是整个网络的全部光学化，而是指光信息流在传输和交换过程中以光的形式存在，控制部分则仍然用电路方法实现。从当前光电子元器件的现状和发展趋势来看，力图实现整个网络的全光化是不现实也是不必要的。前面介绍的光交换器件是构成光交换网络的基础，随着技术的进步，光交换器件也在不断地完善。在全光网络的发展过程中，光交换网络的组织结构也随着光交换器件的发展而不断变化。本节就当前的光交换器件，介绍几种典型的光交换网络。

1. 空分光交换网络

与空分电交换一样，空分光交换是几种光交换方式中最简单的一种。它通过机械、电或光三种不同的方式对光开关及相应的光开关阵列/矩阵进行控制，为光交换提供物理通道，使输入端的任一信道与输出端的任一信道相连。空分光交换网络的最基本单位是 2×2 的光交换模块，如图 10.27 所示，输入端有两根光纤，输出端也有两根光纤。它有两种工作状态：平行状态和交叉状态。

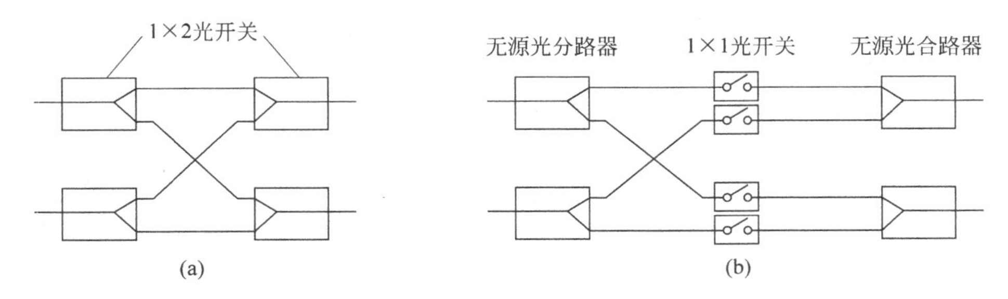

图 10.27　基本的 2×2 空分光交换模块

可以采用以下几种方式来组成空分光交换模块。

(1) 铌酸锂（$LiNbO_3$）晶体定向耦合器，其结构和工作原理已在 10.2.1 节中介绍。

(2) 用 4 个 1×2 光开关（又可称为 Y 分叉器）组成 2×2 的光交换模块。1×2 光开关（Y 分叉器）可由铌酸锂耦合波导光开关来实现，只需少用一个输入端或输出端即可，如图 10.27(a)所示。

(3) 用 4 个 1×1 光开关器件和 4 个无源光分路/合路器组成 2×2 的光交换模块，如图 10.27(b)所示。1×1 光开关器件可以是半导体光开关或光门电路等。无源光分路/合路器可采用 T 形无源光耦合器件，光分路器能把一个光输入分配给多个光输出，光合路器能把多个光输入合并到一个光输出。T 形无源光耦合器不影响光信号的波长，只是附加了损耗。在此方案中，T 形无源光耦合器不具备选路功能，选路功能由 1×1 光开关器件实现。另外由于光分路器的两个输出都具有同样的光信号输出，因此它具有同播功能。

通过对上面的基本交换模块进行扩展、多级复接，可以构成更大规模的光空分交换单元。

空分光交换的优点是各信道中传输的光信号相互独立，且与交换网络的开关速率无严格的对应关系，并可在空间进行高密度的并行处理，因此能较方便地构建容量大而体积小的交换网络。空分光交换网络的主要指标是网络规模和无阻塞的程度。交换系统对阻塞的要求越高，则组成网络的器件的单片集成度相应地就越高，或者参与组合的单片器件数量越多，互连越复杂，相应损耗也增加。

2. 时分光交换网络

在电时分交换方式中，普遍采用电存储器作为交换的核心器件，通过顺序写入、控制读出，或者控制写入、顺序读出的存储器读写操作，把时分复用信号从一个时隙交换到另一个时隙。对于时分光交换，则是按时间顺序安排的时分复用各路光信号进入时分交换网络后，在时间上进行存储或时延，对时序有选择地进行重新安排后输出。即基于光时分复用中的时隙交换。

光时分复用与电时分复用类似，也是把一条复用信道分成若干个时隙，每个数据光脉冲流分配占用一个时隙，N 路数据信道复用成高速光数据流进行传输。

时隙光交换离不开存储器，由于光存储器及光计算机还没有达到使用阶段，所以一般采用光时延器实现光存储，如 10.2.1 节中提到的光纤时延线光存储器和双稳态激光二极管光存储器。

采用光时延器件实现时分光交换的原理是：先把时分复用光信号通过光分路器分成多个单路光信号，然后让这些信号分别经过不同的光时延器件，获得不同的时间时延，再把这些信号通过光合路器重新复用起来。上述光分路器、光合路器和光时延器件的工作都是在（电）计算机的控制下进行的，可以按照交换机的要求完成各路时隙的交换功能，也就是光时隙互换。由时分光交换网络组成的交换系统由图 10.28 所示。

时分光交换的优点是能与现在广泛使用的时分数字通信体制相匹配。但它必须知道各路信号的比特率，即不透明。另外需要产生超短光脉冲的光源、光比特同步器、光时延器件、光时分合路/分路器、高速光开关等，技术难度较空分交换大。

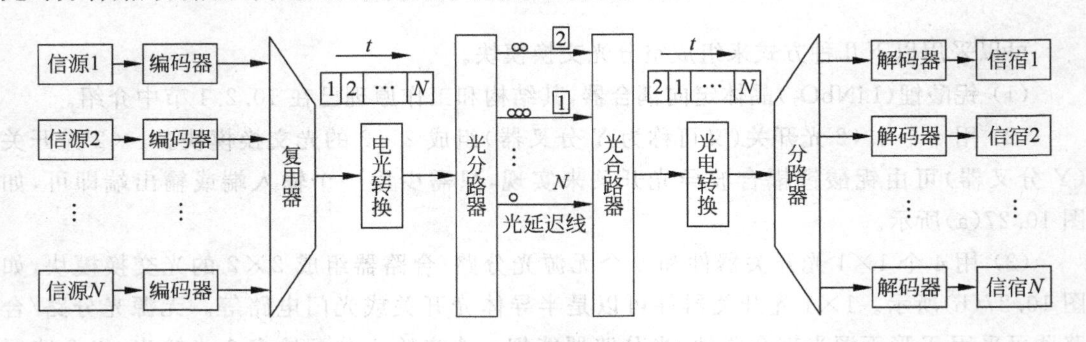

图 10.28 时分光交换系统

3. 波分光交换网络

波分交换即信号通过不同的波长，选择不同的网络通路，由波长开关进行交换。波分光交换网络由波长复用/去复用器、波长选择空间开关和波长转换器（波长开关）组成。

波分光交换网络中，采用不同的波长来区分各路信号，从而可以用波分交换的方法实现交换功能。其交换原理如图 10.29 所示。

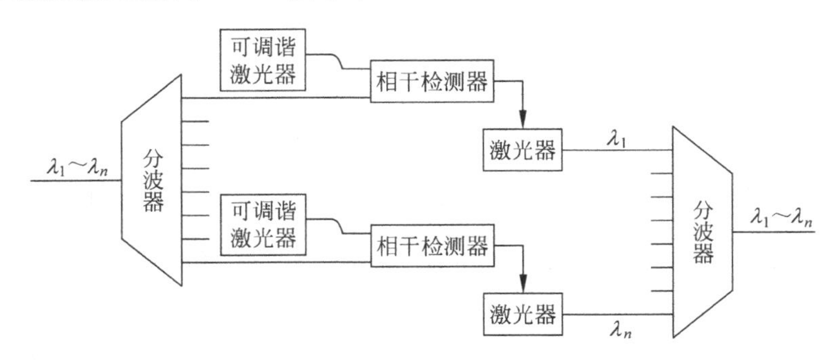

图 10.29 波分交换原理

波分交换的基本操作，是从波分复用信号中检出某一波长的信号，并把它调制到另一个波长上去。信号检出由相干检测器来完成，信号调制则由不同的激光器来完成。为了使得采用由波长交换原理构成的交换系统能够根据具体要求，在不同的时刻实现不同的连接，各个相干检测器的检测波长可以由外加控制信号来改变。

图 10.30 是一个 $N \times N$ 阵列波长选择型波分交换网络结构。输入端的 N 路电信号分别去调制 N 个可变波长激光器，产生 N 个波长的光信号，经星形耦合器耦合后形成一个波分复用信号，并输出到 N 个输出端上，每个输出端可利用光滤波器或相干光检测器检出所需波长的信号。

该方案中，输入端和输出端之间的选择（交换），既可以在输入端通过改变激光器波长来实现，也可以在输出端通过改变光滤波器的调谐电流或相干检测本振激光器的振荡波长来实现。

与光时分交换相比，光波分交换的优点是：各个波长信道的比特率相互独立，各种速率的信号都能透明地进行交换，不需要特别高速的交换控制电路，可采用一般低速电子电路作为控制器。另外它能与波分复用（WDM）传输系统相配合。

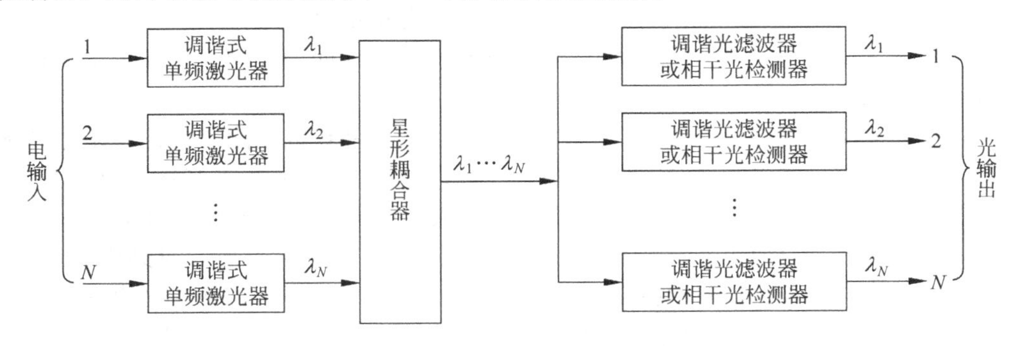

图 10.30 波长选择性波分交换网络结构

4. 混合型光交换网络

将上述几种光交换方式结合起来，可以组成混合型交换网络。例如波分与空分光交换相结合组成波分—空分—波分混合型交换网络，其结构如图 10.31 所示。

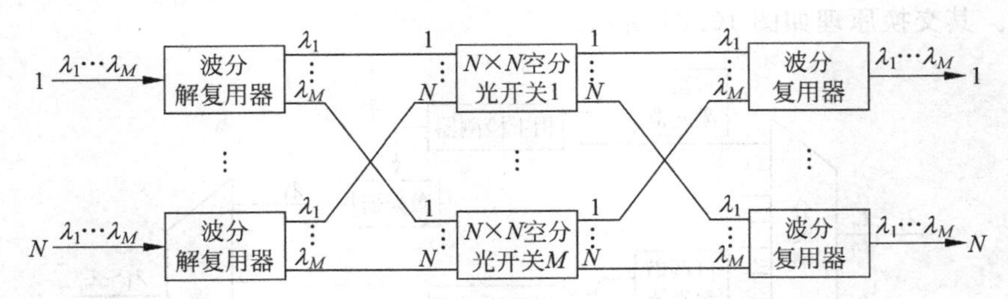

图 10.31 波分—空分—波分混合型光交换网络结构

图 10.31 中，将输入波分复用光信号进行解复用，得到 M 个波长分别为 $\lambda_1,\lambda_2\cdots,\lambda_M$ 的光信号；然后对每一个波长的信号分别应用空分光开关组成的空分光交换模块；完成空间交换后，再把不同波长的光信号波分复用起来，完成波分和空分混合光交换功能。利用混合型光交换方式，大大扩大了光交换网络的容量，而且具有链路级数和交换元件较少，网络结构简单等优点。例如，图 10.31 的混合型光交换网络中，网络的总容量是空分交换网络容量与波分多路复用度的乘积(共 $N\times M$ 个信道)。另外，将时分光交换与波分光交换结合起来，又可以得到一种混合型光交换网络(时分—波分光交换网络)，其复用度是时分多路复用与波分多路复用度的乘积。

5. 自由空间光交换网络

在前面讨论的空分光交换网络中，光学通道是由光波导组成的，其带宽受材料特性的限制，远远没有达到光高密度、并行传输时应该达到的程度。另外，由平面波导开关构成的光交换网络，一般没有逻辑处理功能，不能做到自寻路由，对于目前宽带领域的一些交换模式，如 ATM 交换，有很多不适应的地方。为此，采用一种在空间无干涉地控制光路径的光交换方式，称之为自由空间光交换。

自由空间光交换通过简单的移动棱镜或透镜来控制光束进而实现交换功能。自由空间光交换时，光通过自由空间或均匀的材料如玻璃等进行传输；而光空分波导交换时，光由波导所引导并受其材料特性的限制，远未发挥光的高密度和并行性的潜力。

自由空间光交换与光空分波导交换相比，具有高密度装配的能力。它采用可多达三维高密度组合的光束互连，来构成大规模的光交换网络。

自由空间光交换网络可以由多个 2×2 光交叉连接元件组成。除了前面介绍过的耦合光波导元件具有交叉连接和平行连接两种状态，可以构成 2×2 光交叉连接外，极化控制的两块双折射片也具有该特性。由两块双折射片构成的空间光交叉连接元件如图 10.32 所示。前一块双折射片对两束正交极化的输入光束复用，后一块双折射片对其进行解复用。输入光束偏振方向由极化控制器控制，可以旋转 0°或 90°。旋转 0°时，输入光束的极化状态不会变化，而旋转 90°时，输入光束的极化状态发生变化，正常光束变为异常光束，异常光束变为正常光束。从而实现了 2×2 的光束交换。

如果把 4 个交叉连接元件连接起来，就可以得到一个 4×4 的交换单元。当需要更大规模的交换网络时，可以按照空分 BANYAN 结构的组网规则把多个 2×2 交叉连接元件互连来实现。

自由空间光交换网络也可以由光逻辑开关器件组成。自电光效应器件(S-SEED)就具有这种功能。其结构及特性曲线如图 10.33 所示。自电光效应器件实际上是一个 i 区多量

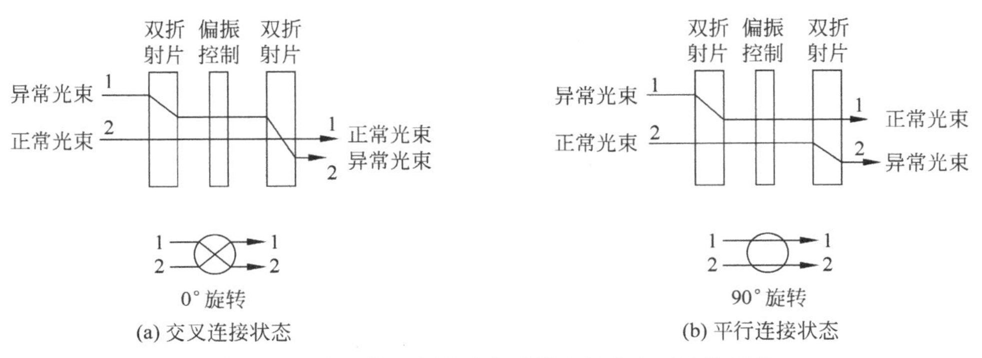

图 10.32 由两块双折射片构成的空间光交叉连接元件

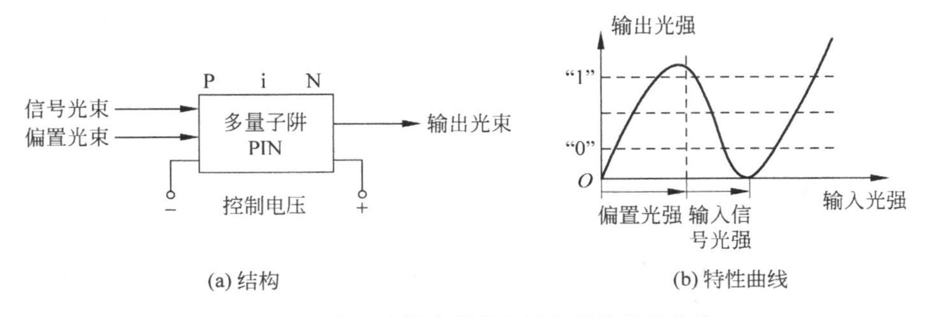

图 10.33 自电光效应器件的结构及其特性曲线

子阱结构的 PIN 光电二极管，在对它供电的情况下，其出射光强并不完全正比于入射光强。当入射光强(偏置光强＋信号光强)大到一定程度时，该器件变成一个光能吸收器，使出射光信号减小。利用这一性质，可以制成多种逻辑器件，如逻辑门，当偏置光强和信号光强足够大时，其总能量足以超过器件的非线性阈值电平，使器件的状态发生改变，输出光强从高电平“1”下降到低电平“0”。借助减少或增加偏置光束和信号光束的能量，即可构成一个光逻辑门。

自由空间光交换的优点是光互连不需要物理接触，且串扰和损耗小。缺点是对光束的校准和准直精度有很高的要求。

前面介绍过的微机电系统光开关，也可以组成自由空间光交换网络。其工作原理是，在入口光纤和出口光纤之间使用微镜阵列，阵列中的镜元可以通过在光纤之间任意改变角度来改变光束传输方向，达到实时对光信号进行重新选路的目的。当一路波长光信号照到镜面时，镜面倾斜以便将其引导到某一特定出口光纤中，从而实现光路倒换的目的。这种网络同样具有容量大、串扰和损耗小、速度较快等特点。如一款 MEMS 型光交叉连接器，用两组 2 轴微镜和一个反射镜组成 112×112 光交叉连接器，容量达 35.8Tb/s(112×320Gb/s)，交换速度小于 10ms，插入损耗为(7.5＋2.5)dB，信号串扰低于－50dB。

10.2.3 光交换系统

1. 光交换技术分类

和电交换技术类似，光交换技术按交换方式可分为光路光交换和分组光交换两大类型，如图 10.34 所示。

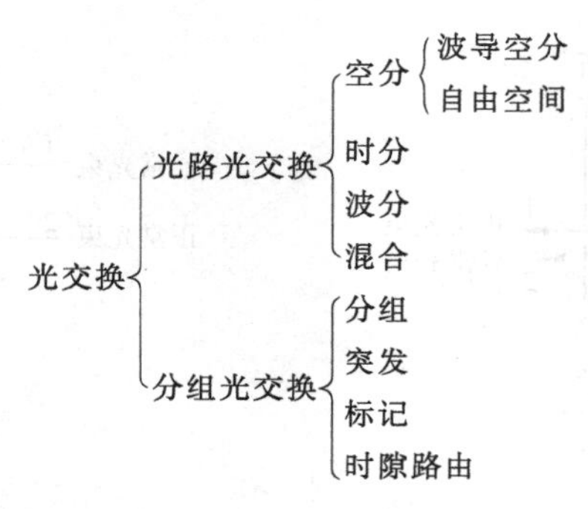

图 10.34 光交换技术分类

不同的光交换技术可以支持不同粒度的交换，其中波导空分、自由空间和波分光交换类似于现存的电路交换网，是粗粒度的信道分割。时分和分组光交换属于信道分割粒度较细的交换。

2. 光分插复用器和光交叉连接

在基于 WDM 的光网络中，属于光纤和波长级的粗粒度带宽处理的光节点设备，主要是光分插复用器（Optical Add-Drop Multiplexer，OADM）和光交叉连接（Optical Cross Connects，OXC），通常由 WDM 复用/解复用器、光交换矩阵（由光开关和控制部分组成）、波长转换器和节点管理系统组成，主要完成光路上下、光层的带宽管理、光网络的保护、恢复和动态重构等功能。

OADM 的功能是在光域内从传输设备中有选择地上、下波长或直通传输信号，实现传统 SDH 设备中电的分插复用功能。它能从多波长波道中分出或插入一个或多个波长，有固定型和可重构型两种类型。固定型只能上下一个或多个固定的波长，节点的路由是确定的，缺乏灵活性，但性能可靠，时延小。可重构型能动态交换 OADM 节点上、下通道的波长，可实现光网络的动态重构，使网络的波长资源得到合理分配，但结构复杂。图 10.35 所示为一种基于波分复用/解复用和光开关的 OADM 结构示意。

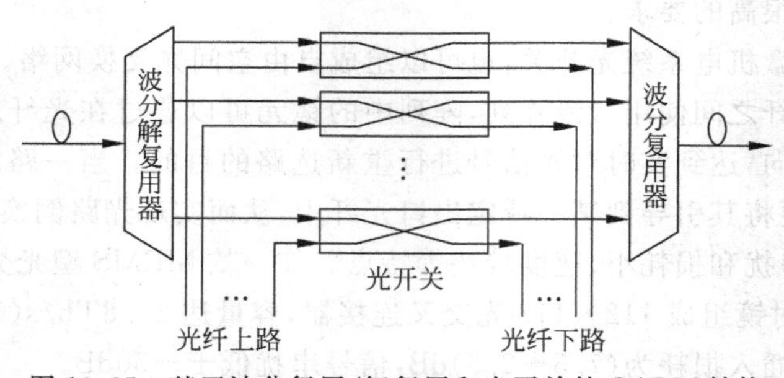

图 10.35 基于波分复用/解复用和光开关的 OADM 结构

OXC 的功能与 SDH 中数字交叉连接设备（SDXC）类似，它主要是在光纤和波长两个层次上提供带宽管理，如动态重构光网络，提供光信道的交叉链接，以及本地上、下话路功能，动态调整各个光纤中的流量分布，提高光纤的利用率。此外，OXC 还在光层提供网络保护和恢复等生存性功能，如出现光纤断裂情况可通过光开关将光信号倒换至备用光纤上，实现光复用段 1+1 保护。通过重新选择波长路由实现更复杂的网络恢复，处理包括节点故障在内的更广泛的网络故障。

OXC 有以下三种实现方式。

(1) 光纤交叉连接：以一根光纤上所有波长的总容量为基础进行的交叉链接，容量大但灵活性差。

(2) 波长交叉连接：可将任何光纤上的任何波长交叉连接到使用相同波长的任何光纤上，它比光纤交叉连接具有更大的灵活性。但由于不进行波长变换，这种方式的灵活性还是受到了一定的限制。其示意图如图 10.36 所示。

(3) 波长变换交叉连接：可将任何输入光纤上的任何波长交叉连接到任何输出光纤上。由于采用了波长变换技术，这种方式可以实现波长之间的任意交叉连接，具有最高的灵活性。关键技术是波长变换。其示意图如图 10.37 所示。

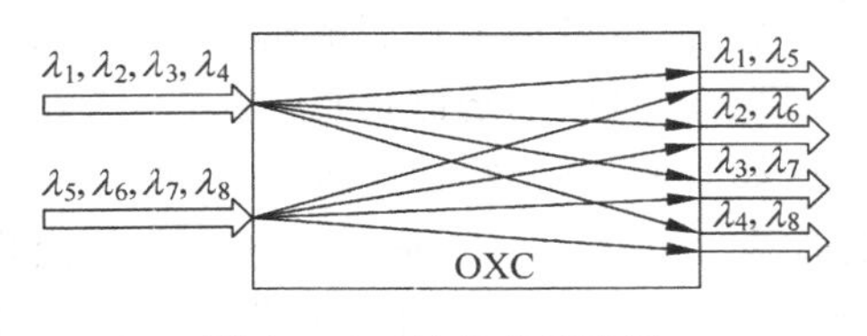

图 10.36 波长交叉连接

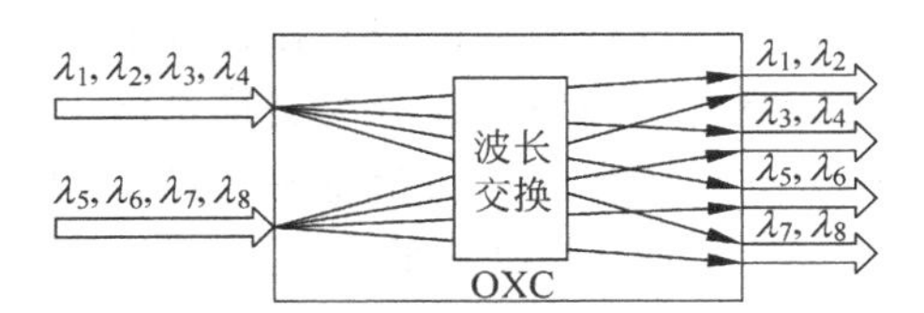

图 10.37 波长变换交叉连接

3. 光分组交换

光路交换技术已经实用化，而在分组光交换领域，由于光信息处理技术还远未成熟，光在细粒度的数据交换方面有些先天不足。目前比较成熟的光交换技术还是 O/E/O(光—电—光)的模式，即光信号首先经过光电转换成为电信号，然后通过高速的交换电路交换数据，最后再进行电光转换。

光分组交换能够在非常小的粒度上实现光交换/选路，极大地提高了光网络的灵活性和带宽利用率，非常适合数据业务的发展，是未来光网络的发展方向。

(1) 光分组交换节点结构如图 10.38 所示。它主要由输入输出接口、交换模块和控制单元等部分组成。其关键技术主要包括分组产生、同步、缓存、再生、光分组头重写及分组之间的光功率均衡等。

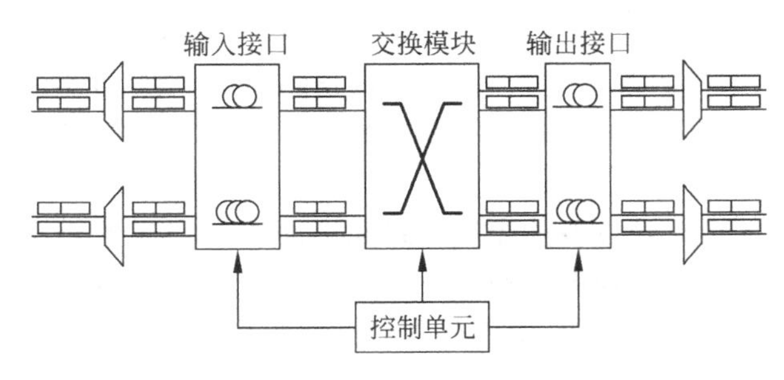

图 10.38 光分组交换节点结构示意图

输入接口完成的功能有：①对输入的数据信号整形、定时和再生，形成质量完善的信号以便进行后续的处理和交换。②检测信号的漂移和抖动。③检测每一分组的开头和末尾、信头和有效负载。④使分组获取同步并与交换的时隙对准。⑤将信头分出，并传送给控制器,由它进行处理。⑥将外部 WDM 传输波长转换为交换模块内部使用的波长。

控制单元完成的功能有:借助网络管理系统(NMS)的不断更新,参考在每一节点中保持的转发表,处理信头信息,进行信头更新(或标记交换),并将新的信头传给输出接口。目前这些控制功能都是由电子器件操作的。

交换模块就是按照控制单元的指示,对信息有效负载进行交换操作。

输出接口完成的功能有:①对输出信号整形、定时和再生,以克服由于交换引起的串扰和损伤,恢复信号的质量。②给信息有效负载加上新的信头。③分组的描绘和再同步。④按需要将内部波长转换为外部用的波长。⑤由于信号在交换模块内路程不同、插损不同,因而信号功率也不同,需要均衡输出功率。

在分组交换的 WDM 光网络中,分组业务具有很大的突发性,如果用光路交换的方式处理将会造成资源的浪费。在这种情况下,采用光分组交换将是最为理想的选择,它将大大提高链路的利用率。在分组交换网络中,每个分组必须包含自己的选路信息,通常是放在信头中。交换机根据信头信息发送信号,而其他的信息(如净荷)则不需由交换机处理。

(2) 光分组交换实验方法。光的分组交换一般有两种方法。一种是比特序列分组交换(BSPS);另一种是并行比特分组交换(BPPS)。BSPS 由电分组交换直接演化而来。二进制的比特序列分组交换是最简单的分组交换方式。对于一个给定波长波道的分组交换,信头采用二进制比特顺序编码,通常使用开关信号。如果将这些二进制的比特序列分组交换信道进行波分复用,可以增加传输带宽,因为多个分组信号可以同时在不同的波道上传送。不过,这些通道信号必须在进入交换机之前解复用以便进行选路,然后在交换机输出端再复用。BPPS 可以采用两种编码技术来实现,一种是负载波复用,另一种是多波长的 BPPS。在这两种情况中,并行比特分组交换的编码技术采用同一光纤中的不同波道来传送信头和负载信息,可保证负载和信头并行传送,因此可增加网络的吞吐量。多波长的分组交换比较适合于光网络。首先,它可以采用简单的无源光滤波器从分组信号中提取信头;其次,在交换机内对信头进行处理,使得分组路由对负载是透明的;第三,由于每波长使用单独的光源,信头和负载光源是分开的,因此没有功率损失。

对于光分组交换,有些技术(如再生、同步、信头处理、缓冲、空间交换和波长转换等)需要特别重视。一般地说,光信号在传送过程中不可避免地受到衰减、噪声、色散、串扰、抖动和非线性等影响。尤其是传输距离延长,每根光纤载荷的波长路数增多,每一通路传送的数字速率提高等,它们都会明显地引起传输损伤,包括幅度减小、脉冲形状畸变和定时漂移等。有必要采取措施以恢复原来信号形状和消除各种损伤,才能在网络中继续传输和交换。这就需要光的再生。

数据分组从各不同地点经过各种光纤线路和不同波长到达光分组交换节点,由于受到路程差异和温度变化及色散差异的影响,必然存在不同的传输时延。虽然光纤中的群速度色散可以由色散补偿的办法来克服,但不同的光纤路程可能引起较大的时延变化,因而各分组到达光分组交换节点是非同步的。为此,光分组交换节点必须设置分组同步电路,并采取信头误码控制(HEC)措施。

数据分组的信头包含光分组交换网络中交换和传送有效负载所必需的信息。目前实际使用的暂时办法是经过光电转换对信头进行电处理。早期的信头处理技术曾利用比信息有效负载的数字速率低的串行信头,这种方法实现起来容易,但处理速度慢。也曾使信头与信息有效负载的基带采用负载波复用，信头频带与信息有效负载基带位于同一时隙，这种方法的处理速度较快，但在信息数字速率提高时，会限制信头频率增高。总的来说，信头处理如采用电子处理技术，其速率将限于几十 Gb/s。因而光分组交换网络有必要采用光的信头处理。

光缓冲是光分组交换所必需的。这是因为光子不能像电子那样任意储存，在网络中有必要让光子得到适当缓冲。目前还没有全光的随机存储器，只能通过无源的光纤时延线(Fiber Delay Line，FDL)或有源的光纤环路来模拟光缓存功能。常见的光缓存结构有：可编程的并联 FDL 阵列、串联 FDL 阵列和有源光纤环路光纤时延线。

波长转换是一类重要的功能。在节点的输入和输出接口，都可能需要设置波长转换器，作为缓冲系统的一部分。过去曾利用光—电—光来获得波长转换。目前，采用全光波长转换。

光分组交换网络中的光数据分组主要分成两部分处理，其中光分组交换中的载荷部分采用不经过光电—电光处理的路由与转发，因此极大地提高了数据分组的转发速度和节点的吞吐量。载有地址和管理信息的光数据分组的信头需要采用同步、帧识别和地址识别等较复杂的光信号处理，由于目前光信号处理技术尚处于初步发展阶段，尚难实现非常复杂的光信号处理，因此采用多种光分组信头处理方案，从而形成了不同的光分组交换组网技术，如光突发交换技术、光标记交换技术和光时隙路由技术。光突发交换网络中，光分组的信头处理采用电子处理技术；光标记交换网络中，光标记写入、读取、删除和交换等简单的光信头处理功能采用光子技术，其他复杂的信头处理采用电子技术；而光时隙路由网络中，同步、地址识别和处理等复杂的功能均采用光子技术。

10.2.4 光交换技术的发展与应用

1. 光交换技术现状

对光交换的研究始于 20 世纪 70 年代，到 80 年代中期发展比较迅速。从技术的角度来讲，随着全光网络技术及光交换器件的发展，全光中继距离达 3000km 的光传输系统已经可以提供商用；光交换技术也日趋成熟，市面上可以提供具有高度可靠性和可维护性的光交换器件。另外，有关如何提供具有快速的链路建立和拆除特性的控制层协议的建设也取得了长足的进步。所有这一切为光交换的发展奠定了雄厚的基础。

对于纯粹的光交换，光信号通过光交换单元时，无须经过光电—电光转换，可以不受检测器和调制器等光电器件响应速度的限制，对比特率和调制方式透明，因此，可以大大提高交换单元的吞吐量。另外，光交换时并不区分带宽，而且不受光波传输数据速率的影响，因此，光交换技术费用不受接入端口带宽的影响。传统的交换技术费用随带宽增加而大幅提高，在高带宽的情况下，光交换更具吸引力。随着光技术的进一步发展，光交换一定会在交换领域占据越来越重要的地位，光交换必将成为高速网络交换技术的中坚力量。

目前市场上出现的光交换机大多数是基于光电和光机械的，随着光交换技术的不断发展和成熟，基于热学、液晶、声学、微机电技术的光交换机将会逐步被研究和开发出来。

由光电交换技术实现的交换机通常在输入输出端各有两个光电晶体材料(如锂铌和钡钛)的波导通路，两条通路之间构成 Mach-Zehnder 干涉结构，其相位差由施加在通路上的电压控制。当通路上的驱动电压改变两通路上的相位差时，利用干涉效应将信号送到目的输出端。这种结构可以实现1×2和2×2的交换配置，特点是交换速度较快(达到纳秒级)，但它的介入损耗、极化损耗和串音较严重，对电漂移较敏感，通常需要较高的工作电压。

采用光机械技术的光交换机是目前比较常见的交换设备，该交换机通过移动光纤终端或棱镜来将光线引导或反射到输出光纤，实现输入光信号的机械交换。光机械交换机交换速度为毫秒级，但因成本较低，设计简单和光性能较好，而得到广泛应用。

基于热光交换技术的交换机由受热量影响较大的聚合体波导组成，它在交换数据信息时，由分布于聚合体堆中的薄膜加热元素控制。当电流通过加热器时，它改变波导分支区域内的热量分布，从而改变折射率，将光从主波导引导至目的分支波导。热光交换机体积非常小，能实现微秒级的交换速度。

随着液晶技术的成熟，液晶光交换机将成为光网络系统中的一个重要设备，该交换设备主要由液晶片、极化光束分离器、成光束调相器组成。液晶在交换机中的主要作用是旋转入射光的极化角。当电极上没有电压时，经过液晶片的光线极化角为90°；当有电压加在液晶片的电极上时，入射光束将维持它的极化状态不变。该技术可以构造多通路交换机，缺点是损耗大、热漂移量大、串音严重、驱动电路也较昂贵。

由声光技术实现的光交换设备，因其中加入了横向声波，从而可以将光线从一根光纤准确地引导到另一根光纤。该类型的交换机可以实现微秒级的交换速度，可方便地构成端口较少的交换机，但它不适合用于矩阵交换机。用这种技术制成的交换机的损耗随波长变化较大，驱动电路也较昂贵。

采用微机电系统的光交换，实质上是一个二维可移镜片阵，当进行光交换时，通过移动光纤末端或改变镜片角度，把光直接送到或反射到交换机的不同输出端。采用微机电系统技术可以在极小的晶片上排列大规模机械矩阵，其响应速度和可靠性大大提高。这种光交换实现起来比较容易，插入损耗低、串音低、消光好、偏振和基于波长的损耗也非常低，对不同环境的适应能力良好，功率和控制电压较低，并具有闭锁功能。缺点是交换速度只能达到毫秒级。

2. 光交换技术的发展

(1) 光突发交换。针对目前光电路交换(OCS)和光分组交换(OPS)存在的一些问题，近年来，人们提出了一种新的光交换技术——光突发交换(OBS)技术，并迅速得到国内外学者们的广泛关注。OBS得以引人注目，是因为它兼有OCS和OPS的优点，同时又避免了它们的不足。

在OBS网络中，基本交换单元是突发(Burst)。突发由相同的出口边缘路由器地址，以及相同的服务质量要求的IP分组组成。光突发交换节点包括核心节点与边缘节点。边缘节点负责突发数据包的重组和分类，可以提供各类业务接口；而核心节点的任务是完成突发数据的转发与交换。光突发交换的核心节点结构与光分组交换不同，它只需在电域处理控制信令。

边缘节点将具有相同的出口边缘路由器地址和相同的QoS要求的IP分组，汇聚成突发包，生成突发数据分组和相应的控制分组。突发数据分组和控制分组传输，在物理信道上(一般为同一光纤中不同波长)和时间上(控制分组提前于突发数据分组一段时间，即偏置时间)是分离的。

在OBS系统中,一般采用单向预留方式,即控制分组提前于数据突发分组发送,而数据突发分组在等待一定时间后,不需要等待回复确认消息,直接在预先确定的信道(波长)上发送。每个控制分组对应于一个突发数据分组,它包含其对应突发数据分组的一些基本信息,如突发长度、偏置时间、波长ID和路由信息等,比突发数据短得多。

在中间核心节点,控制分组经过光—电—光变换和电信息处理,为相应的光突发分组预留资源。而突发数据分组不需要光—电—光处理,从源节点通过控制分组事先配置好的链路,直接透明(全光)地传送到目的节点。

在OBS网络中,中间节点无需任何光存储器,突发数据的传输是通过它相应的控制分组(BCP)预留资源来完成的,突发数据分组在中间节点直通,无须存储。而在光分组交换中,突发数据在中间节点存储转发。相对于光电路交换,OBS可获得更高的带宽利用率,因为它允许每一个波长的突发数据流之间的统计复用,否则需占用几个波长。另外,突发分组的端到端时延相对较小,因为偏置时间远小于波长路由中建立波长通道的时间。

光突发数据交换技术是针对目前光信号处理技术尚未足够成熟而提出的,在这种技术中有两种光分组技术:包含路由信息的控制分组技术和承载业务的数据分组技术。控制分组技术中的控制信息要通过路由器的电子处理,而数据分组技术不需光电/电光转换和电子路由器的转发,直接在端到端的透明传输信道中传输。控制分组在WDM传输链路中的某一特定信道中传送,每一个突发的数据分组对应于一个控制分组,并且控制分组先于数据分组传送,通过"数据报"或"虚电路"路由模式指定路由器分配空闲信道,实现数据信道带宽资源的动态分配。数据信道与控制信道的隔离简化了突发数据交换的处理,且控制分组长度非常短,因此使高速处理得以实现。同时由于控制分组和数据分组是通过控制分组中含有的可"重置"的时延信息相联系的,传输过程中可以根据链路的实际状况用电子处理对控制信元做调整,因此控制分组和信号分组都不需要光同步。可以看出,这种路由器充分发挥了现有的光子技术和电子技术的特长,实现成本相应较低、非常适合于在承载未来高突发业务的局域网(LAN)中应用。超大容量的光突发数据路由器同样可用于构建骨干网。

OBS技术是为了满足业务增长的需要而成长起来的,它具有时延小(单向预留)、带宽利用率高、交换灵活、数据透明、交换容量大(电控光交换)等优点,可以达到Tb/s级的交换容量。因此,OBS网络主要应用于不断发展的大型城域网和广域网。它可以支持传统业务,如电话、SDH、IP、FDDI和ATM等,也可以支持未来具有较高突发性和多样性的业务,如数据文件传输、网页浏览、视频点播、视频会议等。

对于大型的城域网,在一所或多所大学、大型写字楼、小区、企事业单位、各个郊县或卫星城,以及人口密集的公共场所等,放置一台OBS边缘路由器,完成本地多种业务的汇聚,生成突发。它的接入业务可以是多种多样的,如以太网(10MB、100MB、1GB或10GB)、ATM、xDSL等。再在各主要地方放置一些OBS核心路由器,完成光突发分组的预留和交换。这样,就构建出了一个都市OBS网。

尽管OBS在标准和协议方面还不成熟,有很多技术还在进一步研究之中,但OBS仍是一种非常有前途的光交换技术,它结合了光电路交换和光分组交换的优势,同时避免了它们的缺点。OBS的特点是控制与数据在时间和空间上分离,控制分组提前发送,并且在中间节点经过电信息处理,为数据分组预留资源;而数据分组随控制分组之后传送,在中间节点通过预留好的资源直通，无须光—电—光处理；采用单向预留机制，带宽利用率高，并且无须光缓存，实现相对容易。随着快速波长变换技术的成熟，光突发交换技术将得到飞速发展，成为下一代光传输与交换网络的核心技术。

(2) 自动交换光网络。随着通信网传输容量的增加，光纤通信技术也发展到了一个新的高度。发展迅速的各种新业务对通信网的带宽和容量提出了更高的要求。光纤的巨大频带资源和优异的传输性能，使它成为高速大容量传输的理想媒质。随着 WDM 技术的成熟，单根光纤的传输容量甚至可以达到 Tb/s 的速度。由此也对交换系统的发展带来了压力和动力。尤其是在全光网中，交换系统所需处理的信息甚至可达到几百至上千 Tb/s。运用光子技术实现光交换已成为迫切需要解决的问题。

为了有效地解决上述问题，一种新型的网络体系应运而生，这就是自动交换光网络(Automatic Switch Optical Network，ASON)，也就是通常所说的智能光网络。为了适应当今网络高速发展的要求，对“智能”的实现需要也有了从电层转变到光层的趋势。

过去，网络的光层仅仅被看做是一个简单的传输工具，其他的主要功能就是为各个电层设备(例如 IP 路由器、ATM 交换设备和 SDH 数字交叉设备等)提供静态高容量的连接。这种光传输网络被用于提供带宽服务(Provisioned Bandwidth Service，PBS)。在这样的传统光网络中，“智能”完全体现在电层，而光层仅仅好比是一些固定的大粗管道，为数据传输提供通道。总而言之，传统光网络的控制平面是通过网络管理实现的，这种结构必然会带来一系列的问题：中心网管的负担过重，系统生存性风险较大，网络的故障恢复时间非常长，光通道的配置需要网络管理员人工干预，不能实时地、动态地改变光网络的逻辑拓扑结构以适应不断变化的业务需求，网络的可扩展性差，信息服务种类的增加变得非常困难，互连互通困难，往往需要花费大量时间进行联调和测试。

ASON 技术是光传输网技术的一项重大突破，它的出现，深刻地改变了光传输网的体系和功能，可以相信，随着新一代光网络技术的日趋成熟，光网络正在从静态的、非智能的、需要外控的传输层面向动态的、智能的、自控的传输层面转变。自动交换光网络将 IP 传输网的智能性和 WDM 光网络的宽带性有机地结合在一起。有了 WDM 宽带性，自动交换光网络可以提供巨大的传输容量，同时单位比特信息的传输成本大大降低。有了 IP 传输网的智能性，自动交换光网络可以很好地实现和目前的电层面设备的无缝连接。

目前，通信网络正在向 IP 化的方向演进，新的网络技术与解决方案纷纷涌现，光网络将成为各种网络技术与方案相互竞争、相互融合、向未来公用通信网络发展的综合传送平台。基于 WDM 的光网络目前正在进入实用，关键的光器件技术发展很快。随着 IP 数据业务的快速发展，光网络与 IP 技术的结合越来越紧密。光网络未来的发展趋势将是适应数据业务发展的光分组交换网，在电网络向光网络的跨越过程中，光交换技术发展将会起到决定性的作用。

习题 10

10.1 如何理解 NGN？谈谈 NGN 的战略发展方向。

10.2 简述基于软交换的 NGN 网络体系结构各层的功能。

10.3 目前，软交换主要完成哪些功能？有哪些技术？

10.4 简要说明信令网关和媒体网关的具体应用。

10.5　软交换网络涉及的基本协议有哪些？它们都有哪些功能？

10.6　简要说明光交换的特点。

10.7　试叙述几种主要的光交换器件实现光交换的基本原理。

10.8　光交换技术有哪些类型？涉及哪些光交换方式？

10.9　简要叙述光波分复用交换网络的工作原理。

10.10　在光时分交换网络中，为什么要使用光时延线或光存储器？

10.11　自由空间光交换网络的主要特点是什么？

10.12　OADM 和 OXC 分别完成什么功能？

10.13　目前光分组交换有哪些新的技术和方法？

SP30CN PM交换机上机实验项目

附 A.1 框号设置

附 A.1.1 实验目的

(1) 了解 SP30CN PM 程控交换机的系统结构及硬件组成；
(2) 了解处理机框和通用机框的概念；
(3) 了解逻辑框号和物理框号的区别；
(4) 了解 PM 交换机上正确设置逻辑框号与物理框号对照关系的意义。

附 A.1.2 实验项目

设置逻辑框-物理框的对照关系。

附 A.1.3 基本原理

附图 A.1 为 SP30CN PM 交换机的逻辑构成。SP30CN PM 交换机主要由交换平台和外围设备构成，两者之间采用以太网连接。其中交换平台是 SP30CN PM 交换机的主体，主要包括呼叫处理机、各种硬件资源及交换软件，完成电话的呼叫接续、计费数据的生成、话务统计数据采集等功能；在目前的实验环境中，外围设备指的是网管控制台，它作为与交换平台之间的人机命令接口，主要完成对交换平台的维护功能，如局数据管理、电路跟踪测试、系统告警管理等。

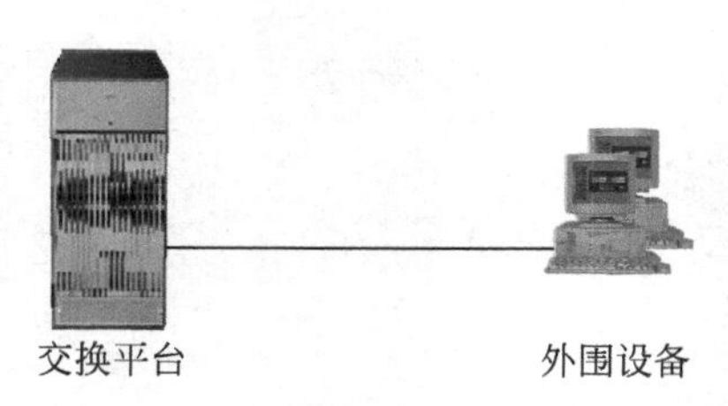

附图 A.1　SP30CN PM 交换机逻辑构成

SP30CN PM 交换机主要作为端局使用，对外提供 PRA、E1、COTK 的中继接口，支持 DSS1、No. 7、No. 1、DTMF/PULSE 等信令方式。根据对容量要求及机框配置的不同，

SP30CN PM 交换机可分为盒式、台式、架式三种系列产品。

本实验环境中采用的是 SP30CN PM 盒式产品。该产品采用标准 19 英寸机框结构，提供 6 个插槽。背板采用 PM2B，不能连接通用框（说明：当 SP30CN PM 交换机采用多机框结构时，习惯将 ESPM 处理机所在的机框称之为“处理机框”，而除了处理机框以外的其他机框称为“通用机框”或“通用框”），处理机采用单板多功能处理机 ESPM，占三个板位，固定安装在 3 板位，目前只支持单处理机工作方式，其他三个板位可根据需要安装用户板 SLC、信号多功能板 SIG-TONE、双音频电路板 DTMF、号码显示板 CLD、测试版 TET、数字中继板 DT4、用户环路中继 COTK、多频信号收发电路板 MFC、基本速率接口板 BRA 及基群速率接口板 PRA 等。

单板多功能处理机 ESPM 可以提供时钟、4K×4K 网络（4K 资源只有 0K 在系统中使用，其他 3K 不用）、2 路 E1（No. 1 或 No. 7）、TONE＋DTMF＋会议＋CLD（TONE 为 128 路，DTMF 为 16 路，会议和三方为 64 方，CLD 为 16 路）、4 路信令链路等资源，在具体的配置中一般不需要再配置上述功能板，采用单板多功能处理机 ESPM 的资源即可。

典型配置的用户的容量为 24～72 门，中继容量为 2E1，如附表 A. 1 所示。

附表 A. 1　SP30CN PM 交换机典型配置

板　　位	电　路　板
1	ESPM
2	
3	
4	SLC
5	SLC
6	SLC

SP30CN PM 台式产品采用标准 19 英寸机框结构，机框提供 17 个插槽，其中 2 个是电源板插槽，其余 15 个是功能板插槽，机框采用封闭式结构，自带风机盘，可以单独放置在工作台上使用，也可以放置在 19 英寸机架上使用，机框背板采用 SCBUSV1. 10，处理机采用单板多功能处理机 ESPM，占三个板位，处理机固定插在 12 板位和 14 板位，双机之间互为热备份。SCBUS 处理机框中可配置 SLC、SIG、DTMF、CLD、TET、DT4、COTK、MFC、BRA、PRA 等功能板。

台式产品的典型配置：配置一个处理机框，处理机为单机，使用 ESPM 提供的 E1 和 TONE＋DTMF＋会议＋CLD 资源，用户容量为 24～264 门，中继容量为 2 个 E1，如附表 A. 2 所示。

附表 A. 2　SP30CN PM 台式产品典型配置

	1	2	3	4	5	6	7	8	9	10	11	12	13	14	15	
POW5R	SLC	SLC	SLC	SLC	SLC	SLC	SLC	SLC	SLC	SLC	SLC	ESPM 处理机			TET	POW5R

说明：连接 E1 的 PCM 线接口由 14 板位直接接出。

SP30CN PM 架式产品与台式产品类似，但属于多机框结构，每套设备除了配置一个处理机框外，最多可再配置 4 个通用机框。各机框采用标准 19 英寸机框结构，机框提供 17 个插槽，其中 2 个是电源板插槽，其余 15 个是功能板插槽，必须安装在机架上使用，处理机框背板采用 SCBUSV1.10，由于 SP30CN PM 架式产品中采用了多机框结构，所以需要借助于总线接口卡 CPUI（插于处理机框背板）和 GENI（位于通用机框背板和 CPUI 之间通过 BUS 扁平电缆连接），来完成处理机和各通用机框之间的通信。这就牵涉到了"逻辑框号"和"物理框号"的概念：按照工程设计人员的习惯用法，通常按照由上向下的顺序，将各机框的逻辑框号定义为 1、2、3、4、5（属于人为定义结果，可依据实际情况更改）；而"物理框号"则指的是该通用机框对应的 CPUI 总线接口卡在处理机框上的插槽位置，如逻辑框号为 1 的机框对应的 CPUI 位于处理机框的 7 板位，则其物理框号为 7；不存在逻辑框的物理框号固定为"22"，而处理机框的物理框号始终为"0"。

附 A.1.4 实验步骤

1. 前提条件

(1) PM 交换机处理机运行正常。

(2) 维护终端与交换机之间通信正常。

2. 操作流程

(1) 人机台菜单"电路板管理"中双击"修改逻辑框—物理框对照表"命令。

(2) 在弹出的菜单窗口中单击"请发送"。

(3) 由于实验环境中采用的 PM 交换机为盒式产品，只有一个处理机框，因此在回显的结果中"物理框"为 0 的"逻辑框"表示为可用框号。可根据需要对逻辑框号进行修改，例如执行"请发送"后原回显结果如附图 A.2 所示。

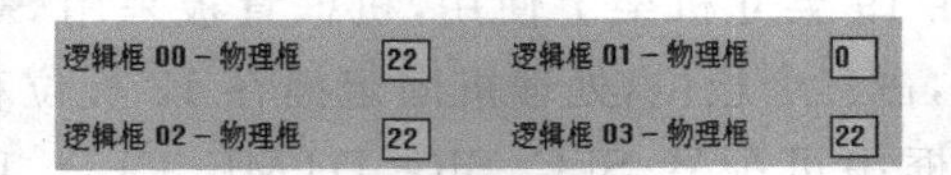

附图 A.2 请发送回显结果界面

它表示可用的框号为"1 框"，若需要将可用框号定义为"3 框"的话，则需在菜单窗口中将"逻辑框 01"所对应的物理框置为"22"，同时修改"逻辑框 03"的物理框号为"0"即可。

(4) 修改完后，单击"确认"按钮，可从交换机返回结果中查看修改情况。

3. 相关说明

上述修改操作必须在添加硬件电路板之前执行，否则将影响电路板的正常使用。

附 A.1.5 实验报告内容

记录 SP30CN PM 交换机目前设定的逻辑框号。

附 A.2 硬件电路板加载

附 A.2.1 实验目的

(1) 了解 PM 交换机上各硬件组成部分的主要功能。
(2) 了解 SP30CN PM 交换机在开通调测过程中对硬件电路板的加载及设定情况。

附 A.2.2 实验项目

(1) 多功能音模块的加载/删除。
(2) 用户电路板的加载/删除。
(3) 数字中继板的加载/删除。
(4) 用户环路中继板的加载/删除。

附 A.2.3 基本原理

SP30CN PM 交换机硬件系统采用总线方式(B 总线——话音总线,负责传递话音信号;D 总线——信令控制总线,完成处理机和各种硬件电路板之间的通信;C 总线——CPU 总线,完成双机之间的通信),各种功能模块全挂在总线上,SP30CN PM 总线结构如附图 A.3 所示。它采用标准的 19 英寸机框的物理结构方式提高了总线性能,提高了系统的负载能力,降低了负荷对总线的影响,消除总线带来的杂音和嵌位故障;同时扩展了总线性能,使系统具备故障定位能力,提高系统故障定位、隔离和恢复能力;增强软件的自愈能力:故障诊断/恢复、数据测试、话务控制等;提高了 D 总线和 C 总线的可靠性。

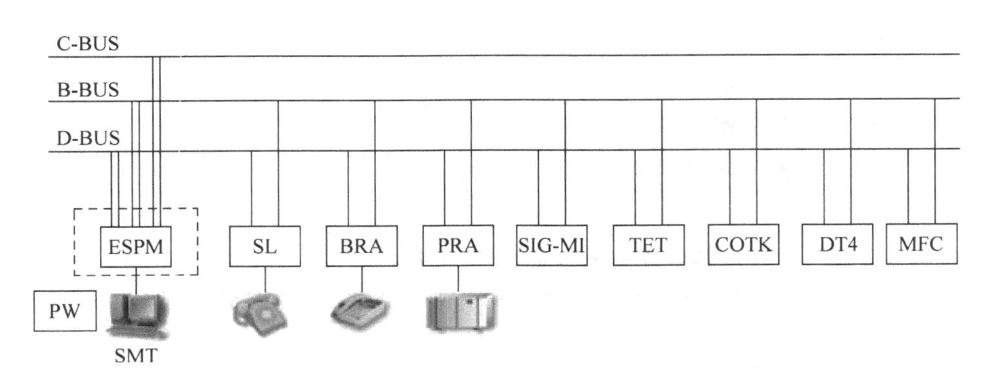

附图 A.3 SP30CN PM 总线结构示意图

SP30CN PM 交换机的硬件终端设备由用户电路、数字中继、音发生器、多频信号接收器、双音频信号接收器等组成。其设备驱动程序负责对用户状态变化及中继线路上扫描点变化等进行管理,并通过映射层向交换软件报告变化情况。交换软件接收到这些信息,完成相应的处理，并通过映射层向设备驱动程序发布命令，完成时隙连接，发送扫描点变化等硬件动作。因此需要在交换机侧正确加载这些硬件设备，交换软件通过这些硬件电路的框板号来完成对其扫描和管理。

1. 单板多功能处理机 ESPM

在 SP30CN PM 交换机中，单板多功能处理机板 ESPM 为 SP30CN PM 交换机的中央控制部分，主要完成 ISA-BUS 与 DT-BUS 之间的信号转换、双机状态控制、呼叫控制、信息管理等。

单板多功能处理机 ESPM 对外提供 4 路串口、2 路 E1 口、4 路 LAN 口。主要实现以下功能：

(1) 提供一套标准 D-BUS 通信总线；

(2) 实现 4K×4K 交换功能；

(3) 从 E1 信号中提取 2M 参考时钟，锁相后输出 8M 总线时钟和帧头信号，系统达到三级钟的要求；

(4) 在单板多功能处理机 ESPM 插入信令处理卡，实现 No.7 信令链路功能；

(5) 提供多功能音板功能，实现 TONE＋DTMF＋会议＋CLD＋FSK 功能（TONE 为 128 路，DTMF 为 16 路，会议和三方为 64 方，CLD 为 16 路）；

(6) 提供 2 路 E1 中继接口，实现系统与 PSTN 网络的连接；

(7) 提供 4 个以太网接口，可以连接网管台等外围终端。

2. 四路数字中继板 DT4

每板提供 4 条 E1 中继，主要完成以下功能：

(1) 码型变换；

(2) 时钟提取；

(3) 帧同步与复帧同步；

(4) 信令的插入和提取；

(5) 帧与复帧定位码组的插入；

(6) 自环由软件控制对数字中继进行自环测试以判断 DT4 是否有故障；

(7) 告警指示。

注：SP30CN PM 交换机的单板多功能处理机板 ESPM 可以提供 2 条 E1，其基本功能和四路中继板 DT4 的功能一致，目前实验环境中使用的 E1 即为 ESPM 处理机提供。

3. 双音频电路板 DTMF

双音频话机以其拨号速度快、抗干扰性能好，被广泛用于程控交换系统中。根据 ITU-T 的建议，双音频信号由 4 个高频频率和 4 个低频频率组成 16 个代码，代码与频率的对应关系如附表 A.3 所示。

附表 A.3 DTMF 代码与频率的对应关系

按键代码		高频组频率/Hz			
		H1 1209	H2 1336	H3 1447	H4 1633
低频组频率/Hz	L1 697	1	2	3	A
	L2 770	4	5	6	B
	L3 852	7	8	9	C
	L4 941	*	0	#	D

当用户按某个键时，从高、低频组各选择一个频率信号送到用户线上，在交换机侧用DTMF收号器接收。

注：SP30CN PM 交换机的 ESPM 处理机中所集成的多功能音模块 SIG-MI 可以提供16 路收号器，其基本功能和双音频电路板 DTMF 的功能一致。

4. 信号多功能板 SIG-TONE

(1) 提供符合《邮电部电话交换设备总技术规范书》要求的各种信号音及测试音，详见附表 A.4(国标信号音)。

附表 A.4 各种信号音及测试音要求

类别	频率/Hz	电平/dBm	时间结构(续—断 ms)
拨号音	450±25	−10±3	连续
忙音	450±25	−10±3	350−350_
回铃音	450±25	−10±3	1000−4000_
空号音	450±25	−10±3	100−100_100−100_100−100_400−400_
拥塞音	450±25	−10±3	700−700_
长途插入音	450±25	−20±3	200−200_200−600_
呼叫等待音	450±25	−20±3	400−4000_
特种拨号音	450±25	−10±3	400−40_
提醒音	950±50	−20±3	400−10000_
证实音	950±50	−20±3	连续
催挂音	950±50	+3	连续
七号导通音	2000	−12	连续
静音	A 律 PCM 编码“54H”		

(2) 提供双音频信号，用于测试等目的。其频率组合与代码关系见附表 A.5，频偏≤±1.5%，低频群电平——9±3dBm，高频群电平——7±3dBm，高低频电平差≤2±1dB。

附表 A.5 DTMF 频率组合与代码关系

双音频信号				
	1209Hz	1336Hz	1477Hz	1633Hz
697Hz	1	2	3	A
770Hz	4	5	6	B
852Hz	7	8	9	C
941Hz	*	0	#	D

注：SP30CN PM 交换机的 ESPM 集成的多功能音模块 SIG-MI，可以提供 128 个信道的语音和信号音，可以提供 64 个会议电话业务和三方通话业务话路，其基本功能和信号多功能板 SIG-TONE 的功能一致。

5. 来电号码显示板 CLD

CLD 是用于实现主叫号码显示业务的功能板(16 路)。发端交换机将主叫号码等识别信息通过信令系统送给终端交换机。终端交换机将该信息通过来电号码显示板 CLD 板以频移键控(FSK)方式送给被叫方用户终端设备(CPE)。

主叫识别信息的内容包括:主叫号码(本地来话:P'Q'R'S'A'B'C'D'或长途来话:0X'1X'2P'Q'R'S'A'B'C'D')、日期(月、日)、时间(时、分)等信息。其中,主叫号码由发端交换机经由终端交换机送达被叫用户终端设备,日期和时间信息由终端交换机送达被叫用户终端设备。

终端交换机可在挂机或通话两种状态下,给被叫用户终端送主叫识别信息。

(1) 用户终端挂机状态(On-Hook)。交换机在第一次振铃与第二次振铃期间发送信息。

(2) 用户终端通话状态(Off-Hook)。具有主叫识别信息显示功能的用户甲,与用户乙正处于通话状态,又有第三方用户丙呼叫甲时,在甲终端设备上将显示用户丙的识别信息。此状态下的 CLD(主叫号码显示)业务必须与呼叫等待业务合并进行,主叫识别信息在第一声呼叫等待音送出后传送。

注:SP30CN PM 交换机的 ESPM 集成的多功能音模块 SIG-MI 可以提供 16 路来电号码显示电路,其基本功能和来电号码显示板 CLD 的功能一致。

6. 多频信号收发电路板 MFC

多频信号收发电路板功能:完成局间多频记发器信号的互控(即中国 No.1 信号方式)。每块单板可提供 16 套多频互控信号的多频接收器和多频发送器。

(1) 每路多频互控收发器可灵活配置为前向或后向模式。

(2) 每路多频互控收发器可灵活配置为互控和单拍方式。

注:SP30CN PM 交换机的 ESPM 集成的多功能音模块 SIG-MI 在选择相应程序的前提下,可以提供 15 路多频信号收发电路,其基本功能和多频信号收发电路板 MFC 的功能一致。

7. 用户电路板 SLC

模拟用户电路板一般采用编解码器 CODEC 和用户接口 SLIC 两种芯片,外围再附加几种器件就可完成用户电路的所有功能,包括 BORSCHT 功能等。

(1) 馈电(Battery Feeding)。交换机通过用户电路向用户话机馈电,通常有恒压和恒流馈电两种方式,一般采用恒流馈电方式,并且环路电流可调整。在短环路下,环路电流一般为 30mA。

(2) 过压保护(Over Voltage Protect)。雷电冲击、高压电力线的感应以及电力线与电话线接触等,都会导致过压过流而损坏交换机,为此必须采取过压过流保护。配线架上是一级保护,用户电路上为二级保护。用户电路的二级保护电路,由具有正向温度效应的热敏电阻(PTC)和对过压进行钳位的保护器件组成。热敏电阻的作用是在环路电流过大时,其阻值迅速增大,从而限制电流的增加。过压过流保护器件在经受冲击动作后迅速动作而在外部冲击消失后可自动恢复。其防护标准符合ITU-T K.20标准。

(3) 振铃、截铃控制(Ring)。一般SLIC芯片内部有铃流继电器的驱动电路或者提供驱动输出管脚,在每路用户电路都接有振铃控制继电器,微处理器在铃流的过零点处控制铃流继电器把铃流送往用户话机,当检测到用户摘机时,在铃流的过零点处控制铃流继电器释放,切断送往用户话机的铃流。

(4) 环路状态监视(Supervision)。用户摘/挂机信号、拨号脉冲信号由监视电路进行检测。在用户话机处于挂机状态时,用户环路电流低于12mA,用户接口SLIC的DET信号为高电平。当用户环路电流超过12mA时,DET信号为低电平,指示用户话机摘机。用户话机的拨号脉冲由DET信号的相应脉冲波形来反映,这些信号经控制总线送给微处理器进行检测。

(5) 编译码(Codec)。采用TDM总线速率为8Mb/s的四路音频编译码器。

(6) 二/四线转换及混合平衡网络(Hybrid circuit)。它的作用是进行二/四线转换。

(7) 测试(Test)。安装测试继电器,把外线及内线分别接到各自的测试设备,为处理器CPU控制测试继电器的动作及释放,实现用户电路内、外线测试功能。

在SP30CN PM系统中,用户电路作为模拟用户接口,除BORSCHT 7项基本功能外,一般还提供挂机传输、极性反转(根据用户板版本号不同,该项功能有所选择)、16kHz计费脉冲发送等功能。

模拟用户电路板主要由接口驱动/缓冲电路、通信电路、控制扫描电路、模拟用户接口电路等组成。

8. 二线环路中继板COTK

二线环路中继板COTK提供的主要功能有:

(1) 支持脉冲拨号;

(2) Call-ID的透传;

(3) 铃流检测;

(4) 线路极性检测;

(5) 线路状态监测;

(6) 通话进程音(拨号音、忙音)检测;

(7) 线路摘/挂机控制;

(8) 线路过压保护;

(9) 提供测试(内线)接口;

(10) 编译码、二/四线转换及混合平衡网络。

附A.2.4 实验步骤

1. 多功能音模块SIG-MI1的增加

◆ 前提条件

(1) PM交换机运行正常且ESPM跳线正确。

(2) 维护终端与交换机之间通信正常。

◆ 操作流程

(1) 在人机台菜单"电路板管理→增加电路板"中双击"增加 SIG-MI1 板"命令；

(2) 在弹出的菜单项中，设置公用板 SIG-MI1 所在的框号、板号、交换机为其分配的网络资源(分配 HW 号)及该电路板的内置或外置情况；

(3) 数据填写好后，单击"确认"，人机台侧应提示增加成功；

(4) 在人机台菜单"电路板管理→显示电路板配置"中双击"指定板型显示"，在弹出的菜单窗口中选中"SIG-MI1"命令，并单击"确认"按钮，根据回显的结果可判断 SIG-MI1 板的安装和加载情况。

◆ 相关说明

(1) "开始框号"即为本机框的逻辑框号；"开始板号"可在 1、2、7～21 中任意选取，只需保证与其他电路板所在的板位设置无冲突即可；"分配 HW 号"固定为"4"；"是否内置模块"需选择为"是"，表示目前交换机使用的音模块为 ESPM 系统集成的；

(2) 由于 SIG-MI1 的功能集成于 ESPM 处理机，因此在 PM 交换机的硬件组网中看不到该电路板，但是由于需要用到其功能，所以必须通过人机命令增加该电路板；并且 SIG-MI 已经具备了 DTMF、SIG-TONE 及 CLD 等功能，且实验环境中未配置这些功能板，所以无须再增加这些电路板。

2. 多功能音模块 SIG-MI 的删除

◆ 前提条件

(1) PM 交换机运行正常。

(2) 维护终端与交换机之间通信正常。

(3) SP30CN PM 交换机上已经加载了 SIG-MI 的数据。

◆ 操作流程

(1) 在人机台菜单"电路板管理→删除电路板"中双击"删除 SIG-MI1 板"命令。

(2) 在弹出的菜单项中，输入实验编号项目中加载 SIG-MI1 板时的"开始框号"、"开始板号"。

(3) 数据填写好后，单击"确认"按钮，人机台侧应提示删除成功。

(4) 在人机台菜单"电路板管理→显示电路板配置"中双击"指定板型显示"，在弹出的菜单窗口中选中"SIG-MI1"命令，并单击"确认"按钮，根据回显的结果判断 SIG-MI1 板的删除情况。

3. 用户电路板 SLC 的增加

◆ 前提条件

(1) PM 交换机运行正常。

(2) 维护终端与交换机之间通信正常。

◆ 操作流程

(1) 在人机台菜单"电路板管理→增加电路板"中双击"增加 SLC 板"命令。

(2) 在弹出的菜单项中，设置用户板 SLC 所在的框号、板号、连续增加的用户板数量、交换机为其分配的网络资源(分配 HW 号)以及 SLC 板类型。

(3) 数据填写好后，单击“确认”按钮，人机台侧应提示增加成功。

(4) 在人机台菜单“电路板管理→显示电路板配置”中双击“指定板型显示”，在弹出的菜单窗口中选中 SLC 命令，并单击“确认”按钮，根据回显的结果可判断用户板 SLC 的安装和加载情况。

◆ 相关说明

“开始框号”即为本机框的逻辑框号；“开始板号”应以 SLC 实际插入的插槽位置为准，如板位 4、5 或 6；“连续个数”指的是板位号的连续，通过连续个数的设置，可以同时增加多块板位号连续的 SLC 用户板，如果只有一块用户板，则此项参数可以填“1”或者不填写；“分配 HW 号”需填写为“0”(或 HW 1)；“SLC 板类型”需根据实际配置情况选择，本实验环境采用的板型是 24 路。

4. 用户电路板 SLC 的删除

◆ 前提条件

(1) PM 交换机运行正常。

(2) 维护终端与交换机之间通信正常。

(3) PM 交换机上已经加载了用户电路板的数据。

◆ 操作步骤

(1) 在人机台菜单“电路板管理→删除电路板”中双击“删除 SLC 板”命令。

(2) 在弹出的菜单项中，输入实验项目中增加 SLC 板时的“开始框号”、“开始板号”及需要连续删除的用户板的个数。

(3) 数据填写好后，单击“确认”按钮，人机台侧应提示删除成功。

(4) 在人机台菜单“电路板管理→显示电路板配置”中双击“指定板型显示”，在弹出的菜单窗口中选中 SLC 命令，并单击“确认”按钮，根据回显的结果判断 SLC 板是否已经成功删除。

5. 数字中继板 DT 的增加

◆ 前提条件

(1) PM 交换机运行正常且 ESPM 跳线正确。

(2) 维护终端与交换机之间通信正常。

◆ 操作步骤

(1) 在人机台菜单“电路板管理→增加电路板”中双击“增加 DT 板”命令。

(2) 在弹出的菜单项中，设置公用板 DT 所在的框号、板号、连续个数、交换机为其分配的网络资源(分配 HW 号)、DT 板类型及该电路板的内置或外置情况。

(3) 数据填写好后，单击“确认”按钮，人机台侧应提示增加成功。

(4) 在人机台菜单“电路板管理→显示电路板配置”中双击“指定板型显示”，在弹出的菜单窗口中选中“DT 板”选项，并单击“确认”按钮，根据回显的结果可判断 DT 板的安装和加载情况。

◆ 相关说明

“开始框号”即为本机框的逻辑框号；“开始板号”可在 1、2、7～21 中任意选取，只需保证与其他电路板所在的板位设置无冲突即可；“分配 HW 号”需填写“6”；“信令方式”及“DT 板类型”需根据交换机侧的实际配置选取，在本实验环境中需选择为“No.7”方式和“2PCM”；“是否内置模块”需选择为“是”，表示目前交换机使用的两个 PCM 的数字中继是在 ESPM 处理机中集成的。

6. 数字中继板 DT 的测试

◆ 前提条件

(1) PM 交换机运行正常且 ESPM 跳线正确。

(2) 维护终端与交换机之间通信正常。

(3) 数字中继板 DT 已经正确加载。

◆ 操作步骤

(1) 在人机台菜单“电路维护→电路测试”中双击“中继电路测试”命令。

(2) 在弹出的菜单窗口中，填入实验项目中增加的 DT 板所在的框号及板号情况，并根据测试需要启动立即或定时测试(当选择“定时”测试时，需填入具体启用测试的时间)。

(3) 数据填写好后，单击“确认”按钮。

(4) 如果选择的测试模式为“立即”测试，则执行上述操作后，交换机会自动返回测试结果，正常情况下数字中继的两个 PCM 系统均应测试成功。

◆ 相关说明

也可以在“SIG-MI1”和“DT”板正常加载后，在人机台菜单“电路维护→电路测试→例行测试”中双击“立即启动例行测试”，在弹出的菜单项中单击“确认”按钮，交换机会在几分钟之内自动返回测试结果，正常情况下测试结果应为“测试成功”。

7. 数字中继板 DT 的删除

◆ 前提条件

(1) PM 交换机运行正常且 ESPM 跳线正确。

(2) 维护终端与交换机之间通信正常。

(3) 数字中继板 DT 已经正确加载。

◆ 操作流程

(1) 在人机台菜单“电路板管理→删除电路板”中双击“删除 DT 板”命令。

(2) 在弹出的菜单项中，输入实验项目中增加 DT 板时的“开始框号”、“开始板号”及“连续个数”(由于增加的 DT 板是 ESPM 处理机集成的，数量只有一个，所以此项参数可以不填)。

(3) 数据填写好后，单击“确认”按钮，人机台侧应提示删除成功。

(4) 在人机台菜单“电路板管理→显示电路板配置”中双击“指定板型显示”，在弹出的菜单窗口中选中“DT 板”选项，并单击“确认”按钮，根据回显的结果判断 DT 板是否已经成功删除。

8. 用户环路中继板 COTK 的增加

◆ 前提条件

(1) PM 交换机运行正常。

(2) 维护终端与交换机之间通信正常。

◆ 操作流程

(1) 在人机台菜单“电路板管理→增加电路板”中双击“增加 COTK 板”命令。

(2) 在弹出的菜单项中,设置用户环路中继板 COTK 所在的框号、板号、连续个数、交换机为其分配的网络资源(分配 HW 号)以及 COTK 板类型。

(3) 数据填写好后,单击“确认”按钮,人机台侧应提示增加成功。

(4) 在人机台菜单“电路板管理→显示电路板配置”中双击“指定板型显示”,在弹出的菜单窗口中选中“COTK 板”选项,并单击“确认”按钮,根据回显的结果可判断用户环路中继板 COTK 的安装和加载情况。

◆ 相关说明

“开始框号”即为本机框的逻辑框号;“开始板号”应以 COTK 实际插入的插槽位置为准,如板位 4、5 或 6;“连续个数”指的是板位号连续的 COTK 的数量;“分配 HW 号”可填写为“7”;“COTK 板类型”需根据实际配置情况选择,如 8 路或 16 路。

9. 用户环路中继板 COTK 的删除

◆ 前提条件

(1) PM 交换机运行正常且 ESPM 跳线正确。

(2) 维护终端与交换机之间通信正常。

(3) 用户环路中继板 COTK 已经正确加载。

◆ 操作流程

(1) 在人机台菜单“电路板管理→删除电路板”中双击“删除 COTK 板”命令。

(2) 在弹出的菜单项中,输入实验项目中增加 COTK 板时的“开始框号”、“开始板号”及需要连续删除的 COTK 板的数量。

(3) 数据填写好后,单击“确认”按钮,人机台侧应提示删除成功。

(4) 在人机台菜单“电路板管理→显示电路板配置”中双击“指定板型显示”,在弹出的菜单窗口中选中“COTK 板”选项,并单击“确认”按钮,根据回显的结果判断用户环路中继板 COTK 是否已经成功删除。

附 A.2.5 实验报告内容

(1) 记录多功能音模块 SIG-MI 的加载/删除情况。

(2) 记录用户板 SLC 的加载/删除情况。

(3) 记录数字中继 DT 的加载/测试及删除情况。

(4) 记录用户环路中继 COTK 的加载/删除情况。

附 A.3 用户数据设置

附 A.3.1 实验目的

掌握 SP30CN PM 交换机上常用用户数据的使用。

附 A.3.2 实验项目

(1) 用户号码的分配。
(2) 用户号码的删除/修改。
(3) 用户的呼入/呼出权限。
(4) 用户的停机/欠费状态。

附 A.3.3 基本原理

SP30CN PM 交换模块是建立在一个标准环境上的交换系统,不随硬件环境的变化而变化。每块用户板上都有自己的 CPU 完成本板的一些基本操作,通过 D-BUS 总线与呼叫处理机通信。每块用户板上的每个电路在交换管理时,通过接口程序用其逻辑号来表示,这就使整个系统非常灵活,任何一种板可以插在任何一个板位上。因此交换软件对用户信息表进行管理时,不是用其用户物理位置来查询而是根据其逻辑号码来检索的,其方法如附图 A.4 所示。

在用户信息表中有该用户的具体物理位置、用户号码、状态数据、类别数据、计费类别数据及新业务数据等。用户状态管理就是根据用户不同的呼叫置其不同状态,并给交换模块提供该用户所特有的数据,供交换模块分析处理。

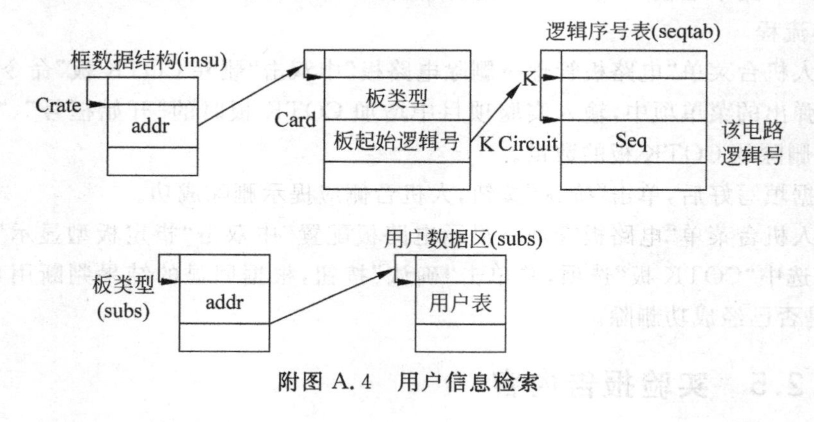

附图 A.4 用户信息检索

附 A.3.4 实验步骤

1. 用户号码的分配

◆ 前提条件

(1) PM 交换机运行正常。

(2) 维护终端与交换机之间通信正常。

(3) SLC 板已经成功加载。

◆ 操作流程

(1) 设置本地长途区号：在人机台菜单"本局编号计划"中双击"设置本地长途区号"命令，在弹出的窗口中单击"请发送"按钮，可以根据实际情况对回显结果进行修改、确认。

(2) 增加本局号码字冠：在人机台菜单"本局编号计划→本局号码设置"中双击"增加本局号码字冠"命令，在弹出的窗口添加需要设置的本局号码字段及对应的长度后，单击"确认"按钮，则交换机将返回增加成功的信息。如"本局号码字冠"填写为 8888，"号码长度"为 7 时，表示交换机为本局用户分配电话号码时，其号码可以在 8888000～8888999 中任选。

(3) 分配用户号码：在人机台菜单"用户数据管理→号码管理→分配用户号码"中双击"连续分配用户号码"命令，在弹出的对话窗口中设置需分配的用户号码、对应用户电路板 SLC 的硬件位置、连续分配的个数及具体的呼出权限的选择即可；如"开始号码"为 8888000，"开始用户电路"为"1 框 4 板 0 路"，"连续个数"为 48，"呼出权限"为国内有权等等。

(4) 显示号码资源的分配情况：在人机台菜单"用户数据管理→号码管理"中，通过双击"显示未分配号码"或双击"显示已分配号码"命令，可以查询交换机侧对目前具备的号码资源的使用情况。

(5) 显示号码与电路的对应关系：在人机台菜单"用户数据管理→号码管理→显示号码与电路对照表"中，可以查询号码与 SLC 用户电路，或者是 SLC 用户电路与具体的用户号码之间的对应关系，从而可以检测执行上述(3)时对用户号码的分配情况。

(6) 电话拨测：号码分配成功后，用户摘机即可听到拨号音。如 8888000 摘机听拨号音，拨打 8888001 时，8888001 用户振铃，摘机后两者可以正常通话，完成本局内部的呼叫接续。

◆ 相关说明

在人机台菜单"用户数据管理→号码管理"中双击"查询号码开关设置"，在弹出的对话框中单击"请发送"按钮，并修改回显结果中"拨打 # # # 在人机台显示号码"改为"允许"并确认，则用户摘机拨"# # #"时即可从人机台侧查看该用户所使用的电话号码。

2. 用户号码的删除/修改

◆ 前提条件

(1) PM 交换机运行正常。

(2) 维护终端与交换机之间通信正常。

(3) 用户号码已经成功分配。

◆ 操作流程

(1) 删除电话号码：在人机台菜单"用户数据管理→号码管理→删除号码"中双击"连续删除号码"命令，在弹出的对话窗口中可以对一个或多个已分配的号码进行删除；如删除 8888001，连续 1 个，则删除成功后，使用 8888000 拨打 8888001 时将听空号提示音。

(2) 修改用户号码：在人机台菜单“用户数据管理→号码管理→修改号码”中使用“连续改号”命令，可以对交换机已分配的号码进行更改；如填入“原号码”为8888002，“新号码”为8888118，“连续个数”1个并确认后，使用8888000拨打8888002时听空号，而拨打8888118时可以正常接续。

(3) 对全局号码字冠的修改：在人机台菜单“本局编号计划→本局号码设置”中双击“修改本局号码字冠”命令，可以完成对本交换机上所有用户号码的号码字冠的修改；如“原本局号码字冠”填入8888，“新本局号码字冠”填入2345，则已经分配的用户号码将由原来的8888 *** 变更为2345 ***。

3. 用户号码的呼入/呼出权限

◆ 前提条件

(1) PM交换机运行正常。

(2) 维护终端与交换机之间通信正常。

(3) 用户号码已经成功分配。

◆ 操作流程

(1) 用户呼入权限的修改及测试：在人机台菜单“用户数据管理→用户属性和业务管理→修改用户属性数据”中双击“集中修改用户受话权限”，在弹出的菜单窗口中可以对本局用户的受话权限进行修改。例如，修改8888001用户的呼入权限由原来分配号码时的允许呼入改为“禁止受话”，则此时8888000摘机后拨打8888001时，将无法正常接续；测试完成后再修改8888001的呼入权限为“允许受话”，则修改成功后，8888000拨打8888001即可呼叫成功。

(2) 用户呼出权限的修改及测试：在人机台菜单“用户数据管理→用户属性和业务管理→修改用户属性数据”中双击“集中修改用户呼出权限”，在弹出的菜单窗口中可以对本局用户的呼出权限进行修改。例如，修改8888000用户的呼出权限由原来分配号码时的国内有权改为“本市有权”，同时在人机台菜单“本局编号计划→本局号码设置”中双击“修改本局号码字冠附加权限”，在弹出的窗口中输入“本局号码字冠”8888、单击“请发送”按钮后，将回显结果的“附加呼叫类型”设置为“本地网”并确认；此后使用8888000拨打8888001时，将听无权提示音(其原因是8888000用户的呼出权限为本市有权，其权限低于本地有权，所以不足以拨打权限相当于“本地有权”的本局号码字冠8888)。

4. 用户的停机/欠费状态

◆ 前提条件

(1) PM交换机运行正常。

(2) 维护终端与交换机之间通信正常。

(3) 用户号码已经成功分配。

◆ 操作流程

(1) 检测用户停机状态下的呼入呼出情况：恢复上述实验项目中的操作，保证8888000

呼叫8888001时系统可以完成正常的接续，再在人机台菜单“用户数据管理→用户属性和业务管理→修改用户属性数据”中双击“集中修改用户停机标志”，在弹出的对话窗口中修改8888000为停机用户。此后使用8888000拨打8888001，或使用8888001拨打8888000时电话应无法正常接续。

(2) 检测用户欠费状态下的呼入呼出情况：①取消8888000的停机状态，保证8888000呼叫8888001时系统可以完成正常的接续，再在人机台菜单“用户数据管理→欠费用户管理”中双击“登记/撤销/查询欠费用户”命令，在弹出的窗口中将8888000登记为欠费用户，此后使用8888000拨打8888001时将听到主叫欠费的提示音；②在人机台菜单“用户数据管理→欠费用户管理”中双击“欠费用户受话权限设置”命令，在弹出的窗口中单击“请发送”按钮，将回显结果置为“否”并确认，此后使用8888001拨打8888000，将听到被叫欠费的提示音，无法完成接续；③在人机台菜单“用户数据管理→欠费用户管理”中双击“欠费用户受话权限设置”命令，在弹出的窗口中单击“请发送”按钮，将回显结果置为“是”并确认，此后使用8888001拨打8888000，电话可以正常接续。

附A.3.5 实验报告内容

(1) 记录号码的增加、删除及修改情况。
(2) 记录修改用户呼入/呼出权限后的测试情况。
(3) 记录修改用户停机/欠费状态后，用户的呼入呼出情况。

附A.4 电话接续测试

附A.4.1 实验目的

(1) 了解SP30CN PM交换机在实现局内呼叫时，各状态的迁移过程。
(2) 了解SP30CN PM交换机的接续原理。
(3) 通过实验操作，掌握用户在摘机、拨号及呼叫过程中的各种状态。

附A.4.2 实验项目

基本的电话接续测试。

附A.4.3 基本原理

交换模块是一个建立在标准环境上的交换系统，不随硬件环境的变化而变化。它主要由呼叫处理、资源管理、局数据库管理、计费系统及维护测试诊断系统组成。其中呼叫处理系统主要担负着一个呼叫的产生→接续→通话→释放之间必要的连接；完成这些状态的变更在交换软件中被称为状态迁移。下面以一次局内呼叫为例，来说明SP30CN PM交换机的状态迁移过程，各状态的具体迁移过程如附图A.5～附图A.9所示。

1. 空闲态

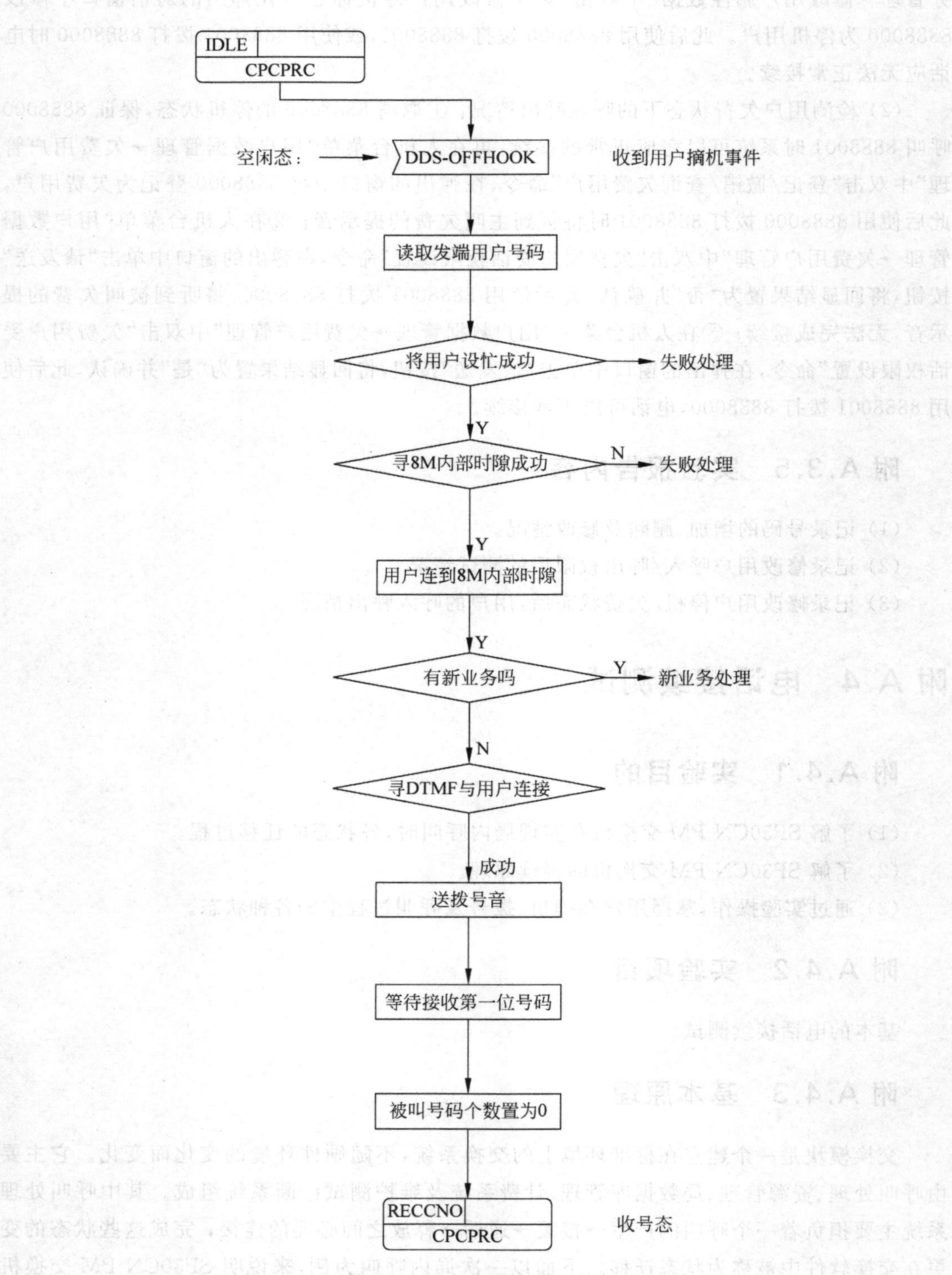

附图 A.5　空闲态到收号态

2. 收号态

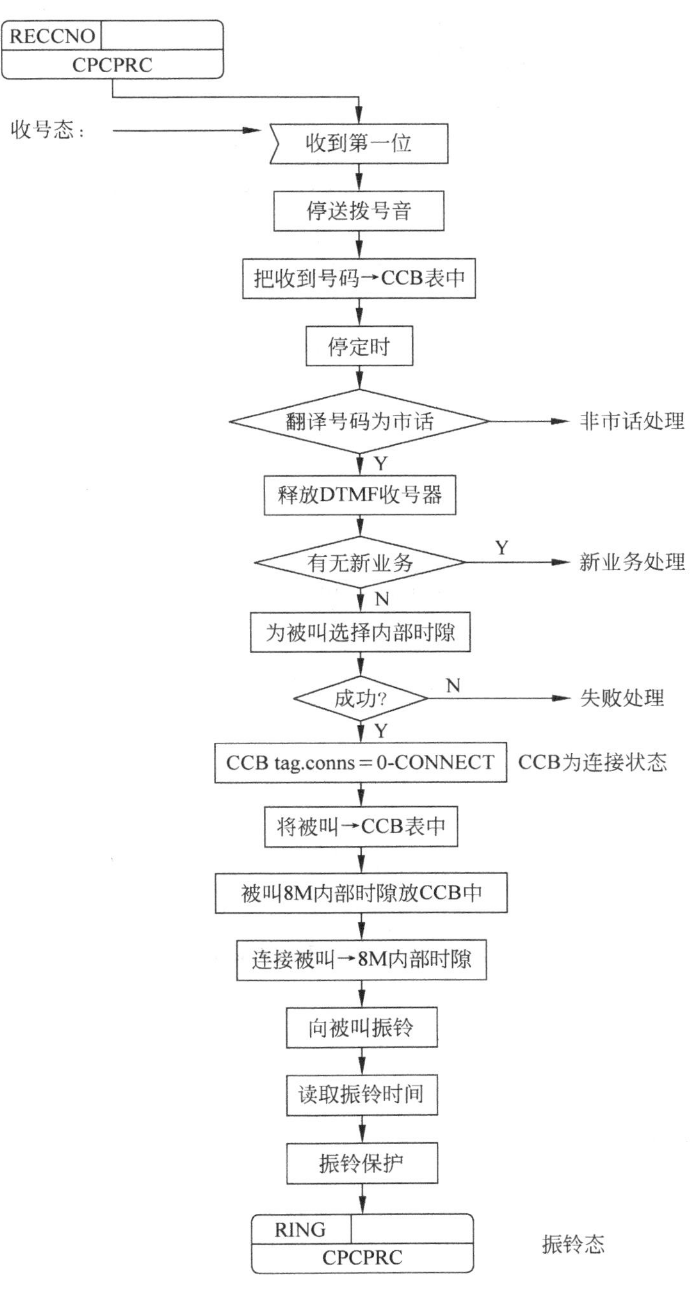

附图 A.6 收号态到振铃态

3. 振铃态

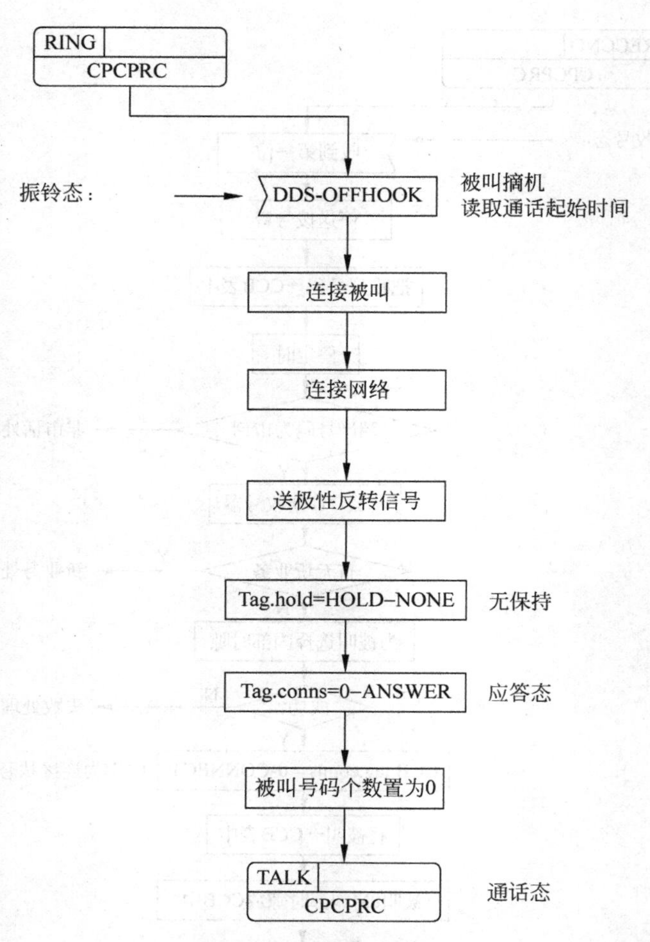

附图 A.7 振铃态到通话态

4. 通话态

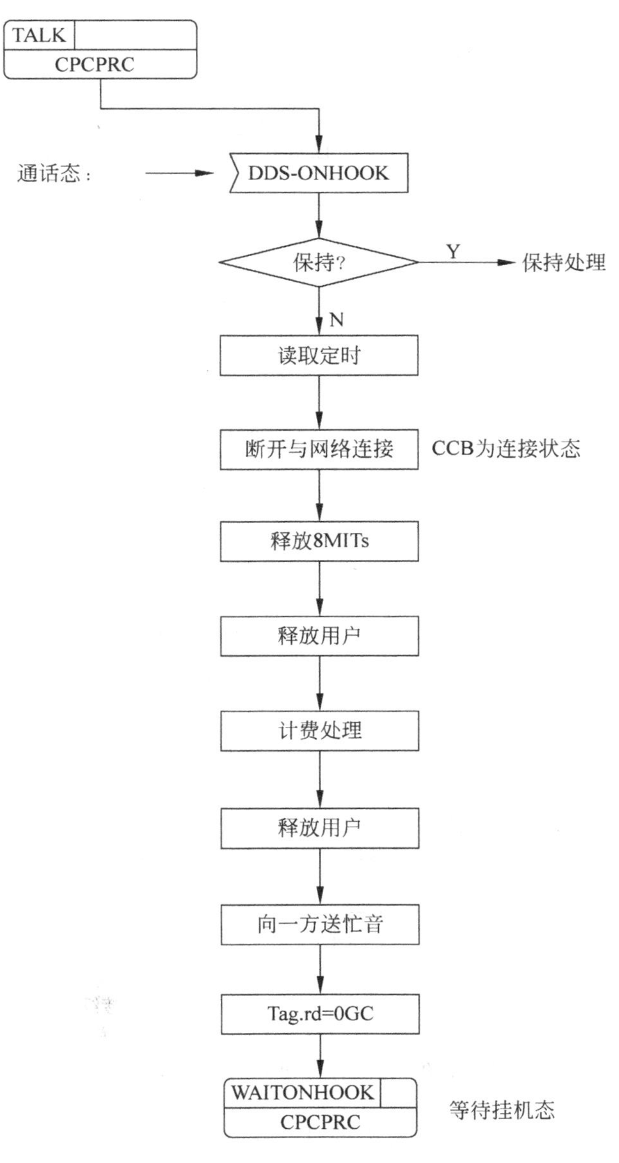

附图 A.8 通话态到等待挂机态

5. 等待挂机态

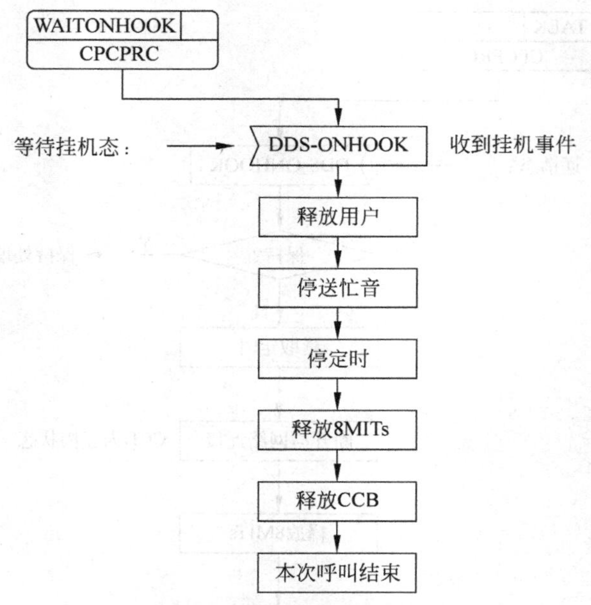

附图 A.9　等待挂机态到呼叫结束

下面着重介绍一下同一 PM 交换机上的用户 A 呼叫用户 B 时的接续原理，如附图 A.10 所示。

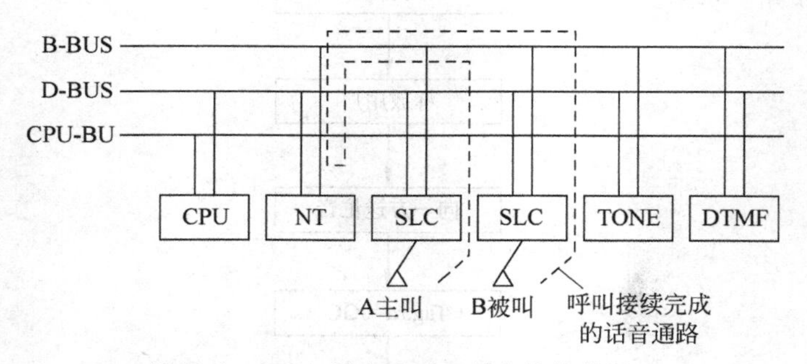

附图 A.10　A 用户呼叫 B 用户的接续原理

(1) A 用户摘机，用户电路 SLC 板中处理器接收，并通过 D 总线传送给主处理机 CPU (如附图 A.11 所示)。在维护台上通过执行"电路维护→显示电路状态→整板电路状态显示"命令。可以显示出 A 所对应的用户电路由空闲(绿色)变为摘机占用(红色)的状态。

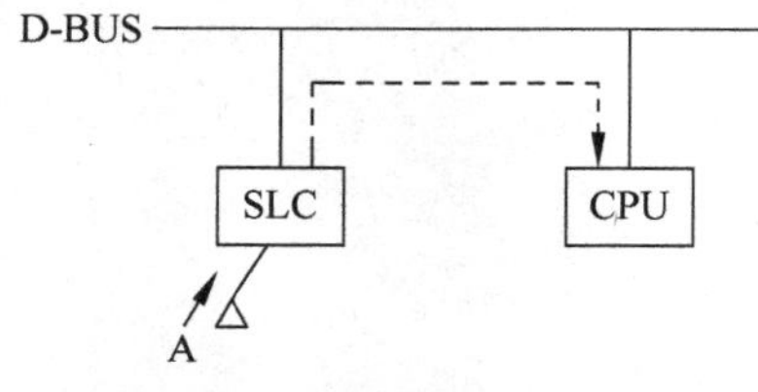

附图 A.11　摘机占用信号

(2) A 用户听拨号音。由主处理机 CPU 控制，将拨号音通过 B 总线、网的某一时隙和用户电路传给用户 A(如附图 A.12 所示)。

(3) A 用户拨号。A 用户拨出双音频信号，用户电路 SLC 接收，并通过 D 总线传给处理机 CPU(如附图 A.13 所示)。

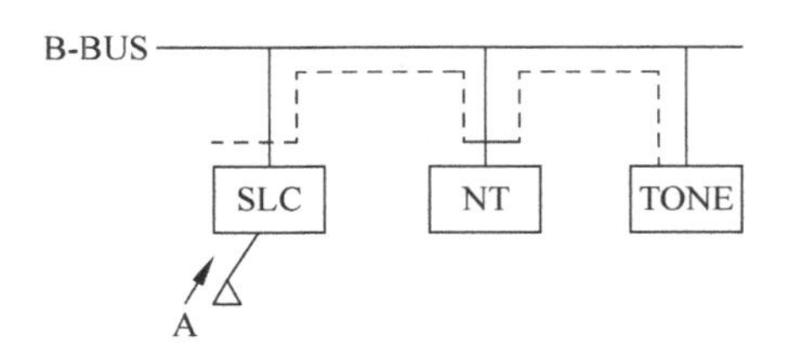

附图 A.12　A 用户听拨号音

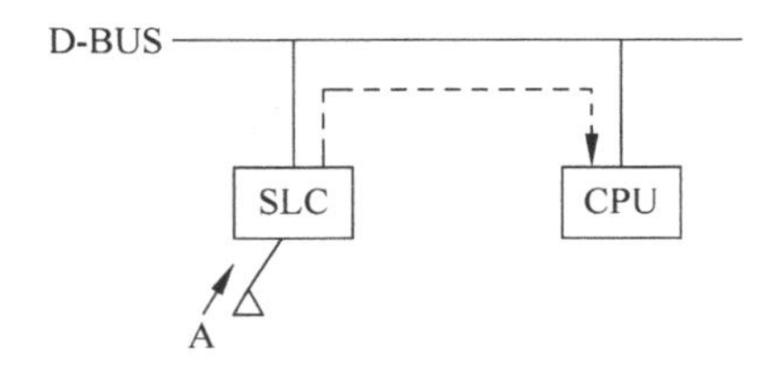

附图 A.13　A 用户拨双音频号码

(4) 号码分析。处理机分析号码，确定所对应的被叫用户电路位置，选择 B 总线、NT 网络的某一空闲话路时隙。

(5) 被叫振铃、主叫听回铃音。由 CPU 控制，即驱动程序运行，将铃流送给被叫用户 B，同时将音板(TONE)上的回铃音通过 B 总线、NT 网的某一时隙和用户电路传给主叫用户 A(如附图 A.14 所示)。

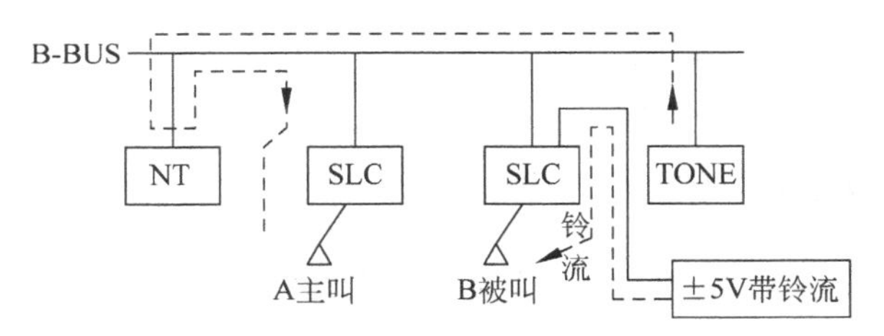

附图 A.14　被叫振铃、主叫听回铃音

(6) 被叫应答通话。被叫摘机，主处理机控制驱动选定的话路时隙，将主、被叫用户电路接通(如附图 A.15 所示)。在维护台侧执行“电路维护→显示电路状态→整板电路状态显示”命令，可以显示出被叫用户电路此时呈现占用状态(红色)。

主、被叫用户通话，处理机开始记载计费信息。

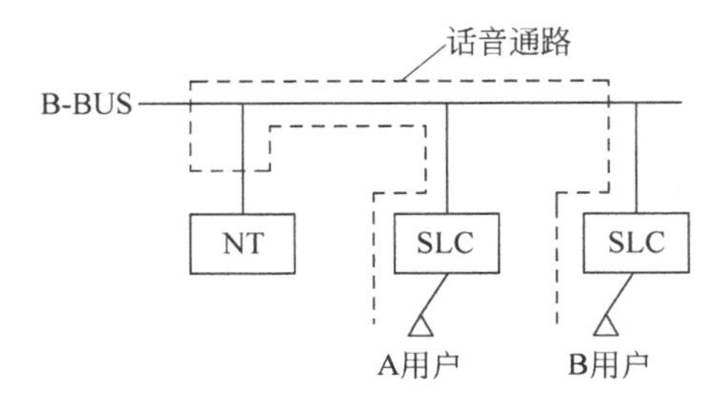

附图 A.15　主、被叫用户话路接通

(7) 释放控制。通话结束后，A、B 任一用户挂机，用户电路板 SLC 接收挂机信号，并通过 D 总线传给处理机，由处理机释放通话电路，并控制音板向后挂机的一方送忙音。

附 A.4.4 实验步骤

(1) 主叫用户摘机后久不拨号,超时(10s)后听忙音;

(2) 主叫用户拨号过程中,位间隔超时(20s)后听忙音;

(3) 拨号中途挂机,二次摘机后听拨号音;

(4) 主叫用户呼叫被叫用户,如被叫用户忙,主叫用户听忙音;

(5) 主叫用户呼叫本地被叫用户时,被叫用户久不应答,超时(60s)主叫听忙音;

(6) 主叫用户所拨号码为空号时,听辅导音"您拨的是空号";

(7) 主叫用户呼叫本局被叫用户,通话结束后无论主叫和被叫哪一方先挂机,通话均即时结束,即复原控制方式为互不控制。

附 A.4.5 实验报告内容

(1) 观察一次呼叫接续过程中,主、被叫用户电路的状态变化情况。

(2) 记录上述实验步骤(1)~(7)的测试结果。

附 A.5 话机闭锁业务

附 A.5.1 实验目的

了解话机闭锁业务及在 SP30CN PM 交换机上的实现情况。

附 A.5.2 实验项目

SP30CN PM 交换机上话机闭锁业务的申请、登记、应用及撤销。

附 A.5.3 基本原理

"话机闭锁"业务属于发话限制业务,用户可根据需要,通过一定的拨号程序进行登记,从而实现话机对某些呼叫的限制。

附 A.5.4 实验步骤

1. 前提条件

本局用户之间可以正常通话。

2. 操作流程

(1) 申请:在人机台菜单"用户数据管理→用户属性和业务管理→修改用户业务数据→申请/取消业务权限→修改单用户的业务权限"命令窗口中,为 PM 上的某用户申请该业务。

(2) 登记:在人机台菜单"用户数据管理→用户属性和业务管理→修改用户业务权限→

登记/撤销单用户业务数据"命令窗口中，为用户登记该业务；或者由双音频用户话机，摘机后拨"＊54＊Kssss＃"，听新业务受理成功的提示音后挂机即可。

(3) 使用：用户呼叫受限制的被叫号码时听到"您是无权用户"的语音提示。

(4) 撤销：双音频用户话机摘机后拨"＃54＊Kssss＃"，听辅导音后挂机即可。

3. 相关说明

(1) 其中 K＝1 表示限制全部呼出；K＝2 表示限制国内及国际长途电话的呼出；K＝3 表示限制国际长途电话的呼出；K＝4 表示限制群外呼叫(适用于群用户)；K＝5 表示限制本地呼叫；K＝6 表示限制本市呼叫；K＝7 表示限制 IP 电话呼叫。

(2) ssss 为四位数字的操作密码，可以在人机台菜单"用户数据管理→用户属性和业务管理→修改用户属性数据"中的"初始化用户密码"项对其进行初始设置。

(3) 当 K＝1 时，不能同时登记三方通话、超时热线业务。

(4) 用户登记话机闭锁业务后，其呼入不受任何影响。

附 A.5.5　实验报告内容

记录话机闭锁业务的设置及实现情况。

附 A.6　免打扰业务

附 A.6.1　实验目的

了解免打扰业务及在 SP30CN PM 交换机上的实现情况。

附 A.6.2　实验项目

SP30CN PM 交换机上免打扰业务的申请、登记、应用及撤销。

附 A.6.3　基本原理

"免打扰"业务是 SP30CN PM 交换机为用户提供的基本电话业务的一种，用户在某一段时间内不希望有来话打扰时，可以登记该项业务，此后所有来话均由交换机送"请勿打扰"的提示音，直至用户撤销为止。

附 A.6.4　实验步骤

1. 前提条件

本局用户之间可以正常通话。

2. 操作流程

(1) 申请：在人机台菜单"用户数据管理→用户属性和业务管理→修改用户业务数据→

申请/取消业务权限→修改单用户的业务权限”命令窗口中，为PM上的某用户申请该业务。

(2) 登记：在人机台菜单“用户数据管理→用户属性和业务管理→修改用户业务权限→登记/撤销单用户业务数据”命令窗口中，为用户登记该业务；或者由双音频用户话机，摘机后拨“*56#”，听新业务受理成功的提示音后挂机即可。

(3) 使用：拨打该用户的主叫可听到“请勿打扰”的辅导音。

(4) 撤销：在人机台菜单“用户数据管理→用户属性和业务管理→修改用户业务权限→登记/撤销业务”命令窗口中，撤销该业务；或由用户摘机后拨“#56#”自行撤销。

3. 相关说明

(1) 用户登记免打扰业务后，其呼出不受任何影响；

(2) 不能同时登记缺席服务、闹钟服务、遇忙回叫、呼叫等待、恶意呼叫业务。

附A.6.5 实验报告内容

记录免打扰业务的设置及实现情况。

附A.7 遇忙转移业务

附A.7.1 实验目的

了解遇忙转移业务及在SP30CN PM交换机上的实现情况。

附A.7.2 实验项目

SP30CN PM交换机上遇忙转移业务的申请、登记、应用及撤销。

附A.7.3 基本原理

“遇忙转移”业务是SP30CN PM交换机为用户提供的基本电话业务的一种，如PM交换机上的A用户登记了遇忙转移业务，则当其他用户呼叫A用户时，若A空闲，则A用户振铃；若A正忙，则自动转移到预先设定的话机上。用户A为主叫时不受影响。

附A.7.4 实验步骤

1. 前提条件

本局用户之间可以正常通话。

2. 操作流程

(1) 申请：在人机台菜单“用户数据管理→用户属性和业务管理→修改用户业务数据→申请/取消业务权限→修改单用户的业务权限”命令窗口中，为PM上的某用户申请该业务。

(2) 登记：在人机台菜单“用户数据管理→用户属性和业务管理→修改用户业务权限→

登记/撤销单用户业务数据”命令窗口中，为用户登记该业务，并输入转移后的目的号码；或由双音频用户摘机后拨“＊40＊TN#”，听到新业务受理成功的提示音后挂机即可。

(3) 使用：该用户的来话遇忙时，自动前转到预先登记的话机上。

(4) 撤销：在人机台菜单“用户数据管理→用户属性和业务管理→修改用户业务权限→登记/撤销业务”命令窗口中，撤销该业务；或者由用户摘机后拨“#40#”自行撤销该业务。

3. 相关说明

(1) TN为前转的目的话机，前转次数只能一次；

(2) 不能同时登记闹钟服务、缺席服务、遇忙回叫、呼叫等待业务；

(3) 此业务是否允许转长途，可在人机台菜单“用户数据管理→用户属性和业务管理→修改用户业务数据”的“呼叫转移是否允许转长途”命令中设置。

附A.7.5 实验报告内容

记录遇忙转移业务的设置及实现情况。

附A.8 缺席用户服务业务

附A.8.1 实验目的

了解缺席用户服务业务及在SP30CN PM交换机上的实现情况。

附A.8.2 实验项目

SP30CN PM交换机上缺席用户服务业务的申请、登记、应用及撤销。

附A.8.3 基本原理

“缺席用户服务”业务是SP30CN PM交换机为用户提供的基本电话业务的一种，当用户外出时，可登记该项业务，有电话呼入时，交换机自动送“被叫不在，请稍后再拨”的语音提示。

附A.8.4 实验步骤

1. 前提条件

本局用户之间可以正常通话。

2. 操作流程

(1) 申请：在人机台菜单“用户数据管理→用户属性和业务管理→修改用户业务数据→申请/取消业务权限→修改单用户的业务权限”命令窗口中，为PM上的某用户申请该业务。

(2) 登记：在人机台菜单“用户数据管理→用户属性和业务管理→修改用户业务数据→登记/撤销业务数据→登记/撤销单用户业务数据”命令窗口中，登记该业务；或者是用户摘机后拨“＊50＃”，自行登记。

(3) 使用：当用户外出时，呼叫该用户的主叫将听到“被叫不在，请稍后再拨”的辅导音。

(4) 撤销：在人机台菜单“用户数据管理→用户属性和业务管理→修改用户业务权限→登记/撤销业务”命令窗口中，撤销该业务；或者是用户摘机听拨号音后拨入“＃50＃”自行完成业务撤销。

3. 相关说明

不能同时登记免打扰、前转、遇忙回叫、呼叫等待、闹钟服务、追查恶意业务。

附 A.8.5 实验报告内容

记录缺席用户服务业务的设置及实现情况。

附 A.9 主叫线识别提供

附 A.9.1 实验目的

了解主叫线识别提供业务及在 SP30CN PM 交换机上的实现情况。

附 A.9.2 实验项目

SP30CN PM 交换机上主叫线识别提供业务的申请、登记、应用及撤销。

附 A.9.3 基本原理

“主叫线识别提供”业务是 SP30CN PM 交换机为用户提供的基本业务的一种。当用户登记此业务后，作被叫时交换机能够向其提供主叫线号码，话机终端上显示出相应的主叫信息。

发端交换机将主叫号码等识别信息通过 No.7 信令系统送给终端交换机，终端交换机将该信息以频移键控（FSK）方式送给被叫方用户终端设备（CPE）。信息传送过程如附图 A.16 所示。

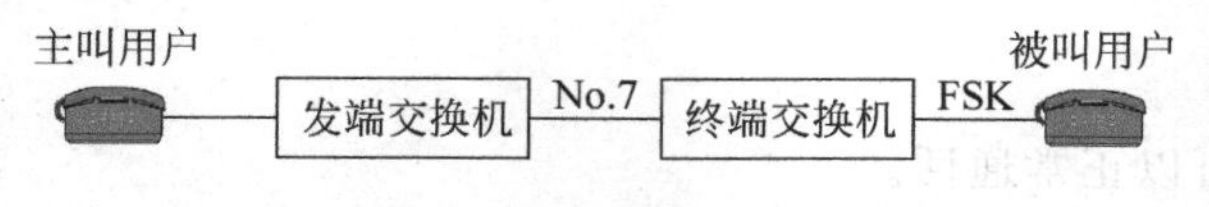

附图 A.16 主叫识别信息传送过程

主叫识别信息的内容包括：主叫号码(本地来话：P'Q'R'S'A'B'C'D'或长途来话：0X'1X'2P'Q'R'S'A'B'C'D')、日期(月、日)、时间(时、分)等信息。其中，主叫号码由发端交换机经由终端交换机送达被叫用户终端设备，日期和时间信息由终端交换机送达被叫用户终端设备。

附 A.9.4 实验步骤

1. 前提条件

(1) 本局用户之间可以正常通话。

(2) 用户话机终端支持来电显示功能。

2. 操作流程

(1) 申请：在人机台菜单“用户数据管理→用户属性和业务管理→修改用户业务数据→申请/取消业务权限→修改单用户的业务权限”命令窗口中，为 PM 上的某用户 A 申请该业务。

(2) 登记：在人机台菜单“用户数据管理→用户属性和业务管理→修改用户业务数据→登记/撤销业务数据→登记/撤销单用户业务数据”命令窗口中，为 A 登记主叫线识别提供业务。

(3) 使用：当某用户呼叫 A 时，其来电号码将在 A 的呼叫终端上显示。

(4) 撤销：在人机台菜单“用户数据管理→用户属性和业务管理→修改用户业务权限→登记/撤销业务”命令窗口中，撤销该业务。

附 A.9.5 实验报告内容

记录主叫线识别提供业务的设置及实现情况。

附 A.10 黑白名单业务

附 A.10.1 实验目的

了解 SP30CN PM 交换机上黑白名单业务的使用和实现情况。

附 A.10.2 实验项目

SP30CN PM 交换机上主、被叫侧黑/白名单的设置和拨测。

附 A.10.3 基本原理

“黑白名单”业务属于 PM 交换机上限拨业务的一种，通过该业务可以限制部分用户对某些局向或号码的呼叫。其实现机理为“主叫黑名单中定义的主叫号码(或入中继标识)，只允许呼叫被叫白名单中定义的号码或局向；主叫白名单中定义的主叫号码(或入中继)，不受被叫侧黑名单的限制，可以呼叫被叫黑名单中的号码或局向”。

附 A.10.4 实验步骤

1. 前提条件

本局用户之间可以正常通话。

2. 操作流程

(1) 在人机台菜单“用户数据管理→用户属性和业务管理→修改用户业务数据→黑白名单数据管理”中设置被叫侧黑名单：设置“限制呼叫的目的码”为 B。
(2) A 呼叫 B,呼叫失败；B 呼叫 A,呼叫成功。
(3) 在人机台菜单“用户数据管理→用户属性和业务管理→修改用户业务数据→黑白名单数据管理”中设置主叫侧白名单：设置“不受被叫侧黑名单限制的主叫号码”为 A。
(4) A 呼叫 B,呼叫成功。

附 A.10.5 实验报告内容

自行完成并记录：设置 B 为主叫侧黑名单后 A 和 B 之间相互的呼叫情况；此时如果再将 A 设置为主叫侧的白名单用户,则 A、B 间的呼叫情况如何呢？
相关说明
以上试验完成后,请取消在黑白名单业务中的所设置的各参数项。

附 A.11 无条件转移业务

附 A.11.1 实验目的

了解无条件转移业务及在 SP30CN PM 交换机上的实现情况。

附 A.11.2 实验项目

SP30CN PM 交换机上无条件转移业务的申请、登记、应用及撤销。

附 A.11.3 基本原理

“无条件转移”业务是 SP30CN PM 交换机为用户提供的基本电话业务的一种,如 SP30CN PM 交换机上的某用户 A 登记了该项业务后,当其他用户呼叫 A 用户时,会自动转接到另一部预先设定的用户话机上,但 A 用户作主叫时其呼叫不受任何影响。

附 A.11.4 实验步骤

1. 前提条件

本局用户之间可以正常通话。

2. 操作流程

(1) 申请：在人机台菜单“用户数据管理→用户属性和业务管理→修改用户业务数据→申请/取消业务权限→修改单用户的业务权限”命令窗口中，为PM上的某用户申请该业务。

(2) 登记：在人机台菜单“用户数据管理→用户属性和业务管理→修改用户业务权限→登记/撤销单用户业务数据”命令窗口中，为用户登记该业务，并输入转移后的目的号码；或由双音频用户摘机后拨“*57*TN#”，听新业务受理成功的提示音后挂机即可。

(3) 使用：拨打该用户的来话将被无条件转移到预先登记的话机上。

(4) 撤销：在人机台菜单“用户数据管理→用户属性和业务管理→修改用户业务权限→登记/撤销业务”命令窗口中，撤销该业务；或者由用户摘机后拨“#57#”自行撤销该业务。

3. 相关说明

(1) TN为前转目的话机的号码，前转次数只能一次。

(2) 不能同时登记闹钟服务、缺席服务、遇忙回叫、呼叫等待业务。

此业务是否允许转长途，可在人机台菜单“用户数据管理→用户属性和业务管理→修改用户业务数据”的“呼叫转移是否允许转长途”命令中设置。

附A.11.5 实验报告内容

记录无条件转移业务的设置及实现情况。

附A.12 多重限拨业务

附A.12.1 实验目的

了解多重限拨业务及在SP30CN PM交换机上的实现情况。

附A.12.2 实验项目

SP30CN PM交换机上多重限拨业务的申请、登记、应用及撤销。

附A.12.3 基本原理

“多重限拨”业务属于发端限制业务的一种，通过该业务可以限制用户拨打某些局向或号码。

附A.12.4 实验步骤

1. 前提条件

本局用户之间可以正常通话。

2. 操作流程

(1) 申请：在人机台菜单"用户数据管理→用户属性和业务管理→修改用户业务数据→申请/取消业务权限→修改单用户的业务权限"命令窗口中，为 PM 上的某用户 A 申请多重限拨业务的使用权限。

(2) 登记"正限"方式：在人机台菜单"用户数据管理→用户属性和业务管理→修改用户业务数据→登记/撤销业务数据→修改多重限拨业务数据"命令窗口中，为 A 登记该业务。如"限拨方式"选择"不允许拨下列号码"，"限拨号码表"内填写号码 B。

(3) 使用：A 呼叫 B 时听"您是无权用户"的语音提示，而 A 呼叫其他号码时可以正常接续。

(4) 登记"反限"方式：在人机台菜单"用户数据管理→用户属性和业务管理→修改用户业务数据→登记/撤销业务数据→修改多重限拨业务数据"命令窗口中，输入 A 号码后单击"请发送"，修改其"限拨方式"为"只允许拨下列号码"，同时其"限拨号码表"内仍填写号码 B。

(5) 使用：A 呼叫 B 时可以正常接续，而 A 呼叫其他号码时听无权提示音；撤销：在人机台菜单"用户数据管理→用户属性和业务管理→修改用户业务权限→修改多重限拨业务数据"命令窗口中，撤销该业务。

附 A.12.5 实验报告内容

记录多重限拨业务的设置及实现情况。

附 A.13 CENTREX 群

附 A.13.1 实验目的

以 SP30CN PM 交换机为例，了解固网交换机除了为用户提供的基本业务及补充业务外，还可以为用户提供一些特有的电信网服务功能：如满足用户小交换机功能要求的商业群功能(CENTREX)。

附 A.13.2 实验项目

(1) CENTREX 群的组建。
(2) CENTREX 群用户的呼入呼出情况。
(3) CENTREX 群的特有功能——呼叫代答功能。

附 A.13.3 基本原理

SP30CN PM 交换机的 CENTREX 群业务是在交换机上，将部分用户(譬如一个小区，一个单位)划分为一个基本用户群，使其成为一个虚拟的用户交换机，并为这些用户提供用户交换机的功能，对于 CENTREX 群内用户而言，它既是 PSTN 电话网上的用户，又是虚拟用户交换机的用户，在享有 PSTN 的全部基本业务、特殊业务及新业务服务的同时，还享有用户交换机的特殊服务。

CENTREX 用户群的数量以及用户群内的用户数在交换机容量允许的范围内不受限制，并可根据用户要求，通过人机命令在维护终端上设定 CENTREX 每一个用户群的用户。CENTREX 用户在硬件上与普通用户没有区别。

CENTREX 群内每一个用户可以有两个号码：一个是公网统一号码(PSTN 号码)，一个是群内呼叫使用的号码(群内短号)，CENTREX 群内号码可以采用与 PSTN 等位编码方式，也可以采用不等位编号方式，群内号码可以分配 2～6 位号长，1～8 字头号码；每一个 CENTREX 群可以具备一个引示号，相当于集团用户的总机号码(在没有话务台的情况下，引示号码可以不设置)。

附 A.13.4 实验步骤

1. 组建 CENTREX 群

◆ 前提条件

(1) PM 交换机运行正常。

(2) 维护终端与交换机之间通信正常。

(3) 用户之间可以正常通话。

◆ 操作流程

(1) 初始化群号长度：在人机台菜单“CENTREX 用户群管理→设定 CENTREX 群号长度”中，执行初始化群号长度命令。如输入“群号长度”为 3(该数据一旦设定后即不允许更改)。

(2) 创建 CENTREX 群：在人机台菜单“CENTREX 用户群管理→增删改 CENTREX 群→增加 CENTREX 群”命令窗口中，输入要创建的 CENTREX 群的属性。如附图 A.17 所示填写。

(3) 在人机台菜单“CENTREX 用户群管理→增加/删除 CENTREX 群用户→增加 CENTREX 群用户”命令窗口中增加群用户，例如将 8888001～8888005 这 5 个用户设置为 CENTREX 群用户，其内部拨打时的分机小号分别为 101～105，则数据设置如附图 A.18 所示。

(4) 在人机台菜单“CENTREX 用户群管理→显示 CENTREX 群数据→CENTREX 群大小号对照”中显示群 001 内部用户的大小号列表，其回显结果应与步骤(3)设置的数据相一致。

2. 群用户的呼入呼出

◆ 前提条件

本局用户之间可以正常通话。

◆ 操作说明

(1) 群内呼叫：群用户可以直接拨打小号码完成对本群内部用户的呼叫，如 8888001 呼叫 8888003 时，摘机后直接拨 103 即可；并且群内呼叫时，被叫振铃为特殊的振铃音；在实验项目的数据设置中，同一 001 群内的用户之间通话应为免费。

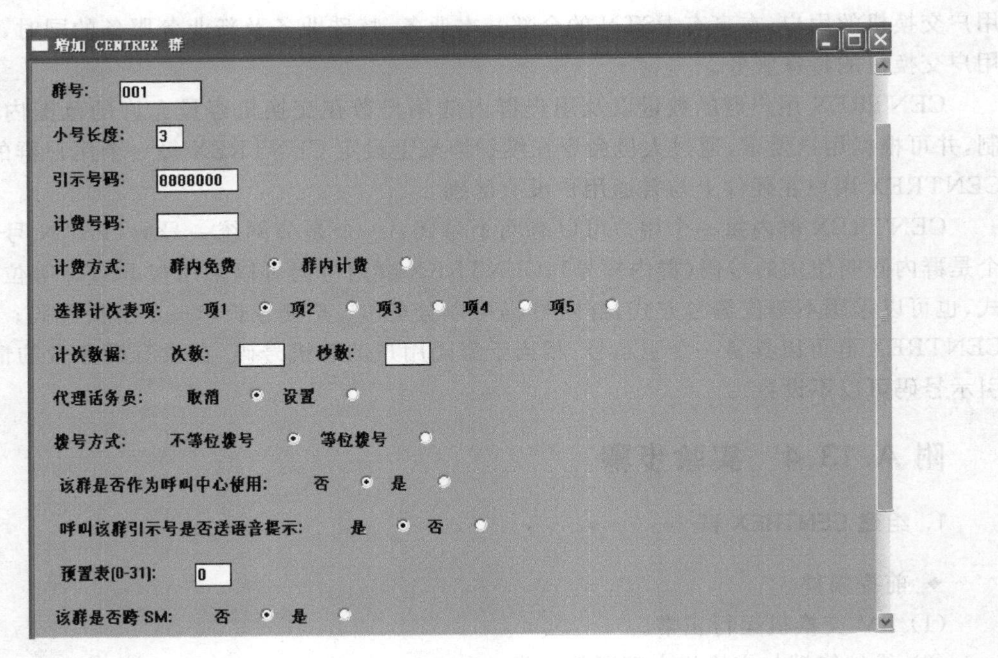

附图 A.17 增加 CENTREX 群界面

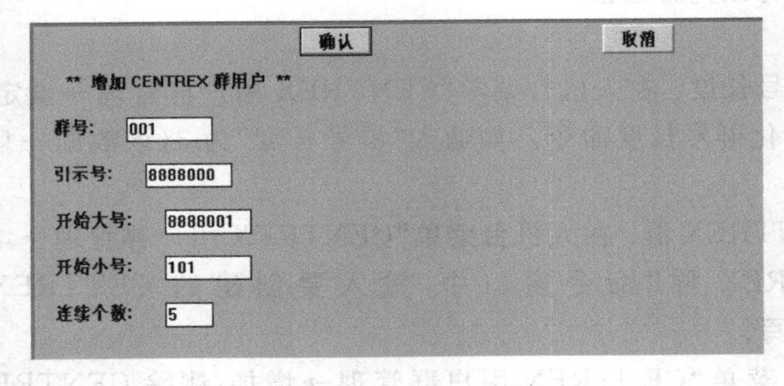

附图 A.18 CENTREX 群用户数据设置界面

(2) 群外呼入：外部用户可通过直接拨打群内分机的 PSTN 号码(大号)，实现 DID(直接拨入)功能，如 8888008 摘机拨 8888005 实现 DID 拨入；同时群外用户也可以通过拨打群引示号后再拨分机小号的方式实现电话呼入，如 8888008 拨 8888000，在听到语音提示后拨 105，也同样可以完成对 8888005 用户的呼叫。

(3) 群内呼出：群内分机用户如果呼出权限上无禁止呼出或本群有权的限制(即允许拨打群外号码)，则拨出群字冠(默认为“9”)后再连续拨 PSTN 号码，即可完成出群呼叫；或者群内分机拨完“9”后，3s 内无拨号，则可听到系统送出的二次拨号音，此后再拨外线号码也可以呼出，即实现了 DOD(直接拨出)功能。

3. 群用户及群的代答功能

◆ 前提条件

本局用户之间可以正常通话。

◆ 操作说明

(1) 同组代答：此功能适用于群内的某一用户作为被叫且无人应答时，群内的其他用户可以及时代为应答。具体步骤如下。

① 分组：在人机台"CENTREX 用户群管理→CENTREX 群用户的分组→新增 CENTREX 群分组"命令窗口中设置。

② 添加组用户：在人机台"CENTREX 用户群管理→向组内添加用户"命令窗口中设置。

③ 使用：当组内分机振铃而无人应答时，与该分机同一组的用户摘机，听拨号音后再拨入同组代答功能的接入码"*72#"，就可以与来话的主叫通话，完成代答。如同组内有多部话机来话，先后振铃，则被代答话机的优先级以振铃先后顺序为准。

(2) 指定代答。

① 申请：在人机台"CENTREX 用户群管理→CENTREX 群用户属性管理→设置 CENTREX 用户属性"命令窗口中申请群内某用户的"代答权限"为群内有权(代答权限分为三级：无权代答，组内有权，群内有权)。

② 使用：当群内任一分机作被叫且无应答时，该用户可摘机听拨号音后，拨"*71*TN#"完成来话代答功能(TN 为被代答话机的分机号码)。

③ 撤销：取消该用户的代答功能后检查该用户属性，应正常。

(3) 群的代答功能：

① 在人机台"CENTREX 用户群管理→CENTREX 群代答功能→设置 CENTREX 群代答电话"命令中，设置代答号码为群内某一分机，如 8888001，代答类型为"指定代答"。

② 在人机台"用户数据管理→用户属性和业务管理→修改用户业务数据→申请/取消业务权限"中，为 8888001 申请"呼叫转移"的业务权限。

③ 使用群外用户 8888008 拨打群引示号 8888000，听提示音后拨"0"，则群的代答电话 8888001 振铃。

④ 8888001 在通话过程中，可通过按"R"键听拨号音时拨 105 的方法，将来话转给群内用户 8888005，从而完成 8888008 和 8888005 之间的呼叫转接(在转接过程中，主叫 8888008 听音乐)。

附 A.13.5 实验报告内容

记录 CENTREX 群的设置及功能实现情况。

附 A.14 No.7 信令

附 A.14.1 实验目的

(1) 了解 No.7 信令的基本概念。

(2) 掌握 SP30CN PM 交换机上 No.7 信令数据的相关设置。

附 A.14.2 实验项目

(1) No.7 信令链路数据的增加。
(2) No.7 信令链路的取消。

附 A.14.3 基本原理

1. 信令

在通信设备之间传递的各种控制信号,如占用、释放、设备忙闲状态、被叫用户号码等等都属于信令;信令是各个交换局在完成呼叫接续中的一种通信语言,信令系统指导系统各部分相互配合、协同运行,共同完成某项任务。

信令有多种不同的分类方式,按照信道传送方式的不同,可以将信令分为随路信令和共路信令两种。

(1) 随路信令。信令消息在对应的话音通道上传送的信令方式,中国 No.1 信令就是随路信令系统。

(2) 共路信令。信令信道和业务信道完全分开,在公共的数据链路上以信令消息的形式传送一群话路的信令方式,中国 No.7 信令就属于共路信令系统。

2. 信令点

信令网上产生和接收信令消息的节点,是信令消息的起源点和目的点。

3. 信令转接点

若某信令点既非信令源点又非目的点,其作用仅是将一条信令链路上接收的消息转发到另一条信令链路上去,则称该信令点为信令转接点。

4. 信令链路

连接各个信令点、信令转接点,传送信令消息的物理链路称为信令链路。

5. 信令链路组

具有相同属性的信令链路组成的一个集合,称为信令链路组,即指本信令点与相邻信令点之间的链路的集合。

6. 链路组号

对信令链路组的编号。对于同一个信令点,其链路组号是唯一的。

7. 信令链路编码

对于相邻两信令点之间的所有链路,需对其统一编号,称为 SLC 号(取值为 0～15);它们之间的编号应各不相同,且两局应一一对应。(注:对于到不同方向的信令链路,可以有相同的链路编码)。

8. 信令点编码

信令网中用于标识每一个节点的唯一编码；为便于信令网管理，国内和国际信令网采用各自独立的编码计划，国际信令网采用 14 位信令点编码，而我国信令网采用 24 位信令点编码，如附图 A.19 所示。

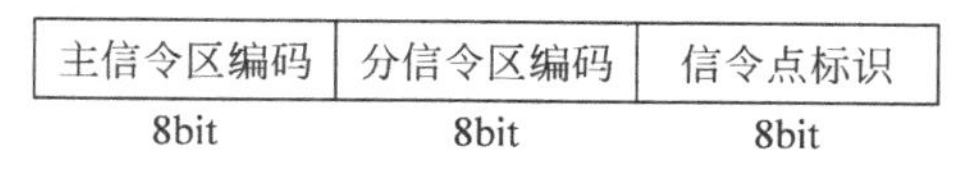

附图 A.19 我国信令网信令点编码格式

附 A.14.4 实验步骤

1. No.7 信令链路数据的增加

◆ 前提条件

(1) PM1 与 PM2 交换机运行正常。

(2) 维护终端与交换机之间通信正常。

(3) 各硬件电路板已经成功加载。

◆ 操作流程

(1) 设置本局信令点编码：在交换机 1(PM1)的人机台菜单“本局编号计划→本局信令点编码”中双击“设置本局信令点编码”命令，如主、分、点编码分别设置为 6 6 6，“类型”选择为“外部”；同理，在交换机 2(PM2)上执行同样的操作，只是信令点编码的设置应与 PM1 无冲突，如设置其外部信令点编码为 7 7 7。

(2) 增加对方的信令点：在 PM1 的人机台菜单“No.7 信令链路管理→No.7 信令链路二三层数据→信令点设置”中双击“增加网上相邻信令点”，在弹出的对话框中进行相应的设置，如“信令点编码”一项应填入对方，即 PM2 的点编码“7 7 7”，“链路组编号”填入“1”(该编号从 1 开始，顺序使用)，“信令点种类”选择“SP”，“信令点优先级”填入“1”(优先级别可设置为 1～3 中的任何一个，数字越小表示级别越高)，“SLS 分担方式”选择“2 条 B 比特”，确认后，PM1 人机台上应提示该信令点增加成功；同理，在 PM2 侧也需同样增加主分点编码为 6 6 6 的网上相邻信令点。

(3) 增加信令链路：在 PM1 人机台菜单的“No.7 信令链路管理→No.7 信令链路二三层数据→信令链路设置”中双击“增加信令链路”命令，在弹出的对话框中填入 PM1 开往 PM2 的信令链路，如“链路组号”为“1”，“链路号”为“0”，“SLC 值”为“0”(必须与对端设置的相应 No.7 信令链路的 SLC 值一致)，“TS”为“0”。如此设置表示在开往 PM2 方向的信令链路组中增加了一条链路编码为 0 的信令链路；如果需要开通两条 No.7 信令链路，则需要重复执行“增加信令链路”的操作，只是填写对话框时除了“链路组号”仍为 1 以外，其他均不能与第一条信令链路重复，如“链路号”设置为“1”，“SLC 值”置为“1”，“TS”填“1”即可。

(4) 设置信令链路的物理承载通道：在 PM1 人机台菜单的“No.7 信令链路管理→No.7 信令链路数据设置”中使用“设置 DT 的 No.7 信令链路”命令，分别为链路 0 和链路 1 设置其物理上的承载通道(即 DT 板上的某一条 64kb/s 的 TS 时隙)。例如 PM1 侧在实验项目中增加数字中继 DT 时所分配的框板号为 1 框 2 板，则为信令链路 0 设置 DT 承载通路时，可在双击“设置 DT 的 No.7 信令链路”后弹出的对话框中填入如下参数：中继电路位置框号“1”板号“2” PCM“0” TS“1”信令链路 HW“2” TS“0”。

(5) 查看信令链路的建立情况：待 PM1 和 PM2 侧均正确执行过上述(1)～(4)步操作流程后，在传输正常的情况下，ESPM 处理机上链路指示灯应被点亮。同时在人机台菜单的“No.7 信令链路管理→No.7 信令链路维护数据设置→No.7 链路管理”中双击“查链路状态”命令，可以分别查询链路 0 和链路 1 的建立情况(正常建立后链路应为“可利用”状态)。

◆ 相关说明

(1) 上述操作流程步骤(4)中设置 DT 的 No.7 信令链路时，中继上的 TS 时隙可以在 1～31 中任选，但必须保证和对端选择的时隙一致；

(2) 由于在 PM 交换机中，网络为信令接口分配的资源固定为 HW2，所以设置上述操作流程步骤(4)时，信令链路所在的“HW”固定为“2”，“TS”值应与操作流程步骤(3)中设置的信令链路的 TS 号一致。

2. No.7 信令链路的取消

◆ 前提条件

(1) PM1 与 PM2 交换机运行正常。

(2) 维护终端与交换机之间通信正常。

(3) 各硬件电路板已经成功加载，且已经存在 No.7 信令的相关数据。

◆ 操作流程

(1) 取消 No.7 信令链路的承载通道：人机台菜单的“No.7 信令链路管理→No.7 信令链路数据设置”中使用“取消 DT 的 No.7 信令链路”命令，可以对实验项目中步骤(4)所设置的数据进行删除。

(2) 删除 No.7 信令链路：在人机台菜单的“No.7 信令链路管理→No.7 信令链路二三层数据→信令链路设置”中双击“删除信令链路”命令，可以对实验项目中步骤(3)所设置的 No.7 信令链路进行删除。

◆ 相关说明

以上只为取消 No.7 信令链路的操作，如果需要将原增加的外部信令点一并取消，则需在执行完上述操作后，使用人机台菜单“No.7 信令链路管理→No.7 信令链路二三层数据→信令点设置”中双击“删除网上信令点”命令进行取消。

附 A.14.5 实验报告内容

(1) 记录实验中设置的 No.7 的相关数据。

(2) 查看信令链路的建立情况并记录。

附 A.15 局向—路由—中继数据

附 A.15.1 实验目的

掌握局间 No.7 中继数据的设定方法及相关维护手段。

附 A.15.2　实验项目

（1）中继路由数据的设置。

（2）中继路由数据的删除。

附 A.15.3　基本原理

为完成两交换设备上用户之间的正常互通，需在二者之间建立相应的通道，即中继话路，并设定具体的目的码局向，使其选择该中继话路。因此在 SP30CN PM 交换机上增加一个目的局向需要知道去对端局的路由、所使用的中继电路群的属性：中继方向（入、出、双向）、中继方式、信号方式、转发方式、目的信令点编码、对此中继群是否计费等数据。增加路由时首先增加该路由所对应的中继群号并指定合理的路由名，定义该中继群的属性；然后给中继电路群增加中继电路；最后增加局向并指定该局向所走的路由。

SP30CN PM 交换机上制作中继数据的流程如附图 A.20 所示。

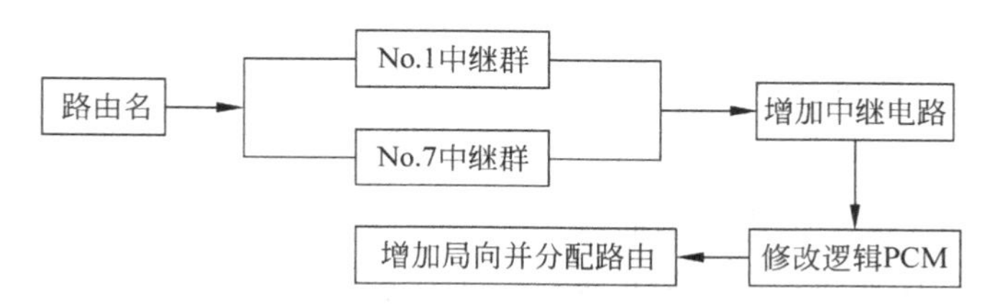

附图 A.20　制作中继数据的流程图

1. 给路由增加中继电路群

确定中继所要走的路由名、分配中继群号（不同的路由，分配不同的中继群号），目的点码有内部与外部之分：由于 PM1 和 PM2 均属于公网上的两个独立的信令点，因此目的点码必须选择为外部。本项目中还包含：中继方向（入、出、双向）、中继方式、信号方式、转发方式、目的信令点编码、对此中继群是否计费等内容。根据实际情况填写各项内容。

2. 给中继电路群分配中继电路

为中继电路群分配中继电路即增加话路。若本局与所到目的点之间以 DT 方式连接，则选择 DT-PCM-TS 或 DT-PCM 增加中继电路。以 DT-PCM-TS 为单位增加中继电路，目的是避开已使用的中继电路（如 No. 7 信令链路）。

3. 修改逻辑 PCM 号

执行显示/修改逻辑 PCM 号，目的是为每条中继电路指定一个正确的 CIC 编码。每一条中继电路的 CIC 编码需与对方所对应的中继电路的 CIC 编码一致（电路识别码（CIC）表示源点和目的点之间的话路，采用 12bit 位的编码格式，对于 2.048Mb/s 的 PCM 传输，其低 5 位表示话路所在的时隙，高 7 位表示话路所在的 PCM 一次群编号）。

4. 增加局向并分配路由

增加本局所要到达目的地局向字冠及国内/国际长途字冠，并填写到达该局所经过的路由名。按直达、迂回的优先级别填写，并选择该局向的呼叫类型、路由选择方式及复原控制方式。

5. 指定中继拨打测试

系统提供指定中继拨打测试功能。在日常工作中发生呼叫接续故障时我们希望能够看到此次呼叫所占用的中继电路和本次呼叫的七号信令流程，通过指定中继拨打测试和中继电路跟踪可以实现上述功能。首先在用户数据中将测试话机设定为测试用户，在电路维护中指定要跟踪的中继电路(例：在1框2板13电路)，在话机上操作"＊90010213＋被叫号码"，同时本次呼叫的七号信令流程会在维护台的自动信息窗口显示出来。

附 A.15.4 实验步骤

1. 中继路由数据的设置

◆ 前提条件

(1) PM1 及 PM2 交换机运行正常。

(2) 维护终端与交换机之间通信正常。

(3) PM1 和 PM2 之间的信令链路已经正常建立。

◆ 操作流程

(1) 给路由增加中继电路群：在交换机1(PM1)的人机台菜单"局向—路由—中继电路管理→路由数据管理→增加路由数据"中双击"给路由增加中继电路群"命令，对开往 PM2 的中继电路群进行相应的设置。

(2) 给中继电路群增加中继：在 PM1 的人机台菜单"局向—路由—中继电路管理→路由数据管理→增加路由数据→给中继电路群增加中继"中，以 DT-PCM-TS 方式为步骤(1)所设置的中继电路群中增加中继电路(具体增加时每个 PCM 系统中的1～31时隙，除已作为信令链路承载通道使用的 TS 外，其余时隙均可添加为话路)。

(3) 检查两侧的 CIC 号(修改逻辑 PCM 号)：在 PM1 的人机台菜单"局向—路由—中继电路管理→路由数据管理→修改路由数据→显示/修改 DT 逻辑 PCM 号"中，显示步骤(2)所增加的中继 PCM 的逻辑号，保证与 PM2 侧相应一致。

(4) 增加局向并分配路由：PM1 的人机台菜单"局向—路由—中继电路管理→局向数据管理"中使用"增加局向并分配路由"命令，将 PM2 的本局号码字冠作为 PM1 侧的出局局向进行增加，所经路由即为步骤(1)中所设置的路由名。

(5) 在 PM2 侧执行上述(1)～(4)步的操作。

(6) 电话拨测：使用 PM1 上某一电话作主叫呼叫 PM2 上的任一被叫，电话应能正常接通；同理，使用 PM2 上的某一电话作主叫呼叫 PM1 上的任一被叫时，电话也应正常接续。(也可以在维护台"电路维护→电路跟踪→根据中继电路跟踪"中设置 DT 上某一个时隙的中继监视登记，然后采用"＊90＋框号＋板号＋电路号＋被叫号码"的方式，占用该时隙进行拨打测试，此时相应的 No.7 信令消息会在自动信息窗口中显现。或者在维护台“电路维护→电路跟踪→根据用户号码跟踪”中将主叫号码登记为需要监视的用户，则在随后的呼叫中，相应的 No.7 信令消息也会在监视窗口中显示)。

◆ 相关说明

逻辑 PCM 号可从 0 开始使用，当逻辑号为 0 时，表示该 PCM 系统中所包含的时隙为 1～31 的 31 条电路分别对应的 CIC 电路识别码为 1～31；逻辑 PCM 号为 1 时，其系统内所包含的 31 条中继电路的 CIC 为 33～63，依此类推。设置时应保证中继两端的 CIC 号一致，例如 PM1 侧 1 框 2 板 DT 板 PCM0 系统的逻辑号为 0，则必须保证 PM2 上与该系统有物理连接关系的相应 PCM 的逻辑号也为 0。

2. 中继路由数据的删除

◆ 前提条件

(1) PM1 及 PM2 交换机运行正常。

(2) 维护终端与交换机之间通信正常。

(3) PM1 和 PM2 之间存在中继话路数据。

◆ 操作流程

(1) 删除局向号码：在人机台菜单“局向—路由—中继电路管理→局向数据管理”中，可使用“删除局向号码”命令，对实验项目中步骤(4)所设置的局向数据进行删除；

(2) 删除中继电路群中的中继电路：在人机台菜单“局向—路由—中继电路管理→路由数据管理→删除路由数据→删除电路群中的中继电路”中，可使用“以 DT-PCM-TS 为单位删除”命令，对实验项目中步骤(2)所设置中继电路进行删除；

(3) 删除路由中的中继电路群：在人机台菜单“局向—路由—中继电路管理→路由数据管理→删除路由数据”中，可使用“删除路由中的中继电路群”命令对实验项目步骤(1)中增加的中继群进行删除；

(4) 删除路由名：在人机台菜单“局向—路由—中继电路管理→路由数据管理→删除路由数据”中，可使用“删除某一路由”命令对实验项目步骤(1)中增加的路由名进行删除；

(5) 电话拨测：在 PM1 人机台上执行上述(1)～(4)步操作后，使用 PM1 的电话呼叫 PM2 用户时，应听空号提示音。

附 A.15.5 实验报告内容

(1) 记录实验中为完成 PM1 交换机用户对 PM2 用户的呼叫，所设置的中继话路的相关数据。

(2) 记录 PM1 用户拨打 PM2 用户时的 No.7 信令消息。

附 A.16 计费部分

附 A.16.1 实验目的

(1) 了解 SP30CN PM 交换机的计费原理及基本术语；

(2) 掌握 SP30CN PM 交换机计费数据的设置、维护。

附 A.16.2 实验项目

设置计费数据并检测计费话单的生成情况。

附 A.16.3 基本原理

1. 计费流程

SP30CN PM 交换机计费是在业务完成一次通话后，由原始呼叫信息中提取与计费有关的信息生成原始话单记录 CRD，而后 CRD 查询各种计费规则生成详细话单记录 CDS 或计次表 CTT 的过程。当处理机为单机工作时，其计费流程如附图 A.21 所示。

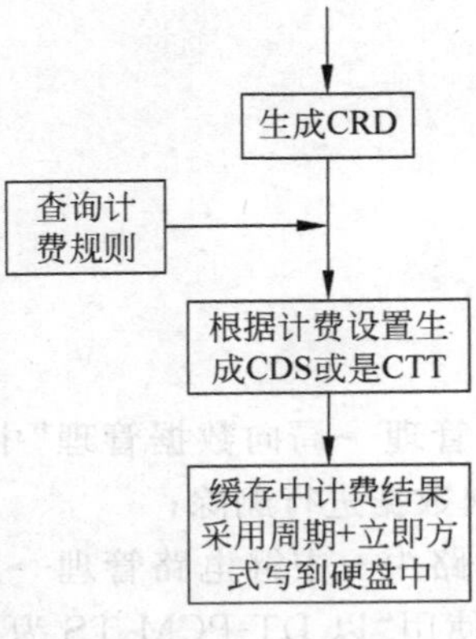

生成CRD
查询计费规则
根据计费设置生成CDS或是CTT
缓存中计费结果采用周期+立即方式写到硬盘中

附图 A.21 计费流程图

2. 计费术语

CRD：原始通话记录，指从原始呼叫信息中直接提取的未经处理的与计费相关的信息(其中不包括费率、话费等详细信息)。

CDS：详细计费记录(详细话单)。其中包括主被叫号码、起始时间、结束时间、本次通话的费率话费及附加费等信息。

CTT：计次表(其中包括用户计次表和中继计次表)。

由以上可以看出，计费过程有三个要素：计费信息、计费规则及计费结果。

计费信息：此次通话的主叫号码、被叫号码、起始时间、结束时间、呼叫类型等与计费有关的业务属性。

计费规则：由计费信息生成计费结果的方法依据，它实际上是一些分析表格，如计费字头表、费率表、附加费表、折扣表以及一些基本计费设置如：缺省费率、计费单位时长等等。这些数据在 SP30 维护台上设置，它规定了什么主叫(以主叫 BCD 码表示)呼叫什么被叫(以被叫的 BCD 码表示)，进行了何种类型通话(承载业务)，该如何对主叫或被叫计费。这些操作是在分析出计费信息的基础上，根据本次呼叫的资源占用(主要为计费时长和实际通话情况)按照该种计费情况的规定做出相应的动作(即生成详细话单 CDS 或计次表 CTT)。

计费结果：CDS、CTT。

3. 计费数据的存储机制

SP30CN PM 交换机主要是存储一些计费局数据和计费文件数据：c：\user\super\ff\目录中主要存储计费局数据文件 *.ff 和当天的临时计费文件 cds.ff(保存详细话单记录)、ctt.ff(保存计次数据)、crd.ff(保存原始话单记录)。在每天凌晨第一个电话的触发下将进行文件转储，crd.ff 转储后的目录为 c:\user\super\ff\crd。文件名为 crd****.ff，****为月日，月为系统月份对 3 取余数的结果，日期为 1～31，如 7 月 3 日的 crd 文件名是 crd0103.ff。cds.ff 和 ctt.ff 转储后的目录为 c：\user\super\ftp，文件命名规则同 crd****.ff

文件。因此在 SP30CN PM 交换机侧转储后的计费文件将在处理机中保存 3 个月的时间。

附 A.16.4 实验步骤

1. 前提条件

(1) PM 交换机运行正常。
(2) 维护终端与交换机之间通信正常。
(3) 本局用户之间可正常通话。

2. 操作流程

(1) 增加本局计费字头：在人机台菜单“计费数据管理→设置本局计费字头”中双击“增加本局计费字头”命令，将本局号码字冠增加为计费字头。例如在实验项目中所增加的本局号码字冠为 8888、号码长度为 7，则设置该项数据时，“本局计费字头”填入“8888”、“计费号码类型”选择“千号群”、“是否校园卡类型”选“否”即可。

(2) 申请费率表：在人机台菜单“计费数据管理→设置费率→设置费率表”中，双击“申请一张费率表”的菜单项，单击“确认”按钮后交换机系统会自动返回一张空闲的费率表；(执行该操作之前，可以先在“计费数据管理→设置费率→显示费率表”中查询交换机已经申请的费率表编号，如果已经存在费率表，则无须执行该步操作)。

(3) 填写费率表项：在人机台菜单“计费数据管理→设置费率→设置费率表”中双击“填写菜单表项”命令，对步骤(2)返回的费率表进行相关费率表项的填写。如上述结果返回费率表编号为 0、本局用户之间呼叫时需按照市话计次 1 方式收取话费，且采用 3+1 计次方式(即前 180 秒计 2 次，180s 之后每 60s 计 1 次)，则具体填写情况如附图 A.22 所示。

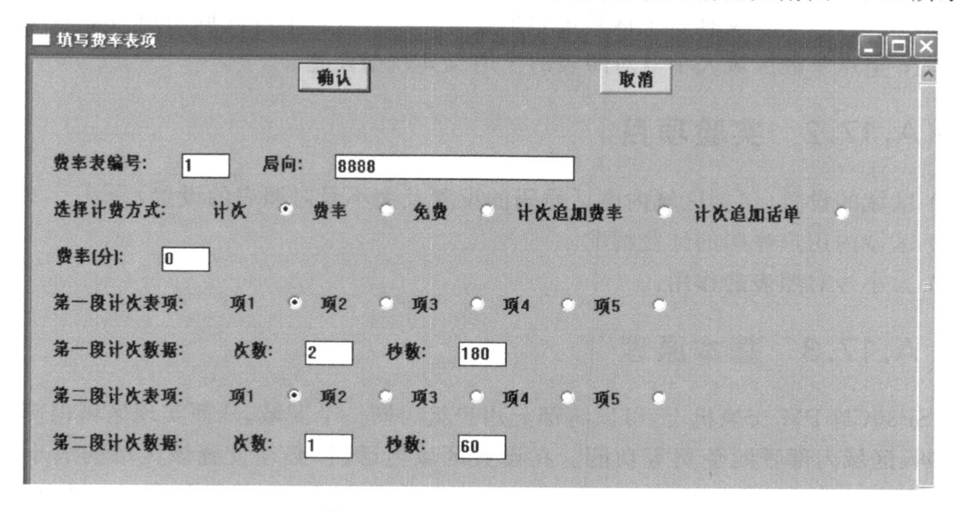

附图 A.22 填写费率表项界面

(4) 设置本局计费字头与费率表之间的对应关系：在人机台菜单“计费数据管理→设置费率→使用费率表”中双击“联结本局字冠与费率表”命令，将步骤(1)中设置的本局计费字头与步骤(3)填写的费率表之间进行连接。

(5) 观察计费结果：在人机台菜单“用户数据管理→计费观察”中双击“设置计费观察用户”的指令，在弹出的对话框中将 PM 交换机上的某用户设置为计费观察用户，其后使用该用户作主叫拨打本局任一被叫号码，双方正常通话并结束后，可以在系统返回的信息中查看本次通话的计费情况。

3. 相关说明

(1) 当“计费方式”选择为“计次”方式时，除了通过系统返回的计费观察信息查看计费结果外，也可以使用“计费数据管理→计次表管理→显示计次表”中的“显示用户计次表”命令，来查询用户的计次信息情况。

(2) 如果“计费方式”选择为“费率”方式，为了保证计费单元时长的准确性，除了执行原有设置外，还需在“计费数据管理→设置计费单元时长”中设置本地、国内和国际通话的单元时长，按照电信资费标准，“本地”通话的计费单元时长为 60s；而“国内”和“国际”话费应以 6s 为单位收取，即计费单元时长需设置为 6s。

附 A.16.5 实验报告内容

记录设置计费数据后相应话单的生成情况。

附 A.17 区域电话

附 A.17.1 实验目的

了解 SP30CN PM 交换机上区域电话的业务功能；重点了解区域用户与普通用户相比的特殊性；重点掌握区域大小号对照表的作用及其数据设置。

附 A.17.2 实验项目

(1) 区域的设置(包括区域内电话号码的设置及大小号对照表的设置)。
(2) 区域内用户呼叫的计费情况。
(3) 大小号对照表的作用。

附 A.17.3 基本原理

在 SP30CN PM 交换机上，可以将部分用户组为同一个区域，从而实现区域内部使用短号码呼叫、区域内部呼叫免费等功能。在设置区域电话时，必须设置该区域的大小号对照表，它相当于区域的路由翻译表，如果不设置，将无法完成对被叫号码的翻译和选路，从而导致呼叫失败；其中“小号”指的是用户摘机后所拨打的号码、局向或字冠，而不仅仅局限于区域内部的短号码；“大号”是对“小号”的翻译，可以是本局用户号码(或号码字段)、出局局向、长途区号等。

附 A.17.4 实验步骤

1. 区域的设置

◆ 前提条件

(1) PM 交换机运行正常。

(2) 维护终端与交换机之间通信正常。

(3) 用户之间可以正常通话。

◆ 操作流程

(1) 在人机台菜单“区域电话→区域内电话号码管理→设置区域电话”中,将 PM 交换机的某一号码 8888001 设置为区域(如区域 1)用户,如附图 A.23 所示。

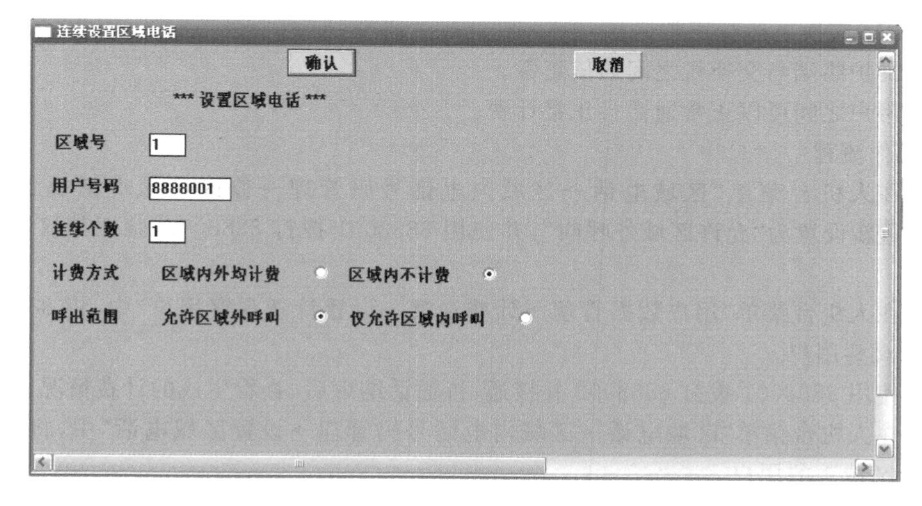

附图 A.23 “连续设置区域电话”界面

(2) 在人机台菜单“区域电话→区域内大小号对照表管理”中设置区域 1 的大小号对照表,如附图 A.24 所示。

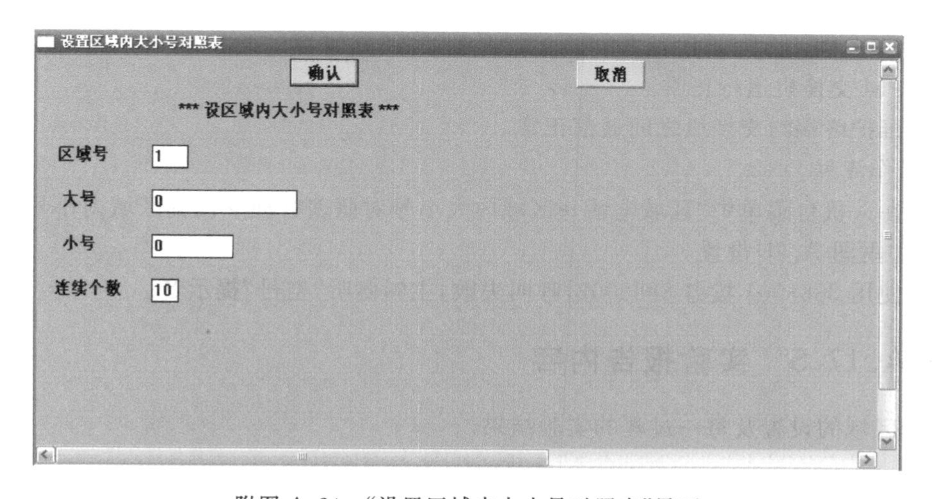

附图 A.24 “设置区域内大小号对照表”界面

(3) 通过在人机台菜单"区域电话→显示区域电话数据→显示区域内电话号码"中显示区域内号码及其属性列表,查询区域用户的设置情况;同时在"区域电话→显示区域电话数据→显示区域内大小号对照表"中显示区域内大小号列表,以验证区域1的大小号设置情况。

(4) 使用8888001拨打8888002,呼叫成功。

(5) 在人机台菜单"区域电话→区域内电话号码管理→修改区域电话属性"中,将8888001修改为"仅允许区域内呼叫"。

(6) 使用8888001拨打8888002,呼叫失败。

2. 区域内用户呼叫的计费情况

◆ 前提条件

(1) PM交换机运行正常。

(2) 维护终端与交换机之间通信正常。

(3) 用户之间可以正常通话且正常计费。

◆ 操作流程

(1) 在人机台菜单"区域电话→区域内电话号码管理→修改区域电话属性"中,将8888001重新设置为"允许区域外呼叫",并使用8888001拨打8888002,验证其权限的修改情况。

(2) 在人机台菜单"用户数据管理→计费观察→设置计费观察用户"中,将8888001设置为计费观察用户。

(3) 使用8888001拨打8888002并接通,待通话结束后,查看生成的计费情况。

(4) 在人机台菜单"区域电话→区域内电话号码管理→设置区域电话"中,将8888002也设置为区域1的用户。

(5) 使用8888001拨打8888002并接通,待通话结束后,查看计费结果,此时应为免费的通话记录。

3. 大小号对照表的作用

◆ 前提条件

(1) PM交换机运行正常。

(2) 维护终端与交换机之间通信正常。

◆ 操作流程

(1) 在人机台菜单中"区域电话→区域内大小号对照表管理→设置区域内小号为空号"中,执行如附图A.25设置。

(2) 使用8888001拨打8888002,呼叫失败,主叫侧听"空号"提示音。

附 A.17.5 实验报告内容

记录区域的设置及每一过程的实验结果。

附图 A.25　“设置区域内小号为空号”界面

附 A.18　SP30CN PM 交换机相关说明

附 A.18.1　SP30CN PM 系统技术指标及要求

1. 信号技术指标

(1) 用户信号。

① 用户线条件：

- 环路电阻不大于 2kΩ(含话机电阻)(馈电电流大于 18mA)；
- 线间绝缘电阻≥20kΩ；
- 线间电容≤0.7μF。

② 铃流音和信号：技术指标符合 GB3380—82 规定。

③ 模拟用户信号：直流脉冲信号、双音频信号。

(2) 局间信号。

No.7 公共信道信号方式：各项要求符合“中国国内电话网 No.7 信令方式技术规范”。

2. 传输指标

(1) 相对电平：具有可调衰耗性能。

① Z 接口：

- 输入相对电平为 0dBr；
- 输出相对电平：本地呼叫为－3.5dBr,长途呼叫为－7.0dBr。

② A 接口：

- 输入相对电平为 0dBr；
- 输出相对电平为 0dBr。

(2) Z 接口之间的传输指标：

① 传输损耗稳定性；

② 损耗频率失真；
③ 增益随输入电平的变化；
④ 串音衰减；
⑤ 群时延和群时延失真；
⑥ 杂音和总失真；
⑦ 带外信号鉴别；
⑧ 接口阻抗回波损耗；
⑨ 阻抗对地不平衡度；
⑩ 平衡回输损耗。

以上各项技术指标符合《邮电部电话交换设备总技术规范书》要求。

(3) 数字通路中传输性能。

① 误码性能：经交换网络在数字接口间形成64kb/s数字通路的长期比特误码率小于1×10^{-9}。

② 比特透明性：数字信号在数字中继接口间传输，不改变任何信号源的顺序，发送二进制全"1"、全"0"及任意码，在接收侧均能正确接收。

③ 时延：通过数字交换网络的64kb/s单向连接，在正常负荷下平均传输时延小于900μs，95%的概率不超过1500μs。

3. 过压、过流保护

(1) 用户电路板设有可靠的过压、过流保护电路，各项技术指标满足ITU-T K.20建议要求。

(2) 过压自动恢复。保护电路在经受雷电冲击和电力线感应或触碰后，可自动恢复，不需人工干预。

4. 电源和接地要求

(1) 交流电源。
① 单相220V±10%。
② 频率50Hz±5%。
(2) 接地要求：接地电阻≤5Ω。

5. 环境要求

(1) 机房环境温度。
① 长期工作条件：15～30℃。
② 短期工作条件：0～45℃。
(2) 湿度。
① 长期工作条件：40%～65%。
② 短期工作条件：20%～90%。
③ 短期工作条件指连续不超过48小时，每年累计不超过15天。
(3) 防尘要求。
① 机房内灰尘颗粒的直径大于5μm的浓度应小于30000粒/每立方米。

② 灰尘微粒应为非导电、导磁性和非腐蚀性的。

附 A.18.2 SP30CN PM 系统性能描述

1. 系统呼叫处理能力

(1) 系统处理能力 BHCA >200k(单位：试呼次数/小时)。

(2) 最大 4K×4K 交换网络。

(3) 用户线话务量 0.12～0.2 e/每线。

(4) 中继线话务量 0.7～0.8 e/每线。

2. 系统信令处理能力

(1) 支持全部七号信令协议集。

(2) 24 位信令点编码。

(3) 具备与对端交换机建立直联或准直联 No.7 链路的能力。

(4) 满足国标规定的 TUP、ISUP。

(5) 支持最大 32 条信令链路。

3. 系统号码分析能力

信令上具有存贮 16 位主叫号码和 24 位被叫号码的能力，来电显示支持主叫号码位长为 12 位；能识别 8 位号码后，以决定呼叫种类、开始选择路由的起动位数、选择确定出局路由的能力。

4. 路由选择能力

(1) 一个目标局可选择的路由数为 5 个。

(2) 具有话务负荷分担功能。对于同一目的地的呼叫按话务比例分配在不同的路由上，该比例可通过人机命令进行调整。

附 A.18.3 SP30CN PM 系统基本业务和功能

1. 基本电话业务

SP30CN PM 交换机可向用户提供本地网内用户间呼叫、国际和国内长途全自动呼叫和全自动来话业务，并能提供本地和长途转话业务。

(1) 本地网交换业务功能：

① 提供本地网内用户之间相互呼叫业务；

② 提供国内、国际长途全自动直拨的长话业务和国内、国际全自动来话业务；

③ 提供各种特服呼叫业务；

④ 通过模拟用户线向用户提供话路传真业务。

(2) 电话新业务：

① 缩位拨号；
② 立即热线；
③ 超时热线；
④ 免打扰服务；
⑤ 缺席服务；
⑥ 闹钟服务；
⑦ 主叫线识别提供；
⑧ 呼叫等待；
⑨ 遇忙回叫；
⑩ 遇忙寄存呼叫；
⑪ 三方通话；
⑫ 无条件呼叫前转；
⑬ 无应答呼叫前转；
⑭ 遇忙呼叫前转；
⑮ 连续遇忙/无应答前转；
⑯ 呼叫转移；
⑰ 会议呼叫；
⑱ 追查恶意呼叫；
⑲ 主叫线识别限制；
⑳ 话机闭锁；
㉑ 多重限拨。

2. CENTREX 群业务

(1) 概述。SP30CN PM 交换机的 CENTREX 群业务是在交换机上，将部分用户(譬如一个小区，一个单位)划分为一个基本用户群，使其成为一个虚拟的用户交换机，并为这些用户提供用户交换机的功能，对于 CENTREX 群内用户而言，它既是 PSTN 电话网上的用户，又是虚拟用户交换机的用户，在享有 PSTN 的全部基本业务、特殊业务及新业务服务的同时，还享有用户交换机的特殊服务。

CENTREX 用户群的数量以及用户群内的用户数在交换机容量允许的范围内不受限制，并可根据用户要求，通过人机命令在维护终端上设定每一个 CENTREX 用户群的用户。CENTREX 用户在硬件上与普通用户没有区别。

CENTREX 群内每一个用户可以有两个号码：一个是交换机上统一分配的号码(PSTN 号码)，一个是群内呼叫使用的号码(群内短号)，CENTREX 群内号码可以采用与 PSTN 等位编码方式，也可以采用不等位编号方式，群内号码可以分配以 1～8 开头的号码。设置 CENTREX 群时，可以为每一个 CENTREX 设置一个引示号码(该引示号码不属于必须设置的内容)，相当于集团用户的总机号码。

(2) CENTREX 群功能。CENTREX 业务具有交换机的基本呼叫业务及新业务，新业务包括：缩位拨号、热线服务、闹钟服务、缺席服务、免打扰、呼出限制、恶意呼叫追查、寄存呼叫、无条件转移、无应答转移、呼叫等待、遇忙回叫、三方通话、会议电话、指定代答、主叫号码显示、主叫号码显示禁止、号码限呼、立即热线。同时，还具有 CENTREX 群提供的特殊功能，这些功能如下。

① 群外呼入。群外用户可以直拨群内每个分机的 PSTN 号码，实现 DDI 功能；或者通过拨打群引示号听语音提示后再拨群内分机小号的方式，完成接续。对群内、群外来话，交换机可以提供两种不同的振铃音，即普通振铃和短振铃。

② 群内呼出。群内用户拨群外用户时，先拨出群字冠后，可听或不听二次拨号音（若拨完出群字冠后 3s 内无拨号，则可听系统送出的二次拨号音），再直拨群外号码，实现 DOD 功能。

③ 呼叫代答功能。此功能适用于群内的某一用户作为被叫且无人应答时，群内的其他用户可以及时为其代答。呼叫代答功能分为：同组代答和指定代答（若需要实现同组代答，则必须在该 CENTREX 群内设置相应的“组”数据）。

3. 一呼双响业务（虚拟同线业务）

（1）概述。一呼双响业务是为了适应个人通信需求而增加的一个新功能，具有此业务的用户具有两个联系号码，其中一个是用户的号码，称为主号码；另一个号码可以是任意一个 PSTN、GSM、CDMA 号码，称为从号码。

一呼双响业务产生的目的主要是为了解决固定电话无人接听时导致的呼叫失败问题。对于运营商来说，话务丢失会减少话费的收入；对于用户来说，漏接了一个电话可能会耽误一些重要的事情。通过一呼双响业务可以很好地解决此问题。

（2）实现方式。一呼双响业务是将一个 SP30CN PM 的电话用户与其他任意一个用户的号码“捆绑”起来，被“捆绑”的用户可以是本局用户，也可以是其他局用户，包括移动手机用户（原则上不能为长途用户或外地移动用户）。当有人呼叫这个具备一呼双响业务的用户时，该用户和与之被“捆绑”用户就会同时振铃，这时任意一个用户取机应答时，就会进入通话状态，同时另外一个用户将停止振铃。如果两个用户中任一个用户的状态发生变化（如摘机、挂机），也不会影响另一个用户的接续。业务实现如附图 A.26 所示。

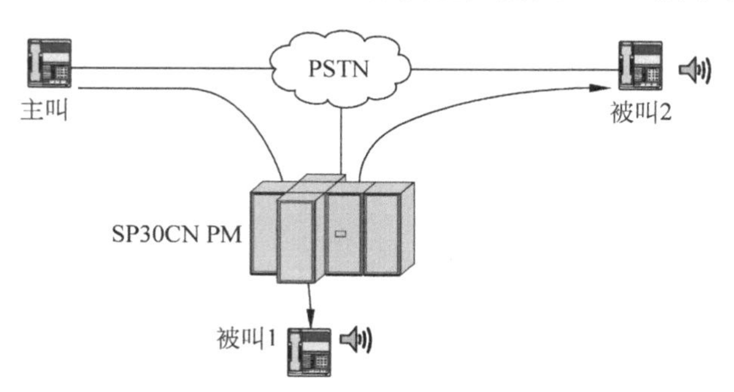

附图 A.26 一呼双响业务实现

通常情况下为了解决固定电话无人接听的问题，人们一般会采用呼叫前转业务，即将无人接听的电话转到手机或是别的固定电话上。这样虽然可以在一定程度上防止电话漏接，但是每次使用时都需要用户做一次前转设置，而回来后如果忘记取消设置，此时如有电话进来话机会因仍在转移中而不振铃，同样会造成电话漏接。而一呼双响业务则很好地解决了上述问题。只要有人(主叫)呼叫这个用户(被叫 1),SP30CN PM 同时发起一个到被叫 2 的呼叫,该用户(被叫 1)和与之“捆绑”用户(被叫 2)就会同时振铃,用户可以选择其中任一部话机来接通此次呼叫。这样既可以提高接通率,也不会由于忘记撤销而造成电话漏接,使用方便。

(3) 业务开通、登记与撤销。用户如需开通该业务时,要像申请其他新业务一样,首先向运营商申请开通该业务。申请成功后,用户即可直接在已申请了一呼双响业务的话机上登记另一部话机作为他的伴侣号码来实现该业务,如果用户要登记的伴侣号码比较固定且该业务长期使用,用户也可让运营商在 SP30CN PM 交换机的维护终端上代为登记伴侣号码。

(4) 计费方式。当某一用户 A 呼叫登记了一呼双响业务的用户 B 时(伴侣用户为 C),对于登记了一呼双响业务的用户,其出话单的方式如下。

① 如果是登记一呼双响业务的用户应答,与普通用户作被叫相同,产生一张 A 到 B 的话单。

② 如果是作为伴侣号码的用户应答,则产生一张类似呼叫前转的话单,即一张 A 到 B 的话单,另一张一呼双响业务用户到其伴侣用户的话单(B→C);也可以通过数据定制哪段话单计费与否。

参考文献

[1] 朱世华.程控数字交换原理与应用[M].西安：西安交通大学出版社，1993.

[2] 大唐电信有限公司.SP30数字程控交换系统.北京：人民邮电出版社，1997.

[3] 叶敏.程控数字交换与交换网(第二版).北京：北京邮电大学出版社，2003.

[4] 张继荣，曲军锁，杨武军，等.现代交换技术[M].西安：西安电子科技大学出版社，2004.

[5] 刘增基，鲍民权，邱智亮.交换原理与技术[M].北京：人民邮电出版社，2007.

[6] 穆维新.现代通信交换[M].北京：电子工业出版社，2008.

[7] 郑仲桥，张健生.现代交换技术教程[M].南京：东南大学出版社，2009.

[8] 金惠文，陈建亚，纪红，等.现代交换原理(第三版)[M].北京：电子工业出版社，2011.

[9] 罗国明，沈庆国，张曙光，等.现代交换原理与技术[M].北京：电子工业出版社，2011.

[10] 张毅，余翔，韦世红，等.现代交换原理[M].北京：科学出版社，2012.

[11] 申普兵，李荣，王大力. 宽带网络技术[M]. 北京：人民邮电出版社，2004.

[12] 桂海源，张碧玲. 现代交换原理(第4版)[M]. 北京：人民邮电出版社，2013.

图书资源支持

感谢您一直以来对清华版图书的支持和爱护。为了配合本书的使用，本书提供配套的资源，有需求的读者请扫描下方的“书圈”微信公众号二维码，在图书专区下载，也可以拨打电话或发送电子邮件咨询。

如果您在使用本书的过程中遇到了什么问题，或者有相关图书出版计划，也请您发邮件告诉我们，以便我们更好地为您服务。

我们的联系方式：

清华大学出版社计算机与信息分社网站：https://www.shuimushuhui.com/

地　　址：北京市海淀区双清路学研大厦 A 座 714

邮　　编：100084

电　　话：010-83470236　010-83470237

客服邮箱：2301891038@qq.com

QQ：2301891038（请写明您的单位和姓名）

资源下载：关注公众号“书圈”下载配套资源。

资源下载、样书申请

书圈

图书案例

清华计算机学堂

观看课程直播